# COURS D'ALGÈBRE

Coulommiers. — Imp. Paul BRODARD. — 525-1902.

# COURS D'ALGÈBRE



A L'USAGE DES ÉLÈVES

DE LA CLASSE DE MATHÉMATIQUES SPÉCIALES

ET DES CANDIDATS

A l'École normale supérieure et à l'École polytechnique

PAR

B. NIEWENGLOWSKI

Docteur ès sciences, ancien élève de l'École normale supérieure,
Ancien professeur de mathématiques spéciales au lycée Louis-le-Grand,
Ancien membre du Conseil supérieur de l'Instruction publique,
Inspecteur de l'Académie de Paris.

CINQUIÈME ÉDITION, ENTIÈREMENT REFONDUE

TOME SECOND

PARIS
LIBRAIRIE ARMAND COLIN
5, RUE DE MÉZIÈRES, 5

1902

# CHAPITRE PREMIER

## INFINIMENT PETITS

**1.** On dit qu'un nombre *variable $x$ est infiniment petit* quand il a pour limite zéro. Il importe de ne jamais oublier *qu'en mathématiques* un nombre *déterminé*, quelque petit qu'il soit, n'est *jamais* infiniment petit. Cette définition ne s'applique qu'à un nombre variable.

On dit qu'un nombre imaginaire variable est infiniment petit, quand son module est infiniment petit.

Lorsqu'on a à considérer des fonctions de $x$ ayant pour limite zéro quand $x$ tend vers zéro, on nomme $x$ l'*infiniment petit principal*.

Soient $x$ et $y$ deux infiniment petits. Si, lorsque $x$ et $y$ tendent vers zéro, le rapport $\frac{y}{x^p}$ a une limite A finie et différente de zéro, $p$ étant un nombre positif déterminé, on dit que $y$ est *par rapport à $x$*, un infiniment petit d'ordre $p$.

Dans ce cas on a :

$$y = x^p (A + \alpha),$$

$\alpha$ étant infiniment petit en même temps que $x$.

D'après cela, la formule générale des infiniment petits d'ordre $p$ est

$$y = x^p (A + \alpha),$$

$\alpha$ étant un infiniment petit quelconque. On appelle *partie principale* de $y$, le produit $Ax^p$.

Plus généralement, $y$ étant infiniment petit : si le rapport $\frac{y}{x^p}$ est infiniment petit, on dit que $y$ est infiniment petit d'ordre supérieur à $p$; si au contraire $\frac{y}{x^p}$ augmente indéfiniment quand $x$ tend vers zéro, on dit que $y$ est infiniment petit d'ordre inférieur à $p$.

Il est clair que si $y$ est infiniment petit d'ordre $p$, $ky$ est infiniment petit de même ordre, $k$ étant une constante.

Il peut arriver que l'ordre infinitésimal de $y$ ne soit pas déterminé. Par exemple, soit

$$y=\left(2+\sin\frac{1}{x}+\operatorname{tg} x\right)x^3.$$

Le quotient

$$\frac{y}{x^3}=2+\sin\frac{1}{x}+\operatorname{tg} x$$

reste fini quand $x$ tend vers zéro, car $2+\operatorname{tg}x$ a pour limite 2, et $\sin\frac{1}{x}$ reste compris entre $-1$ et $+1$; mais $\sin\frac{1}{x}$ n'a pas de limite déterminée quand $x$ tend vers zéro, il n'est donc pas possible de poser

$$y=(A+\alpha)\,x^p,$$

$p$ étant un nombre positif déterminé, $\alpha$ étant infiniment petit et A un nombre différent de zéro; cependant, si l'on prend $p=3+h$, $h>0$, on a :

$$\frac{y}{x^{3+h}}=\frac{2+\sin\frac{1}{x}+\operatorname{tg}x}{x^h}$$

donc $\frac{y}{x^{3+h}}$ augmente indéfiniment quand $x$ tend vers zéro.

Si au contraire on prend $p=3-h$, on a :

$$\frac{y}{x^{3-h}}=\left(2+\sin\frac{1}{x}+\operatorname{tg}x\right)x^h$$

par suite $\frac{y}{x^{3-h}}$ tend vers zéro en même temps que $x$. Ainsi l'ordre infinitésimal de $y$ est plus grand que $3-h$ et plus petit que $3+h$, quel que soit le nombre positif $h$. On peut bien convenir encore de dire que $y$ est infiniment du troisième ordre, mais dans ce cas il ne peut-être question de *partie principale*.

**2.** D'une manière générale, d'après Cauchy, l'infiniment petit $y$ est d'ordre $p$, si, quelque petit que soit le nombre positif $h$, le quotient $\frac{y}{x^{p-h}}$ tend vers zéro, tandis que le quotient $\frac{y}{x^{p+h}}$ grandit indéfiniment, $x$ et $y$ tendant simultanément vers zéro. M. E. Borel (voir *Bulletin des sciences mathématiques*, t. XIX, p. 154, et *Leçons sur les séries à termes positifs*, p. 36) propose de dire dans ce cas que l'ordre infinitésimal est $(p)$, tandis que si $\frac{y}{x^p}$ a une limite finie et différente de zéro, l'ordre de $y$ est égal à $p$.

M. Borel étend ces définitions au cas où $x$ et $y$ sont supposés infiniment grands et positifs. On dira alors que si $\frac{y}{x^p}$ a une limite finie et différente de zéro quand $x$ grandit indéfiniment, l'ordre de grandeur, ou l'*ordre d'infinitude* de $y$ est égal à $p$; et si, quelque petit que soit le nombre positif $h$, le quotient $\frac{y}{x^{p+h}}$ tend vers zéro, et $\frac{y}{x^{p-h}}$ grandit indéfiniment quand $x$ et $y$ sont infinis, on dira que l'ordre d'infinitude de $y$ est $(p)$.

On convient de dire que, $x$ étant l'infiniment grand principal, l'ordre d'infinitude de $e^x$ est $\omega$. On sait que si $x$ est assez grand, on a $e^x > x^p$, quelque grand que soit $p$. C'est pour cette raison que M. Borel adopte la convention précédente, $\omega$ étant ce que M. G. Cantor nomme un nombre transfini.

Nous ne pouvons suivre M. Borel dans les développements de sa théorie de la croissance des fonctions; nous renverrons le lecteur aux ouvrages déjà cités. Ajoutons cependant cette remarque : on juge de la rapidité de la convergence d'une série convergente par l'ordre d'infinitude de $\frac{1}{S - S_n}$ et de la rapidité de la divergence d'une série divergente par l'ordre d'infinitude de $S_n$, $n$ étant infiniment grand.

**3. Théorème.** — *La somme algébrique d'un nombre déterminé d'infiniment petits d'ordre $p$ est un infiniment petit d'ordre $p$ au moins.*

Soient en effet

$$(A + \alpha)x^p, \quad (B + \beta)x^p, \quad \ldots\ldots \quad (L + \lambda)x^p,$$

un nombre déterminé d'infiniment petits d'ordre $p$ : A, B, ..... L étant des constantes différentes de zéro et $\alpha$, $\beta$, ..... $\lambda$ des infiniment petits, enfin $x$ étant l'infiniment petit principal. La somme algébrique de ces infiniments petits est égale à

$$[A + B + \ldots\ldots + L + (\alpha + \beta + \ldots\ldots + \lambda)]x^p.$$

Or chacun des nombres $\alpha$, $\beta$, ..... $\lambda$ ayant pour limite zéro, il en est de même de $\alpha + \beta + \ldots\ldots + \lambda$; donc l'expression précédente est un infiniment petit d'ordre $p$ tant que la somme $A + B + \ldots\ldots + L$ est différente de zéro; si $A + B + \ldots\ldots + L = 0$, elle est un infiniment petit d'ordre supérieur à $p$.

En particulier, soient deux infiniment petits d'ordre $p$,

$$(A + \alpha)x^p \quad \text{et} \quad (B + \beta)x^p;$$

la différence $(A - B + \alpha - \beta)\, x^p$ est un infiniment petit d'ordre $p$, tant que la différence $A - B$ n'est pas nulle.

Par exemple, soit

$$y = (A + \alpha)x^p;$$

la différence $y - x^p$ est d'ordre $p$ pourvu que A soit différent de 1; inversement, si $y - x^p$ est un infiniment petit d'ordre $p$, soit

$$y - x^p = (B + \beta)x^p,$$

$y$ sera un infiniment petit d'ordre $p$ pourvu que B ne soit pas égal à $-1$, car $y = (B + 1 + \beta)x^p$.

Ainsi, par exemple, $\sin x$ et $x$ sont des infiniment petits du même ordre, mais $\frac{\sin x}{x}$ a pour limite 1; et l'on sait que $x - \sin x$ est un infiniment petit du troisième ordre.

On verrait d'une manière analogue que la somme algébrique d'un nombre déterminé d'infiniment petits de différents ordres $p, q, \ldots\ldots r$ est, en général, un infiniment petit d'un ordre égal au plus petit des nombres $p, q, \ldots\ldots r$.

**4. Théorème.** — *Le produit d'un nombre déterminé d'infiniment petits est un infiniment petit dont l'ordre est égal à la somme des ordres des facteurs.*

Il suffit évidemment d'établir la proposition pour deux facteurs. Or on a

$$(A + \alpha)\, x^p \times (B + \beta)\, x^q = (AB + B\alpha + A\beta + \alpha\beta)x^{p+q}.$$

Mait $\alpha$ et $\beta$ sont des infiniment petits, donc

$$B\alpha + A\beta + \alpha\beta$$

est aussi un infiniment petit, et par conséquent l'ordre du produit est égal à $p + q$.

**5. Théorème.** — *Le quotient d'un infiniment petit d'ordre $p$ par un infiniment petit d'ordre $q$ est un infiniment petit d'ordre $p - q$ si l'on a*

$$p > q;$$

*ce quotient a une limite finie si $p = q$, et enfin il est infiniment grand si $p < q$.*

En effet

$$(A + \alpha)\, x^p : (B + \beta)\, x^q = \frac{A + \alpha}{B + \beta} x^{p-q}.$$

$\frac{A + \alpha}{B + \beta}$ a pour limite $\frac{A}{B}$; donc, etc.

**6. Corollaire.** — *Le rapport de deux infiniment petits de même ordre a pour limite le rapport de leurs parties principales.*

**7. Définition.** — *On dit que deux infiniment petits de même ordre sont* équivalents *quand leur rapport a pour limite* 1.

**Théorème.** — *Quand deux infiniment petits sont équivalents, leur différence est infiniment petite par rapport à chacun d'eux, et réciproquement.*

En effet, soient $\alpha$ et $\beta$ deux infiniment petits équivalents : par hypothèse $\frac{\beta}{\alpha}=1+\gamma$, $\gamma$ étant un infiniment petit; donc : $\beta=\alpha+\gamma\alpha$ et par suite :

$$\frac{\beta-\alpha}{\alpha}=\gamma,$$

ce qui démontre la proposition.

*Réciproquement.* — Supposons que $\frac{\beta-\alpha}{\alpha}$ soit infiniment petit, et posons

$$\frac{\beta-\alpha}{\alpha}=\gamma,$$

on a

$$\frac{\beta}{\alpha}=1+\gamma,$$

donc le rapport $\frac{\beta}{\alpha}$ a pour limite 1.

**8. Théorème.** — *La limite du rapport de deux infiniment petits n'est pas changée quand on remplace ces infiniment petits par des infiniment petits respectivement équivalents.*

Soient $\alpha$ et $\beta$ deux infiniment petits et $\alpha'$, $\beta'$ deux infiniment petits respectivement équivalents aux premiers. On a

$$\frac{\alpha'}{\beta'}=\frac{\alpha}{\beta}\times\frac{\alpha'}{\alpha}\times\frac{\beta}{\beta'}$$

donc

$$\lim\frac{\alpha'}{\alpha}=\lim\frac{\alpha}{\beta}\times\lim\frac{\alpha'}{\alpha}\times\lim\frac{\beta'}{\beta},$$

c'est-à-dire

$$\lim\frac{\alpha'}{\beta'}=\lim\frac{\alpha}{\beta}.$$

**9. Théorème.** — *Soient*

$$\alpha_1,\quad \alpha_2,\quad \ldots\ldots\quad \alpha_n,$$

*n nombres positifs tendant vers zéro quand n augmente indéfiniment, et soient :*

$$\beta_1,\quad \beta_2,\quad \ldots\ldots\quad \beta_n,$$

*$n$ nombres respectivement équivalents aux premiers. Si la somme*

$$\alpha_1 + \alpha_2 + \ldots\ldots + \alpha_n$$

*tend vers une limite déterminée quand $n$ augmente indéfiniment, la somme*

$$\beta_1 + \beta_2 + \ldots\ldots + \beta_n$$

*tend vers la même limite.*

Posons

$$S_n = \alpha_1 + \alpha_2 + \ldots\ldots + \alpha_n,$$
$$T_n = \beta_1 + \beta_2 + \ldots\ldots + \beta_n.$$

Par hypothèse $\frac{\beta_p}{\alpha_p}$ a pour limite 1 quand $n$ augmente indéfiniment; on sait que le rapport

$$\frac{\beta_1 + \beta_2 + \ldots\ldots + \beta_n}{\alpha_1 + \alpha_2 + \ldots\ldots + \alpha_n}$$

est compris entre le plus grand et le plus petit des rapports

$$\frac{\beta_1}{\alpha_1}, \frac{\beta_2}{\alpha_2}, \ldots\ldots \frac{\beta_n}{\alpha_n};$$

par conséquent on peut poser

$$\frac{T_n}{S_n} = 1 + \theta_n.$$

$\theta_n$ tendant vers zéro quand $n$ augmente indéfiniment.

On a, par conséquent :

$$T_n = S_n + S_n\,\theta_n.$$

Or $S_n$ a, par hypothèse, une limite S, le produit $S_n\,\theta_n$ a par suite pour limite zéro et enfin $T_n$ a pour limite S.

**10. Corollaire.** — Si l'on pose :

$$\frac{\beta_p}{\alpha_p} = 1 + \lambda_p,$$

on a

$$T_n = S_n + (\alpha_1\lambda_1 + \alpha_2\lambda_2 + \ldots\ldots \alpha_n\lambda_n);$$

par conséquent la somme

$$\alpha_1\lambda_1 + \alpha_2\lambda_2 + \ldots\ldots + \alpha_n\lambda_n$$

a pour limite zéro quand $n$ augmente indéfiniment, lorsque l'on suppose que les nombres $\alpha_1, \alpha_2, \ldots\ldots \alpha_n$, tous positifs, et les nombres $\lambda_1, \lambda_2, \ldots\ldots \lambda_n$, de signes quelconques, tendent vers zéro et enfin que la somme $S_n = \alpha_1 + \alpha_2 + \ldots\ldots + \alpha_n$ a une limite finie quand $n$ augmente indéfiniment.

**11. Remarque.** — Le théorème précédent suppose les infiniment petits $\alpha$ tous positifs; il subsiste quand les signes sont quelconques pourvu que la somme des valeurs absolues ait une limite finie.

En effet, si l'on désigne par $a_p$ la valeur absolue de $\alpha_p$, par $b_p$, la valeur absolue de $\beta_p$, il est d'abord évident que si $\frac{\beta_p}{\alpha_p}$ a pour limite 1, il en est de même de $\frac{b_p}{a_p}$.

Or si l'on désigne par $p_n$ la somme des $\alpha$ positifs et par $q_n$ la somme des $\alpha$ négatifs contenus dans $S_n$, on a

$$S_n = p_n - q_n.$$

Par hypothèse $p_n - q_n$ a une limite; si l'on suppose que $p_n + q_n$ a aussi une limite, il en résulte que $p_n$ et $q_n$ ont des limites $p$ et $q$ de sorte que

$$S = p - q.$$

Or si l'on pose d'une manière analogue

$$T_n = p'_n - q'_n,$$

on a, d'après le théorème précédent

$$\lim p'_n = p, \quad \lim q'_n = q,$$

donc

$$\lim T_n = S.$$

**12. Applications.** — 1° *Trouver la limite du rapport* $\frac{\operatorname{tg} px}{\operatorname{tg} qx}$ *quand $x$ tend vers zéro.*

En remarquant que chacune des fractions $\frac{\operatorname{tg} px}{px}$ et $\frac{\operatorname{tg} qx}{qx}$ a pour limite 1 quand $x$ tend vers zéro, on voit que l'on peut remplacer la fraction donnée par $\frac{px}{qx}$ et par suite la limite demandée est égale à $\frac{p}{q}$.

2° *Trouver la limite de l'expression*

$$y = (1 + \operatorname{tg} px)^{\operatorname{cotg} qx}$$

*quand $x$ tend vers zéro par valeurs positives.*

On a :

$$y = (1 + \operatorname{tg} px)^{\frac{1}{\operatorname{tg} px} \cdot \frac{\operatorname{tg} px}{\operatorname{tg} qx}}$$

donc :

$$\lim y = e^{\frac{p}{q}}.$$

## EXERCICES

**1.** $x$ augmentant indéfiniment, comparer l'infiniment petit

$$\frac{\mathrm{L}x}{x}$$

à l'infiniment petit $\frac{1}{\mathrm{L}x}$, ce dernier étant regardé comme étant l'infiniment petit principal.

**2.** Chercher si le produit $x \sin \frac{1}{x}$ est d'un ordre infinitésimal déterminé par rapport à $x$.

**3.** Chercher l'ordre infinitésimal de $e^{-\frac{1}{x^2}}$, $x$ étant l'infiniment petit principal.

**4.** Trouver l'ordre infinitésimal de $\frac{x - \sin x}{1 - \cos x}$ par rapport à $x$.

**5.** Trouver l'ordre infinitésimal de la différence $\operatorname{tg} x - \sin x$, $x$ étant l'infiniment petit principal.

**6.** Trouver l'ordre infinitésimal de $a^x - 1$, $x$ étant l'infiniment petit principal.

**7.** Trouver l'ordre de $(1 + x)^{\frac{1}{x}} - e$, $x$ étant l'infiniment petit principal.

**8.** Trouver l'ordre de $\mathrm{L}x^a\, x$, $a > 0$.

**9.** Si l'ordre de $y$ par rapport à $x$ est $p$, on a $p = \lim \frac{\log y}{\log x}$; examiner si la réciproque est nécessaire.

# CHAPITRE II

## DÉRIVÉES ET DIFFÉRENTIELLES

**1. Définition de la dérivée.** — Nous avons vu que si $f(x)$ est un polynome entier de degré $m$, on a :

$$f(x+h)=f(x)+hf'(x)+\frac{h^2}{1.2}f''(x)+\dots+\frac{h^m}{1.2.\dots m}f^{(m)}(x) \quad (1)$$

$f'(x), f''(x), \dots f^{(m-1)}(x)$ étant des polynomes entiers en $x$ et $f^{(m)}(x)$ une constante. L'identité précédente donne :

$$\frac{f(x+h)-f(x)}{h}=f'(x)+\alpha,$$

$\alpha$ désignant un polynome entier par rapport à $h$ et $x$, dont tous les termes contiennent $h$ en facteur, de sorte que $\alpha$ a pour limite zéro quand $h$ tend vers zéro. Par conséquent, dans ces conditions on a :

$$\lim\frac{f(x+h)-f(x)}{h}=f'(x).$$

D'une manière générale, étant donnée une fonction $f(x)$ continue pour toutes les valeurs de $x$ appartenant à un intervalle déterminé $(a, b)$, si le rapport

$$\frac{f(x_0+h)-f(x_0)}{h}$$

tend vers une limite finie bien déterminée quand $h$ tend vers zéro *suivant une loi quelconque*, $x_0$ étant compris entre $a$ et $b$; cette limite, qui dépend en général de $x_0$, se nomme la *dérivée* de $f(x)$ pour $x=x_0$. S'il en est ainsi pour toutes les valeurs de $x$ comprises entre $a$ et $b$, on appelle *fonction dérivée* ou simplement *dérivée* de $f(x)$ et l'on représente par $f'(x)$ la fonction de $x$ définie dans l'intervalle $(a, b)$ par l'équation

$$f'(x)=\lim\frac{f(x+h)-f(x)}{h}$$

quand $h$ tend vers zéro suivant une loi quelconque.

D'une manière plus précise, dire que pour une valeur déterminée de $x$ la fonction continue $f(x)$ est pourvue d'une dérivée représentée par la notation $f'(x)$, c'est dire que l'on peut poser

$$\frac{f(x+h)-f(x)}{h}=f'(x)+\alpha, \tag{3}$$

$\alpha$ étant une fonction de $x$ et de $h$, ayant pour limite zéro quand $h$ tend vers zéro suivant une loi quelconque.

Si l'on pose $y=f(x)$, on désigne souvent par $k$ l'accroissement de $y$ correspondant à un accroissement $h$ de $x$, de sorte que la dérivée est la limite du rapport $\frac{k}{h}$, quand $h$ tend vers zéro. Pour que ce rapport puisse avoir une limite finie et bien déterminée, il est nécessaire que $k$ tende vers zéro en même temps que $h$; mais cette condition n'est pas suffisante, nous en fournirons un exemple dans une note placée à la fin du volume.

**2.** On emploie généralement la notation $\Delta u$, pour représenter l'accroissement d'une variable quelconque $u$; de sorte que si $u$ prend successivement les valeurs $u_0$, $u_1$ on écrit :

$$\Delta u = u_1 - u_0.$$

Il convient de remarquer que $\Delta u$ se nomme l'*accroissement* de $u$, même si $u_1$ est plus petit que $u_0$; dans ce cas $\Delta u$ est négatif.

Si l'on pose $h=\Delta x$, on a :

$$\Delta y = \Delta f(x) = f(x+\Delta x) - f(x)$$

et par conséquent :

$$f'(x) = \lim \frac{\Delta y}{\Delta x}$$

quand $\Delta x$ et $\Delta y$ tendent vers zéro.

**3. Différentielle.** — *On nomme différentielle d'une fonction le produit de la dérivée de cette fonction par l'accroissement arbitraire de la variable dont elle dépend.* La différentielle de $y$ est représentée par la notation $dy$, de sorte que si l'on représente par $y'$ la dérivée de $y$ on a par définition :

$$dy = y'.\Delta x,$$

ou encore :

$$d.f(x) = f'(x).\Delta x. \tag{4}$$

En vertu de l'équation (3), on peut écrire :

$$\Delta f(x) = (f'(x) + \alpha)\,\Delta x.$$

Si l'on suppose que $\Delta x$ tende vers zéro, $\alpha$ a pour limite zéro, par suite on voit que si $f'(x)$ a une valeur finie pour la valeur considérée de $x$, $\Delta f(x)$ est un infiniment petit du même ordre que $\Delta x$, et par suite : $df(x)$ est la partie principale de $\Delta f(x)$. Ainsi *la différentielle d'une fonction de $x$ est la partie principale de l'accroissement de la fonction correspondant à un accroissement infiniment petit de $x$.*

Si $f(x) = x$, il est clair qu'on doit poser $f'(x) = 1$ ; par suite

$$dx = \Delta x\,;$$

d'après cela on écrit :

$$dy = y'dx$$

ou

$$df(x) = f'(x)\,dx$$

et par conséquent si $y = f(x)$, on a :

$$f'(x) = \frac{dy}{dx}.$$

Il en résulte que *la dérivée d'une fonction de $x$ est le quotient de la différentielle de cette fonction par la différentielle correspondante de la variable.*

On peut remarquer que $dx$ est *arbitraire* ; rien n'empêcherait de poser $dx = 1$ ; on aurait alors $dy = y'$, mais cela ne serait d'aucune utilité.

**4. Interprétation géométrique de la dérivée et de la différentielle.** — Considérons une courbe dont l'équation, rapportée à deux axes quelconques, soit :

$$Y = f(X)$$

et considérons un point M de cette courbe ayant pour coordonnées $x$, $y$.

Soit M′ un second point ayant pour coordonnées $x + \Delta x$, $y + \Delta y$ ; si $\Delta x$ et $\Delta y$ tendent vers zéro, nous dirons que le point variable M' est infiniment voisin de M. La sécante MM' a pour coefficient angulaire $\frac{\Delta y}{\Delta x}$; si la fonction $f(X)$ a une dérivée, $\frac{\Delta y}{\Delta x}$ aura pour limite $f'(x)$. Si l'on mène par le point M la droite MA ayant pour coefficient angulaire $f'(x)$ ou $\frac{dy}{dx}$, les formules de la géométrie analytique nous apprennent que l'angle V de la sécante MM' avec MA est défini par l'équation :

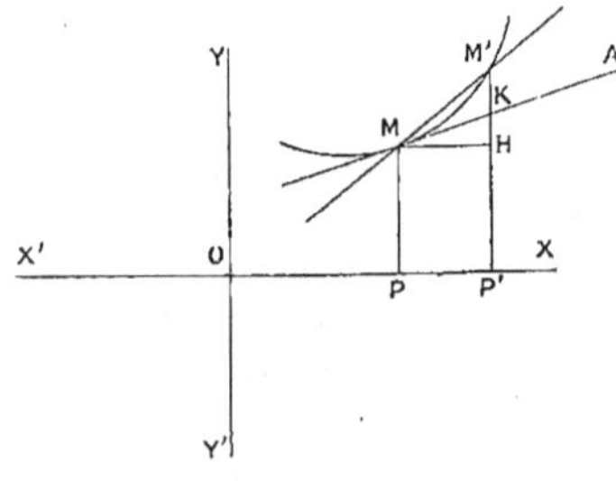


$$\operatorname{tg} V = \frac{\left(\frac{\Delta y}{\Delta x} - \frac{dy}{dx}\right) \sin \theta}{1 + \left(\frac{\Delta y}{\Delta x} + \frac{dy}{dx}\right) \cos \theta + \frac{\Delta y}{\Delta x}\frac{dy}{dx}}$$

$\theta$ désignant l'*angle des axes*; par suite si $\Delta x$ tend vers zéro, $\frac{\Delta y}{\Delta x}$ ayant pour limite $\frac{dy}{dx}$, $\operatorname{tg} V$ a pour limite zéro. On dit que la droite MA est la *limite* de la sécante MM' passant par le point M et le point M' infiniment voisin de M, quand M' vient se confondre avec M. La droite MA s'appelle la *tangente* en M à la courbe donnée. Par suite, si la fonction $f(x)$ est continue et admet une dérivée, la courbe considérée a une tangente au point M.

Réciproquement, si la courbe a une tangente au point M, la fonction $f(X)$ admet une dérivée pour $X = x$.

Pour éviter toute difficulté nous supposons que la tangente en M ne soit pas parallèle à l'axe $Oy$.

Cela étant, menons par le point M une droite MH parallèle à l'axe des $x$ et rencontrant l'*ordonnée* P'M' au point H et soit K le point où la tangente MA rencontre P'M'; on a :

$$PP' = \Delta x = dx, \qquad HM' = \Delta y, \qquad HK = dy,$$

et

$$\frac{HK}{MK} = \frac{dy}{dx} = y'.$$

Le rapport $\frac{MK}{MH}$ est fini et déterminé, en supposant toujours la tangente MA non parallèle à $Oy$; si l'on regarde $\Delta x$ comme un infiniment petit du premier ordre, MK est aussi du premier ordre, et $KM' = \Delta y - dy$ est d'ordre supérieur au premier; on verra plus loin que $\Delta y - dy$ est au moins du second ordre; d'ailleurs MM' est du premier ordre puisque $\frac{MM'}{\Delta x}$ a une limite finie: donc si l'on prend sur la tangente MA à partir du point de contact une longueur MK, infiniment petite du premier ordre, et qu'on joigne K, au point M' de la courbe, dont la distance MM' au point de contact est supposée infiniment petite du premier ordre, la distance KM' sera un infiniment petit du second ordre au moins.

## CALCUL DES DÉRIVÉES

5. **Dérivée de** $Ax^m$, $m$ **étant un entier.** — Nous allons chercher la limite du rapport

$$\frac{A(x+h)^m - Ax^m}{h}$$

quand $h$ tend vers zéro. En développant par la formule du binome et simplifiant, on trouve que ce rapport peut être mis sous la forme

$$mAx^{m-1} + P.h,$$

P désignant un polynome entier en $x$ et $h$. Or on sait que si $h$ tend vers zéro, le polynome $P.h$ a pour limite zéro, donc la dérivée de $Ax^m$ est $mAx^{m-1}$. On peut donc écrire :

$$y' = mAx^{m-1} \quad \text{et} \quad d.Ax^m = mAx^{m-1}.dx.$$

On obtiendra de même la dérivée de $y'$, ou *la dérivée seconde* de $y$, que nous représenterons par $y''$; de sorte que :

$$y'' = m(m-1)Ax^{m-2};$$

on aura de même :

$$y''' = m(m-1)(m-2)Ax^{m-3},$$

$y'''$ désignant la dérivée de $y''$, ou dérivée *tierce* de $y$; et, en général, comme on le vérifie aisément, en désignant par $y^{(p)}$ la dérivée d'ordre $p$ de $y$, $p$ étant au plus égal à $m$ :

$$y^{(p)} = m(m-1) \ldots\ldots (m-p+1) \mathrm{A}x^{m-p};$$

enfin :

$$y^{(m)} = m!\,\mathrm{A}$$

On doit regarder la *dérivée d'une constante* comme étant nulle. En effet, si $y$ est une constante, on a $\Delta y = 0$, et par suite $\frac{\Delta y}{\Delta x} = 0$ quel que soit $x$; on doit donc poser $\lim \frac{\Delta y}{\Delta x} = 0$. D'après cela, soit

$$y = \mathrm{A}x^m,$$

on a :

$$y^{(m+\mu)} = 0,$$

$\mu$ étant un nombre positif quelconque.

Avant de calculer la dérivée d'autres fonctions, nous nous occuperons des *fonctions de fonctions.*

## FONCTIONS DE FONCTIONS

**6.** — Soit :

$$y = f(u),$$

une fonction continue de la variable $u$; si $u$ est elle-même une fonction continue de $x$, de sorte que

$$u = \varphi(x),$$

il est clair que $f(u)$ est une fonction continue de $x$; on dit alors que $y$ est une *fonction de fonction.*

**Théorème.** — *Si $y = f(u)$ admet une dérivée par rapport à $u$, soit $f'(u)$ et si $u$ admet une dérivée par rapport à $x$, soit $u'_x$; la fonction $y$ admet une dérivée par rapport à $x$, qui est donnée par l'équation :*

$$y'_x = f'(u) \,.\, u'_x \,.$$

En effet, soit $\Delta x$ l'accroissement de $x$; on doit chercher la limite du rapport :

$$\frac{f(u+\Delta u) - f(u)}{\Delta x}$$

$\Delta u$ étant l'accroissement de $u$ correspondant à $\Delta x$; or

$$\Delta u = \varphi(x + \Delta x) - \varphi(x),$$

donc :

$$\frac{f(u + \Delta u) - f(u)}{\Delta x} = \frac{f(u + \Delta u) - f(u)}{\Delta u} \cdot \frac{\varphi(x + \Delta x) - \varphi(x)}{\Delta x}.$$

Le second membre a pour limite :

$$f'(u) \times \varphi'(x);$$

donc, on peut écrire :

$$y'_x = f'(u) . \varphi'(x).$$

**Remarque.** — En se servant de la notation différentielle, la démonstration devient évidente; en effet, il s'agit de calculer $\frac{dy}{dx}$; or, en appelant $du$ la différentielle de $u$ correspondant à $dx$, on a identiquement :

$$\frac{dy}{dx} = \frac{dy}{du} \cdot \frac{du}{dx};$$

c'est-à-dire :

$$y'_x = y'_u . u'_x.$$

7. **Corollaire.** — *On a, quelle que soit la variable indépendante :*

$$d . f(u) = f'(u) . du.$$

En effet,

$$d . f(u) = \frac{d f(u)}{dx} dx = f'(u) . \frac{du}{dx} . dx = f'(u) . du.$$

8. *Plus généralement*, soient :

$$y = f(u_1) \quad u_1 = f_1(u_2), \quad u_2 = f_2(u_3) \; ..... \quad u_n = f_n(x),$$

on a :

$$\frac{dy}{dx} = \frac{dy}{du_1} \cdot \frac{du_1}{du_2} \cdot \frac{du_2}{du_3} \cdots \frac{du_n}{dx};$$

c'est-à-dire

$$\frac{dy}{dx} = f'(u_1) \cdot f'_1(u_2) \cdot f'_2(u_3) \ldots\ldots f'_n(x).$$

DÉRIVÉE D'UNE SOMME, D'UN PRODUIT, D'UN QUOTIENT, ETC.

**9. Dérivée d'une somme.** — *La dérivée de la somme algébrique d'un nombre déterminé de fonctions continues de $x$ pourvues de dérivées est égale à la somme algébrique des dérivées de ces fonctions.*

Soit, par exemple :

$$y = u - v + w$$

En désignant par $\Delta y$, $\Delta u$, $\Delta v$, $\Delta w$ les accroissements de $y$, $u$, $v$, $w$, qui correspondent à $\Delta x$, on a immédiatement :

$$\frac{\Delta y}{\Delta x} = \frac{\Delta u}{\Delta x} - \frac{\Delta v}{\Delta x} + \frac{\Delta w}{\Delta x}$$

Par hypothèse $\frac{\Delta u}{\Delta x}$, $\frac{\Delta y}{\Delta x}$, $\frac{\Delta w}{\Delta x}$ ont pour limites $u'$, $v'$, $w'$ quand $\Delta x$ tend vers zéro; donc, le second membre a pour limite :

$$u' - v' + w'.$$

par suite, la somme $u - v + w$ a une dérivée égale à

$$u' - v' + w'.$$

On peut donc poser :

$$y' = u' - v' + w',$$

d'où l'on tire :

$$d(u - v + w) = du - dv + dw.$$

**Remarque.** — *Si*

$$u \pm v = a,$$

*a étant une constante, on a :*

$$u' \pm v' = 0.$$

En effet,

$$\Delta u \pm \Delta v = 0.$$

donc :

$$\frac{\Delta u}{\Delta x} \pm \frac{\Delta v}{\Delta x} = 0.$$

et, par conséquent, à la limite,

$$u' \pm v' = 0.$$

**10. Dérivée d'un produit.** — Soient $u$, $v$ deux fonctions continues de $x$, admettant des dérivées $u'$, $v'$. Il s'agit de trouver la dérivée de $uv$, c'est-à-dire la limite du rapport :

$$\frac{(u + \Delta u)(v + \Delta v) - uv}{\Delta x}$$

ou, en simplifiant :

$$u\frac{\Delta v}{\Delta x} + v\frac{\Delta u}{\Delta x} + \frac{\Delta u}{\Delta x} \cdot \Delta v.$$

En remarquant que le produit $\frac{\Delta u}{\Delta x} \cdot \Delta v$ a pour limite zéro, puisque le premier facteur a pour limite $u'$ et que le second a pour limite zéro, on voit que :

$$(uv)' = uv' + vu',$$

ou encore :

$$d \,.\, uv = u \,.\, dv + v \,.\, du.$$

Il s'agit d'étendre cette règle à un nombre quelconque de facteurs. Pour cela, nous mettrons d'abord le résultat que nous venons d'obtenir sous une autre forme.

**11. Définition.** — On nomme *dérivée logarithmique* d'une fonction $y$ ayant une dérivée $y'$, le quotient $\frac{y'}{y}$.

Cela étant, en posant $y = uv$, on a trouvé :

$$y' = uv' + vu',$$

d'où l'on conclut :

$$\frac{y'}{y} = \frac{u'}{u} + \frac{v'}{v}$$

et par conséquent :

*La dérivée logarithmique d'un produit de deux facteurs est égale à la somme des dérivées logarithmiques de ces facteurs.*

C'est cette règle que nous allons généraliser.

**Théorème.** — *La dérivée logarithmique du produit d'un nombre quelconque, mais déterminé, de fonctions pourvues de dérivées est égale à la somme des dérivées logarithmiques de ces fonctions.*

Le théorème étant vrai pour deux fonctions, il suffit de prouver que s'il est vrai pour $n-1$ fonctions, il sera vrai pour $n$ fonctions.

Considérons le produit de $n$ fonctions :

$$y = u_1 u_2 \ldots\ldots u_{n-1} u_n.$$

On peut considérer $y$ comme étant le produit de deux fonctions.

$$y = z u_n,$$

en désignant par $z$ le produit des $n-1$ premiers facteurs de $y$; on a d'après ce qui précède :

$$\frac{y'}{y} = \frac{z'}{z} + \frac{u'_n}{u_n}$$

mais par hypothèse :

$$\frac{z'}{z} = \frac{u'_1}{u_1} + \frac{u'_2}{u_2} + \ldots\ldots + \frac{u'_{n-1}}{u_{n-1}};$$

donc :

$$\frac{y'}{y} = \frac{u'_1}{u_1} + \frac{u'_2}{u_2} + \ldots\ldots + \frac{u'_{n-1}}{u_{n-1}} + \frac{u'_n}{u_n},$$

ce qui démontre la proposition.

Cela étant, si l'on multiplie les deux membres de l'égalité précédente par $u_1 u_2 \ldots\ldots u_n$, on voit que *la dérivée d'un produit est égale à la somme des produits obtenus en remplaçant dans le produit donné chaque facteur successivement par sa dérivée.*

**Corollaire.** — On a :

$$\frac{dy}{y} = \frac{du_1}{u_1} + \frac{du_2}{u_2} + \ldots\ldots + \frac{du_n}{u_n}.$$

**12. Dérivée d'un quotient.** — Soient $u$ et $v$ deux fonctions continues pourvues de dérivées $u'$, $v'$. La dérivée de $\frac{u}{v}$ est la limite de

$$\frac{\left(\dfrac{u+\Delta u}{v+\Delta v} - \dfrac{u}{v}\right)}{\Delta x}$$

c'est-à-dire la limite de

$$\frac{v\dfrac{\Delta u}{\Delta x} - u\dfrac{\Delta v}{\Delta x}}{v(v + \Delta v)}.$$

La limite cherchée est évidemment égale à

$$\frac{vu' - uv'}{v^2}.$$

On a donc :

$$\left(\frac{u}{v}\right)' = \frac{vu' - uv'}{v^2};$$

d'où, en posant $y = \frac{u}{v}$,

$$\frac{y'}{y} = \frac{u'}{u} - \frac{v'}{v};$$

Donc :

*La dérivée logarithmique d'un quotient est égale à la dérivée logarithmique du numérateur diminuée de la dérivée logarithmique du dénominateur.*

On peut écrire encore :

$$d\frac{u}{v} = \frac{vdu - udv}{v^2}.$$

En particulier, $a$ étant une constante :

$$\left(\frac{a}{v}\right)' = -\frac{av'}{v^2} \quad \text{ou} \quad d\,.\,\frac{a}{v} = \frac{-adv}{v^2}.$$

**13. Dérivée d'une puissance entière et positive.** — Soit $y = u^m$, $u$ étant une fonction continue pourvue d'une dérivée $u'$ et $m$ un entier positif.

On peut regarder $u^m$ comme le produit de $m$ facteurs égaux à $u$, et, par suite, en appliquant la règle du produit, on a :

$$y' = mu^{m-1}u'.$$

On peut aussi chercher d'abord la dérivée de $u^m$ par rapport à $u$, et multiplier $mu^{m-1}$ par $u'$ en appliquant le théorème des fonctions de fonctions.

On a donc :

$$d.\,u^m = mu^{m-1}.\,du.$$

**Remarque.** — Nous étendrons plus loin cette règle au cas où l'exposant $m$ est quelconque.

**Application : dérivées des polynomes.** — Soit :

$$f(x) = A_0 x^m + A_1 x^{m-1} + \ldots\ldots + A_{m-1} x + A_m$$

un polynome entier en $x$ à coefficients réels. Ce polynome est la somme des termes de la forme $A_p x^{m-p}$. Chacun de ces termes a une dérivée, donc $f(x)$ a pour dérivée la somme des dérivées de ses termes, de sorte que :

$$f'(x) = mA_0x^{m-1} + (m-1)A_1x^{m-2} + \ldots + (m-p)A_px^{m-p-1} + \ldots + A_{m-1}.$$

La dérivée $f'(x)$ est un polynome de degré $m-1$ dont on peut calculer la dérivée $f''(x)$, et ainsi de suite; après $p$ opérations on obtiendra un polynome de degré $m-p$, qui se nomme la dérivée d'ordre $p$ du polynome, $p$ étant au plus égal à $m$ :

$$\begin{aligned} f^{(p)}(x) = {} & m(m-1)\ldots\ldots(m-p+1)A_0 x^{m-p} \\ & + (m-1)(m-2)\ldots\ldots(m-p)A_1 x^{m-p-1} \\ & + \ldots\ldots + p(p-1)\ldots\ldots 2.1.A_{m-p} \end{aligned}$$

et enfin

$$f^{(m)}(x) = m!\,A_0$$

La dérivée d'ordre $m$ est donc une constante. Les dérivées d'ordre supérieur à $m$ sont nulles.

### DÉRIVÉE DE $a^x$

**14.** — Nous avons à chercher la limite de :

$$\frac{a^{x+h} - a^x}{h}$$

quand $h$ tend vers zéro; cette fraction étant égale à :

$$a^x.\frac{a^h - 1}{h}$$

la question revient à trouver la limite de $\frac{a^h - 1}{h}$.

Pour cela, si nous posons $a^h - 1 = \alpha$, $\alpha$ tendra vers zéro en même temps que $h$. Or de l'équation

$$a^h = 1 + \alpha$$

on tire :

$$h = \frac{L(1+\alpha)}{La}$$

et par suite :

$$\frac{a^h - 1}{h} = \frac{\alpha La}{L(1+\alpha)} = \frac{La}{L(1+\alpha)^{\frac{1}{\alpha}}}.$$

La limite de cette dernière fraction est égale à $La$; donc :

$$\lim a^x . \frac{a^h - 1}{h} = a^x La.$$

*La fonction $a^x$, a désignant un nombre positif, a une dérivée égale à $a^x La$.*

En particulier la dérivée de $e^x$ est la fonction $e^x$ elle-même. On a, d'après ce qui précède :

$$d . a^x = a^x La . dx$$
$$d . e^x = e^x . dx.$$

**15. Remarque.** — Nous avons trouvé que $\frac{a^h - 1}{h}$ a pour limite $La$, quand $h$ tend vers zéro d'une manière quelconque. Il en résulte que si l'on pose $h = \frac{1}{m}$, $m$ désignant un entier croissant indéfiniment, $h$ tendra vers zéro, et par suite :

$$\lim m\left(\sqrt[m]{a} - 1\right) = L . a. \quad (m = \infty).$$

### DÉRIVÉE DE LA FONCTION $\log_a x$

**16.** On a, en supposant $x > 0$ :

$$\frac{\log_a (x+h) - \log_a x}{h} = \log_a \left(1 + \frac{h}{x}\right)^{\frac{1}{h}}.$$

Si l'on pose $\frac{h}{x} = \alpha$, ou $h = \alpha x$, l'expression précédente peut être mise sous la forme :

$$\log_a (1 + \alpha)^{\frac{1}{\alpha x}}$$

et l'on reconnaît qu'elle est identique à

$$\frac{1}{x} \log_a (1 + \alpha)^{\frac{1}{\alpha}}.$$

Si $h$ tend vers zéro, il en est de même de $\alpha$, et par suite la limite de l'expression considérée est égale à :

$$\frac{1}{x} \log_a . e.$$

Donc, *la fonction* $\log_a x$ *a une dérivée égale à* $\frac{M}{x}$, M *désignant le module du système de logarithmes de base a.*

En particulier la dérivée de $Lx$ est égale à $\frac{1}{x}$.

Il résulte de ce qui précède que :

$$d . \log_a x = \frac{M}{x} dx,$$

et

$$d . Lx = \frac{1}{x} dx.$$

**17. Applications.** — La dérivée de $L . u$ étant égale à $\frac{u'}{u}$, on comprend pourquoi le rapport $\frac{u'}{u}$ a reçu le nom de dérivée logarithmique de $u$. Il est utile de remarquer que la dérivée logarithmique de $u$ ne peut être remplacée par la dérivée du logarithme de $u$ que si $u$ a une valeur positive.

Connaissant la dérivée de la fonction logarithme, on peut retrouver les règles donnant la dérivée d'un produit ou d'un quotient. En effet, si l'on pose par exemple :

$$y = u v,$$

on a :

$$L y = L u + L v$$

et par suite :

$$\frac{y'}{y} = \frac{u'}{u} + \frac{v'}{v};$$

mais il convient de remarquer que cette démonstration suppose que $y$ a une dérivée. On peut à la vérité s'affranchir de cette hypothèse de la manière suivante.

De l'équation $y = uv$ on déduit :

$$y = e^{\mathrm{L}u + \mathrm{L}v}$$

or la dérivée de $e^{\mathrm{L}u + \mathrm{L}v}$ est :

$$\left(\frac{u'}{u} + \frac{v'}{v}\right) . e^{\mathrm{L}u + \mathrm{L}v};$$

donc si $u$ et $v$ ont des dérivées, leur produit a aussi une dérivée égale à $uv\left(\frac{u'}{u} + \frac{v'}{v}\right)$, c'est-à-dire égale à $vu' + uv'$.

Il n'y a plus qu'une seule restriction à faire disparaître : dans cette démonstration $u$ et $v$ sont essentiellement positifs. Supposons que $u$ ait une valeur négative et soit $u = -z$ de sorte que $uv = -zv$; on en déduit évidemment :

$$(uv)' = -(zv)'$$

et par suite :

$$(uv)' = -zv' - vz' = uv' + vu'.$$

**18. — Dérivée de $u^m$, $m$ ayant une valeur quelconque.** — Supposons d'abord que $u$ soit positif. Dans ce cas on peut poser :

$$y = u^m = e^{m\mathrm{L}u},$$

d'où :

$$y' = e^{m\mathrm{L}u}\, m\frac{u'}{u} = mu^{m-1}\, u'.$$

On peut étendre la règle au cas où $u$ est négatif, *en supposant $m$ commensurable*. Soit $m = \frac{p}{q}$, $q$ étant positif, la fraction $\frac{p}{q}$ étant supposée irréductible; posons $u = -v$. On a :

$$u^{\frac{p}{q}} = \sqrt[q]{(-v)^p}.$$

Soit d'abord $q = 2q'$; alors $p$ est impair, par suite : $(-v)^p = -v^p$, donc $u^{\frac{p}{q}}$ serait imaginaire : ce cas doit être écarté.

Supposons $q = 2q' + 1$.

1° Si $p = 2p'$ on a :

$$u^{\frac{p}{q}} = \sqrt[p]{v^p} = v^{\frac{p}{q}}$$

donc :

$$y' = \frac{p}{q} v^{\frac{p}{q}-1} . v' = \frac{p}{q} v^{\frac{p}{q}} \frac{v'}{v} = \frac{p}{q} u^{\frac{p}{q}} \frac{u'}{u}$$

car on a :

$$\frac{v'}{v}=\frac{u'}{u}.$$

2° Si $p=2p'+1$,

$$u^{\frac{p}{q}}=\sqrt[q]{-v^p}=-v^{\frac{p}{q}};$$

donc dans ce cas :

$$y'=-\frac{p}{q}v^{\frac{p}{q}-1}.v'=-\frac{p}{q}v^{\frac{p}{q}}.\frac{v'}{v}=\frac{p}{q}u^{\frac{p}{q}}\frac{u'}{u};$$

on a donc bien dans tous les cas :

$$y'=mu^{m-1}u'.$$

**19. Applications.** — 1° Soit :

$$y=\frac{1}{x^m}.$$

Au lieu d'appliquer la règle relative à un quotient, il convient d'écrire $y=x^{-m}$ ce qui donne :

$$y'=-mx^{-m-1}=\frac{-m}{x^{m+1}}.$$

2°

$$y=\sqrt[m]{u}=u^{\frac{1}{m}},$$

on trouve :

$$y'=\frac{1}{m}u^{\frac{1}{m}-1}.u'$$

par exemple si :

$$y=\sqrt{u}$$

on a :

$$y'=\frac{u'}{2\sqrt{u}}.$$

3°

$$y=\sqrt{ax^2+2bx+c};$$

on a :

$$y'=\frac{ax+b}{\sqrt{ax^2+2bx+c}}.$$

4°

$$y=\frac{x^m}{(a+bx^n)^p}=x^m(a+bx^n)^{-p};$$

on trouve :

$$y' = \frac{x^{m-1}\left[ma + bx^n(m-np)\right]}{\left(a+bx^n\right)^{p+1}}.$$

5°
$$y = \frac{x}{2}\sqrt{x^2+p^2} + \frac{p^2}{2}\mathrm{L}\left(x+\sqrt{x^2+p^2}\right);$$

on trouve, toutes réductions faites :

$$y' = \sqrt{x^2+p^2}.$$

## FONCTIONS INVERSES

**20.** Soit $y = f(x)$ une fonction bien déterminée de $x$. A une valeur déterminée $x_0$ de la variable $x$ correspond par hypothèse une valeur $y_0$ de $y$. Par conséquent, en regardant $x$ comme inconnue, l'équation $y_0 = f(x)$ admet au moins une solution : $x = x_0$. On peut donc considérer $x$ comme une fonction de $y$ et poser $x = \varphi(y)$. Si l'on suppose $y = y_0$, le symbole $\varphi(y_0)$ pourra avoir plusieurs déterminations, mais l'une au moins de ces déterminations est égale à $x_0$. On dit que les fonctions $\varphi(x)$ et $f(x)$ *sont inverses l'une de l'autre.*

On a d'après ce qui précède :

$$y_0 = f(x_0), \; x_0 = \varphi(y_0),$$

donc :

$$y_0 = f[\varphi(y_0)] :$$

il en résulte que si l'on soumet $y_0$ successivement aux opérations représentées par les symboles $\varphi$ et $f$ on retrouve $y_0$. De même :

$$x_0 = \varphi[f(x_0)],$$

par conséquent les mêmes opérations, effectuées en sens contraire, se détruisent aussi; mais il faut, bien entendu, pour qu'il en soit ainsi, choisir une détermination convenable pour le résultat de l'opération représentée par le symbole $\varphi$.

**Exemple.** Soit :

$$y = a^x,$$

on en tire :

$$x = \log_a y;$$

donc, les fonctions $a^x$ et $\log_a x$ sont inverses l'une de l'autre. On a identiquement

$$y = a^{\log_a y} \text{ et } x = \log_a a^x.$$

**21. Théorème.** — *Si la fonction $f(x)$ est continue dans l'intervalle $(a, b)$ et croît de A à B, quand $x$ croît de $a$ à $b$, la fonction inverse $\varphi(x)$ sera continue et croissante dans l'intervalle (A, B) et croîtra de la valeur $a$ à la valeur $b$ quand $x$ croîtra de A à B.*

En effet, $x_0$ et $x_1$ étant compris entre $a$ et $b$, on a, par hypothèse,

$$\frac{f(x_0) - f(x_1)}{x_0 - x_1} > 0,$$

c'est-à-dire

$$\frac{y_0 - y_1}{\varphi(y_0) - \varphi(y_1)} > 0,$$

ou, ce qui revient au même,

$$\frac{\varphi(y_0) - \varphi(y_1)}{y_0 - y_1} > 0,$$

et cela exprime que la fonction $\varphi(x)$ est croissante dans l'intervalle (A, B).

En second lieu, supposons $x_1 > x_0$, et soit

$$x_1 = x_0 + h.$$

En désignant par $\beta$ un nombre positif tel que $x_0 + \beta$ appartienne à l'intervalle $(a, b)$, on a :

$$f(x_0 + \beta) = f(x_0) + \alpha,$$

$\alpha$ étant positif. Donc, on a :

$$f(x_0 + h) - f(x_0) < \alpha,$$

si l'on suppose $h < \beta$, puisque la fonction $f(x)$ est supposée croissante.

Je dis que l'inégalité

$$\varphi(y_0 + k) - (y_0) < \beta,$$

dont le premier membre est positif et égal à $h$, sera vérifiée si l'on suppose $k < \alpha$.

En effet, si l'on avait :

$$\varphi(y_0 + k) - \varphi(y_0) \geqslant \beta,$$

c'est-à-dire

$$h \geqslant \beta,$$

on aurait $k > \alpha$ puisque $k$ est égal à

$$f(x_0 + h) - f(x_0)$$

et que la fonction $f(x)$ est croissante.

C'est ainsi que si l'on suppose $a > 1$, la fonction $a^x$ est continue et croissante; il en est donc de même de la fonction $\log_a x$, c'est ce que nous avons vérifié directement.

**22. Théorème.** — *Si une fonction $\varphi(x)$ admet une dérivée $\varphi'(x)$, la fonction inverse $y = f(x)$ admet aussi une dérivée égale à $\frac{1}{\varphi'(y)}$.*

En effet, soit

$$y = f(x);$$

on en tire par hypothèse :

$$x = \varphi(y).$$

Pour savoir si $y$ admet une dérivée, on cherche si le rapport $\frac{\Delta y}{\Delta x}$ a une limite quand $\Delta x$ tend vers zéro.

Or on a identiquement :

$$\frac{\Delta y}{\Delta x} = \frac{1}{\left(\frac{\Delta x}{\Delta y}\right)}$$

c'est-à-dire

$$\frac{\Delta y}{\Delta x} = \frac{1}{\frac{\varphi(y + \Delta x) - \varphi(y)}{\Delta y}};$$

mais, par hypothèse quand $h$ tend vers zéro,

$$\lim \frac{\varphi(x + h) - \varphi(x)}{h} = \varphi'(x).$$

D'autre part, si $\Delta x$ tend vers zéro, il en est de même de $\Delta y$; donc

$$\lim \frac{\varphi(y + \Delta y) - \varphi(y)}{\Delta y} = \varphi'(y),$$

par suite : $\frac{\Delta y}{\Delta x}$ a une limite égale à $\frac{1}{\varphi'(y)}$, c'est-à-dire :

$$f'(x) = \frac{1}{\varphi'(y)}.$$

**Application.** — $a^x$ a pour dérivée $a^x$ L$a$. Donc, si l'on pose

$$y = \log_a x,$$

on a :

$$y'_x = \frac{1}{a^y \mathrm{L}a} = \frac{1}{x\mathrm{L}a}.$$

Inversement, sachant que $\log_a x$ a pour dérivée $\frac{1}{x\mathrm{L}a}$, si l'on pose

$$y = a^x$$

on a :

$$y' = \frac{1}{\left(\frac{1}{y\mathrm{L}a}\right)} = y\mathrm{L}a = a^x \mathrm{L}a.$$

DÉRIVÉES DES FONCTIONS CIRCULAIRES

**23. Dérivée de** $\sin x$. — On a :

$$\frac{\sin(x+h) - \sin x}{h} = \frac{2\sin\frac{h}{2}\cos\left(x+\frac{h}{2}\right)}{h}.$$

Si l'on suppose que $h$ tende vers zéro, la fraction $\frac{2\sin\frac{h}{2}}{h}$, que l'on peut écrire : $\frac{\sin\left(\frac{h}{2}\right)}{\left(\frac{h}{2}\right)}$, a pour limite 1 ; $\cos\left(x+\frac{h}{2}\right)$ a pour limite $\cos x$, donc :

$$\frac{d.\sin x}{dx} = \cos x,$$

par suite :

$$d.\sin x = \cos x.dx.$$

Il résulte de là que la dérivée de $\sin u$ est égale à $\cos u.u'$.

En particulier, si l'on pose

$$y = \sin(x+\alpha),$$

on a :

$$y' = \cos(x+\alpha) = \sin\left(x+\alpha+\frac{\pi}{2}\right).$$

**24. Dérivée de** $\cos x$. — Si dans les formules précédentes on pose : $\alpha = \frac{\pi}{2}$, on obtient :

$$y = \cos x \quad \text{et} \quad y' = -\sin x,$$

par suite, la dérivée de $\cos x$ est égale à $-\sin x$.

On peut établir directement ce résultat, en partant de l'identité :

$$\frac{\cos(x+h)-\cos x}{h}=-2\frac{\sin\frac{h}{2}\sin\left(x+\frac{h}{2}\right)}{h}.$$

La limite du rapport précédent est égale à $-\sin x$. On a donc :

$$\frac{d.\cos x}{dx}=-\sin x,$$

et par suite :

$$d.\cos x=-\sin x.dx.$$

**25. Dérivée de** tg $x$. — On a :

$$\operatorname{tg}(x+h)-\operatorname{tg}x=\frac{\sin(x+h)}{\cos(x+h)}-\frac{\sin x}{\cos x}=\frac{\sin h}{\cos x.\cos(x+h)}$$

par conséquent :

$$\frac{\operatorname{tg}(x+h)-\operatorname{tg}x}{h}=\frac{\sin h}{h}\cdot\frac{1}{\cos x\cos(x+h)}.$$

Si $h$ tend vers zéro, la limite de $\frac{\sin h}{h}$ étant égale à 1, la limite de l'expression précédente est égale à

$$\frac{1}{\cos^2 x}\quad\text{ou}\quad 1+\operatorname{tg}^2 x$$

donc

$$\frac{d.\operatorname{tg}x}{dx}=\frac{1}{\cos^2 x}=1+\operatorname{tg}^2 x$$

$$d.\operatorname{tg}x=\frac{dx}{\cos^2 x}=(1+\operatorname{tg}^2 x)\,dx.$$

On aurait pu appliquer la règle démontrée pour calculer la dérivée d'une fraction, à la fraction $\frac{\sin x}{\cos x}$. C'est cette méthode que nous suivrons dans l'exemple suivant.

**26. Dérivée de** cotg $x$. — Soit

$$y=\operatorname{cotg}x=\frac{\cos x}{\sin x},$$

on en tire :

$$y'=\frac{-\sin^2 x-\cos^2 x}{\sin^2 x}=-\frac{1}{\sin^2 x}=-(1+\operatorname{cotg}^2 x)$$

par suite :

$$d.\operatorname{cotg}x=-\frac{dx}{\sin^2 x}=-(1+\operatorname{cotg}^2 x)\,dx.$$

**27. Dérivée de** séc $x$. — Posons

$$y = \text{séc}\, x = \frac{1}{\cos x}.$$

on en tire :

$$y' = -\frac{1}{\cos^2 x} \times (-\sin x) = \frac{\sin x}{\cos^2 x} = \text{séc}\, x.\, \text{tg}\, x,$$

donc,

$$d.\,\text{séc}\, x = \frac{\sin x.\, dx}{\cos^2 x}.$$

**28. Dérivée de** coséc $x$. — Soit

$$y = \text{coséc}\, x = \frac{1}{\sin x},$$

on a :

$$y' = \frac{-1}{\sin^2 x} \times \cos x = -\,\text{coséc}\, x.\, \text{cotg}\, x.$$

et par suite

$$d.\,\text{coséc}\, x = \frac{-\cos x.\, dx}{\sin^2 x}.$$

**29. Résumé.** — Voici le tableau des dérivées des fonctions circulaires :

| FONCTION | DÉRIVÉE | DIFFÉRENTIELLE |
|---|---|---|
| $\sin x$ | $\frac{d.\sin x}{dx} = \cos x$ | $d.\sin x = \cos x.\, dx$ |
| $\cos x$ | $\frac{d.\cos x}{dx} = -\sin x$ | $d.\cos x = -\sin x.\, dx$ |
| $\text{tg}\, x$ | $\frac{d.\,\text{tg}\, x}{dx} = \frac{1}{\cos^2 x}$ | $d.\,\text{tg}\, x = \frac{dx}{\cos^2 x}$ |
| $\text{cotg}\, x$ | $\frac{d.\,\text{cotg}\, x}{dx} = -\frac{1}{\sin^2 x}$ | $d.\,\text{cotg}\, x = -\frac{dx}{\sin^2 x}$ |
| $\text{séc}\, x$ | $\frac{d.\,\text{séc}\, x}{dx} = \frac{\sin x}{\cos^2 x}$ | $d.\,\text{séc}\, x = \frac{\sin x.\, dx}{\cos^2 x}$ |
| $\text{coséc}\, x$ | $\frac{d.\,\text{coséc}\, x}{dx} = -\frac{\cos x}{\sin^2 x}$ | $d.\,\text{coséc} = -\frac{\cos x.\, dx}{\sin^2 x}.$ |

**30. Remarque.** — Si l'on désigne par $f(x)$ l'une quelconque des fonctions circulaires, la fonction complémentaire est égale à $f\left(\frac{\pi}{2} - x\right)$, il en résulte que si l'on a

$$f'(x) = \varphi(x),$$

la dérivée de la fonction complémentaire sera égale à $\varphi\left(\frac{\pi}{2}-x\right)$ multiplié par la dérivée de $\frac{\pi}{2}-x$, c'est-à-dire par $-1$, et par suite sera égale à

$$-\varphi\left(\frac{\pi}{2}-x\right).$$

Ainsi la dérivée de $\sin x$ étant égale à $\cos x$, celle de $\cos x$ sera égale à $-\cos\left(\frac{\pi}{2}-x\right)$, c'est-à-dire à $-\sin x$.

## FONCTIONS CIRCULAIRES INVERSES

**31. Arcsin** $x$. — On représente par la notation : $\arcsin x$, un arc ayant pour sinus un nombre égal à $x$; de sorte que si l'on désigne cet arc par $y$, on ait

$$\sin y = x, \qquad (1)$$

en supposant vérifiées les conditions :

$$-1 < x < 1. \qquad (2)$$

L'équation (1) admet une infinité de solutions quand on suppose les conditions (2) remplies. Parmi les arcs répondant à la question, il y en a un et un seul compris entre $-\frac{\pi}{2}$ et $+\frac{\pi}{2}$; désignons-le par $z$; on aura

$$\sin z = x. \qquad (3)$$

Si $z$ varie d'une manière continue, on sait que $\sin z$, c'est-à-dire $x$, varie d'une manière continue depuis $-1$ jusqu'à $+1$; donc (**21**) réciproquement, si $x$ varie d'une manière continue de $-1$ à $+1$, $z$ varie aussi d'une manière continue de $-\frac{\pi}{2}$ à $+\frac{\pi}{2}$.

Cela posé, on sait que toutes les solutions de l'équation (1) sont données par la formule

$$y = n\pi + (-1)^n \cdot z, \qquad (4)$$

$n$ désignant un nombre entier. A chaque valeur de $n$ correspond une détermination de $y$ qui varie d'une manière continue en même temps que $z$, c'est-à-dire quand $x$ varie de $-1$ à $+1$.

On représente la fonction $y$ par le symbole :

$$\arcsin x,$$

de sorte que l'équation :

$$y = \arcsin x \tag{5}$$

définit une infinité d'arcs. En convenant que $y$ est déterminé par l'équation (4) dans laquelle $n$ est un *entier donné*, on peut dire que la fonction $\arcsin x$ est continue quand $x$ varie de $-1$ à $+1$.

Nous allons chercher la dérivée de cette fonction.

**32. Dérivée de arcsin** $x$. — En remarquant que la fonction $\arcsin x$ est l'inverse de la fonction $\sin x$, on a immédiatement (**22**) :

$$y'_x = \frac{1}{\cos y}.$$

Mais de l'équation :

$$\sin y = x$$

on tire :

$$\cos y = \varepsilon\sqrt{1 - x^2},$$

par suite

$$y'_x = \frac{1}{\varepsilon\sqrt{1 - x^2}}$$

$\varepsilon$ désignant suivant l'usage $\pm 1$. On prend $\varepsilon = +1$, si $\cos y$ est positif; $\varepsilon = -1$, si $\cos y$ est négatif.

Si $y = z$, c'est-à-dire si l'arc est compris entre $-\frac{\pi}{2}$ et $+\frac{\pi}{2}$, son cosinus est positif; on a donc :

$$z'_x = \frac{1}{\sqrt{1 - x^2}}.$$

On voit de plus, en vertu de l'équation (4), que

$$y'_x = (-1)^n z'_x,$$

par suite : *à une valeur donnée de x correspondent une infinité de déterminations de la fonction arcsin x ayant des dérivées égales entre elles au signe près; mais, dès que l'une de ces déterminations est choisie, sa dérivée est complètement déterminée.*

**33. Méthode directe.** — On peut chercher la limite du rapport

$$\frac{\arcsin(x + h) - \arcsin x}{h} \quad \text{ou} \quad \frac{k}{h}$$

quand $h$ tend vers zéro.

Le numérateur représente un arc qui, par hypothèse, tend vers zéro en même temps que $h$; par suite, la limite cherchée est la même que celle de

$$\frac{\sin k}{h}.$$

Or, $k$ est la différence des arcs $y+k$ et $y$, on a donc :

$$\sin k = \sin(y+k)\cos y - \cos(y+k)\sin y,$$

c'est-à-dire :

$$\sin k = (x+h)\sqrt{1-x^2} - x\sqrt{1-(x+h)^2}$$

et, par conséquent :

$$\frac{\sin k}{h} = \frac{(x+h)\sqrt{1-x^2}-x\sqrt{1-(x+h)^2}}{h} = \frac{(x+h)^2(1-x^2)-x^2[1-(x+h)^2]}{h[(x+h)\sqrt{1-x^2}+x\sqrt{1-(x+h)^2}]}$$

ou, en simplifiant :

$$\frac{\sin k}{h} = \frac{2x+h}{(x+h)\sqrt{1-x^2}+x\sqrt{1-(x+h)^2}}$$

donc :

$$\lim \frac{\sin k}{h} = \frac{2x}{2x\sqrt{1-x^2}} = \frac{1}{\sqrt{1-x^2}}$$

Dans la démonstration précédente, $\sqrt{1-x^2}$ représente $\cos y$ et $\sqrt{1-(x+h)^2}$ représente $\cos(y+k)$; ces deux radicaux doivent être pris avec le même signe, puisque $k$ peut être supposé aussi petit qu'on veut. On retrouve donc bien :

$$y'_x = \frac{1}{\cos y}.$$

**Remarque.** — Il est facile de refaire, dans le cas présent, la démonstration générale relative au calcul des dérivées des fonctions inverses. En effet, nous avons à trouver la limite de $\frac{k}{h}$ ou de

$$\frac{k}{\sin(y+k)-\sin y}$$

lorsque $k$ tend vers zéro. Cette limite est évidemment égale à $\frac{1}{\cos y}$.

**34. Arccos $x$.** — On représente par arccos $x$ un arc dont le cosinus est égal à $x$, $x$ étant compris entre $-1$ et $+1$.

L'équation :

$$\cos y = x \qquad (1)$$

a une infinité de solutions, en supposant :

$$-1 < x < 1. \qquad (2)$$

Parmi les arcs dont le cosinus est égal à $x$, $x$ étant un nombre donné compris entre $-1$ et $+1$, il y en a un et un seul compris entre 0 et $\pi$; désignons-le par $z$, de sorte que :

$$\cos z = x \qquad (3)$$

Lorsque $x$ varie de $-1$ à $+1$, $z$ varie d'une manière continue en décroissant de $\pi$ à 0.

La solution générale de l'équation (1) est donnée par la formule

$$y = 2k\pi \pm z. \qquad (4)$$

$k$ étant un entier arbitraire.

Si l'on suppose que $k$ représente un entier déterminé, et si l'on choisit l'un des deux signes $+$ ou $-$, $y$ varie évidemment d'une manière continue quand $x$ varie de $-1$ à $+1$, et nous conviendrons de poser :

$$y = \arccos x \qquad (5)$$

$y$ étant définie comme on vient de le dire.

**35. Dérivée de arccos $x$.** — La fonction $y = \arccos x$ et la fonction cos $x$ sont inverses l'une de l'autre; donc :

$$y'_x = \frac{1}{-\sin y}$$

mais l'équation (1) donne :

$$\sin y = \varepsilon\sqrt{1 - x^2}$$

$\varepsilon$ étant égal à $\pm 1$; donc :

$$y'_x = \frac{1}{-\varepsilon\sqrt{1 - x^2}}.$$

On voit que l'on doit prendre $\varepsilon = +1$, si le sinus de l'arc $y$ est positif, c'est-à-dire si $y = 2k\pi + z$; on doit prendre $\varepsilon = -1$, si $y = 2k\pi - z$. En particulier :

$$z'_x = \frac{-1}{\sqrt{1-x^2}}.$$

On a donc $y'_x = \pm z'_x$.

*A une valeur donnée de $x$ correspondent une infinité de déterminations de la fonction* arccos $x$ *ayant des dérivées égales entre elles au signe près. Mais si l'on choisit une détermination de $y$, sa dérivée est déterminée.*

On peut encore expliquer pourquoi les dérivées des fonctions arcsin $x$ et arccos $x$ sont égales, au signe près, pour une même valeur de $x$.

En effet, si l'on pose :

$$u = \arcsin x \qquad v = \arccos x,$$

on a :

$$\sin u = \cos v,$$

ou

$$\cos\left(\frac{\pi}{2} - u\right) = \cos v,$$

par conséquent :

$$\frac{\pi}{2} - u = 2k\pi \pm v.$$

On en conclut :

$$-u'_x = \pm v'_x.$$

Si l'on suppose $u$ compris entre $-\frac{\pi}{2}$ et $+\frac{\pi}{2}$ et $v$ entre 0 et $\pi$, on a

$$v = \frac{\pi}{2} - u,$$

et, par suite

$$v'_x = -u'_x,$$

de sorte que, dans ce cas :

$$u'_x = \frac{1}{\sqrt{1-x^2}} \text{ et } v'_x = -\frac{1}{\sqrt{1-x^2}}.$$

**Remarque.** — On peut trouver la limite de

$$\frac{\arccos(x+h) - \arccos x}{h}$$

quand $h$ tend vers zéro. On procédera comme pour arcsin $x$ : en posant $k = \arccos(x+h) - \arccos x$, on cherchera encore la limite de $\frac{\sin k}{h}$.

**36. Arctg $x$.** — L'équation,

$$\operatorname{tg} y = x \qquad (1)$$

a une infinité de solutions ; il y a toujours un arc et un seul, compris entre $-\frac{\pi}{2}$ et $+\frac{\pi}{2}$, que nous désignerons par $z$ et tel que :

$$\operatorname{tg} z = x, \qquad (2)$$

$x$ étant un nombre donné quelconque. Si $z$ varie d'une manière continue de $-\frac{\pi}{2}$ à $+\frac{\pi}{2}$, $x$ varie d'une manière continue de $-\infty$ à $+\infty$. Inversement, si $x$ varie d'une manière continue de $-\infty$ à $+\infty$, $z$ varie d'une manière continue de $-\frac{\pi}{2}$ à $+\frac{\pi}{2}$.

On a, $k$ étant un entier quelconque :

$$y = k\pi + z. \qquad (3)$$

Donc, en supposant que $k$ désigne un entier déterminé, $y$ varie d'une manière continue, et dans le même sens que $z$, quand $x$ varie de $-\infty$ à $+\infty$. Nous représenterons la fonction $y$ ainsi déterminée par arctg $x$, en posant :

$$y = \operatorname{arctg} x \qquad (4)$$

**37. Dérivée de arctg $x$.** — La fonction $y = \operatorname{arctg} x$ et la fonction $\operatorname{tg} x$ étant inverses, on a :

$$y'_x = \frac{1}{1+\operatorname{tg}^2 y};$$

c'est-à-dire :

$$y'_x = \frac{1}{1+x^2}.$$

*A chaque valeur de $x$ correspondent une infinité de déterminations de $y$ ayant toutes la même dérivée* ; ce qui s'explique facilement en remarquant, qu'en vertu de l'équation (3), $y$ et $z$ ne diffèrent que par une constante :

$$y'_x = z'_x.$$

**38. Démonstration directe.** — Il s'agit de chercher la limite de :

$$\frac{\operatorname{arctg}(x+h) - \operatorname{arctg} x}{h};$$

mais le numérateur étant un arc dont la limite est zéro, on peut le remplacer par sa tangente, la limite du rapport ne sera pas changée. Or, la tangente du numérateur est égale à :

$$\frac{(x+h)-x}{1+(x+h)x}=\frac{h}{1+x^2+hx},$$

nous avons donc à chercher la limite de :

$$\frac{1}{1+x^2+hx}$$

et, par suite, la dérivée de arctg $x$ est égale à $\frac{1}{1+x^2}$, comme nous l'avions trouvé.

39. **Arccotg** $x$. — L'équation :

$$\operatorname{cotg} y = x \qquad (1)$$

admet une infinité de solutions. En raisonnant comme plus haut, on voit que la solution générale est :

$$y = k\pi + z, \qquad (2)$$

$z$ désignant un arc qui varie d'une manière continue de $\pi$ à 0, quand $x$ varie d'une manière continue de $-\infty$ à $+\infty$. Si $k$ désigne un nombre entier déterminé, l'équation (2) définit une fonction continue, et nous poserons :

$$y = \operatorname{arccotg} x.$$

40. **Dérivée de arccotg** $x$. — La fonction $y = \operatorname{arccotg} x$ est l'inverse de cotg $x$.

Donc :

$$y'_x = \frac{1}{-(1+\operatorname{cotg}^2 y)},$$

par suite,

$$y'_x = -\frac{1}{1+x^2}.$$

On a $y'_x = z'_x$, par suite, à chaque valeur de $x$ correspond une seule dérivée.

Si l'on pose :

$$u = \operatorname{arctg} x$$
$$v = \operatorname{arccotg} x$$

on aura :

$$\operatorname{tg} u = \operatorname{cotg} v = \operatorname{tg}\left(\frac{\pi}{2} - v\right)$$

d'où :

$$u = k\pi + \frac{\pi}{2} - v$$

par suite :

$$u'_x = -v'_x,$$

ce qui explique pourquoi les dérivées des fonctions $\operatorname{arctg} x$ et $\operatorname{arccotg} x$ sont égales et de signes contraires, pour une même valeur de $x$.

**41. Démonstration directe.** — On cherche la limite de

$$\frac{\operatorname{arccotg}(x+h) - \operatorname{arccotg} x}{h}$$

ou, en remplaçant le numérateur par sa tangente, la limite de

$$\frac{\frac{1}{x+h} - \frac{1}{x}}{h\left[1 + \frac{1}{(x+h)x}\right]} = \frac{-1}{x^2 + hx + 1}, \text{ etc.}$$

**42. Arcséc** $x$. — On sait que la sécante d'un arc a une valeur absolue plus grande que l'unité. L'équation :

$$\operatorname{séc} y = x \tag{1}$$

a une infinité de solutions, pourvu que l'on ait :

$$x > 1 \quad \text{ou bien} \quad x < -1.$$

Parmi les arcs répondant à la question, il y en a un et un seul compris entre 0 et $\pi$; désignons-le par $z$. Si $z$ croît d'une manière continue de $+\frac{\pi}{2}$ à $\pi$, $\operatorname{séc} z$ croît d'une manière continue de $-\infty$ à $-1$; et si $z$ croît d'une manière continue de 0 à $\frac{\pi}{2}$, $\operatorname{séc} z$ croît de $+1$ à $+\infty$. Donc, inversement, si l'on pose :

$$\operatorname{séc} z = x \tag{2}$$

quand $x$ varie de $-\infty$ à $-1$, $z$ croît d'une manière continue de $\frac{\pi}{2}$

à $\pi$; et quand $x$ varie de $+1$ à $+\infty$, $z$ croît de 0 à $\frac{\pi}{2}$. En résumé, on peut dresser le tableau suivant :

| | | | |
|---|---|---|---|
| $x$ | $-\infty$ . . . . . . $-1$ | | $+1$ . . . . . . . . $+\infty$ |
| $z$ | $\frac{\pi}{2}$ . . . . croît . . . $\pi$ | | 0 . . . croît . . . . $\frac{\pi}{2}$. |

On a ensuite :

$$y = 2k\pi \pm z, \tag{3}$$

$k$ étant un entier quelconque. Si l'on donne à $k$ une valeur entière déterminée et si l'on choisit le signe $+$ ou le signe $-$, la formule (3) définit une fonction $y$ continue dans chacun des intervalles de $-\infty$ à $-1$ et de $+1$ à $+\infty$, et que nous représenterons par la formule :

$$y = \text{arcséc}\, x.$$

**43. Dérivée de arcséc $x$.** — La fonction $y$, que nous venons de définir, étant l'inverse de séc $x$ on a :

$$y'_x = \frac{1}{\text{séc}\, y \,.\, \text{tg}\, y};$$

or, séc $y = x$, donc : $\text{tg}\, y = \varepsilon\sqrt{x^2 - 1}$.

Par suite,

$$y'_x = \frac{1}{\varepsilon x\sqrt{x^2 - 1}}$$

$\varepsilon$ étant égal à $\pm 1$.

L'équation (3) donne $y'_x = \pm z'_x$; donc, à chaque valeur de $x$ correspondent deux déterminations de $y'_x$, égales et de signes contraires. Si $y$ est donnée, on prendra $\varepsilon$ avec le même signe que tg $y$. En particulier :

$$z'_x = \frac{1}{x\sqrt{x^2 - 1}}.$$

**44. Autre méthode.** — On a $y = \arccos \frac{1}{x}$; on en déduit facilement la dérivée de $y$ en appliquant le théorème des fonctions de fonctions.

On peut aussi, en posant :

$$k = \text{arcséc}\,(x + h) - \text{arcséc}\, x,$$

chercher la limite de $\frac{\sin k}{h}$ quand $h$ tend vers zéro.

**45. Arccoséc** $x$. — Si $x$ désigne un nombre compris entre $-\infty$ et $-1$, ou entre $+1$ et $+\infty$ l'équation :

$$\text{coséc}\, y = x \tag{1}$$

admet une infinité de solutions, parmi lesquelles on peut choisir un arc compris entre $-\frac{\pi}{2}$ et $+\frac{\pi}{2}$ que nous désignerons par $z$, et l'on reconnait aisément que si $x$ varie de $-\infty$ à $-1$, $z$ décroît d'une manière continue de 0 à $-\frac{\pi}{2}$, et quand $x$ croît de $+1$ à $+\infty$, $z$ décroît de $\frac{\pi}{2}$ à 0; de telle sorte qu'on peut former le tableau suivant :

| | | |
|---|---|---|
| $x$ | $-\infty$ . . . . . . . . $-1$ | $+1$ . . . . . . . . $+\infty$ |
| $z$ | 0 . . . décroît . . . $-\frac{\pi}{2}$ | $+\frac{\pi}{2}$. . . décroît. . . $+0$ |

Enfin, on a :

$$y = n\pi + (-1)^n \,.\, z, \tag{2}$$

$n$ désignant un entier quelconque. Si l'on donne à $n$ une valeur entière déterminée, cette équation définit une fonction continue de $x$ que nous représenterons par l'équation :

$$y = \text{arccoséc}\, x. \tag{2}$$

**46. Dérivée de arccoséc** $x$. — La fonction $y$ que nous venons de définir est l'inverse de coséc $x$; donc :

$$y'_x = \frac{1}{-\text{coséc}\, x . \text{cotg}\, y}$$

par suite,

$$y'_x = \frac{-1}{\varepsilon\, x . \sqrt{x^2 - 1}}. \tag{4}$$

L'équation (2) donne $y'_x = (-1)^n . z'_x$; le double signe de la formule (4) se trouve ainsi expliqué. On donnera à $\varepsilon$, quand la détermination de $y$ sera choisie, le signe de cotg $y$.

Enfin, si l'on pose :

$$u = \text{arcséc}\, x, \qquad v = \text{arccoséc}\, x,$$

on a :

$$\text{séc}\, u = \text{coséc}\, v = \text{séc}\left(\frac{\pi}{2} - v\right)$$

par suite,

$$\frac{\pi}{2} - v = 2k\pi \pm u,$$

et

$$v'_x = \pm u'_x.$$

Si l'on suppose $u$ entre 0 et $\pi$ et $v$ entre $-\frac{\pi}{2}$ et $+\frac{\pi}{2}$, on a

$$v = \frac{\pi}{2} - u$$

et, par conséquent :

$$v'_x = -u'_x.$$

**Autre méthode.** — En posant :

$$k = \text{arccoséc}\,(x + h) - x,$$

on cherchera la limite de $\frac{\sin k}{h}$.

**47. Résumé.** — Il faut savoir par cœur les dérivées des fonctions circulaires inverses. En voici le tableau :

| | |
|---|---|
| $\frac{d\,.\,\text{arcsin}\,x}{dx} = \frac{1}{\varepsilon\sqrt{1-x^2}} = \frac{1}{\cos y}$ | $d\,.\,\text{arcsin}\,x = \frac{dx}{\varepsilon\sqrt{1-x^2}} = \frac{dx}{\cos y}$ |
| $\frac{d\,.\,\text{arccos}\,x}{dx} = -\frac{1}{\varepsilon\sqrt{1-x^2}} = \frac{-1}{\sin y}$ | $d\,.\,\text{arccos}\,x = -\frac{dx}{\varepsilon\sqrt{1-x^2}} = \frac{-dx}{\sin y}$ |
| $\frac{d\,.\,\text{arctg}\,x}{dx} = \frac{1}{1+x^2}$ | $d\,.\,\text{arctg}\,x = \frac{dx}{1+x^2}$ |
| $\frac{d\,.\,\text{arccotg}\,x}{dx} = -\frac{1}{1+x^2}$ | $d\,.\,\text{arccotg}\,x = -\frac{dx}{1+x^2}$ |
| $\frac{d\,.\,\text{arcséc}\,x}{dx} = \frac{1}{\varepsilon x\sqrt{x^2-1}} = \frac{1}{\text{séc}\,y\ \text{tg}\,y}$ | $d\,.\,\text{arcséc}\,x = -\frac{dx}{\varepsilon x\sqrt{x^2-1}} = -\frac{dx}{\text{séc}\,y\ \text{tg}\,y}$ |
| $\frac{d\,.\,\text{arccoséc}\,x}{dx} = -\frac{1}{\varepsilon x\sqrt{x^2-1}} = \frac{-1}{\text{coséc}\,y\ \text{cotg}\,y}$ | $d\,.\,\text{arccoséc}\,x = -\frac{dx}{\varepsilon x\sqrt{x^2-1}} = \frac{-dx}{\text{coséc}\,y\ \text{cotg}\,y}$ |

$\varepsilon$ représentant $\pm 1$.

**48. Applications.** — 1° Soit :

$$y = \text{arctg}\,\frac{a-x}{1+ax}.$$

Si l'on pose :

$$\frac{a-x}{1+ax} = u,$$

on a :

$$y = \text{arc tg}\,u,$$

donc :

$$y'_x = \frac{1}{1+u^2}\cdot u' = \frac{1}{1+\left(\frac{a-x}{1+ax}\right)^2} \times \frac{-(1+ax)-(a-x)a}{(1+ax)^2}$$

c'est-à-dire :

$$y'_x = \frac{-(1+a^2)}{(1+ax)^2+(a-x)^2} = \frac{-1}{1+x^2}.$$

Il est facile d'expliquer ce résultat. En effet, si l'on pose $a = \operatorname{tg}\alpha$, et $x = \operatorname{tg} z$, on a :

$$\operatorname{tg} y = \frac{a-x}{1+ax} = \frac{\operatorname{tg}\alpha - \operatorname{tg} z}{1+\operatorname{tg}\alpha . \operatorname{tg} z} = \operatorname{tg}(\alpha - z),$$

par suite,

$$y = \alpha - z + k\pi;$$

donc :

$$y'_x = -z'_x.$$

2°
$$y = a . \operatorname{arccos}\frac{a-x}{a} - \sqrt{2ax - x^2}.$$

Supposons arccos $\frac{a-x}{a}$ compris entre 0 et $\pi$; on doit supposer $2ax - x^2 \geqslant 0$ et $\left(\frac{a-x}{a}\right)^2 \leqslant 1$; ces deux conditions rentrent d'ailleurs l'une dans l'autre.

Cela posé.

$$y'_x = \frac{-a}{\sqrt{1-\left(\frac{a-x}{a}\right)^2}} \times \frac{-1}{a} - \frac{a-x}{\sqrt{2ax - x^2}}$$

ou en simplifiant :

$$y'_x = \frac{x}{\sqrt{2ax - x^2}}.$$

3° Soient :

$$y = \text{L}.\sin x, \qquad z = \text{L}.\cos x \qquad u = \text{L}.\operatorname{tg} x,$$

on a

$$y'_x = \operatorname{cotg} x, \qquad z'_x = -\operatorname{tg} x \qquad u' = \frac{2}{\sin 2x}.$$

**49. Dérivées des fonctions hyperboliques.** — Nous avons établi les formules

$$\cos x = \frac{e^{ix} + e^{-ix}}{2}$$

$$\sin x = \frac{e^{ix} - e^{-ix}}{2i}$$

qui peuvent servir à définir les fonctions circulaires $\cos x$ et $\sin x$. On a été conduit à introduire dans l'Analyse les fonctions

$$\frac{e^x + e^{-x}}{2} \text{ et } \frac{e^x - e^{-x}}{2},$$

auxquelles on a donné les noms de *cosinus hyperbolique* et de *sinus hyperbolique*. En posant

$$\text{Ch}\, x = \frac{e^x + e^{-x}}{2} \qquad \text{Sh}\, x = \frac{e^x - e^{-x}}{2}$$

on vérifie immédiatement la relation

$$\text{Ch}^2 x - \text{Sh}^2 x = 1,$$

de sorte que l'on peut regarder Ch $x$ et Sh $x$ comme étant les coordonnées d'un point d'une hyperbole équilatère rapportée à ses axes de symétrie, de même que

$\cos x$ et $\sin x$ peuvent être regardés comme étant les coordonnées d'un point d'un cercle de rayon égal à l'unité et rapporté à deux diamètres rectangulaires.

On peut également considérer les fonctions

$$\text{Th}\, x = \frac{\text{Sh}x}{\text{Ch}x} = \frac{e^x - e^{-x}}{e^x + e^{-x}}, \quad \text{Coth}\, x = \frac{\text{Ch}x}{\text{Sh}x} = \frac{e^x + e^{-x}}{e^x - e^{-x}}$$

$$\text{Séch}\, x = \frac{1}{\text{Ch}\, x} = \frac{2}{e^x + e^{-x}}, \quad \text{Coséch}\, x = \frac{1}{\text{Sh}\, x} = \frac{2}{e^x - e^{-x}};$$

que l'on nomme tangente hyperbolique, cotangente hyperbolique, etc.

On a :

$$\text{Ch}\,(-x) = \text{Ch}\, x, \qquad \text{Sh}\,(-x) = -\text{Sh}\, x, \text{ etc.}$$

Si $x$ croît de 0 à $+\infty$, $\frac{1}{2}\left(e^x - \frac{1}{e^x}\right)$ croît de 0 à $+\infty$, donc

$$\text{Ch}\, x = \sqrt{1 + \text{Sh}^2 x}$$

va aussi en croissant, de 1 à $+\infty$. On doit prendre le radical avec le signe +, car la fraction $\frac{e^x + e^{-x}}{2}$ est positive quel que soit $x$.

Cela étant, on peut déterminer un angle $\varphi$ tel que

$$\text{Ch}\, x \cos \varphi = 1.$$

On trouve sans peine

$$\begin{aligned} \text{Ch}\, x &= \text{séc}\, \varphi. \\ \text{Sh}\, x &= \text{tg}\, \varphi. \\ \text{Th}\, x &= \sin \varphi. \\ \text{Séc}\, h\, x &= \cos \varphi. \\ \text{Coséc}\, h\, x &= \cot \varphi. \\ \text{Cot}\, h\, x &= \text{coséc}\, \varphi. \end{aligned}$$

On obtient encore cette formule

$$\text{Th}\, \frac{1}{2} x = \text{tg}\, \frac{1}{2} \varphi$$

et enfin

$$e^x = \text{tg}\left(\frac{\pi}{4} + \frac{\varphi}{2}\right)$$

d'où

$$x = \text{L. tg}\left(\frac{\pi}{4} + \frac{\varphi}{2}\right).$$

On calcule aisément les dérivées des fonctions hyperboliques. On obtient le tableau suivant :

$$\begin{aligned} \frac{d.\,\text{Ch}\, x}{dx} &= \text{Sh}\, x. \\ \frac{d.\,\text{Sh}\, x}{dx} &= \text{Ch}\, x. \\ \frac{d.\,\text{Th}\, x}{dx} &= \frac{1}{\text{Ch}^2 x}. \\ \frac{d.\,\text{Coth}\, x}{dx} &= \frac{1}{\text{Sh}^2 x}. \\ \frac{d.\,\text{Séch}\, x}{dx} &= \text{Th}\, x\, \text{Séch}\, x. \\ \frac{d.\,\text{Coséch}\, x}{dx} &= \text{Coth}\, x\, \text{Coséch}\, x. \end{aligned}$$

On trouve encore

$$\frac{d.\,\mathrm{L\,Sh}\,x}{dx} = \mathrm{Coth}\,x$$

$$\frac{d.\,\mathrm{L\,Ch}\,x}{dx} = \mathrm{Th}\,x.$$

**50. Fonctions hyperboliques inverses.** — Si l'on pose

$$y = \frac{e^x + e^{-x}}{2}$$

on en tire

$$e^{2x} - 2ye^x + 1 = 0,$$

équation du second degré en $e^x$ dont les racines sont réelles quand $y$ est supérieur à 1, de sorte que l'on a les deux solutions

$$e^x = y + \sqrt{y^2 - 1}, \quad e^x = \frac{1}{y + \sqrt{y^2 - 1}}$$

et par suite

$$x = \pm \mathrm{L}\,(y + \sqrt{y^2 - 1}).$$

La fonction $\pm \mathrm{L}\,(x + \sqrt{x^2 - 1})$ se nomme *argument dont le cosinus hyperbolique est x*, et on la représente par la notation

$$\mathrm{ArgCh}\,x.$$

De même en posant

$$y = \frac{e^x - e^{-x}}{2}$$

on trouve, en remarquant que $e^x$ doit être positif

$$e^x = y + \sqrt{y^2 + 1},$$

ou

$$x = \mathrm{L}\,(y + \sqrt{y^2 + 1}).$$

On pose

$$\mathrm{ArgSh}\,x = \mathrm{L}\,(x + \sqrt{x^2 + 1}).$$

Enfin l'équation

$$y = \frac{e^x + e^{-x}}{e^x - e^{-x}}$$

donne

$$x = \mathrm{L}\sqrt{\frac{1 + y}{1 - y}}.$$

La fonction

$$\mathrm{L}\sqrt{\frac{1 + x}{1 - x}}$$

a reçu le nom de : *Argument dont la tangente hyperbolique est x*, et l'on pose

$$\mathrm{ArgTh}\,x = \mathrm{L}\sqrt{\frac{1 + x}{1 - x}}.$$

On trouve de même

$$\text{ArgSéch}\, x = \pm \mathrm{L}\left(1 + \frac{\sqrt{1 - x^2}}{x}\right)$$

$$\text{ArgCoséch}\, x = \mathrm{L}\left(1 + \frac{\sqrt{1 + x^2}}{x}\right)$$

$$\text{ArgCoth}\, x = \mathrm{L}\sqrt{\frac{x + 1}{x - 1}}.$$

Puis,

$$\frac{d\,.\,\text{ArgCh}\, x}{dx} = \pm \frac{1}{\sqrt{x^2 - 1}} \qquad (x^2 > 1)$$

$$\frac{d\,.\,\text{ArgSh}\, x}{dx} = \frac{1}{\sqrt{x^2 + 1}}$$

$$\frac{d\,.\,\text{ArgTh}\, x}{dx} = \frac{1}{1 - x^2} \qquad (x^2 < 1)$$

$$\frac{d\,.\,\text{ArgCoth}\, x}{dx} = \frac{1}{1 - x^2} \qquad (x^2 > 1)$$

$$\frac{d\,.\,\text{ArgSéch}\, x}{dx} = \frac{\mp 1}{x\sqrt{1 - x^2}} \qquad (x^2 < 1)$$

$$\frac{d\,.\,\text{ArgCoséch}\, x}{dx} = \frac{-1}{x\sqrt{1 + x^2}}.\ *$$

## THÉORÈME DES ACCROISSEMENTS FINIS

**51**. Nous établirons d'abord le théorème suivant dû à Rolle. *Soit* $F(x)$ *une fonction de* $x$, *continue dans l'intervalle* $(a, b)$, *limitée dans cet intervalle et admettant pour chaque valeur de* $x$ *comprise entre* $a$ *et* $b$ *une dérivée finie et bien déterminée : si l'on a* $F(a) = 0$, *et* $F(b) = 0$, *on aura aussi* $F'(c) = 0$, *c étant un nombre déterminé compris entre a et b.*

En d'autres termes, les conditions précédentes étant supposées remplies, *deux racines réelles* $a$, $b$ *de l'équation* $F(x) = 0$, *comprennent au moins une racine de l'équation dérivée* $F'(x) = 0$.

En effet, la fonction $F(x)$ étant continue et limitée dans l'intervalle $(a, b)$ atteint nécessairement un maximum et un minimum absolu pour une valeur de $x$ appartenant à cet intervalle. Or la fonction a pour valeur initiale et pour valeur finale zéro; elle atteint nécessairement un maximum ou un minimum pour une valeur de $x$ *comprise* entre $a$ et $b$, car autrement il faudrait

* Pour plus de détails sur les fonctions hyperboliques, voir par exemple : *Mathesis*, t. IV, « Précis de la théorie des fonctions hyperboliques, par M. Mansion. »

admettre qu'elle est maximum pour $x=a$ et minimum pour $x=b$ ou inversement, mais dans ce cas elle serait nulle pour toutes les valeurs comprises entre $a$ et $b$, ce que nous ne supposerons pas. Il existe donc au moins une valeur de $x$ comprise entre $a$ et $b$ et pour laquelle $F(x)$ est maximum ou minimum; soit $c$ cette valeur ou l'une de ces valeurs s'il y en a plusieurs. En désignant par $h$ un nombre positif tel que $c-h$ et $c+h$ soient compris entre $a$ et $b$, les deux différences :

$$F(c+h)-F(c) \text{ et } F(c-h)-F(c)$$

ont le même signe ; donc les rapports

$$\frac{F(c+h)-F(c)}{h} \text{ et } \frac{F(c-h)-F(c)}{-h}$$

ont des signes contraires. Or, par hypothèse, ces deux rapports ont une limite commune, finie, quand $h$ tend vers zéro; cette limite ne peut être différente de zéro. On a donc :

$$F'(c)=0.$$

**52. Théorème.** — *La fonction $f(x)$ ayant une valeur finie et déterminée pour $x=a$, pour $x=b$ et pour toutes les valeurs comprises entre $a$ et $b$; si en outre elle admet une dérivée finie et bien déterminée pour chaque valeur de $x$ comprise entre $a$ et $b$, on a :*

$$f(b)-f(a)=(b-a)f'(c)$$

*$c$ désignant un nombre compris entre $a$ et $b$.*

En effet, $f(a)$, $f(b)$, $b-a$ sont par hypothèse des nombres déterminés, de plus la différence $b-a$ est supposée différente de zéro, par suite la fraction :

$$\frac{f(b)-f(a)}{b-a}$$

a une valeur finie et déterminée que nous représenterons par P, de sorte que :

$$\frac{f(b)-f(a)}{b-a}=P,$$

d'où :

$$f(b)-f(a)-P(b-a)=0 \qquad (1)$$

Cela posé, la fonction :

$$f(x) - f(a) - P(x - a)$$

est évidemment finie et déterminée pour toute valeur de $x$ comprise entre $a$ et $b$; de plus, cette fonction est nulle pour $x = b$, en vertu de l'égalité (1); elle s'annule identiquement quand on remplace $x$ par $a$. En outre, pour toute valeur de $x$ comprise entre $a$ et $b$, elle admet une dérivée finie et bien déterminée, égale à :

$$f'(x) - P$$

donc, en vertu du théorème de Rolle, cette dérivée est nulle au moins pour une valeur de $x$ comprise entre $a$ et $b$, valeur que nous désignerons par $c$, de sorte que :

$$f'(c) - P = 0,$$

ou :

$$P = f'(c),$$

c'est-à-dire :

$$\frac{f(b) - f(a)}{b - a} = f'(c),$$

ce qui démontre la proposition.

En posant $b - a = h$, on peut écrire :

$$c = a + \theta h,$$

$\theta$ étant un nombre inconnu, mais certainement compris entre 0 et 1. On a ainsi la formule :

$$f(a + h) - f(a) = h f'(a + \theta h) \qquad (0 < \theta < 1)$$

qui a reçu le nom de *formule des accroissements finis*.

**Remarque.** — La démonstration précédente, remarquable en ce sens qu'elle n'exige pas que la dérivée $f'(x)$ soit continue, est due à M. O. Bonnet. Cette démonstration suppose seulement que la dérivée $f'(x)$ *existe* et *soit finie* dans l'intervalle $(a, b)$.

**53. Théorème.** — *Soient $f(x)$ et $\varphi(x)$ deux fonctions finies et continues dans l'intervalle $(a, b)$, admettant dans cet intervalle, chacune une dérivée finie et bien déterminée; supposons en outre que $f(a)$, $f(b)$, $\varphi(a)$, $\varphi(b)$ soient des nombres déterminés, que la différence $\varphi(b) - \varphi(a)$ ne soit pas nulle, et enfin que $f'(x)$ et $\varphi'(x)$ ne puissent* *être nulles pour une même valeur de $x$ comprise entre $a$ et $b$. Toutes ces conditions étant remplies, on a :*

$$\frac{f(b)-f(a)}{\varphi(b)-\varphi(a)}=\frac{f'(c)}{\varphi'(c)},$$

*$c$ étant un nombre compris entre $a$ et $b$.*

En effet, nous pouvons poser :

$$\frac{f(b)-f(a)}{\varphi(b)-\varphi(a)}=\mathrm{P}, \tag{1}$$

P désignant un nombre bien déterminé. La fonction :

$$f(x)-f(a)-\mathrm{P}\,[\varphi(x)-\varphi(a)]$$

est nulle pour $x=b$, en vertu de l'égalité (1), elle s'annule pour $x=a$ et sa dérivée, égale à

$$f'(x)-\mathrm{P}\,\varphi'(x),$$

est finie et bien déterminée pour toute valeur de $x$ comprise entre $a$ et $b$; on a donc :

$$f'(c)-\mathrm{P}\,\varphi'(c)=0,$$

$c$ désignant un nombre inconnu, mais compris entre $a$ et $b$.

On ne peut pas supposer $\varphi'(c)=0$, car on aurait aussi $f'(c)=0$, en vertu de l'égalité précédente, et cela est contraire à l'hypothèse; donc :

$$\mathrm{P}=\frac{f'(c)}{\varphi'(c)} \quad \text{ou} \quad \frac{f(b)-f(a)}{\varphi(b)-\varphi(a)}=\frac{f'(c)}{\varphi'(c)},$$

ou encore, en posant $b=a+h$, et $\theta$ désignant un nombre compris entre 0 et 1 :

$$\frac{f(a+h)-f(a)}{\varphi(a+h)-\varphi(a)}=\frac{f'(a+\theta h)}{\varphi'(a+\theta h)}$$

**Remarques.** 1° En général, on applique ce théorème dans un intervalle $(a, b)$ dans lequel chacune des deux dérivées $f'(x)$, $\varphi'(x)$ est différente de zéro.

2° Si l'on écrit le déterminant

$$\begin{vmatrix} f(x) & \varphi(x) & 1 \\ f(a) & \varphi(a) & 1 \\ f(b) & \varphi(b) & 1 \end{vmatrix}$$

on voit qu'il s'annule pour $x=a$ et pour $x=b$; donc sa dérivée est nulle pour $x=c$, $c$ étant compris entre $a$ et $b$. Ce qui donne

$$\begin{vmatrix} f'(c) & \varphi'(c) & 0 \\ f(a)-f(b) & \varphi(a)-\varphi(b) & 0 \\ f(b) & \varphi(b) & 1 \end{vmatrix}=0$$

d'où

$$\frac{f'(c)}{\varphi'(c)}=\frac{f(a)-f(b)}{\varphi(a)-\varphi(b)}.$$

**54. Dérivées partielles du premier ordre d'une fonction de plusieurs variables indépendantes.** — Soit, par exemple, $f(x, y, z)$ une fonction de trois variables $x, y, z$, continue par rapport à chacune d'elles pour des valeurs données de ces variables. On dit que $f(x, y, z)$ admet une dérivée *par rapport à x*, si le rapport :

$$\frac{f(x+h, y, z) - f(x, y, z)}{h}$$

a une limite finie et bien déterminée quand $h$ tend vers zéro. Cette dérivée est représentée par la notation $f'_x(x, y, z)$, ou simplement $f'_x$. De même $f'_y$ représente la dérivée par rapport à $y$, et $f'_z$ la dérivée par rapport à $z$; chacune de ces trois dérivées porte le nom de dérivée *partielle du premier ordre*. On les représente encore respectivement par les notations $\frac{\partial f}{\partial x}, \frac{\partial f}{\partial y}, \frac{\partial f}{\partial z}$ (en employant la lettre $\partial$ au lieu de $d$), mais alors $\frac{\partial f}{\partial x}$ n'est plus un quotient : on ne peut pas séparer $\partial f$ de $\partial x$.

**Remarque.** — Nous représenterons par $f'_x(x+a, y+b, z+c)$ ce que devient $f'_x(x, y, z)$ quand on y remplace $x, y, z$ par $x+a$, $y+b$, $z+c$... respectivement.

## FONCTIONS COMPOSÉES

**55. Définition.** — Soient $u, v, w$... des fonctions de $x$, et $f(u, v, w...)$ une fonction de $u, v, w$... On dit que cette fonction de $x$ est *une fonction composée*. Pour abréger l'écriture, supposons qu'il y ait trois *fonctions composantes* $u, v, w$; pour calculer la dérivée de la fonction $f(u, v, w)$ par rapport à $x$, on établit le théorème suivant.

**56. Théorème.** — *Si $u, v, w$... sont des fonctions continues de $x$, pourvues de dérivées $u'_x, v'_x, w'_x$; si la fonction $f(u, v, w)$ admet des dérivées partielles $f'_u, f'_v, f'_w$ et si ces dernières sont continues pour une valeur déterminée de $x$, la fonction composée $f(u, v, w)$ admet une dérivée par rapport à $x$, et cette dérivée est égale à :*

$$f'_u u'_x + f'_v v'_x + f'_w w'_x.$$

En effet, donnons à $x$ un accroissement $\Delta x$, les fonctions $u, v, w$ prendront des accroissements correspondants $\Delta u$, $\Delta v$, $\Delta w$; il s'agit de prouver que si les conditions précédentes sont remplies

$$\frac{f(u+\Delta u, v+\Delta v, w+\Delta w)-f(u, v, w)}{\Delta x}$$

a une limite quand $\Delta x$ tend vers zéro.

Considérons les fonctions :

$$f(u, v+\Delta v, w+\Delta w), \quad f(u, v, w+\Delta w), \quad f(u, v, w).$$

$\Delta u$, $\Delta v$, $\Delta w$ étant regardées comme des constantes. En appliquant successivement à ces trois fonctions le théorème des accroissements finis, on obtient :

$$\begin{aligned}
f(u+\Delta u, v+\Delta v, w+\Delta w)-f(u, v+\Delta v, w+\Delta w) &= \Delta u f'_u(u+\theta\Delta u, v+\Delta v, w+\Delta w) \\
f(u, v+\Delta v, w+\Delta w)-f(u, v, w+\Delta w) &= \Delta v f'_v(u, v+\theta'\Delta v, w+\Delta w) \\
f(u, v, w+\Delta w)-f(u, v, w) &= \Delta w f'_w(u, v, w+\theta''\Delta w),
\end{aligned}$$

$\theta$, $\theta'$, $\theta''$ étant des nombres compris entre 0 et 1. En ajoutant membre à membre ces identités et divisant par $\Delta x$ les deux sommes obtenues, on a :

$$\begin{aligned}
\frac{f(u+\Delta u, v+\Delta v, w+\Delta w)-f(u, v, w)}{\Delta x} &= \frac{\Delta u}{\Delta x} f'_u(u+\theta\Delta u, v+\Delta v, w+\Delta w) \\
&+ \frac{\Delta v}{\Delta x} f'_v(u, v+\theta'\Delta v, w+\Delta w) \\
&+ \frac{\Delta w}{\Delta x} f'_w(u, v, w+\theta''\Delta w).
\end{aligned}$$

En tenant compte des hypothèses faites plus haut, on voit que si $\Delta x$ tend vers zéro, le second membre a pour limite :

$$u'_x . f'_u(u, v, w) + v'_x . f'_v(u, v, w) + w'_x . f'_w(u, v, w),$$

donc, en supposant remplies toutes les conditions indiquées, nous pouvons écrire :

$$\frac{df}{dx} = \frac{\partial f}{\partial u} \cdot \frac{du}{dx} + \frac{f}{\partial v} \cdot \frac{dv}{dx} + \frac{\partial f}{\partial w} \cdot \frac{dw}{dx}$$

**57. Applications.** — Soit d'abord $y = u . v . w$. On a, en appliquant le théorème précédent :

$$y'_x = u' . vw + v' . uw + w' . uv,$$

on retrouve ainsi la règle relative à un produit.

2° Soit

$$y = u^v.$$

On a :

$$\frac{\partial y}{\partial u} = vu^{v-1} \quad \text{et} \quad \frac{\partial y}{\partial v} = u^v \mathrm{L}u;$$

donc

$$\frac{dy}{dx} = vu^{v-1}.u' + u^v \mathrm{L}u.v' = u^{v-1}[vu' + u \mathrm{L}u.v'].$$

Par exemple, si $u = v = x$

$$\frac{d.(x^x)}{dx} = x^x(1 + \mathrm{L}x).$$

*Vérification.* — Remarquons qu'on doit supposer $u$ positif; on peut donc écrire :

$$u^v = e^{v\mathrm{L}u};$$

par suite

$$\frac{d.u^v}{dx} = e^{v\mathrm{L}u}.\frac{d(v\mathrm{L}u)}{dx} = e^{v\mathrm{L}u}\left(v'\mathrm{L}u + \frac{u'}{u}v\right)$$

ou

$$\frac{d.u^v}{dx} = u^v\left(\frac{vu'}{u} + \mathrm{L}u.v'\right).$$

Cette formule ne diffère pas de la précédente.

Soient encore

$$u = 1 + \frac{1}{x}, \quad v = x,$$

et par suite :

$$u' = -\frac{1}{x^2}, \quad v' = 1;$$

on en conclut

$$\frac{d.\left(1+\frac{1}{x}\right)^x}{dx} = \left(1+\frac{1}{x}\right)^x\left[\mathrm{L}\left(1+\frac{1}{x}\right) - \frac{1}{x+1}\right].$$

**58. Extension du théorème des accroissements finis au cas de plusieurs variables.** — Soit

$$f(x, y, z),$$

une fonction de variables indépendantes que nous supposerons, pour fixer les idées, au nombre de trois.

Donnons à $x, y, z$ des accroissements arbitraires, $h, k, l$, et supposons que la fonction $f(x, y, z)$, admette des dérivées finies et continues dans les intervalles de $x$ à $x+h$, de $y$ à $y+k$ et de $z$ à $z+l$ respectivement.

La différence

$$\Delta f = f(x+h, \quad y+k, \quad z+l) - f(x, y, z)$$

peut être obtenue en faisant $t=1$ dans l'expression

$$f(x+ht, \quad y+kt, \quad z+lt) - f(x, y, z).$$

Si l'on pose

$$f(x+ht, \quad y+kt, \quad z+lt) = \varphi(t),$$

on a donc :

$$\Delta f = \varphi(1) - \varphi(0).$$

Or, d'après le théorème des accroissements finis.

$$\varphi(1) - \varphi(0) = \varphi'(\theta),$$

$\theta$ étant un nombre compris entre 0 et 1.

Cette dernière égalité suppose que $\varphi'(t)$ est finie et bien déterminée dans l'intervalle de 0 à 1 ; ces conditions seront remplies si le théorème des fonctions composées est applicable à la fonction $\varphi(t)$; et pour qu'il en soit ainsi, il suffit de supposer que les dérivées partielles $f'_x$, $f'_y$, $f'_z$, existent et soient continues dans les intervalles de $x$ à $x+h$, $y$ à $y+k$, $z$ à $z+l$. Ces conditions supposées remplies, on a :

$$\varphi'(t) = hf'_x(x+ht, y+kt, z+lt) + kf'_y(x+ht, y+kt, z+lt) \\ + lf'_z(x+ht, y+kt, z+lt);$$

donc

$$f(x+h, y+k, z+l) - f(x, y, z) = hf'_x(x+\theta h, y+\theta k, z+\theta l) \\ + kf'_y(x+\theta h, y+\theta k, z+\theta l) \\ + lf'_z(x+\theta h, y+\theta k, z+\theta l),$$

$\theta$ étant un nombre compris entre 0 et 1.

**59. Corollaire.** — Regardons $h$, $k$, $l$ comme des infiniment petits du premier ordre, et posons $h=dx$, $k=dy$, $l=dz$; il résulte de la formule précédente que l'accroissement de $f(x, y, z)$ correspondant à des accroissements $dx$, $dy$, $dz$ est donné par la formule

$$\Delta f = \left(\frac{\partial f(x, y, z)}{\partial x} + \alpha\right) dx + \left(\frac{\partial f(x, y, z)}{\partial y} + \beta\right) dy \\ + \left(\frac{\partial f(x, y, z)}{\partial z} + \gamma\right) dz.$$

$\alpha$, $\beta$, $\gamma$ tendant vers zéro en même temps que $dx$, $dy$, $dz$, de sorte que

$$\alpha dx + \beta dy + \gamma dz$$

est un infiniment petit d'ordre supérieur au premier; on en conclut que

$$\frac{\partial f}{\partial x}dx + \frac{\partial f}{\partial y}dy + \frac{\partial f}{\partial z}dz$$

est la partie *principale* de $\Delta f$; on l'appelle pour cette raison la différentielle *totale* de $f$, et on la désigne par $df$. Ainsi, par définition

$$df = \frac{\partial f}{\partial x}dx + \frac{\partial f}{\partial y}dy + \frac{\partial f}{\partial z}dz.$$

**Remarque.** — On voit que l'on ne peut supprimer $\partial x$ et $dx$ comme facteurs communs; ni $\partial y$ et $dy$, ni $\partial z$ et $dz$, car on aurait

$$df = 3\,df,$$

ce qui est absurde; ceci explique pourquoi il est convenable d'employer des caractères particuliers pour représenter les dérivées partielles.

Si l'on écrit $\frac{d_x f}{dx}$ au lieu de $\frac{\partial f}{dx}$ et de même $\frac{d_y f}{dy}$ et $\frac{d_z f}{dz}$, au lieu de $\frac{\partial f}{\partial y}$ et $\frac{\partial f}{\partial z}$, on peut poser

$$df = \frac{d_x f}{dx}dx + \frac{d_y f}{dy}dy + \frac{d_z f}{dz}dz.$$

Il est maintenant permis de supprimer $dx$, $dy$, $dz$, et d'écrire :

$$df = d_x f + d_y f + d_z f,$$

de sorte que la différentielle *totale* est la somme des différentielles partielles par rapport à chacune des variables.

**60. Dérivée d'une fonction implicite.** — Considérons une équation à deux variables

$$f(x, y) = 0. \qquad (1)$$

Si l'on donne à $x$ une valeur déterminée $a$, on obtient l'équation :

$$f(a, y) = 0.$$

Admettons que cette équation ait une solution $b$, de sorte que l'on ait

$$f(a, b) = 0$$

et supposons que la fonction $f(x, y)$ admette des dérivées partielles continues $\frac{\partial f}{\partial x}$ et $\frac{\partial f}{\partial y}$ qui pour $x = a$ et $y = b$ prennent des valeurs déterminées que nous représenterons par $\frac{\partial f}{\partial a}$ et $\frac{\partial f}{\partial b}$. Je dis que *si la dérivée* $\frac{\partial f}{\partial b}$ *est différente de zéro, l'équation*

$$f(a + h, y) = 0$$

*aura une racine $b+k$ telle que si $h$ tend vers zéro, $k$ tende aussi vers zéro, et en outre, que le rapport $\frac{k}{h}$ aura une limite bien déterminée quand $h$ tend vers zéro.* Si ces conditions sont remplies pour toutes les valeurs de $x$ comprises entre deux nombres $x_0$, $x_1$, dans cet intervalle, l'équation (1) *définit $y$ comme une fonction de $x$ continue et admettant une dérivée.*

En effet, d'après le théorème des accroissements finis, on a

$$f(a, b+\beta)-f(a, b)=\beta f'_b(a, b+\theta\beta),$$

c'est-à-dire, puisque $f(a, b)=0$ :

$$f(a, b+\beta)=\beta f'_b(a, b+\theta\beta), \qquad [0<\theta<1],$$

de même

$$f(a, b-\beta)=-\beta f'_b(a, b-\theta'\beta), \qquad [0<\theta'<1].$$

Nous supposerons que l'on puisse choisir $\beta$ assez petit pour que $f'_y(a, y)$ ne change pas de signe quand $y$ varie de $b-\beta$ à $b+\beta$; dans ces conditions

$$f(a, b+\beta) \quad \text{et} \quad f(a, b-\beta)$$

auront des signes contraires, et il en sera de même de

$$f(a+h, b+\beta) \text{ et } f(a+h, b-\beta),$$

pourvu que l'on suppose $h$ suffisamment petit. Il en résulte que l'équation

$$f(a+h, y)=0,$$

a au moins une racine comprise entre $b+\beta$ et $b-\beta$, racine que l'on peut représenter par $b+k$, de sorte que :

$$f(a+h, b+k)=0.$$

On a, par suite,

$$f(a+h, b+k)-f(a, b)=hf'_a(a+\theta h, b+\theta k)+kf'_b(a+\theta h, b+\theta k);$$

mais le premier membre est nul; donc :

$$hf'_a(a+\theta h, b+\theta k)+kf'_b(a\,\theta h, b+\theta k)=0,$$

$\beta$ étant un nombre compris entre 0 et 1.

Remarquons maintenant que l'on peut supposer $h$ et $\beta$ assez petits pour que $f'_a(a+\theta h, b+\theta k)$ et $f'_b(a+\theta h, b+\theta k)$ diffèrent aussi peu qu'on veut de $f'_a(a, b)$ et de $f'_b(a, b)$; donc, en vertu de l'identité précédente, si $h$ tend vers zéro, $k$ tend aussi vers zéro et, par suite, comme on a :

$$\frac{k}{h} = -\frac{f'_a(a+\theta h, b+\theta k)}{f'_b(a+\theta h, b+\theta k)},$$

il en résulte :

$$\lim \frac{k}{h} = -\frac{f'_a(a, b)}{f'_b(a, b)}.$$

L'équation $f(x, y) = 0$ définit donc une fonction de $x$ ayant une dérivée $y'$ donnée par la formule :

$$y'_x = -\frac{f'_x}{f'_y}$$

ou

$$f'_x + f'_y \cdot y'_x = 0$$

en supposant $f'_y$ différent de zéro.

On dit que $y$ est une fonction implicite de $x$ quand l'équation qui la définit n'est pas résolue par rapport à $y$.

**Remarque.** — Si l'on admet *a priori* l'existence de $y'_x$, cette dérivée est nécessairement donnée par la formule précédente. En effet, $f(x, y)$ étant une fonction de $x$, sa dérivée est égale, d'après le théorème des fonctions composées, à

$$\frac{\partial f}{\partial x} + \frac{\partial f}{\partial y} \cdot y'_x$$

$y$ satisfait par l'hypothèse à l'équation $f(x, y) = 0$; par conséquent, la fonction $f(x, y)$, regardée comme fonction de $x$, étant constamment nulle, sa dérivée est nulle et, par suite :

$$\frac{\partial f}{\partial x} + \frac{\partial f}{\partial y} \cdot y'_x = 0.$$

**61. Dérivée d'une fonction imaginaire d'une variable réelle.** — Soient $x$ une variable réelle et $f(x) + i\varphi(x)$ une imaginaire dont la partie réelle et le coefficient de $i$ sont des fonctions continues et admettant des dérivées $f'(x)$, $\varphi'(x)$.

Le rapport

$$\frac{f(x+h) + i\varphi(x+h) - [f(x) + i\varphi(x)]}{h}$$

que l'on peut écrire sous la forme

$$\frac{f(x+h) - f(x)}{h} + i\,\frac{\varphi(x+h) - \varphi(x)}{h}$$

a pour limite

$$f'(x) + i\varphi'(x)$$

quand $h$ tend vers zéro.

Cette expression est ce que nous appelons la *dérivée* de

$$f(x) + i\varphi(x).$$

Soit par exemple

$$y = \frac{1}{x+i}.$$

On a

$$y = \frac{x-i}{x^2+1} = \frac{x}{x^2+1} - i\frac{1}{x^2+1}$$

par suite

$$y'_x = \frac{1-x^2}{(x^2+1)^2} + i\frac{2x}{(x^2+1)^2} = \frac{1-x^2+2ix}{(x^2+1)^2};$$

on peut écrire aussi

$$y'_x = -\frac{(x-i)^2}{(x^2+1)^2},$$

donc

$$y'_x = -\frac{1}{(x+i)^2}.$$

Il est facile de trouver directement ce résultat. En effet, on peut chercher la limite de

$$\frac{1}{h}\left(\frac{1}{x+h+i} - \frac{1}{x+i}\right) = -\frac{1}{(x+i)(x+h+i)}$$

et cette limite est évidemment

$$-\frac{1}{(x+i)^2}.$$

D'une manière générale, si l'on considère des polynomes à coefficients imaginaires, on vérifie aisément que les règles relatives à la somme, au produit, au quotient, aux puissances commensurables subsistent entièrement.

**62. Fonctions d'une variable imaginaire.** — Soient :

$$z = x + iy \qquad \text{et} \qquad u = f(x, y) + i\varphi(x, y).$$

Supposons que les fonctions $f(x, y)$ et $\varphi(x, y)$ admettent des dérivées partielles et proposons-nous de chercher à quelles conditions, en posant

$$\Delta z = \Delta x + i\Delta y$$
$$\Delta u = f(x+\Delta x, y+\Delta y) + i\varphi(x+\Delta x, y+\Delta y) - [f(x, y) + i\varphi(x, y)]$$

le rapport $\frac{\Delta u}{\Delta z}$ a une limite *bien déterminée* quand $\Delta z$ tend vers zéro, c'est-à-dire une limite indépendante de la limite du rapport $\frac{\Delta y}{\Delta z}$, ou ce qui revient au même, indépendante du chemin suivi par le point M', ayant pour coordonnées $(x + \Delta x, y + \Delta y)$ quand ce point vient se confondre avec le point M ayant pour condonnées $x$, $y$.

Si nous supposons d'abord

$$\Delta y = o$$

c'est-à-dire

$$\Delta z = \Delta x,$$

on a

$$\frac{\Delta u}{\Delta z} = \frac{f(x + \Delta x, y) - f(x,y)}{\Delta x} + i\frac{\varphi(x + \Delta x, y) - \varphi(x, y)}{\Delta x}$$

et par suite

$$\lim \frac{\Delta u}{\Delta x} = \frac{df}{dx} + i\frac{d\varphi}{dx}.$$

Supposons en second lieu

$$\Delta x = o;$$

alors,

$$\Delta z = i\,\Delta y,$$

et nous avons :

$$\frac{\Delta u}{i\,\Delta y} = \frac{f(x, y + \Delta y) - f(x, y)}{i\,\Delta y} + \frac{\varphi(x, y + \Delta y) - \varphi(x, y)}{\Delta y}$$

d'où

$$\lim \frac{\Delta u}{i\,\Delta y} = -i\frac{dy}{df} + \frac{d\varphi}{dy}.$$

Ces deux limites devant être les mêmes, on en déduit :

$$\frac{df}{dx} = \frac{d\varphi}{dy} \quad \text{et} \quad \frac{d\varphi}{dx} = -\frac{df}{dy}.$$

Ces conditions sont *nécessaires* ; je dis qu'elles sont *suffisantes*. En effet, supposons-les remplies et soit :

$$\Delta z = \Delta x + i\,\Delta y.$$

Alors, en posant pour abréger

$$\Delta x = h, \quad \Delta y = k$$

l'expression de $\Delta u$ est donnée par la formule :

$$\Delta u = hf'_x(x + \theta h, y + \theta k) + kf'_y(x + \theta h, y + \theta k)$$
$$+ i\,[h\varphi'_x(x + \theta' h, y + \theta' k) + k\varphi'_y(x + \theta' h, y + \theta' k)]$$

et $\theta'$ étant des nombres compris entre 0 et 1.

Posons $k = \lambda\,h$; on trouve, en supposant que $\lambda$ ait pour limite $l$

$$\lim \frac{\Delta u}{\Delta z} = \frac{\frac{df}{dx} + l\frac{df}{dy} + i\left(\frac{d\varphi}{dx} + l\frac{d\varphi}{dy}\right)}{1 + il}$$

Or, en remplaçant $\frac{d\varphi}{dy}$ par $\frac{df}{dx}$ et $\frac{df}{dy}$ par $-\frac{d\varphi}{dx}$, on a :

$$\lim \frac{\Delta u}{\Delta z} = \frac{\frac{df}{dx} + i\frac{d\varphi}{dx} + il\left(\frac{df}{dx} + i\frac{d\varphi}{dx}\right)}{1 + il} = \frac{df}{dx} + i\frac{d\varphi}{dx},$$

donc les conditions précédentes sont suffisantes.

Si $f(z)$ désigne un polynome à coefficients réels ou imaginaires, on vérifie facilement que les conditions précédentes sont remplies, et l'on voit en outre que la dérivée $f'(z)$ s'obtient par la même règle que la dérivée d'un polynome entier à coefficients réels.

Considérons encore la fonction

$$u = e^{x+yi} \text{ ou } e^x (\cos y + i \sin y).$$

Dans cet exemple :

$$f(x, y) = e^x \cos y,\ \varphi(x, y) = e^x \sin y$$

par suite,

$$\frac{df}{dx} = e^x \cos y,\ \frac{d\varphi}{dy} = e^x \cos y,\ \frac{df}{dy} = -e^x \sin y,\ \frac{d\varphi}{dx} = e^x \sin y$$

donc on a bien :

$$\frac{df}{dx} = \frac{d\varphi}{dy},\ \frac{df}{dy} = -\frac{d\varphi}{dx}.$$

On en conclut que

$$\frac{d.e^{x+iy}}{dz} = e^x (\cos y + i \sin y) = e^{x+iy}.$$

Le théorème des fonctions de fonctions subsiste. Soient :

$$u = \varphi(z) \text{ et } v = f(u),$$

on a

$$\frac{dv}{dz} = \frac{df}{du} \cdot \frac{du}{dz}$$

en supposant que $f(u)$ ait une dérivée par rapport à $u$ et que $u$ ait une dérivée par rapport à $z$.

## DÉRIVÉES SUCCESSIVES DE QUELQUES FONCTIONS

**63.** Nous savons déjà comment on calcule les dérivées successives d'un polynome entier.

Nous avons trouvé que la fonction $a^x$ a pour dérivée $a^x \mathrm{L}a$; la dérivée seconde de $a^x$ est, par suite, égale à $a^x (\mathrm{L}a)^2$, la troisième à $a^x (\mathrm{L}a)^3$ ..... et la $n^e$ est $a^x (\mathrm{L}a)^n$. La $n^e$ dérivée de $e^x$ est $e^x$.

Nous avons trouvé que la dérivée de $\sin(x + \alpha)$ est $\sin\left(x + \alpha + \frac{\pi}{2}\right)$. On en conclut que la dérivée $n^e$ de

$$\mathrm{A} \sin x + \mathrm{B} \cos x$$

est égale à

$$A \sin\left(x + n\frac{\pi}{2}\right) + B \cos\left(x + n\frac{\pi}{2}\right).$$

**64. Dérivée $n^e$ de $(x-a)^{-k}$.** — Soit :

$$y = (x-a)^{-k}.$$

On a :

$$\begin{aligned} y' &= -k(x-a)^{-(k+1)} \\ y'' &= k(k+1)(x-a)^{-(k+2)} \\ y''' &= -k(k+1)(k+2)(x-a)^{-(k+3)}. \end{aligned}$$

Je dis que, d'une manière générale :

$$y^{(n)} = (-1)^n k(k+1) \ldots\ldots (k+n-1)(x-a)^{-(k+n)}.$$

En effet, la formule est vraie pour $n = 1, 2, 3$. Supposons-la vraie jusqu'à $n = p$, je dis qu'elle sera vraie pour $n = p+1$. Soit :

$$y^{(p)} = (-1)^p k(k+1) \ldots\ldots (k+p-1)(x-a)^{-(k+p)},$$

on en déduit :

$$y^{(p+1)} = -(-1)^p k(k+1) \ldots (k+p-1)(k+p)(x-a)^{-(k+p)-1};$$

c'est-à-dire :

$$y^{(p+1)} (-1)^{p+1} . k(k+1) \ldots\ldots (k+p)(x-a)^{-(k+p+1)};$$

donc la loi est générale.

**Application.** — Soit :

$$y = \frac{Ax+B}{x^2+a^2}.$$

On vérifie facilement l'identité :

$$\frac{Ax+B}{x^2-a^2} = \frac{\frac{1}{2}\left(A+\frac{B}{a}\right)}{x-a} + \frac{\frac{1}{2}\left(A-\frac{B}{a}\right)}{x+a}$$

par suite :

$$y^{(n)} = (-1)^n . 1 . 2 \ldots n . \left[\frac{\frac{1}{2}\left(A+\frac{B}{a}\right)}{(x-a)^{n+1}} + \frac{\frac{1}{2}\left(A-\frac{B}{a}\right)}{(x-a)^{n-1}}\right]$$

En particulier, soit :

$$y = \frac{1}{x^2+1}.$$

On peut écrire :

$$y = \frac{i}{2}\left[\frac{1}{x+i} - \frac{1}{x-i}\right]$$

par suite :

$$y^{(n-1)} = (-1)^{n-1} \cdot 1 \cdot 2 \ldots\ldots (n-1) \cdot \frac{i}{2}\left[\frac{1}{(x+i)} - \frac{1}{(x-i)^n}\right]$$

Posons $x = \operatorname{cotg} \alpha$ ; on aura :

$$y^{(n-1)} = (-1)^{n-1} \cdot 1 \cdot 2 \ldots (n-1)\left[\frac{\sin^n \alpha}{(\cos\alpha + i \sin\alpha)^n} - \frac{\sin^n\alpha}{(\cos\alpha - i\sin\alpha)^n}\right] \cdot \frac{i}{2}$$

ou

$$y^{(n-1)} = (-1)^{n-1} \cdot 1 \cdot 2 \ldots\ldots (n-1) \sin^n \alpha \sin n\alpha.$$

Si l'on remarque que $y$ est la dérivée de $\operatorname{arctg} x$, on voit qu'on a obtenu la dérivée $n^e$ de $\operatorname{arctg} x$.

**Autre méthode.** — On peut obtenir d'une autre façon cette dérivée.

Posons :

$$y = \operatorname{arctg} x,$$

on a :

$$y'_x = \cos^2 y = \cos y \cdot \cos y,$$

par suite :

$$y''_x = -2\cos y \cdot \sin y \cdot y'_x = -2\cos^3 y \cdot \sin y = -\sin 2y \cdot \cos^2 y.$$

De même :

$$y'''_x = -(2\cos 2y \cdot \cos^2 y - 2\cos y \cdot \sin y \cdot \sin 2y) \cdot \cos^2 y,$$

ou

$$y'''_x = -2\cos 3y \cdot \cos^3 y.$$

Je dis que l'on a, en général :

$$^{(n)} = (-1)^{n-1} \cdot 1 \cdot 2 \ldots (n-1)\cos^n y \cdot \sin n\left(\frac{\pi}{2} - y\right).$$

En effet, la loi est vérifiée pour $n = 1, 2, 3$. Supposons-la vraie jusqu'à la valeur $p$ de $n$, et soit :

$$y^{(p)} = (-1)^{p-1} \cdot 1 \cdot 2 \ldots\ldots (p-1)\cos^p y \cdot \sin p\left(\frac{\pi}{2} - y\right)$$

on aura :

$$y^{(p+1)} = (-1)^{p-1} 1 \cdot 2 \ldots (p-1)\left[-p\cos^{p-1} y \cdot \sin y \cdot \sin p\left(\frac{\pi}{2} - y\right) - p\cos p\left(\frac{\pi}{2} - y\right) \cdot \cos^p y\right]\cos^2 y$$

ou

$$y^{(p+1)} = (-1)^p \, 1 \cdot 2 \ldots\ldots p\left[\sin y \cdot \sin p\left(\frac{\pi}{2} - y\right) + \cos y \cdot \cos p\left(\frac{\pi}{2} - y\right)\right]\cos^{p+1} y.$$

Or, l'expression entre crochets, est égale à

$$\cos\left[p\left(\frac{\pi}{2}-y\right)-y\right]$$

ou, ce qui revient au même, à :

$$\sin\,(p+1)\left(\frac{\pi}{2}-y\right).$$

Si l'on remarque que :

$$\alpha=\frac{\pi}{2}-y,$$

on voit que ce résultat coïncide avec celui que nous avions déjà trouvé.

**65. Formule de Leibniz.** — Soit $y=uv$. *On se propose de trouver la dérivée* $n^{e}$ *de* $uv$.

On a :

$$\begin{aligned} y' &= vu' + uv' \\ y'' &= vu'' + 2\,u'v' + uv'' \\ y''' &= vu''' + 3\,v'u'' + 3\,u'v'' + uv'''. \end{aligned}$$

Je dis qu'en général :

$$y^{(n)}=u^{(n)}.\,v+C_n^1\,u^{(n-1)}.\,v'+C_n^2\,u^{(n-2)}.\,v''+\ldots+C_n^{p-1}.\,u^{(n-p+1)}.\,v^{(p-1)}+ C_n^p\,u^{(n-p)}.\,v^{(p)}+\ldots\ldots+u.\,v^{(n)}.$$

Supposons la loi vérifiée jusqu'à la dérivée $n^{\text{ème}}$ et calculons la dérivée d'ordre $n+1$.

On voit immédiatement que cette dérivée est donnée par la formule

$$y^{(n+1)}=u^{(n+1)}.\,v+\begin{array}{c|c|c|c}1 & u^{n}v'+C_n^1 & u^{(n-1)}.\,v''+\ldots\ldots+C_n^{p-1} & u^{(n-p+1)}.\,v^{(p)}\\ +C_n^1 & +C_n^2 & +C_n^p & \end{array}$$

$$+\ldots\ldots+\begin{array}{c|c}C_n^{n-1} & u'\,v^{(n)}+uv^{(n+1)}\\ +1 & \end{array}$$

mais,

$$C_n^{p-1}+C_n^p=C_{n+1}^p,$$

donc, la loi est vraie pour la dérivée d'ordre $n+1$. Elle est donc générale puisqu'elle a été vérifiée pour les trois premières dérivées.

On peut écrire symboliquement :

$$y^{(n)}=(u+v)_n$$

en convenant que $(u+v)_n$ représente le résultat obtenu en développant $(u+v)^n$ par la formule du binome, et remplaçant le terme $C_n^p\, u^{n-p}\, v^p$ par $C_n^p\, u^{(n-p)}\, v^{(p)}$, $u^{(n-p)}$ représentant la dérivée d'ordre $n-p$ de $u$ et $v^{(p)}$ la dérivée d'ordre $p$ de $v$; en outre, les termes $u^n$ et $v^n$ devant être remplacés respectivement par $u^{(n)}.v$ et $u.\, v^{(n)}$.

**Remarque. —** On obtient très simplement la formule de Leibniz en remarquant que la dérivée $n^e$ est évidemment de la forme :

$$Au^{(n)}.\, v + A_1 u^{(n-1)}.\, v' + \ldots\ldots + A_n u v^{(n)},$$

les coefficients $A, A_1, \ldots\ldots A_n$ ne dépendant pas de la forme particulière des fonctions $u$ et $v$. Or, si l'on pose $u = e^{ax}$, $v = e^{bx}$, on a :

$$y = e^{(a+b)x},$$

par suite

$$y^{(n)} = (a+b)^n.\, e^{ax}.\, e^{bx}.$$

et l'on peut écrire :

$$y^{(n)} = a^n.\, e^{ax}.\, e^{bx} + C_n^1.\, a^{n-1}.\, e^{ax}.\, be^{bx} + C_n^2.\, a^{n-2}.\, e^{ax}.\, b^2.\, e^{bx} + \ldots\ldots$$
$$+ C_n^p.\, a^{n-p}\, e^{ax}.\, b^p.\, e^{bx} + \ldots\ldots + b^n.\, e^{bx}.$$

Le terme général est $C_n^p.\, u^{(n-p)}.\, v^{(p)}$, donc le coefficient $A_p = C_n^p$.

**66. Applications.** — 1° Soit la fonction $y = e^{ax}.\cos bx$.
Si l'on pose $u = e^{ax}$, $v = \cos bx$.
On a :

$$u^{(n-p)} = a^{n-p}.\, e^{ax}, \quad v^{(p)} = b^p.\cos\left(bx + p\frac{\pi}{2}\right)$$

par suite :

$$y^{(n)} = e^{ax}\left[a^n.\cos bx + na^{n-1}b.\cos\left(bx + \frac{\pi}{2}\right) + \frac{n(n-1)}{1.2}a^{n-2}b^2.\cos\left(bx + 2\frac{\pi}{2}\right)\right.$$
$$\left. + \ldots\ldots + b^n.\cos\left(bx + n\frac{\pi}{2}\right)\right]$$

On peut procéder autrement. Posons :

$$z = e^{ax}(\cos bx + i\sin bx) = e^{(a+ib)x},$$

on a

$$z^{(n)} = (a+ib)^n.e^{(a+ib)x} = (a+ib)^n.e^{ax}(\cos bx + i\sin bx);$$

donc

$$z^{(n)}=\left[(a^n+nia^{n-1}b-\frac{n(n-1)}{1.2}a^{n-2}b^2-\frac{n(n-1)(n-2)}{1.2.3}ia^{n-3}b^3+...\right](\cos bx+i\sin bx)e^{ax}.$$

Si l'on développe le second membre, la partie réelle sera la dérivée $n^e$ cherchée, le coefficient de $i$ sera la dérivée $n^e$ de la fonction :

$$v=e^{ax}.\sin bx,$$

on a ainsi :

$$u^{(n)}=e^{ax}.\cos bx\left[a^n-\frac{n(n-1)}{1.2}a^{n-2}.b+.....\right]$$

$$+e^{ax}.\sin bx\left[na^{n-1}.b+\frac{n(n-1)(n-2)}{1.2.3}a^{n-3}.b^3+.....\right]$$

$$v^{(n)}=e^{ax}.\cos ba\left[na^{n-1}.b-\frac{n(n-1)(n-2)}{1.2.3}a^{n-3}.b^3+.....\right]$$

$$+e^{ax}.\sin bx\left[a^n-\frac{n(n-1)}{1.2}a^{n-2}.b^2+.....\right]$$

2° *Trouver la dérivée* $n^{ième}$ *de* $e^{x^2}$.

Soit $y=e^{x^2}$; en remarquant que $x^2$ a pour dérivée $2x$, on trouve :

$$y'=2xy \tag{1}$$
$$y''=(4x^2+2)y$$
$$y'''=(8x^3+12x)y.$$

En général, on aura

$$y^{(n)}=y.P_n \tag{2}$$

où

$$P_n=2^nx^n+b_1x^{n-2}+b_2x^{n-4}+.....+b_px^{n-2p}+......$$

On vérifie aisément cette loi, il ne reste plus qu'à déterminer les coefficients $b_1$, $b_2$, ..... $b_p$ ..... Pour cela, remarquons que l'équation (2) donne :

$$y^{(n+1)}=(P'_n+2xP_n)y$$

et par suite

$$P_{n+1}=2xP_n+P'_n \tag{3}$$

La formule de Leibniz appliquée à l'équation (1) montre que

$$y^{(n+1)}=2x.y^{(n)}+2n.y^{(n-1)}$$

et par conséquent

$$P_{n+1}=2xP_n+2nP_{n-1}. \tag{4}$$

Les équations (3) et (4) donnent cette relation

$$P'_n=2nP_{n-1}$$

ou, en changeant $n$ en $n+1$

$$P'_{n+1} = 2(n+1)P_n.$$

Prenant les dérivées des deux membres de l'équation (3).

$$P'_{n+1} = 2x P'_n + 2P_n + P''_n;$$

donc enfin :

$$P''_n + 2x P'_n - 2n P_n = 0.$$

Si l'on remplace dans cette identité $P_n$ par son expression au moyen de $x$ on trouve en annulant le coefficient de $x^{n-2p}$ :

$$b_p = b_{p-1} \frac{(n-2p+2)(n-2p+1)}{4p}.$$

On a ainsi successivement

$$b_1 = b_0 \frac{n(n-1)}{4}$$

$$b_2 = b_1 \frac{(n-2)(n-3)}{4.2}$$

. . . . . . . . . . . . . . . . . . . .

. . . . . . . . . . . . . . . . . . . .

. . . . . . . . . . . . . . . . . . . .

$$b_p = b_{p-1} \frac{(n-2p+2)(n-2p+1)}{4p}$$

et par suite, en remarquant que $b_0 = 2^n$

$$b_p = 2^{n-2p}.\frac{n(n-1)\ldots\ldots(n-2p+1)}{4.2\ldots\ldots p}. \qquad (6)$$

3° *Soit à trouver la dérivée* $n^{ième}$ *de* $f(x^2)$ *en supposant connues les dérivées de* $f(x)$.

En posant

$$x^2 = u, \text{ et } y = f(x^2),$$

on trouve aisément :

$$y^{(n)} = f^{(n)}(u).2^n x^n + \beta_1.f^{(n-1)}(u).x^{n-2} + \ldots\ldots + \beta_p f^{(n-p)}(u).x^{n-2p} + \ldots\ldots;$$

or, il est évident que les coefficients $\beta_1 \beta_2 \ldots\ldots \beta_p$ sont indépendants de la forme de la fonction $f(u)$; donc $\beta_p$ est égal au coefficient $b_p$ donné par la formule (6).

Soit par exemple :

$$f(x^2) = (x^2 + a)^{-\mu},$$

on a :

$$f^{n-p}(u) = (-1)^{n-p}.\mu(\mu+1)\ldots\ldots(\mu+n-p-1)(x^2+a)^{-(\mu+n-p)};$$

donc, en posant

$$y=(x^2+a)^{-\mu},$$

on a :

$$y^{(n)}=\Sigma(-1)^{n-p}.\mu(\mu+1)\ldots\ldots(\mu+n-p-1).\,2^{n-2p}\frac{n(n-1)\ldots\ldots(n-2p+1)}{1.2\ldots\ldots p}.\frac{x^{n-2p}}{(x^2+a)^{\mu+n-p}}.$$

Si $n$ est pair on fera varier $p$ depuis $o$ jusqu'à $\frac{n}{2}$, et si $n$ est impair, depuis $o$ jusqu'à $\frac{n-1}{2}$; on remplacera d'ailleurs $\frac{n(n-1)\ldots\ldots(n-2+1)}{1.2\ldots\ldots}$ par l'unité, quand on fera $p=o$.

## EXERCICES

Calculer les dérivées des fonctions suivantes :

**1.** $y=\sqrt{x-1}-\frac{1}{\sqrt{x-1}}$ Rép. $y'=\frac{x}{2(\sqrt{x-1})^3}$

**2.** $y=x(\mathrm{L}x-1)$ $y'=\mathrm{L}x$

**3.** $y=e^x(x-1)$ $y'=x\,e^x$

**4.** $y=\mathrm{L}\arcsin x$ $y'=\varepsilon\frac{1}{\sqrt{1-x^2}\arcsin x}$

**5.** $y=\mathrm{L}\arccos x$ $y'=-\varepsilon\frac{1}{\sqrt{1-x^2}\arccos x}$

**6.** $y=\mathrm{L}\,\mathrm{arctg}\,x$ $y'=\frac{1}{(1+x^2)\,\mathrm{arctg}\,x}$

**7.** $y=\mathrm{L}\,\mathrm{ArgSh}\,x$ $y'=\frac{1}{\sqrt{x^2+1}\,\mathrm{ArgSh}\,x}$

**8.** $y=\mathrm{L}\,\mathrm{ArgCh}\,x$ $y'=\frac{\varepsilon}{\sqrt{x^2+1}\,\mathrm{ArgCh}\,x}$

**9.** $y=\mathrm{L}\,\mathrm{ArgTh}\,x$ $y'=\frac{1}{(1-x^2)\,\mathrm{ArgTh}\,x}$

**10.** $y=\arcsin 2x\sqrt{1-x^2}$ $y'=\pm\frac{2}{\sqrt{1-x^2}}$

**11.** $y=\arcsin(3x-4x^3)$ $y'=\pm\frac{3}{\sqrt{1-x^2}}$

**12.** $y=\arcsin(16x^5-20x^3+5x)$ $y'=\pm\frac{5}{\sqrt{1-x^2}}$

**13.** $y=\arccos(2x^3-1)$ $y'=\mp\frac{2}{\sqrt{1-x^2}}$

**14.** $y=\arccos(4x^3-3x)$ $y'=\mp\frac{3}{\sqrt{1-x^2}}$

**15.** $y=\arccos(8x^4-8x^2+1)$ $y'=\mp\frac{4}{\sqrt{1-x^2}}$.

**16.** $y=\mathrm{ArgSh}\,2x\sqrt{1+x^2}$. $y'=\frac{2}{\sqrt{1+x^2}}$

Expliquer les résultats obtenus pour les n$^{\text{os}}$ 10, 11, 12, 13, 14, 15, 16.

**17.** On pose $L\dfrac{1+x}{1+x} = f(x)$

trouver les dérivées des fonctions

$$y = f\left(\frac{a+x}{1+ax}\right), \quad z = \left(\frac{a+b+x+abx}{1+ab+(a+b)x}\right)$$

on trouve $y' = z' = \dfrac{2}{1-x^2}$

Expliquer ce résultat.

**18.** Trouver la dérivée de

$$y = \arcsin\frac{\sqrt{1-e^2}\,.\sin x}{1-e\,.\cos x}.$$

Réponse :

$$y' = \frac{\sqrt{1-e^2}}{1-e\,.\cos x}$$

**19.** $y = \dfrac{1}{a^2-b^2}\left[\dfrac{a\sin x}{a+b\cos x} - \dfrac{b}{\sqrt{a^2-b^2}}\operatorname{arctg}\left(\dfrac{\sqrt{a^2-b^2}\sin x}{b+a\cos x}\right)\right]$

**20.** $y = \dfrac{1}{a^2-b^2}\left[\dfrac{a\sin x}{a+b\cos x} - \dfrac{2b}{\sqrt{a^2-b^2}}\operatorname{arctg}\left(\dfrac{a-b}{\sqrt{a^2-b^2}}\operatorname{tg}\dfrac{1}{2}x\right)\right]$

**21.** $y = \dfrac{1}{a^2-b^2}\left[\dfrac{a\sin x}{a+b\cos x} - \dfrac{b}{\sqrt{a^2-b^2}}\arccos\left(\dfrac{b+a\cos x}{a+b\cos x}\right)\right]$

**22.** $y = \dfrac{1}{a^2-b^2}\left[\dfrac{a\sin x}{a+b\cos x} + \dfrac{b}{\sqrt{b^2-a^2}}\,L\left(\dfrac{b+a\cos x+\sqrt{b^2-a^2}\sin x}{a+b\cos x}\right)\right]$

Ces quatre fonctions ont la même dérivée :

$$y' = \frac{\cos x}{(a+b\cos x)^2}.$$

**23.** $$y = \frac{1}{4\sqrt{2}}\,L\,\frac{\sqrt{1+x^4}+x\sqrt{2}}{1-x^2} - \frac{1}{4\sqrt{2}}\arcsin\frac{x\sqrt{2}}{1+x^2}.$$

Réponse :

$$y' = \frac{x^2}{(1-x^2)\sqrt{1+x^4}}.$$

Les numéros 1, 2, 3, 4, 5, 6, 10, 17, 18, 19, 20, 21, 22, 23 sont empruntés à l'algèbre de M. J. Bertrand.

**24.** Trouver la dérivée de $e^{e^{\cdot^{\cdot^{\cdot^{e^{x}}}}}}$.

**25.** Trouver la dérivée de $x^{x^{x}}$.

Trouver les dérivées des fonctions suivantes :

26. $y = \left(1 + \frac{1}{x} + \frac{1}{x^2}\right)^x$

27. $y = \arcsin\left(x\sqrt{1 - a^2} + a\sqrt{1 - x^2}\right)$

28. $y = e^{\operatorname{arc\,tg} \frac{1}{\sqrt{x}}}$

29. $y = \operatorname{arctg} \frac{1}{\sqrt{x} + 1}$

30. $y = \operatorname{arctg}\ \left(x + \sqrt{x^2 - 1}\right)$

31. $y = \arcsin \frac{e^x}{x}$

32. $y = \arcsin\left(x + \sqrt[3]{x + 1}\right)$

33. $y = e^{\operatorname{arc\,sin} \sqrt[3]{x + a}}$

34. $y = \operatorname{arctg} \frac{\sqrt{1 - x^2}}{x}$

35. $y = \arcsin \frac{x}{\sqrt{1 + x^2}}$

36. $y = \operatorname{arctg} \frac{1}{\sqrt[3]{x}}$

37. $y = \arccos e^{\sqrt{x}}$

38. $y = \operatorname{L} \operatorname{arctg}\left(x^2 + \sqrt[3]{(x^2 - 1)}\right)$

39. $y = \operatorname{arctg} \sqrt{\frac{1 - \cos x}{1 + \cos x}}$.

40. Trouver la dérivée de la fonction $y$ définie par l'équation

$$x^2 + y^2 = a^2 . e^{\operatorname{arc\,tg} \frac{x}{y}}$$

41. $x$, $y$, $z$ sont des fonctions d'une variable $t$, ayant pour dérivées premières et secondes $x'$, $y'$, $z'$, $x''$, $y''$, $z''$ et vérifiant l'équation

$$x^2 + y^2 + z^2 = 1.$$

Montrer que

$$AC - B^2 - A^2 = D^2,$$

en posant

$$\begin{aligned} A &= x'^2 + y'^2 + z'^2 \\ B &= x' x'' + y' y'' + z' z'' \\ C &= x''^2 + y''^2 + z''^2 \\ D &= x(y' z'' - z' y'') + y\,(z' x'' - x' z'') + z\,(x' y'' - y' x''). \end{aligned}$$

(E. Catalan).

**42.** Montrer que la fonction $y$ définie par l'équation

$$\operatorname{arc} \cos \frac{y}{a} = \log \left(\frac{x}{b}\right)^n$$

vérifie l'équation

$$x^2 y^{(n+2)} + (2n+1)x\left(y^{n+1}\right) + 2n^2 y^{(n)} = 0$$

**43.** Trouver la dérivée $n^e$ de l'expression

$$x^n (1-x)^n$$

Vérifier le résultat obtenu en développant d'abord $x^n (1-x)^n$ par la formule du binome.

**44.** Calculer la dérivée $n^o$ de $e^{\frac{1}{x}}$. Montrer que cette dérivée est de la forme

$$y^{(n)} = \frac{(-1)^n}{x^{2n}} \cdot \mathrm{P}_n e^{\frac{1}{x}}$$

$\mathrm{P}_n$ étant un polynome entier de degré $n-1$. Prouver que ce polynome vérifie l'équation

$$x^2 \mathrm{P}''_n - \left[1 + 2(n-1)x\right] \mathrm{P}'_n + n(n-1)\mathrm{P}_n = 0.$$

**45.** Trouver, en appliquant la formule de Leibniz, la dérivée $n^e$ de la fonction arc sin $x$.

**46.** Trouver la dérivée $n^e$ de $\frac{1}{1+x^2}$ en écrivant $y(1+x^2) = 1$.

**47.** Si l'on pose

$$y = (x-a)(x-b) \ldots\ldots (x-l)$$

on a :

$$y^{(p)} = 1 . 2 \ldots\ldots p . \mathrm{S}_{m-p}$$

$\mathrm{S}_{m-p}$ désignant la somme des produits $m-p$ à $m-p$ des $m$ binomes $x-a$, $x-b$, ..... $x-l$.

**48.** P et Q étant deux fonctions de $x$, on a :

$$\mathrm{P}\,\mathrm{Q}^{(m)} = (\mathrm{P}\,\mathrm{Q})^{(m)} - m_1 (\mathrm{P}'\,\mathrm{Q})^{(m-1)} + m_2 (\mathrm{P}''\,\mathrm{Q})^{(m-2)} - \ldots\ldots + (-1)^m \mathrm{P}^{(m)}\mathrm{Q}$$

$m_1, m_2, \ldots\ldots$ étant les coefficients binomiaux.

(Delaunay).

**49.** $\lambda, \lambda_1, \ldots\ldots \lambda_n$ et $y$ étant des fonctions de $x$, montrer que si l'on pose :

$$\lambda y - (\lambda_1 y)' + (\lambda_2 y)'' - \ldots\ldots + (-1)^n (\lambda_n y)^{(n)} \equiv \mu y + \mu_1 y' + \mu_2 y'' + \ldots\ldots + \mu_n y^{(n)}$$

$\mu, \mu_1 \ldots\ldots \mu_n$ étant des fonctions de $x$, réciproquement :

$$\mu y - (\mu_1 y)' + (\mu_2 y)'' - \ldots + (-1)^n (\mu_n y)^{(n)} \equiv \lambda y + \lambda_1 y' + \lambda_2 y'' + \ldots + \lambda_n y^{(n)}$$

**50.** On pose :

$$\varphi^p(x) = \frac{x(x-p\beta)^{p-1}}{p!}$$

et l'on suppose que

$$\varphi_0(x) \equiv 1,$$

prouver que

$$\varphi_p^{(k)}(x) = \varphi_{p-k}(x - k\beta)$$

Prouver que tout polynome $f(x)$ de degré $m$ peut se mettre dans la forme :

$$f(x) \equiv \lambda_0 \varphi_0(x) + \lambda_1 \varphi_1(x) + \lambda_2 \varphi_2(x) + \dots + \lambda_m \varphi_m(x)$$

$\lambda_0, \lambda_1, \dots \lambda_m$ étant des constantes. Calculer ces constantes.

(Halphen).

Cas particulier : $f(x) = (x+a)^m$. On trouve :

$$(x+a)^m = a^m + mx(\beta + a)^{m-1} + \frac{m(m-1)}{1.2} x(x-2\beta)(2\beta + a)^{m-2} + \dots$$
$$+ \frac{m(m-1)\dots(m-p+1)}{1.2\dots\dots p} x(x-p\beta)^{p-1}(p\beta + a)^{m-p} + \dots$$
$$+ x(x-m\beta)^{m-1}$$

Cette formule ne diffère pas de la formule d'Abel; en effet, si nous permutons $a$ et $x$ et changeons $\beta$ en $-b$, il vient :

$$(x+a)^m = x^m + ma(x-b)^{m-1} + \frac{m(m-1)}{1.2} a(a+2b)(x-2b)^{m-2} + \dots$$
$$+ \frac{m(m-1)\dots(m-p+1)}{1.2\dots p} a(a+pb)^{p-1}(x-pb)^{m-p} + \dots$$
$$+ a(a+mb)^{m-1}.$$

**51.** P et Q sont deux polynomes entiers, liés entre eux par l'équation :

$$\sqrt{1-P^2} = Q\sqrt{1-x^2}$$

Vérifier que :

$$\frac{P'}{\sqrt{1-P^2}} = \frac{a}{\sqrt{1-x^2}}.$$

$a$ étant une constante.

Si l'on pose $P = \sin\varphi$ cette équation prend la forme

$$\varphi'_x = \frac{a}{\sqrt{1-x^2}}$$

donc les fonctions $\varphi$ et arc sin $x$ ont même dérivée; par suite

$$\varphi = a.\text{ arc sin } x + C^{te},$$
$$P = \sin\left[a.\text{ arc sin } x + C^{te}\right].$$

**52.** Si l'on pose $\cos a = x$, $m$ étant un entier, on trouve $f(x) = \cos ma$, $f(x)$ étant un polynome entier en $x$ de degré $m$.

De même, si $m$ est un entier impair, on peut exprimer $\sin ma$ en fonction entière de $\sin a = x$ par une équation de la forme

$$\varphi(x) = \sin ma$$

$\varphi(x)$ désignant un polynome entier.

Si $m$ est pair, on a une équation de la forme

$$\psi(x) = \sin ma$$

$\psi(x)$ étant égal à un polynome entier en $x$, multiplié par $\sqrt{1-x^2}$.

Prouver que les polynomes $f(x)$, $\varphi(x)$ et l'expression $\psi(x)$, vérifient l'équation

$$m^2(1-z^2) = z'^2(1-x^2).$$

**53.** Prouver que les conditions nécessaires et suffisantes pour que l'expression

$$f(x) = Ae^{ax} + Be^{bx} + Ce^{cx} + \ldots\ldots + Le^{lx}$$

soit identiquement nulle quel que soit $x$; $a$, $b$, $c$... $l$ étant des nombres réels inégaux, sont

$$A = o \quad B = o \quad C = o \ldots L = o$$

(Cauchy).

— On considérera $f(x)$ et ses dérivées pour $x = o$.

**54.** Trouver les conditions pour que l'expression

$$e^{ax}\left(A + A_1 x + A_2 x^2 \ldots\ldots + A_\alpha x^\alpha\right) + e^{bx}\left(B + B_1 x + B_2 x^2 + \ldots\ldots + B_\beta x^\beta\right) + \ldots\ldots$$

soit nulle identiquement

(Meray).

**55.** Soit $z = f(x) + i\varphi(x)$. Montrer que si $x$ varie de $-\infty$ à $+\infty$, le module de $z$ est croissant ou décroissant suivant que la partie réelle de $\frac{z'}{z}$ est positive ou négative.

(Puiseux).

**56.** Si la fonction $f(z) = X + Yi$ où $z = x + yi$ admet une dérivée, démontrer que si le point $(x, y)$ décrit deux courbes se coupant en un point $a$ sous un angle $\alpha$, le point $(X, Y)$ décrira deux courbes se coupant au point A correspondant à $a$, sous le même angle $\alpha$.

# CHAPITRE III

## APPLICATION DES DÉRIVÉES A L'ÉTUDE DE LA VARIATION DES FONCTIONS

1. **Théorème.** — *Si pour toutes les valeurs de $x$ comprises entre $a$ et $b$*, la dérivée $f'(x)$ *est nulle, la fonction $f(x)$ est constante dans l'intervalle $(a, b)$.*

En effet, soit $a+h$ un nombre compris entre $a$ et $b$; d'après le théorème des accroissements finis,

$$f(a+h)-f(a)=hf'(a+\theta h) \quad (0<\theta<1)$$

or, $a+\theta h$ étant compris entre $a$ et $b$ :

$$f'(a+\theta h)=0$$

d'où il résulte que

$$f(a+h)=f(a);$$

l'égalité précédente exprime évidemment que la fonction proposée conserve une valeur constante quand $x$ varie de $a$ à $b$. On verrait de même que $f(a+h)=f(b)$, de sorte que $f(a)=f(a+h)=f(b)$.

2. **Théorème.** — *Si deux fonctions ont des dérivées égales pour toutes les valeurs de $x$ comprises entre deux nombres $a$, $b$, leur différence est constante dans cet intervalle.*

En effet,

$$f'(x)-\varphi'(x)$$

est la dérivée de

$$f(x)-\varphi(x),$$

par conséquent l'égalité

$$f'(x)=\varphi'(x) \quad \text{ou} \quad f'(x)-\varphi'(x)=0$$

exprime que la différence

$$f(x)-\varphi(x)$$

conserve une valeur constante quand $x$ varie de $a$ à $b$.

3. **Corollaire.** — *Soient $u$ et $v$ deux fonctions de $x$ ayant respectivement pour dérivées $u'$ et $v'$; si les dérivées logarithmiques $\frac{u'}{u}$ et $\frac{v'}{v}$ sont égales, le rapport $\frac{u}{v}$ est indépendant de $x$.*

En effet, supposons d'abord que $u$ et $v$ aient des valeurs positives : $\frac{u'}{u}$ et $\frac{v'}{v}$ sont les dérivées de $Lu$ et $Lv$; ces deux dernières fonctions ayant des dérivées égales par hypothèse, $Lu - Lv$ est une constante, ce qui revient à dire que $L\frac{u}{v}$ est une constante; donc il en est de même de $\frac{u}{v}$.

Supposons maintenant que $u$ ait une valeur négative; la dérivée du logarithme de $-u$ est $\frac{-u'}{-u}$; on en conclut que $\frac{-u}{v}$ est constant, par suite $\frac{u}{v}$ est aussi constant, etc.

On peut encore dire que l'égalité $\frac{u'}{u} = \frac{v'}{v}$ entraîne celle-ci : $vu' - uv' = 0$ ou $\frac{vu' - uv'}{v^2} = 0$ ou encore $\left(\frac{u}{v}\right)' = 0$; par suite $\frac{u}{v} =$ constante.

**4. Théorème.** — *Si la fonction $f(x)$ est croissante dans l'intervalle de $a$ à $b$, et si pour toutes les valeurs de $x$ comprises entre $a$ et $b$ elle admet une dérivée $f'(x)$, cette dérivée ne sera négative pour aucune valeur de $x$ comprise entre $a$ et $b$; ni constamment nulle dans aucun intervalle compris entre $a$ et $b$, quelque petit qu'il soit.*

En effet, soit $x_0$ un nombre compris entre $a$ et $b$. On a par hypothèse :

$$\lim \frac{f(x_0 + h) - f(x_0)}{h} = f'(x_0)$$

quand $h$ tend vers zéro. Mais la fonction étant croissante, le rapport :

$$\frac{f(x_0 + h) - f(x_0)}{h}$$

est positif, pourvu toutefois que $x_0 + h$ soit compris entre $a$ et $b$, ce qui a lieu dès que $h$ est suffisamment petit en valeur absolue; il en résulte que la limite $f'(x_0)$ est positive ou nulle.

Soient $x_1$, $x_2$ deux nombres compris entre $a$ et $b$. On ne peut avoir $f'(x) = 0$ pour toutes les valeurs de $x$ comprises entre $x_1$ et $x_2$, car la fonction $f(x)$ demeurerait invariable dans cet intervalle, et par suite ne serait pas croissante dans tout l'intervalle de $a$ à $b$.

*Réciproquement. — Si $f'(x)$ n'est jamais négative dans l'intervalle $(a, b)$, si elle finie dans cet intervalle et si en outre $f'(x)$ n'est constamment nulle dans aucun intervalle compris entre $a$ et $b$, la fonction $f(x)$ est croissante quand $x$ varie de $a$ à $b$.*

En effet, soient $x_0$ et $x_0 + h$ deux nombres compris entre $a$ et $b$; d'après le théorème des accroissements finis :

$$f(x_0 + h) - f(x_0) = hf'(x_0 + \theta h) \qquad (0 < \theta < 1).$$

Par hypothèse, $x_0 + \theta h$ étant compris entre $a$ et $b$, on a :

$$f'(x_0 + \theta) \geqslant 0$$

donc, en supposant $h > 0$, on en conclut :

$$f(x_0 + h) - f(x_0) \geqslant 0. \qquad (1)$$

Soit $k$ un nombre positif plus petit que $h$, on aura aussi :

$$f(x_0 + k) - f(x_0) \geqslant 0 \qquad (2)$$
$$f(x_0 + h) - f(x_0 + k) \geqslant 0; \qquad (3)$$

or, si la différence

$$f(x_0 + h) - f(x_0)$$

était nulle, on aurait nécessairement pour toutes les valeurs de $k$ comprises entre 0 et $h$ :

$$f(x_0 + k) - f(x_0) = 0$$
$$f(x_0 + h) - f(x_0 + k) = 0,$$

car si l'une de ces différences est positive, leur somme égale à $f(x_0 + h) - (x_0)$ est aussi positive; mais alors $f(x)$ conserverait une valeur constante dans l'intervalle $(x_0, x_0 + h)$, et par suite $f'(x)$ serait nulle dans tout cet intervalle, ce qui est contraire à notre hypothèse; donc on a :

$$f(x_0 + h) > f(x_0)$$

et par conséquent la fonction est croissante.

**Remarque.** — Si l'on suppose $f'(x) > 0$ pour toute valeur de $x$ comprise entre $a$ et $b$, la démonstration se simplifie et l'on a immédiatement :

$$f(x_0 + h) - f(x_0) > 0,$$

en supposant toujours $h > 0$.

**5. Théorème.** — *Si la fonction $f(x)$ est décroissante dans l'intervalle de $a$ à $b$, et si pour toutes les valeurs de $x$ comprises entre $a$ et $b$ elle admet une dérivée $f'(x)$, cette dérivée ne sera positive pour aucune valeur de $x$ comprise entre $a$ et $b$, ni constamment nulle dans aucun intervalle compris entre $a$ et $b$ et réciproquement, pourvu que la dérivée reste finie dans l'intervalle $(a, b)$.*

La démonstration est identique à celle du théorème précédent : il n'y à changer que le sens des inégalités.

**Remarque.** — Lorsque la fonction est discontinue pour quelque valeur de la variable appartenant à un intervalle, on ne peut appliquer les théorèmes précédents sans précaution. Ainsi soit par ex. :

$$y = \frac{1}{c - x}$$

$c$ étant un nombre quelconque ; on a :

$$y' = \frac{1}{(c - x)^2};$$

cependant la fonction n'est pas croissante quand $x$ varie de $-\infty$ à $+\infty$, car elle est discontinue par $x = c$ et quand $x$ atteint et dépasse cette valeur critique, $y$ devient infinie et passe brusquement de $+\infty$ à $-\infty$. Mais si $h$ désigne un nombre positif aussi petit qu'on veut, la fonction $\frac{1}{c - x}$ est croissante dans l'intervalle de $-\infty$ à $c - h$, et aussi dans l'intervalle de $c + h$ à $+\infty$.

Pareillement, la dérivée de $tgx$ est $1 + tg^2x$ ; si $x$ varie de 0 à $\frac{\pi}{2} - h$, par exemple, $h$ étant un nombre positif aussi petit qu'on veut, $tgx$ est croissante ; il en est de même de $\frac{\pi}{2} + h$ à $\frac{3}{2}\pi - h$. Mais si $x$ traverse en croissant la valeur critique $\frac{\pi}{2}$, $tgx$ varie brusquement de $+\infty$ à $-\infty$.

Il peut arriver que pour une valeur particulière $c$ de $x$ la fonction soit finie et que sa dérivée soit infinie. Le théorème des accroissements finis peut alors être en défaut ; on appliquerait alors le théorème entre $a$ et $c$ et entre $c$ et $b$, si $c$ est la seule valeur critique dans l'intervalle $(a, b)$.

Par exemple $\sqrt[3]{x}$ a pour dérivée $\frac{1}{3\sqrt[3]{x^2}}$ ; cette dérivée n'est jamais négative ni nulle ; elle est infinie pour $x = 0$. La fonction $\sqrt[3]{x}$ est croissante quand $x$ varie de $-\infty$ à 0 et de 0 à $+\infty$ ; donc de $-\infty$ à $+\infty$.

6. **Théorème.** — *Si dans l'intervalle $(a, b)$ on a $f'(x) > \varphi'(x)$, la fonction $f(x)$ croît plus vite que $\varphi(x)$ dans cet intervalle.*

En effet on a, par hypothèse $f'(x) - \varphi'(x) > 0$ ce qui exprime que $f(x) - \varphi(x)$ est une fonction croissante ; alors, en supposant $h > 0$, on a

$$f(x + h) - \varphi(x + h) > f(x) - \varphi(x)$$

c'est-à-dire

$$f(x+h)-f(x)>\varphi(x+h)-\varphi(x)$$

$x$ et $x+h$ appartenant à l'intervalle $(a, b)$. Ce qui démontre la proposition.

**7. Théorème.** — *Soit $f(x)$ une fonction ayant une dérivée $f'(x)$; on suppose que $f(x)$ s'annule pour $x=a$; si l'on peut trouver un nombre positif $\alpha$, tel que $f'(x)$ conserve un signe invariable quand $x$ varie de $a-\alpha$ à $a$ et qu'il en soit de même quand $x$ varie de $a$ à $a+\alpha$; le rapport $\frac{f'(x)}{f(x)}$ sera négatif dans le premier intervalle et positif dans le second.*

En effet, donnons à $x$ une valeur comprise entre $a-\alpha$ et $a$ :

$$a-\alpha<x<a$$

et supposons $f'(x)>0$. Alors la fonction est croissante dans l'intervalle de $a-\alpha$ à $a$; donc on a :

$$f(x)<f(a)$$

c'est-à-dire

$$f(x)<0;$$

par suite

$$\frac{f'(x)}{f(x)}<0.$$

Si au contraire on suppose $f'(x)<0$, la fonction est décroissante, par suite on a

$$f(x)>f(a) \quad \text{ou} \quad f(x)>0,$$

et par conséquent

$$\frac{f'(x)}{f(x)}<0.$$

On verra de la même manière que le rapport $\frac{f'(x)}{f(x)}$ est positif si l'on suppose

$$a>x>a+\alpha.$$

**Remarque I.** — On peut présenter autrement la démonstration. Supposons $h$ moindre que $\alpha$ en valeur absolue; on a

$$f(a+h)-f(a)=hf'(a+\theta h).$$

c'est-à-dire :

$$f(a+h)=hf'(a+\theta h).$$

Mais $f''(a+\theta h)$ a le même signe que $f''(a+h)$ : donc

$$\frac{f'(a+h)}{f(a+h)}$$

a le signe de $h$, ce qui démontre la proposition.

**Remarque II.** — Si une fonction $\varphi(x)$ est continue pour $x=a$ et si $\varphi(a)$ est différent de zéro, on peut trouver un nombre $\alpha$ tel que de $a-\alpha$ à $a+\alpha$, $\varphi(x)$ ait le signe de $\varphi(a)$; car en désignant par $\beta$ un nombre positif moindre que la valeur absolue de $\varphi(a)$, on peut trouver $\alpha$ tel que de $a-\alpha$ à $a+\alpha$, $\varphi(x)$ soit compris entre $\varphi(a)-\beta$ et $\varphi(a)+\beta$; mais si $\varphi(a)=0$, on ne peut pas affirmer qu'il existe un nombre $\alpha$ tel que $\varphi(x)$ ait un signe déterminé quand $x$ varie de $a$ à $a+\alpha$ ou de $a-\alpha$ à $a$. Il en résulte que si $f'(x)$ a pour dérivée $f''(x)$, lorsque $f''(a)=0$ on ne peut pas trouver nécessairement un nombre $\alpha$ tel que $f''(x)$ garde un signe invariable quand $x$ varie de $a-\alpha$ à $a$, ou de $a$ à $a+\alpha$ et par suite la fonction n'est pas nécessairement croissante ou décroissante dans l'un ou l'autre de ces intervalles.

**Remarque III.** — Lorsque la fonction $f(x)$ est un polynome entier, la question se simplifie. Il convient de donner une démonstration nouvelle pour ce cas particulier. Supposons que $f(a)$ soit nul. Alors $f(x)$ est divisible par $x-a$; soit $n$ la plus haute puissance de $x-a$ qui divise $f(x)$, de sorte que l'on puisse poser :

$$f(x)=(x-a)^n\varphi(x), \tag{1}$$

$\varphi(x)$ étant un polynome entier en $x$, non divisible par $x-a$; autrement dit $\varphi(a)$ étant supposé différent de zéro.

De l'identité précédente, on tire :

$$\frac{f'(x)}{f(x)}=\frac{n}{x-a}+\frac{\varphi'(x)}{\varphi(x)}$$

Ce qu'on peut écrire

$$\frac{f'(x)}{f(x)}=\frac{1}{x-a}\left[n+\frac{(x-a)\varphi'(x)}{\varphi(x)}\right]$$

Quand $x$ tend vers $a$ l'expression entre crochets a pour limite $o$, puisque $\frac{\varphi'(a)}{\varphi(a)}$ a une valeur finie. Donc on peut trouver un nombre positif $\alpha$ tel que cette expression ait le signe de $n$, c'est-à-dire soit positive quand $|x-a|<\alpha$. Dans les mêmes conditions $\frac{f'(x)}{f(x)}$ a le signe de $x - a$. Le facteur $\frac{1}{x-a}$ passe de $-\infty$ à $+\infty$ quand $x$ atteint et dépasse $a$; il en est donc de même de la dérivée logarithmique $\frac{f'(x)}{f(x)}$.

La démonstration subsiste tant que l'on peut écrire l'identité (1) avec la condition $\varphi(a) \neq 0$.

8. **Condition pour qu'une fonction continue $f(x)$, pourvue d'une dérivée, soit maximum pour $x = a$.** Soit $f(x)$ une fonction continue, maximum pour $x = a$; nous supposerons qu'il existe un nombre $\alpha$ tel que la fonction $f(x)$ soit croissante quand $x$ varie de $a - \alpha$ à $a$ et décroissante quand $x$ varie de $a$ à $a + \alpha$.

Par suite, dans le premier intervalle $f'(x)$ aura le signe + et dans le second le signe —; et il en sera encore ainsi en supposant que $\alpha$ tende vers zéro : il en résulte que si $f'(x)$ est finie et continue pour $x = a$, on a $f'(a) = 0$. Donc, *lorsque $x$ atteint et dépasse $a$, si la fonction $f(x)$ passe par un maximum, ou plus exactement, de croissante devient décroissante, sa dérivée $f'(x)$ change de signe en passant du signe + au signe —.*

*Réciproquement : si l'on peut trouver un nombre $\alpha$ tel que la dérivée $f'(x)$ soit positive quand $x$ est compris entre $a - \alpha$ et $a$ et négative quand $x$ est compris entre $a$ et $a + \alpha$, la fonction $f(x)$ est maximum pour $x = a$.*

En effet, la fonction $f(x)$ est croissante dans l'intervalle de $a - \alpha$ à $a$ et décroissante de $a$ à $a + \alpha$.

Remarquons qu'il n'est pas nécessaire que $f'(x)$ soit positive pour toutes les valeurs de $x$ comprises entre $a - \alpha$ et $a$ et négatives quand $x$ est compris entre $a$ et $a + \alpha$; il peut se faire qu'elle soit nulle pour des valeurs de $x$ appartenant à l'un ou l'autre de ces intervalles, pourvu qu'elle ne s'annule pas constamment dans un intervalle contenu dans l'un de ceux-là.

9. **Condition pour qu'une fonction continue $f(x)$, admettant une dérivée, soit minimum pour $x = a$.** — On démontrera de la même manière *que la condition nécessaire et suffisante pour que la fonction $f(x)$ soit minimum pour $x = a$, ou plus exactement cesse de décroître pour commencer à croître quand $x$ atteint et dépasse $a$, est qu'il existe un nombre $\alpha$ tel que $f'(x)$ soit négative dans l'intervalle de $a - \alpha$ à $a$ et positive dans l'intervalle de $a$ à $a + \alpha$, de sorte que, si la dérivée est finie et continue pour $x = a$, elle doit s'annuler en passant du signe — au signe +.*

Il y a lieu, d'ailleurs, de faire la même remarque que pour le maximum, la dérivée pouvant s'annuler pour des valeurs isolées de $x$ appartenant à l'un ou l'autre de ces intervalles.

Il importe de remarquer que la condition $f'(a) = 0$, qui est nécessaire quand $f'(x)$ est continue pour $x = a$, n'est pas suffisante pour que la fonction $f(x)$ soit maximum ou minimum ; il faut, en effet, que la dérivée s'annule en *changeant de signe*.

**10. Usage des dérivées d'ordre supérieur pour reconnaître si $f(x)$ est maximum, minimum, croissante ou décroissante pour $x = a$.** — Soit $f(x)$ une fonction continue admettant des dérivées successives

$$f'(x),\ f''(x), \ldots\ f^{n-1}(x),\ f^{(n)}(x),$$

qui, jusqu'à celle d'ordre $n$, exclusivement, soient nulles pour $x = a$, de sorte que :

$$f'(a) = 0 \qquad f''(a) = 0 \ \ldots\ f^{n-1}(a) = 0 \qquad f^{(n)}(a) \neq 0,$$

et supposons de plus $f^{(n)}(x)$ continue pour $x = a$ :

Si $n$ est pair et $f^{(n)}(a) < 0$, la fonction $f(x)$ est *maximum* pour $x = a$

Si $n$ est pair et $f^{(n)}(a) > 0$, la fonction $f(x)$ est *minimum* pour $x = a$

Si $n$ est impair et $f^{(n)}(a) > 0$, la fonction $f(x)$ est *croissante* pour $x = a$

Si $n$ est impair et $f^{(n)}(a) < 0$, la fonction $f(x)$ est *décroissante* pour $x = a$

et *réciproquement*.

Ces quatre théorèmes se démontrent de la même manière; il suffit de considérer par exemple le premier.

Supposons donc $f^{(n)}(a) < 0$; on peut trouver un nombre $\alpha$ tel que de $\alpha - a$ à $a + \alpha$ $f^{(n)}(x)$ soit négative; alors $f^{n-1}(x)$ est décroissante dans cet intervalle, et comme $f^{(n-1)}(a) = 0$, $f^{(n-1)}(x)$ est positive dans l'intervalle $(a - \alpha,\ a)$ et négative dans l'intervalle $(a,\ a + \alpha)$; par suite, la fonction $f^{(n-2)}(x)$ est maximum pour $x = a$; donc, de $a - \alpha$ à $a + \alpha$, $f^{(n-2)}(x)$ a le signe — sauf pour $x = a$. On peut donc refaire les mêmes raisonnements et conclure que $f^{(n-4)}(x)$ est maximum par $x = a$, et ainsi de suite; comme $n$ est pair, on arrivera ainsi à prouver que $f(x)$ est maximum par $x = a$.

Réciproquement, si $f(x)$ est maximum par $x = a$, nous supposons qu'on puisse trouver $\alpha$ tel que de $a - \alpha$ à $a$, on ait $f'(x) > 0$, et de $a$ à $a + \alpha$, $f'(x) < 0$; mais, par hypothèse, $f'(a) = 0$, donc en supposant $\alpha$ suffisamment petit, $\frac{f'(x)}{f''(x)}$ passe du signe — au signe + quand $x$ atteint et dépasse $a$, et, par suite, $f''(x)$ a le signe — dans l'intervalle $(a - \alpha,\ a)$; donc on a : $f''(a) \leqslant 0$; soit $f''(a) = 0$. On voit que $\frac{f''(x)}{f'''(x)}$ passant du signe — au signe + quand

$x$ atteint et dépasse $a$, $f'''(x)$ passera du signe + au signe —, et, par conséquent, $f''(x)$ est maximum pour $x=a$; on peut donc recommencer les raisonnements déjà faits à propos de $f(x)$, et en continuant ainsi, et en admettant que toutes les dérivées ne soient pas nulles quand $x=a$, on arrivera à une dérivée d'ordre pair qui sera négative; donc la proposition est établie.

## APPLICATIONS

**11. Variations du trinome du second degré.** — Posons

$$f(x) = ax^2 + bx + c,$$

on a

$$f'(x) = 2ax + b.$$

Cette dérivée s'annule par $x = -\frac{b}{2a}$; si $a$ est positif, quand $x$ varie de $-\infty$ à $-\frac{b}{2a}$, $f'(x)$ est négative, et quand $x$ varie de $-\frac{b}{2a}$ à $+\infty$, $f'(x)$ est positive; donc le trinome est minimum par $x = -\frac{b}{2a}$. En résumé, on a le tableau suivant :

| $a > o$ | | | | | |
|---|---|---|---|---|---|
| $x$ | $-\infty$ | . . . . . . . . . | $-\frac{b}{2a}$ | . . . . . . . . . | $+\infty$ |
| $f(x)$ | $+\infty$ | décroit | minimum | croit | $+\infty$ |

$$f\left(-\frac{b}{2a}\right) = \frac{4ac - b^2}{4a}.$$

Lorsque $a$ est négatif, la dérivée s'annule en passant du signe + au signe — quand $x$ traverse en croissant la valeur $-\frac{b}{2a}$, par suite le trinome est maximum pour $x = -\frac{b}{2a}$. On peut donc faire le tableau suivant.

| $a < o$ | | | | | |
|---|---|---|---|---|---|
| $x$ | $-\infty$ | . . . . . . . . . | $-\frac{b}{2a}$ | . . . . . . . . . | $+\infty$ |
| $f(x)$ | $-\infty$ | croit | maximum | décroit | $-\infty$ |

$$f\left(-\frac{b}{2a}\right) = \frac{4ac - b^2}{4a}.$$

En particulier, soit $y = x(b - x)$ ou $y = -x^2 + bx$; $y$ sera maximum pour $x = \frac{b}{2}$: donc : *le produit de deux facteurs $x$, $b - x$, dont la somme est constante, est maximum quand ces facteurs sont égaux.*

**Remarque.** $f''(x) = 2a$; donc si $a > o$, on voit bien que $f(x)$ est minimum quand $f'(x) = o$, etc.

**12. Variation du trinome bicarré.** — Soit

$$f(x) = ax^4 + bx^2 + c$$

$$\frac{1}{2} f'(x) = 2ax^3 + bx = x(2ax^2 + b)$$

$$\frac{1}{2} f''(x) = 6ax^2 + b.$$

Lorsque $x$ traverse en croissant la valeur zéro, $f'(x)$ s'annule en changeant de signe, donc zéro correspond à un maximum ou à un minimum. D'ailleurs $f''(x) = b$; si $b$ est négatif, zéro correspond à un maximum; si $b$ est positif, zéro correspond à un minimum.

On a encore $f'(x) = o$, quand $a$ et $b$ sont de signes contraires, pour $x = \pm\sqrt{\frac{-b}{2a}}$. Pour l'une ou l'autre de ces valeurs, la dérivée seconde est égale à $-2b$; donc on aura un maximum quand $b$ sera positif, et un minimum quand $b$ sera négatif.

En résumé, on peut dresser les travaux suivants :

| | | | | | | |
|---|---|---|---|---|---|---|
| $a > o$, $b > o$ | $x$ | $-\infty$ | ........ | $o$ | ....... | $+\infty$ |
| | $f(x)$ | $+\infty$ | décroit | maximum | | $+\infty$ |

| | | | | | | |
|---|---|---|---|---|---|---|
| $a > o$, $b < o$ | $x$ | $-\infty$ | $-\sqrt{\frac{-b}{2a}}$ | $o$ | $+\sqrt{\frac{-b}{2a}}$ | $+\infty$ |
| | $f(x)$ | $+\infty$...décr...minim...croit...max....décr...minim..croit... $+\infty$ | | | | |

| | | | | | | |
|---|---|---|---|---|---|---|
| $a < o$, $b < o$ | $x$ | $-\infty$ | ........ | $o$ | ....... | $+\infty$ |
| | $f(x)$ | $-\infty$ | croit | maximum | décroit | $-\infty$ |

| | | | | | | |
|---|---|---|---|---|---|---|
| $a < o$, $b > o$ | $x$ | $-\infty$ | $-\sqrt{\frac{-b}{2a}}$ | $o$ | $+\sqrt{\frac{-b}{2a}}$ | $+\infty$ |
| | $f(x)$ | $-\infty$...croit...max...décr...minim...croit...max...décr...$-\infty$ | | | | |

Enfin, il convient de remarquer que $f(-x) = f(x)$.

Il reste à considérer le cas de $b = o$ : alors $f(x) = ax^4 + c$.

$$f'(x) = 4ax^3$$
$$f''(x) = 12ax^2$$
$$f'''(x) = 24ax$$
$$f''''(x) = 24a.$$

La dérivée première s'annule par $x = o$; la première dérivée qui ne s'annule pas est la quatrième; donc si $a$ est positif, zéro correspond à un minimum et si $a$ est négatif, il correspond à un maximum.

### 13. **Variations de** $\frac{ax + b}{a'x + b'}$.

Si l'on désigne cette fraction par $y$, on a

$$y' = \frac{ab' - ba'}{(a'x + b')^2}$$

donc, trois cas à distinguer :

1° $ab' - ba' > o$, on a $y' > o$, donc $y$ est croissante dans les deux intervalles de $-\infty$ à $-\frac{b'}{a'}$, et de $-\frac{b'}{a'}$ à $+\infty$; quand $x$ traverse en croissant la valeur $-\frac{b'}{a'}$, $y$ passe de $+\infty$ à $-\infty$.

2° $ab' - ba' < o$, la dérivée $y'$ est négative; $y$ est décroissante de $-\infty$ à $-\frac{b'}{a'}$ et de $\frac{b'}{a'}$ à $+\infty$; quand $x$ traverse en croissant la valeur critique $-\frac{b'}{a'}$, $y$ passe de $-\infty$ à $+\infty$.

3° $ab' - ba' = o$; alors $y' = o$ et par suite $y$ est indépendante de $x$.

**14. Variations de** $\frac{ax^2+bx+c}{a'x^2+b'x+c'}$.

Posons

$$f(x)=ax^2+bx+c, \qquad \varphi(x)=a'x^2+b'x+c',$$

$$\text{On a : } y'=\frac{f'(x).\,\varphi(x)-\varphi'(x)\,f(x)}{[\varphi(x)]^2}.$$

On trouve, en simplifiant :

$$y'=\frac{(ab'-ba')\,x^2+2\,(ac'-ca')\,x+bc'-cb'}{(a'x^2+2\,b'x+c')^2}.$$

Posons

$$\Delta=(ac'-ca')^2-(ab'-ba')\,(bc'-cb').$$

Supposons $a'\neq o$.

On a identiquement

$$a'\,f(x)-a\,\varphi(x)=(ba'-ab')\,x+ca'-ac'$$

donc, si $x'$ et $x''$ sont les racines de $\varphi(x)=o$ :

$$a'^2\,f(x')\,f(x'')=[(ba'-ab')\,x'+ca'-ac']\,[(ba'-ab')\,x''+ca'-ac']$$

d'où l'on tire immédiatement

$$\Delta=a'^2\,f(x').\,f(x'').$$

Nous supposerons $\Delta\neq o$, sans quoi $f(x)$ et $\varphi(x)$ auraient un diviseur commun. Posons encore $\delta'=4a'c'-b'^2$. Nous distinguerons plusieurs cas.

A) $\delta'<o$ :

$\varphi(x)=o$ a ses racines réelles et inégales.

1° $\Delta>o$, c'est-à-dire $f(x')\,f(x'')>o$; par suite si les racines de $f(x)=o$ sont réelles, elles sont toutes deux entre $x'$ et $x''$, ou toutes deux hors de l'intervalle $(x', x'')$. D'ailleurs, si l'on pose

$$\psi(x)=f'(x)\,\varphi(x)-\varphi'(x)\,f(x),$$

on a

$$\psi(x')\,\psi(x'')=f(x')\,f(x'')\,\varphi'(x')\,\varphi'(x'').$$

Or, la racine de $\varphi'(x)=o$, qui est égale à $-\frac{b'}{2a'}$, est comprise entre $x'$ et $x''$, de sorte que l'on a

$$\varphi'(x')\,\varphi'(x'')<o,$$

et par suite

$$\psi(x').\,\psi(x'')<o;$$

donc les racines de $\varphi(x)=o$ *séparent* celles de $\psi(x)=o$; si l'on nomme $\alpha$ et $\beta$ les racines de cette dernière équation, supposons $\alpha<\beta$ et $x'<x''$, et soit $ab'-ba'>o$; $y'$ sera positive quand $x$ varie de $-\infty$ à $\alpha$ ou de $\beta$ à $+\infty$, et négative quand $x$ varie de $\alpha$ à $\beta$; donc $\alpha$ correspond à un maximum et $\beta$ à un minimum; si l'on suppose par exemple,

$$x'<\alpha<x''<\beta,$$

on aura le tableau suivant des valeurs correspondantes de $x$ et de $y$ :

| $x$ | $-\infty$ | $x'$ | $\alpha$ | $x''$ | $\beta$ | $+\infty$ ; |
|---|---|---|---|---|---|---|
| $y$ | $\frac{a}{a'}$...croît...$+\infty$ | $-\infty$, croît, | maxim., décroît | $-\infty$ \| $+\infty$, décroît, | minim., croît, | $\frac{a}{a'}$ |

et l'on vérifiera facilement que l'on a

$$\frac{f(\alpha)}{\varphi(\alpha)} < \frac{f(\beta)}{\varphi(\beta)},$$

2° $\Delta < o$; dans ce cas il n'y a ni maximum ni minimum. Si $ab' - ba'$ est positif, $y$ est croissant de $-\infty$ à $x'$, de $x'$ à $x''$ et de $x''$ à $+\infty$, quand $x$ traverse $x'$, $y$ passe de $+\infty$ à $-\infty$; il en est de même quand $x$ traverse $x''$; le contraire a lieu si $ab' - ba'$ est négatif.

B) $\delta' > o$.

$\varphi(x) = o$ a ses racines imaginaires, $y$ reste toujours fini; dans ce cas $\Delta$ est positif, car $f(x')f(x'')$ est positif; si l'on suppose $ab' - ba' > o$, $y$ est maximum pour $x = \alpha$, minimum pour $x = \beta$; c'est l'inverse si $ab' - ba'$ est négatif.

C) $\delta' = o$ :

$\varphi(x)$ est alors un carré parfait : $\alpha = \beta$. Dans ce cas particulier, $\psi(\alpha) = o$. Il en résulte que pour $x = \alpha$, $y$ est infini, mais on peut dire que $y$ est maximum ou minimum pour cette valeur.

Il resterait à examiner un certain nombre de cas particuliers, tels que ceux où $a$ ou bien $a'$ deviendrait nul, celui où $ab' - ba' = o$. Nous laissons au lecteur le soin de compléter cette discussion.

**15.** Considérons en particulier la fonction

$$y = x + \frac{a}{x}$$

on a

$$y' = 1 - \frac{a}{x^2},$$

donc si l'on suppose $a < o$, la fonction est croissante quand $x$ varie de $-\infty$ à 0 et de 0 à $+\infty$, d'ailleurs quand $x$ traverse la valeur zéro en passant du signe $-$ au signe $+$, $y$ passe de $+\infty$ à $-\infty$.

Supposons maintenant $a > o$, et soit $a = +b^2$; la dérivée $y'$ est nulle pour $x = \pm b$; d'ailleurs

$$y'' = \frac{2b^2}{x^3}$$

est négative pour $x = -b$, positive pour $x = +b$. Donc la fonction est maximum pour $x = -b$, minimum pour $x = +b$.

**16.** $y = x^{\frac{2}{3}}$.

$y' = \frac{2}{3}x^{-\frac{1}{3}}$; donc, quand $x$ traverse la valeur zéro en passant du signe $-$ au signe $+$, $y'$ passe de $-\infty$ à $+\infty$, de sorte que zéro correspond à un minimum; d'ailleurs, pour $x = o$ on a aussi $y = o$.

Dans ce cas, la dérivée est infinie pour $x = o$.

**17. Problème.** — Étudier les variations de la fonction $\left(1 + \frac{1}{x}\right)^x$.

Soit $y = \left(1 + \frac{1}{x}\right)^x$. Nous devons supposer $1 + \frac{1}{x} > o$, pour que $y$ soit continue; pour qu'il en soit ainsi, il faut et il suffit que $x$ ne soit pas compris entre $-1$ et 0.

On a

$$y' = y\left[L\left(1 + \frac{1}{x}\right) - \frac{1}{x+1}\right],$$

$y$ étant toujours positif, nous sommes ramenés à étudier le signe de la fonction $z$ définie par l'équation :

$$z = \mathrm{L}\left(1+\frac{1}{x}\right) - \frac{1}{x+1};$$

or

$$z' = \frac{-1}{x(x+1)^2};$$

donc si $x$ varie de $-\infty$ à $-1$, $z'$ est positive; or pour $x=-\infty$, $z=o$; donc, dans ce premier intervalle, on aura $z > o$.

Supposons $x > o$, on a alors $z' < o$, or pour $x = +\infty$, $z = o$; donc pour les valeurs positives de $x$, on a $z > o$; il résulte de là que la fonction $y$ est toujours croissante.

Or, pour $x = -\infty$, $y = e$; pour $x = -1$, $y$ est infinie; donc, quand $x$ varie de $-\infty$ à $-1$, $y$ croît de $e$ à $+\infty$.

Pour $x = o$, $y$ se présente sous la forme $\infty^0$; or on a

$$\mathrm{L}\, y = x\,\mathrm{L}\left(1+\frac{1}{x}\right) = \frac{\mathrm{L}\left(1+\frac{1}{x}\right)}{1+\frac{1}{x}}(x+1).$$

Le premier facteur

$$\frac{\mathrm{L}\left(1+\frac{1}{x}\right)}{1+\frac{1}{x}}$$

a pour limite zéro, le second a pour limite 1; donc L$y$ a pour limite $o$; par suite $y$ a pour limite 1. Il en résulte que, quand $x$ croît de $o$ à $+\infty$, $y$ croît de 1 à $e$.

**18. Maximum ou minimum de la fonction $u = f(x, y)$ sachant que $\varphi(x, y) = o$.**

Regardons $y$ comme une fonction de $x$ déterminée par l'équation $\varphi(x, y) = 0$, et supposons que $y$ admette une dérivée $y'$; on a dans ce cas

$$u'_x = f'_x + f'_y y' \qquad \text{et} \qquad y' = -\frac{\varphi'_x}{\varphi'_y},$$

par suite

$$u'_x = \frac{f'_x . \varphi'_y - f'_y . \varphi'_x}{\varphi'_y}.$$

Si l'on suppose $\varphi'_y \neq o$, on aura les valeurs de $x$ et $y$ correspondant à un maximum ou à un minimum de $u$, en résolvant le système

$$\varphi(x, y) = o, \quad f'_x \varphi'_y - \varphi'_x f'_y = o. \tag{1}$$

On remarquera que la dernière équation peut être obtenue en considérant la fonction

$$\lambda f(x, y) + \varphi(x, y)$$

et en éliminant $\lambda$ entre les deux équations

$$\begin{aligned} \lambda f'_x + \varphi'_x &= o \\ \lambda f'_y + \varphi'_y &= o. \end{aligned} \tag{2}$$

Il convient de remarquer que toutes les solutions du système (1) ne correspondent pas nécessairement à un maximum ou à un minimum de $u$.

**Eexmple.** — Trouver le maximum ou le minimum de $x^2+y^2$, sachant que

$$Ax^2+2Bxy+Cy^2=1. \qquad (1)$$

En appliquant la règle précédente, je considère les équations

$$\begin{aligned} Ax+By-\lambda x&=o\\ Bx+Cy-\lambda y&=o\end{aligned}$$

ou

$$\begin{aligned} (A-\lambda)x+By&=o \qquad (2)\\ Bx+(C-\lambda y)&=o \qquad (3)\end{aligned}$$

et j'élimine $\lambda$, ce qui donne

$$(Ax+By)y-(Bx+Cy)x=o,$$

ou

$$B(y^2-x^2)+(A-C)xy=o \qquad (4)$$

Si $x$ et $y$ désignent les valeurs correspondant à un maximum ou à un minimum de $x^2+y^2$, les équations (2) et (3) ont des solutions différentes de zéro, puisque l'équation (1) doit être vérifiée; donc on a

$$(A-\lambda)\quad(C-\lambda)-B^2=o. \qquad (5)$$

Supposons que $\lambda$ soit remplacée par une racine de cette équation : les équations (2) et (3) donnent

$$Ax^2+2Bxy+Cy^2=\lambda(x^2+y^2),$$

ou à cause de l'équation (1)

$$(x^2+y^2)=\frac{1}{\lambda};$$

par suite les inverses des racines de l'équation (5) donnent les valeurs du maximum ou du minimum de $x^2+y^2$.

**19. Problème.** — Trouver le maximum ou le minimum de la fonction

$$u=x^2+y^2+z^2 \qquad (1)$$

$x$, $y$, $z$ étant assujettis à vérifier les équations

$$\begin{aligned} \alpha x+\beta y+\lambda z&=0 \qquad (2)\\ \frac{x^2}{a^2}+\frac{y^2}{b^2}+\frac{z^2}{c^2}-1&=0. \qquad (3)\end{aligned}$$

(Trouver les axes d'une section diamétrale d'un ellipsoïde).

Regardons $y$ et $z$ comme des fonctions de $x$ déterminées par les équations (2) et (3), et ayant pour dérivées $y'$, $z'$. Les conditions de maximum ou de minimum sont données par les équations :

$$\begin{aligned} x+yy'+zz'&=0 \qquad (4)\\ \alpha+\beta y'+\gamma z'&=0 \qquad (5)\\ \frac{x}{a^2}+\frac{yy'}{b^2}+\frac{zz'}{c^2}&=0 \qquad (6)\end{aligned}$$

auxquelles il faut joindre les équations (1), (2), (3).

Si l'on élimine $y'$ et $z'$ entre les équations (4), (5), (6), on obtient :

$$\begin{vmatrix} x & y & z \\ \alpha & \beta & \gamma \\ \frac{x}{a^2} & \frac{y}{b^2} & \frac{z}{c^2} \end{vmatrix} = 0. \qquad (7)$$

ou en développant

$$\alpha\, y\, z \left(\frac{1}{b^2} - \frac{1}{c^2}\right) + \beta\, z\, x \left(\frac{1}{c^2} - \frac{1}{a^2}\right) + \gamma\, x\, y \left(\frac{1}{a^2} - \frac{1}{b^2}\right) = 0. \qquad (8)$$

Cette équation, jointe aux équations (2) et (3), détermine les valeurs de $x$, $y$, $z$. (L'équation (8) représente un cône; on voit facilement que ce cône est coupé par le plan représenté par (2) suivant deux droites rectangulaires, qui sont les *axes* de la section.)

On peut obtenir l'expression de $u$ de la façon suivante : L'équation (7) exprime que l'on peut trouver des nombres $\lambda$, $\mu$, $\nu$ non tous nuls et vérifiant les équations :

$$\begin{aligned} \lambda . x + \mu . \alpha + \nu \frac{x}{a^2} &= 0 \\ \lambda . y + \mu . \beta + \nu \frac{y}{b^2} &= 0 \\ \lambda . z + \mu . \gamma + \nu \frac{z}{c^2} &= 0. \end{aligned} \qquad (9)$$

$\lambda$ est différent de zéro, sans quoi $\alpha$, $\beta$, $\lambda$ seraient proportionnels à $\frac{x}{a^2}$, $\frac{y}{b^2}$, $\frac{z}{c^2}$, et l'équation (2) donnerait :

$$\frac{x^2}{a^2} + \frac{y^2}{b^2} + \frac{z^2}{c^2} = 0,$$

ce qui est incompatible avec (3). On voit aussi que $\mu$ est différent de zéro.

Cela étant, on déduit des équations (9), en les multipliant par $x$, $y$, $z$ et ajoutant,

$$\lambda . u + \nu = 0;$$

donc on peut écrire :

$$\begin{aligned} \lambda . x \left(1 - \frac{u}{a^2}\right) + \mu . \alpha &= 0 \\ \lambda . y \left(1 - \frac{u}{b^2}\right) + \mu . \beta &= 0 \\ \lambda . z \left(1 - \frac{u}{c^2}\right) + \mu . \gamma &= 0, \end{aligned}$$

ou bien :

$$\begin{aligned} \lambda . x + \mu . \frac{a^2\, \alpha}{a^2 - u} &= 0 \\ \lambda . y + \mu . \frac{b^2\, \beta}{b^2 - u} &= 0 \\ \lambda . z + \mu . \frac{c^2\, \gamma}{c^2 - u} &= 0; \end{aligned}$$

d'où en multipliant par $\alpha$, $\beta$, $\gamma$, ajoutant, et tenant compte de (2) :

$$\frac{a^2\, \alpha^2}{a^2 - u} + \frac{b^2\, \beta^2}{b^2 - u} + \frac{c^2\, \gamma^2}{c^2 - u} = 0.$$

**20. Remarque.** — Lorsqu'on applique les théories précédentes à la géométrie, il convient de tenir compte de certaines circonstances qui peuvent se présenter comme dans l'exemple suivant.

Soit A un point pris dans le plan d'un cercle, à l'extérieur par exemple; on sait que la distance de A à un point M du cercle est la plus petite possible quand M est confondu avec celle des extrémités du diamètre qui passe par A, qui est la plus rapprochée de A; elle est la plus grande possible si M coïncide avec l'autre extrémité du même diamètre. Abaissons du point M la perpendiculaire MP sur OA et posons $\mathrm{OP} = x$; on trouve :

$$u = \overline{\mathrm{AM}}^2 = a^2 + \mathrm{R}^2 - 2\,ax,$$

R désignant le rayon du cercle et $a$ la distance OA. Or $u'_x = -2\,a$; par suite $u$, considérée comme fonction de $x$, est une fonction décroissante; à ce point de vue, il n'y a ni maximum ni minimum. Effectivement si $x$ croît de $-\mathrm{R}$ à $+\mathrm{R}$, $\overline{\mathrm{AM}}^2$ décroît de $(a+\mathrm{R})^2$ à $(a-\mathrm{R})^2$. Mais si l'on désigne par $\omega$ l'angle AOM, on a :

$$u = \overline{\mathrm{AM}}^2 = a^2 + \mathrm{R}^2 - 2\,a\,\mathrm{R}\cos\omega,$$

et par suite :

$$u'_\omega = 2\,a\,\mathrm{R}\sin\omega,$$

de sorte que $\omega$ étant la variable indépendante, $u'_\omega$ s'annule en changeant de signe quand le point M se meut sur la circonférence, chaque fois qu'il passe par l'une ou l'autre des extrémités du diamètre passant par A, et l'on reconnaît que l'extrémité la plus voisine de A correspond à un minimum et l'autre à un maximum. Ainsi quand on fait un changement de variable, une fonction qui avait un maximum ou un minimum peut cesser d'en avoir, ou inversement.

D'ailleurs, soient

$$y = f(u), \quad u = \varphi(x);$$

on a :

$$y'_x = f'(u)\,\varphi'(x).$$

Si $y$ est regardée comme fonction de $u$, il peut se faire que $f'(u)$ garde un signe invariable, et que par suite $f(u)$ n'ait ni maximum ni minimum; mais si $y$ est regardée comme fonction de $x$, les valeurs de $x$ pour lesquelles $\varphi'(x)$ s'annule en changeant de signe, correspondent à un maximum ou à un minimum de $y$, si toutefois $f'(u)$ ne change pas en même temps de signe.

## EXERCICES

1. Étudier les variations de $a^x - x$.

2. Variations de $\dfrac{a^x}{x}$.

3. Variations de $\log_a x - x$.

4. Variations de $\dfrac{\log_a x}{x}$.

En conclure la solution de ce problème : Trouver s'il y a dans le système de base $a$ un nombre égal à son logarithme.

5. Variations de $\left(1 + \frac{1}{x} + \frac{1}{x^2}\right)^x$.

**6.** Variations de $a^{\frac{x^2}{x^2-1}}$ en supposant $a > 1$.

**7.** Variations de $e^{\frac{x^2-1}{x}}$.

**8.** Étudier les variations de la fraction

$$\frac{(1+x^2)^3}{(a^2+b^2x^3)(a^2x^2+b^2)^2} \qquad (a^2 > b^2).$$

**9.** Étudier, à l'aide des dérivées, les variations de la somme

$$\frac{x^2-3x+1}{x^2-5x+1}+\frac{x^2+5x+1}{x^2+3x+1}.$$

**10.** Étudier les variations de $a\cos^2 x + b\cos x + c$, de $a\sin^2 x + b\sin x + c$; de $a\,\mathrm{tg}^2 x + b\,\mathrm{tg}\, x + c$.

**11.** Étudier les variations de $x^m + px^n$.

**12.** Étudier les variations de

$$\mathrm{L}\,\frac{x^2-3x+2}{x^2+1}.$$

**13.** Variations de $\mathrm{arc\,tg}\, x + mx$.

**14.** Variations de $\frac{x^m}{y^p}$ sachant que $ax - by = c$.

**15.** Variations de $x\,e^{-\frac{1}{2}\sin\alpha\left(x-\frac{1}{x}\right)}$ $\qquad \left[o > \alpha > \frac{\pi}{2}\right]$.

**16.** Variations de $\frac{\sin(x-a)}{\sin^4 x}$.

**17.** Étudier les variations de la fonction

$$\frac{\sin^m x}{\sin(x-\alpha)} \qquad \left[o < \alpha < \frac{\pi}{2}\right].$$

**18.** $x$ et $y$ sont deux arcs compris entre $o$ et $\frac{\pi}{2}$, liés entre eux par l'équation

$$\mathrm{tg}\, y = a\,\mathrm{tg}\, x,$$

$a$ étant compris entre 0 et 1. Trouver les variations de la différence $y - x$.

**19.** Étudier les variations de

$$\frac{a\sin x + b\cos x}{a'\sin x + b'\cos x}.$$

**20.** Étudier les variations de

$$\frac{a\,\mathrm{tg}\, x + b\,\mathrm{cotg}\, x}{a'\,\mathrm{tg}\, x + b'\,\mathrm{cotg}\, x}.$$

**21.** Étudier les variations de

$$a\,\mathrm{séc}\, x + b\,\mathrm{coséc}\, x.$$

**22.** Étudier les variations de

$$\frac{a\,\mathrm{séc}\, x + b\,\mathrm{coséc}\, x}{a'\,\mathrm{séc}\, x + b'\,\mathrm{coséc}\, x}.$$

**23.** Étant données deux sphères de rayons $r$, $r'$ et dont les centres sont à une distance $d$, étudier les variations de la somme des zones vues d'un point situé entre les deux sphères.

**24.** On considère un point mobile M placé sur une ellipse ayant pour foyers F et F'. Étudier les variations de la quantité

$$\frac{1}{\overline{FM}^2} + \frac{1}{\overline{F'M}^2}.$$

---

# CHAPITRE IV

## FORMULES DE TAYLOR ET DE MAC-LAURIN

**1.** Soit $f(x)$ une fonction continue admettant $n$ dérivées successives finies et continues et une $(n+1)^e$ dérivée finie et bien déterminée, pour toutes les valeurs de $x$ comprises entre deux nombres donnés $a$ et $b$, et soit $b = a + h$.

Le rapport

$$\frac{f(a+h) - f(a) - hf'(a) - \frac{h^2}{1.2}f''(a) - \ldots\ldots - \frac{h^n}{1.2\ldots n}f^{(n)}(a)}{h^p}$$

$p$ étant un nombre donné, que nous supposerons positif, est un nombre déterminé, que nous désignerons par A, de sorte que, en remplaçant $a+h$ par $b$, et $h$ par $b-a$, on peut écrire :

$$f(b) - f(a) - (b-a)f'(a) - \frac{(b-a)^2}{1.2}f''(x) - \ldots$$
$$- \frac{(b-a)^n}{1.2\ldots n}f^{(n)}(a) - (b-a)^p A = 0. \qquad (1)$$

Dans le cas où $f(x)$ est un polynome entier de degré $n$, on aurait comme on le sait, $A = 0$. Considérons la fonction * :

$$f(b) - f(x) - (b-x)f'(x) - \frac{(b-x)^2}{1.2}f''(x) - \ldots\ldots$$
$$- \frac{(b-x)^n}{1.2\ldots\ldots n}f^{(n)}(x) - (b-x)^p A$$

* Voir une autre démonstration dans la *Revue de Mathématiques spéciales*, 2e année, p. 237.

que nous désignerons par $\varphi(x)$. On a $\varphi(a)=0$, en vertu de l'égalité (1) et $\varphi(b)=0$, puisque, si l'on remplace $x$ par $b$, il est clair que $\varphi(x)$ devient identiquement nul, à la condition que $p$ soit un nombre positif, comme nous l'avons supposé. Or, la fonction $\varphi(x)$ est continue; d'ailleurs on trouve aisément

$$\varphi'(x)=-\frac{(b-x)^n}{1.2\ldots n}f^{(n+1)}(x)+p(b-x)^{p-1}A.$$

Donc la fonction $\varphi(x)$ est finie et continue et admet une dérivée finie et bien déterminée pour toutes les valeurs de $x$ comprises entre $a$ et $b$, et comme on a

$$\varphi(a)=0 \quad \text{et} \quad \varphi(b)=0,$$

on a aussi

$$\varphi'(a+\theta h)=0.$$

$\theta$ étant un nombre inconnu, mais compris entre 0 et 1.

En remarquant que $b-a-\theta h=h(1-\theta)$, on en conclut que

$$ph^{p-1}(1-\theta)^{p-1}A-\frac{h^n(1-\theta)^n}{1.2\ldots n}f^{(n+1)}(a+\theta h)=0,$$

d'où l'on tire

$$h^pA=\frac{h^{n+1}(1-\theta)^{n+1-p}f^{(n+1)}(a+\theta h)}{1.2\ldots n.p}.$$

On a ainsi la formule suivante, connue sous le nom de formule de Taylor :

$$\left.\begin{aligned}f(a+h)=f(a)+\frac{h}{1}f'(a)+\frac{h^2}{2!}f''(a)+\frac{h^3}{3!}f'''(a)+\ldots\ldots\\+\frac{h^n}{n!}f^n(a)+R_n.\end{aligned}\right\}\quad(2)$$

en posant

$$R_n=\frac{h^{n+1}.(1-\theta)^{n+1-p}.f^{(n+1)}(a+\theta h)}{1.2\ldots\ldots n.p}.$$

Le *reste* $R_n$ renferme un nombre positif arbitraire $p$ et un nombre inconnu $\theta$, compris entre 0 et 1. Cette forme du reste a été donnée par MM. Roche et Schlömilch. (Voir *Journal de Liouville*, t. III.)

Si l'on prend $p = n + 1$, on obtient *le reste de Lagrange* :

$$R'_n = \frac{h^{n+1} \cdot f^{(n+1)}(a + \theta h)}{(n+1)!},$$

et si l'on fait $p = 1$, on obtient *le reste de Cauchy* :

$$R''_n = \frac{h^{n+1}(1-\theta)^n f^{(n+1)}(a + \theta h)}{n!}.$$

Si l'on remplace $a + h$ par $x$, et $h$ par $x - a$, on obtient

$$\left.\begin{aligned} f(x) = f(a) + \frac{x-a}{1} f'(a) + \frac{(x-a)^2}{2!} f''(a) + \frac{(x-a)^3}{3!} f'''(a) + \dots \\ + \frac{(x-a)^n}{n!} f^{(n)}(a) + R_n \\ R_n = \frac{(x-a)^{n+1}(1-\theta)^{n+1-p} f^{(n+1)}[a + \theta(x-a)]}{1.2\dots n.p} \end{aligned}\right\} \quad (3)$$

et si $a = 0$ :

$$f(x) = f(o) + \frac{x}{1} f'(o) + \frac{x^2}{2!} f''(o) + \frac{x^3}{3!} f'''(o) + \dots + \frac{x^n}{n!} f^{(n)}(o) + R_n \quad (4)$$

$$R_n = \frac{x^{n+1}(1-\theta)^{n+1-p} f^{(n+1)}(\theta x)}{1.2\dots\dots n.p}$$

Cette dernière formule est connue sous le nom de formule de Mac-Laurin.

**Remarque.** — S'il s'agit de la formule (3) les conditions imposées aux dérivées doivent être remplies dans l'intervalle de $a$ à $x$, et pour la formule (4) de zéro à $x$.

Remarquons enfin que la formule des accroissements finis n'est pas autre chose que la formule de Taylor arrêtée au premier terme.

**2. Séries de Taylor et de Mac-Laurin.** — Supposons que $f(x)$ soit pourvue d'une infinité de dérivées successives, finies et continues entre $a$ et $x$; si $R_n$ à pour limite zéro quand $n$ augmente indéfiniment, la série dont le terme général est

$$\frac{(x-a)^n f^{(n)}(a)}{n!}$$

est convergente et a pour somme $f(x)$.

En effet, la somme des $n + 1$ premiers termes de cette série est égale à

$$f(x) - R_n,$$

et par suite, lorsque $\lim R_n = 0$, on a :

$$\left.\begin{array}{l} f(x) = f(a) + \dfrac{x-a}{1} f'(a) + \dfrac{(x-a)^2}{2!} f''(a) + \ldots\ldots \\ \quad + \dfrac{(x-a)^n}{n!} f^{(n)}(a) + \ldots\ldots \end{array}\right\} \quad (5)$$

On aura de la même manière, quand on suppose $a = 0$ et si le reste a pour limite zéro :

$$f(x) = f(o) + \frac{x}{1} f'(o) + \frac{x^2}{2!} f''(o) + \ldots\ldots + \frac{x^n}{n!} f^{(n)}(o) + \ldots\ldots \quad (6)$$

Ces formules donnent le développement de $f(x)$ en série ordonnée suivant les puissances entières de $x - a$, ou de $x$.

La série (5) est la série de Taylor, la série (6), qui n'en est qu'un cas particulier, se nomme la série de Mac-Laurin.

**3. Remarque.** — Lorsque $R_n$ a pour limite zéro, la série de Taylor est convergente, mais la réciproque n'est pas vraie; il peut se faire que la série soit convergente sans que $R_n$ ait pour limite zéro; dans ce cas la somme de la série n'est pas égale à $f(x)$; $R_n$ a alors nécessairement une limite différente de zéro que nous pouvons représenter par $\psi(x)$, et la série a pour valeur $f(x) - \psi(x)$. Nous en donnerons un exemple. On démontre facilement que $e^{-\frac{1}{x^2}}$ et toutes ses dérivées sont nulles pour $x = 1$.

En effet, posons

$$y = e^{-\frac{1}{x^2}}.$$

On a :

$$y' = e^{-\frac{1}{x^2}} \cdot \frac{2}{x^3}, \quad y'' = e^{-\frac{1}{x^2}} \left[ \frac{4}{x^6} - \frac{6}{x^4} \right], \text{ etc.}$$

Une dérivée d'ordre quelconque sera la somme d'un nombre déterminé de termes de la forme $\dfrac{e^{-\frac{1}{x^2}}}{x^p}$. Si l'on pose $\dfrac{1}{x^2} = t$, quand $x$ tend vers zéro, $t$ augmente indéfiniment, l'expression précédente devient :

$$e^{-t} . t^{\frac{p}{2}} \quad \text{ou} \quad \frac{t^{\frac{p}{2}}}{e^t};$$

or on sait que la limite de cette fraction est zéro quand $t$ augmente indéfiniment.

Cela posé, soit $f(x)$ une fonction supposée développable par la formule de Mac-Laurin; si l'on développe par cette même formule suivant les puissances de $x$ la fonction

$$f(x) + e^{-\frac{1}{x^2}},$$

on obtient :

$$f(x) + e^{-\frac{1}{x^2}} = f(o) + \frac{x}{1} f(o) + \ldots\ldots + \frac{x^n}{n!} f^{(n)}(o) + R_n.$$

$R_n$ se compose de deux parties, la première provenant de $f(x)$ et la seconde provenant de $e^{-\frac{1}{x^2}}$; on en conclut que $R_n$ a pour limite $e^{-\frac{1}{x^2}}$; ainsi la série obtenue représentera $f(x)$ et non pas $f(x) + e^{-\frac{1}{x^2}}$.

**Cas particulier.** — Lorsque la valeur absolue de $f^{(n)}(x)$ est toujours inférieure à un nombre déterminé, dans l'intervalle de $a$ à $a + h$, on peut affirmer que $R_n$ a pour limite zéro; en effet, prenons la forme de Lagrange

$$R'_n = \frac{h^{n+1} \cdot f^{(n+1)}(a + \theta h)}{1 \cdot 2 \ldots (n+1)},$$

le facteur $\frac{h^{n+1}}{1 \cdot 2 \ldots (n+1)}$ a pour limite zéro, puisque c'est le terme général de la série convergente

$$\Sigma \frac{h^n}{n!}$$

et par hypothèse

$$f^{n+1}(a + \theta h)$$

est en valeur absolue moindre qu'un nombre déterminé; donc $R_n$ a pour limite zéro quand $n$ augmente indéfiniment, et par suite :

*Une fonction $f(x)$, dont toutes les dérivées sont continues et limitées dans l'intervalle de $a$ à $x$, est développable en série procédant suivant les puissances entières et positives de $x - a$.*

**4. Développement de $e^x$.** — Les dérivées de $e^x$ étant égales à la fonction $e^x$, sont toutes limitées quand $x$ varie de 0 à une valeur donnée quelconque, que nous représenterons par $x$; donc, en remarquant que

$$f^{(n)}(0) = 1,$$

on a :

$$e^x = 1 + \frac{x}{1} + \frac{x^2}{2!} + \ldots\ldots + \frac{x_n}{n!} + \ldots\ldots$$

D'ailleurs

$$R_n = \frac{x^{n+1}}{(n+1)!} e^{\theta x},$$

$\theta$ étant un nombre compris entre zéro et 1.

5. **Développement des fonctions circulaires** $\sin x$, $\cos x$. — 1° Soit $f(x) = \sin x$.

On a :

$$f^{(n)}(x) = \sin\left(x + n\frac{\pi}{2}\right).$$

Par suite :

$$f^{2n}(o) = 0, \qquad f^{(2n+1)}(o) = (-1)^n$$

D'ailleurs, toutes les dérivées de $f(x)$ ont une valeur absolue moindre que 1, par suite, le reste $R_n$ a pour limite zéro; on a donc :

$$\sin x = \frac{x}{1} - \frac{x^3}{3!} + \ldots\ldots + (-1)^n \frac{x^{2n+1}}{(2n+1)!} + \ldots\ldots$$

Remarquons que le coefficient de $x^{2n+2}$ étant nul, on peut poser

$$\sin x = \frac{x}{1} - \frac{x^3}{3!} + \ldots\ldots + (-1)^n \frac{x^{2n+1}}{(2n+1)!} + R_{2n+2}$$

$$R_{2n+2} = \frac{x^{2n+2}}{(2n+3)!} \sin\left(\theta x + (2n+3)\frac{\pi}{2}\right).$$

En particulier :

$$\sin x = x + \frac{x^3}{3!} \sin\left(\theta x + \frac{3\pi}{2}\right),$$

et si l'on suppose $x > 0$, comme on a $\sin x < x$, on peut poser

$$\sin x = x - \theta \frac{x^3}{3!},$$

$\theta$ étant positif et moindre que 1; par suite, on a, pour tout arc positif :

$$x - \sin x < \frac{x^3}{6}.$$

2° Soit $f(x) = \cos x$.

On trouve d'une façon analogue :

$$\cos x = 1 - \frac{x^2}{2} + \frac{x^4}{4!} - \ldots\ldots + (-1)^n \frac{x^{2n}}{2n!} + \ldots\ldots$$

**6. Exercice.** — Développer $\sin^3 x$ ou $\cos^3 x$ suivant les puissances croissantes de $x$.

On a

$$\sin 3x = 3 \sin x - 4 \sin^3 x;$$

par suite

$$\sin^3 x = \frac{3}{4} \sin x - \frac{1}{4} \sin 3x;$$

donc :

$$\sin^3 x = \frac{3}{4}\left(x - \frac{x^3}{3!} + \ldots\right) - \frac{1}{4}\left(\frac{3x}{1} - \frac{(3x)^3}{3!} + \ldots\right)$$

ou

$$4 \sin^3 x = \frac{x^3}{3!}\left(\frac{3^3}{4!} - 3\right) - \frac{x^5}{5!}(3^5 - 3) + \ldots$$

On trouvera de même $\cos^3 x$.

**7. Développement de** $(1+x)^\mu$. — Soit $f(x) = (1+x)^\mu$; on trouve aisément :

$$f^{(n)}(x) = \mu(\mu - 1) \ldots (\mu - n + 1)(1+x)^{\mu - n},$$

et par suite,

$$f^{(n)}(0) = \mu(\mu - 1) \ldots (\mu - n + 1).$$

On a donc :

$$(1+x)^\mu = 1 + \mu x + \frac{\mu(\mu-1)}{1.2}x^2 + \ldots + \frac{\mu(\mu-1)\ldots(\mu-n+1)}{1.2\ldots n}x^n + R_n.$$

Nous allons chercher à quelles conditions $R_n$ a pour limite zéro quand $n$ augmente indéfiniment. Pour qu'il en soit ainsi, il est *nécessaire* que la série dont le terme général est

$$u_n = \frac{\mu(\mu-1)\ldots(\mu-n+1)}{1.2\ldots n}x^n$$

soit convergente. Or,

$$\frac{u_{n+1}}{u_n} = \frac{\mu - n}{n+1}x,$$

par suite,

$$\lim \frac{u_{n+1}}{u^n} = -x.$$

Donc, la série considérée est convergente lorsque la valeur absolue de $x$ est inférieure à 1. Si la valeur absolue de $x$ est supérieure à 1, la valeur absolue de $u_{n+1}$ sera supérieure à celle de $u_n$ dès que $n$ dépassera un entier déterminé ; $u_n$ n'aura pas pour limite zéro et, par conséquent, la série étant divergente, il est impossible alors que $R_n$ ait pour limite zéro.

Cela posé, je dis que si $x$ est compris entre $-1$ et $+1$, $R_n$ a pour limite zéro quand $n$ augmente indéfiniment.

Effectivement, on a, en prenant le reste de Cauchy :

$$R_n = \frac{x^{n+1}}{1 . 2 \ldots\ldots n} . (1-\theta)^n . \mu(\mu-1) \ldots\ldots (\mu-n)(1+\theta x)^{\mu-n-1}$$

ce que l'on peut écrire ainsi :

$$R_n = \frac{\mu(\mu-1) \ldots\ldots (\mu-n) x^{n+1}}{1 . 2 \ldots\ldots n} . (1+\theta x)^{\mu-1} . \left(\frac{1-\theta x}{1+\theta x}\right)^n.$$

Or, si l'on pose :

$$v_n = \frac{\mu(\mu-1) \ldots\ldots (\mu-n) x^{n+1}}{1 . 2 \ldots\ldots n}$$

on en déduit :

$$\frac{v_{n+1}}{v_n} = \frac{\mu-n-1}{n+1} x$$

et, par suite : $\lim \frac{v_{n+1}}{v_n} = -x$. Donc, puisque $x$ est compris entre $-1$ et $+1$, la série ayant pour terme général $v_n$ est convergente, et par suite, $\lim v_n = 0$. Le facteur $(1+\theta x)^{\mu-1}$ reste fini, puisque $1+\theta x$ est positif et moindre que 2; enfin la valeur absolue de $\left(\frac{1-\theta}{1+\theta x}\right)^n$ est inférieure à 1 ; donc $\lim R_n = 0$.

On obtient ainsi la formule :

$$(1+x)^\mu = 1 + \mu x + \frac{\mu(\mu-1)}{1.2} x^2 + \ldots + \frac{\mu(\mu-1)\ldots(\mu-n+1)}{1.2\ldots\ldots n} x^n + \ldots$$

$\mu$ étant quelconque, mais en supposant $-1 < x < 1$.

Supposons $x = -1$ ; et considérons la série.

$$1 - \mu + \frac{\mu(\mu-1)}{1.2} - \ldots\ldots + (-1)^n . \frac{\mu(\mu-1) \ldots\ldots (\mu-n+1)}{1.2 \ldots\ldots n} + \ldots\ldots$$

en posant

$$u_n = (-1)^n . \frac{\mu(\mu-1) \ldots\ldots (\mu-n+1)}{1.2 \ldots\ldots n},$$

on a :

$$\frac{u_{n+1}}{u_n} = \frac{n-\mu}{n+1};$$

donc :

$$\lim \frac{u_{n+1}}{u_n} = 1,$$

par suite, à partir d'un certain rang, les termes de la série finissent par avoir tous le même signe : on peut donc appliquer la règle de Gauss (t. I, XVIII, 24); or on doit avoir $A - a > 1$; dans le cas présent, $A = 1$, $a = -\mu$, donc on doit avoir :

$$1 + \mu > 1 \quad \text{ou} \quad \mu > 0.$$

Cela posé, la série considérée étant convergente pour $x = -1$, est convergente pour toute valeur de $x$ dont le module est moindre que 1, et continue pour les mêmes valeurs de $x$ et aussi pour $x = -1$; or, lorsque $x$ est compris entre $-1$ et $+1$, la série a pour valeur $(1+x)^\mu$, donc en supposant $\mu > 0$, on aura sa valeur pour $x = -1$; en cherchant la limite de $(1+x)^\mu$ quand $x$ tend vers $-1$; cette valeur étant 0, on a :

$$0 = 1 - \mu + \frac{\mu(\mu-1)}{1.2} - \dots + (-1)_n \frac{\mu(\mu-1)\dots\dots(\mu-n+1)}{1.2\dots\dots n} + \dots\dots$$

en supposant $\mu > 0$. C'est d'ailleurs ce que l'on peut trouver en partant de l'identité :

$$1 - \mu + \frac{\mu(\mu-1)}{1.2} - \dots + (-1)^n \frac{\mu(\mu-1)\dots(\mu-n+1)}{1.2\dots n}$$
$$= (-1)^n \cdot \frac{(\mu-1)\dots(\mu-n)}{1.2\dots n}$$

Il est facile en effet d'établir que la fraction

$$u_n = \frac{(\mu-1)\dots(\mu-n)}{1.2\dots n}$$

a pour limite zéro quand $n$ augmente indéfiniment, si l'on suppose $\mu > 0$.
En effet, soit :

$$p \leqslant \mu < p+1.$$

On a, en supposant $n > p$ :

$$u_n = \pm \frac{(\mu-1)\dots(\mu-p)}{1.2..p} \cdot \frac{p+1-\mu}{p+1} \cdot \frac{p+2-\mu}{p+2} \dots \frac{n-\mu}{n}.$$

or en posant :

$$v_n = \frac{p+1-\mu}{p+1} \cdot \frac{p+2-\mu}{p+2} \dots \frac{n-\mu}{n},$$

on a :

$$\frac{1}{v_n} = \left(1 + \frac{\mu}{p+1-\mu}\right)\left(1 + \frac{\mu}{p+2-\mu}\right)\dots\dots\left(1 + \frac{\mu}{n-\mu}\right).$$

d'où :

$$\frac{1}{v_n} > \mu\left[\frac{1}{p+1-\mu} + \frac{1}{p+2-\mu} + \dots\dots + \frac{1}{n-\mu}\right].$$

Cette dernière expression croît indéfiniment avec $n$, donc :

$$\lim v_n = 0$$

et par suite :

$$\lim u_n = 0.$$

La formule est donc établie.

Soit enfin $x = 1$, et considérons la série :

$$1 + \mu + \frac{\mu(\mu - 1)}{1.2} + \dots + \frac{\mu(\mu - 1)\dots(\mu - n + 1)}{1.2\dots n} + \dots$$

si l'on pose :

$$v_n = \frac{\mu(\mu - 1)\dots(\mu - n + 1)}{1.2\dots n},$$

on a :

$$\frac{v_{n+1}}{v_n} = \frac{\mu - n}{n + 1},$$

donc :

$$\lim \frac{v_{n+1}}{v_n} = -1;$$

par suite, à partir d'un rang déterminé, la série est à termes alternativement positifs et négatifs; si l'on suppose $\mu + 1 \leqslant 0$, le rapport $\frac{v_{n+1}}{v_n}$ est en valeur absolue supérieur ou égal à 1, et par suite la série est divergente; si $\mu$ est positif, la série des valeurs absolues est convergente, d'après ce qui précède; il en est donc de même de la série proposée; supposons :

$$\mu = -\mu' \quad \text{et} \quad \mu' < 1;$$

alors :

$$-\frac{v_{n+1}}{v_n} = \frac{\mu' + n}{n + 1}.$$

Les termes de la série vont donc, à partir d'un certain rang, en décroissant en valeur absolue; en outre, si l'on suppose $\mu + 1 > 0$, la fraction

$$v_n = \frac{\mu(\mu - 1)\dots(\mu - n + 1)}{1.2\dots n}$$

a pour limite zéro. En effet, si l'on pose

$$\mu + 1 = \beta,$$

on a :

$$v_n = \frac{\beta - 1}{1} \cdot \frac{\beta - 2}{2} \dots \frac{\beta - n}{n}.$$

On démontrera comme plus haut que $v_n$ a pour limite zéro quand $n$ croît indéfiniment. Or on a, en employant le reste de Lagrange,

$$(1 + x)^\mu = 1 + \frac{\mu}{1}x + \frac{\mu(\mu - 1)}{1.2}x^2 + \dots + \frac{\mu(\mu - 1)\dots(\mu - n + 1)}{1.2\dots n}x^n$$
$$+ \frac{\mu(\mu - 1)\dots(\mu - n)}{1.2\dots n(n + 1)}x^{n+1}(1 + \theta x)^{\mu - n - 1}$$

supposons $\mu > -1$ et faisons tendre $x$ vers 1. Le premier membre a pour limite $2^\mu$; d'autre part

$$\frac{\mu(\mu-1)\ldots\ldots(\mu-n+1)(\mu-n)}{1.2\ldots\ldots n(n+1)}$$

a pour limite zéro; le facteur $(1+\theta x)^{\mu-n-1}$ que l'on peut écrire :

$$\frac{(1+\theta x)^\mu}{(1+\theta x)^{n+1}}$$

sera plus petit que 1 dès que $n$ surpassera $\mu$; donc :

$$2^\mu = 1 + \frac{\mu}{1} + \frac{\mu(\mu-1)}{1.2} + \ldots\ldots + \frac{\mu(\mu-1)\ldots\ldots(\mu-n+1)}{1.2\ldots\ldots n} + \ldots\ldots$$

pourvu que l'on suppose $\mu > -1$.

**Application.** — Soit $\mu = +\frac{1}{q}$; on a, en supposant $-1 < x < 1$

$$(1+x)^{\frac{1}{q}} = 1 + \frac{x}{q} + \frac{\frac{1}{q}\left(\frac{1}{q}-1\right)}{1.2}x^2 + \ldots\ldots$$

c'est le développement de $\sqrt[q]{1+x}$; en particulier,

$$\sqrt{1+x} = 1 + \frac{x}{2} - \frac{x^2}{8} + \ldots + (-1)^{n-1}\cdot\frac{1.3\ldots(2n-3)}{2^n.1.2\ldots n}x^n + \ldots\ldots$$

De même :

$$\frac{1}{\sqrt{1+x}} = 1 - \frac{x}{2} + \frac{3x^2}{8} - \ldots\ldots + (-1)^n\cdot\frac{1.3\ldots(2n-1)}{2^n.1.2\ldots\ldots n}x^n + \ldots\ldots$$

en supposant toujours $x$ compris $-1$ et $+1$.

**Remarque.** — Nous avons démontré (T. I, VI, 10) la formule

$$C_{2n}^n = \frac{1.3\ldots(2n-1)2^n}{1.2\ldots\ldots n}.$$

On en tire :

$$\frac{1.3\ldots(2n-1)}{2^n.1.2\ldots n} = \frac{C_{2n}^n}{2^{2n}},$$

$C_{2n}^n$ étant un nombre entier, on voit que dans le développement de $\frac{1}{\sqrt{1+x}}$ les coefficients ne contiendront en dénominateur que des puissances de 2.

**8. Développement de L (1 + x).** — Posons :

$$f(x) = \mathrm{L}(1+x).$$

On a :

$$f'(x) = \frac{1}{1+x} = (1+x)^{-1},$$

et, par suite :

$$f^{(n)}(x) = (-1)^{n-1}.1.2\ldots\ldots(n-1)(1+x)^{-n},$$

d'où,

$$f^{(n)}(o) = (-1)^{n-1}.1.2\ldots\ldots(n-1).$$

On a donc :

$$\mathrm{L}(1+x) = \frac{x}{1} - \frac{x^2}{2} + \frac{x^3}{3} - \ldots\ldots + (-1)^{n-1}\frac{x^n}{n} + \mathrm{R}_n.$$

Si l'on considère la série ayant pour terme général

$$u_n = (-1)^{n-1}\frac{x^n}{n},$$

on voit que $\lim \frac{u_{n+1}}{u_n} = \pm x$; donc, cette série ne peut être convergente que si la valeur absolue de $x$ est au plus égale à 1.

Supposons d'abord $0 < x \leqslant 1$. Mettons le reste sous la forme :

$$\mathrm{R}_n = (-1)^n.\frac{1}{n+1}.\left(\frac{x}{1+\theta x}\right)^{n+1}$$

or $\frac{x}{1+\theta x}$ est inférieur à $x$, donc, cette fraction est moindre que 1 : on a donc $\left(\frac{x}{1+\theta x}\right)^{n+1} < 1$; par suite, comme $\frac{1}{n+1}$ a pour limite zéro, $\lim \mathrm{R}_n = 0$ quand $n$ augmente indéfiniment; donc :

$$\mathrm{L}(1+x) = \frac{x}{1} - \frac{x^2}{2} + \frac{x^3}{3} - \ldots\ldots + (-1)^{n-1}\frac{x^n}{n} + \ldots\ldots \quad (1)$$

en supposant $x$ positif et au plus égal à 1.

En particulier, pour $x=1$, la formule (1) devient

$$L\,2=1-\frac{1}{2}+\frac{1}{3}-\frac{1}{4}+\dots+(-)^{n-1}\frac{1}{n}+\dots$$

Supposons maintenant $x<0$; changeons $x$ en $-x$; on aura :

$$L(1-x)=-\frac{x}{1}-\frac{x^2}{2}-\frac{x^3}{3}\dots-\frac{x^n}{n}+R_n.$$

Nous emploierons la forme du reste de Cauchy, ce qui donne :

$$R_n=-\frac{x^{n+1}(1-\theta)^n}{(1-\theta x)^{n+1}}$$

ou bien :

$$R_n=-x^{n+1}\frac{1}{1-\theta x}\cdot\left(\frac{1-\theta}{1-\theta x}\right)^n.$$

Or, on suppose $x<1$; donc $x^{n+1}$ a pour limite zéro; on a ensuite :

$$\frac{1}{1-\theta x}<\frac{1}{1-x},\ \text{et}\ \left(\frac{1-\theta}{1-\theta x}\right)^n<1,\ \text{donc}\ \lim R_n=0,$$

par suite :

$$L(1-x)=-\frac{x}{1}-\frac{x^2}{2}-\frac{x^3}{3}\dots-\frac{x^n}{n}\dots \qquad (2)$$

pourvu que $x$ soit compris entre 0 et 1.

La série précédente est divergente pour $x=1$; néanmoins on peut dire que la formule (2) subsiste pour $x=1$, puisque les deux membres sont alors infinis et négatifs.

**9. Application au calcul des logarithmes des nombres.** — On a

$$L(n+h)-L\,n=L\left(1+\frac{h}{n}\right);$$

donc, en posant $x=\frac{h}{n}$ et appliquant la formule (1), on pourra développer $L\left(1+\frac{h}{n}\right)$ suivant les puissances de $\frac{h}{n}$, pourvu que $h$ soit au plus égal à $n$; mais il est préférable d'opérer ainsi : on a d'abord

$$L\frac{1+x}{1-x}=L(1+x)-L(1-x)=2\left[\frac{x}{1}+\frac{x^3}{3}+\frac{x^5}{5}+\dots\right] \qquad (3)$$

si l'on pose :

$$\frac{1+x}{1-x} = 1 + \frac{h}{n},$$

on en déduit :

$$x = \frac{h}{2n+h};$$

en particulier, en prenant $h = 1$, on aura :

$$L(n+1) - Ln = 2\left[\frac{1}{2n+1} + \frac{1}{3(2n+1)^3} + \frac{1}{5(2n+1)^5} + \dots\right] \quad (4)$$

en faisant successivement $n = 1, 2, 3, \dots$ on aura les logarithmes des nombres entiers.

L'erreur commise quand on se borne aux $p$ premiers termes de la série (4) est moindre que

$$\frac{2}{(2p+1)(2n+1)^{2p+1}}\left[1 + \frac{1}{(2n+1)^2} + \frac{1}{(2n+1)^4} + \dots\right] \quad (4)$$

et par suite moindre que

$$\frac{1}{2n(n+1)\quad(2p+1)\quad(2n+1)^{2p-1}}.$$

Pour avoir les logarithmes vulgaires, il faut calculer $\frac{1}{L10}$.

Or $L10 = L2 + L5$ ; on a :

$$L2 = 2\left[\frac{1}{3} + \frac{1}{3.3^3} + \frac{1}{5.3^5} + \dots\right]$$

et

$$L5 = 2L2 + 2\left[\frac{1}{9} + \frac{1}{3.9^3} + \frac{1}{5.9^5} + \dots\right]$$

on aura donc L 10, et l'inverse sera le module M.

On aura ainsi :

$$\log(n+1) = \log n + 2M\left[\frac{1}{2n+1} + \frac{1}{3(2n+1)^3} + \frac{1}{5(2n+1)^5} + \dots\right].$$

**10.** Supposons qu'on ait construit la table des logarithmes des nombres entiers depuis 1 jusqu'à un nombre déterminé ; il reste à voir comment on pourra calculer, à l'aide de cette table, les logarithmes des nombres autres que les entiers.

La formule de Taylor arrêtée au premier terme, ou ce qui revient au même, la formule des accroissements finis donne :

$$L(1+x) = \frac{x}{1+\theta x} \quad (1)$$

$\theta$ étant un nombre compris entre 0 et 1.

Soit $a$ un nombre positif dont la partie entière est égale à $n$; si l'on pose :

$$a = n + h$$

on aura :

$$\delta = \log(n+h) - \log n = \mathrm{ML}\left(1 + \frac{h}{n}\right)$$

ou, en vertu de l'équation (1) :

$$\delta = \mathrm{M}\frac{h}{n + \theta h}. \tag{2}$$

Si $h = 1$,

$$\Delta = \log(n+1) - \log n = \frac{\mathrm{M}}{n + \theta'} \tag{3}$$

$\theta'$ étant un nombre compris entre 0 et 1.

On a :

$$\log(n+h) = \log n + \delta.$$

On fait usage, comme on sait, pour calculer $\delta$, de la proportion

$$\frac{\delta}{\Delta} = \frac{h}{1}.$$

Cette proportion n'est pas exacte, car on en tire :

$$\delta = h\Delta = \frac{h\mathrm{M}}{n + \theta'}$$

tandis que la valeur exacte est donnée par la formule

$$\delta = \frac{h\mathrm{M}}{n + \theta h}.$$

L'erreur commise est donc égale à :

$$h\mathrm{M}\left(\frac{1}{n + \theta h} - \frac{1}{n + \theta'}\right);$$

elle est moindre, en valeur absolue, que

$$h\mathrm{M}\left(\frac{1}{n} - \frac{1}{n+1}\right).$$

ou

$$\frac{h\mathrm{M}}{n(n+1)},$$

et comme $h$ est inférieur à 1, elle est, a fortiori, moindre que

$$\frac{\mathrm{M}}{n(n+1)}.$$

On a $M = 0,4342.....$ Si $n > 10^4$, l'erreur est moindre que $\frac{44}{10^{10}}$ et, a fortiori, moindre qu'une demi-unité du 8e ordre décimal.

**11. Développement de la fonction arctg $x$.** — Soit $f(x) = \operatorname{arctg} x$, $f(x)$ désignant l'arc compris entre $-\frac{\pi}{2}$ et $+\frac{\pi}{2}$ et dont la tangente est égale à $x$.

Nous avons trouvé (II, 64).

$$f^{(n)}(x) = (-1)^{n-1} \cdot 1 \cdot 2 \ldots (n-1) \cos^n y \cdot \sin n \left(\frac{\pi}{2} - y\right),$$

$y$ désignant $f(x)$. On a, par suite :

$$f(o)=0, f'(o)=1, f''(o)=0, \ldots f^{(2p)}(o)=0, f^{(2p+1)}(o)=(-1)^p \cdot 1 \cdot 2 \ldots\ldots 2p,$$

donc :

$$\operatorname{arctg} x = \frac{x}{1} - \frac{x^3}{3} + \frac{x^5}{5} - \ldots\ldots + (-1)^p \cdot \frac{x^{2p+1}}{2p+1} + R_{2p+1}.$$

La série dont le terme général est $\frac{x^{2p+1}}{2p+1}$, n'est convergente que si l'on a $x^2 < 1$. Si l'on remarque qu'à une tangente égale à $\theta x$, $\theta$ étant compris entre 0 et 1, correspond un arc égal à $\theta' y$, $\theta'$ étant compris entre 0 et 1, on a :

$$f^{(2p+2)}(\theta x) = -1 \cdot 2 \ldots (2p+1) \cos^{2p+2} \theta' y \cdot \sin n\left(\frac{\pi}{2} - \theta' y\right)$$

et, par conséquent, on peut écrire :

$$R_{2p+1} = -\frac{x^{2p+2}}{2p+2} \cos^{2p+2} \theta' y \cdot \sin n \left(\frac{\pi}{2} - \theta' y\right);$$

or, en supposant $x^2 \leqslant 1$, on voit que $\lim B_{2p+1} = 0$ quand $p$ augmente indéfiniment; donc, on a :

$$\operatorname{arctg} x = \frac{x}{1} - \frac{x^3}{3} + \frac{x^5}{5} + \ldots\ldots + (-1)^p \frac{x^{2p+1}}{2p+1} + \ldots\ldots$$

En particulier, si l'on suppose $x = 1$ :

$$\frac{\pi}{4} = 1 - \frac{1}{3} + \frac{1}{5} - \frac{1}{7} + \ldots\ldots + (-1)^p \frac{1}{2p+1} + \ldots\ldots$$

Supposons maintenant $x > 1$ ; on a alors $y = \frac{\pi}{2} - \text{arc tg} \frac{1}{x}$ ; on en conclut, en remarquant que $\frac{1}{x}$ est inférieur à 1,

$$y = \frac{\pi}{2} - \left(\frac{1}{x} - \frac{1}{3x^3} + \frac{1}{5x^5} \cdots\cdots\right)$$

**12.** *Application au calcul de* $\pi$.

Si l'on pose

$$\frac{\pi}{4} = \text{arc tg}\,\alpha + \text{arc tg}\,\beta = \text{arc tg}\,\frac{\alpha + \beta}{1 - \alpha\beta},$$

on doit avoir $\frac{\alpha + \beta}{1 - \alpha\beta} = 1$ ou $\alpha + \beta = 1 - \alpha\beta$ ; on peut chercher des solutions de cette équation qui soient de la forme $\frac{1}{a}$, $a$ étant entier ; soit donc $a + b = ab - 1$ ; ou $a + 1 = b(a - 1)$ ; il faut que $a - 1$ divise $a + 1$. On a une solution évidente en prenant $a = 2$, d'où $b = 3$, par suite

$$\frac{\pi}{4} = \text{arc tg}\,\frac{1}{2} + \text{arc tg}\,\frac{1}{3},$$

ou

$$\frac{\pi}{4} = \left(\frac{1}{2} - \frac{1}{3.2^3} + \frac{1}{5.2^5} - \cdots\cdots\right) + \left(\frac{1}{3} - \frac{1}{3.3^3} + \frac{1}{5.3^5} - \cdots\cdots\right).$$

On a cherché d'autres séries. Si l'on pose $\text{tg}\,\alpha = \frac{1}{5}$ on trouve facilement :

$$\text{tg}\,4\alpha = \frac{120}{119} = 1 + \frac{1}{119}.$$

Donc, en posant $4\alpha = \frac{\pi}{4} + \beta$, on a :

$$\text{tg}\,\beta = \frac{\text{tg}\,4\alpha - 1}{1 + \text{tg}\,4\alpha} = \frac{1}{239}.$$

Ce qui donne

$$\frac{\pi}{4} = 4\,\text{arc tg}\,\frac{1}{5} - \text{arc tg}\,\frac{1}{239},$$

c'est-à-dire

$$\frac{\pi}{4} = 4\left(\frac{1}{5} - \frac{1}{3.5^3} + \frac{1}{5.5^5} - \frac{1}{7.5^7} + \cdots\cdots\right) - \left(\frac{1}{239} - \frac{1}{3.239^3} + \frac{1}{5.239^5} \cdots\cdots\right)$$

formule due à Méchain.

**13. Remarque.** — La formule de Mac-Laurin, qui n'est, comme nous l'avons vu, qu'un cas particulier de la formule de Taylor, prouve qu'une fonction $f(x)$, pourvue de dérivées successives finies et continues, peut, sous certaines conditions, être développée en série procédant suivant les puissances croissantes de $x$ et convergente tant que la valeur absolue de $x$ ne dépasse pas une valeur déterminée R. Il est facile d'établir qu'il ne peut exister qu'un seul développement de $f(x)$ suivant les puissances entières de $x$. En effet, soient, s'il est possible,

$$f(x) = a_0 + a_1 x + a_2 x^2 + \ldots\ldots + a_n x^n + \ldots\ldots$$

et

$$f(x) = b_0 + b_1 x + b_2 x^2 + \ldots\ldots + b_n x^n + \ldots\ldots$$

Ces deux séries devant représenter la même fonction $f(x)$ doivent avoir la même valeur pour $x = o$; donc $a_0 = b_0$. Il en résulte que les séries

$$a_1 + a_2 x + \ldots\ldots + a_n x^{n-1} + \ldots\ldots$$

et

$$b_1 + b_2 x + \ldots\ldots + b_n x^{n-1} + \ldots\ldots$$

doivent être égales pour toutes les valeurs de $x$ moindres, en valeur absolue, que le rayon de convergence, sauf peut-être pour $x = o$. Mais à l'intérieur du cercle de convergence chacune de ces séries est continue; donc si $x$ tend vers zéro, les limites de ces séries sont les mêmes et par suite $a_1 = b_1$; et ainsi de suite.

Cela étant, soit $f(x)$ une fonction développable par la série de Mac-Laurin; si nous supposons que toutes les dérivées restent finies par $x = o$, on pourra développer également $f'(x)$, et l'on aura ainsi :

$$f(x) = f(o) + x f'(o) + \frac{x^2}{1.2} f''(o) + \ldots\ldots \frac{x^n}{n!} f^{(n)}(o) + \ldots\ldots$$

$$f'(x) = f'(o) + x f''(o) + \ldots\ldots + \frac{x^{n-1}}{(n-1)!} f^{(n)}(o) + \ldots\ldots$$

On voit par suite que la dérivée de la série

$$f(o) + x f'(o) + \frac{x^2}{1.2} f''(o) + \ldots\ldots$$

s'obtient en formant la série des dérivées de ses termes. Il est facile de généraliser cette proposition.

On peut, en effet, établir le théorème suivant :

**Théorème.** — *La série formée par les dérivées des termes d'une série entière est convergente à l'intérieur du cercle de convergence et a pour somme la dérivée de la série considérée.*

Soit, en effet,

$$f(x) = a_0 + a_1 x + a_2 x^2 + \ldots\ldots + a_n x^n + \ldots\ldots$$

On a

$$f(x+h) = a_0 + a_1 (x+h) + a_2 (x+h)^2 + \ldots\ldots + a_n (x+h)^n + \ldots$$

Désignons par $\alpha_n$, $\rho$, $\beta$ les valeurs absolues de $a_n$, $x$ et $h$, et considérons les séries

$$\alpha_0 + \alpha_1 \rho + \alpha_2 \rho^2 + \ldots\ldots + \alpha_n \rho^n + \ldots\ldots$$

$$\alpha_0 + \alpha_1 (\rho + \beta) + \alpha_2 (\rho + \beta)^2 + \ldots\ldots + \alpha_n (\rho + \beta)^n + \ldots\ldots$$

en supposant $\rho$ et $\rho + \beta$ moindres que le rayon du cercle de convergence de la série proposée, ces deux séries sont convergentes; leur différence est aussi convergente. Cette différence est la série :

$$\alpha_1 \beta + 2 \alpha_2 \beta \rho + \alpha_2 \beta^2 + \ldots\ldots + n \alpha_n \rho^{n-1} \beta + \ldots\ldots + \alpha_n \beta^n + \ldots\ldots$$

donc la série

$$a_1 h + 2 a_2 h x + a_2 h^2 + \ldots\ldots + n a_n x^{n-1} h + \ldots\ldots + a_n h^n + \ldots\ldots$$

est absolument convergente et représente $f(x+h) - f(x)$. Mais on peut grouper comme on veut les termes d'une série absolument convergente, par suite on peut écrire :

$$f(x+h) - f(x) = h\left[a_1 + 2a_2 x + 3a_3 x^2 + \ldots + n a_n x^{n-1} + \ldots\right] + h^2\varphi_2(x) + h^3\varphi_3(x) + \ldots$$

on en conclut

$$\lim \frac{f(x+h) - f(x)}{h} = a_1 + 2 a_2 x + \ldots\ldots + n a_n x^{n-1} + \ldots.$$

quand $h$ tend vers zéro.

Cela posé soit

$$f(x) = a_0 + a_1 x + a_2 x^2 + a_3 x^3 + \ldots\ldots + a_n x^n + \ldots\ldots$$

une série entière convergente. On a d'après ce qui précède

$$f'(x) = a_1 + 2 a_2 x + 3 a_3 x^2 + \ldots\ldots + n a_n x^{n-1} + \ldots\ldots$$

donc

$$f'(o) = a_1$$

on a ensuite

$$f''(x) = 2 a_2 + 2.3\, a_3 x + \ldots\ldots + n(n-1).\, a_n x^{n-2} + \ldots\ldots$$

donc

$$f''(o) = 2 a_2 \quad \text{ou} \quad a_2 = \frac{f''(o)}{1.2}$$

et ainsi de suite; on trouvera, en général,

$$a_n = \frac{f^{(n)}(o)}{n!}.$$

On retrouve ainsi le développement donné par la formule de Mac-Laurin, ce qui devait être, puisque la fonction $f(x)$ est finie et continue et admet des dérivées elles-mêmes finies et continues tant que le module de $x$ est inférieur au rayon du cercle de convergence.

**14. Application de la formule de Taylor à l'étude de la variation d'une fonction.** — Soit $f(x)$ une fonction continue et supposons que pour $x = a$, on ait :

$$f'(a) = 0 \quad f''(a) = 0, \ldots\ldots \quad f^{(n-1)}(a) = 0 \text{ et } f^{(n)}(a) \neq 0.$$

On en déduit, en vertu de la formule de Taylor :

$$f(a+h) - f(a) = \frac{h^n}{1.2\ldots\ldots n} f^{(n)}(a + \theta h),$$

et

$$f'(a+h) = \frac{h^{n-1}}{1.2\ldots(n-1)} f^{(n)}(a + \theta' h).$$

En supposant $f^{(n)}(x)$ continue pour $x = a$, on peut déterminer un nombre positif $\alpha$ tel que $f^{(n)}(a + \theta h)$ ait le même signe que $f^{(n)}(a)$ en supposant

$$-\alpha < h < \alpha.$$

Si l'on suppose $n = 2p$, la différence $f(a+h) - f(a)$ a le signe de $f^{(n)}(a)$; si l'on suppose $f^{(n)}(a) > 0$, on aura :

$$f(a+h) - f(a) > 0,$$

et $f'(a+h)$ aura le signe de $h$, et si, au contraire, on suppose $f^{(n)}(a) < 0$, alors

$$f(a+h) - f(a) < 0,$$

en outre $f'(a+h)$ aura le signe de $-h$ pour toutes les valeurs de $h$ comprises entre $-\alpha$ et $+\alpha$.

Il en résulte que, dans le premier cas, la fonction $f(x)$ est minimum pour $x = a$, et qu'elle est maximum dans le second cas.

Si $n$ est impair, le rapport

$$\frac{f(a+h) - f(a)}{h}$$

a le signe de $f^{(n)}(a)$ pour toutes les valeurs de $h$ comprises entre $-\alpha$ et $+\alpha$, et de plus $f'(a+h)$ conservera dans cet intervalle le signe de $f^{(n)}(a)$; par conséquent, la fonction est croissante pour $x = a$, si la première dérivée qui ne s'annule pas pour $x = a$ est d'ordre impair et a le signe $+$; elle est décroissante si cette dérivée d'ordre impair est négative pour $x = a$.

On retrouve ainsi les résultats déjà obtenus par une autre voie.

**Remarque.** — Si toutes les dérivées sont nulles pour $x = a$, et si la formule de Taylor est applicable dans un intervalle comprenant le nombre $a$; pour toute valeur $a + h$ appartenant à cet intervalle, le développement se réduit au premier terme, de sorte que

$$f(a+h) = f(a),$$

par suite la fonction se réduit, dans ce cas, à une constante.

**15.** La formule de Taylor, arrêtée au second terme, donne

$$f(x+h) = f(x) + hf'(x) + \frac{h^2}{2} f''(x + \theta h).$$

Il en résulte que la différence

$$f(x+h) - f(x) - hf'(x)$$

est du second ordre par rapport à $h$, pourvu que la dérivée seconde $f''(x)$ soit finie dans l'intervalle de $x$ à $x + h$.

Si l'on pose :

$$y = f(x), \qquad h = dx, \qquad \Delta y = f(x+h) - f(x),$$

on voit que la différence

$$\Delta y - dy$$

est, en général, du second ordre par rapport à $dx$. C'est ce que nous avions annoncé plus haut (II, 4).

## EXERCICES

**1.** Développer en série la fonction

$$(1 - bx)^{-\frac{a}{b}}$$

$a$ et $b$ étant des nombres entiers donnés.

**2.** Prouver que

$$\frac{n + \frac{1}{2}}{m - \frac{1}{2}} > \frac{1}{m} + \frac{1}{m+1} + \dots + \frac{1}{n} > \mathrm{L}\,\frac{n+1}{m}$$

$$m \geqslant 1$$

(Bourguet.)

**3.** Prouver que la série

$$a^{\frac{1}{m}} + a^{\frac{1}{m} + \frac{1}{m+1}} + a^{\frac{1}{m} + \frac{1}{m+1} + \frac{1}{m+2}} + \dots$$

est convergente pour $a < \frac{1}{e}$, et divergente pour $a \geqslant \frac{1}{e}$.

(Bourguet.)

**4.** Prouver que la série

$$\frac{m}{n} + \frac{m(m+1)}{n(n+1)} + \frac{m(m+1)(m+2)}{n(n+1)(n+2)} + \dots$$

est convergente pour $n - m > 1$, et divergente pour $n - m \leqslant 1$.

(Bourguet.)

5. Prouver que l'expression

$$76 \cos x - \left(21 \frac{\operatorname{arc} \operatorname{tg} x}{x} + 186 \, \mathrm{L} \frac{\sin x}{x} + 55\right)$$

est un infiniment petit du sixième ordre, par rapport à $x$.

(E. CATALAN.)

6. L'expression

$$x - \frac{4}{15} \sin x + \frac{1}{15} \operatorname{tg} x - \frac{8}{5} \operatorname{tg} \frac{1}{2} x$$

est un infiniment petit de septième ordre, par rapport à $x$.

(E. CATALAN.)

7. Trouver la valeur principale de

$$\alpha\left(a^x - \cos x\right) + \beta \mathrm{L}(1+x) + \gamma \sin x$$

$x$ étant l'infiniment petit principal.

8. Démontrer la formule

$$\mathrm{L}x = 2\left[\frac{x-1}{x+1} + \frac{1}{3}\left(\frac{x-1}{x+1}\right)^3 + \frac{1}{5}\left(\frac{x-1}{x+1}\right)^5 + \ldots\right]$$

9. Démontrer la formule

$$\mathrm{L}x = \frac{\mathrm{L}(1+x) + \mathrm{L}(1-x)}{2} + \left[\frac{1}{2x^2-1} + \frac{1}{3(2x^2-1)^3} + \frac{1}{5(2x^2-1)^5} + \ldots\ldots\right]$$

10. Démontrer la formule

$$\mathrm{L}(x+5) = \mathrm{L}(x+3) + \mathrm{L}(x-3) + \mathrm{L}(x+4) + \mathrm{L}(x-4) - \mathrm{L}(x-5) - 2\mathrm{L}x$$

$$-2\left[\frac{72}{x^4 - 25x^2 + 72} + \frac{1}{3}\left(\frac{72}{x^4 - 25x^2 + 72}\right)^3 + \ldots\ldots\right]$$

11. Prouver que l'expression

$$1 + \frac{1}{2} + \frac{1}{3} + \ldots\ldots + \frac{1}{n} - \mathrm{L}n$$

a une limite, quand $n$ augmente indéfiniment.

Cette limite est positive et moindre que 1; c'est la *constante d'Euler*.

12. Prouver que

$$1 + \frac{1}{3} + \frac{1}{5} + \ldots\ldots + \frac{1}{2p+1} - \left(\frac{1}{2} + \frac{1}{4} + \ldots\ldots + \frac{1}{2q}\right)$$

a pour limite

$$\mathrm{L}2 + \lim \frac{1}{2} \mathrm{L}\left(\frac{p}{q}\right)$$

quand $p$ et $q$ augmentent indéfiniment.

**13.** Trouver la limite de

$$\frac{1}{n+1}+\frac{1}{n+2}+\ .....\ +\frac{1}{2n}$$

pour $n$ infini.

On part de l'identité

$$1-\frac{1}{2}+\frac{1}{3}-\frac{1}{4}+\ ...\ +\frac{1}{2n-1}-\frac{1}{2n}=\frac{1}{n+1}+\frac{1}{n+2}+\ ...\ +\frac{1}{2n}$$

(E. CATALAN.)

**14.** On considère une série dont les termes sont

$$u_1,\ u_2,\ ...\ u_{2n},\ ...$$

et l'on pose

$$v_x = u_x - u_{2x},$$

démontrer l'identité

$$\frac{u_1}{1}-\frac{u_2}{2}+\frac{u_3}{3}-\ .....\ -\frac{u_{2n}}{2n}=\frac{u_{2n+2}}{n+1}+\frac{u_{2n+4}}{n+2}+\ ...\ +\frac{u_{4n}}{2n}+\frac{v_1}{1}+\frac{v_2}{2}+\ ...\ +\frac{v_n}{n}$$

Cette identité est la généralisation de celle qui se trouve au numéro 13.

En supposant $u_x=\lambda$, en déduire

$$u_x\,\mathrm{L}.2=\frac{u_1}{1}-\frac{u_2}{2}+\frac{u_3}{3}-\ .....\ -\left(\frac{v_1}{1}+\frac{v_2}{2}+\frac{v_3}{3}+\ .....\right)$$

En posant $u_x=\dfrac{\mathrm{E}(ax)}{x}$, $a$ étant un nombre positif quelconque, démontrer la formule :

$$a\mathrm{L}2=\frac{\mathrm{E}(a)}{1^2}-\frac{\mathrm{E}(2a)}{2^2}+\frac{\mathrm{E}(3a)}{3^2}-\ ...+\frac{1+(-1)^{\mathrm{E}(2a)}}{4.1^2}+\frac{1+(-1)^{\mathrm{E}(4a)}}{4.2^2}+\frac{1+(-1)^{\mathrm{E}(6a)}}{4.3^2}+\ ...$$

ou

$$a\ \mathrm{L}\ 2=\frac{4\ \mathrm{E}\ (a)+(-1)^{\mathrm{E}(2a)}}{4.1^2}+\frac{4\ \mathrm{E}\ (2a)-(-1)^{\mathrm{E}(4a)}}{4.2^2}+\frac{4\ \mathrm{E}\ (3a)+(-1)^{\mathrm{E}(6a)}}{4.3^2}+\ ...$$

$$+\frac{1}{4}\left(1+\frac{1}{2^2}+\frac{1}{3^2}+\ ...\right).$$

La série

$$1+\frac{1}{2^2}+\frac{1}{3^2}+\ ...$$

a pour valeur $\dfrac{\pi^2}{6}$.

En posant

$$4\,a\ \mathrm{L}\ 2-\frac{\pi^2}{6}=\mathrm{X},$$

on a

$$X = \frac{4E\left(\frac{6X+\pi^2}{24\,L2}\right) + (-1)^{E\left(2\frac{6X+\pi^2}{24\,L2}\right)}}{1^2} + \frac{4E\left(2\frac{6X+\pi^2}{24\,L2}\right) - (-1)^{E\left(4\frac{6X+\pi^2}{24\,L2}\right)}}{2^2} + \ldots$$

(Tchebytcheff.)

**15.** Démontrer la formule :

$$\frac{f(a+h) - f(a) - hf'(a) - \ldots - \frac{h^n}{1.2\ldots n} f^{(n)}(a)}{\varphi(a+h) - \varphi(a) - h\varphi'(a) - \ldots - \frac{h^q}{1.2\ldots q}\varphi^{(q)}(a)} = \frac{1.2\ldots q}{1.2\ldots h} h^{n-q}(1-\theta)^{n-q}\frac{f^{(n+1)}(a+\theta h)}{\varphi^{(q+1)}(a+\theta h)}$$

$$0 < \theta < 1$$

(Ed. Roche, *Comptes rendus*, février 1864.)

**16.** En posant $q = o$ et $o! = 1$, on obtient cette forme très générale du *reste* de la formule de Taylor :

$$R_n = \frac{\varphi(a+h) - \varphi(a)}{\varphi'(a+\theta h)} \frac{h^n(1-\theta)^n}{1.2\ldots n} f^{(n+1)}(a+\theta h).$$

Si l'on pose

$$\varphi(x) = (a + h - x)^p$$

$p$ étant positif, on retrouve la forme générale

$$R^n = \frac{h^{n+1}(1-\theta)^{n+1-p}}{1.2\ldots n.p} f^{(n+1)}(a+\theta h).$$

En posant

$$\varphi(x) = (x - a)^p$$

on trouve :

$$R_n = \frac{1.2\ldots q}{1.2\ldots n} \cdot \frac{(1-\theta)^{n-q}}{\theta^{p-q-1}} \cdot \frac{h^{n+1}}{p(p-1)\ldots(p-q)} f^{(n+1)}(a+\theta h)$$

En supposant $p > 0$, $q$ entier et inférieur à $p$ :
On pourra faire $q = 0$, ce qui donne

$$R_n = \frac{(1-\theta)^n}{\theta^{p-1}} \cdot \frac{h^{n+1}}{1.2\ldots n.p} f^{(n+1)}(a+\theta h)$$

ou encore $p = q - \alpha$, $\alpha$ étant une fraction, par exemple, $\alpha = \frac{1}{2}$; on obtient ainsi

$$R_n = \frac{1.2\ldots\ldots q}{1.2\ldots\ldots n} 2^{q+1} \frac{\theta^{\frac{1}{2}}(1-\theta)^{n-q}}{1.3.5\ldots(2q+1)} h^{n+1} f^{(n+1)}(a+\theta h).$$

Si $f^{(n+1)}(x)$ ne s'annule pas entre $a$ et $a+h$, on peut poser :

$$\varphi(x) = f^{(n)}(x), \quad \varphi'(x) = f^{(n+1)}(x), \quad q = 0$$

ce qui donne

$$R_n = \frac{h^n (1-\theta)^n}{1.2\ldots n}\left[f^{(n+1)}(a+h) - f^{(n)}(a)\right];$$

de sorte que la valeur absolue de $R_n$ est au plus

$$\frac{h^n}{1.2\ldots n}\left| f^{(n+1)}(a+h) - f^{(n)}(a)\right|$$

(E. ROCHE.)

**17.** Si les fonctions $f(x)$ et $\varphi(x)$ et leurs dérivées $f'(x)$, $f''(x)$, ..... $f^{(m)}(x)$, $\varphi'(x)$, $\varphi''(x)$, ..... $\varphi^{(n)}(x)$ sont finies et déterminées pour toutes les valeurs de $x$ comprises entre $a$ et $a+h$, on a :

$$\frac{f(a+h) - f(a) - \frac{h}{1} f'(a) - \ldots\ldots - \frac{h^p}{p!} f^{(p)}(a)}{\varphi(a+h) - \varphi(a) - \frac{h}{1}\varphi'(a) - \ldots\ldots - \frac{h^q}{q!}\varphi^{(q)}(a)}$$

$$= \frac{\frac{h^{p+1}}{(p+1)!} f^{p+1}(a) + \ldots\ldots + \frac{h^{m-1}}{(m-1)!} f^{(m-1)}(a) + R}{\frac{h^{q+1}}{(q+1)!}\varphi^{q+1}(a) + \ldots\ldots + \frac{h^{n-1}}{(n-1)!}\varphi^{(n-1)}(a) + R'}$$

où

$$R = \frac{h^m (1-\theta)^{m-1} f^{(m)}(a+\theta h)}{(m-1)!}$$

$$R' = \frac{h^n (1-\theta)^{n-1} \varphi^{(n)}(a+\theta h)}{(n-1)!}$$

$\theta$ étant compris entre 0 et 1, et en supposant $m > p$, $n > q$.

En posant

$$p = m-1, \quad q = n-1$$

on retrouve la formule de M. E. Roche.

(F. GOMES TEIXEIRA.)

**18.** Démontrer la formule

$$f(x) = f(o) + xf'(x) - \frac{x^2}{1.2} f''(x) + \ldots\ldots$$

(BERNOULLI.)

Appliquer cette formule à $(x+a)^n$ et démontrer directement le résultat obtenu. Appliquer la même formule à $(x+a)^{-n}$.

**19.** Développer

$$(1-2zx+z^2)^{-\frac{1}{2}}$$

suivant les puissances de $z$.

En posant

$$(1-2zx+z^2)^{-\frac{1}{2}} = 1 + X_1 z + X_2 z^2 + \ldots\ldots + X_n z^n + \ldots\ldots$$

prouver que

$$X_n = \frac{1}{2^n \cdot 1 \cdot 2 \ldots\ldots n} D^n (x^2-1)^n,$$

le signe $D^n$ indiquant la dérivée d'ordre $n$ de $(x^2-1)^n$. Les polynomes $X_n$ se nomment : polynomes de Legendre.

**20.** En posant

$$u = (1-2zx+z^2)^{-\frac{1}{2}}$$

vérifier les identités :

$$(1-x^2)\frac{du}{dx} + (1-xz)\frac{du}{dz} = ux$$

$$(1-x^2)\frac{du}{dx} + (x-z)z\frac{du}{dz} = uz$$

$$(1-x^2)\frac{dX_{n-1}}{dx} = n(xX_{n-1} - X_n)$$

$$(1-x^2)\frac{dX_n}{dx} = n(X_{n-1} - xX_n)$$

(Voir, par exemple, E. Catalan, *Mémoires sur les polynomes* $X_n$ de Legendre.)

**21.** Prouver que $X_n$ vérifie les identités.

$$nX_n - (2n-1)xX_{n-1} + (n-1)X_{n-2} = 0$$

$$(1-x^2)X_n'' - 2xX_n' + n(n+1)X_n = 0$$

$$(1-x^2)X_n^{(p)} - 2(p-1)xX_n^{(p-1)} + \left[\frac{1}{2}(p-1)(p-2) + n(n+1)\right]X_n^{(p-2)} = 0$$

**22.** Prouver que $\pi = 16\Sigma(-1)^{\frac{n-1}{2}} \frac{1}{n(4+n^4)}$, $n = 1, 3, 5\ldots$

(E. Estanave.)

— On part de l'identité

$$\frac{4}{n(4+n^4)} = \frac{1}{n} - \frac{n^3}{4+n^4}$$

Du développement de arctg $x$ on tire

$$4\Sigma(-1)^{\frac{n-1}{2}}\frac{1}{n} = \pi$$

et l'on a

$$\Sigma(-1)^{\frac{n-1}{2}}\frac{n^3}{4+n^4} = 0,$$

ce qu'on voit en partant de

$$\frac{4n^3}{4+n^4} = \frac{1}{n+1+i} + \frac{1}{n+1-i} + \frac{1}{n-1+i} + \frac{1}{n-1-i}.$$

# CHAPITRE V

## RÈGLES DE L'HOSPITAL

1. *Trouver la limite d'une fraction* $\frac{f(x)}{\varphi(x)}$ *dont les deux termes tendent vers zéro quand $x$ tend vers $a$.*

Nous supposons que les fonctions $f(x)$ et $\varphi(x)$ soient pourvues de dérivées, et nous admettons que l'on puisse trouver un nombre positif $\alpha$, tel que, dans l'intervalle de $a-\alpha$ à $a+\alpha$, ni les fonctions considérées ni leurs dérivées ne puissent s'annuler pour aucune valeur de $x$ autre que $a$; dans ces conditions, en supposant $h$ inférieur à $\alpha$ en valeur absolue, on peut appliquer la formule du (nº 53 ch. II). On a ainsi :

$$\frac{f(a+h)-f(a)}{\varphi(a+h)-\varphi(a)}=\frac{f'(a+\theta h)}{\varphi'(a+\theta h)} \qquad (0<\theta<1)$$

Mais par hypothèse

$$f(a)=0, \quad \varphi(a)=0,$$

donc

$$\frac{f(a+h)}{\varphi(a+h)}=\frac{f'(a+\theta h)}{\varphi'(a+\theta h)}.$$

Or, si le rapport

$$\frac{f'(x)}{\varphi'(x)}$$

a une limite déterminée $\gamma$, quand $x$ tend vers $a$ en suivant une loi quelconque, on peut dire que

$$\frac{f'(a+\theta h)}{\varphi'(a+\theta h)}$$

a pour limite $\lambda$ quand $h$ tend vers zéro, donc il en est de même de $\frac{f(a+h)}{\varphi(a+h)}$ et par suite

$$\lim. \frac{f(x)}{\varphi(x)}=\lambda.$$

On peut remarquer que si $\dfrac{f'(x)}{\varphi'(x)}$ croît indéfiniment en valeur absolue quand $x$ tend vers $a$, il en sera de même de $\dfrac{f(x)}{\varphi(x)}$, car, dans ce cas,

$$\lim \frac{\varphi(x)}{f(x)} = \lim \frac{\varphi'(x)}{f'(x)} = 0.$$

Si pour $x = a$, $f'(a)$ et $\varphi'(a)$ sont nulles, on cherchera la limite de $\dfrac{f''(x)}{\varphi''(x)}$ et ainsi de suite, de sorte que s'il arrive que toutes les dérivées de $f(x)$ et de $\varphi(x)$ soient nulles pour $x = a$, jusqu'à l'ordre $n-1$, mais que $f^{(n)}(a)$ et $\varphi^{(n)}(a)$ ne soient pas nulles en même temps, on aura, si $\varphi^{(n)}(a) \neq 0$ :

$$\lim \frac{f(x)}{\varphi(x)} = \frac{f^{(n)}(a)}{\varphi^{(n)}(a)}$$

et si $\varphi^{(n)}(a) = 0$, dans ce cas $\dfrac{f(x)}{\varphi(x)}$ est infini pour $x = a$.

**2.** *Soient $f(x)$ et $\varphi(x)$ deux fonctions infinies pour $x = a$; trouver la limite du rapport $\dfrac{f(x)}{\varphi(x)}$* quand $x$ tend vers $a$.

Nous allons démontrer que, *sous certaines conditions, si $\dfrac{f'(x)}{\varphi'(x)}$ a une limite quand $x$ tend vers $a$, le rapport $\dfrac{f(x)}{\varphi(x)}$ a la même limite.*

Nous empruntons la démonstration suivante à l'ouvrage de M. J. Tannery : « Introduction à la théorie des fonctions d'une variable ».

Supposons que $x$ tende vers $a$, par des valeurs plus petites que $a$; l'analyse serait toute semblable si $x$ tendait vers $a$ par des valeurs plus grandes que $a$.

Je suppose qu'à chaque nombre positif A, quelque grand qu'il soit, corresponde un nombre positif $\eta$, tel que les inégalités

$$0 < a - x < \eta$$

entraînent les inégalités :

$$|f(x)| > A \qquad |\varphi(x)| > A.$$

Supposons en outre qu'il existe un nombre $b < a$, tel que dans tout intervalle limité d'une part par le nombre $b$, et d'autre part par un nombre quelconque compris entre $b$ et $a$, les fonctions

$f(x)$, $\varphi(x)$ admettent des dérivées $f'(x)$, $\varphi'(x)$ et que, dans un pareil intervalle, les fonctions $f(x)$, $\varphi(x)$, $f'(x)$, $\varphi'(x)$ ne soient jamais nulles; on ne considérera d'ailleurs que des valeurs de $x$ comprises entre $b$ et $a$.

Dans ces conditions, on peut énoncer le théorème suivant :

*Si lorsque $x$ tend vers $a$ par des valeurs comprises entre $b$ et $a$, le rapport $\frac{f'(x)}{\varphi'(x)}$ tend vers une limite $l$, il en est de même du rapport $\frac{f(x)}{\varphi(x)}$.*

Soit, en effet, $k$ un nombre positif moindre que 1; d'après nos hypothèses, il existe un nombre $\alpha$ compris entre $b$ et $a$, tel que la différence

$$\frac{f'(x)}{\varphi'(x)} - l$$

soit en valeur absolue moindre que $k$ pour toutes les valeurs de $x$ satisfaisant aux inégalités

$$\alpha < x < a. \tag{1}$$

Soit $x$ l'une quelconque de ces valeurs; on aura :

$$\frac{f(x)}{\varphi(x)} \frac{1 - \frac{f(\alpha)}{f(x)}}{1 - \frac{\varphi(\alpha)}{\varphi(x)}} = \frac{f(x) - f(\alpha)}{\varphi(x) - \varphi(\alpha)} = \frac{f'(\xi)}{\varphi'(\xi)}$$

$\xi$ étant compris entre $x$ et $\alpha$, de sorte que les inégalités

$$\alpha < \xi < a$$

soient vérifiées, et que par suite on puisse poser :

$$\frac{f'(\xi)}{\varphi'(\xi)} = l + k'$$

$k'$ étant, en valeur absolue, moindre que $k$.

D'autre part, comme $f(x)$ et $\varphi(x)$ grandissent indéfiniment quand $x$ tend vers $a$, il existe un nombre $\beta$ compris entre $\alpha$ et $a$ et tel que sous les conditions

$$\beta < x < a \tag{2}$$

la différence

$$\frac{1-\frac{f(\alpha)}{f(x)}}{1-\frac{\varphi(\alpha)}{\varphi(x)}}-1$$

soit, en valeur absolue, moindre que $k$; si $x$ vérifie les inégalités (2) on peut donc poser :

$$\frac{1-\frac{f(\alpha)}{f(x)}}{1-\frac{\varphi(\alpha)}{\varphi(x)}}=1+k''$$

en désignant par $k''$ un nombre dont la valeur absolue soit moindre que $k$; dès lors, en supposant remplies les conditions (2), on aura :

$$\frac{f(x)}{\varphi(x)}=\frac{l+k'}{1+k''};$$

la différence

$$\frac{l+k'}{1+k''}-l=\frac{k'-k''l}{1+k''}$$

est moindre, en valeur absolue, que

$$\frac{k(1+l')}{1-k}$$

$l'$ désignant la valeur absolue de $l$; or le nombre positif $\frac{k(1+l')}{1-k}$ sera moindre qu'un nombre positif $\theta$, si l'on suppose :

$$0<k<\frac{\theta}{1+l'+\theta}.$$

On est donc parvenu à cette conclusion : *à chaque nombre positif $\theta$ correspond un nombre $\beta$ tel que les inégalités*

$$\beta<x<a$$

*entraînent l'inégalité*

$$\left|\frac{f(x)}{\varphi(x)}-l\right|<\theta.$$

C'est dire que $\frac{f(x)}{\varphi(x)}$ a pour limite $l$ quand $x$ tend vers $a$.

En général si $f(a)$ et $\varphi(a)$ sont infinis, il en sera de même de $f'(a)$ et de $\varphi'(a)$ comme nous le montrons plus loin. Il semblerait donc que la règle précédente fût illusoire ; mais il peut arriver que $f'(x)$ et $\varphi'(x)$ aient un facteur commun que l'on supprimera, de sorte que la limite de $\frac{f'(x)}{\varphi'(x)}$ soit plus facile à trouver que celle de $\frac{f(x)}{\varphi(x)}$. Si l'on ne peut pas trouver la limite de $\frac{f'(x)}{\varphi'(x)}$ directement, on appliquera encore le théorème précédent et l'on cherchera la limite de $\frac{f''(x)}{\varphi''(x)}$, et ainsi de suite.

**3.** Supposons maintenant que $\frac{f(x)}{\varphi(x)}$ se présente sous la forme $\frac{0}{0}$ ou $\frac{\infty}{\infty}$ *quand $x$ augmente indéfiniment.* Posons $x=\frac{1}{z}$ ; on a :

$$\frac{f(x)}{\varphi(x)}=\frac{f\left(\frac{1}{z}\right)}{\varphi\left(\frac{1}{z}\right)}.$$

Si l'on désigne $f\left(\frac{1}{z}\right)$ et $\varphi\left(\frac{1}{z}\right)$ par $F(z)$ et $\Phi(z)$, on cherchera la limite de

$$\frac{F'(z)}{\Phi'(z)}$$

quand $z$ tend vers zéro, et si $\lim \frac{F'(z)}{\Phi'(z)}=l$, on aura aussi

$$\lim \frac{F(z)}{\Phi(z)}=l.$$

Mais

$$F'(z)=f'(x)\times\frac{-1}{z^2}$$

$$\Phi'(z)=\varphi'(x)\times\frac{-1}{z^2},$$

donc

$$\frac{F'(z)}{\Phi'(z)}=\frac{f'(x)}{\varphi'(x)},$$

par suite

$$\lim \frac{f'(x)}{\varphi'(x)} = \lim \frac{F'(z)}{\Phi'(z)}$$

quand $x$ augmente indéfiniment, c'est-à-dire quand $z$ tend vers zéro. Donc on peut étendre la règle de l'Hospital au cas où $x$ grandit indéfiniment.

4. **Exemples.** 1° *Trouver la limite vers laquelle tend le rapport*

$$\frac{\sin(x-a)}{\sin x - \sin a}$$

*quand $x$ tend vers $a$.*

Le rapport des dérivées des deux termes de cette fraction

$$\frac{\cos(x-a)}{\cos x}$$

a pour limite $\frac{1}{\cos a}$ quand $x$ tend vers $a$; $\frac{1}{\cos a}$ est donc la limite cherchée.

On peut vérifier le résultat obtenu. En effet :

$$\sin(x-a) = 2\sin\frac{x-a}{2}\cos\frac{x-a}{2},$$

$$\sin x - \sin a = 2\sin\frac{x-a}{2}\cos\frac{x+a}{2},$$

donc

$$\frac{\sin(x-a)}{\sin x - \sin a} = \frac{\cos\frac{x-a}{2}}{\cos\frac{x+a}{2}}$$

par suite,

$$\lim \frac{\sin(x-a)}{\sin x - \sin a} = \frac{1}{\cos a}.$$

2° *Trouver la limite de $x^n \mathrm{L}\, x$, quand $x$ tend vers 0, $n$ étant positif.*

On écrit :

$$y = \frac{\mathrm{L}\, x}{x^{-n}}$$

$y$ se présente sous la forme $\frac{\infty}{\infty}$. Le rapport des dérivées est :

$$\frac{\frac{1}{x}}{-n x^{-n-1}} = -\frac{x^n}{n}$$

dont la limite est zéro; donc $\lim y = 0$.

3° *Trouver la limite de* $\frac{a^x}{x^n}$ *quand* $x$ *augmente indéfiniment,* $n$ *étant positif et* $a > 1$.

Le rapport des dérivés est :

$$\frac{a^x \, \mathrm{L}\, a}{n x^{n-1}}.$$

En prenant successivement les dérivées des deux termes, on arrive à

$$\frac{a^x (\mathrm{L}a)^p}{n(n-1)\ldots\ldots(n-p+1) \cdot x^{n-p}},$$

en supposant $p$ plus grand que $n$, le dénominateur aura pour limite zéro, donc $\frac{a^x}{x^n}$ augmente indéfiniment avec $x$.

4° *Trouver la limite de* $\frac{\mathrm{L}\, x}{x^n}$ *quand* $x$ *augmente indéfiniment,* $n$ *étant positif.*

Le rapport des dérivées est égal à

$$\frac{\frac{1}{x}}{n\, x^{n-1}} = \frac{1}{n\, x^n}$$

donc la limite est zéro.

Nous avons déjà trouvé ces résultats directement.

5° *Trouver la limite de* $\frac{e^{-\frac{1}{x^2}}}{x^n}$ *quand* $x$ *tend vers zéro,* $n$ *étant positif.*

Le rapport des dérivées est $\frac{e^{-\frac{1}{x^2}} \times \frac{2}{x^3}}{n\, x^{n-1}} = \frac{2}{n} \frac{e^{-\frac{1}{x^2}}}{x^{n+2}}$; par suite, pour $x = 0$, ce rapport se présente sous la forme $\frac{0}{0}$ comme le rapport donné, et il en sera toujours ainsi indéfiniment; par suite, il faut chercher directement la limite demandée, que nous avons déjà obtenue (IV, 3) en posant $\frac{1}{x^2} = t$.

6° *Soit à chercher la limite de*

$$y = \frac{x - \sin x}{x}$$

*quand* $x$ *augmente indéfiniment.*

On peut écrire :

$$y = 1 - \frac{\sin x}{x};$$

donc

$$\lim y = 1.$$

D'autre part, le rapport des dérivées est

$$\frac{1 - \cos x}{1};$$

ce rapport ne tend vers aucune limite déterminée quand $x$ augmente indéfiniment.

De même, si

$$y = \frac{x - \sin x}{x + \cos x},$$

on voit encore que $\lim y = 1$ quand $x$ augmente indéfiniment; or, le rapport des dérivées est :

$$\frac{1 - \cos x}{1 - \sin x}$$

et ne tend vers aucune limite déterminée.

Ces exemples montrent qu'il peut arriver que $\frac{f'(x)}{\varphi'(x)}$ ne tende vers aucune limite déterminée et que, cependant, dans les mêmes conditions, $\frac{f(x)}{\varphi(x)}$ ait une limite.

**5. Remarque.** — Nous avons dit plus haut que si $f(a)$ est infinie, il en est de même, en général, de $f'(a)$. Effectivement, soit $a_1 < a$, et donnons à $x$ une valeur comprise entre $a_1$ et $a$ :

$$a_1 < x < a.$$

Supposons que la fonction $f(x)$ soit positive dans l'intervalle $(a_1, a)$; enfin, soit A un nombre positif arbitraire. On peut supposer $x$ assez près de $a$ pour que l'inégalité

$$\frac{f(x) - f(a_1)}{x - a_1} > A$$

soit vérifiée.

En effet, la différence $a - a_1$ étant supérieure à $x - a_1$, il suffit de vérifier l'inégalité :

$$\frac{f(x) - f(a_1)}{a - a_1} > A;$$

c'est-à-dire :

$$f(x) > f(a_1) + A(a - a_1),$$

ce qui est possible, puisque $f(x)$ augmente indéfiniment quand $x$ tend vers $a$.

Or

$$\frac{f(x) - f(a_1)}{x - a_1} = f'(\xi),$$

$\xi$ étant compris entre $a_1$ et $x$, et, par suite, entre $a_1$ et $a$.

On aura donc

$$f'(\xi) > A,$$

et cela, quelque près que $a_1$ soit de $a$, ce qui ne saurait arriver si $f'(x)$ était finie et continue pour $x = a$.

Si la fonction $f(x)$ était négative, on appliquerait le raisonnement précédent à la fonction $-f(x)$.

## EXERCICES

**1.** Trouver la limite de l'expression

$$\frac{e^x + e^{-x} - x^2 - 2}{x^4(x-1)}$$

quand $x$ tend vers zéro.

— Appliquer la règle de l'Hospital, puis vérifier le résultat obtenu, en développant $e^x$ et $e^{-x}$ par la formule de Taylor.

**2.** Trouver, par la règle de l'Hospital, la limite vers laquelle tend le rapport

$$\frac{(1+x)^{\frac{1}{x}} - e}{x}$$

quand $x$ tend vers zéro.

En conclure que le numérateur est infiniment petit du premier ordre par rapport à $x$.

**3.** Trouver la limite de

$$x^{\frac{1}{x}}$$

quand $x$ augmente indéfiniment.

**4.** Limite de

$$x^{\frac{1}{x} + \frac{1}{x^2}}$$

quand $x$ augmente indéfiniment.

**5.** Limite de

$$\frac{\mathrm{L} \cos \alpha x}{\mathrm{L} \cos \beta x}$$

quand $x$ tend vers zéro.

**6.** Limite de

$$\frac{\alpha(a^x - \cos x) + \beta \mathrm{L}(1+x) + \gamma \sin x}{x}$$

quand $x$ tend vers zéro.

**7.** Trouver la limite de

$$\frac{a^x - b^x}{\alpha^x - \beta^x}$$

quand $x$ tend vers zéro.

8. En supposant que $y$ soit une fonction de $x$ telle que

$$\lim \frac{dy}{dx} = a$$

et

$$\lim \left( y - x \frac{dy}{dx} \right) = b$$

quand $x$ augmente indéfiniment, prouver que l'on a aussi :

$$\lim \frac{y}{x} = a, \quad \lim (y - ax) = b.$$

(Théorie des asymptotes.)

9. Trouver la limite de

$$\frac{76 \cos x - \left( 24 \frac{\operatorname{arctg} x}{x} + 186\, \mathrm{L.} \frac{\sin x}{x} + 55 \right)}{x^6}$$

quand $x$ tend vers zéro.

10. Trouver la limite de

$$\frac{x - \frac{4}{15} \sin x + \frac{1}{15} \operatorname{tg} x - \frac{8}{5} \operatorname{tg} \frac{1}{2} x}{x^7}$$

quand $x$ tend vers zéro.

11. Trouver la limite de

$$\frac{\dfrac{x^2}{a^{x^2-1}}}{x-1}$$

quand $x$ tend vers 1.

# CHAPITRE VI

## INTÉGRALES DÉFINIES

1. « Le calcul intégral a pris naissance le jour où l'on s'est posé la question suivante : Une fonction $f(x)$ étant donnée, existe-t-il une fonction qui admette $f(x)$ pour dérivée, c'est-à-dire une fonction telle que

$$\frac{dy}{dx} = f(x)?$$

« On a d'abord répondu à cette question par une représentation géométrique qui n'a aucune valeur par elle-même, mais qui n'en a pas moins fait faire de grands progrès à la science. On construisait la courbe $y=f(x)$ et l'on considérait l'aire comprise entre cette courbe, l'axe des $x$ et deux parallèles à l'axe des $y$, l'une fixe, l'autre variable; on montrait que l'aire, considérée comme fonction de l'abscisse $x$ de cette dernière ordonnée, est une fonction de $x$ ayant $f(x)$ pour dérivée. Il est clair qu'à moins d'admettre que la notion d'aire est une notion première, il n'y a pas là une réponse rigoureuse au problème posé. »

(E. Picard, *Traité d'analyse*, tome I, 2e édition, p. 1.)

Nous allons, dans ce qui suit, exposer une théorie affranchie de la notion d'aire.

**2.** Soient $a$ et $b$ deux nombres donnés, $a$ étant supposé plus petit que $b$. Désignons par $f(x)$ une fonction bien déterminée pour toutes les valeurs de $x$ comprises entre $a$ et $b$, et supposons vérifiées les inégalités

$$A < f(x) < B, \qquad (1)$$

pour toutes les valeurs de $x$ comprises entre $a$ et $b$; supposons enfin

$$0 < A < B.$$

Partageons l'intervalle $(a, b)$ en un nombre quelconque de parties égales ou inégales et soient :

$$x_1, \quad x_2, \quad \ldots.. \quad x_\mu,$$

les moyens obtenus, supposés rangés par ordre croissant.

Posons :

$$I_k = x_k - x_{k-1}, \quad I_1 = x_1 - a, \quad I_{\mu+1} = b - x_\mu,$$

$k$ prenant toutes les valeurs depuis 1 jusqu'à $\mu+1$.

La fonction $f(x)$ étant limitée, par hypothèse, dans l'intervalle $(a, b)$ est limitée dans chacun des intervalles $I_k$.

Soient $m_k$ et $M_k$ le minimum et le maximum absolus (T. I, XX, 7) de $f(x)$ dans l'intervalle $I_k$.

Je dis que chacune des sommes

$$\Sigma M_k I_k = M_1 I_1 + M_2 I_2 + \ldots.. + M_k I_k + \ldots.. + M_{\mu+1} I_{\mu+1},$$

$$\Sigma m_k I_k = m_1 I_1 + m_2 I_2 + \ldots.. + m_k I_k + \ldots.. + m_{\mu+1} I_{\mu+1}$$

tend vers une limite déterminée quand *chacune* des parties dans lesquelles l'intervalle $b-a$ a été partagé tend vers zéro et que, par suite, le nombre de ces parties augmente indéfiniment.

Considérons d'abord la somme $\Sigma M_k I_k$.

L'inégalité $M_k > A$, conséquence des inégalités (1), entraîne celle-ci :

$$\Sigma M_k I_k > A(b-a). \tag{2}$$

Cela posé, si l'on considère tous les modes possibles de division de l'intervalle $b-a$ et les sommes correspondantes $\Sigma M_k I_k$, toutes ces sommes forment un ensemble; l'inégalité (2) entraîne l'existence d'un minimum absolu L relatif à cet ensemble (T. I, xx, 6). Quel que soit le nombre positif $\alpha$, on peut trouver une somme particulière $\Sigma M_h I_h$, que nous désignerons par S et telle que l'on ait :

$$L < S < L + \alpha. \tag{3}$$

Supposons que $p$ soit le nombre des moyens insérés entre $a$ et $b$ qui correspondent à la somme S.

Cela étant, divisons d'une manière quelconque l'intervalle $b-a$, et soit :

$$S' = \Sigma M_k I_k,$$

en désignant par $I_k$ l'une des parties obtenues et par $M_k$ le maximum absolu de $f(x)$ dans l'intervalle $I_k$.

Parmi les intervalles nouveaux, il y en a un certain nombre qui sont compris entièrement à l'*intérieur* d'une intervalle $I_h$ de la somme S; pour ceux-là, $M_k$ est au plus égal à $M_h$, et par suite, la partie correspondante de la somme S' est au plus égale à $M_h I_h$; si tous les intervalles de la nouvelle somme étaient dans ce cas, on aurait $S' \leqslant S$. Il nous reste à considérer les intervalles du second mode de division qui contiennent un ou plusieurs points de division appartenant au premier mode. Désignons par $\lambda$ le plus grand de ces intervalles. Leur nombre est au plus égal à $p$; par suite, à cause de l'inégalité $f(x) < B$, la contribution apportée par ces nouveaux intervalles à la somme S' est moindre que $\lambda p B$. On a donc

$$S' \leqslant S + \lambda p B;$$

et, par conséquent,

$$S' < L + \alpha + \lambda p B. \tag{4}$$

D'ailleurs, on a :

$$S' > L.$$

Or, on peut supposer que dans ce nouveau mode de division chaque division nouvelle soit inférieure à $\frac{\alpha}{pB}$, de sorte que l'inégalité

$$\lambda < \frac{\alpha}{pB}$$

ou

$$\lambda p B < \alpha$$

sera vérifiée; on aura ainsi

$$L < S' < L + 2\alpha, \qquad (5)$$

ce qui démontre que $S'$ a pour limite L *.

Je dis maintenant que la somme $\Sigma m_k I_k$ a aussi une limite. En effet, soit $B'$ un nombre supérieur à B, et considérons la fonction

$$B' - f(x);$$

elle vérifie les inégalités

$$B' - B < B' - f(x) < B' - A;$$

donc la somme $\Sigma (B' - m_k) I_k$ a une limite; mais

$$\Sigma B' I_k = B' (b - a).$$

Par suite,

$$B' (b - a) - \Sigma m_k I_k$$

ayant une limite, la somme $\Sigma m_k I_k$ a aussi une limite.

Nous avons supposé A et B positifs; s'il en était autrement, il suffirait de considérer la fonction $f(x) + C$, C étant une constante vérifiant l'inégalité $A + C > 0$; les inégalités (1) donneraient :

$$A + C < f(x) + C < B + C,$$

$A + C$ et $B + C$ étant deux nombres positifs. Les sommes

$$\sum (M_k + C) I_k \quad \text{et} \quad \sum (m_k + B) I_k$$

ayant alors des limites, il en sera de même des deux sommes

$$\sum M_k I_k \quad \text{et} \quad \sum m_k I_k.$$

Enfin on peut supposer $b < a$ de sorte que les intervalles I seront négatifs : les conclusions subsistent encore

**3. Définition.** — On dit que la fonction $f(x)$ est intégrable de $x = a$ à $x = b$, si les sommes $\sum M_k I_k$ et $\sum m_k I_k$ ont la même limite.

* Cette démonstration est due à M. C. Jordan. (Voir : *Cours d'Analyse de l'École polytechnique*.)

**4. Théorème.** — *Toute fonction $f(x)$ continue dans l'intervalle $(a, b)$ est intégrable de $a$ à $b$.*

En effet, si la fonction $f(x)$ est continue dans l'intervalle de $a$ à $b$, on peut partager cet intervalle en intervalles assez petits pour que dans chacun d'eux l'oscillation de la fonction soit moindre qu'un nombre donné d'avance; en d'autres termes, à tout nombre positif $\alpha$ correspond un positif $\beta$ tel que l'inégalité

$$\mathrm{I}_k < \beta$$

entraîne la suivante :

$$\mathrm{M}_k - m_k < \alpha.$$

On aura, si ces conditions sont remplies :

$$\sum \mathrm{M}_k \mathrm{I}_k - \sum m_k \mathrm{I}_k = \sum (\mathrm{M}_k - m_k) \mathrm{I}_k < \alpha \sum \mathrm{I}_k,$$

c'est-à-dire

$$\sum \mathrm{M}_k \mathrm{I}_k - \sum m_k \mathrm{I}_k < \alpha (b - a).$$

Si l'on suppose $\alpha < \frac{\theta}{b-a}$, $\theta$ étant un nombre positif arbitraire, on voit que si chaque intervalle est moindre que $\beta$, l'inégalité

$$\sum \mathrm{M}_k \mathrm{I}_k - \sum m_k \mathrm{I}_k < \theta$$

sera vérifiée; de sorte que

$$\lim \sum \mathrm{M}_k \mathrm{I}_k = \lim \sum m_k \mathrm{I}_k.$$

Cela posé, si l'on désigne par $\xi_k$ un nombre compris entre $x_{k-1}$ et $x_k$, on aura

$$m_k < f(\xi_k) < \mathrm{M}_k,$$

par suite

$$\sum m_k \mathrm{I}_k < \sum f(\xi_k) \mathrm{I}_k < \sum \mathrm{M}_k \mathrm{I}_k.$$

Il en résulte que si

$$\lim \sum \mathrm{M}_k \mathrm{I}_k = \lim \sum \mathrm{M}_k \mathrm{I}_k = \mathrm{L},$$

on aura aussi

$$\lim \sum f(\xi_k) \mathrm{I}_k = \mathrm{L}.$$

Donc, $f(x)$ étant une fonction continue et limitée dans les deux sens dans l'intervalle $(a, b)$, si l'on partage d'une manière quelconque cet intervalle en intervalles plus petits en insérant des moyens $x_1, x_2, \ldots\ldots x_{\mu-1}$ entre $a$ et $b$, de sorte que les nombres

$$a,\ x_1,\ x_2,\ \ldots\ldots\ x_{\mu-1},\ b$$

forment une suite croissante, si l'on nomme $\xi_1, \xi_2, \ldots\ldots \xi_\mu$, des nombres quelconques compris chacun entre deux termes consécutifs de la suite précédente, de telle sorte que

$$a,\ \xi_1,\ x_1,\ \xi_2,\ x_2,\ \ldots\ldots\ \xi_{\mu-1},\ x_{\mu-1},\ \xi_\mu,\ b,$$

forment une suite croissante, les sommes

$$f(a)\,(x_1-a)+f(x_1)(x_2-x_1)+\ldots+f(x_{k-1})\,(x_k-x_{k-1})+\ldots+f(x_{\mu-1})\,(b-x_{\mu-1})$$
$$f(x_1)(x_1-a)+f(x_2)(x_2-x_1)+\ldots+f(x_k)\,(x_k-x_{k-1})+\ldots+f(b)\,(b-x_{\mu-1})$$
$$f(\xi_1)(x_1-a)+f(\xi_2)\,(x_2-x_1)+\ldots+f(\xi_k)\,(x_k-x_{k-1})+\ldots+f(\xi_\mu)\,(b-x_{\mu-1})$$

tendent vers une seule et même limite, lorsque *chaque* intervalle tend vers zéro, leur nombre augmentant indéfiniment *suivant une loi quelconque*.

Cette limite est ce que l'on nomme l'*intégrale* de $a$ à $b$ et on la représente par la notation symbolique

$$\int_a^b f(x)\,dx,$$

qu'on lit : somme de $a$ à $b$ de $f(x)\,dx$.

**Remarque.** — On peut remplacer la lettre $x$ par toute autre lettre, et écrire par exemple :

$$\int_a^b f(z)\,dz.$$

5. **Théorème.** — *On peut permuter les limites d'une intégrale définie, pourvu que l'on change le signe de cette intégrale.*

Il s'agit de prouver l'identité

$$\int_a^b f(x)\,dx = -\int_b^a f(x)\,dx.$$

En effet, la première intégrale est la limite de la somme $\sum M_k I_k$, définie plus haut; la seconde intégrale est la limite de la somme $\sum M_k I'_k$, dans laquelle $I'_k = x_{k-1} - x_k = -I_k$; ces deux sommes sont égales et de signes contraires, donc leurs limites sont aussi égales et de signes contraires.

**6. Théorème.** — *On a :*

$$\int_a^b f(x)\,dx = \int_a^c f(x)\,dx + \int_c^b f(x)\,dx.$$

En effet, supposons d'abord $a < c < b$. On peut partager l'intervalle de $a$ à $b$ en intervalles plus petits en partageant chacun des intervalles $(a, c)$ et $(c, b)$, de sorte que $c$ soit toujours l'un des moyens compris entre $a$ et $b$, puisque la limite de la somme $\sum M_k I_k$ est indépendante du mode de divisions; cette somme se composera de deux parties ayant respectivement pour limites

$$\int_a^c f(x)\,dx, \quad \int_c^b f(x)\,dx;$$

ce qui démontre la proposition.

Supposons maintenant que $c$ ne soit pas compris entre $a$ et $b$, soit, pour fixer les idées :

$$a < b < c.$$

On a alors :

$$\int_a^b f(x)\,dx + \int_b^c f(x)\,dx = \int_a^c f(x)\,dx$$

d'où

$$\int_a^b f(x)\,dx = \int_a^c f(x)\,dx - \int_b^c f(x)\,dx,$$

c'est-à-dire (5) :

$$\int_a^b f(x)\,dx = \int_a^c f(x)\,dx + \int_c^b f(x)\,dx.$$

On ferait un raisonnement analogue dans tous les cas qui peuvent se présenter.

En généralisant la proposition, on a :

$$\int_a^l f(x)\,dx = \int_a^b f(x)\,dx + \int_b^c f(x)\,dx + \ldots\ldots + \int_k^l f(x)\,dx.$$

**Remarque.** — On suppose, bien entendu, dans tout ce qui précède, que la fonction $f(x)$ est intégrable dans chacun des intervalles considérés.

**7. Théorème.** — *Si pour toutes les valeurs de $x$ comprises entre $a$ et $b$, on a*

$$A < f(x) < B,$$

*on aura aussi*

$$A(b-a) < \int_a^b f(x)\,dx < B(b-a),$$

*en supposant* $a < b$. Cela résulte immédiatement de la définition de l'intégrale.

De même, si l'on a :

$$\varphi(x) < f(x) < \psi(x)$$

pour toute valeur de $x$ comprise entre $a$ et $b$, il en résulte :

$$\int_a^b \varphi(x)\,dx < \int_a^b f(x)\,dx < \int_a^b \psi(x)\,dx.$$

Plus généralement, supposons que l'on ait deux fonctions $f(x)$ et $\varphi(x)$ dont la première est supposée positive entre $a$ et $b$ et la seconde, continue. On a

$$\int_a^b f(x)\,\varphi(x)\,dx = \varphi(\xi)\int_a^b f(x)\,dx \qquad (1)$$

$\xi$ étant un nombre compris entre $a$ et $b$.

Il suffit, pour le voir, de remarquer que les nombres $m_1, m_2, \ldots m_n$ étant positifs le quotient

$$\frac{m_1 a_1 + m_2 a_2 + \ldots + m_n a_n}{m_1 + m_2 + \ldots + m_n}$$

est compris entre la plus grande et la plus petite des quantités $a_1, a_2, \ldots a_n$, et de prendre, pour définir les intégrales de (1), les mêmes points de division $x_1, x_2, \ldots x_{n-1}$, en posant $m_i = f(x_i)(x_i - x_{i-1})$, $a_i = \varphi(x_i)$.

Cette proposition est connue sous le nom de théorème de la moyenne.

**8. Théorème.** — *Si*

$$f(x) = \varphi(x) + \psi(x),$$

*on a :*

$$\int_a^b f(x)\,dx = \int_a^b \varphi(x)\,dx + \int_a^b \psi(x)\,dx.$$

La démonstration n'offre aucune difficulté.

Soit encore

$$f(x) = \varphi(x) + i\psi(x),$$

on peut convenir de poser :

$$\int_a^b f(x)\,dx = \int_a^b \varphi(x)\,dx + i\int_a^b \psi(x)\,dx.$$

On peut aussi considérer les sommes

$$\sum (M_k + i M'_k) I_k \quad \text{et} \quad \sum (m_k + i m'_k) I_k;$$

on suppose que les sommes

$$\sum M_k I_k, \quad \sum m_k I_k$$

ont une limite commune L, et que les sommes

$$\sum M'_k I_k, \quad \sum m'_k I_k$$

ont une limite commune L'; on peut donc définir l'intégrale

$$\int_a^b f(x)\,dx$$

comme étant égale à $L + iL'$.

9. **Cas où les limites de l'intégrale sont infinies.** — Soit $f(x)$ une fonction intégrable dans l'intervalle $(a, b)$ quels que soient les nombres $a$, $b$. Considérons l'intégrale

$$I = \int_a^b f(x)\,dx$$

et, laissant à la limite inférieure $a$ une valeur fixe, supposons que $b$ augmente indéfiniment.

Si I tend vers une limite L, on écrit, *par définition*,

$$L = \int_a^{\infty} f(x)\,dx.$$

On dit alors que l'intégrale précédente *a un sens* ou *est convergente*. On pourrait, de même, supposer que $a$ augmente indéfiniment par valeurs négatives; on définirait ainsi les intégrales

$$\int_{-\infty}^{b} f(x)\,dx \quad \text{et} \quad \int_{-\infty}^{+\infty} f(x)\,dx.$$

Chercher si une intégrale définie *a un sens* est un problème ayant quelque analogie avec celui de la convergence des séries; nous l'étudierons d'abord dans le cas où la fonction à intégrer est toujours positive, ou tout au moins, est positive à partir d'une certaine valeur de la variable. On a, alors, le théorème fondamental suivant :

*Si l'on a, pour $x > a$,* $\qquad f(x) < A\,\varphi(x)$

*$f(x)$ et $\varphi(x)$ étant toutes deux positives et A étant une constante et si l'intégrale*

$$\int_a^{\infty} \varphi(x)\,dx$$

*a un sens, il en est de même de l'intégrale*

$$\int_a^{\infty} f(x)\,dx.$$

En effet, on a, quel que soit $b > a$,

$$\int_a^b f(x)\,dx < A\int_a^b \varphi(x)\,dx.$$

Par hypothèse, lorsque $b$ augmente indéfiniment, le second membre tend vers une limite; d'autre part, le premier membre augmente constamment avec $b$ puisque $f(x)$ est positif; donc il tend aussi vers une limite.

Soit $\varphi(x) = \frac{1}{x^2}$; on a : $\int_a^b \varphi(x)\,dx = \frac{1}{a} - \frac{1}{b}$.

Par suite $\int_a^\infty \varphi(x)\,dx$ a un sens; donc :

*Si le produit $x^2 f(x)$ reste inférieur à un nombre fixe $A$, l'intégrale* $\int_a^\infty f(x)\,dx$ *a un sens.*

En effet, on a alors $f(x) < A \cdot \frac{1}{x^2}$.

Il est clair inversement, que si l'intégrale $\int_a^\infty \varphi(x)\,dx$ est dépourvue de sens et si l'on a $f(x) > A\,\varphi(x)$, de même l'intégrale $\int_a^\infty f(x)\,dx$ est dépourvue de sens.

En particulier si l'on prend $\varphi(x) = 1$, on voit qu'il est nécessaire que $f(x)$ tende vers zéro quand $x$ grandit indéfiniment, pour que $\int_a^\infty f(x)\,dx$ ait un sens, en supposant toujours $f(x) > o$.

Disons maintenant quelques mots du cas où $f(x)$ n'a pas un signe constant. Une première proposition, analogue à une proposition de la théorie des séries est la suivante :

*Pour que l'intégrale*

$$\int_a^\infty f(x)\,dx \tag{1}$$

*ait un sens, il suffit que l'intégrale*

$$\int_a^\infty |f(x)|\,dx \tag{2}$$

*en ait un.*

En effet, dire que l'intégrale (1) a un sens, c'est dire que l'intégrale $\int_a^b f(x)\,dx$ tend vers une limite quand $b$ augmente indéfiniment.

Il suffit* pour cela, qu'à tout nombre positif $\alpha$ on puisse faire correspondre un nombre positif $\beta$ tel que les inégalités

$$b_2 > b_1 > \beta, \tag{3}$$

* On s'appuie sur cette proposition : si une fonction $F(t)$ est telle qu'à tout nombre positif $\alpha$ corresponde $h$ tel que les inégalités

$$h_1 < h \quad h_2 < h$$

entraînent

$$|F(t_0 + h_1) - F(t_0 + h_2)| < \alpha,$$

la fonction $F(t)$ tend vers une limite quand $t$ tend vers $t_0$. Il suffit ici de prendre $t = \frac{1}{b}$ et $t_0 = o$. Cette proposition se démontre comme la proposition établie t. I, IX, 13.

entraînent

$$\left| \int_a^{b_2} f(x)\,dx - \int_a^{b_1} f(x)\,dx \right| < \alpha$$

c'est-à-dire

$$\left| \int_{b_1}^{b_2} f(x)\,dx \right| < \alpha \tag{4}$$

Or, on a évidemment

$$\left| \int_{b_1}^{b_2} f(x)\,dx \right| < \int_{b_1}^{b_2} | f(x) |\,dx. \tag{5}$$

L'intégrale (2) ayant un sens, à tout nombre $\alpha$ on peut faire correspondre un nombre $\beta$ tel que les inégalités (3) entraînent

$$\int_{b_1}^{b_2} | f(x) |\,dx < \alpha$$

alors *a fortiori*, à cause de (5), l'inégalité (4) sera vérifiée.

**10. Théorème.** — *L'intégrale* $\int_a^z f(x)\,dx$, *considérée comme fonction de* $z$, *est continue et a pour dérivée* $f(z)$.

Soit $f(x)$ une fonction continue dans l'intervalle de $a$ à $b$; soit $z_0$ un nombre compris entre $a$ et $b$ : l'intégrale

$$\int_a^{z_0} f(x)\,dx$$

a une valeur bien déterminée; si l'on suppose que $z$ varie entre $a$ et $b$, on peut donc regarder $\int_a^z f(x)\,dx$ comme une fonction de $z$ et poser :

$$\varphi(z) = \int_a^z f(x)\,dx.$$

Je dis que $\varphi(z)$ est une fonction continue dans l'intervalle de $a$ à $b$, et a pour dérivée $f(z)$.

En effet, $h$ désignant un nombre positif,

$$\varphi(z_0 + h) = \int_a^{z_0+h} f(x)\,dx,$$

donc

$$\varphi(z_0 + h) - \varphi(z_0) = \int_{z_0}^{z_0+h} f(x)\,dx.$$

Soit $\alpha$ un nombre positif déterminé; la fonction $f(x)$ étant continue, il existe un nombre $\beta$ tel que l'inégalité

$$h < \beta$$

entraîne les suivantes :

$$f(z_0) - \alpha < f(x) < f(z_0) + \alpha$$

pour toute valeur de $x$ comprise entre $z_0$ et $z_0 + h$, d'où il résulte (7) que l'intégrale

$$\int_{z_0}^{z_0+h} f(x)\,dx$$

est comprise entre

$$h[f(z_0) - \alpha] \text{ et } h[f(z_0) + \alpha].$$

et par suite, la fraction

$$\frac{\varphi(z_0 + h) - \varphi(z_0)}{h}$$

est comprise entre

$$f(z_0) - \alpha \text{ et } f(z_0) + \alpha,$$

d'où il résulte que si $h$ tend vers zéro par valeurs positives

$$\lim \frac{\varphi(z_0 + h) - \varphi(z_0)}{h} = f(z_0).$$

De même, de l'égalité

$$\varphi(z_0 - h) - \varphi(z_0) = -\int_{z_0-h}^{z_0} f(x)\,dx$$

on tire :

$$\lim \frac{\varphi(z_0) - h) - \varphi(z_0)}{-h} = f(z_0).$$

La proposition est donc démontrée.

En remarquant que

$$\int_z^b f(x)\,dx = -\int_b^z f(x)\,dx,$$

on voit que si l'on pose :

$$\psi(z) = \int_z^b f(x)\,dx,$$

on aura :

$$\psi'(z) = -f(z).$$

**11. Théorème.** — *S'il existe une fonction* F $(x)$ *ayant pour dérivée la fonction* $f(x)$ *continue dans l'intervalle* $(a, b)$, *on a :*

$$\int_a^b f(x)\,dx = F(b) - F(a).$$

En effet, pour éviter toute confusion, désignons par $z$ la variable indépendante; on a :

$$F'(z) = f(z).$$

Or, si l'on considère la fonction $\varphi(z)$ définie par l'équation

$$\varphi(z) = \int_a^z f(x)\,dx,$$

on a aussi

$$\varphi'(z) = f(z),$$

les deux fonctions $F(z)$ et $\varphi(z)$ ayant même dérivée, ne peuvent différer que par une constante; par suite, C désignant une constante,

$$\varphi(z) = F(z) + C.$$

Or,

$$\varphi(a) = 0;$$

d'où l'on tire :

$$C = -F(a),$$

et par suite

$$\varphi(z) = F(z) - F(a);$$

en particulier si $z = b$ :

$$\varphi(b) = F(b) - F(a);$$

c'est-à-dire

$$\int_a^b f(x)\,dx = F(b) - F(a).$$

**12. Fonctions primitives.** — *On nomme fonction primitive de la fonction $f(x)$, toute fonction $F(x)$ qui a pour dérivée $f(x)$.*

Il résulte de ce qui précède que l'intégrale

$$\int_a^x f(z)\,dz$$

que nous écrirons désormais ainsi :

$$\int_a^x f(x)\,dx$$

est une fonction de $x$ ayant pour dérivée $f(x)$. Toute fonction $F(x)$ ayant pour dérivée $f(x)$ vérifie donc l'équation

$$F(x) = \int_a^x f(x)\,dx + C.$$

La limite inférieure $a$ est un nombre quelconque; C désigne une constante arbitraire; si l'on remplace $a$ par un autre nombre $a'$, l'identité

$$\int_a^x f(x)\,dx - \int_{a'}^x f(x)\,dx = \int_a^{a'} f(x)\,dx$$

montre que cela revient à changer la constante C; pour cette raison, on écrit simplement

$$F(x) = \int f(x)\,dx + C,$$

et quelquefois même on représente par

$$\int f(x)\,dx$$

la fonction primitive de $f(x)$; mais il ne faut pas oublier que cette fonction primitive n'est déterminée qu'à une constante près.

**13. Exemples de fonctions primitives obtenues directement.** — Nous avons calculé les dérivées d'un certain nombre de fonctions; inversement les fonctions obtenues ont pour fonctions primitives les fonctions données.

Ainsi, on peut former le tableau suivant :

| *Fonctions.* | *Fonctions primitives.* | |
|---|---|---|
| $Ax^m$ | $\dfrac{Ax^{m+1}}{m+1} + C$ | $(m+1 \neq 0)$ |
| $\dfrac{1}{x}$ | $L.\,x + C$ | |
| $\sin x$ | $-\cos x + C$ | |
| $\cos x$ | $\sin x + C$ | |
| $\dfrac{1}{\cos^2 x}$ | $\operatorname{tg} x + C$ | |
| $\dfrac{1}{-\sin^2 x}$ | $\operatorname{cotg} x + C$ | |
| $\dfrac{1}{\sqrt{1-x^2}}$ | $\arcsin x + C$ | |
| $\dfrac{1}{-\sqrt{1-x^2}}$ | $\arccos x + C$ | |
| $\dfrac{1}{1+x^2}$ | $\operatorname{arctg} x + C$ | |
| $Ch\,x$ | $Sh\,x + C$ | |
| $Sh\,x$, | $Ch\,x + C$. | |

etc.....

Remarquons que la fonction primitive de $Ax^m$ n'est égale à $\frac{Ax^{m+1}}{m+1} + C$ que si $m$ est différent de $-1$.

Si l'on considère

$$\frac{x^{m+1} - a^{m+1}}{m+1}$$

comme une fonction de $m$, et si l'on fait tendre $m$ vers $-1$, d'après la règle de l'Hospital on aura la limite de cette fonction en cherchant celle du rapport des dérivées par rapport à $m$, c'est-à-dire en cherchant la limite de l'expression

$$\frac{x^{m+1}\,\mathrm{L}x - a^{m+1}\,\mathrm{L}a}{1};$$

or, si $m$ tend vers $-1$, $x^{m+1}$ et $a^{m+1}$ tendent vers $1$, et la limite est égale à

$$\mathrm{L}x - \mathrm{L}a$$

qui est la fonction primitive de $\frac{1}{x}$.

**14. Problème.** — *Trouver la fonction primitive de* $\frac{x}{x^2+a}$.

Si l'on pose

$$x^2 + a = u,$$

on a :

$$u'_x = 2x,$$

dont la fonction donnée est égale à

$$\frac{1}{2}\frac{u'_x}{u},$$

elle est par suite égale à la dérivée de $\frac{1}{2}\mathrm{L}u$, donc la fonction primitive demandée est

$$\frac{1}{2}\mathrm{L}(x^2 + a) + C.$$

On a donc :

$$\int_{x_0}^{x} \frac{x\,dx}{x^2 + a} = \frac{1}{2}\mathrm{L}\frac{x^2 + a}{x_0^2 + a}.$$

**15. Problème.** — *Trouver la fonction de* $\frac{1}{x^2+a^2}$.

Si l'on pose

$$y'_x = \frac{1}{x^2 + a^2},$$

on peut écrire :

$$y'_x = \frac{1}{a}\frac{\left(\frac{1}{a}\right)}{1 + \left(\frac{x}{a}\right)^2},$$

d'où l'on tire, en remarquant que $\frac{x}{a}$ a pour dérivée $\frac{1}{a}$,

$$y = \frac{1}{a} \operatorname{arc\,tg} \frac{x}{a} + C.$$

En particulier

$$\int_0^\alpha \frac{dx}{x^2 + a^2} = \frac{1}{a} \operatorname{arc\,tg} \frac{\alpha}{a},$$

$\operatorname{arctg} \frac{\alpha}{a}$ désignant un arc compris entre $-\frac{\pi}{2}$ et $+\frac{\pi}{2}$.

Si $\alpha$ augmente indéfiniment, le second membre a pour limite $\frac{\pi}{2a}$; on peut donc écrire :

$$\int_0^\infty \frac{dx}{x^2 + a^2} = \frac{\pi}{2a}.$$

**16. Problème.** — *Trouver la fonction primitive de* $\frac{Lx}{x}$.

Si l'on pose $y'_x = \frac{Lx}{x}$ et $Lx = u$,

on a $y'_x = uu'$;

donc $y = \frac{1}{2} u^2 + C$

d'où en supposant $\alpha$ et $\beta$ positifs

$$\int_\alpha^\beta \frac{Lx\,dx}{x} = \frac{1}{2} [(L\beta)^2 - (L\alpha)^2] = \frac{1}{2} L\,\beta.\,L\,\alpha\,\beta.$$

**17. Changement de variable.**

Pour calculer une intégrale définie on emploie souvent la méthode suivante. Soit à calculer

$$\int_{x_0}^{x_1} f(x)\,dx.$$

Posons $x = \theta(z)$; $f(x)$ devient une fonction de $z$, soit :

$$f(x) = \varphi(z)$$

et par suite

$$f(x)\,dx = \varphi(z).\,\theta'(z)\,dz.$$

Supposons que $z$ varie d'une manière continue de $z_0$ à $z_1$, quand $x$ varie d'une manière continue de $x_0$ à $x_1$, et soient :

$$U = \int_{x_0}^{x} f(x)\,dx, \qquad V = \int_{z_0}^{z} \varphi(z)\,\theta'(z)\,dz;$$

$x$ et $z$ désignant des valeurs correspondantes.

L'identité
$$\frac{dV}{dx} = \frac{dV}{dz} \cdot \frac{dz}{dx} = \frac{dV}{dz} \cdot \frac{1}{\theta'(z)}$$

donne
$$\frac{dV}{dx} = \varphi(z) = f(x)$$

donc
$$\frac{dV}{dx} = \frac{dU}{dx}$$

et par suite
$$V = U + C.$$

Or, quand $x = x_0$, $z$ prend la valeur $z_0$, donc U et V s'annulent simultanément; par suite $C = 0$; il en résulte que

$$\int_{x_0}^{x_1} f(x)\, dx = \int_{z_0}^{z_1} \varphi(z)\, \theta'(z)\, dz.$$

Voici un exemple très simple. Soit

$$U = \int f(ax)\, dx$$

$a$ étant une constante. On posera $ax = z$, de sorte que

$$U = \frac{1}{a}\int f(z)\, dz.$$

Ainsi :
$$\int \sin ax\, dx = -\frac{1}{a}\cos ax + C$$
$$\int \cos ax\, dx = \frac{1}{a}\sin ax + C.$$

**13. Problème.** — *Trouver la fonction primitive de* $\frac{1}{\sin x}$.

On a :

$$\frac{1}{\sin x} = \frac{1}{2\sin\frac{1}{2}x.\cos\frac{1}{2}x} = \frac{\frac{1}{2}\cdot\frac{1}{\cos^2\frac{1}{2}x}}{\operatorname{tg}\frac{1}{2}x}.$$

Si l'on pose
$$\operatorname{tg}\frac{1}{2}x = u,$$

on a donc
$$\frac{1}{\sin x} = \frac{u'}{u},$$

par suite
$$\int \frac{dx}{\sin x} = \text{L. tg}\,\frac{1}{2}x + C.$$

On en déduit

$$\int \frac{dx}{\cos x} = \frac{d\left(\frac{\pi}{2} + x\right)}{\sin\left(\frac{\pi}{2} + x\right)} = \text{L. tg}\left(\frac{\pi}{4} + \frac{x}{2}\right) + C.$$

**19. Problème.** — *Trouver la fonction primitive de* $\dfrac{1}{\sqrt{x^2+px+q}}$.

Si l'on pose

$$\sqrt{x^2+px+q} = z - x,$$

on en tire

$$z^2 - 2zx - px - q = 0;$$

par suite

$$2zdz - 2zdx - 2xdz - pdx = 0$$

d'où

$$\frac{dz}{z+\frac{p}{2}} = \frac{dx}{z-x} = \frac{dx}{\sqrt{x^2+px+q}}$$

donc

$$\int \frac{dx}{\sqrt{x^2+px+q}} = \int \frac{dz}{z+\frac{p}{2}} = \mathrm{L}.\left[z+\frac{p}{2}\right] + \mathrm{C};$$

et par suite

$$\int \frac{dx}{\sqrt{x^2+px+q}} = \mathrm{L}.\left(x+\frac{p}{2}+\sqrt{x^2+px+q}\right) + \mathrm{C}$$

$$\int_{x_0}^{x_1} \frac{dx}{\sqrt{x^2+px+q}} = \mathrm{L}.\frac{x_1+\frac{p}{2}+\sqrt{x_1^2+px_1+q}}{x_0+\frac{p}{2}+\sqrt{x_0^2+px_0+q}}$$

20. **Intégration par parties.** — Soient $u$ et $v$ deux fonctions de $x$. De la formule

$$d.uv = udv + vdu.$$

on tire

$$udv = d.uv - vdu.$$

On en conclut

$$\int udv = uv - \int vdu.$$

Cette formule constitue ce que l'on nomme l'*intégration par parties*.

**Application.** — Soit, par exemple, à trouver l'intégrale :

$$\int x^2 \,\mathrm{L}x\,.\,dx.$$

Si l'on pose

$$x^2\,dx = d\frac{x^3}{3} = du \text{ et } \mathrm{L}x = v,$$

on a :

$$\int x^2\,\mathrm{L}x\,.\,dx = \frac{x^3}{3}.\mathrm{L}\,x - \int \frac{x^3}{3}.d\,.\,\mathrm{L}x$$

$$= \frac{1}{3}x^3\,\mathrm{L}\,x - \frac{1}{3}\int x^2\,dx$$

$$= \frac{1}{3}x^3\,\mathrm{L}\,x - \frac{x^3}{9} + \mathrm{C} = \frac{1}{3}x^3\left(\mathrm{L}\,x - \frac{1}{3}\right) + \mathrm{C}.$$

**21. Application de la théorie précédente à la détermination des aires planes.** — Soit CD un arc de courbe plane dont l'équation, rapportée à deux axes rectilignes $x'x$, $y'y$ faisant un angle $\theta$, est : $y=f(x)$, et soient $a$, $b$ les abscisses des extrémités C, D de cet arc. Menons par les points C, D des parallèles à l'axe des $y$, qui rencontrent en A et B l'axe des $x$. Partageons AB en un nombre quelconque de parties, et soit PQ l'une de ces parties, PM, QN étant les ordonnées correspondantes. Si l'on mène MR parallèle à $x'x$, l'aire du parallélogramme MPQR a pour mesure :

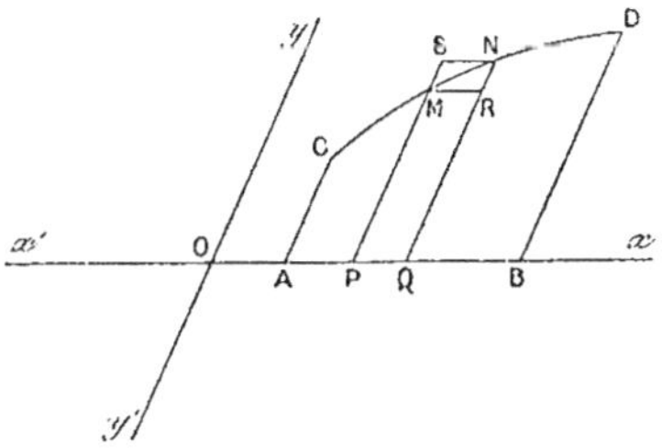

$$\text{PM} \,.\, \text{PQ} \,.\, \sin \theta.$$

La somme de tous ces parallélogrammes, égale à $\sin \theta \, \Sigma \text{PM} \,.\, \text{PQ}$, a pour limite l'intégrale :

$$\sin \theta \int_a^b f(x) \, dx,$$

quand le nombre des parties telles que PQ augmente indéfiniment, chacune de ces parties tendant vers zéro. La somme des parallélogrammes tels que SNPQ a la même limite; cette limite est, *par définition*, l'aire comprise entre l'arc CD, l'axe des $x$ et les droites AC, BD menées parallèlement à l'axe des $y$ par les extrémités de l'arc.

On peut remplacer les parallélogrammes tels que MRPQ, par exemple, par d'autres ayant même base PQ et pour hauteur la distance à l'axe des $x$ d'un point quelconque de l'arc MN.

Si l'on suppose le point A fixe et le point B variable, l'aire que nous venons de considérer est une fonction de l'abscisse du point D; la dérivée de l'intégrale :

$$\int_a^x f(x) \, dx,$$

par rapport à $x$ étant égale à $y$, si l'on désigne par A l'aire considérée, on a :

$$\frac{d\text{A}}{dx} = y \sin \theta$$

et si les axes sont rectangulaires

$$\frac{d\text{A}}{dx} = y$$

Nous arrivons ainsi au résultat dont il a été question au n° 1.

**Remarque.** — On a supposé la fonction $f(x)$ positive pour toutes les valeurs de $x$ comprises entre $a$ et $b$. S'il en était autrement, on verrait facilement que l'intégrale $\int_a^b f(x)\, dx$ représenterait la somme des aires situées dans la région des $y$ positives diminuée de la somme des aires situées dans la région des $y$ négatives.

**23. Exemples.** — *Aire d'un segment de cercle.* — Si l'on désigne par $x$ et $y$ les coordonnées d'un point d'un cercle de rayon R rapporté à deux diamètres rectangulaires, on a

$$x^2 + y^2 = R^2;$$

par suite l'aire du segment compris entre la corde MM' parallèle au diamètre $oy$, et l'arc MAM' est égale à

$$2\int_a^R \sqrt{R^2 - x^2}\, dx$$

en désignant par $x$ l'abscisse du milieu de la corde MM'.

Pour calculer l'intégrale précédente, prenons comme inconnue l'angle $\varphi$ déterminé par la formule

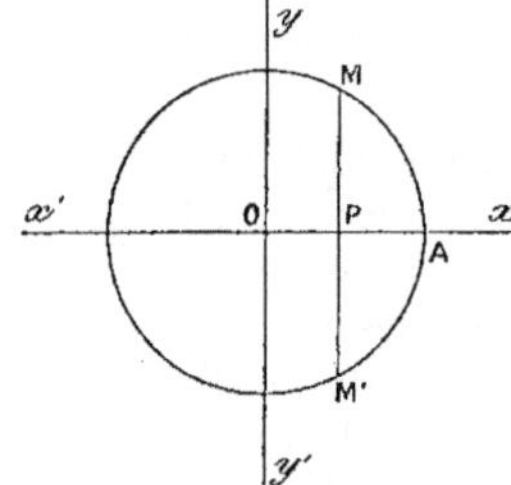


$$x = \cos \varphi;$$

si l'on pose

$$a = R \cos \alpha,$$

en remarquant que

$$dx = - R \sin \varphi\, d\varphi,$$

et que si $x = R$, on a : $\varphi = 0$;

on aura en désignant par A l'aire cherchée :

$$A = 2R^2 \int_0^\alpha \sin^2 \varphi\, d\varphi,$$

c'est-à-dire

$$A = R^2 \int_0^\alpha (1 - \cos 2\varphi)\, d\varphi = R^2 \left(\alpha - \frac{1}{2} \sin 2\alpha\right).$$

On retrouve ainsi la formule donnée en géométrie élémentaire, car l'arc MM' a pour mesure $2R\alpha$; si l'on désigne la longueur de cet arc par $l$ on peut écrire

$$A = \frac{1}{2} R(l - R \sin \omega),$$

$\omega$ désignant l'angle MOM'.

22. *Aire d'un segment d'ellipse.* — Soit

$$\frac{x^2}{a'^2} + \frac{y^2}{b'^2} = 1$$

L'équation d'une ellipse rapportée à deux diamètres conjugués faisant un angle $\theta$

L'aire du segment compris entre une parallèle à l'axe des $y$ ayant pour abscisse $x_0$ et l'arc d'ellipse passant par le point d'abcisse $a'$ a pour expression

$$A = 2\frac{b'\sin\theta}{a'}\int_{x_0}^{a'}\sqrt{a'^2 - x^2}\,dx.$$

Si l'on pose $x = a'\cos\varphi$, $x_0 = a'\cos\alpha$, en remarquant que $x = a'$ quand $\varphi = 0$, on trouve immédiatement :

$$A = 2a'b'\sin\theta\int_0^{\alpha}\sin^2\varphi\,d\varphi$$

ou, en désignant par $2a$ et $2b$ les axes de l'ellipse :

$$A = ab\left(\alpha - \frac{1}{2}\sin 2\alpha\right).$$

On aura l'aire de l'ellipse en calculant la valeur de A quand $\alpha = \frac{\pi}{2}$ et en doublant le résultat, ce qui donne :

$$E = \pi ab.$$

On peut remarquer que l'angle $\alpha$ est déterminé quand $\frac{x}{a'}$ est connu ; on en conclut aisément ce théorème :

*Étant données deux ellipses homothétiques et concentriques E, E', l'ellipse E étant intérieure à l'ellipse E' ; toute corde de l'ellipse E' tangente à l'ellipse E détermine dans l'ellipse E' un segment d'aire constante, c'est-à-dire indépendante de la position de la corde.*

**24.** *Aire d'un segment d'hyperbole.* — Soit

$$\frac{x^2}{a'^2} - \frac{y^2}{b'^2} = 1,$$

l'équation d'une hyperbole rapportée à deux diamètres conjugués faisant un angle $\theta$.

Si l'on désigne par A l'aire du segment compris entre un arc de l'hyperbole donnée et une corde ayant pour abscisse $x^0$, on a

$$A = \frac{2b'\sin\theta}{a'}\int_{a'}^{x_0}\sqrt{x^2 - a'^2}\,dx.$$

Pour évaluer cette intégrale, posons

$$x = a'\,\text{Ch.}\,\varphi,$$

ce qui donne :

$$dx = a'\,\text{Sh.}\,\varphi\,d\varphi$$

Désignons par $\alpha$ la valeur de $\varphi$ correspondant à $x = x_0$ et remarquons qu'on doit prendre $\varphi = 0$ quand $x = a'$, de sorte que

$$A = 2ab\int_0^{\alpha}\text{Sh}^2\varphi.\,d\varphi,$$

$2a$ et $2b$ désignant les axes de l'hyperbole.

Or

$$2\,\text{Sh}^2\varphi = \text{Ch}\,2\varphi - 1$$

donc

$$A = -ab\int_0 (1 - \mathrm{Ch}\, 2\varphi)\, d\varphi$$

ou

$$A = -ab\left(\alpha - \frac{1}{2}\,\mathrm{Sh}\, 2\alpha\right)$$

Le résultat est de même forme pour l'ellipse, seulement le sinus hyperbolique remplace le sinus circulaire, et le signe est changé.

On en conclut que si l'on *considère deux hyperboles homothétiques et concentriques les cordes de l'une tangentes à l'autre déterminent des segments d'aire constante.*

On a d'ailleurs :

$$\alpha = \mathrm{L}\,\frac{x_0 + \sqrt{x_0^2 - a'^2}}{a'}$$

et

$$ab.\,\mathrm{Sh}.\, 2\alpha = 2x_0\, y_0.\, \sin\theta,$$

de sorte que

$$A = -ab\,\mathrm{L}\,\frac{x_0 + \sqrt{x_0^2 - a'^2}}{a'} + x_0\, y_0 \sin\theta.$$

On en conclut que l'aire A′ du segment limité par un arc d'hyperbole et les rayons menés du centre aux extrémités de cet arc (la corde étant supposée parallèle à un diamètre imaginaire pris pour axe des $y$, le diamètre conjugué étant l'axe des $x$) a pour expression

$$ab\,\mathrm{L}\,\frac{x_0 + \sqrt{x_0^2 - a'^2}}{a'}.$$

**25.** *Aire du segment limité par un arc d'hyperbole, une asymptote et les parallèles menées par les extrémités de l'arc à l'autre asymptote.*

En désignant par $x$ et $y$ les coordonnées asymptotiques et par $\theta$ l'angle des asymptotes, l'aire demandée a pour mesure

$$A = \sin\theta \int_{x_0}^{x_1} y\,dx = \frac{c^2 \sin\theta}{4}\int_{x_0}^{x_1} \frac{dx}{x}$$

l'équation de l'hyperbole étant

$$xy = \frac{c^2}{4}.$$

Donc

$$A = \frac{c^2 \sin\theta}{4}\left[\mathrm{L}.\, x_1 - \mathrm{L}.\, x_0\right]$$

Si $x_0$ étant constant $x_1$ augmente indéfiniment, A augmente indéfiniment.

L'aire comprise entre un arc d'hyperbole et l'une de ses asymptotes est infinie.

*Cas particulier*. Si l'hyperbole est équilatère et si l'on suppose en outre $c = 2$ et $x_0 = 1$, en remplaçant $x_1$ par $x$, on obtient :

$$A = \mathrm{L}.\, x.$$

Cette formule explique pourquoi les logarithmes népériens sont aussi appelés *logarithmes hyperboliques*.

**26.** *Aire d'un segment parabolique.* — Soit

$$x^2 = 2py$$

l'équation d'une parabole rapportée à un diamètre et à la tangente à l'extrémité de ce diamètre, $\theta$ étant l'angle de ces deux droites. L'aire d'un segment limité par la tangente considérée, un arc de la parabole partant du point de contact et une ordonnée, a pour expression

$$A = \sin\theta \int_0^x \frac{x^2\,dx}{2p} = \frac{x^3 \sin\theta}{6p} = \frac{xy\sin\theta}{3};$$

on en conclut aisément que le segment de parabole compris entre une corde, la tangente parallèle et les droites menées parallèlement à l'axe par les extrémités de la corde, est les $\frac{2}{3}$ du parallélogramme formé par ces deux parallèles, la corde et la tangente.

## ÉVALUATION DE CERTAINS VOLUMES

**27.** Considérons un solide limité par une surface donnée S et par deux plans parallèles, A, B. Si l'on connaît l'aire de la section faite dans la surface par un plan quelconque parallèle aux plans A, B, on peut exprimer le volume de ce solide à l'aide d'une intégrale définie.

Considérons un axe X'X que nous supposerons, pour plus de simplicité, perpendiculaire au plan A et prenons un point O, sur cet axe, comme origine. Menons un plan sécant P, à une distance $x$ de l'origine et un second plan P' à la distance $x + dx$, et soit $f(x)$ l'aire de la section faite dans la surface S par le plan P. Le produit $f(x)\,dx$ mesure le volume d'un cylindre ayant pour base la section faite par le plan P et pour hauteur $dx$. Nous regarderons le volume du solide comme étant la limite de la somme de ces cylindres élémentaires, de sorte que ce volume sera donné par la formule :

$$V = \int_a^b f(x)\,dx,$$

$a$ et $b$ étant les distances des plans A et B au point O.

En particulier, si le solide est engendré par la révolution d'une courbe autour de X'X, en désignant par $y$ l'ordonnée d'un point de cette courbe, on aura :

$$f(x) = \pi y^2$$

et par suite

$$V = \pi \int_a^b y^2\,dx.$$

**28. Exemples.** — *Déterminer le volume compris entre la surface d'une sphère et deux plans parallèles qui coupent cette sphère.*

Soient $a$ et $b$ les distances de ces deux plans au centre de la sphère. Si l'on désigne par V le volume compris entre la sphère, le plan situé à une distance $a$ et le plan parallèle situé à une distance $x$ du centre, ces distances étant comptées avec le signe + ou le signe —, suivant que ces plans sont d'un côté du centre ou de l'autre côté, on voit facilement que

$$V = \pi \int_a^x (R^2 - x^2)\,dx,$$

et par suite le volume compris entre les deux plans donnés a pour mesure

$$V = \pi R^2 (b - a) - \frac{1}{3} \pi (b^3 - a^3).$$

Si l'on désigne par $\rho$ le rayon de la section faite dans la sphère par le plan équidistant des deux plans donnés, on a

$$\rho^2 = R^2 - \left(\frac{a+b}{2}\right)^2.$$

Or si l'on pose

$$b - a = h,$$

on a

$$V = \pi h \left[ R^2 - \frac{1}{3}(a^2 + ab + b^2) \right].$$

Les identités

$$(a+b)^2 + (a-b)^2 = 2a^2 + 2b^2$$
$$(a+b)^2 - (a-b)^2 = 4ab;$$

donnent

$$a^2 + b^2 + ab = \frac{3}{4}(a+b)^2 + \frac{1}{4}(a-b)^2 = 3(R^2 - \rho^2) + \frac{h^2}{4};$$

par suite

$$V = \pi h \left(\rho^2 - \frac{1}{12} h^2\right).$$

Cette formule est due à Mac-Laurin; elle est un cas particulier d'une formule de Sarrus (voir Bulletin de Mathématiques spéciales, déc. 1896).

**29.** *Volume de l'ellipsoïde.* — Soit

$$\frac{x^2}{a^2} + \frac{y^2}{b^2} + \frac{z^2}{c^2} = 1$$

l'équation d'un ellipsoïde.

En désignant le volume demandé par V, on a, d'après ce qui précède :

$$V = 2 \int_0^a \pi \beta\gamma \, dx,$$

$\beta$, $\gamma$ étant les demi-axes de la section faite dans l'ellipsoïde par un plan perpendiculaire à l'axe des $x$, à la distance $x$ de l'origine.

Or on voit immédiatement que

$$\beta\gamma = bc\left(1 - \frac{x^2}{a^2}\right),$$

de sorte que

$$V = 2\pi bc \int_0^a \left((1 - \frac{x^3}{a^2}\right) dx = \frac{4}{3}\pi abc.$$

## APPLICATION DU CALCUL INTÉGRAL AU DÉVELOPPEMENT DES FONCTIONS EN SÉRIES ORDONNÉES SUIVANT LES PUISSANCES CROISSANTES DE LA VARIABLE

**30.** 1° Soit

$$y = \operatorname{arctg} x$$

on a :

$$\frac{dy}{dx} = \frac{1}{1+x^2}.$$

En divisant 1 par $1+x^2$ et ordonnant suivant les puissances croissantes, on trouve

$$\frac{1}{1+x^2}=1-x^2+x^4-\ldots..+(-1)^n.\,x^{2n}-(-1)^n\frac{x^{2n+2}}{1+x^2}.$$

Multiplions les deux membres de cette identité par $dx$ et intégrons de $o$ à $z$, $z$ étant supposé positif. Cela donne :

$$\int_o^z\frac{dx}{1+x^2}=\frac{z}{1}-\frac{z^3}{3}+\frac{z^5}{5}-\ldots..+(-1)^n\frac{z^{2n+1}}{2n+1}-(-1)^n\int_o^z\frac{x^{2n+2}}{1+x^2}dx.$$

La série ayant pour terme général $(-1)^n\frac{z^{2n+1}}{2n+1}$ ne peut être convergente que si $z$ est au plus égal à 1. Supposons $z\leqslant 1$.

On a évidemment,

$$\int_o^z\frac{x^{2n+2}}{1+x^2}dx<\int_o^z x^{2n+2}.\,dx.$$

puisque en remplaçant $\frac{1}{1+x^2}$ par 1 on augmente tous les éléments de la somme dont la limite représente l'intégrale considérée. Or :

$$\int_o^z x^{2n+2}\,dx=\frac{z^{2n+3}}{2n+3}.$$

La fraction $\frac{z^{2n+3}}{2n+3}$ au plus égale à $\frac{1}{2n+3}$ a pour limite zéro quand $n$ augmente indéfiniment; donc, en supposant $o<z\leqslant 1$.

$$\text{arctg}\,z=\frac{z}{1}-\frac{z^3}{3}+\frac{z^5}{5}-\ldots..+(-1)^n\frac{z^{2n+1}}{2n+1}+\ldots\ldots \qquad (1)$$

Il est clair que la formule subsiste quand $z$ prend des valeurs négatives au plus égales à 1 en valeur absolue.

2° Soit en second lieu :

$$y=\text{L}.\,(1+x)$$

d'où

$$\frac{dy}{dx}=\frac{1}{1+x}.$$

Multiplions par $dx$ les deux membres de l'identité

$$\frac{1}{1+x}=1-x+x^2-x^3+\ldots.+(-1)^n x^n-(-1)^n\frac{x^{n+1}}{1+x}$$

et intégrons de $o$ à $z$, $z$ étant positif. Nous obtenons ainsi :

$$\text{L}.\,(1+x)=\int_o^z\frac{dx}{1+x}=\frac{z}{1}-\frac{z^2}{2}+\frac{z^3}{3}-\ldots+(-1)^n\frac{z^{n+1}}{n+1}-(-1)^n\int_o^z\frac{x^{n+1}dx}{1+x}.$$

La série ayant pour terme général

$$(-1)^n\frac{z^{n+1}}{n+1}$$

est convergente tant que l'on a $z\leqslant 1$.

Or, en supposant

$$o<x\leqslant 1,$$

on a :

$$\int_0^z \frac{x^{n+1}\,dx}{1+x} < \frac{z^{n+2}}{n+2},$$

et par suite l'intégrale précédente a pour limite zéro quand $n$ augmente indéfiniment, de sorte que, dans l'hypothèse

$$o < z \leqslant 1,$$

on peut écrire la formule :

$$\text{L.}\,(1+z) = \frac{z}{1} - \frac{z^2}{2} + \frac{z^3}{3} - \frac{z^4}{4} + \ldots\ldots + (-1)^n \frac{z^{n+1}}{n+1} + \ldots \qquad (2)$$

Si l'on considère la fonction

$$y = \text{L}\,(1-x)$$

on a :

$$\frac{dy}{dx} = -\frac{1}{1-x}$$

et par suite, $z$ désignant un nombre positif

$$\text{L.}\,(1-z) = -\frac{z}{1} - \frac{z}{2} - \ldots\ldots - \frac{z^{n+1}}{n+1} - \int_0^z \frac{x^{n+1}}{1-x}.$$

La série ayant pour terme général $\frac{z^{n+1}}{n+1}$ ne peut être convergente que si l'on suppose $z < 1$ : en supposant $x \leqslant z$ on a

$$\frac{1}{1-x} \leqslant \frac{1}{1-z}$$

et par suite

$$\int_0^z \frac{x^{n+1}\,dx}{1-x} < \frac{1}{1-z} \cdot \frac{z^{n+2}}{n+2};$$

donc cette intégrale a pour limite zéro quand $n$ augmente indéfiniment, et l'on peut écrire, en supposant $z < 1$ :

$$\text{L.}\,(1-z) = -\frac{z}{1} - \frac{z^2}{2} - \frac{z^3}{3} - \ldots\ldots - \frac{z^{n+1}}{n+1} - \ldots\ldots - \qquad (3)$$

Les formules (1), (2), (3) sont celles que nous avions obtenues d'une autre manière.

**31. Remarque.** — Nous terminerons ce qui concerne les intégrales définies par la remarque suivante :

Soient $a_1$, $a_2$, ..... $a_n$, $n$ nombres rangés par ordre de grandeur croissante, et soit $y$ une fonction définie de la manière suivante :

dans l'intervalle $(a_1, a_2)$, $y = f_1(x)$
dans l'intervalle $(a_2, a_3)$, $y = f_2(x)$

et ainsi de suite; finalement :

dans l'intervalle $(a_{n-1}, a_n)$, $y = f_{n-1}(x)$.

La fonction $y$ est donc *discontinue*; néanmoins l'intégrale

$$u = \int_{a_1}^{x} y\,dx$$

est une fonction bien déterminée et continue.

En supposant $x$ compris entre $a_p$ et $a_{p+1}$, on a :

$$\frac{du}{dx} = f_p(x).$$

La dérivée de la fonction $u$ est donc bien déterminée, excepté toutefois pour les valeurs $a_2, a_3, \ldots a_{n-1}$ de $x$.

En effet, pour $x = a_p$, par exemple, on a :

$$\lim \frac{\Delta u}{\Delta x} = f_p(a_p)$$

ou bien

$$\lim \frac{\Delta u}{\Delta x} = f_{p-1}(a_p)$$

suivant que $\Delta x$ tend vers zéro par valeurs positives ou par valeurs négatives. On a ainsi un exemple simple de fonction continue ayant, pour certaines valeurs de la variable, ce que l'on a appelé une dérivée *à droite* et une dérivée *à gauche*.

## EXERCICES

**1.** Calculer les intégrales

$$\int_0^{2\pi} \sin^2 x \, dx, \int_0^{2\pi} \cos^2 x \, dx.$$

— On trouve la même valeur : $\pi$. Expliquer ce résultat.

**2.** Calculer les intégrales

$$\int_0^x e^{ax}.\cos x \, dx, \qquad \int_0^x e^{ax} \sin x.\, dx.$$

— Intégrer par parties. Vérifier les résultats obtenus en procédant de cette manière : En désignant les intégrales cherchées par P et Q, on a

$$P + Qi = \int_0^x e^{(a+i)x} dx = \frac{1}{a+i} e^{(a+i)x} = \frac{a-i}{1+a^2} e^{ax} (\cos x + i \sin x).$$

**3.** Calculer les intégrales

$$\int_0^{2\pi} \cos^4 x \, dx, \int_0^{2\pi} \cos^3 x.\sin x.\, dx, \int_0^{2\pi} \cos^2 x.\sin^2 x.\, dx, \int_0^{2\pi} \cos x.\sin^3 x.\, dx.$$

**4.** Calculer

$$\int_0^x \frac{dx}{(1+x^2)^m}.$$

— On pose $x = \operatorname{tg} \varphi$.

**5.** On pose

$$\Theta = u\, v^{(n)} - u\, v^{(n-1)} + v'\, v^{(n-2)} - \ldots + (-1)^n u^{(n)}.v$$

$u$ et $v$ étant des fonctions de $x$ ; démontrer que

$$\int u\, v^{(n+1)}.\, dx = \Theta - (-1)^n \int v\, u^{(n+1)}.\, dx$$

**6.** Appliquer la formule précédente au calcul de l'intégrale

$$\int e^{ax} F(x)\, dx,$$

$F(x)$ désignant un polynome entier en $x$ de degré $n$.

(HERMITE.)

**7.** Calculer

$$\int F\left(x, e^{ax}, e^{bx}, \dots e^{kx}\right) dx,$$

F désignant une fonction entière par rapport à $x$ et aux exponentielles.
En déduire les intégrales

$$\int e^{\alpha x} \cos \beta x\, dx, \quad \int e^{\alpha x} \sin \beta x\, dx, \quad \int \cos ax\, F(x)\, dx, \quad \int \sin ax\, F(x)\, dx$$

$$\int F(x, \log x)\, dx, \quad \int F(x, \arcsin x)\, dx, \quad \int F(x, \arccos x)\, dx,$$

la lettre F désignant toujours une fonction entière.

(HERMITE.)

**8.** Calculer

$$\int \frac{x^{n-1}\, dx}{\sqrt{R}} \quad \text{et} \quad \int \frac{dx}{x\left(nx - (n+1)\right)\sqrt{R}}$$

en supposant

$$R = nx^{n-1} + (n-1)\, x^{n-2} + (n-2)\, x^{n-3} + \dots + 2x + 1.$$

(RÉALIS.)

**9.** Calculer

$$\int \frac{dx\sqrt{1+x^4}}{1-x^4}.$$

— On posera

$$x = \frac{\sqrt{1+t^2} + \sqrt{1-t^2}}{t\sqrt{2}}$$

(EULER.)

**10.** On considère un cône de révolution rempli d'une matière disposée en couches planes homogènes, dont les plans sont perpendiculaires à l'axe du cône. Calculer le poids du cône, en supposant que la densité soit proportionnelle à la distance de chaque couche au sommet.

**11.** Appliquer le calcul intégral à la détermination de la limite de

$$\frac{1}{n+1} + \frac{1}{n+2} + \dots + \frac{1}{2n}$$

quand $n$ augmente indéfiniment.

— On écrit ainsi l'expression précédente :

$$\frac{\frac{1}{n}}{1+\frac{1}{n}} + \frac{\frac{1}{n}}{1+\frac{2}{n}} + \dots + \frac{\frac{1}{n}}{1+\frac{n}{n}}.$$

L'intégrale $\int_0^1 \frac{dx}{1+x}$ peut être considérée comme la limite de la somme précédente, en prenant $dx = \frac{1}{n}$. Donc la limite cherchée est L 2.

**12.** Trouver la limite de l'expression

$$\frac{1}{2n+1} + \frac{1}{2n+3} + \ldots\ldots + \frac{1}{4n+1}$$

quand $n$ augmente indéfiniment.

— On écrit :

$$\frac{1}{2}\left[\frac{\frac{2}{n}}{2+\frac{1}{n}} + \frac{\frac{2}{n}}{2+\frac{3}{n}} + \ldots\ldots + \frac{\frac{2}{n}}{2+\frac{2n-1}{n}}\right]$$

Si l'on considère l'intégrale $\int_1^3 \frac{dx}{1+x}$, on peut, en posant $dx = \frac{2}{n}$, prendre pour éléments de la somme les valeurs de $\frac{dx}{1+x}$ qui correspondent au milieu de chaque intervalle, ce qui donne, en remplaçant $x$ par $1+\frac{1}{n}$, $1+\frac{3}{n}, \ldots 1+\frac{2n-1}{n}$, précisément la somme entre parenthèses. La limite cherchée est donc $\frac{1}{2}$ L 2.

**13.** Soit $f(x)$ une fonction positive et décroissante pour toutes les valeurs de $x$ supérieures à l'unité. Prouver que la série

$$f(1) + f(2) + \ldots\ldots + f(n) + \ldots.$$

est convergente ou divergente suivant que l'aire comprise entre l'axe des $x$, la parallèle à l'axe des $y$ ayant pour abscisse l'unité, et la courbe ayant pour équation $y = f(x)$, est finie ou infinie ; ce qui revient à dire que la série est convergente ou divergente suivant que l'intégrale

$$\int_1^{\infty} f(x)\,dx$$

est finie ou infinie.

— Il suffit de remarquer que l'aire considérée, limitée aux parallèles à l'axe des $y$ ayant pour abscisses 1 et $n$, est comprise entre les sommes

$$f(2) + \ldots\ldots + f(n)$$

et

$$f(1) + f(2) + \ldots\ldots + f(n-1).$$

Remarquons que si l'aire est finie, $f(n)$ a pour limite zéro quand $n$ augmente indéfiniment.

Cette règle est due à **Cauchy**.

**14.** Les séries ayant pour terme général

$$u_n = \frac{1}{n(\mathrm{L}n)^{1+k}},$$

$$v_n = \frac{1}{n(\mathrm{L}n)\left[\mathrm{L}.\mathrm{L}n\right]^{1+k}}$$

etc.

sont convergentes si $k$ est positif et divergentes si $k$ est nul ou négatif.

(J. BERTRAND.)

— Appliquer le théorème du n° précédent.

**15.** Pour que la fonction $f(x)$, supposée limitée, soit intégrable de $a$ à $b$, il est nécessaire et suffisant que si l'on partage l'intervalle $b - a$ en un nombre quelconque $n$ de parties, la somme des intervalles pour lesquels l'oscillation de la fonction est supérieure à un nombre positif donné $\alpha$, aussi petit qu'on veut, tende vers zéro quand $n$ augmente indéfiniment.

(Riemann; voir G. Darboux, Mémoire sur les fonctions discontinues).

**16.** Étant donnée une série dont le terme général est une fonction intégrable, si cette série est *uniformément convergente*, la série formée par les intégrales des termes de la série proposée est convergente et représente l'intégrale de la série.

**17.** Dans les mêmes conditions, si la série des dérivées des termes de la série proposée est convergente, elle représente la dérivée de la série.

**18.** *Longueur d'un arc de courbe.* Considérons un arc AB de courbe plane ou gauche et inscrivons une brisée $AM_1M_2 \ldots\ldots M_nB$ dans cet arc; si chaque côté de la brisée tend vers zéro suivant une loi quelconque, le périmètre de cette brisée a une limite déterminée qu'on nomme la longueur de l'arc AB.

— En effet, rapportons la courbe, supposée plane, à deux axes rectangulaires; un côté de la brisée aura pour longueur

$$\sqrt{\Delta x^2 + \Delta y^2} = \Delta x \sqrt{1 + \left(\frac{\Delta y}{\Delta x}\right)^2},$$

ou

$$dx\,[\sqrt{1 + y'^2} + \alpha],$$

$y'$ étant la dérivée de $y$, et $\alpha$ un infiniment petit. La somme $\sum dx$ est égale à projection de l'arc AB sur l'arc des $x$; on peut supposer $dx > o$, alors

$$\lim \sum \alpha dx = o$$

$$\lim \sum \sqrt{1 + y'^2}\, dx = \int_a^b \sqrt{1 + y'^2}.\, dx.$$

Si la courbe est gauche, on verra de même en supposant toujours les axes rectangulaires, que le périmètre de la brisée a pour limite l'intégrale

$$\int_a^b \sqrt{1 + y'^2 + z'^2}.\, dx.$$

Si l'on nomme $s$ l'arc de courbe compté à partir d'un point quelconque de la courbe, on a, si la courbe est plane,

$$ds^2 = dx^2 + dy^2,$$

et, dans le cas d'une courbe gauche,

$$ds^2 = dx^2 + dy^2 + dz^2.$$

Montrer que si l'on pose $x = \rho \cos \omega$, $y = \rho \sin \omega$, on a, pour une courbe plane

$$ds^2 = d\rho^2 + \rho^2.d\omega^2.$$

Dans le cas d'une courbe gauche, en posant

$$x = \rho \sin \theta \cos \varphi, \quad y = \rho \sin \theta \sin \varphi, \quad z = \rho \cos \theta,$$

vérifier la formule

$$ds^2 = d\rho^2 + \rho^2\, d\theta^2 + \rho^2 \sin^2 \theta.\, d\varphi^2.$$

**19.** Étant donnée une courbe plane, en appelant $\alpha$ l'angle de la tangente en un point M ayant pour coordonnées $x$, $y$, avec l'axe des $x$, et $s$ l'arc de la courbe compté à partir d'un point quelconque, on appelle rayon de courbure au point M la ligne définie par l'équation

$$R = \frac{ds}{d\alpha}.$$

En supposant les axes rectangulaires, démontrer la formule

$$R = \frac{(1 + y'^2)^{\frac{3}{2}}}{y''}.$$

En supposant

$$y^2 = 2px + qx^2,$$

vérifier la formule

$$R = \frac{N^3}{p^2},$$

N étant la longueur de la normale.

**20.** Vérifier que, pour une courbe plane, le rayon de courbure en chaque point est égal à la distance de ce point au point de contact de la normale avec la développée.

**21.** Trouver une fonction de $x$ vérifiant l'équation

$$y'' = a^2 y.$$

— On multiplie par $2y'$ les deux membres, ce qui donne

$$2y' y'' = 2a^2 yy',$$

d'où

$$y'^2 = a^2 y^2 + b,$$

$b$ étant constante, puis

$$\frac{y'}{\sqrt{y^2 + \frac{b}{a^2}}} = a,$$

d'où

$$L\left(y + \sqrt{y^2 + \frac{b}{a^2}}\right) = ax + c$$

et

$$y + \sqrt{y^2 + \frac{b}{a^2}} = e^{ax+c};$$

on en conclut

$$y - \sqrt{y^2 + \frac{b}{a^2}} = \frac{b}{a^2} e^{-ax-c}$$

et par suite

$$y = \frac{1}{2} e^{ax+c} + \frac{1}{2}\frac{b}{a^2} e^{-ax-c}.$$

La solution est de la forme :

$$y = A e^{ax} + Be^{-ax}$$

A et B étant deux constantes.

**22.** Trouver une fonction de $x$ vérifiant l'équation

$$y'' = -a^2 y.$$

— On procédera d'une manière analogue et l'on obtiendra :

$$y = A\cos x + B\sin x,$$

A et B étant deux constantes. Déduire ce cas du précédent en employant des constantes imaginaires.

**23.** Résoudre les deux questions précédentes en se servant de la formule de Mac-Laurin. D'une manière plus générale, trouver $y$ vérifiant l'équation $y^{(n)} = ay$.

**24.** Montrer que la fonction $y$ vérifiant l'équation

$$\frac{y}{x} = y' + y''$$

est de la forme $y = Cx\int \frac{e^{-x}}{x^2}\,dx$.

L'intégrale précédente se ramène à celle-ci : $\int \frac{dz}{Lz}$ qu'on nomme : logarithme intégral.

— On pourra poser $y = tx$ ou encore prendre pour variable $xy' - y$.

# CHAPITRE VII

## FONCTIONS DE PLUSIEURS VARIABLES INDÉPENDANTES

**1. Théorème.** — *Le résultat du calcul de plusieurs dérivées successives d'une fonction par rapport aux variables dont elle dépend est toujours le même, quel que soit l'ordre suivi.*

Considérons d'abord une fonction rationnelle et entière d'un nombre quelconque de variables, par exemple, de trois variables $x$, $y$, $z$; cette fonction est la somme d'un nombre déterminé de termes tels que :

$$u = A\,x^\alpha y^\beta z^\gamma.$$

Si l'on calcule la dérivée de $u$ par rapport à $x$, on obtient

$$u'_x = \alpha A\,x^{\alpha-1} y^\beta z^\gamma.$$

Si l'on calcule la dérivée de $u'_x$ par rapport à $y$, on obtient

$$u''_{xy} = \alpha\beta A\,x^{\alpha-1} y^{\beta-1} z^\gamma.$$

De même la dérivée de $u''_{xy}$ par rapport à $z$, que nous représenterons par $u'''_{xyz}$ sera donnée par la formule

$$u'''_{xyz} = \alpha\beta\gamma\, A x^{\alpha-1} y^{\beta-1} z^{\gamma-1}.$$

Il est évident que l'on aurait obtenu le même résultat si l'on avait interverti l'ordre dans lequel on a calculé ces dérivées; en d'autres termes, si l'on représente par $u'''_{yzx}$, $u'''_{zxy}$ ..... les résultats obtenus en calculant la dérivée de $u$ successivement par rapport aux trois variables dans l'ordre indiqué par les indices, on a

$$u'''_{xyz} = u'''_{yzx} = u'''_{zxy} = \ldots..$$

Plus généralement, si l'on calcule dans un ordre quelconque la dérivée de $u$, $p$ fois par rapport à $x$, $q$ fois par rapport à $y$, $r$ fois par rapport à $z$, on aura une dérivée d'ordre $p+q+r$, que l'on pourra représenter par la notation

$$u^{(p+q+r)}_{x^p y^q z^r}$$

et qui sera égale à

$$\alpha(\alpha-1)\ldots(\alpha-p+1)\beta(\beta-1)\ldots(\beta-q+1)\gamma(\gamma-1)\ldots(\gamma-r+1)A x^{\alpha-p} y^{\beta-q} z^{\gamma-r}$$

Le résultat obtenu est donc indépendant de l'ordre suivi. Pour avoir la dérivée correspondante de $f(x, y, z)$, il faudra faire la somme des résultats obtenus sur chacun de ses termes; on représente cette somme par

$$f^{(p+q+r)}_{x^p y^q z^r}(x, y, z)$$

et le résultat *est toujours le même quel que soit l'ordre suivi.*

Nous allons prouver qu'il en est toujours ainsi, quelle que soit la fonction considérée.

Il suffit évidemment de considérer deux variables et de prouver que

$$f''_{xy}(x, y) = f''_{yx}(x, y),$$

c'est-à-dire que la dérivée par rapport à $y$ de la dérivée $f'_x$ est égale à la dérivée par rapport à $x$ de $f'_y$. Pour cela nous établirons le lemme suivant :

*Si l'on désigne par*

$$\Delta^h_x f(x, y)$$

*l'accroissement*

$$f(x+h, y) - f(x, y)$$

*de $f(x, y)$, quand on donne à $x$ un accroissement $h$; et par*

$$\Delta_y^k \Delta_x^h f(x, y)$$

*l'accroissement que prend $\Delta_x^h f(x, y)$, quand on donne à $y$ l'accroissement $k$, on a :*

$$\Delta_x^h \Delta_y^k f(x, y) = \Delta_y^k \Delta_x^h f(x, y).$$

En effet, on a :

$$\Delta_x^h \Delta_y^k f(x, y) = \Delta_x^h [f(x, y+k) - f(x, y)]$$
$$= f(x+h, y+k) - f(x+h, y) - f(x, y+k) + f(x, y)$$

et

$$\Delta_y^k \Delta_x^h f(x, y) = \Delta_y^k [f(x+h, y) - f(x, y)]$$
$$= f(x+h, y+k) - f(x, y+k) - f(x+h, y) + f(x, y).$$

Les deux expressions obtenues sont identiques.

Cela posé, $h$ et $k$ étant des constantes données, on a

$$\Delta_y^k f(x, y) = f(x, y+k) - f(x, y)$$

Posons :

$$f(x, y+k) - f(x, y) = \varphi(x, y)$$

on aura :

$$\Delta_x^h \Delta_y^k f(x, y) = \varphi(x+h, y) - \varphi(x, y)$$

et par suite, en vertu du théorème des accroissements finis,

$$\Delta_x^h \Delta_y^k f(x, y) = h\varphi'_x(x+\theta h, y) \qquad (0 < \theta < 1)$$

ou

$$\Delta_x^h \Delta_y^k f(x, y) = h[f'_x(x+\theta h, y+k) - f'_x(x+\theta h, y)].$$

Or la différence placée entre crochets, est l'accroissement que prend la fonction

$$f'_x(x+\theta h, y)$$

quand on donne à $y$ l'accroissement $k$.

Si l'on pose :

$$f'_x(x, y) = \psi(x, y)$$

on a :

$$\psi(x+\theta h, y+k) - \psi(x+\theta h, y) = k\psi'_y(x+\theta h, y+\theta' k),$$

$\theta'$ étant compris entre 0 et 1.

Or

$$\psi'_y(x, y) = f''_{xy}(x, y)$$

et

$$\psi'_y(x + \theta h, y + \theta' k)$$

désigne ce que devient $f''_{xy}(x, y)$ quand on y remplace $x$ par $x + \theta h$ et $y$ par $y + \theta' k$; nous représenterons ce résultat par :

$$f''_{xy}(x + \theta h, y + \theta' k).$$

On a ainsi :

$$\Delta^h_x \Delta^k_y f(x, y) = h\,k\,f''_{xy}(x + \theta\,h, y + \theta' k).$$

On trouverait de même :

$$\Delta^k_y \Delta^h_x f(x, y) = k\,h\,f''_{yx}(x + \theta''\,h, y + \theta''\,h)$$

$\theta''$ et $\theta'''$ étant compris entre 0 et 1.

Mais nous avons établi que

$$\Delta^h_x \Delta^k_y f(x, y) = \Delta^k_y \Delta^h_x f(x, y);$$

donc

$$f''_{xy}(x + \theta\,h, y + \theta' k) = f''_{yx}(x + \theta''\,h, y + \theta'''\,k).$$

Si l'on suppose maintenant que $h$ et $k$ tendent vers zéro, et que les dérivées partielles $f''_{xy}(x, y)$ et $f''_{xy}(x, y)$ soient continues, on voit que l'on aura, à la limite,

$$f''_{xy}(x, y) = f''_{yx}(x, y).$$

La démonstration précédente est due à M. O. Bonnet.

Ainsi $f^{(p+q+r)}_{x^p y^q z^r}(x, y, z)$ désigne le résultat obtenu en calculant les dérivées de $f(x, y, z)$ successivement par rapport à $x$, $y$, $z$ de telle façon que la variable $x$ soit employée $p$ fois, $y$, $q$ fois et $z$, $r$ fois; et cela dans tel ordre que l'on veut. On emploie aussi la notation :

$$\frac{d^{p+q+r} f(x, y, z)}{dx^p\,dy^q\,dz^r}.$$

## FONCTIONS HOMOGÈNES. THÉORÈME D'EULER

**2. Définition.** — *On dit qu'une fonction $f(x, y, z, \ldots..)$ est homogène et de degré $n$ si l'on a identiquement, quel que soit $t$ :*

$$f(tx, ty, tz, \ldots..) \equiv t^n f(x, y, z, \ldots..).$$

Pour abréger l'écriture, nous supposerons dans la suite qu'il n'y ait que trois variables $x$, $y$, $z$; ce qui ne changera en rien les démonstrations.

Un polynome homogène satisfait à la définition précédente; en effet, un pareil polynome est la somme de termes tels que

$$A x^{\alpha} y^{\beta} z^{\gamma}$$

avec la condition

$$\alpha + \beta + \gamma = n,$$

$n$ étant le degré du polynome. Or si l'on remplace $x$, $y$, $z$ par $tx$, $ty$, $tz$ respectivement, le terme considéré sera évidemment remplacé par

$$A x^{\alpha} y^{\beta} z^{\gamma} \times t^{n}$$

et il en sera de même pour tous les termes du polynome.

On démontre sans difficulté que la somme algébrique d'un nombre déterminé de fonctions homogènes du même degré $n$ est une fonction homogène de degré $n$; le produit de deux ou plusieurs fonctions homogènes est une fonction homogène dont le degré est la somme des degrés respectifs des fonctions données, etc.

Si l'on remplace $t$ par $\frac{1}{u}$, l'identité (1) devient

$$f\left(\frac{x}{u}, \frac{y}{u}, \frac{z}{u}\right) \equiv \frac{1}{u^n} f(x, y, z),$$

d'où

$$f(x, y, z) \equiv u^n f\left(\frac{x}{u}, \frac{y}{u}, \frac{z}{u}\right);$$

en particulier si l'on prend $u = z$,

$$f(x, y, z) \equiv z^n f\left(\frac{x}{z}, \frac{y}{z}, 1\right) \equiv z^n \varphi\left(\frac{x}{z}, \frac{y}{z}\right).$$

Réciproquement, *si l'on multiplie par $z^n$ une fonction quelconque des rapports $\frac{x}{z}$, $\frac{y}{z}$, on obtient une fonction homogène de degré $n$, des variables $x$, $y$, $z$.*

**3. Théorème.** — *Les dérivées d'ordre $p$ d'une fonction homogène de degré $n$ sont des fonctions homogènes et de degré $n - p$.*

Soit, en effet, $f(x, y, z)$ une fonction homogène de degré $n$. On a par hypothèse :

$$f(tx, ty, tz) \equiv t^n f(x, y, z). \qquad (1)$$

Considérons, par exemple, la dérivée du premier ordre : $f'_x\,(x, y, z)$ et désignons-la par

$$\varphi(x, y, z),$$

l'identité (1) donne, en prenant les dérivées des deux membres par rapport à $x$ :

$$f'_x(tx, ty, tz) \times t \equiv t^n\ f'_x(x, y, z);$$

c'est-à-dire

$$\varphi(tx, ty, tz) \equiv t^{n-1}\ \varphi(x, y. z);$$

ce qui démontre que $f'_x$ est homogène et de degré $n-1$. Il en est de même de $f'_y$ et de $f'_z$. On en conclut que les dérivées du second ordre, qui sont les dérivées du premier ordre de $f'_x$, $f'_y$, $f'_z$, sont homogènes et du degré $n-2$ d'homogénéité. Et ainsi de suite, si l'on admet que les dérivées d'ordre $p-1$ sont homogènes et de degré $n-p+1$, on voit que les dérivées d'ordre $p$ sont encore homogènes et du degré $n-p$ d'homogénéité : donc le théorème est général.

Il est évident que la réciproque n'est pas vraie ; car $f'_x$, $f'_y$, $f'_z$, par exemple, sont aussi les dérivées de $f(x, y, z) + C$, C désignant une constante.

**4. Théorème d'Euler.** — *Toute fonction* $f(x, y, z)$, *homogène et de degré* $n$, *vérifie l'identité*

$$xf'_x + yf'_y + zf'_z \equiv nf(x, y, z). \qquad (1)$$

En effet,

$$f(tx, ty, tz) \equiv t^n f(x, y, z).$$

Prenons les dérivées des deux membres par rapport à $t$ ; en appliquant le théorème des fonctions composées, on trouve :

$$x f'_{tx}(tx, ty, tz) + y f'_{ty}(tx, ty, tz) + z f'_{tz}(tx, ty, tz) \equiv nt^{n-1} f(x, y, z).$$

Si l'on remplace $t$ par 1 dans cette identité, on obtient

$$xf'_x(x, y, z) + yf'_y(x, y, z) + zf'_z(x, y, z) \equiv nf(x, y, z).$$

**Remarque.** — On vérifie immédiatement la proposition dans le cas d'un polynome entier homogène ; il suffit évidemment de considérer un terme

$$u = Ax^{\alpha} y^{\beta} z^{\gamma};$$

or

$$x u'_x = \alpha . u, \qquad y u'_y = \beta . u, \qquad z u'_z = \gamma . u;$$

d'où

$$x u'_x + y u'_y + z u'_z = (\alpha + \beta + \gamma) u = nu,$$

et, en ajoutant les résultats relatifs à tous les termes, on aura l'identité (1).

**5. Réciproque.** — *Toute fonction $f(x, y, z)$ qui vérifie l'identité (1) est homogène et de degré $n$.*

Il s'agit de prouver que le rapport des deux fonctions de $t$, $f(tx, ty, tz)$ et $t^n$ est indépendant de $t$. Or les dérivées logarithmiques de ces deux fonctions sont égales, car l'équation

$$\frac{x f'_{tx}(tx, ty, tz) + y f'_{ty}(tx, ty, tz) + z f'_{tz}(tx, ty, tz)}{f(tx, ty, tz)} = \frac{n}{t}$$

n'est autre que l'équation (1) dans laquelle on remplace $x$ par $tx$, $y$ par $ty$, $z$ par $tz$. On a donc

$$f(tx, ty, tz) = C t^n,$$

C ne dépendant pas de $t$. Si l'on fait $t = 1$, on trouve

$$f(x, y, z) = C,$$

c'est-à-dire

$$f(tx, ty, tz) \equiv t^n f(x, y, z).$$

La proposition est ainsi établie.

6. Si l'on applique le théorème d'Euler aux dérivées du premier ordre $f'_x, f'_y, f'_z$ qui sont homogènes et de degré $n - 1$, comme nous l'avons vu, on obtient :

$$\begin{aligned} x f''_{x^2} + y f''_{xy} + z f''_{xz} &\equiv (n-1) f'_x \\ x f''_{xy} + y f''_{y^2} + z f''_{yz} &\equiv (n-1) f'_y \\ x f''_{xz} + y f''_{yz} + z f''_{z^2} &\equiv (n-1) f'_z. \end{aligned}$$

Si l'on multiplie les deux membres de la première identité par $x$, les membres de la seconde par $y$, ceux de la troisième par $z$ et qu'on ajoute, on obtient, en tenant compte de l'identité (1) :

$$x^2 f''_{x^2} + y^2 f''_{y^2} + z^2 f''_{z^2} + 2xy f''_{xy} + 2yz f''_{yz} + 2zx f''_{xz} \equiv n(n-1) f(x, y, z)$$

identité que l'on écrit symboliquement :

$$(xf'_x + yf'_y + zf'_z)_2 \equiv n(n-1) f. \tag{2}$$

7. D'une manière générale on a :

$$(xf'_x + yf'_y + zf'_z)_p \equiv n(n-1) \ldots\ldots (n-p+1) f(x, y, z) \tag{3}$$

en désignant par

$$(xf'_x + yf'_y + zf'_z)_p$$

le résultat que l'on obtient en développant la puissance $p^{\text{ième}}$ de

$$xf'_x + yf'_y + zf'_z,$$

et en remplaçant chaque terme de la forme

$$A (xf'_x)^\alpha (yf'_y)^\beta (zf'_z)^\gamma$$

par

$$A x^\alpha y^\beta z^\gamma f^{(\alpha+\beta+\gamma)}_{x^\alpha y^\beta z^\gamma}(x, y, z)$$

ou, comme

$$\alpha + \beta + \gamma = p,$$

par

$$A x^\alpha y^\beta z^\gamma f^{(p)}_{x^\alpha y^\beta z^\gamma}(x, y, z).$$

Pour démontrer cette relation, nous la supposerons vraie pour $p$, et nous montrerons qu'elle est encore vraie quand on remplace $p$ par $p+1$.

Nous avons donc par hypothèse

$$(xf'_x + yf'_y + zf'_z)_p \equiv n(n-1) \ldots (n-p+1) f.$$

Prenons la dérivée des deux membres successivement par rapport à $x$, $y$, $z$ et ajoutons les résultats obtenus, multipliés respectivement par $x$, $y$, $z$; autrement dit, soumettons les deux membres à l'opération

$$x\frac{\partial}{\partial x} + y\frac{\partial}{\partial y} + z\frac{\partial}{\partial z}.$$

Pour cela, si l'on considère un terme

$$a = A x^\alpha y^\beta z^\gamma f^{(p)}_{x^\alpha y^\beta z^\gamma}(x, y, z) \qquad (\alpha + \beta + \gamma = p)$$

du premier membre, nous prendrons sa dérivée par rapport à $x$ et nous la multiplierons par $x$, ce qui donnera deux termes :

$$A x^{\alpha+1} y^\beta z^\gamma f^{(p+1)}_{x^{\alpha+1} y^\beta z^\gamma}(x, y, z) + \alpha A x^\alpha y^\beta z^\gamma f^{(p)}_{x^\alpha y^\beta z^\gamma}(x, y, z)$$

Nous aurons de même pour $y$ :

$$A\, x^{\alpha} y^{\beta+1} z^{\gamma}\, f^{(p+1)}_{x^{\alpha} y^{\beta+1} z^{\gamma}}(x, y, z) + \beta\, A\, x^{\alpha} y^{\beta} z^{\gamma}\, f^{(p)}_{x^{\alpha} y^{\beta} z^{\gamma}}(x, y, z)$$

et pour $z$ :

$$A\, x^{\alpha} y^{\beta} z^{\gamma+1}\, f^{(p+1)}_{x^{\alpha} y^{\beta} z^{\gamma+1}}(x, y, z) + \gamma\, A\, x^{\alpha} y^{\beta} z^{\gamma}\, f^{(p)}_{x^{\alpha} y^{\beta} z^{\gamma}}(x, y, z)$$

en ajoutant ces résultats, on obtient :

$$a\,(x f'_x + y f'_y + z f'_z)_1 + p\, a,$$

$a\,(x f'_x + y f'_y + z f'_z)_1$ désignant le produit symbolique de $a$ par

$$x f'_x + y f'_y + z f'_z.$$

En ajoutant les résultats obtenus pour tous les termes, on aura :

$$\begin{gathered}(x f'_x + y f'_y + z f'_z)_p \,.\, (x f'_x + y f'_y + z f'_z)_1 + p \,.\, n(n-1) \ldots\ldots (n-p+1) f \\ = n(n-1) \ldots (n-p+1)(x f'_x + y f'_y + z f'_z),\end{gathered}$$

d'où

$$(x f'_x + y f'_y + z f'_z)_{p+1} = n(n-1) \ldots (n-p+1)(n-p) f.$$

## FORMULE DE TAYLOR POUR UNE FONCTION DE PLUSIEURS VARIABLES

**8.** Soit

$$f(x, y, z)$$

une fonction de plusieurs variables; il s'agit de développer $f(x+h, y+k, z+l)$ suivant les puissances croissantes de $h$, $k$, $l$.

Nous supposerons que cette fonction admette des dérivées finies et continues. Si l'on considère la fonction

$$\varphi(t) = f(x + ht, \quad y + kt, \quad z + lt),$$

on a :

$$\varphi(1) = f(x + h, \quad y + k, \quad z + l).$$

Il suffit donc de développer $\varphi(t)$ par la formule de Mac-Laurin suivant les puissances croissantes de $t$, et de supposer ensuite $t = 1$ ; or

$$\varphi(t) = \varphi(0) + t\,\varphi'(0) + \frac{t^2}{1.2}\varphi''(0) + \ldots + \frac{t^n}{1.2 \ldots\ldots n}\varphi^{(n)}(0) + R_n,$$

par suite

$$\varphi(1) = \varphi(0) + \varphi'(0) + \frac{1}{1.2}\varphi''(0) + \ldots\ldots + \frac{1}{1.2 \ldots\ldots n}\varphi_{(n)}(0) + R'_n,$$

$R'_n$ désignant le résultat obtenu en remplaçant $t$ par 1, dans $R_n$. Il s'agit donc de calculer $\varphi^{(p)}(0)$.

En appliquant le théorème des fonctions composées, on obtient :

$$\varphi'(t) = h f'_x(x+ht,\ y+kt,\ z+lt) + k f'_y(x+ht,\ y+kt,\ z+lt)$$
$$+ l f'_z(x+ht,\ y+kt,\ z\,lt);$$

d'où

$$\varphi'(o) = h f'_x(x, y, z) + k f''_y(x, y, z) + l f'_z(x, y, z).$$

On trouvera de la même manière :

$$\varphi''(t) = h^2 f'''_{x^2}(x+ht,\quad y+kt,\quad z+lt)$$
$$+ 2hk f''_{xy}(x+ht,\ y+kt,\ z+lt) + \ldots.$$

d'où l'on tire

$$\varphi''(0) = (h f'_x + k f_y + l f'_z)_p.$$

D'une manière générale,

$$\varphi^{(p)}(0) = (h f'_x + k f'_y + l f'_z)_2.$$

Pour vérifier cette formule, il suffit de prouver que si elle est vraie jusqu'à $p$, elle sera vraie pour $p+1$, puisqu'elle est vérifiée par $p = 1$ et $p = 2$.

Or, un terme de $\varphi^{(p)}(t)$ étant de la forme

$$A h^\alpha k^\beta l^\gamma f^{(p)}_{x^\alpha y^\beta z^\gamma}(x+ht,\quad y+kt\quad z+lt),$$

pour calculer $\varphi^{(p+1)}(t)$, il faudra faire la somme des dérivées de chaque terme par rapport à $x+ht$, $y+kt$, $z+lt$, ces dérivées étant multipliées respectivement par $h$, $k$, $l$; le terme considéré donnera :

$$A h^{\alpha+1} k^\beta l^\gamma f^{(p+1)}_{x^{\alpha+1} y^\beta z^\gamma}(x+ht,\ y+kt,\ z+lt)$$
$$+ A h^\alpha k^{\beta+1} l^\gamma f^{(p+1)}_{x^\alpha y^{\beta+1} z^\gamma}(x+ht,\ y+ht,\ z+lt)$$
$$+ A h^\alpha k^\beta l^{\gamma+1} f^{(p+1)}_{x^\alpha y^\beta z^{\gamma+1}}(x+ht,\ y+kt,\ z+lt)$$

et quand on fera $t = 0$

$$A h^{\alpha+1} k^\beta l^\gamma \underset{x^{\alpha+1} y^\beta z^\gamma}{\overset{(p+1)}{f}}(x, y, z) + A h^\alpha k^{\beta+1} l^\gamma \underset{x^\alpha y^{\beta+1} z^\gamma}{\overset{(p+1)}{f}}(x, y, z) + A h^\alpha k^\beta l^{\gamma+1} \underset{x^\alpha y^\gamma z^{\gamma+1}}{\overset{(p+1)}{f}}(x, y, z),$$

c'est-à-dire symboliquement

$$A h^\alpha k^\beta l^\gamma \underset{x^\alpha y^\beta z^\gamma}{\overset{(p)}{f}}(x, y\, z)\,(h f'_x + k f'_y + l f'_z),$$

on aura donc bien, en ajoutant tous les résultats relatifs aux différents termes de $\varphi^{(p)}(0)$,

$$\varphi^{(p+1)}(o) = \varphi^{(p)}(0)\,(hf'_x + kf'_y + lf'_z) = (hf'_x + kf'_y + lf'_z)_{p+1}.$$

On a donc :

$$f(x+h, y+k, z, +l) = f(x, y, z) + (hf'_x + kf'_y + lf'_z)$$
$$+ \frac{1}{1.2}(hf'_x + kf'_y + lf'_z)_2 + \ldots + \frac{1}{1.2\ldots..n}(hf'_x + kf'_y + lf'_z)_n + R'_n.$$

Si $R'_n$ a pour limite zéro quand $n$ augmente indéfiniment, on aura le développement de

$$f(x+h, \quad y+k, \quad z+l)$$

en série ordonnée suivant les puissances croissantes de $h$, $k$, $l$.

Si l'on fait

$$x = y = z = 0,$$

et si ensuite on remplace $h$, $k$, $l$ par $x$, $y$, $z$ respectivement on aura

$$f(x, y, z) = f(o, o, o) + [x\,(f'_x)_0 + y\,(f'_y)_0 + z\,(f'_z)_0] + \ldots.$$
$$+ \frac{1}{n!}[x\,(f'_x)_0 + y\,(f'_y)_0 + z\,f')_z]_n + R'_{n_0},$$

en indiquant par les indices $o$ que l'on doit, après avoir calculé les différentes dérivées, y remplacer les variables par zéro.

Si $f(x, y, z)$ est un polynome entier, on retrouve les formules que nous avons déjà établies plus haut (t. I, VIII, 6).

## NOTIONS SUR LES DÉTERMINANTS FONCTIONNELS

**9.** Considérons $n$ fonctions de $n$ variables. On nomme déterminant fonctionnel de ces $n$ fonctions le déterminant formé avec les dérivées partielles du premier ordre de ces fonctions par rapport aux variables dont elles dépendent.

Pour plus de simplicité, nous considérerons seulement trois fonctions

$$f(x, y, z), \quad \varphi(x, y, z), \quad \psi(x, y, z).$$

Leur déterminant fonctionnel est le déterminant

$$\begin{vmatrix} \dfrac{\partial f}{\partial x} & \dfrac{\partial f}{\partial y} & \dfrac{\partial f}{\partial z} \\ \dfrac{\partial \varphi}{\partial x} & \dfrac{\partial \varphi}{\partial y} & \dfrac{\partial \varphi}{\partial z} \\ \dfrac{\partial \psi}{\partial x} & \dfrac{\partial \psi}{\partial y} & \dfrac{\partial \psi}{\partial z} \end{vmatrix}$$

**10.** *Théorème de J. Bertrand.*

La théorie des déterminants fonctionnels a été créée par Jacobi; mais l'on doit à J. Bertrand le théorème suivant qui peut être considéré comme fondamental.

*Soient*

$$\begin{matrix} d_1x & d_1y & d_1z \\ d_2x & d_2y & d_2z \\ d_3x & d_3y & d_3z \end{matrix}$$

*trois systèmes d'accroissements arbitraires des variables* $x$, $y$, $z$ *et*

$$\begin{matrix} d_1f & d_1\varphi & d_1\psi \\ d_2f & d_2\varphi & d_2\psi \\ d_3f & d_3\varphi & d_3\psi \end{matrix}$$

*les différentielles totales correspondantes des fonctions considérées. On a :*

$$\begin{vmatrix} \frac{\partial f}{\partial x} & \frac{\partial f}{\partial y} & \frac{\partial f}{\partial z} \\ \frac{\partial \varphi}{\partial x} & \frac{\partial \varphi}{\partial y} & \frac{\partial \varphi}{\partial z} \\ \frac{\partial \psi}{\partial x} & \frac{\partial \psi}{\partial y} & \frac{\partial \psi}{\partial z} \end{vmatrix} = \begin{vmatrix} d_1f & d_1\varphi & d_1\psi \\ d_2f & d_2\varphi & d_2\psi \\ d_3f & d_3\varphi & d_3\psi \end{vmatrix} : \begin{vmatrix} d_1x & d_1y & d_1z \\ d_2x & d_2y & d_2z \\ d_3x & d_3y & d_3z \end{vmatrix}$$

*en supposant que le déterminant des accroissements des variables,* $x$, $y$, $z$, *soit différent de zéro.*

En tenant compte des identités

$$d_1f = \frac{\partial f}{\partial x} d_1x + \frac{\partial f}{\partial y} d_1y + \frac{\partial f}{\partial z} d_1z$$

$$d_2f = \frac{\partial f}{\partial x} d_2x + \frac{\partial f}{\partial y} d_2y + \frac{\partial f}{\partial z} d_2z$$

$$d_3f = \frac{\partial f}{\partial x} d_2x + \frac{\partial f}{\partial x} d_3y + \frac{\partial f}{\partial z} d_3z$$

$$d_1\varphi = \frac{\partial \varphi}{\partial x} d_1x + \frac{\partial \varphi}{\partial y} d_1y + \frac{\partial \varphi}{\partial z} d_1z$$

. . . . . . . . . . . . . . . . . . . .

on voit que l'on peut écrire, en appliquant la règle de la multiplication des déterminants :

$$\begin{vmatrix} \frac{\partial f}{\partial x} & \frac{\partial f}{\partial y} & \frac{\partial f}{\partial z} \\ \frac{\partial \varphi}{\partial x} & \frac{\partial \varphi}{\partial y} & \frac{\partial \varphi}{\partial z} \\ \frac{\partial \psi}{\partial x} & \frac{\partial \psi}{\partial y} & \frac{\partial \psi}{\partial z} \end{vmatrix} \times \begin{vmatrix} d_1x & d_1y & d_1z \\ d_2x & d_2y & d_2z \\ d_3x & d_3y & d_3z \end{vmatrix} = \begin{vmatrix} d_1f & d_2f & d_3f \\ d_1\varphi & d_2\varphi & d_3\varphi \\ d_1\psi & d_2\psi & d_3\psi \end{vmatrix}$$

Ce qui démontre le théorème de J. Bertrand.

D'après cela, on représente le déterminant fonctionnel de $n$ fonctions $f_1, f_2 \ldots\ldots f_n$ des variables $x_1, x_2, \ldots\ldots x_n$ par la notation

$$\frac{D(f_1, f_2, \ldots\ldots f_n)}{D(x_1, x_2, \ldots\ldots x_n)}.$$

**11.** Le déterminant fonctionnel joue à l'égard des fonctions de plusieurs variables le même rôle que la dérivée $\frac{\partial f}{\partial x}$ d'une fonction d'une seule variable.

Ainsi au théorème des fonctions inverses

$$\frac{\partial f}{\partial x} \cdot \frac{\partial x}{\partial f} = 1$$

correspond ce théorème :

$$\frac{D(f_1, f_2, \ldots\ldots f_n)}{D(x_1, x_2, \ldots\ldots x_n)} \times \frac{D(x_1, x_2, \ldots\ldots x_n)}{D(f_1, f_2, \ldots\ldots f_n)} = 1.$$

C'est-à-dire :

*Le déterminant fonctionnel de n fonctions* $f_1, f_2, \ldots\ldots f_n$ *des n variables* $x_1, x_2, \ldots\ldots x_n$ est l'inverse du déterminant de $x_1, x_2, \ldots\ldots x_n$ regardées comme des fonctions de $f_1, f_2, \ldots\ldots f_n$.

De même, au théorème des *fonctions de fonctions* correspond un théorème relatif aux déterminants fonctionnels.

Soient, en effet,

$$\begin{array}{l} f_1 = F_1(\varphi_1, \varphi_2, \ldots\ldots \varphi_n) \\ f_2 = F_2(\varphi_1, \varphi_2, \ldots\ldots \varphi_n) \\ \ldots\ldots\ldots\ldots \\ \ldots\ldots\ldots\ldots \\ f_n = F_n(\varphi_1, \varphi_2, \ldots\ldots \varphi_n) \end{array}$$

$\varphi_1, \varphi_2, \ldots\ldots \varphi_n$ étant des fonctions de $x_1, x_2, \ldots\ldots x_n$; on aura :

$$\frac{D(f_1, f_2, \ldots\ldots f_n)}{D(x_1, x_2, \ldots\ldots x_n)} = \frac{D(f_1, f_2, \ldots\ldots f_n)}{D(\varphi_1, \varphi_2, \ldots\ldots \varphi_n)} \times \frac{D(\varphi_1, \varphi_2, \ldots\ldots \varphi_n)}{D(x_1, x_2, \ldots\ldots x_n)}$$

**12. Changement de variables.**

Soient $y_1, y_2, \ldots\ldots y_n$, $n$ nouvelles variables indépendantes de sorte que

$$\begin{array}{l} x_1 = \varphi_1(y_1, y_2, \ldots\ldots y_n) \\ x_2 = \varphi_2(y_1, y_2, \ldots\ldots, y_n) \\ \ldots\ldots\ldots\ldots \\ \ldots\ldots\ldots\ldots \\ x_n = \varphi_n(y_1, y_2, \ldots\ldots y_n); \end{array}$$

on aura :

$$\frac{D(f_1, f_2, \ldots\ldots f_n)}{D(y_2, y_2, \ldots\ldots y_n)} = \frac{D(f_1, f_2, \ldots\ldots f_n)}{D(x_1, x_2, \ldots\ldots, x_n)} \times \frac{D(x_1, x_2, \ldots\ldots x_n)}{D(y_2, y_2, \ldots\ldots y_n)}.$$

Si la substitution est linéaire et définie par les équations

$$\begin{array}{l} x_1 = a_1^1 y_1 + a_1^2 y_2 + \ldots\ldots + a_1^n y_n + a_1^{n+1}, \\ x_3 = a_2^1 y_1 + a_2^2 y_2 + \ldots\ldots + a_2^n y_n + a_2^{n+1}, \\ \ldots\ldots\ldots\ldots\ldots\ldots \\ \ldots\ldots\ldots\ldots\ldots\ldots \\ x_n = a_n^1 y_1 + a_n^2 y_2 + \ldots\ldots + a_n^n y_n + a_n^{n+1}. \end{array}$$

le déterminant fonctionnel des variables anciennes $x_1, x_2, \ldots\ldots x_n$ par rapport aux nouvelles variables, n'est pas autre chose que le déterminant

$$\begin{vmatrix} a_1^1 & a_1^2 & \ldots\ldots & a_1^n \\ a_2^1 & a_2^2 & \ldots\ldots & a_2^n \\ \ldots & \ldots & \ldots & \ldots \\ \ldots & \ldots & \ldots & \ldots \\ a_n^1 & a_n^2 & \ldots\ldots & a_n^n \end{vmatrix}$$

On voit que le théorème de J. Bertrand rend la démonstration des théorèmes précédents pour ainsi dire inutile.

## EXERCICES

**1.** Étant données les équations :

$$t = f(x, y)$$
$$u = \mathrm{F}(x, y);$$

si l'on en tire

$$x = \varphi(t, u)$$
$$y = \psi(t, u),$$

vérifier *directement* l'identité

$$(f'_x \cdot \mathrm{F}'_y - f'_y \cdot \mathrm{F}'_x)\ (\varphi'_t \cdot \psi'_u - \varphi'_u \cdot \psi'_t) = 1.$$

**2.** Développer par la formule de Mac Laurin la fonction

$$\frac{\sqrt{1-x}+\sqrt{1-y}}{1+\sqrt{1-x}\sqrt{1-y}};$$

on trouve :

$$1 + \frac{1}{2}(x+y) + \frac{1}{2.4}(3x^2 + xy + 3y^2) + \ldots\ldots,$$

ou

$$\sum \frac{1.3.5\ldots\ldots(2p-1).\,1.3.5\ldots\ldots(2q-1)}{2.4.6\ldots\ldots2(p+q)}\, x^p y^q.$$

**3.** Développer la fonction

$$\frac{1+\dfrac{1}{\sqrt{1-x^2}}}{1-y+\sqrt{1-x^2}};$$

on trouve :

$$1 + \frac{1}{2}y + \frac{1}{2^2}(2x^2 + y^2) + \ldots\ldots,$$

ou

$$\sum \frac{p(p-1)\ldots\ldots(p-q+1)}{1.2\ldots\ldots q}\, \frac{x^{2q}y^{p-2q}}{2^p}.$$

**4.** Développer

$$\frac{\mathrm{L}(1-x)(1-y)}{xy-x-xy};$$

on trouve :

$$\sum \frac{1.2.3\ldots p.1.2.3\ldots q}{1.2.3\ldots\ldots(p+q+1)}\, x^p y^q,$$

ou

$$1+\frac{1}{2}(x+y)+\frac{1}{2.3}(3x^2+xy+3y^2)+\dots$$

**5.** Développer

$$\frac{\arccos\sqrt{\frac{1-x}{1-y}}}{\sqrt{(1-x)(1-y)}};$$

on trouve :

$$1+\frac{2}{3}\left(x+\frac{1}{2}y\right)+\frac{2.4}{3.5}\left(x^2+\frac{1}{2}xy+\frac{1.3}{2.4}y^2\right)$$
$$+\frac{2.4.6}{3.5.7}\left(x^2+\frac{1}{2}x^2y+\frac{1.3}{2.4}xy^2+\frac{1.3.5}{2.4.6}y^3\right)+\dots.$$

**6.** Développer

$$\frac{\arccos\left[\frac{(1-y)^{\frac{1}{2}}}{1+(1-x)^{\frac{1}{2}}}+\frac{(1-y)^{-\frac{1}{2}}}{1+(1-x)^{-\frac{1}{2}}}\right]}{\sqrt{y(1-x)(1-y)}};$$

on trouve :

$$\frac{1}{2}+\frac{1.3}{2.4}\left(x+\frac{2}{3}y\right)+\frac{1.3.5}{2.4.6}\left(x^2+\frac{2}{3}xy+\frac{2.4}{3.5}y^2\right)$$
$$+\frac{1.3.5.7}{2.4.6.8}\left(x^3+\frac{2}{3}x^2y+\frac{2.4}{3.5}.xy^2+\frac{2.4.6}{3.5.7}y^3\right)+\dots$$

(Ch. Hermite, *Cours d'analyse de l'École polytechnique.*)

**7.** Prouver que si le déterminant fonctionnel des fonctions $f_1, f_2, \dots f_n$ est nul, il existe une relation entre ces fonctions, et réciproquement.

**8.** Démontrer les théorèmes relatifs aux fonctions homogènes en développant les deux membres de l'identité :

$$f(x+tx, y+ty, z+tz) \equiv (1+t)^m f(x,y,z)$$

suivant les puissances entières de $t$.

**9.** Si $z = x + iy$ et si $X + iY$ est une fonction de $z$, $F(z)$ admettant une dérivée,

on a
$$\frac{D(X,Y)}{D(x,y)} = |F'(z)|^2.$$

**10.** On pose $z' = \dfrac{az+b}{cz+d}$ avec $ad - bc = 1$; $z = x + iy$, $z' = x' + iy'$.

Prouver que
$$\frac{D(x',y')}{D(x,y)} = \frac{1}{|cz+d|^4}.$$

**11.** On pose $X = \dfrac{M_1x + P_1y + R_1}{M_3x + P_3y + R_3}$, $Y = \dfrac{M_2x + P_2y + R_2}{M_3x + P_3y + R_3}$,

le déterminant de la substitution $(M_1 P_2 R_3)$ étant égal à $+1$, prouver que

$$\frac{D(X,Y)}{D(x,y)} = \frac{1}{(M_3x + P_3y + R_3)^3}$$

# CHAPITRE VIII

## FORMES QUADRATIQUES

**1. Définition.** — On appelle *forme quadratique* un polynome homogène du second degré composé avec un nombre quelconque de variables $x_1, x_2, \ldots\ldots x_n$. Un pareil polynome ne peut contenir que les carrés des variables et leurs produits deux à deux, de sorte qu'en le désignant par $f$, on a :

$$f \equiv a_1^1 x_1^2 + 2 a_1^2 x_1 x_2 + 2 a_1^3 x_1 x_3 + \ldots\ldots + 2 a_1^n x_1 x_n$$
$$+ a_2^2 x_2^2 + 2 a_2^3 x_2 x_3 + \ldots\ldots + a_n^n x_n^2.$$

$x_p^2$ désignant le carré de la variable $x^p$, et $a_p^q$ désignant un coefficient.

Si l'on convient que $a_p^q = a_q^p$, on pourra représenter $f$ par le symbole :

$$\sum_{p=1}^{p=n} \sum_{q=1}^{q=n} a_p^q x_p x_q .$$

En effet, si $p = q$, le terme $a_q^q x_p x_q$ devient $a_p^p x_p^2$; si $p$ est différent de $q$, $p$ et $q$ étant des entiers déterminés, chacun au plus égal à $n$, on aura deux termes correspondants formant la somme

$$a_p^q x_p x_q + a_p^q x_p x_q = 2 a_p^q x_p x_q .$$

On obtiendra ainsi tous les termes du polynome $f$, en faisant varier, dans la somme précédente, chacun des entiers $p$ et $q$ de 1 à $n$.

**2. Théorème.** — *Une forme quadratique à n variables est égale à une somme de carrés de formes linéaires distinctes, composés des mêmes variables et dont le nombre est au plus égal à n.*

**Méthode de Gauss.** — Supposons que la forme donnée $f$ renferme au moins un carré, de sorte que l'on ait, en supposant par exemple $a_1^1 \neq 0$,

$$f \equiv a_1^1 x_1^2 + 2 P x_1 + Q$$

P étant une forme linéaire indépendante de $x_1$ et Q une forme quadratique indépendante de la même variable $x_1$.

On a identiquement :

$$f \equiv \frac{1}{a_1^1} (a_1^1 x_1 + P)^2 + Q - \frac{P^2}{a_1^1}$$

Si l'on convient de représenter par $f'_p$ la demi-dérivée de $f$ prise par rapport à $x_p$, soit :

$$f'_p = \frac{1}{2}\frac{\partial f}{\partial x_p};$$

on peut écrire :

$$f \equiv \frac{1}{a_1^1}(f'_1)^2 + Q - \frac{P^2}{a_1^1}.$$

$Q - \dfrac{P^2}{a_1^1}$ est une nouvelle forme quadratique renfermant au plus $n-1$ variables; supposons que cette seconde forme contienne le carré de $x_2$; on la traitera de la même manière que $f$, et en continuant ainsi, on effectuera une suite de transformations remplaçant chaque fois une forme quadratique par la somme d'un carré et d'une nouvelle forme quadratique renfermant une variable de moins que la précédente, jusqu'à ce qu'on arrive à un carré, de sorte que, finalement, on obtiendra

$$f \equiv \alpha_1 P_1^2 + \alpha_2 P_2^2 + \ldots\ldots + \alpha^p P_p^2.$$

$P_1, P_2, \ldots\ldots P_p$ désignant des formes linéaires dont le nombre $p$ sera évidemment au plus égal à $n$ et $\alpha_1, \alpha_2, \ldots\ldots \alpha_p$ étant des constantes. En admettant les notations disposées de manière que les réductions soient opérées successivement par rapport à $x_1, x_2, \ldots\, x_p$ les polynomes P seront définis par les identités :

$$\begin{aligned}
P_1 &\equiv b_1^1 x_1 + b_1^2 x_2 + \ldots\ldots\ldots\ldots + b_1^n x_n,\\
P_2 &\equiv \qquad\quad + b_2^2 x_2 + \ldots\ldots\ldots\ldots + b_2^n x_n,\\
&\ldots\ldots\ldots\ldots\ldots\ldots\ldots\ldots\\
&\ldots\ldots\ldots\ldots\ldots\ldots\ldots\ldots\\
P_p &\equiv \qquad\qquad\qquad + b_p^p x_p + \ldots\ldots + b_p^n x_n,
\end{aligned}$$

les coefficients $b_1^1, b_2^2, \ldots\ldots b_p^p$ étant supposés tous différents de zéro.

Je dis que ces polynomes sont *indépendants*; en effet, le déterminant des coefficients des variables $x_1, x_2, \ldots\ldots x_p$ est égal à

$$b_1^1 b_2^2 \ldots\ldots b_p^p,$$

et ce produit de $p$ facteurs tous différents de zéro est lui-même différent de zéro.

**Remarque.** — Il était évident *a priori* que l'on ne pourrait trouver plus de $n$ carrés de polynomes indépendants, puisque, comme on l'a vu, avec $n$ variables on peut former au plus $n$ polynomes homogènes et linéaires qui soient indépendants.

On peut encore remarquer que $P_1$ est, à un facteur près, la racine carrée de $f$ considérée comme polynome entier en $x_1$, $P_2$ la racine carrée du reste considéré comme polynome entier en $x_2$, et ainsi de suite.

**3.** La méthode précédente tombera en défaut si l'on arrive à une forme quadratique ne renfermant aucun carré; la forme proposée pouvant d'ailleurs elle-même se trouver dans ce cas.

Soit $\varphi$ une forme quadratique ne renfermant que des doubles produits, et soient $x$, $y$ deux des variables dont dépend cette forme, on peut écrire :

$$\varphi = a\,xy + Px + Qy + R,$$

$a$ étant une constante, P et Q étant deux formes linéaires, R une forme quadratique, les formes P, Q, R étant indépendantes de $x$ et de $y$.

Or, on a identiquement :

$$\varphi \equiv \frac{1}{a}(ax + Q)(ay + P) + R - \frac{PQ}{a} \equiv \frac{1}{a}.\varphi'_y.\varphi'_x + R - \frac{PQ}{a}$$

et par suite :

$$\varphi \equiv \frac{1}{4a}(ax + ay + P + Q)^2 - \frac{1}{4a}(ax - ay + Q - P)^2 + R - \frac{PQ}{a}.$$

$$\equiv \frac{1}{4a}(\varphi'_x + \varphi'_y)^2 + \frac{1}{4a}(\varphi'_x - \varphi'_y)^2 + R - \frac{PQ}{a}.$$

On transforme ainsi $\varphi$ en une somme composée de deux carrés renfermant chacun $x$ et $y$ et d'une forme quadratique renfermant, au minimum, deux variables de moins que $\varphi$, puisque $R - \dfrac{PQ}{a}$ est indépendante de $x$ et de $y$. Cette dernière forme peut contenir ou non des carrés des variables dont elle dépend; on lui appliquera donc la première ou la seconde méthode, et l'on aura dans tous les cas remplacé la forme proposée $f$ par une somme de $p$ carrés, $p$ étant au plus égal à $n$; il ne reste plus qu'à prouver que les carrés obtenus sont indépendants, dans tous les cas. Admettons que les transformations successives aient porté successivement sur les variables $x_1$, $x_2$, ... $x_p$; dans le déterminant des coefficients de ces variables, il y aura au moins deux lignes consécutives formées ainsi :

$$\begin{matrix} 0 & 0 & \ldots\ldots & 0 & a & a & \ldots\ldots \\ 0 & 0 & \ldots\ldots & 0 & a & -a & \ldots\ldots \end{matrix}$$

mais sans changer ce déterminant, on peut remplacer la seconde de ces deux lignes par le résultat obtenu en retranchant de cette ligne les éléments correspondants de la précédente; ce qui donne :

$$\begin{matrix} 0 & 0 & 0 & \ldots\ldots & 0 & a & a & \ldots\ldots \\ 0 & 0 & 0 & \ldots\ldots & 0 & 0 & -2a & \ldots\ldots \end{matrix}$$

et par suite, en faisant autant de fois qu'il sera nécessaire cette transformation, le déterminant obtenu se réduira à son terme principal, qui est nécessairement différent de zéro.

Ainsi, dans tous les cas, on peut poser

$$f \equiv \alpha_1 P_1^2 + \alpha_2 P_2^2 + \ldots\ldots + \alpha_p P_p^2,$$

$p$ étant inférieur ou égal à $n$, et $P_1$, $P_2$, ..... $P_p$ étant des polynomes homogènes du premier degré et indépendants.

**4. Discriminant de la forme.** — En supposant :

$$f \equiv \sum \sum a_p^q x_p x_q,$$

les demi-dérivées de $f$ par rapport aux variables $x_1$, $x_2$, .... $x_n$ sont définies par les identités

$$\begin{aligned} f_1 &\equiv a_1^1 x_1 + a_1^2 x_2 + \ldots\ldots + a_1^n x_n, \\ f_2 &\equiv a_2^1 x_1 + a_2^2 x_2 + \ldots\ldots + a_2^n x_n, \\ &\ldots\ldots\ldots\ldots\ldots\ldots\ldots\ldots \\ &\ldots\ldots\ldots\ldots\ldots\ldots\ldots\ldots \\ f_n &\equiv a_n^1 x_1 + a_n^2 x_2 + \ldots\ldots + a_n^n x_n. \end{aligned}$$

Le déterminant

$$\Delta = \begin{vmatrix} a_1^1 & a_1^2 & \ldots\ldots & a_1^n \\ a_2^1 & a_2^2 & \ldots\ldots & a_2^n \\ \ldots & \ldots & \ldots & \ldots \\ \ldots & \ldots & \ldots & \ldots \\ \ldots & \ldots & \ldots & \ldots \\ a_n^1 & a_n^2 & \ldots\ldots & a_n^n \end{vmatrix}$$

se nomme le *discriminant* de la forme $f$.

Ce déterminant est symétrique, puisque $a_p^q = a_q^p$.

*Réciproquement*, tout déterminant symétrique peut être considéré comme un discriminant. En effet, si l'on considère le déterminant $\Delta$ dans lequel on suppose $a_p^q = a_q^p$, quels que soient les nombres $p$ et $q$; ce déterminant est le discriminant de la forme

$$f = \sum \sum a_p^q x_p x_q.$$

**5. Théorème.** — *Pour que la forme quadratique $f(x_1, x_2, \dots x_n)$ soit la somme de $p$ carrés indépendants, il est nécessaire et suffisant que l'on puisse former avec $p$ lignes du discriminant $\Delta$ et avec les $p$ colonnes de mêmes rangs que ces lignes respectivement, un déterminant mineur d'ordre $n - p$ différent de zéro, tous les mineurs d'ordre $n - p - 1$ étant nuls.*

Soit en effet

$$f \equiv \alpha_1 P_1^2 + \alpha_2 P_2^2 + \dots\dots + \alpha_p P_p^2 \tag{1}$$

et soient

$$\left.\begin{array}{l} P_1 \equiv b_1^1 x_1 + b_1^2 x_2 + \dots + b_1^p x_p + \dots + b_1^n x_n \\ P_2 \equiv b_2^1 x_1 + b_2^2 x_2 + \dots + b_2^p x_p + \dots + b_2^n x_n \\ \dots\dots\dots\dots\dots\dots\dots\dots\dots\dots \\ \dots\dots\dots\dots\dots\dots\dots\dots\dots\dots \\ P_p \equiv b_p^1 x_1 + b_p^2 x_2 + \dots + b_p^p x_p + \dots + b_p^n x_n \end{array}\right\} \tag{2}$$

Les polynomes $P_1, P_2, \dots\dots P_p$ étant supposés indépendants, on peut former avec les coefficients des variables un déterminant d'ordre $p$ différent de zéro. Nous pouvons toujours supposer les notations disposées de telle façon que ce déterminant soit celui des variables $x_1, x_2, \dots\dots x_p$, c'est-à-dire que le déterminant

$$D = \begin{vmatrix} b_1^1 & b_1^2 & \dots\dots & b_1^p \\ b_2^1 & b_2^2 & \dots\dots & b_2^p \\ \dots & \dots & \dots & \dots \\ \dots & \dots & \dots & \dots \\ \dots & \dots & \dots & \dots \\ b_p^1 & b_p^2 & \dots\dots & b_p^p \end{vmatrix}$$

soit différent de zéro.

Cela posé, l'identité (1) donne :

$$\left.\begin{array}{l} f_1 \equiv \alpha_1 b_1^1 P_1 \;+\; \alpha_2 b_2^1 P_2 + \dots\dots + \alpha_p b_p^1 P_p \\ f_2 \equiv \alpha_1 b_1^2 P_1 \;+\; \alpha_2 b_2^2 P_p + \dots\dots + \alpha_p b_p^2 P_p \\ \dots\dots\dots\dots\dots\dots\dots\dots\dots\dots \\ \dots\dots\dots\dots\dots\dots\dots\dots\dots\dots \\ f_p \equiv \alpha_1 b_1^n P_1 \;+\; \alpha_2 b_2^p P_2 + \dots\dots + \alpha_p b_p^p P_p \\ f_{p+1} \equiv \alpha_1 b_1^{p+1} P_1 + \alpha_2 b_2^{p+1} P_2 + \dots\dots + \alpha_p b_p^{p+1} P_p \\ \dots\dots\dots\dots\dots\dots\dots\dots\dots\dots \\ \dots\dots\dots\dots\dots\dots\dots\dots\dots\dots \\ f_n \equiv \alpha_1 b_1^n P_1 \;+\; \alpha_2 b_2^n P_2 + \dots\dots + \alpha_p b_p^n P_p \end{array}\right\} \tag{3}$$

Les dérivées $f_1, f_2, \ldots.. f_n$ sont donc des fonctions linéaires et homogènes des polynomes $P_1, P_2, \ldots.. P_p$.

Or, si l'on considère les $p$ premières équations (3), en regardant $P_1, P_2, \ldots.. P_p$ comme des inconnues, on voit que le déterminant des coefficients est égal à

$$\alpha_1 \alpha_2 \ldots\ldots \alpha_p . D$$

et par suite est différent de zéro; donc les polynomes

$$P_1, \quad P_2, \quad \ldots.. \quad P_p$$

sont des fonctions linéaires et homogènes de $f_1, f_2 \ldots, f_p$.

Il résulte de là que les deux systèmes d'équations linéaires et homogènes :

$$P_1 = 0, \quad P_2 = 0, \quad \ldots.. \quad P_p = 0, \qquad (4)$$

et

$$f_1 = 0, \quad f_2 = 0, \quad \ldots.. \quad f_p = 0, \qquad (5)$$

sont équivalents et par suite les $p$ dérivées $f_1, f_2, \ldots.. f_p$ sont distinctes.

D'ailleurs, $P_1, P_2, \ldots.. P_p$ étant des fonctions linéaires et homogènes de $f_1, f_2, \ldots.. f_p$, les équations (3) montrent que les $n - p$ dérivées $f_{p+1}, f_{p+2}, \ldots.. f_n$ sont aussi des fonctions linéaires et homogènes des $p$ premières.

Ainsi, lorsque la forme $f$ est la somme de $p$ carrés distincts, $p$ dérivées sont distinctes et les $n - p$ autres dérivées s'expriment en fonctions linéaires et homogènes de ces $p$ dérivées distinctes; en d'autres termes, *le degré du déterminant principal du tableau formé par les éléments du discriminant de la forme est précisément égal au nombre des carrés distincts.*

Donc, *pour qu'une forme quadratiques à $n$ variables soit la somme de $p$ carrés indépendants, il faut et il suffit que tous les mineurs que l'on peut former avec les éléments appartenant à $p + 1$ lignes et à $p + 1$ colonnes du discriminant de la forme soient nuls et qu'il y ait au moins un mineur formé avec les éléments communs à $p$ lignes et à $p$ colonnes, qui soit différent de zéro.*

Il importe d'ajouter qu'il doit y avoir au moins un mineur formé avec les éléments appartenant à $p$ lignes et $p$ colonnes portant les mêmes numéros, qui soit différent de zéro. En effet, en conservant les notations précédentes, les deux systèmes (4) et (5) étant équivalents, on voit que pour résoudre le système (6), on doit donner aux variables $x_1, x_2, \ldots.. x_p$ des valeurs déterminées en fonction des

$n - p$ autres variables qui peuvent recevoir des valeurs arbitraires, donc le déterminant des coefficients de $x_1, x_2, \ldots, x_p$ dans $f_1, f_2, \ldots, f_p$ est différent de zéro. D'une manière générale, il *doit y avoir*, dans le cas présent, *$p$ dérivées distinctes, et le déterminant des coefficients des variables par rapport auxquelles on a pris ces dérivées doit être différent de zéro.*

Il résulte en particulier du théorème précédent que la *condition nécessaire et suffisante pour que la forme donnée soit la somme d'autant de carrés de formes linéaires indépendantes qu'elle renferme de variables est que son discriminant soit différent de zéro; pour qu'elle soit la somme d'un nombre moindre de carrés, il faut et il suffit que son discriminant soit nul;* de même *pour que la forme donnée soit un carré parfait, il faut et il suffit que l'un au moins des coefficients des carrés des variables soit différent de zéro, et que tous les mineurs à deux lignes et deux colonnes de discriminants soient nuls*, ou, ce qui revient au même, *que ses dérivées soient proportionnelles.*

**6.** Il est facile d'établir directement cette dernière proposition. Soit en effet

$$f = \alpha P^2,$$

en supposant

$$P = a_1 x_1 + a_2 x_2 + \ldots + a_n x_n,$$

on aura :

$$f_1 = \alpha a_1 P, \quad f_2 = \alpha a_2 P, \quad \ldots\ldots \quad f_n = \alpha a_n P,$$

donc les dérivées $2 f_1, 2 f_2 \ldots\ldots 2 f_n$ sont proportionnelles à un même polynome P.

*Réciproquement*, supposons que l'on ait :

$$f_1 = b_1 P, \quad f_2 = b_2 P, \quad \ldots\ldots \quad f_n = b_n P.$$

En vertu du théorème d'Euler :

$$f = x_1 f_1 + x_2 f_2 + \ldots\ldots + x_n f_n,$$

donc

$$f = P.(b_1 x_1 + b_2 x_2 + \ldots\ldots + b_n x_n) = P.Q.$$

De cette dernière identité, on tire

$$\frac{\partial f}{\partial x_1} = 2 f_1 = P b_1 + a_1 Q.$$
$$\frac{\partial f}{\partial x_2} = 2 f_2 = P b_2 + a_2 Q.$$
$$\ldots\ldots\ldots\ldots$$
$$\ldots\ldots\ldots\ldots$$
$$\frac{\partial f}{\partial x_n} = 2 f_n = P b_n + a_n Q.$$

On doit supposer l'un des nombres $a_1, a_2 \ldots\ldots a_n$ différent de zéro, sans quoi $f$ serait identiquement nulle; soit par exemple $a_1 \neq 0$ : en remarquant que $f_1 \equiv b_1 P_1$, on a :

$$2 f_1 = f_1 + a_1 Q,$$

d'où

$$Q = \frac{1}{a_1} f_1 \equiv \frac{b_1}{a_1} P,$$

donc

$$f = \frac{b_1}{a_1} P^2.$$

On a d'ailleurs $b_1 \neq 0$, sans quoi $f$ serait identiquement nul, ce qui est impossible puisqu'on a supposé $a_1 \neq 0$. La proposition est donc établie.

On peut remarquer que les coefficients $b_1, b_2, \ldots\ldots b_n$ sont nécessairement proportionnels aux coefficients $a_1, a_2, \ldots\ldots a_n$ du polynome P auquel se réduisent toutes les dérivées.

**7. Remarque.** — Si l'on sait seulement qu'il existe un mineur à $p$ lignes et à $p$ colonnes du discriminant, qui soit différent de zéro et en outre que tous les mineurs à $p+1$ lignes et à $p+1$ colonnes soient nuls, la forme sera nécessairement une somme de $p$ carrés, et par suite on pourra former avec les éléments de $\Delta$ au moins un mineur à $p$ lignes et $p$ colonnes portant les mêmes numéros, qui soit différent de zéro; or tout déterminant symétrique est un discriminant, donc on peut énoncer la propriété suivante des déterminants symétriques.

*Étant donné un déterminant symétrique quelconque; s'il existe un mineur de degré p différent de zéro, tous les mineurs de degré p + 1 étant nuls, il existe au moins un mineur de degré p, formé par les éléments de Δ pris dans p lignes et dans p colonnes portant les mêmes numéros, qui soit différent de zéro.*

**8. Nombre de conditions nécessaires et suffisantes pour qu'une forme quadratique $f(x_1, x_2, \ldots\ldots x_n)$ soit la somme de $p$ carrés indépendants.**

Nous savons déjà (5) qu'il faut exprimer que $p$ dérivées sont distinctes et que les $n-p$ autres sont des fonctions linéaires des premières. En supposant les notations convenablement disposées, on aura la solution la plus générale du système linéaire :

$$f_1 = 0 \quad f_2 = 0 \;\ldots\ldots\; f_n = 0,$$

en donnant à $x_{p+1}, x_{p+2}, \ldots x_n$ des valeurs arbitraires, les inconnues $x_1, x_2, \ldots x_p$ étant déterminées au moyen des $n-p$ autres par les $p$ premières équations. Pour qu'il en soit ainsi, il faut et il suffit que le déterminant $\delta$ des coefficients des inconnues $x_1, x_2, \ldots\ldots x_p$ dans les formes $f_1, f_2, \ldots\ldots f_p$ soit différent de zéro et que tous les mineurs de degré $p+1$ du discriminant, obtenus en bordant le déterminant $\delta$ avec les éléments appartenant à chacune des lignes et des colonnes du discriminant autres que les $p$ premières, soient tous nuls. Or la ligne de rang $p+k$ et la colonne de rang $p+k'$ donneront le même mineur que la ligne de rang $p+k'$ et la colonne de rang $p+k$, tant que $k'$ sera différent de $k$, puisque le discriminant est symétrique; on aura donc à considérer d'une part $n-p$ mineurs obtenus en bordant $\delta$ avec des éléments pris successivement dans chacune des lignes et des colonnes portant un même numéro et seulement $\frac{(n-p)(n-p-1)}{2}$ mineurs obtenus en bordant $\delta$ avec des éléments appartenant à une ligne et à une colonne portant des numéros différents, ce qui fait en tout

$$n-p+\frac{(n-p)(n-p-1)}{2} \quad \text{ou} \quad \frac{(n-p)(n-p+1)}{2}$$

c'est-à-dire $K^2_{n-p}$ conditions qui seront distinctes, si les coefficients de la forme proposée sont arbitraires.

D'ailleurs on peut vérifier facilement ce résultat, car si en appliquant la méthode générale de réduction en carrés, on extrait de la forme donnée la somme de $p$ carrés, il restera une forme quadratique à $n-p$ variables, contenant $K^2_{n-p}$ coefficients et cette dernière forme devra être identiquement nulle, ce qui fournit $K^2_{n-p}$ conditions obtenues en écrivant que ses coefficients sont tous nuls.

Par exemple, pour que la forme

$$Ax^2 + A'y^2 + A''z^2 + 2\,Byz + 2\,B'zx + 2\,B''xy + 2\,Cxt + 2\,C'yt + 2\,C''zt + Dt^2$$

soit la somme de deux carrés, en supposant que le mineur $AA' - B''^2$ soit différent de zéro, il faut et il suffit que les trois conditions suivantes soient vérifiées, savoir :

$$\begin{vmatrix} A & B'' & B' \\ B'' & A' & B \\ B' & B & A'' \end{vmatrix} = 0 \qquad \begin{vmatrix} A & B'' & C \\ B'' & A' & C' \\ B' & B & C'' \end{vmatrix} = 0 \qquad \begin{vmatrix} A & B'' & C \\ B'' & A' & C' \\ C & C' & D \end{vmatrix} = 0$$

**9. Transformation de Kronecker.** — Soit

$$f(x_1,\ x_2,\ \ldots..\ x_n)$$

une forme quadratique à $n$ variables, que nous supposerons réductible à une somme de $p$ carrés indépendants, de sorte que $p$ dérivées de $f$ soient distinctes; supposons que ce soient les $p$ premières : $f_1, f_2, \ldots. f_p$. D'après ce qui précède, pour résoudre les équations,

$$f_1 = 0, \quad f_2 = 0, \quad \ldots.. \quad f_p = 0 \qquad\qquad (1)$$

on peut se donner arbitrairement $x_{p+1}, x_{p+2}, \ldots.. x_n$ puisque le déterminant des coefficients des $p$ premières variables $x_1, x_2, \ldots x_p$ est supposé différent de zéro. Posons

$$x_{p+1} = x'_{p+1}, \quad x_{p+2} = x'_{p+2}, \quad \ldots.. \quad x_n = x'_n,$$

et désignons par

$$x'_1, \quad x'_2, \quad \ldots.. \quad x'_p,$$

les expressions de $x_1, x_2, \ldots.. x_n$ en fonctions homogènes de $x'_{p+1}, \ldots.. x'_n$, tirées des équations (1).

Cela posé, faisons un changement de variables défini par les équations :

$$\begin{aligned} x_1 &= X_1 + x'_1 \\ x_2 &= X_2 + x'_2 \\ &\ldots\ldots\ldots \\ &\ldots\ldots\ldots \\ x_p &= X_p + x'_p \\ x_{p+1} &= \phantom{X_p +{}} x'_{p+1} \\ &\ldots\ldots\ldots \\ &\ldots\ldots\ldots \\ x_n &= \phantom{X_p +{}} x'_n \end{aligned}$$

de sorte que

$$f(x_1, x_2, \ldots x_n) \equiv f(X_1 + x'_1, X_2 + x'_2, \ldots X_p + x'_p, 0 + x'_{p+1}, \ldots 0 + x'_n)$$

on aura, en vertu de la formule de Taylor,

$$f(x_1, x_2, \ldots\ldots x_n) \equiv f(X_1, X_2, \ldots\ldots X_p, 0, 0, \ldots\ldots 0).$$

En effet, l'ensemble des termes du premier degré en $X_1$, $X_2$, ..... $X_p$ est

$$X_1 \frac{\partial f}{\partial x'_1} + X_2 \frac{\partial f}{\partial x'_2} + \ldots\ldots + X_p \frac{\partial f}{\partial x'_p},$$

expression identiquement nulle, puisque $x'_1$, $x'_2$, ... $x'_p$, $x'_{p+1}$, ... $x'_n$, mis à la place de $x_1$, $x_2$, ..... $x_n$ annulent $f'_1$, $f'_2$, ..... $f'_p$; enfin l'ensemble des termes indépendants de $X_1$, $X_2$, ..... $X_p$ est égal à

$$f(x'_1, x'_2, \ldots\ldots x'_n),$$

c'est-à-dire

$$\frac{1}{2}\left(x'_1 \frac{\partial f}{\partial x'_1} + x'_2 \frac{\partial f}{\partial x'_2} + \ldots\ldots + x'_n \frac{\partial f}{\partial x'_n}\right),$$

et par suite est également nul.

Il en résulte que $f(x_1, x_2, \ldots\ldots x_n)$ est remplacée par une forme quadratique à $p$ variables qui sont les suivantes

$$X_1 = x_1 - x'_1,\ X_2 = x_2 - x'_2, \ldots\ldots X_p = x_p - x'_p.$$

**10. Application.** — Soit la forme quadratique :

$$f(x, y, z) = Ax^2 + A'y^2 + A''z^2 + 2\,Byz + 2\,B'zx + 2\,B''xy$$

et supposons le discriminant nul,

$$\begin{vmatrix} A & B'' & B' \\ B'' & A' & B \\ B' & B & A'' \end{vmatrix} = 0$$

mais supposons $A\,A' - B''^2 \neq 0$.

On peut résoudre le système

$$\begin{aligned} Ax + B''y + B'z &= 0 \\ B''x + A'y + Bz &= 0, \end{aligned}$$

(obtenu en égalant à zéro les dérivées de la forme par rapport à $x$ et à $y$), en donnant à $z$ une valeur arbitraire $z_0$; soient $x_0$, $y_0$ les valeurs correspondantes de $x$ et de $y$; on aura identiquement

$$f(x, y, z) \equiv A\,(x - x_0)^2 + 2\,B''\,(x - x_0)\,(y - y_0) + A'\,(y - y_0)^2$$

et l'on pourra mettre $f(x, y, z)$ sous la forme d'une somme de deux carrés.

**11. Formes à coefficients réels.** — Jusqu'ici nous avons supposé les coefficients $a''_p$ quelconques : supposons-les réels ; alors on pourra réduire la forme donnée à une somme algébrique de carrés de polynomes à coefficients réels et si l'on a :

$$f = \alpha_1 P_1^2 + \alpha_2 P_2^2 + \ldots\ldots + \alpha_p P_p^2$$

parmi les coefficients $\alpha_1, \alpha_2, \ldots\ldots \alpha_p$ quelques-uns pourront être positifs, les autres négatifs. Si par exemple $\alpha_1$ est positif on pourra remplacer $\alpha_1 P_1^2$ par $(\sqrt{\alpha_1}\, P_1)^2$ ; si $\alpha_2$ est négatif, on pourra écrire $-(\sqrt{-\alpha_2}\, P_2)^2$ au lieu de $\alpha_2 P_2^2$, et ainsi de suite, de sorte que l'on aura :

$$f = X_1^2 + X_2^2 + \ldots\ldots + X_h^2 - Y_1^2 - Y_2^2 \ldots\ldots - Y_k^2$$

$X_1, X_2, \ldots\ldots X_h, Y_1, Y_2, \ldots\ldots Y_k$ étant des polynomes à coefficients réels. Nous dirons que $f$ est la somme de $h$ carrés positifs et de $k$ carrés négatifs.

**12. Théorème (loi d'inertie).** — *Quel que soit le mode de décomposition d'une forme quadratique à coefficients réels en carrés indépendants, le nombre des carrés positifs et le nombre des carrés négatifs sont invariables.*

Cette proposition, nommée par Sylvester *loi d'inertie*, a été trouvée par Hermite.

Supposons que la forme quadratique $f(x_1, x_2, \ldots\ldots x_n)$, à coefficients réels, étant décomposée en carrés *indépendants* on ait :

$$f = X_1^2 + X_2^2 + \ldots\ldots + X_h^2 - Y_1^2 - Y_2^2 - \ldots\ldots - Y_k^2 \qquad (1)$$

le nombre des carrés positifs étant égal à $h$ et le nombre des carrés négatifs égal à $k$.

Supposons qu'on ait trouvé une autre décomposition

$$f = Z_1^2 + Z_2^2 + \ldots\ldots + Z_{h'}^2 - T_1^2 - T_2^2 - \ldots\ldots - T_{k'}^2 \qquad (2)$$

les polynomes $Z_1, Z_2, \ldots\ldots Z_{h'}, T_1, T_2, \ldots\ldots T_{k'}$ étant indépendants ou non. Je dis que l'on a $h' \geqslant h$.

En effet, supposons $h' < h$ ; dans ce cas on a :

$$h' + k < h + k,$$

et par suite

$$h' + k < n.$$

On pourra donc trouver une infinité de solutions des équations

$$Z_1 = 0,\ Z_2 = 0, \ldots\ldots Z_{h'} = 0,\ Y_1 = 0,\ Y_2 = 0, \ldots\ldots Y_k = 0. \qquad (3)$$

Or les polynomes

$$X_1, X_2, \ldots\ldots X_h\ Y_1, Y_2, \ldots\ldots Y_k$$

étant indépendants et en nombre supérieur à $h' + k$, on sait que parmi les solutions des équations (3) il s'en trouve nécessairement qui n'annulent pas tous ces polynomes, et par suite n'annulent pas tous les polynomes

$$X_1, X_2, \ldots\ldots X_h.$$

Remplaçons $x_1, x_2, \ldots\ldots x_n$ par les nombres appartenant à l'une de ces solutions. En vertu de l'identité (1), la forme $f$ deviendra égale à un nombre *positif*, tandis qu'en vertu de l'identité (2) elle devrait prendre une valeur négative ou nulle. Il y a donc impossibilité de supposer $h' < h$; donc on a

$$h' \geqslant h.$$

On démontrera de même que l'on a $k' \geqslant k$; d'ailleurs il suffirait d'appliquer le raisonnement précédent à la forme $-f$.

Supposons maintenant les carrés correspondants à la seconde décomposition également indépendants, on aura aussi :

$$h \geqslant h', \; k \geqslant k';$$

donc on doit avoir dans ce cas

$$h = h', \; k = k'.$$

**13. Formes définies.** — *On dit qu'une forme réelle est définie quand elle n'est égale à zéro que si toutes les variables dont elle dépend sont nulles.*

On voit, d'après cela, que le discriminant d'une forme définie est différent de zéro, car s'il en était autrement, la forme serait la somme d'un nombre de carrés indépendants moindre que le nombre $n$ des variables : on pourrait alors trouver des valeurs non toutes nulles de ces dernières qui annuleraient tous les carrés et par suite la forme elle-même. Il faut en outre que la forme soit une somme de carrés de même signe. En effet, si l'on avait

$$f = X_1^2 + X_2^2 + \ldots\ldots + X_p^2 - Y_1^2 - Y_2^2 - \ldots\ldots - Y_q^2 \qquad (p + q = n)$$

en supposant p. ex. $p > q$, il suffirait, pour annuler $f$, de résoudre le système homogène

$$X_1 - Y_1 = 0 \quad X_2 - Y_2 = 0 \;\ldots\; X_q - Y_q = 0 \quad X_{q+1} = 0 \quad X_{q+2} = 0, \;\ldots\; X_p = 0$$

formé de $p$ équations seulement à $n$ inconnues; ce système aurait des solutions autres que la solution zéro.

*Exemple.* — La forme $ax^2 + 2bxy + cy^2$ est définie et positive si $ac - b^2 < 0$, $a > o$ et par suite $c > o$; elle est définie et négative si $ac - b^2 < 0$, $a < o$, $c < o$.

**14. Propriété fondamentale du discriminant.** — Considérons une forme quadratique $f(x_1, x_2, \ldots\ldots x_n)$ dont le discriminant soit différent de zéro. Cette forme est décomposable en une somme de $n$ carrés indépendants; nous pouvons poser :

$$f = P_1^2 + P_2^2 + \ldots\ldots + P_n^2. \tag{1}$$

Soient :

$$\left.\begin{array}{l} P_1 \equiv b_1^1 x_1 + b_2^1 x^2 + \ldots\ldots + b_1^n x_n \\ \ldots\ldots\ldots\ldots\ldots\ldots\ldots\ldots \\ \ldots\ldots\ldots\ldots\ldots\ldots\ldots\ldots \\ \ldots\ldots\ldots\ldots\ldots\ldots\ldots\ldots \\ P_n \equiv b_n^1 x_1 + b_n^2 x_2 + \ldots\ldots + b_n^n x_n \end{array}\right\} \quad (2)$$

Ces polynomes étant indépendants, leur déterminant

$$D = \begin{vmatrix} b_1^1 & b_1^2 & \ldots & b_1^n \\ b_2^1 & b_2^2 & \ldots & b_2^n \\ \ldots & \ldots & \ldots & \ldots \\ \ldots & \ldots & \ldots & \ldots \\ \ldots & \ldots & \ldots & \ldots \\ b_n^1 & b_n^2 & \ldots & b_n^n \end{vmatrix}$$

est différent de zéro.

Or on déduit de l'identité (1)

$$\left.\begin{array}{l} f_1 \equiv b_1^1 P_1 + b_2^1 P_2 + \ldots\ldots + b_n^1 P_n \\ f_2 \equiv b_1^2 P_1 + b_2^2 P_2 + \ldots\ldots + b_n^2 P_n \\ \ldots\ldots\ldots\ldots\ldots\ldots\ldots\ldots \\ \ldots\ldots\ldots\ldots\ldots\ldots\ldots\ldots \\ \ldots\ldots\ldots\ldots\ldots\ldots\ldots\ldots \\ f_n \equiv b_1^n P_1 + b_2^n P_2 + \ldots\ldots + b_n^n P_n \end{array}\right\} \quad (3)$$

Si l'on regarde $f_1, f_2, \ldots\ldots f_n$ comme des fonctions des variables $P_1, P_2, \ldots\ldots P_n$, le déterminant de ces formes est égal à D; si l'on fait la substitution linéaire représentée par les formules (2), le déterminant des coefficients des variables nouvelles $x_1, x_2, \ldots\ldots x_n$ sera égal à $D \times D$ ou $D^2$. Or le déterminant obtenu n'est pas autre chose que $\Delta$, puisqu'on aura ainsi exprimé les fonctions $f_1, f_2, \ldots\ldots f_n$ au moyen de $x_1, x_2, \ldots\ldots x_n$, donc on a :

$$\Delta = D^2 \quad (4)$$

Cela posé, si l'on fait la substitution linéaire

$$\begin{array}{l} x_1 = c_1^1 y_1 + c_1^2 y_2 + \ldots\ldots + c_1^n y_n \\ x_2 = c_2^1 y_1 + c_2^2 y_2 + \ldots\ldots + c_2^n y_n \\ \ldots\ldots\ldots\ldots\ldots\ldots\ldots\ldots \\ \ldots\ldots\ldots\ldots\ldots\ldots\ldots\ldots \\ x_n = c_n^1 y_1 + c_n^2 y_2 + \ldots\ldots + c_n^n y_n \end{array}$$

en supposant le module de la substitution,

$$\mu = \begin{vmatrix} c_1^1 & c_1^2 & \dots & c_1^n \\ c_2^1 & c_2^2 & \dots & c_2^n \\ \dots & \dots & \dots & \dots \\ \dots & \dots & \dots & \dots \\ \dots & \dots & \dots & \dots \\ c_n^1 & c_n^2 & \dots & c_n^n \end{vmatrix}$$

différent de zéro, la forme $f(x_1, x_2 \dots\dots x_n)$ se transformera en une forme quadratique composée avec les variables nouvelles, de sorte qu'on aura :

$$f(x_1, x_2, \dots\dots x_n) \equiv \varphi(y_1, y_2, \dots\dots y_n),$$

et

$$\varphi(y_1, y_2, \dots\dots y_n) \equiv Q_1^2 + Q_2^2 + \dots\dots + Q_n^2,$$

en désignant par $Q_1, Q_2, \dots\dots Q_n$ ce que deviennent les polynomes $P_1, P_2 \dots P_n$, respectivement, après la substitution. Or le déterminant des coefficients des polynomes $Q_1, Q_2, \dots\dots Q_n$ est égal à

$$D. \mu,$$

donc, si l'on nomme $\Delta'$ le discriminant de la forme transformée on a :

$$\Delta' = (D. \mu)^2$$

c'est-à-dire :

$$\Delta' = \Delta. \mu^2.$$

On exprime cette propriété du discriminant en disant que le discriminant d'une forme quadratique est un *invariant* de cette forme.

**15.** *On appelle invariant d'une forme, toute fonction F des coefficients de cette forme, telle que $F_1$ désignant la même fonction des coefficients de la forme $f_1$ obtenue en effectuant sur les variables dont dépend la forme donnée f une substitution linéaire de module $\mu$, on ait :*

$$F_1 = F. \mu^h$$

*h étant une constante.*

Il est évident que toute puissance du discriminant d'une forme quadratique sera aussi un invariant de cette forme : il est facile de prouver qu'elle n'en a pas d'autres. En effet, soit :

$$f = P_1^2 + P_2^2 + \dots + P_n^2$$

une forme quadratique à $n$ variables dont le discriminant $\Delta$ est différent de zéro. et soit I un invariant de cette forme. Les polynomes $P_1, P_2 \dots P_n$ étant indépendants, on peut exprimer $x_1, x_2 \dots x_n$ en fonctions de $P_1, P_2 \dots P_n$ que nous regarderons comme de nouvelles variables. Or, par rapport à ces variables, le discriminant est égal à 1, de sorte que si $\mu$ est le module de la substitution :

$$I' = I.\ \mu^h$$
$$\Delta' = \Delta.\ \mu^2.$$

D'où, en remarquant que $\Delta' = 1$,

$$I^2 = I'^2\ \Delta^h$$

Cette équation exprime que I est proportionnel à une puissance de $\Delta$, puisque I' est un nombre.

On peut donc dire qu'une forme quadratique *n'a pas d'autre invariant que son discriminant.*

16. **Hessien.** — On nomme *Hessien*[1] d'une fonction homogène d'un nombre quelconque de variables, le déterminant formé avec les dérivées secondes de cette fonction par rapport à ces variables. Ainsi dans le cas de trois variables, le déterminant :

$$\begin{vmatrix} f''_{x^2} & f''_{xy} & f''_{xz} \\ f''_{xy} & f''_{y^2} & f''_{yz} \\ f''_{xz} & f''_{yz} & f''_{z^2} \end{vmatrix}$$

est le Hessien de la forme homogène $f(x, y, z)$.

On voit que le Hessien n'est pas autre chose que le déterminant fonctionnel des dérivées du premier ordre de la fonction.

Le discriminant d'une forme quadratique n'est pas autre chose que le Hessien de cette forme.

17. **Propriété fondamentale du Hessien.** — Soit une fonction de $n$ variables $f(x_1, x_2, \ldots x_n)$ et désignons par $f_1, f_2, \ldots f_n$ ses dérivées par rapport aux variables $x_1, x_2, \ldots x_n$ respectivement, et supposons que l'on fasse une substitution linéaire :

$$\begin{aligned} x_1 &= a_1^1 y_1 + a_1^2 y_2 + \ldots + a_1^n y_n + a_1^{n+1} \\ x_2 &= a_2^1 y_1 + a_2^2 y_2 + \ldots + a_2^n y_n + a_2^{n+1} \\ &\ldots\ldots\ldots\ldots\ldots\ldots \\ &\ldots\ldots\ldots\ldots\ldots\ldots \\ x_n &= a_n^1 y_1 + a_n^2 y_2 + \ldots + a_n^n y_n + a_n^{n+1} \end{aligned}$$

de module $\mu$ différent de zéro. La forme donnée deviendra une fonction $F(y_1, y_2, \ldots y_n)$ des nouvelles variables: soient $F_1, F_2, \ldots F_n$ les dérivées par rapport à ces variables, on a :

$$\frac{D(F_1, F_2, \ldots F_n)}{D(y_1, y_2, \ldots y_n)} = \frac{D(F_1, F_2, \ldots F_n)}{D(f_1, f_2, \ldots f_n)} \cdot \frac{D(f_1, f_2, \ldots f_n)}{D(x_1, x_2, \ldots x_n)} \cdot \frac{D(x_1, x_2, \ldots x_n)}{D(y_1, y_2, \ldots y_n)}$$

Or, les équations

$$\begin{aligned} \frac{\partial F}{\partial y_1} &= \frac{\partial f}{\partial x_1} a_1^1 + \frac{\partial f}{\partial x_2} a_2^1 + \ldots + \frac{\partial f}{\partial x_n} a_n^1 \\ \frac{\partial F}{\partial y_2} &= \frac{\partial f}{\partial x_1} a_1^2 + \frac{\partial f}{\partial x_2} a_2^2 + \ldots + \frac{\partial f}{\partial x_n} a_n^2 \\ &\ldots\ldots\ldots\ldots\ldots\ldots \\ &\ldots\ldots\ldots\ldots\ldots\ldots \\ &\ldots\ldots\ldots\ldots\ldots\ldots \\ \frac{\partial F}{\partial y_n} &= \frac{\partial f}{\partial x_1} a_1^n + \frac{\partial f}{\partial x_2} a_2^n + \ldots + \frac{\partial f}{\partial x_n} a_n^n \end{aligned}$$

1. Du nom du mathématicien O. Hesse, élève de Jacobi.

montrent que

$$\frac{D(F_1, F_2, \ldots F_n)}{D(f_1, f_2, \ldots f_n)} = \mu.$$

On a ensuite :

$$\frac{D(f_1, f_2, \ldots f_n)}{D(x_1, x_2, \ldots x_n)} = H$$

et

$$\frac{D(x_1, x_2, \ldots x_n)}{D(y_1, y_2, \ldots y_n)} = \mu.$$

Donc, en appelant H′ le Hessien de la forme $F(y_1, y_2, \ldots y_n)$, on a :

$$H' = H.\ \mu^2$$

En général, H est une fonction des coefficients et des variables de la forme $f$. On exprime la propriété précédente en disant que le *Hessien est un covariant.*

**18. Fonction adjointe.** — Soit :

$$f = ax^2 + a'y^2 + a''z^2 + 2\,byz + 2\,b'zx + 2\,b''xy$$

en posant

$$\frac{1}{2}\frac{\partial f}{\partial x} = f_1, \quad \frac{1}{2}\frac{\partial f}{\partial y} = f_2, \quad \frac{1}{2}\frac{\partial f}{\partial z} = f_3,$$

on a :

$$\left.\begin{aligned} ax + b''y + b'z &= f_1 \\ b''x + a'y + bz &= f_2 \\ b'x + by + a''z &= f_3 \\ f_1x + f_2y + f_3z &= f \end{aligned}\right\} \qquad (1)$$

d'où

$$\begin{vmatrix} a & b'' & b' & f_1 \\ b'' & a' & b & f_2 \\ b' & b & a'' & f_3 \\ f_1 & f_2 & f_3 & f \end{vmatrix} = 0. \qquad (2)$$

Si l'on pose :

$$\delta = \begin{vmatrix} a & b'' & b' \\ b'' & a' & b \\ b' & b & a'' \end{vmatrix}$$

en remarquant que l'équation (2) peut être écrite ainsi :

$$\begin{vmatrix} a & b'' & b' & f_1 + 0 \\ b'' & a' & b & f_2 + 0 \\ b' & b & a'' & f_3 + 0 \\ f_1 & f_2 & f_3 & 0 + f \end{vmatrix} = 0,$$

on a :

$$f.\delta = -\begin{vmatrix} a & b'' & b' & f_1 \\ b'' & a' & b & f_2 \\ b' & b & a'' & f_3 \\ f_1 & f_2 & f_3 & 0 \end{vmatrix}$$

Si l'on désigne par A, A′, A″, B, B′, B″ les *coefficients* des éléments de $\delta$, on a, en développant le second membre de l'équation précédente :

$$f.\delta = A\,f_1^2 + A'\,f_2^2 + A''\,f_3^2 + 2\,B\,f_2\,f_3 + 2\,B'\,f_3\,f_1 + 2\,B''\,f_1\,f_2 \qquad (3)$$

Désignons ce polynome en $f_1, f_2, f_3$ par $\varphi$.
On tire des équations (1) :

$$\left.\begin{aligned} A\, f_1 + B'' f_2 + B' f_3 &= \delta \,.\, x \\ B'' f_1 + A' f_2 + B\, f_3 &= \delta \,.\, y \\ B' f_1 + B\, f_2 + A'' f_3 &= \delta \,.\, z \end{aligned}\right\} \qquad (4)$$

Si l'on pose

$$\frac{1}{2}\frac{\partial \varphi}{\partial f_1} = \varphi_1, \qquad \frac{1}{2}\frac{\partial \varphi}{\partial f_2} = \varphi_2, \qquad \frac{1}{2}\frac{\partial \varphi}{\partial f_3} = \varphi_3.$$

on a en vertu des équations (4)

$$\varphi_1 = \delta . x, \qquad \varphi_2 = \delta . y, \qquad \varphi_3 = \delta . z.$$

Or, si l'on désigne par $\alpha$, $\alpha'$, $\alpha''$, $\beta$, $\beta'$, $\beta''$ les *coefficients* des éléments du déterminant :

$$\Delta = \begin{vmatrix} A & B'' & B' \\ B'' & A' & B \\ B' & B & A'' \end{vmatrix}$$

on aura, en vertu de l'identité (3) appliquée au polynome $\varphi$,

$$\varphi . \Delta = \alpha\, \varphi_1^2 + \alpha'\, \varphi_2^2 + \alpha''\, \varphi_3^2 + 2\, \beta\, \varphi_2\, \varphi_3 + 2\, \beta'\, \varphi_3\, \varphi_1 + 2\, \beta''\, \varphi_1\, \varphi_2,$$

Mais

$$\varphi = f . \delta, \quad \Delta = \delta^2, \quad \varphi_1 = \delta x, \quad \varphi_2 = \delta y, \quad \varphi_3 = \delta z,$$

donc

$$f\, \delta^3 = \delta^2\, (\alpha\, x^2 + \alpha'\, y^2 + \alpha''\, z^2 + 2\, \beta\, yz + 2\, \beta'\, zy + 2\, \beta''\, xy),$$

on a donc

$$\begin{aligned} \alpha &= a . \delta & \beta &= b . \delta \\ \alpha' &= a' . \delta & \beta' &= b' . \delta \\ \alpha'' &= a'' . \delta & \beta'' &= b'' . \delta \end{aligned}$$

c'est-à-dire, en développant :

$$\begin{aligned} A'A'' - B^2 &= a . \delta & B'B'' - AB &= b . \delta \\ A''A - B'^2 &= a' . \delta & B''B - A'B' &= b' . \delta \\ AA' - B''^2 &= a'' . \delta & BB' - A''B'' &= b'' . \delta \end{aligned}$$

La fonction $\varphi$ est ce que Gauss a nommé la *fonction adjointe* relative à $f$; on voit par ce qui précède que si $\delta = o$, on a $\alpha = \alpha' = \alpha'' = \beta = \beta' = \beta'' = o$; c'est-à-dire que les mineurs du premier ordre du discriminant de $\varphi$ sont nuls; donc, dans ce cas, la fonction adjointe est un carré parfait.

Les identités précédentes sont utiles dans la théorie de l'équation en S.

## EXERCICES

**1.** Soit

$$f = Ax^2 + A'y^2 + A''z^2 + 2\, Byz + 2\, B'zx + 2\, B''xy$$

une forme quadratique. En supposant

$$AA' - B''^2 \neq o,$$

on peut poser

$$Ax^2 + A'y^2 + 2B''xy = \varepsilon(ax + by)^2 + \varepsilon'(a'x + b'y)^2.$$

Montrer que l'on peut déterminer $c$ et $c'$ de sorte que

$$f = \varepsilon(ax + bx + cz)^2 + \varepsilon'(a'x + b'y + c'z)^2 + A''_1 z^2$$

calculer $A''_1$.

2. Soit

$$F = Ax^2 + A'y^2 + A''z^2 + 2Byz + 2B'zx + 2B''xy + 2t(Cx + C'y + C''z) + Dt^2.$$

En supposant

$$\begin{vmatrix} A & B'' & B' \\ B'' & A' & B \\ B' & B & A'' \end{vmatrix} \neq 0,$$

on a

$$\begin{aligned} &Ax^2 + A'y^2 + A''z^2 + 2Byz + 2B'zx + 2B''xy \\ &\quad = \varepsilon(ax + by + cz)^2 + \varepsilon'(a'x + b'y + c'z)^2 + \varepsilon''(a''x + b''y + c''z)^2. \end{aligned}$$

Montrer que l'on peut déterminer $d$, $d'$, $d''$ tels que

$$F = \varepsilon(ax + by + cz + dt)^2 + \varepsilon'(a'x + b'y + c'z + d't)^2 + \varepsilon''(a''x + b''y + c''z + d''t)^2 + D_1 t^2;$$

calculer $D_1$.

3. Soit

$$f = \sum\sum a_p^q x_p x_q,$$

une forme quadratique; on applique la méthode de Gauss pour la réduire à une somme de carrés; soit

$$f = \varepsilon_1 X_1^2 + \varepsilon_2 X_2^2 + \dots\dots + \varepsilon_n X_n^2$$

et supposons

$$X_h = x_h + \alpha_h^{h+1} x_{h+1} + \alpha_h^{h+2} x_{h+2} + \dots\dots + \alpha_h^n x_n.$$

montrer que l'on a

$$\varepsilon_1 = \Delta_1,\ \varepsilon_2 = \frac{\Delta_2}{\Delta_1},\ \varepsilon_3 = \frac{\Delta_3}{\Delta_2},\ \dots\dots\ \varepsilon_n = \frac{\Delta_n}{\Delta_{n-1}}$$

où $\Delta_h$ désigne le Hessien de la forme

$$f(x_1, x_2, \dots\dots x_h, 0, 0, \dots\dots 0)$$

(CH. HERMITE.)

4. En gardant les mêmes notations, et en posant

$$\begin{vmatrix} a_1^1 & a_1^2 & \ldots & a_1^{h-1} & f_1 \\ a_2^1 & a_2^2 & \ldots & a_2^{h-1} & f_2 \\ \cdots & \cdots & \cdots & \cdots & \cdots \\ \cdots & \cdots & \cdots & \cdots & \cdots \\ \cdots & \cdots & \cdots & \cdots & \cdots \\ a_h^1 & a_h^2 & \ldots & a_h^{h-1} & f_h \end{vmatrix} = \mathrm{A}_h \quad \text{et} \quad \mathrm{A}_1 = f_1,$$

$f_1, f_2, \ldots f_h$ étant les demi-dérivées de la forme $f$; montrer que

$$\mathrm{X}_h = \frac{\mathrm{A}_h}{\Delta_h},$$

de sorte que

$$f = \frac{\mathrm{A}_1^2}{\Delta_1} + \frac{\mathrm{A}_2^2}{\Delta_2 \Delta_1} + \frac{\mathrm{A}_3^2}{\Delta_3 \Delta_2} + \ldots + \frac{\mathrm{A}_n^2}{\Delta_n \Delta_{n-1}}$$

(JACOBI.)

5. Soient $f$ et $\varphi$ deux formes quadratiques à $n$ variables. Le discriminant de $f + \lambda\varphi$ est un invariant. En conclure que les coefficients des différentes puissances de $\lambda$ sont des invariants simultanés des deux formes $f$ et $\varphi$. Donner l'expression de ces invariants.

Si l'on égale à zéro le discriminant de $f + \lambda\varphi$, on obtient une équation qui exprime que $f + \lambda\varphi$ se réduit à une somme de moins de $n$ carrés; les coefficients de cette équation étant des invariants, on en conclut que les racines de l'équation en $\lambda$ ne changent pas quand on effectue sur les variables $x_1, x_2, \ldots x_n$ une substitution linéaire.

6. Montrer que les conditions nécessaires et suffisantes pour que

$$\mathrm{A}\,x^2 + \mathrm{A}'y^2 + \mathrm{A}''z^2 + 2\,\mathrm{B}\,yz + 2\,\mathrm{B}'\,zx + 2\mathrm{B}''\,xy$$

soit un carré parfait, sont les suivantes :

$$\mathrm{AA}' - \mathrm{B}''^2 = o, \; \mathrm{AA}'' - \mathrm{B}'^2 = o \quad \mathrm{AB} - \mathrm{B}'\mathrm{B}'' = o$$

en supposant $\mathrm{A} \neq o$.

— On écrit que les dérivées par rapport à $y$ et à $z$ sont proportionnelles à la dérivée par rapport à $x$

7. Décomposer en une somme de $n$ carrés l'expression

$$f = \left(x_1 + x_2 + \ldots\ldots + x_n\right)^2 + \left(x_1^2 + x_2^2 + \ldots + x_n^2\right) a.$$

— Désignons la somme $x_1 + x_2 + \ldots + x_n$ par $u$; on peut poser

$$f = (x_1 + \lambda\,u)^2 + (x_2 + \lambda\,u)^2 + \ldots\ldots (x_n + \lambda\,u)^2.$$

Déterminer le facteur numérique $\lambda$.

Examiner si les carrés obtenus sont distincts.

Lorsque $a = -n$, faire voir que l'on a :

$$f \leqslant o.$$

**8.** Trouver la condition pour que le Hessien de la forme

$$a\,x^3 + 3\,b\,x^2\,y + 3\,c\,xy^2 + dy$$

soit un carré parfait.

**9.** Soit

$$f\left(x_h, x_{h+1}, \dots x_n\right)$$

une forme quadratique ne renfermant pas $x_h^2$, de sorte que

$$f = x_h\left(\alpha\,x_{h+1} + \beta\,x_{h+2} + \dots + \lambda\,x_h\right) + \psi\left(x_{h+1}, x_{h+2}, \dots x_n\right)$$

et soit $\alpha \neq o$. On pose

$$x'_{h+1} = \alpha\,x_{h+1} + \beta\,x_{h+2} + \dots + \lambda\,x_n$$

et l'on tire $x_{h+1}$ de l'équation précédente; prouver que

$$f = x'_h\,x'_{h+1} + \psi_1\left(x_{h+1}, x_{h+2}, \dots x_n\right)$$

$x'_h$ étant de la forme :

$$x'_h = x_h + \mathrm{A}\,x'_{h+1} + \mathrm{B}\,x_{h+2} + \dots$$

En écrivant ainsi la forme donnée :

$$f = x_h\left(\alpha\,x_{h+1} + \beta x_{h+2} + \dots + \lambda x_n\right) + x_{h+1}\left(ax_{h+2} + bx_{h+3} + \dots\right) + \psi_1\left(x_{h+2}, \dots x_n\right)$$

montrer que

$$f = \frac{1}{\alpha}\,\frac{\partial f}{\partial x_h}\left(\frac{\partial f}{\partial x_{h+1}} - \frac{a}{\alpha^2}\,\frac{\partial f}{\partial x_h}\right) + \psi_1\left(x_{h+2}, \dots x_n\right)$$

(J. KRONECKER.)

**10.** Soit $f(x_1, x_2, \dots x_n)$ une fonction de $n$ variables, et soient $\varphi_1, \varphi_2, \dots \varphi_k$ $k$ fonctions de ces mêmes variables; prouver que le déterminant

$$\left|\begin{array}{ccc|cccc}
 & & & \frac{\partial \varphi_1}{\partial x_1} & \frac{\partial \varphi_2}{\partial x_1} & \dots & \frac{\partial \varphi_k}{\partial x_1} \\
 & \mathrm{H} & & \dots & \dots & \dots & \dots \\
 & & & \dots & \dots & \dots & \dots \\
 & & & \frac{\partial \varphi_1}{\partial x_n} & \frac{\partial \varphi_2}{\partial x_n} & \dots & \frac{\partial \varphi_k}{\partial x_n} \\
\hline
\frac{\partial \varphi_1}{\partial x_1} & \dots & \frac{\partial \varphi_1}{\partial x_n} & 0 & 0 & \dots & 0 \\
\dots & \dots & \dots & \dots & \dots & \dots & \dots \\
\dots & \dots & \dots & \dots & \dots & \dots & \dots \\
\frac{\partial \varphi_k}{\partial x_1} & \dots & \frac{\partial \varphi_k}{\partial x_n} & 0 & 0 & \dots & 0
\end{array}\right|$$

obtenu en bordant le Hessien de $f$ avec les dérivées des fonctions $\varphi$, est un invariant.

— On considère la fonction :

$$\Theta = f(x_1, x_2, \ldots x_n) + x_{n+1}\varphi_1(x_1, \ldots x_n) + x_{n+2}\varphi_2(x_1, \ldots x_n) + \ldots + x_{n+k}\varphi_k(x_1, x_2, \ldots x_n)$$

et l'on fait la substitution :

$$\begin{array}{ll} x_1 = \alpha_1^1 x'_1 + \alpha_1^2 x'_2 + \ldots \alpha_1^n x'_n & \\ \ldots\ldots\ldots\ldots\ldots\ldots & \\ \ldots\ldots\ldots\ldots\ldots\ldots & \\ \ldots\ldots\ldots\ldots\ldots\ldots & \\ x_n = \alpha_n^1 x'_1 + \alpha_n^2 x'_2 + \ldots + \alpha_n^n x'_n & \\ x_{n+1} = & x'_{n+1} \\ x_{n+2} = & x'_{n+2} \\ \ldots\ldots\ldots\ldots\ldots\ldots & \\ \ldots\ldots\ldots\ldots\ldots\ldots & \\ x_{n+k} = & x'_{n+k} \end{array}$$

puis on pose dans le déterminant relatif à $\Theta$ :

$$x_{n+1} = x_{n+2} = \ldots = x_{n+k} = 0.$$

on supposera

$$k \leqq n - 1.$$

**11.** Soit

$$f(x_1, x_2, \ldots x_n, y_1, y_2, \ldots y_n)$$

une fonction de $2n$ variables indépendantes; on pose :

$$H_{xy} = \frac{D\left(\frac{\partial f}{\partial x_1}, \frac{\partial f}{\partial x_2}, \ldots \frac{\partial f}{\partial x_n}\right)}{D(y_1, y_2, \ldots y_n)} \qquad H_{yx} = \frac{D\left(\frac{\partial f}{\partial y_1}, \frac{\partial f}{\partial y_2}, \ldots \frac{\partial f}{\partial y_n}\right)}{D(x_1, x_2, \ldots x_n)}$$

vérifier que

$$H_{xy} = H_{yx}.$$

**12.** Montrer que si l'on effectue deux substitutions linéaires *indépendantes*, l'une sur les $x$, l'autre sur les $y$, le déterminant $H_{xy}$ se reproduit multiplié par le produit des déterminants des deux substitutions.

**13.** On considère la fonction

$$f(x_1, x_2, \ldots x_n, y_1, y_2, \ldots y_n).$$

Montrer que le déterminant

$$\left|\begin{array}{ccc|cccc} & & & \frac{\partial\psi_1}{\partial y_1} & \frac{\partial\psi_2}{\partial y_1} & \ldots\ldots & \frac{\partial\psi_k}{\partial y_1} \\ & H_{xy} & & \ldots & \ldots & \ldots & \ldots \\ & & & \ldots & \ldots & \ldots & \ldots \\ & & & \frac{\partial\psi_1}{\partial y_n} & \frac{\partial\psi_2}{\partial y_n} & \ldots\ldots & \frac{\partial\psi_k}{\partial y_n} \\ \hline \frac{\partial\varphi_1}{\partial x_1} & \ldots\ldots & \frac{\partial\varphi_1}{\partial x_n} & 0 & 0 & \ldots\ldots & 0 \\ \ldots & \ldots & \ldots & \ldots & \ldots & \ldots & \ldots \\ \ldots & \ldots & \ldots & \ldots & \ldots & \ldots & \ldots \\ \frac{\partial\varphi_k}{\partial x_1} & \ldots\ldots & \frac{\partial\varphi_k}{\partial x_n} & 0 & 0 & \ldots\ldots & 0 \end{array}\right|$$

est un invariant; $\varphi_1, \varphi_2, \ldots \varphi_k$ désignant $k$ fonctions des variables $x_1, x_2, \ldots x_n$ et $\psi_1, \psi_2, \ldots \psi_k$, $k$ fonctions des variables $y_1, y_2, \ldots y_n$. Enfin $H_{xy}$ étant le Hessien généralisé relatif à

$$f(x_1\, x_2, \ldots x_n, y_1, y_2 \ldots y_n).$$

— On considérera la fonction

$$\Theta = f(x_1, x_2, \ldots x_n, y_1, y_2, \ldots y_n) + x_{n+1}\psi_1 + x_{n+2}\psi_2 + \ldots + x_{n+k}\psi_k$$
$$+ y_{n+1}\varphi_1 + y_{n+2}\varphi_2 + \ldots + y_{n+k}\varphi_k$$

on formera le $H_{xy}$ relatif à $\Theta$ et on posera :

$$x_{n+1} = x_{n+2} = \ldots = x_{n+k} = y_{n+1} = y_{n+2} \ldots = y_{n+k} = 0.$$

**14**. Soit

$$f(x_1, x_2, \ldots x_n, y_1, y_2, \ldots y_p, z_1, z_2 \ldots z_p)$$

prouver que

$$\frac{D\left(\frac{\partial f}{\partial x_1}, \frac{\partial f}{\partial x_2}, \ldots \frac{\partial f}{\partial x_n}, \frac{\partial f}{\partial z_1}, \frac{\partial f}{\partial z_2}, \ldots \frac{\partial f}{\partial z_p}\right)}{D(x_1, x_2, \ldots x_n, y_1, y_2, \ldots y_p)}$$
$$= \frac{D\left(\frac{\partial f}{\partial x_1}, \frac{\partial f}{\partial x_2}, \ldots \frac{\partial f}{\partial x_n}, \frac{\partial f}{\partial y_1}, \frac{\partial f}{\partial y_2}, \ldots \frac{\partial f}{\partial y_p}\right)}{D(x_1, \alpha_2, \ldots x_n, z_1, z_2, \ldots z_p)}$$

**15**. Si l'on fait sur les $y$ et sur les $z$, puis sur les $x$ des substitutions linéaires, le déterminant précédent se reproduit multiplié par le produit des modules des substitutions.

**16**. Montrer que l'on peut ajouter aux variables $x$ des fonctions linéaires d'autres variables, sans changer le déterminant proposé, en posant par exemple :

$$x_1 = x'_1 + \alpha_1^1 y'_1 + \alpha_1^2 y'_2 \ldots + \alpha_1^p y'_p$$
$$\ldots\ldots\ldots\ldots\ldots\ldots$$
$$\ldots\ldots\ldots\ldots\ldots\ldots$$
$$\ldots\ldots\ldots\ldots\ldots\ldots$$
$$\ldots\ldots\ldots\ldots\ldots\ldots$$
$$x_n = x'_n + \alpha_n^1 y'_1 + \alpha_n^2 y'_2 + \ldots + \alpha_n^p y'_p$$
$$y_1 = y'_1$$
$$\ldots\ldots$$
$$\ldots\ldots$$
$$y_p = y'_p.$$

**17**. Soit

$$f(x_1, x_2, \ldots x_n)$$

une fonction de $n$ variables et soit

$$\Theta = f(_1, x_2, \ldots x_n) + y_1\varphi_1(x_1\, x_2 \ldots x_n) + \ldots + y_p\varphi_p(x_1, x_2, \ldots x_n)$$
$$+ z_1\psi_1(x_1, x_2 \ldots x_n) + \ldots + z_p\psi_p(x_1, x_2, \ldots x_n),$$

on considère le déterminant

$$\frac{D\left(\frac{\partial \Theta}{\partial x_1}, \frac{\partial \Theta}{\partial x_2}; \dots \frac{\partial \Theta}{\partial x_n}, \varphi_1, \varphi_2 \dots \varphi_p\right)}{D(x_1, x_2, \dots x_n, z_1, z_2, \dots z_p)},$$

et l'on fait ensuite

$$y_1 = y_2 = \dots, y_p = z_1 = z_2 = \dots z_p = 0.$$

En conclure que le déterminant

$$\left|\begin{array}{ccc|ccc} & & & \frac{\partial \varphi_1}{\partial x_1} & \dots & \frac{\partial \varphi_p}{\partial x_1} \\ & \mathrm{H} & & \dots & \dots & \dots \\ & & & \dots & \dots & \dots \\ & & & \frac{\partial \varphi_1}{\partial x_n} & \dots & \frac{\partial x_n}{\partial \varphi_p} \\ \hline \frac{\partial \psi_1}{\partial x_1} & \dots & \frac{\partial \psi_1}{\partial x_n} & 0 & 0 \dots & 0 \\ \dots & \dots & \dots & & & \\ \dots & \dots & \dots & & & \\ \frac{\partial \psi_p}{\partial x_1} & \dots & \frac{\partial \psi_p}{\partial x_n} & 0 & 0 \dots & 0 \end{array}\right|$$

est un invariant.

**Remarque.** — Ces propriétés du Hessien généralisé ont été exposées par M. G. Darboux dans son cours, à la Sorbonne.

**18. Exemples.** — Soit

$$f = \mathrm{A}x^2 + 2\,\mathrm{B}xy + \mathrm{C}y^2 + 2\,\mathrm{D}x + 2\,\mathrm{E}y + \mathrm{F},$$

on considère les déterminants

$$\Theta = \begin{vmatrix} \mathrm{A} & \mathrm{B} & \mathrm{D} & u \\ \mathrm{B} & \mathrm{C} & \mathrm{E} & v \\ \mathrm{D} & \mathrm{E} & \mathrm{F} & w \\ u & v & w & 0 \end{vmatrix}, \quad \Theta_1 = \begin{vmatrix} \mathrm{A} & \mathrm{B} & \mathrm{D} & u \\ \mathrm{B} & \mathrm{C} & \mathrm{E} & v \\ \mathrm{D} & \mathrm{E} & \mathrm{F} & w \\ u' & v' & w' & 0 \end{vmatrix}, \quad \Theta_2 = \begin{vmatrix} \mathrm{A}, & \mathrm{B}, & \mathrm{D}, & u & u' \\ \mathrm{B} & \mathrm{C} & \mathrm{E} & v & v' \\ \mathrm{D} & \mathrm{E} & \mathrm{F} & w & w' \\ u & v & w & 0 & 0 \\ u' & v' & w' & 0 & 0 \end{vmatrix}$$

L'équation $f(x, y, z) = 0$ représente une conique. Quelle est la signification des équations $\Theta = 0$; $\Theta_1 = 0$; $\Theta_2 = 0$.

Soit

$$\mathrm{A}'x^2 + 2\,\mathrm{B}'xy + \mathrm{C}'y^2 + 2\,\mathrm{D}'x + 2\,\mathrm{E}'y + \mathrm{F}' = 0,$$

l'équation d'une seconde conique; on développe

$$\begin{vmatrix} \mathrm{A} + \lambda\mathrm{A}' & \mathrm{B} + \lambda\mathrm{B}' & \mathrm{D} + \lambda\mathrm{D}' & u \\ \mathrm{B} + \lambda\mathrm{B}' & \mathrm{C} + \lambda\mathrm{C}' & \mathrm{E} + \lambda\mathrm{E}' & v \\ \mathrm{D} + \lambda\mathrm{D}' & \mathrm{E} + \lambda\mathrm{E}' & \mathrm{F} + \lambda\mathrm{F}' & w \\ u & v & w & 0 \end{vmatrix}$$

suivant les puissances de $\lambda$. Les coefficients du développement sont des invariants. Montrer qu'en égalant à zéro le coefficient de $\lambda$ on obtient la condition pour que la droite ayant pour équation

$$ux + vy + w = 0$$

coupe harmoniquement les deux coniques. Trouver l'enveloppe de cette droite. Étendre ces considérations au cas des surfaces du second degré.

**19.** Soient

$$f(x_1, x_2 \ldots\ldots x_n) \text{ et } \varphi(x_1, x_2, \ldots\ldots x_n)$$

deux formes quadratiques réelles, dont l'une, la forme $\varphi$ p. ex. soit définie.

Prouver que l'équation obtenue en égalant à zéro le discriminant de

$$f - S\varphi$$

n'a que des racines réelles.

— Si $\alpha + \beta i$ était une racine de l'équation considérée, l'expression

$$f - (\alpha + \beta i)\varphi$$

serait une somme de moins de $n$ carrés, de sorte que l'on aurait :

$$f - (\alpha + \beta i)\varphi = (P_1 + Q_1 i)^2 + (P_2 + Q_2 i)^2 + \ldots\ldots + (P_h + Q_h i)^2$$

$h$ étant moindre que $n$. On peut trouver des nombres $y_1, y_2 \ldots\ldots y_n$ non tous nuls et tels qu'en posant

$$x_1 = y_1, \quad x_2 = y_2, \quad \ldots\ldots \quad x_n = y_n$$

on ait :

$$Q_1 = 0, \quad Q_2 = 0, \quad \ldots\ldots \quad Q_h = 0,$$

donc, en faisant cette substitution dans le second membre de l'identité précédente, on aurait un résultat réel, tandis que dans le premier membre le coefficient de $i$ est égal à $-\beta\varphi_1$, $\varphi_1$ étant ce que devient $\varphi$ ; mais $\varphi_1$ est différent de zéro, donc $\beta = 0$.

**20.** Soit $f(x_1, x_2, \ldots\ldots x_n)$ une fonction entière homogène d'un degré quelconque. Le Hessien H est un invariant. Si l'on fait une substitution linéaire, il se reproduit, multiplié par le carré du module.

Si $H = 0$, on peut trouver une substitution linéaire qui ramène la fonction à ne dépendre que de $n - 1$ variables au plus.

En particulier si $n = 4$, et si $x_1, x_2, x_3, x_4$ sont des coordonnées, $H = 0$ exprime la condition pour que $f = 0$ représente un cône (voir Brioschi, *Théorie des déterminants*, p. 129 et suiv., ou *Journal de Crelle*, tome XLII, 1851).

**21.** Trouver les substitutions linéaires qui transforment une forme quadratique en elle-même. Appliquer à la forme

$$x_1^2 + x_2^2 + \ldots + x_n^2.$$

LES CHAPITRES SUIVANTS (IX A XVIII) SONT RELATIFS

A LA

THÉORIE DES ÉQUATIONS ALGÉBRIQUES

---

# CHAPITRE IX

## THÉORÈME DE DALEMBERT. RELATIONS ENTRE LES COEFFICIENTS ET LES RACINES D'UNE ÉQUATION ALGÉBRIQUE

**1.** On appelle *équation algébrique* à une inconnue, toute équation pouvant se ramener à la forme

$$A_0 z^m + A_1 z^{m-1} + \ldots\ldots + A_p z^{m-p} + \ldots\ldots + A_{m-1} z + A_m = 0,$$

$A_0, A_1, \ldots\ldots A_p, \ldots\ldots A_m$ étant des nombres donnés, réels ou imaginaires, $z$ désignant l'inconnue et $m$ étant un nombre entier que l'on nomme le *degré* de l'équation.

Si l'on représente le premier membre de cette équation par $f(z)$, on dit que $\alpha + \beta i$ est *racine* de l'équation proposée, lorsque, en remplaçant $z$ par $\alpha + \beta i$ dans le polynome $f(z)$, et appliquant les règles du calcul des imaginaires, on trouve :

$$f(\alpha + \beta i) = 0.$$

En général, si l'on remplace $z$ par $\alpha + \beta i$, $\alpha$ et $\beta$ étant des nombres réels arbitraires, on obtiendra, comme nous l'avons déjà vu, un résultat de la forme

$$P + Q i.$$

Dire que $\alpha + \beta i$ est racine de l'équation proposée, c'est dire que l'on a :

$$P=0 \quad \text{et} \quad Q=0.$$

*Résoudre* une équation, c'est trouver toutes ses racines.

**2.** Nous savons déjà que si $\alpha+\beta i$ est racine de l'équation

$$f(z)=0,$$

le polynome $f(z)$ est divisible par

$$z-(\alpha+\beta i).$$

D'une manière générale, si l'on désigne par $a$ un nombre réel ou imaginaire, on dit que $a$ est racine d'ordre $p$ de multiplicité de l'équation

$$f(z)=0,$$

si le polynome $f(z)$ est divisible par $(z-a)^p$, de sorte que

$$f(z)\equiv(z-a)^p\,\varphi(z) \qquad (1)$$

$\varphi(z)$ étant un polynome entier en $z$, *non divisible par* $z-a$. En d'autres termes, si $f(z)$ et $\varphi(z)$ sont des polynomes entiers en $z$, l'identité (1) exprime que $a$ est racine d'ordre $p$ de multiplicité de l'équation

$$f(z)=0$$

si l'on a

$$\varphi(a)\neq 0.$$

Nous avons trouvé que les conditions nécessaires et suffisantes pour qu'il en soit ainsi sont les suivantes :

$$f(a)=0, \quad f'(a)=0, \quad f''(a)=0, \quad \ldots\ldots \quad f^{(p-1)}(a)=0, \quad f^{(p)}(a)\neq 0.$$

**3. Théorème fondamental** (Dalembert).

*Toute équation algébrique entière, à coefficients réels ou imaginaires, a au moins une racine réelle ou imaginaire.*

Soit :

$$f(z)=A_0 z^m+A_1 z^{m-1}+\ldots+A_m=0$$

l'équation proposée. Donnons à $z$ une valeur arbitraire $z_0$ et posons

$$f(z_0)=R_0(\cos\alpha_0+i\sin\alpha_0).$$

Donnons à $z$ une autre valeur : $z_0 + h$ et soit :

$$f(z_0+h) = f(z_0) + \frac{h^p}{p\,!} f^{(p)}(z_0) + \frac{h^{p+1}}{(p+1)\,!} f^{(p+1)}(z_0) + \ldots + \frac{h^m}{m\,!} f^{(m)}(z_0).$$

Le dernier terme n'est autre que $A_0 h^m$ ; il peut se faire que quelques-unes des dérivées successives de $f(z)$ soient nulles pour $z = z_0$ ; supposons que la première qui ne s'annule pas soit la $p^{ème}$ et posons :

$$h = \rho\,(\cos\varphi + i \sin\varphi)$$

$$\frac{f^{(q)}(z_0)}{q\,!} = r_q\,(\cos\alpha_q + i\,\sin\alpha_q)$$

$$\frac{f^{(m)}(z_0)}{m\,!} = A_0 = r_m\,(\cos\alpha_m + i\sin\alpha_m),$$

de sorte que :

$$f(z_0+h) = R_0(\cos\alpha_0 + i\sin\alpha_0) + r_p\,\rho^p\left[(\cos(p\varphi+\alpha_p) + i\sin(p\varphi+\alpha_p)\right] + \ldots$$
$$+ r_m\,\rho^m\left[(\cos(m\varphi+\alpha_m) + i\sin(m\varphi+\alpha_m)\right].$$

Par suite, en désignant par $R_1$ le module de $f(z_0+h)$ :

$$R_1^2 = \left[R_0\cos\alpha_0 + r_p\,\rho^p\cos(p\varphi+\alpha_p) + \ldots + r_m\,\rho^m\cos(m\varphi+\alpha_m)\right]^2$$
$$+ \left[R_0\sin\alpha_0 + r_p\,\rho^p\sin(p\varphi+\alpha_p) + \ldots + r_m\,\rho^m\sin(m\varphi+\alpha_m)\right]^2$$

d'où :

$$R_1^2 = R_0^2 + 2\,R_0\,r_p\,\rho^p\,(\cos p\varphi + \alpha_p - \alpha_0) + \ldots + r_m^2\,\rho^{2m}.$$

L'angle $\varphi$ est arbitraire; on peut toujours supposer l'argument $p\varphi + \alpha_p - \alpha_0$ choisi de telle façon que son cosinus soit négatif; par exemple, on pourrait poser $\varphi = \dfrac{\alpha_0 - \alpha_p + \pi}{p}$, ce cosinus serait alors égal à $-1$ ; en outre, on peut trouver un nombre $\theta$, tel que, en supposant $\rho < \theta$, le polynome

$$2\,R_0\,r_p\,\rho^p\cos(p\varphi + \alpha_p - \rho_0) + \ldots + r_m^2\,\rho^{2m}$$

ait le signe de son premier terme, et, par suite, soit négatif. En supposant $\rho$ et $\varphi$ choisis de cette manière, on aura :

$$R_1^2 < R_0^2$$

et, par conséquent :

$$|\,f(z_0+h)\,| < |\,f(z_0)\,|$$

Il convient de remarquer qu'il en sera ainsi, quel que soit le module de $h$ pourvu que ce module soit inférieur à $\theta$, et que l'argument de $h$ soit convenablement choisi.

Cela posé, soit $z_1$ une valeur déterminée de $z$, et supposons que le module de $f(z_1)$ ait une valeur A différente de zéro. On peut trouver un nombre B tel que l'inégalité

$$|z| \geqslant B$$

entraîne la suivante :

$$|f(z)| > A.$$

Remarquons d'abord que $|z_1| \leqslant B$; de sorte que si $z_1 = x_1 + iy_1$ on a $x_1^2 + y_1^2 \leqslant B^2$ et par suite $|x_1| \leqslant B$ et $|y_1| \leqslant B$.

Cela étant, supposons que l'équation proposée n'ait aucune racine, en posant $z = x + iy$, considérons l'ensemble de toutes les valeurs réelles de $x$ et $y$ vérifiant les inégalités

$$-B < x < B, \qquad -B < y < B,$$

pour toutes ces valeurs, on aurait

$$|f(z)| > o.$$

Les modules correspondants de $f(z)$ forment alors un ensemble limité inférieurement, et par suite, ayant un *minimum absolu* $R_0$.

Considérons d'une part les valeurs de $z$ satisfaisant aux inégalités

$$\begin{aligned} -B &< y < B \\ -B &< x < o \end{aligned}$$

et de l'autre, les valeurs satisfaisant aux inégalités

$$\begin{aligned} -B &< y < B \\ o &< x < B \end{aligned}$$

Dans l'un au moins de ces systèmes, le minimum absolu de mod $f(z)$ sera $R_o$; supposons, par exemple, que ce soit dans le second. Partageons en deux l'intervalle dans lequel varie $x$ : de 0 à $\frac{B}{2}$ et de $\frac{B}{2}$ à B et ainsi de suite; en procédant comme nous l'avons déjà fait pour une seule variable, nous obtiendrons une suite d'ensembles de valeurs de $z$ satisfaisant aux inégalités

$$\begin{aligned} -B &< y < B \\ a_n &< x < a_{n+1}, \end{aligned}$$

les nombres $a_n$, $a_{n+1}$ ayant une limite commune $x_o$. Cela fait, nous traiterons l'intervalle relatif à $y$ de la même façon et nous arriverons ainsi à un ensemble de valeurs de $z$ vérifiant les conditions

$$\begin{aligned} b_n &< y < b_{n+1} \\ a_n &< x < a_{n+1} \end{aligned}$$

$b_n$ et $b_{n+1}$ ayant une limite commune $y_o$, comme $a_n$ et $a_{n+1}$ ont déjà pour limite $x_o$.

Soit $\alpha$ un nombre positif arbitraire; on peut déterminer un nombre positif $k$ tel que les inégalités

$$\left.\begin{aligned} y_0 - k &< y < y_0 + k \\ x_0 - k &< x < x_0 + k \end{aligned}\right\} \qquad (1)$$

entraînent celles-ci :

$$R_0 < f\,|(z)| < R_0 + \alpha. \qquad (2)$$

Posons

$$z_0 = x_0 + y_0 i;$$

le module de $f(z)$ étant une fonction continue de $x$ et de $y$, on peut déterminer un nombre positif $\beta$ tel que l'inégalité

$$k < \beta$$

entraîne :

$$|\bmod f(z) - \bmod f(z_0)| < \alpha \tag{3}$$

de sorte que les inégalités (2) et (3) donnent :

$$|\bmod f(z_0) - R_0| < 2\alpha,$$

mais $\alpha$ est arbitraire tandis que $f(z_0)$ et $R_0$ sont des nombres déterminés; donc on a :

$$|f(z_0)| = R_0$$

D'ailleurs on a nécessairement

$$|z_0| < B.$$

En effet, s'il en était autrement, on aurait $\bmod f(z_0) > A$, c'est-à-dire $R_0 > A$ ; or $A$ est le module de $f(z_1)$ et comme $z_1$ appartient à l'ensemble des valeurs de $z$ que nous avons considérées, on a $R_0 \leqq A$.

Cela posé, on peut trouver une valeur de $z$, $z_0 + h$ différant de $z_0$ d'aussi peu qu'on veut et par suite ayant un module inférieur à $B$, et telle que l'on ait :

$$|f(z_0 + h)| < |f(z_0)|$$

donc, $R_0$ ne serait pas le minimum absolu de mod $f(z)$.

L'hypothèse que nous avons faite est donc impossible.

Il en résulte qu'il y a nécessairement parmi les valeurs de $z$ dont le module est inférieur à $B$, au moins une valeur $z'$ telle que l'on ait

$$|f(z')| = 0 \quad \text{c'est-à-dire } f(z') = 0$$

ce qui démontre la proposition.

*Nous donnerons plus loin* (note II) *une autre démonstration de ce théorème fondamental.*

## CONSÉQUENCES DU THÉORÈME DE DALEMBERT

**4. Théorème.** — *Le nombre des racines d'une équation algébrique est égal à son degré.*

Soit

$$f(z) = 0$$

une équation algébrique de degré $m$. D'après le théorème précédent, cette équation a au moins une racine réelle ou imaginaire que nous désignerons par $a_1$. On a par suite

$$f(z) \equiv (z - a_1) f_1(z),$$

$f_1(z)$ étant un polynome entier à coefficients réels ou imaginaires, comme $f(z)$, mais de degré $m-1$. L'équation $f_1(z)=0$ admet à son tour, au moins une racine $a_2$, réelle ou imaginaire, pouvant être identique à $a_1$ ou en différer; dans tous les cas

$$f_1(z) \equiv (z-a_2) f_2(z),$$

$f_2(z)$ étant un polynome entier de degré $m-2$, et ainsi de suite. On arrivera en continuant ce raisonnement, à un polynome $f_{m-1}(z)$, du premier degré, que l'on pourra mettre sous la forme

$$f_{m-1}(z) \equiv (z-a_m) f_m,$$

$f_m$ désignant une *constante*. On aura donc ainsi :

$$\begin{aligned} f(z) &\equiv (z-a_1) f_1(z), \\ f_1(z) &\equiv (z-a_2) f_2(z), \\ f_2(z) &\equiv (z-a_3) f_3(z), \\ &\ldots\ldots\ldots\ldots \\ &\ldots\ldots\ldots\ldots \\ f_{m-2}(z) &\equiv (z-a_{m-1}) f_{m-1}(z), \\ f_{m-1}(z) &\equiv (z-a_m) f_m \end{aligned}$$

d'où, en multipliant membre à membre toutes ces identités

$$f(z) \equiv (z-a_1)(z-a_2)(z-a_3) \ldots\ldots (z-a_{m-1})(z-a_m) f_m.$$

Les deux membres sont des polynomes entiers en $z$ qui doivent être égaux pour toutes les valeurs de $z$; les coefficients des puissances semblables de $z$ doivent être égaux, comme on l'a vu; si l'on désigne par $A_0$ le coefficient de $z^m$ dans $f(z)$, on doit donc avoir :

$$f_m = A_0,$$

et par suite, on obtient cette identité fondamentale :

$$f(z) \equiv A_0 (z-a_1)(z-a_2) \ldots\ldots (z-a_m). \tag{1}$$

Si tous les nombres $a_1, a_2, \ldots\ldots a_m$ sont inégaux, l'équation

$$f(z) = 0$$

aura $m$ racines distinctes; si quelques-uns de ces nombres sont égaux entre eux, l'équation aura des racines égales; en général, on pourra poser

$$f(z) \equiv A_0 (z-a)^\alpha (z-b)^\beta \ldots\ldots (z-l)^\lambda \tag{2}$$

avec la condition

$$\alpha + \beta + \ldots\ldots + \lambda = m.$$

De sorte que $a$ est, dans ce cas, racine d'ordre $\alpha$ de multiplicité, $b$ racine d'ordre $\beta$, et ainsi de suite.

Je dis maintenant que *l'équation* $f(z)=0$ *ne peut avoir plus de* $m$ *racines*, chaque racine étant comptée autant de fois qu'il y a d'unités dans son ordre de multiplicité.

En effet, supposons qu'il existe une racine $z'$ différente de chacun des nombres $a, b, c, \ldots\ldots l$. Les deux membres de l'identité (2) étant égaux pour toutes les valeurs de $z$, le second membre doit s'annuler comme le premier quand on remplace $z$ par $z'$; mais le produit de facteurs réels ou imaginaires

$$A_0(z'-a)^\alpha(z'-b)^\beta\ldots\ldots(z'-l)^\lambda$$

ne peut être nul que si l'un au moins de ses facteurs est nul; or, chacun des facteurs $z'-a$, $z'-b$, ..... $z'-l$ étant supposé différent de zéro, on doit avoir

$$A_0=0;$$

le second membre de l'identité (2) serait nul pour toutes les valeurs de $z$, et par suite on aurait :

$$f(z)\equiv 0.$$

On peut donc énoncer la proposition suivante :

*Toute équation algébrique de degré* $m$, *a* $m$ *racines, distinctes ou non ; elle ne peut en avoir davantage sans que son premier membre soit nul identiquement.*

**Corollaire.** — *Si deux polynomes entiers en* $z$, $f(z)$ *et* $\varphi(z)$, *prennent des valeurs égales pour des valeurs de* $z$ *en nombre supérieur à leurs degrés, ces polynomes sont identiques.*

En effet l'équation $f(z)-\varphi(z)=0$ ayant, par hypothèse, plus de racines qu'il n'y a d'unités dans son degré, son premier membre est nul identiquement.

Cette remarque est souvent utile pour la vérification d'identités dont les deux membres sont entiers.

**5. Définitions.** — Nous appellerons *facteur premier* d'un polynome $f(z)$, tout diviseur du premier degré de $f(z)$, tel que $z-a$.

Il résulte de ce qui précède que :

**Théorème.** — *Tout polynome entier* $f(z)$ *peut être décomposé en un produit de facteurs premiers.*

Les facteurs premiers correspondant aux racines de l'équation $f(z)=0$, on peut regarder comme évident que la *décomposition précédente n'est possible que d'une seule manière.*

Ce théorème, analogue au théorème d'arithmétique relatif à la décomposition d'un nombre entier en un produit de facteurs premiers, peut se démontrer directement, comme celui-ci.

Supposons

$$A(z-a)^{\alpha}(z-b)^{\beta}\ldots. \equiv A'(z-a')^{\alpha'}(z-b')^{\beta'}\ldots.$$

Les deux membres étant identiques, le second doit s'annuler pour $z=a$, ce qui prouve que l'un des nombres $a'$, $b'$ ... est égal à $a$ ; soit $a'=a$. Je dis que $\alpha'=\alpha$. En effet soit $\alpha \neq \alpha'$ et pour fixer les idées $\alpha=\alpha'+h$ $(h>o)$ ; en divisant les deux membres par $(z-a)^{\alpha'}$ on doit avoir des quotients identiques, ce qui donne

$$A(z-a)^{h}\ (z-b)^{\beta}\ldots. \equiv A'(z-b')^{\beta'}\ldots.$$

mais, comme on suppose qu'on a mis en évidence les plus hautes puissances de chacun des facteurs, aucun des nombres $b'$ n'est égal à $a$ ; par suite l'identité est impossible tant que $h \neq o$, car le premier membre de la dernière identité serait nul pour $z=a$ et pas le second : donc $\alpha'=\alpha$, etc... on arrivera enfin à $A'=A$.

**6. Corollaire.** — *Un polynome entier homogène, de degré m, à deux variables x, y, peut être décomposé en un produit de facteurs linéaires homogènes*, et cela, d'une seule manière.

Soit

$$f(x,y) \equiv A_0 x^m + A_1 x^{m-1} y + \ldots.. + A_{m-1} x y^{m-1} + A_m y^m,$$

et supposons

$$A_0 \neq 0.$$

Si l'on pose

$$x = yz,$$

on obtient

$$f(x,y) \equiv y^m (A_0 z^m + A_1 z^{m-1} + \ldots.. + A_{m-1} z + A_m).$$

Le polynome du degré $m$ en $z$ que nous obtenons ainsi peut être décomposé en facteurs du premier degré ; ce qui donne :

$$f(x,y) \equiv A_0 y^m (z-a_1)(z-a_2)\ldots..(z-a_m).$$

et par suite

$$f(x,y) \equiv A_0 (x-a_1 y)(x-a_2 y)\ldots..(x-a_m y).$$

Si l'on décompose $A_0$ arbitrairement en un produit de $m$ facteurs :

$$A_0 = \alpha_1 \alpha_2 \ldots.. \alpha_m,$$

en posant :

$$a_1\alpha_1 = -\beta_1, \quad a_2\alpha_2 = -\beta_2 \ldots.. a_m\alpha_m = -\beta_m,$$

on peut écrire :

$$f(x, y) \equiv (\alpha_1 x + \beta_1 y)(\alpha_2 x + \beta_2 y) \ldots\ldots (\alpha_m x + \beta_m y) \qquad (1)$$

Si $A_0$, $A_1$, ..... $A_{p-1}$ sont nuls, on aura

$$\begin{aligned} f(x, y) &\equiv A_p x^{m-p} y^p + A_{p+1} x^{m-p-1} y^{p+1} + \ldots\ldots + A_{m-1} x y^{m-1} + A_m y^m \\ &\equiv y^p (A_p x^{m-p} + A_{p-1} x^{m-p-1} y + \ldots + A_{m-1} x y^{m-p-1} + A_m y^{m-p}), \end{aligned}$$

et par suite, en décomposant le polynome entre parenthèses en facteurs linéaires, on a :

$$f(x, y) \equiv y^p (\alpha_{p+1} x + \beta_{p+1} y)(\alpha_{p+2} x + \beta_{p+2} y) \ldots\ldots (\alpha_m x + \beta_m y). \quad (2)$$

Cette formule se déduit de la précédente, en supposant

$$\alpha_1 = \alpha_2 = \ldots\ldots = \alpha_p = 0 \qquad \text{et} \qquad \beta_1 = \beta_2 = \ldots\ldots = \beta_p = 1.$$

On peut donc regarder la formule (1) comme générale.

Je dis maintenant que *la décomposition n'est possible que d'une seule manière.*

Supposons en effet qu'on ait identiquement :

$$(\alpha_1 x + \beta_1 y)(\alpha_2 x + \beta_2 y) \ldots (\alpha_m x + \beta_m y) \equiv (a_1 x + b_1 y)(a_2 x + b_2 y) \ldots (a_m x + b_m y) \quad (3)$$

Le premier membre est nul quand on suppose

$$x = \beta_1, \quad y = -\alpha_1,$$

il doit en être de même du second; par suite l'un des facteurs du second membre est nul quand on y remplace $x$ par $\beta_1$ et $y$ par $-\alpha_1$; supposons que ce soit le premier facteur, alors :

$$a_1 \beta_1 - b_1 \alpha_1 = 0.$$

Le déterminant des deux formes linéaires $\alpha_1 x + \beta_1 y$ et $a_1 x + b_1 y$ est donc nul; par suite :

$$a_1 x + b_1 y \equiv h(\alpha_1 x + \beta_1 y),$$

$h$ étant une constante. En divisant les deux membres de l'identité (3), par $a_1 x + b_1 y$, on obtient une nouvelle identité :

$$\begin{aligned} &(\alpha_2 x + \beta_2 y)(\alpha_3 x + \beta_3 y) \ldots\ldots (\alpha_m x + b_m y) \\ &\quad \equiv h(a_2 x + b_2 y)(a_3 x + b_3 y) \ldots\ldots (a_m x + b_m y). \end{aligned}$$

On voit de même que l'un des facteurs du second membre est identique à $\alpha_2 x + \beta_2 y$ à un facteur constant près; supposons que ce soit $a_2 x + b_2 y$; et posons

$$a_2 x + b_2 y \equiv h' (\alpha_2 x + \beta_2 y),$$

on aura identiquement :

$$(\alpha_3 x + \beta_3 y) \ldots (\alpha_m x + \beta_m y) \equiv hh' (a_3 x + b_3 y) \ldots\ldots (a_m + b_m y),$$

et ainsi de suite. Les facteurs du second membre sont donc respectivement identiques à ceux du premier à des facteurs constants près.

**7. Conditions nécessaires et suffisantes pour que deux équations aient les mêmes racines, chacune avec le même degré de multiplicité respectivement.** — Si une équation $f(z) = 0$ de degré $m$ a pour racines

$$a, \quad b, \quad \ldots\ldots \quad l,$$

avec des degrés de multiplicité respectivement égaux à

$$\alpha, \quad \beta, \quad \ldots\ldots \quad \lambda,$$

et si l'on suppose

$$\alpha + \beta + \ldots\ldots + \lambda = m,$$

on aura, d'après ce qui précède,

$$f(z) \equiv \mathrm{A} (z - a)^\alpha (z - b)^\beta \ldots\ldots (z - l)^\lambda,$$

A étant une constante.

Soit $\varphi(z) = 0$ une équation de même degré admettant les mêmes racines que la première, avec les mêmes degrés de multiplicité respectivement, on aura

$$\varphi(z) \equiv \mathrm{B} (z - a)^\alpha (z - b)^\beta \ldots\ldots (z - l)^\lambda$$

par suite :

$$\varphi(z) \equiv \frac{\mathrm{A}}{\mathrm{A}} f(z).$$

Le polynome $\varphi(z)$ ne diffère donc de $f(z)$ que par un facteur indépendant de $z$.

Réciproquement, il est évident que si H désigne une constante, l'équation

$$Hf(z) = 0$$

a les mêmes racines que l'équation $f(z) = 0$, et avec les mêmes degrés de multiplicité, respectivement.

**Remarque.** — Il résulte de ce qui précède, que l'on peut former toutes les équations algébriques ayant pour racines des nombres donnés, ces racines ayant des degrés de multiplicité donnés d'avance. Toute équation ayant pour racines $a$ avec le degré $\alpha$, $b$ avec le degré $\beta$ ..... $l$ avec le degré $\lambda$, est de la forme :

$$A(x - a)^{\alpha}(x - b)^{\beta} \dots (x - l)^{\lambda} = 0$$

**8. Théorème.** — *Soient $f(x, y)$ et $g(x, y)$ deux polynomes entiers. Si l'équation $f(x, y) = 0$ admet toutes les solutions de l'équation $g(x, y) = 0$, le polynome $f(x, y)$ est divisible par le polynome $g(x, y)$.*

Soient $n$ et $p$ les degrés des polynomes $f(x, y)$ et $g(x, y)$; on suppose $n \geqslant p$. On ne diminue pas la généralité en supposant qu'il y ait dans $g(x, y)$ un terme en $x^p$. En effet, imaginons le contraire; alors nous pouvons faire la substitution

$$x = \alpha X + \alpha' Y, \quad y = \beta X + \beta' Y$$

sous la condition $\alpha\beta' - \beta\alpha' \neq 0$. En outre nous supposerons $\alpha \neq 0$. Le résultat de la substitution se composera de deux polynomes entiers F, G, de sorte que

$$f(x, y) \equiv F(X, Y), \quad g(x, y) \equiv G(X, Y).$$

Soit $\varphi(x, y)$ l'ensemble homogène des termes de degré $p$ du polynome $g(x, y)$; le coefficient de $X^p$ dans $G(X, Y)$ est égal à $\varphi(\alpha, \beta)$. Or, on ne peut supposer $\varphi(\alpha, \beta) = 0$ quels que soient $\alpha$ et $\beta$, car cela reviendrait à dire qu'il n'y a pas de termes de degré $p$ dans $g(x, y)$; donc on peut choisir $\alpha$ et $\beta$ de façon que $\varphi(\alpha, \beta)$ soit différent de zéro — et il sera toujours possible, $\alpha$ et $\beta$ étant déterminés, de prendre $\alpha'$ et $\beta'$ de façon que $\alpha\beta' - \beta\alpha'$ soit différent de zéro.

Cela étant, les hypothèses relatives aux équations $f(x, y) = 0$ et $g(x, y) = 0$ sont valables pour les deux nouvelles équations $F(X, Y) = 0$ et $G(X, Y) = 0$. En effet, soit $x = a$, $y = b$ une solution de $g(x, y) = 0$. On peut déterminer A, B tels que

$$a = \alpha A + \alpha' B, \quad b = \beta A + \beta' B$$

Si l'égalité $g(a, b) = 0$ entraîne $f(a, b) = 0$, pareillement $G(A, B) = 0$ entraînera $F(A, B) = 0$. En effet,

$$G(A, B) = g(\alpha A + \alpha' B, \beta A + \beta' B) = g(a, b)$$
$$F(A, B) = f(\alpha A + \alpha' B, \beta A + \beta' B) = f(a, b).$$

En outre, nous dirons que $x = a$, $y = b$ est une solution d'ordre $q$ de multiplicité de $g(x, y) = 0$, si en developpant $g(x, y)$ suivant les puissances de $x - a$ et $y - b$, le développement commence aux termes de degré $q$. S'il en est ainsi pour $g(x, y)$ il en sera de même pour $G(X, Y)$ développé suivant les puissances de $X - A$, $Y - B$. Mêmes observations relativement aux polynomes $f(x, y)$ et $F(X, Y)$.

Il résulte de ces explications que l'on peut supposer le coefficient de $x^p$ différent de zéro dans $g(x, y)$. Cela étant admis, divisons $f(x, y)$ par $g(x, y)$ en regardant $y$ comme une constante et ordonnons suivant les puissances décroissantes de $x$. Nous parviendrons à une identité de la forme :

$$f(x, y) \equiv g(x, y), \psi(x, y) + \theta(x, y)$$

$\psi(x, y)$ et $\theta(x, y)$ désignant deux polynomes entiers par rapport à $x$, le degré de $\theta$ étant inférieur à $p$. En outre ces polynomes sont aussi entiers par rapport à $y$, puisque le coefficient du premier terme du diviseur est indépendant de $y$.

Soit $x = a$, $y = b$ une solution de l'équation $g(x, y) = 0$, $q$ étant son degré de multiplicité. Si l'on pose $y = b$, le polynome $g(x, b)$ sera divisible par $(x - a)^q$. (Nous laissons de côté le cas particulier où $g(x, b)$ s'annulerait identiquement; dans ce cas $g(x, y)$ serait divisible par une puissance de $y - b$ et il en serait de même de $f(x, y)$). Par suite des hypothèses faites il en est de même de $f(x, b)$; donc aussi $\theta(x, b)$ sera divisible par $(x - a)^q$. Par suite, $\theta(x, b) = 0$ admet toutes les racines de $g(x, b) = 0$ avec des degrés de multiplicité au moins égaux; mais le degré de $\theta(x, b)$ est inférieur à celui de $g(x, b)$; donc $\theta(x, b)$ est identiquement nul et cela quelle que soit la valeur arbitraire $b$ attribuée à $y$. On en conclut que $\theta(x, y) \equiv 0$ et par suite :

$$f(x, y) \equiv g(x, y)\,\psi(x, y).$$

On peut remarquer que d'après les hypothèses qu'on a faites le terme du plus haut degré en $x$ dans $f(x, y)$ sera au moins de degré $p$.

*Cas particulier.* Si les polynomes $f$ et $g$ sont du même degré, $\psi$ se réduit à une constante $\lambda$ et alors

$$f(x, y) \equiv \lambda\, g(x, y).$$

On voit encore que si $f(x, y) = 0$ n'admet pas d'autres solutions que celles de $g(x, y) = 0$, ni les mêmes avec des degrés de multiplicité plus élevés, $\psi(x, y)$ se réduit encore à une constante. Donc, pour que $f(x, y) = 0$ et $g(x, y) = 0$ aient *les mêmes solutions* il est nécessaire et suffisant que

$$f(x, y) \equiv \lambda\, g(x, y)$$

$\lambda$ étant une constante; en d'autres termes, il est nécessaire et suffisant que $f(x, y)$ et $g(x, y)$ soient du même degré et que les coefficients des termes du premier polynome soient proportionnels à ceux des termes semblables du second.

On arrive directement à ce dernier résultat, en remarquant que les équations $f(x, b) = 0$, $g(x, b) = 0$ doivent être équivalentes : donc

$$f(x, b) \equiv \lambda_0\, g(x, b)$$

$\lambda_0$ étant indépendant de $x$; et par suite

$$f(x, y) \equiv \lambda\, g(x, y)$$

$\lambda$ ne dépendant que de $y$. Mais on verrait de même que $\lambda$ ne dépend que de $x$; donc $\lambda$ doit être une constante indépendante de $x$ et de $y$.

On étend aisément les propositions précédentes à un nombre quelconque de variables.

## ÉQUATIONS A COEFFICIENTS RÉELS

9. **Théorème.** — *Si $\alpha + \beta i$ est racine d'un ordre de multiplicité égal à $p$, de l'équation algébrique et entière à coefficients réels : $f(x) = 0$, l'imaginaire conjuguée $\alpha - \beta i$ est racine du même ordre de multiplicité de l'équation proposée.*

Nous savons que si l'on remplace $x$ par deux imaginaires conjuguées dans un polynome entier à coefficients réels $f(x)$, on obtient des résultats imaginaires conjugués. On a donc :

$$f(\alpha + \beta i) = P + Qi, \quad f(\alpha - \beta i) = P - Qi.$$

Si $\alpha + \beta i$ est racine de l'équation $f(x) = 0$, on a en même temps

$$P = 0, \quad Q = 0$$

donc $\alpha - \beta i$ est aussi racine de $f(x) = 0$.

De plus les dérivées

$$f'(x), f''(x), \ldots\ldots f^{(p-1)}(x), f^{(p)}(x)$$

sont des polynomes à coefficients réels, donc si l'on a :

$$f'(\alpha+\beta i)=0,\ f''(\alpha+\beta i)=0 \ldots f^{(p-1)}(\alpha+\beta i)=0,\ f^{(p)}(\alpha+\beta i)\neq 0,$$

on aura aussi, en vertu du même raisonnement

$$f'(\alpha-\beta i)=0,\ f''(\alpha-\beta i)=0 \ldots f^{(p-1)}(\alpha-\beta i)=0\ f^{(p)}(\alpha-\beta i)\neq 0$$

donc $\alpha+\beta i$ et $\alpha-\beta i$ sont racines du même ordre de multiplicité de $f(x)=0$.

Le polynome $f(x)$ est alors divisible par $[(x-\alpha)^2+\beta]^{2p}$ ; en effet, $f(x)$ est divisible par $(x-\alpha-\beta i)^p$ et par $(x-\alpha+\beta i)^p$, donc il est divisible par leur produit, c'est-à-dire par

$$[(x-\alpha-\beta i)\ (x-\alpha+\beta i)]^p$$

ou

$$[(x-\alpha)^2+\beta^2]^p.$$

**Autre démonstration.** — Si $\alpha+\beta i$ est racine d'ordre $p$ de multiplicité de $f(x)=0$, à coefficients réels, on a identiquement :

$$f(x)\equiv(x-\alpha-\beta i)^p\ [\varphi(x)+i\,\psi(x)]$$

$\varphi(x)$ et $\psi(x)$ étant deux polynomes entiers à coefficients réels. Or on sait que si une identité est vérifiée, l'identité *conjuguée* qu'on obtient en changeant $i$ en $-i$ est aussi vérifiée; par suite :

$$f(x)\equiv(x-\alpha+\beta i)^p\ [\varphi(x)-i\,\psi(x)].$$

Ce qui prouve que $\alpha-\beta i$ est racine de l'équation $f(x)=0$, et que l'ordre de multiplicité de cette racine est au moins égal à $p$. Cet ordre de multiplicité ne peut être supérieur à $p$, sans quoi le raisonnement précédent appliqué à la racine $\alpha-\beta i$ prouverait que l'ordre de multiplicité de $\alpha+\beta i$ est supérieur à $p$. Donc la proposition est établie.

**Remarques.** — 1° Lorsque l'équation donnée est à coefficients imaginaires, le théorème précédent n'est plus exact. Dans ce cas, on peut mettre l'équation sous la forme suivante :

$$\varphi(x)+i\psi(x)=0$$

$\varphi(x)$ et $\psi(x)$ étant deux polynomes à coefficients réels. Si $\alpha+\beta i$ est racine de cette équation, $\alpha-\beta i$ est racine de l'équation *conjuguée*

$$\varphi(x)-i\,\psi(x)=0.$$

En effet, les expressions

$$\varphi(\alpha+\beta i)+i\psi(\alpha+\beta i)$$

et

$$\varphi(\alpha-\beta i)-i\,\psi(\alpha-\beta i)$$

sont conjuguées; donc si l'une d'elles est nulle, il en est de même de la seconde; de plus les dérivées du même ordre de $\varphi(x)+i\psi(x)$ et de $\varphi(x)-i\psi(x)$ étant respectivement conjuguées, on en conclut que l'ordre de multiplicité de $\alpha+\beta i$ est respectivement le même que celui de $\alpha-\beta i$. On peut ajouter ceci :

2° *Si l'équation*

$$\varphi(x) + i\psi(x) = 0$$

*admet les racines* $\alpha + \beta i$ et $\alpha - \beta i$ *au même degré de multiplicité, il en sera de même de l'équation*

$$\varphi(x) - i\psi(x) = 0,$$

*et les polynomes* $\varphi(x)$ *et* $\psi(x)$ *seront divisibles l'un et l'autre par*

$$[(x-\alpha)^2 + \beta^2]^p.$$

En effet, par hypothèse

$$\varphi(x) + i\psi(x) = [(x-\alpha)^2 + \beta^2]^p [\varphi_1(x) + i\,\psi_1(x)],$$

par suite

$$\varphi(x) - i\psi(x) = [(x-\alpha)^2 + \beta^2]^p [\varphi_1(x) - i\psi_1(x)]$$

on en conclut

$$\varphi(x) = [(x-\alpha)^2 + \beta^2]^p \varphi_1(x)$$

et

$$\varphi(x) = [(x-\alpha)^2 + \beta^2]^p \psi_1(x).$$

**10. Théorème.** — *Tout polynome $f(x)$ à coefficients réels peut être décomposé en un produit de facteurs du premier ou du second degré à coefficients réels.*

En effet, soient $a$, $b$, ..... $l$ les racines réelles et $\alpha + \beta i$, $\alpha - \beta i$; $\gamma + \delta i$, $\gamma - \delta i$; ..... $\lambda + \mu i$, $\lambda - \mu i$, les racines imaginaires conjuguées deux à deux (9) de l'équation $f(x) = 0$, on a identiquement :

$$f(x) = A_0(x-a)(a-b)\ldots\ldots(x-l)\left[\overline{x-\alpha}^2 + \beta^2\right]\left[\overline{x-\gamma}^2 + \delta^2\right]\ldots\ldots\left[\overline{x-\lambda}^2 + \mu^2\right]$$

## INDICATION FOURNIE PAR LES SIGNES DES RÉSULTATS OBTENUS EN SUBSTITUANT A $x$ DEUX NOMBRES RÉELS $\alpha$, $\beta$ DANS UN POLYNOME $f(x)$ A COEFFICIENTS RÉELS

**11.** Nous savons qu'un polynome $f(x)$ à coefficients réels est continu pour toutes les valeurs de $x$. D'après cela, soient $\alpha$ et $\beta$ deux nombres réels; si l'on a :

$$f(\alpha).f(\beta) < 0$$

l'équation $f(x) = 0$ a *au moins* une racine réelle comprise entre $\alpha$ et $\beta$.

Je dis que l'équation proposée

$$f(x) = 0$$

a un nombre *impair* de racines comprises entre $\alpha$ et $\beta$, si l'on a :

$$f(\alpha).f(\beta) < 0.$$

et un nombre *pair*, si l'on a au contraire :

$$f(\alpha).f(\beta) > 0.$$

En effet, soient $a$, $b$, $c$, ..... $l$ toutes les racines comprises entre $\alpha$ et $\beta$ de sorte que :

$$f(x) = (x-a)(x-b) \ldots\ldots (x-l)\varphi(x) \qquad (1)$$

l'équation $\varphi(x) = 0$ n'ayant aucune racine comprise entre $\alpha$ et $\beta$.

Si l'équation $f(x) = 0$ admet une racine $a$ d'ordre $p$ de multiplicité, nous conserverons l'identité (1), en supposant que $p$ des lettres $a$, $b$, ..... aient des valeurs égales, et pareillement pour toutes les racines multiples, s'il y en a.

Cela fait, on déduit de l'équation (1), en supposant que $\alpha$ ni $\beta$ ne soient racines de l'équation $f(x) = 0$ :

$$f(\alpha).f(\beta) = [(\alpha-a)(\beta-a)].[(\alpha-b)(\beta-b)]\ldots[(\alpha-l)(\beta-l)].\varphi(\alpha).\varphi(\beta)$$

Le produit $\varphi(\alpha).\varphi(\beta)$ est positif, sans quoi l'équation $\varphi(x) = 0$ aurait au moins une racine réelle comprise entre $\alpha$ et $\beta$, ce qui est contraire à notre hypothèse.

Cela posé, le produit

$$(\alpha - x)(\beta - x)$$

est négatif ou positif, suivant que $x$ est compris entre $\alpha$ et $\beta$, ou au contraire n'est pas compris entre $\alpha$ et $\beta$; par suite, le nombre de *crochets* négatifs est égal au nombre de racines comprises entre $\alpha$ et $\beta$, chaque racine étant comptée autant de fois qu'il y a d'unités dans son degré de multiplicité; on aura donc :

$$f(\alpha).f(\beta) < 0$$

si le nombre de racines réelles comprises entre $\alpha$ et $\beta$ est impair, et

$$f(\alpha).f(\beta) > 0$$

si l'équation $f(x) = 0$ n'a aucune racine réelle comprise entre $a$ et $b$ ou si elle en a un nombre pair.

**12. Remarque.** — On peut démontrer autrement le théorème précédent, en *s'appuyant sur le théorème de Dalembert.*

Soient $a$, $b$, ..... $l$ les racines réelles de l'équation proposée et soient $x_0$, $x_1$ deux nombres réels; on voit immédiatement en s'appuyant sur l'identité écrite au numéro 10 :

$$f(x) = A(x-a)(x-b)\ldots(x-l)\left[\overline{x-\alpha}^2 + \beta^2\right]\left[\overline{x-\gamma}^2 + \delta^2\right]\ldots\left[\overline{x-\lambda}^2 + \mu^2\right]$$

que le produit $f(x_0).f(x_1)$ a le même signe que

$$[(x_0-a)(x_1-a)][(x_0-b)(x_1-b)]\ldots\ldots[(x_0-l)(x_1-l)].$$

Donc le nombre de racines réelles comprises entre $x_0$ et $x_1$ est pair ou impair suivant que le produit $f(x_0)$, $f(x_1)$ a le signe $+$ ou le signe $-$. Ce qui démontre la proposition.

**13. Exemples.** — 1° Soit l'équation

$$x^3 - \frac{3}{4}x + \frac{b}{4} = 0$$

en supposant

$$-1 \leqslant b \leqslant 1.$$

Désignons par $f(x)$ le premier membre de l'équation proposée, et substituons à $x$ les nombres suivants :

$$-1, \quad -\frac{1}{2}, \quad +\frac{1}{2}, \quad +1 \qquad (1)$$

on trouve :

$$f(-1) = \frac{b-1}{4} \qquad f\left(-\frac{1}{2}\right) = \frac{b+1}{4} \qquad f\left(+\frac{1}{2}\right) = \frac{b-1}{4} \qquad f(+1) = \frac{b+1}{4}$$

en supposant

$$-1 < b < +1.$$

Ces résultats ont respectivement les signes :

$$- \quad , \quad + \quad , \quad - \quad , \quad + \; ;$$

donc l'équation a une racine réelle dans chacun des intervalles formés par la suite (1); ses trois racines sont donc réelles et inégales et, comme on a formé des intervalles renfermant chacun une seule racine, on dit que ces racines sont séparées par les nombres de la suite (1).

Supposons maintenant $b = 1$. Dans ce cas $-1$ et $\frac{1}{2}$ sont racines. Si l'on divise

$$x^3 - \frac{3}{4}x + \frac{1}{4} \quad \text{par} \quad x + 1,$$

on trouve

$$x^3 - \frac{3}{4}x + \frac{1}{4} \equiv (x+1)\left(x^2 - x + \frac{1}{4}\right) \equiv (x+1)\left(x - \frac{1}{2}\right)^2$$

l'équation proposée a donc une racine simple égale à $-1$, et une racine double égale à $\frac{1}{2}$.

On trouve de même, pour $b = -1$,

$$x^2 - \frac{3}{4}x - \frac{1}{4} \equiv (x-1)\left(x^2 + x + \frac{1}{4}\right) \equiv (x-1)\left(x + \frac{1}{2}\right)^2.$$

2° On verra de la même manière que l'équation

$$x^3 - 3x + a(1 - 3x^2) = 0,$$

$a$ étant supposé différent de zéro, a ses trois racines réelles, inégales et *séparées* par la suite

$$-\infty, \quad -\frac{1}{\sqrt{3}}, \quad +\frac{1}{\sqrt{3}}, \quad +\infty$$

de sorte qu'en appelant $x'$, $x''$, $x'''$ ces racines, on a :

$$x' < -\frac{1}{\sqrt{3}} < x'' < \frac{1}{\sqrt{3}} < x'''$$

3° Considérons l'équation du second degré

$$(A - S)(C - S) - B^2 = 0.$$

En désignant par $f(S)$ le premier membre, on voit que $f(-\infty)$ et $(f+\infty)$ ont le signe $+$, tandis que $f(A)$ et $f(C)$ ont le signe $-$, en supposant $B \neq 0$. Donc l'équation proposée a une racine réelle plus petite que le plus petit des nombres A et C, et une racine réelle plus grande que le plus grand.

4° Considérons l'équation :

$$f(S) \equiv \begin{vmatrix} A - S & B'' & B' \\ B'' & A' - S & B \\ B' & B & A'' - S \end{vmatrix} = 0;$$

on a :

$$f(S) \equiv (A - S)[(A' - S)(A'' - S) - B^2] - [B'^2(A' - S) - 2BB'B'' + B''^2(A'' - S)].$$

Supposons $B, B', B''$ différents de zéro. D'après ce qui précède, l'équation

$$(A' - S)(A'' - S) - B^2 = 0$$

a deux racines réelles et inégales : $\alpha$, $\beta$. Substituons à S dans $f(S)$, successivement :

$$-\infty \quad , \quad \alpha \quad , \quad \beta \quad , \quad +\infty$$

en supposant $\alpha < \beta$.

$f(-\infty)$ a le signe $+$, $f(+\infty)$ a le signe $-$; reste à calculer $f(\alpha)$ et $f(\beta)$.

On a :

$$f(\alpha) = -[B'^2(A' - \alpha) - 2BB'B'' + B''^2(A'' - \alpha)];$$

or

$$(A' - \alpha)(A'' - \beta) = B^2.$$

On peut donc écrire

$$(A' - \alpha) \cdot f(\alpha) = -[B'^2(A' - \alpha)^2 - 2BB'B''(A' - \alpha) + B^2B''^2] = -[B'(A' - \alpha) - BB'']^2.$$

Or on sait que l'on a $\qquad A' - \alpha > 0,$

donc on a $\qquad f(\alpha) < 0;$

on trouve de même

$$(A' - \beta) f(\beta) = -[B'(A' - \beta) - BB'']^2;$$

et comme on a : $\qquad A - \beta < 0$

on en déduit
$$f(\beta) > 0;$$

On a donc le tableau suivant :

| $S$ | $-\infty$ , | $\alpha$ , | $\beta$ , | $+\infty$ |
|---|---|---|---|---|
| $f(S)$ | $+$ | $-$ | $+$ | $-$ |

Par suite l'équation $f(S) = 0$ a une racine réelle dans chacun des intervalles formés par la suite

$$-\infty, \quad \alpha, \quad \beta, \quad +\infty.$$

Ses racines sont *séparées* par les nombres de cette suite.

Cette conclusion suppose que les nombres

$$B'(A' - \alpha) - BB'' \quad \text{et} \quad B'(A' - \beta) - BB''$$

soient différents de zéro. Si le premier est nul par exemple, $\alpha$ est racine de l'équation $f(S) = 0$; cette équation a encore une racine réelle comprise entre $\beta$ et $+\infty$. On en conclut que la troisième racine est réelle.

On discutera aisément les cas où les coefficients $B$, $B'$, $B''$ deviennent nuls.

5° Soient $A$, $B$, $C$ des nombres de même signe et $a$, $b$, $c$ autant de nombre réels quelconques; et soit l'équation

$$\frac{A}{x-a} + \frac{B}{x-b} + \frac{C}{x-c} - 1 = 0.$$

Supposons

$$a < b < c.$$

Si l'on pose

$$f(x) \equiv \frac{A}{x-a} + \frac{B}{x-b} + \frac{C}{x-c} - 1$$

on définit une fonction continue dans chacun des intervalles

$$(-\infty, \quad a), \quad (a, \quad b), \quad (b, \quad c), \quad (c, \quad +\infty).$$

Lorsque $x$ tend vers $a$, la fraction $\frac{A}{x-a}$ augmente indéfiniment en valeur absolue; la somme :

$$\frac{B}{x-b} + \frac{C}{x-c} - 1$$

a pour limite

$$\frac{B}{a-b} + \frac{C}{a-c} - 1.$$

Si l'on désigne cette limite par L et si M désigne un nombre positif supérieur à la valeur absolue de L, on peut trouver un nombre $\alpha$ tel que les inégalités

$$a-\alpha < x < a+\alpha$$

entraînent les suivantes :

$$\left|\frac{A}{x-a}\right| > M$$

et

$$\left|\frac{B}{x-b}+\frac{C}{x-c}-1\right| < M;$$

par suite, pour toutes les valeurs de $x$ comprises entre $a-\alpha$ et $a+\alpha$, $f(x)$ aura le signe de $\frac{A}{x-a}$.

De même on peut trouver un nombre positif $\beta$, tel que $f(x)$ ait le signe de $\frac{B}{x-b}$ pour toutes les valeurs de $x$ comprises entre $b-\beta$ et $b+\beta$, et enfin un nombre positif $\gamma$, tel que $f(x)$ ait le signe de $\frac{C}{x-c}$ pour toutes les valeurs de $x$ comprises entre $c-\gamma$ et $c+\gamma$.

Désignons par $h$ le plus petit des trois nombres $\alpha, \beta, \gamma$, et supposons par exemple A, B, C positifs.

Substituons à $x$ les nombres

$$-\infty,\ a-h,\ a+h,\ b-h,\ b+h,\ c-h,\ c+h,\ +\infty;$$

on obtiendra les résultats suivants :

| $x$ | $-\infty$ | $a-h$ | $a+h$ | $b-h$ | $b+h$ | $c-h$ | $c+h$ | $+\infty$ |
|---|---|---|---|---|---|---|---|---|
| $f(x)$ | $-$ | $-$ | $+$ | $-$ | $+$ | $-$ | $+$ | $-$ |

Donc $f(x)=0$ a une racine dans chacun des trois intervalles

$$\text{de } a+h \text{ à } b-h, \text{ de } b+h \text{ à } c-h, \text{ et de } c+h \text{ à } +\infty,$$

c'est-à-dire une racine réelle entre $a$ et $b$, une seconde racine réelle entre $b$ et $c$, et une troisième racine réelle plus grande que $c$; on verrait de même que si l'on suppose A, B, C négatifs, l'équation $f(x)=0$ a une racine réelle inférieure à $a$, une racine comprise entre $a$ et $b$ et une racine réelle comprise entre $b$ et $c$.

**Remarques.** — I. De l'inégalité

$$f(a-h)f(a+h) < 0$$

on ne peut pas conclure que $f(x)=0$ ait une racine comprise entre $a-h$ et $a+h$, car dans l'intervalle de $a-h$ à $a+h$, $f(x)$ est discontinue; quand $x$ atteint et dépasse la valeur $a$, $f(x)$ passe de $-\infty$ à $+\infty$, en supposant A positif.

Même remarque pour l'intervalle de $b-h$ à $b+h$, et pour celui de $c-h$ à $c+h$.

II. Si l'on réduit les fractions

$$\frac{A}{x-a},\quad \frac{B}{x-b},\quad \frac{C}{x-c}$$

au même dénominateur, on a :

$$f(x) = \frac{A(x-b)(x-c)+B(x-c)(x-a)+C(x-a)(x-b)-(x-a)(x-b)(x-c)}{(x-a)(x-b)(x-c)}.$$

L'équation $f(x)=0$ est équivalente à l'équation :

$$A(x-b)(x-c)+B(x-c)(x-a)+C(x-a)(x-b)-(x-a)(x-b)(x-c)=0$$

comme on s'en assure aisément en supposant $a \neq b \neq c$. Or on reconnaît immédiatement, en substituant dans le premier membre de cette dernière équation la suite

$$-\infty,\quad a,\quad b,\quad c,\quad +\infty$$

que les racines sont séparées par les termes de cette suite.

On voit de plus que si $a=b$, l'équation précédente a une racine égale à $a$ et deux autres racines réelles; si $a=b=c$, elle a une racine double égale à $a$; il n'en serait plus de même de l'équation proposée, qui devient dans ces hypothèses

$$\frac{A+B}{x-a}+\frac{C}{x-c}-1=0.$$

ou

$$\frac{A+B+C}{x-a}-1=0,$$

suivant les cas.

Enfin, on peut prouver directement que l'équation proposée ne peut avoir de racines imaginaires.

En effet, supposons que $\alpha+\beta i$ soit une racine de l'équation $f(x)=0$. Si l'on chasse les dénominateurs, on aura une équation à coefficients réels; donc $\alpha-\beta i$ est aussi racine; on aura donc

$$\frac{A}{\alpha+\beta i-a}+\frac{B}{\alpha+\beta i-b}+\frac{C}{\alpha+\beta i-c}-1=0$$
$$\frac{A}{\alpha-\beta i-a}+\frac{B}{\alpha-\beta i-b}+\frac{C}{\alpha-\beta i-c}-1=0$$

d'où, en retranchant membre à membre :

$$2\beta i\left[\frac{A}{(\alpha-a)^2+\beta^2}+\frac{B}{(\alpha-b)^2+\beta^2}+\frac{C}{(\alpha-c)^2+\beta^2}\right]=0;$$

or la quantité entre crochets est différente de zéro, puisque A, B, C sont supposés de même signe; donc $\beta=0$.

**Remarque.** — Soit

$$f(x)=\frac{\varphi(x)}{\psi(x)},$$

$\varphi(x)$ et $\psi(x)$ étant deux polynomes entiers premiers entre eux; on a :

$$f'(x)=\frac{\psi(x)\varphi'(x)-\varphi(x)\psi'(x)}{[\psi(x)]^2},$$

Si $x_0$ est une racine multiple de l'équation $\varphi(x) = 0$, on aura :

$$\varphi(x_0) = 0 \quad \varphi'(x_0) = 0;$$

par suite

$$f'(x_0) = 0.$$

Dans l'exemple précédent, on voit que $f'(x)$ garde un signe invariable; donc on peut affirmer que la fonction $f(x)$ ne peut s'annuler qu'une fois au plus dans chacun des intervalles que nous avons considérés, puisque dans chacun d'eux elle est toujours décroissante si A est négatif et toujours croissante si A est positif; de plus chacune des racines trouvées est simple; c'est ce que nous avons d'ailleurs vérifié en rendant l'équation entière.

6° On traiterait d'une manière analogue l'équation

$$f(x) \equiv \frac{A}{(x-a)^{2\alpha+1}} + \frac{B}{(x-b)^{2\beta+1}} + \frac{C}{(x-c)^{2\gamma+1}} - 1 = 0$$

en remarquant que la dérivée de $f(x)$ conserve un signe constant, si l'on suppose encore A, B, C de même signe; si par exemple A est positif, on verra que l'équation proposée a une racine réelle et une seule dans chacun des intervalles

de $a$ à $b$, de $b$ à $c$, de $c$ à $+\infty$

7° Soit encore l'équation transcendante

$$f(x) \equiv x - 2 \sin x = 0.$$

Elle admet la solution

$$x = 0.$$

on a :

$$f\left(\frac{\pi}{2}\right) = \frac{\pi}{2} - 2 < 0,$$
$$f(\pi) = \pi > 0;$$

donc l'équation a une racine comprise entre $\frac{\pi}{2}$ et $\pi$.

En outre :

$$f'(x) = 1 - 2 \cos x;$$

par suite, si $x$ croît de 0 à $\frac{\pi}{6}$, on a $f'(x) < 0$; et si $x$ croît de $\frac{\pi}{6}$ à $2\pi$, $f'(x) > 0$; d'ailleurs $f'\left(\frac{\pi}{6}\right) = 0$; la fonction $f(x)$ passe par un minimum pour $x = \frac{\pi}{6}$, elle part de zéro, décroît jusqu'à $\frac{\pi}{6} - \sqrt{3}$, puis quand $x$ croît de $\frac{\pi}{6}$ à $2\pi$, $f(x)$ croît de $\frac{\pi}{6} - \sqrt{3}$ à $2\pi$; donc l'équation $f(x) = 0$ a une seule racine comprise entre $\frac{\pi}{2}$ et $\pi$.

**14. Variation du signe d'un polynome entier $f(x)$ à coefficients réels, quand $x$ traverse une racine réelle $a$ de l'équation $f(x) = 0$.**

Soit $a$ une racine réelle de l'équation $f(x) = 0$; supposons que le degré de multiplicité de cette racine soit égal à $p$; on peut déterminer un nombre positif $\alpha$ tel que l'équation $f(x) = 0$ n'ait aucune racine réelle comprise entre $a - \alpha$ et $a + \alpha$; dans cet intervalle, l'équation $f(x) = 0$ a $p$ racines égales à $a$, donc en supposant $h < \alpha$, le produit $f(a - h) . f(a + h)$ aura le signe $+$ ou le signe $-$, suivant que $p$ sera pair ou impair.

**Démonstration directe.** — Si l'on pose :

$$f(x) \equiv (x - a)^p \varphi(x)$$

$\varphi(x)$ sera un polynome entier en $x$, non divisible par $x - a$. Donc on peut déterminer un nombre $\alpha$ tel que $\varphi(x)$ ne s'annule pour aucune valeur de $x$ comprise entre $a - \alpha$ et $a + \alpha$; par suite, dans l'intervalle de $a - \alpha$ à $a + \alpha$, $\varphi(x)$ aura le même signe que $\varphi(a)$, de sorte que, en supposant $h < \alpha$, on aura :

$$f(a-h) = (-h)^p \varphi(a-h)$$
$$f(a+h) = h^p \varphi(a+h)$$

$f(a - h)$ et $f(a + h)$ seront donc de même signe ou de signes contraires suivant que $p$ sera pair ou impair.

Donc, *quand $x$ traverse une racine de l'équation $f(x) = 0$, le polynome $f(x)$ s'annule, en changeant de signe, quand cette racine est d'ordre impair de multiplicité et réciproquement.*

**15. Théorème.** — 1° *Toute équation algébrique de degré pair, à coefficients réels, dans laquelle les coefficients du premier et du dernier terme ont des signes contraires, a au moins une racine positive et une racine négative.*

2° *Toute équation de degré impair, à coefficients réels, a au moins une racine réelle.*

1° Soit, $m$ étant pair :

$$A_0 x^m + A_1 x^{m-1} + \ldots\ldots + A_{m-1} x + A_m = 0$$

une équation algébrique dans laquelle nous supposons $A_0 A_m < 0$.

Si l'on substitue :

$$-\infty, 0, +\infty$$

on obtient des résultats ayant respectivement les signes des coefficients :

$$A_0, A_m, A_0$$

$A_0$ et $A_m$ ayant des signes contraires, l'équation a au moins une racine entre $-\infty$ et 0 et au moins une racine entre 0 et $+\infty$.

2° En supposant $A_m \neq 0$ et $m$ impair, substituons

$$-\infty, 0, +\infty$$

les résultats auront les mêmes signes que

$$-A_0, A_m, A_0$$

si $A_0$ et $A_m$ ont le même signe, l'équation aura au moins une racine négative, puisque $f(-\infty)$ et $f(0)$ auront, dans ce cas, des signes contraires; Si $A_0$ et $A_m$ ont des signes contraires, l'équation aura au moins une racine positive, car alors $f(0)$ et $f(+\infty)$ auront des signes contraires.

**Remarque.** — Nous pouvons toujours supposer le dernier terme $A_m$ différent de zéro, sans quoi $f(x)$ serait divisible par une certaine puissance de $x$, par exemple $x^p$; en posant

$$f(x) \equiv x^p \varphi(x)$$

il suffirait de considérer l'équation $\varphi(x) = 0$, le polynome $\varphi(x)$ aurait un terme indépendant de $x$ et par suite on pourrait lui appliquer le raisonnement précédent.

**Corollaire.** — Les seules équations à coefficients réels pouvant avoir toutes leurs racines imaginaires sont celles dont le degré est pair et dont les coefficients du premier et du dernier terme (supposé indépendant de $x$) ont le même signe.

## RELATIONS ENTRE LES COEFFICIENTS ET LES RACINES D'UNE ÉQUATION ALGÉBRIQUE.

**16.** — Soit :

$$A_0 x^m + A_1 x^{m-1} + A_2 x^{m-2} + \ldots\ldots + A_p x^{m-p} + \ldots\ldots + A_{m-1} x + A_m = 0$$

une équation algébrique à coefficients réels ou imaginaires. Si l'on désigne par $f(x)$ le premier membre, et si l'on appelle

$$a,\ b,\ c,\ \ldots\ldots\ l$$

les $m$ racines, réelles ou imaginaires, distinctes ou égales, de l'équation $f(x)=0$, on a

$$f(x) \equiv A_0 (x-a)(x-b) \ldots\ldots (x-l).$$

Par suite, en appelant $S_p$ la somme des produits des racines $p$ à $p$ :

$$f(x) \equiv A_0 (x_m - S_1 x^{m-1} + S_2 x^{m-2} - \ldots + (-1)^p S_p x^{m-p} + \ldots + (-1)^m S_m)$$

d'où l'on conclut :

$$\left.\begin{array}{l} S_1 = -\dfrac{A_1}{A_0} \\ S_2 = +\dfrac{A_2}{A_0} \\ S_3 = -\dfrac{A_3}{A_0} \\ \ldots\ldots\ldots\ldots \\ \ldots\ldots\ldots\ldots \\ \ldots\ldots\ldots\ldots \\ S_p = (-1)^p \dfrac{A_p}{A_0} \\ \ldots\ldots\ldots\ldots \\ \ldots\ldots\ldots\ldots \\ \ldots\ldots\ldots\ldots \\ S_m = (-1)^m \dfrac{A_m}{A_0} \end{array}\right\} \qquad (1)$$

**17.** Il est naturel de se demander si, à l'aide de ces relations, il ne serait pas possible de résoudre l'équation proposée. Or si l'on cherche la valeur d'une quelconque des racines $a$ par exemple, il faudra *éliminer* les $m-1$ autres racines entre les équations précédentes. Mais si l'on remarque que les relations (1) sont symétriques par rapport à toutes les racines, il est clair que l'équation en $a$ à laquelle on parviendra, aura pour racines chacune des racines $a,\ b,\ c,\ \ldots\ldots\ l$ de l'équation proposée. C'est d'ailleurs ce qu'il est facile de vérifier. En effet, si l'on nomme $\sigma_p$ la somme des produits $p$ à $p$ de toutes les racines autres que $a$, on pourra écrire les équations précédentes de la manière suivante :

$$\left.\begin{aligned} a+\sigma_1 &= -\frac{A_1}{A_0} \\ a\sigma_1+\sigma_2 &= +\frac{A_0}{A_2} \\ a\sigma_2+\sigma_3 &= -\frac{A_3}{A_0} \\ &\ldots\ldots\ldots \\ &\ldots\ldots\ldots \\ &\ldots\ldots\ldots \\ a\sigma_{p-1}+\sigma_p &= (-1)^p\frac{A_p}{A_0} \\ &\ldots\ldots\ldots \\ &\ldots\ldots\ldots \\ &\ldots\ldots\ldots \\ a\sigma_{m-1} &= (-1)^m\frac{A_m}{A_0} \end{aligned}\right\} \quad (2)$$

En effet, si l'on considère par exemple la somme $S_p$, cette somme se compose de deux parties; la première renfermant les produits $p$ à $p$ qui contiennent $a$ et dont la somme est évidemment $a\,\sigma_{p-1}$; la deuxième partie étant formée des produits $p$ à $p$ des racines autres que $a$.

Cela étant, multiplions les deux membres de la première des équations (2) par $a^{m-1}$, les deux membres de la seconde par $-\,a^{m-2}$ et, en général, les deux membres de la $p^e$ par $-\,(-1)^p\,a^{m-p}$, la dernière, par $-\,(-1)^m$; enfin, ajoutons membre à membre; on obtient :

$$a^m = -\frac{A_1 a^{m-1} + A_2 a^{m-2} + \ldots\ldots + A_p a^{m-p} + \ldots\ldots + A_m}{A}$$

c'est-à-dire :

$$f(a) = 0.$$

Néanmoins, dans certains cas particuliers, on peut trouver les formules de résolution à l'aide des identités (1); c'est ce qui arrive dans le cas du second degré; soit en effet l'équation :

$$x^2 + px + q = 0$$

on a, en désignant ses racines par $a$ et $b$ :

$$a+b=-p,$$
$$ab=q;$$

on en déduit :

$$(a-b)^2=p^2-4q,$$

d'où :

$$a-b=\sqrt{p^2-4q}$$

et, par suite, connaissant $a+b$ et $a-b$, on a :

$$2a=-p+\sqrt{p^2-4q}, \quad 2b=-p-\sqrt{p^2-4q}.$$

Il convient de remarquer que l'on n'a pas procédé de la même manière que précédemment; il n'y a donc pas contradiction.

**18.** Lorsque l'on connaît une relation entre les coefficients et les racines, autre que l'une quelconque des précédentes, on peut quelquefois résoudre l'équation.

Ainsi, par exemple, soit l'équation du 4e degré :

$$x^4+nx^3+px^2+qx+r=0.$$

Proposons-nous d'exprimer que la somme de deux racines est égale à la somme des deux autres. En désignant les quatre racines par $a$, $b$, $c$, $d$, on devra avoir :

$$a+b+c+d=-n,$$
$$(a+b)(c+d)+ab+cd=p,$$
$$ab(c+d)+cd(a+b)=-q,$$
$$ab.cd=r,$$
$$a+b=c+d.$$

On a immédiatement :

$$a+b=c+d=-\frac{n}{2};$$

on connaît ainsi les sommes $a+b$ et $c+d$. Si l'on pose :

$$ab=u, \; cd=v$$

on aura :

$$\frac{n^2}{4} + u + v = p,$$

$$\frac{n}{2}(u + v) = q,$$

$$uv = r;$$

les deux premières ne sont compatibles que si :

$$q = \frac{n}{2}\left(p - \frac{n^2}{4}\right).$$

Si cette condition est remplie on déterminera $u$ et $v$ par une équation du second degré :

$$z^2 - \left(p - \frac{n^2}{4}\right)z + r = 0;$$

connaissant $ab$ et $a + b$ on achèvera la résolution facilement.

Supposons maintenant que l'on donne la somme :

$$a + b = \alpha;$$

on aura par suite :

$$c + d = -n - \alpha;$$

désignons cette somme par $\beta$.

En posant comme plus haut $ab = u$, $cd = v$, on trouve :

$$\alpha\beta + u + v = p,$$
$$u\alpha + v\beta = -q,$$
$$uv = r.$$

Les deux premières donneront $u$ et $v$; en portant leurs valeurs dans la dernière, on aura une relation entre les coefficients de l'équation; si cette relation est vérifiée, on calculera $a$ et $b$ en résolvant l'équation du second degré

$$z^2 - \alpha z + u = 0.$$

On aura ensuite $c$ et $d$.

**19. Problème.** — *Étant donnée l'équation*

$$x^3 + px + q = 0$$

*former l'équation ayant pour racines les carrés des différences*

$$(a-b)^2, \quad (b-c)^2, \quad (c-a)^2$$

*des trois racines de l'équation proposée.*

On a :

$$(a-b)^2 = (a+b)^2 - 4\,ab;$$

or

$$a+b+c=0; \quad abc=-q;$$

donc :

$$(a-b)^2 = c^2 + \frac{4\,q}{c} = \frac{c^3+4\,q}{c} = \frac{-pc+3\,q}{c}.$$

En posant :

$$(a-b)^2 = y$$

on a, par suite :

$$c = \frac{3\,q}{y+p},$$

de sorte que $y$ vérifie l'équation :

$$\frac{27\,q^3}{(y+p)^3} + \frac{3\,pq}{y+p} + q = 0,$$

ou, en supposant $q \neq 0$ :

$$27\,q^2 + 3\,p(y+p)^2 + (y+p)^3 = 0$$

et, en développant, on obtient l'équation cherchée :

$$y^3 + 6\,py^2 + 9\,p^2\,y + 4\,p^3 + 27\,q^2 = 0.$$

**20. Problème.** — *Étant donnée une équation $f(x)=0$, former l'équation admettant pour racines les inverses des racines de la proposée.*

Soit

$$f(x) \equiv A_0 x^m + A_1 x^{m-1} + \ldots\ldots + A_m = 0 \qquad (1)$$

l'équation proposée. Si cette équation admet pour racines les nombres $a$, $b$, ..... $l$ que nous supposerons tous différents de zéro,

$$f(x) \equiv A_0 (x-a)(x-b) \ldots\ldots (x-l)$$

Or on a identiquement :

$$x^m f\left(\frac{1}{x}\right) \equiv A_0 (1 - ax)(1 - bx) \ldots\ldots (1 - lx).$$

Donc l'équation demandée est :

$$x^m f\left(\frac{1}{x}\right) = 0$$

ou :

$$A_0 + A_1 x + A_2 x^2 + \ldots\ldots + A_m x^m = 0. \qquad (2)$$

D'ailleurs si l'on représente par $\varphi(x)$ ce dernier polynome, on a :

$$\varphi\left(\frac{1}{a}\right) = \frac{1}{a^m} f(a)$$

donc si $a$ est racine de l'équation $f(x) = 0$, $\frac{1}{a}$ est racine de l'équation $\varphi(x) = 0$. Ce qui précède montre que les degrés de multiplicité seront les mêmes; on peut le vérifier directement, car soit :

$$f(x) \equiv (x - a)^\alpha f_1(x) :$$

en supposant $f_1(a) \neq 0$. On en déduit :

$$\varphi(x) \equiv x^m f\left(\frac{1}{x}\right) \equiv (1 - ax)^\alpha . \, x^{m-\alpha} f_1\left(\frac{1}{x}\right)$$

c'est-à-dire :

$$\varphi(x) \equiv (1 - ax)^\alpha \varphi_1(x);$$

or :

$$\varphi_1\left(\frac{1}{a}\right) = \left(\frac{1}{a}\right)^{m-\alpha} f_1(a);$$

donc on a :

$$\varphi_1\left(\frac{1}{a}\right) \neq 0,$$

par suite $\frac{1}{a}$ est racine d'ordre $\alpha$ de l'équation $\varphi(x) = 0$.

**Définition.** — L'équation

$$x^m f\left(\frac{1}{x}\right) = 0$$

c'est-à-dire l'équation (2), se nomme *l'équation aux inverses des racines de l'équation* $f(x) = 0$.

RACINES NULLES. — RACINES INFINIES

**21.** Soit :

$$A_0 x^m + A_1 x^{m-1} + A_2 x^{m-2} + \ldots\ldots + A_{p-1} x^{m-p+1} + A_p x^{m-p} + \ldots\ldots + A_{m-1} x + A_m = 0 \quad (1)$$

une équation algébrique. Supposons que les modules des $p$ premiers coefficients

$$A_0, A_1, A_2, \ldots\ldots A_{p-1}$$

tendent vers zéro, le module de $A_p$ restant supérieur à un nombre donné d'avance et supposons en outre que les modules des autres coefficients restent finis, ainsi que celui de $A_p$.

On a, en désignant par $S_p$ la somme des produits $p$ à $p$ des racines :

$$S_p = (-1)^p \frac{A_p}{A_0}.$$

Il résulte des hypothèses que nous avons faites, que le module de $S_p$ croît indéfiniment; pour qu'il en soit ainsi il est nécessaire que le module d'une racine au moins croisse indéfiniment, car s'il en était autrement, chacun des modules resterait inférieur à un nombre déterminé $\lambda$ et l'on aurait :

$$\text{mod. } S_p < C_m^p \lambda^p.$$

*Je dis qu'il y a exactement $p$ racines dont les modules croissent indéfiniment.*

En effet, supposons qu'il y en ait un plus grand nombre, $p + q$ par exemple; en désignant par

$$x_1, x_2, \ldots\ldots x_{p+q}$$

les racines dont les modules croissent indéfiniment par hypothèse, et par

$$x_{p+q+1},\ x_{p+q+2},\ \ldots\ldots\ x_m$$

les autres, on a

$$S_{p+q} = (-1)^{p+q} \frac{A_{p+q}}{A_0}$$

et par suite :

$$\frac{S_{p+q}}{S_p} = (-1)^{p+q} \frac{A_{p+q}}{A_p}.$$

Il résulte de cette égalité que le module de $\frac{S_{p+q}}{S_p}$ reste fini.

Or on a :

$$S_{p+q} = x_1\, x_2 \ldots\ldots x_{p+q} (1 + \alpha)$$
$$S_p = x_1\, x_2 \ldots\ldots x_{p+q} . \beta$$

$\alpha$ et $\beta$ tendant vers zéro en même temps que les coefficients $A_0$, $A_1, \ldots A_{p-1}$ car $\alpha$ est une somme de fractions ayant chacune pour numérateur le produit de plusieurs racines telles que $x_{p+q+1}$, $x_{p+q+2}$, ... $x_m$ et pour dénominateur une ou plusieurs des racines $x_1$, $x_2$, ... $x_{p+q}$; de même $\beta$ est une somme de fractions analogues.

Il résulte de là que l'on aurait :

$$\frac{S_{p+q}}{S_p} = \frac{1 + \alpha}{\beta},$$

et par suite le module de $\frac{S_{p+q}}{S_p}$ augmenterait indéfiniment; il y a contradiction avec ce qui précède, donc les modules de $p$ racines *au plus* augmentent indéfiniment.

*Je dis qu'il ne peut pas y en avoir moins de p*; supposons en effet que les modules de $p - q$ racines seulement, ceux de racines

$$x_1,\ x_2,\ \ldots\ldots\ x_{p-q}$$

augmentent indéfiniment. Dans ce cas, l'identité

$$\frac{S_{p-q}}{S_p} = (-1)^p \frac{A_{p-q}}{A_p}$$

montre que

$$\lim \frac{S_{p-q}}{S_p} = 0.$$

Or on a, comme plus haut :

$$S_{p-q} = x_1 . x_2, \ldots . x_{p-q}(1 + \alpha')$$
$$S_p = x_1 . x_2, \ldots . x_{p-q}.\beta'$$

$\alpha'$ ayant pour limite zéro, et $\beta'$ désignant une quantité dont le module ne peut augmenter indéfiniment.

Par suite

$$\frac{S_{p-q}}{S_p} = \frac{1+\alpha}{\beta'},$$

et l'on ne saurait avoir $\lim \frac{S_{p-q}}{S_p} = 0$; donc il y a contradiction à supposer que les racines dont les modules augmentent indéfiniment soient en nombre inférieur à $p$.

Il résulte de là que les modules de $p$ racines augmentent indéfiniment.

On dit, pour abréger, que *si les $p$ premiers coefficients tendent vers zéro, le suivant ne tendant pas vers zéro mais restant fini ainsi que tous les autres, $p$ racines de l'équation proposée deviennent infinies.*

Supposons maintenant que les coefficients

$$A_m, A_{m-1}, A_{m-2}, \ldots . A_{m-p+1}$$

tendent vers zéro, le module de $A_{m-p}$ ne tendant pas vers zéro, les modules de $A_{m-p}$ et de tous les autres coefficients restant d'ailleurs finis. Si l'on considère l'équation :

$$A_m x^m + A_{m-1} x^{m-1} + \ldots + A_{m-p+1} x^{m-p+1} + A_{m-p} x^{m-p} + \ldots + A_0 = 0 \quad (2)$$

il résulte de la démonstration précédente que $p$ racines de cette équation deviennent infinies, puisque, par hypothèse les $p$ premiers coefficients de cette équation tendent vers zéro. Or les racines de l'équation (2) sont les inverses (**20**) des racines de l'équation (1). Donc $p$ racines de l'équation (1), et $p$ seulement, tendent vers zéro.

Supposons maintenant que les coefficients

$$A_0, A_1, \ldots\ldots A_{p-1}$$

et les coefficients

$$A_{m-q+1}, A_{m-q+2}, \ldots\ldots A_{m-1}, A_m$$

tendent vers zéro en même temps (pourvu que $p+q$ soit inférieur à $m+1$), les coefficients $A_p$ et $A_{m-q}$ ne tendant pas vers zéro, les modules de ces coefficients ainsi que ceux des autres coefficients restant finis, $p$ racines deviennent infinies et $q$ racines deviennent nulles.

Il convient de remarquer que si l'on rend le polynome homogène en remplaçant $x$ par $\frac{x}{y}$ et multipliant tous les termes par $y^m$, quand on suppose que les coefficients $A_0, A_1, \ldots\ldots A_{p-1}$, ainsi que les coefficients $A_{m-q+1}, A_{m-q+2}, \ldots\ldots A_m$ deviennent nuls, le premier membre de l'équation aura $x^q y^p$ en facteur.

Soit par exemple l'équation :

$$A_0 x^5 + A_1 x^4 + A_2 x^3 + A_3 x^2 + A_4 x + A_5 = 0.$$

Si $A_0$, $A_1$ et $A_5$ tendent vers zéro, $A_2$, $A_3$, $A_4$ ayant des limites finies et différentes de zéro, l'équation aura deux racines infinies et une racine nulle. A la limite, quand ces coefficients seront nuls, l'équation se réduira à la suivante :

$$A'_2 x^3 + A_3 x^2 + A_4 x = 0$$

qui n'est plus que du 3<sup>e</sup> degré et dont le premier membre renferme $x$ en facteur. Si l'on avait rendu l'équation *homogène*, l'équation *limite* serait :

$$A_2 x^3 y^2 + A'_3 x^2 y^3 + A'_4 x y^4 = 0$$

$A'_2$, $A'_3$, $A'_4$ désignant les limites de $A_2$, $A_3$, $A_4$. On remarquera que la variable $y$ conserve pour ainsi dire la trace des deux racines qui ont disparu en devenant infinies, $y^2$ étant en facteur, comme d'ailleurs le facteur $x$ indique qu'il y a une racine nulle.

**22. Théorème.** — *Les racines d'une équation algébrique sont des fonctions continues des coefficients de cette équation.*

Soit :

$$f(x) \equiv A_0 x^m + A_1 x^{m-1} + \ldots\ldots + A_m = 0$$

une équation ayant une racine $a$ de degré $p$ de multiplicité. Je dis que si l'on donne aux coefficients des accroissements

$$\Delta A_0, \Delta A_1, \ldots\ldots \Delta A_m,$$

$p$ racines de l'équation

$$(A_0 + \Delta A_0) x^m + (A_1 + \Delta A_1) x^{m-1} + \ldots\ldots + (A_m + \Delta A_m) = 0 \qquad (2)$$

tendent vers $a$ quand les accroissements des coefficients tendent simultanément vers zéro. En effet, on a par hypothèse

$$f(a) = 0 \quad f'(a) = 0 \quad f''(a) = 0 \ldots\ldots f^{p-1}(a) = 0 \quad f^p(a) \neq 0.$$

Soit :

$$\varphi(x) = \Delta A_0 x^m + \Delta A_1 x^{m-1} + \ldots\ldots + \Delta A_m;$$

les dérivées de $\varphi(x)$, pour $x = a$, sont toutes des fonctions linéaires et homogènes des accroissements $\Delta A_0, \Delta A_1, \ldots\ldots \Delta A_m$, par suite chacune des quantités

$$\varphi(a), \varphi'(a), \varphi''(a), \ldots\ldots \varphi^{(m)}(a)$$

a pour limite zéro quand tous ces accroissements tendent eux-mêmes vers zéro.

L'équation (2) étant écrite ainsi :

$$f(x) + \varphi(x) = 0,$$

si l'on pose $x = a + z$, elle devient :

$$\varphi(a) + z\varphi'(a) + z^2 \frac{\varphi''(a)}{1.2} + \ldots + z^{p-1} \frac{\varphi^{(p-1)}(a)}{(p-1)!} + \frac{z^p}{p!}[f^{(p)}(a) + \varphi^{(p)}(a)] + \ldots$$
$$+ \frac{z^m}{m!}[(f^{(m)}(a) + \varphi^{(m)}(a)] = 0$$

si $\Delta A_0, \Delta A_1, \ldots\ldots \Delta A_m$ tendent vers zéro, les $p$ premiers coefficients de l'équation en $z$ tendent vers zéro, les suivants ont pour limites

$$\frac{f^{(p)}(a)}{p!}, \frac{f^{(p+1)}(a)}{(p+1)!}, \ldots\ldots \frac{f^{(m)}(a)}{m!};$$

mais par hypothèse $f^{(p)}(a)$ est différent de zéro, donc $p$ racines, et pas davantage, tendent vers zéro; ce qui revient à dire que $p$ racines de l'équation $f(x) = 0$ tendent vers $a$.

**23. Application aux fonctions implicites algébriques.** — Soit $f(x, y)$ un polynome entier par rapport à $x$ et $y$, et considérons l'équation

$$f(x, y) = 0.$$

Si l'on donne à $x$ une valeur particulière $x_0$, l'équation

$$f(x_0, y) = 0$$

aura $m$ racines, si l'on désigne par $m$ le degré par rapport à $y$. Pour plus de simplicité, nous supposerons que le coefficient de la plus haute puissance de $y$ soit indépendant de $x$, ou du moins ne soit pas nul pour $x = x_0$. Soit $y_0$ une racine de l'équation précédente; nous supposons que cette racine soit simple. Dans ce cas la dérivée : $f'_{y_0}(x_0, y_0)$ est différente de zéro. Donnons à $x_0$ un accroissement $h$, l'équation

$$f(x_0 + h, y) = 0$$

aura, d'après le théorème précédent, une racine et une seule tendant vers $y_0$ quand $h$ tend vers zéro. Désignons cette racine par $y_0 + k$; $k$ tend vers zéro en même temps que $h$. Nous nous proposons de chercher la limite du rapport $\frac{k}{h}$ quand $h$ tend vers zéro.

Par hypothèse,

$$f(x_0 + h, y_0 + k) = 0,$$

ou, en développant par la formule de Taylor,

$$f(x_0, y_0) + hf'_{x_0} + kf'_{y_0} + \frac{1}{1.2}\left(h^2 f''_{x_0^2} + 2hk f''_{x_0 y_0} + k^2 f''_{y_0^2}\right) + \dots = 0.$$

Posons $k = th$; en remarquant que $f(x_0, y_0) = 0$, on voit que $h$ est en facteur dans tous les termes; en supprimant cette solution qui correspond à $x = x_0$, $y = y_0$, on obtient

$$f'_{x_0} + tf'_{y_0} + \frac{h}{1.2}\left(f''_{x_0^2} + 2tf''_{x_0 y_0} + t^2 f''_{y_0^2}\right) + Ph^2 = 0,$$

P désignant un polynome entier par rapport à $t$ et $h$.

Si l'on regarde $t$ comme l'inconnue et $h$ comme un paramètre variable, on voit que si $h = 0$, l'équation précédente s'abaisse au premier degré et a une racine finie vérifiant l'équation

$$f'_{x_0} + t f'_{y_0} = 0 \qquad (1)$$

donc, quand $h$ tend vers zéro, une valeur de $t$, et d'ailleurs une seule, tend vers

$$-\frac{f'_{x_0}}{f'_{y_0}};$$

donc

$$\lim \frac{k}{h} = -\frac{f'_{x_0}}{f'_{y_0}}.$$

Si l'on suppose $f'_{y_0} = 0$ et $f'_{x_0} \neq 0$, on voit que l'équation en $t$ s'abaisse au degré 0 quand on suppose $h = 0$ : toutes ses racines sont infinies pour $h = 0$, par suite $\frac{k}{h}$ augmente indéfiniment quand $h$ tend vers zéro.

On retrouve ainsi la règle déjà obtenue pour calculer la dérivée d'une fonction implicite.

Supposons que l'on ait en même temps

$$f'_{x_0} = 0, \quad f'_{y_0} = 0, \quad f''_{y_0^2} \neq 0.$$

Dans ce cas, l'équation

$$f(x_0 + h, y_0 + k) = 0,$$

après qu'on aura posé $k = th$, aura $h^2$ en facteur; en supprimant ce facteur, on obtient

$$\frac{1}{1.2}\left(f''_{x_0^2} + 2t f''_{x_0 y_0} + t^2 f''_{y_0^2}\right) + Ph = 0.$$

Si $h = 0$, cette équation se réduit à la suivante :

$$f''_{x_0^2} + 2t f''_{x_0 y_0} + t^2 f''_{y_0^2} = 0; \qquad (2)$$

donc, quand $h$ tend vers zéro, deux déterminations de $t$ tendent vers les racines de l'équation (2). D'ailleurs $y_0$ est racine double de l'équation $f(x_0, y) = 0$; deux racines de l'équation $f(x_0 + h, y) = 0$ tendent vers $y_0$ quand $h$ tend vers zéro; si l'on pose $y = y_0 + k$, il y a deux déterminations de $k$, $k'$ et $k''$ qui tendent vers zéro, et les rapports $\frac{k'}{h}$, $\frac{k''}{h}$ ont des limites finies égales aux racines de l'équation (2).

Si l'on suppose

$$f''_{y_0^2} = 0, \quad f''_{x_0 y_0} \neq 0,$$

l'un de ces rapports augmente indéfiniment, et si l'on suppose

$$f''_{y_0^2} = 0, \quad f''_{x_0 y_0} = 0, \quad f''_{x_0^2} \neq 0$$

ils augmentent indéfiniment tous les deux.

On traitera d'une manière analogue les autres cas. En général, si l'on suppose que toutes les dérivées partielles de $f(x, y)$ du premier ordre, du second ordre, et ainsi de suite jusqu'à celles de l'ordre $p - 1$ soient nulles pour $x = x_0$, $y = y_0$, mais que la dérivée $f^{(p)}_{y_0^p}$ soit différente de zéro, il y aura $p$ détermination de $k$, savoir : $k_1$, $k_2$ ... $k_p$ tendant vers zéro en même temps que $h$, et les rapports

$$\frac{k_1}{h}, \frac{k_2}{h}, \dots \frac{k_p}{h}$$

auront des limites finies, racines d'une équation de degré $p$, que l'on peut écrire symboliquement :

$$(f'_{x_0} + t f'_{y_0})_p = 0.$$

## EXERCICES

**1.** Soit $b$ un nombre positif et soient $a_1, a_2, \dots a_{2n}$, $2n$ nombres réels tels que les différences $a_1 - a_2, a_2 - a_3, \dots a_{2n-1} - a_{2n}$, soient toutes positives. Montrer que l'équation

$$(x - a_1)(x - a_3) \dots (x - a_{2n-1}) + b(x - a_2)(x - a_4) \dots (x - a_{2n}) = 0$$

a toutes ses racines réelles et inégales.

**2.** Prouver que l'équation

$$\frac{1+p^2+pqx}{r+sx}=\frac{pq+(1+q^2)x}{s+tx}$$

a toujours ses racines réelles — Condition d'égalité.

— 1° On peut mettre le discriminant sous la forme d'une somme de deux carrés; 2° on peut prendre comme inconnue auxiliaire la valeur commune $\frac{1}{y}$ de ces deux rapports, et faire ensuite des substitutions convenables.

**3.** Résoudre le système de $n$ équations à $n$ inconnues.

$$\begin{array}{l} a^n + a^{n-1}x + a^{n-2}y + \dots + at + u = 0 \\ b^n + b^{n-1}x + b^{n-2}y + \dots + bt + u = 0 \\ \dots\dots\dots\dots\dots\dots\dots\dots \\ \dots\dots\dots\dots\dots\dots\dots\dots \\ \dots\dots\dots\dots\dots\dots\dots\dots \\ l^n + l^{n-1}x + l^{n-2}y + \dots + lt + u = 0. \end{array}$$

**4.** Résoudre le système de $n$ équations à $n$ inconnues :

$$\begin{array}{l} \frac{x}{a+\lambda}+\frac{y}{b+\lambda}+\dots\dots+\frac{u}{l+\lambda}=1. \\ \frac{x}{a+\mu}+\frac{y}{b+\mu}+\dots\dots+\frac{u}{l+\mu}=1, \\ \dots\dots\dots\dots\dots\dots\dots\dots \\ \dots\dots\dots\dots\dots\dots\dots\dots \\ \dots\dots\dots\dots\dots\dots\dots\dots \\ \frac{x}{a+\rho}+\frac{y}{b+\rho}+\dots\dots+\frac{u}{l+\rho}=1. \end{array}$$

— On considère l'expression

$$f(\theta)=1-\frac{x}{a+\theta}-\frac{y}{b+\theta}-\dots\dots-\frac{u}{l+\theta}.$$

Si $x, y, \dots u$ désignent les nombres vérifiant le système donné, cette expression s'annule quand $\theta=\lambda$, $\theta=\mu$, ... $\theta=\rho$, donc

$$f(\theta)=\frac{(\theta-\lambda)(\theta-\mu)\dots\dots(\theta-\rho)}{(a+\theta)(b+\theta)\dots\dots(l+\theta)}.$$

Par suite,

$$1-\frac{x}{a+\theta}-\frac{y}{b+\theta}-\dots\dots-\frac{u}{b+\theta}=\frac{(\theta-\lambda)(\theta-\mu)\dots\dots(\theta-\rho)}{(a+\theta)(b+\theta)\dots\dots(l+\theta)}$$

et ensuite

$$-x+(a+\theta)\left[1-\frac{1}{b+\theta}-\dots\dots-\frac{u}{l+\theta}\right]=\frac{(\theta-\lambda)(\theta-\mu)\dots\dots(\theta-\rho)}{(b+\theta)\dots\dots(l+\theta)}.$$

On pose enfin $\theta = -a$ dans les deux membres de l'identité.

*Autre méthode.* — On ajoute membre à membre la première équation et la seconde, après les avoir multipliées respectivement par $a + \lambda$ et $-(a + \mu)$; on supprime le facteur $\lambda - \mu$ et l'on opère d'une manière analogue sur la première équation et chacune des suivantes. On obtient un système de même forme que le proposé ayant une équation et une inconnue de moins, et l'on opère de la même manière sur ce second système, etc.

**5.** Si l'equation $f(x) = 0$ a toutes ses racines réelles et inégales, l'équation

$$f(x)\, f''(x) - [f'(x)]^2 = 0$$

n'a que des racines imaginaires.

— On part de l'identité

$$\frac{f'(x)}{f(x)} = \frac{1}{x-a} + \frac{1}{x-b} + \ldots\ldots + \frac{1}{x-l}$$

$a, b, \ldots\, l$ désignant les racines de $f(x) = 0$; on a ensuite

$$\frac{[f'(x)]^2 - f(x) \,.\, f''(x)}{[f(x)]^2} = \frac{1}{(x-a)^2} + \frac{1}{(x-b)^2} + \ldots + \frac{1}{(x-l)^2}$$

**6.** Si l'équation

$$x^m - A_1 x^{m-1} + A_2 x^{m-2} - A_3 x^{m-3} + \ldots\ldots = 0$$

a toutes les racines réelles et positives, on a nécessairement

$$A_1 > 0, \quad A_2 > 0, \quad A_3 > 0 \ldots\ldots$$

**7.** Si l'équation

$$x^m - A_1 x^{m-1} + A_2 x^{m-2} + \ldots\ldots = 0$$

a toutes les racines réelles, on a *nécessairement*

$$A_1^2 - 2A_2 > 0$$
$$A_2^2 - 2A_1 A_3 - 2A_4 > 0.$$
$$\ldots\ldots\ldots\ldots\ldots$$
$$\ldots\ldots\ldots\ldots\ldots$$

— Soient $f(x)$ le premier membre de l'équation, et $a, b, \ldots\ldots\, l$ les racines :

$$(-1)^m f(x)\, f(-x) = (x^2 - a^2)(x^2 - b^2) \ldots\ldots (x^2 - l^2) = \varphi(x^2).$$

En posant $x^2 = y$, on applique au polynome $\varphi(y)$ le théorème du n° 6.

**8.** On connaît $p$ racines de l'équation $f(x) = 0$. Former l'équation qui admet les $m - p$ autres racines de $f(x) = 0$, $m$ étant le degré de $f(x)$.

**9.** Si une équation

$$x^m - A_1 x^{m-1} + A_2 x^{m-2} - \ldots\ldots \pm A_m = 0$$

à toutes ses racines positives, les quantités $A_1$, $A_2$, ... vérifient les inégalités

$$A_1 > m\sqrt[m]{A_m}$$
$$A_2 > \frac{m(m-1)}{1.2}\sqrt[m]{A_m^2}$$
$$\cdots\cdots\cdots\cdots$$
$$\cdots\cdots\cdots\cdots$$

— On établit d'abord ce lemme : Si $S_p$ est la somme des produits $p$ à $p$ de $a, b, c \dots l$, et si P désigne le produit des $C_m^p$ parties dont se compose $S_p$, on a :

$$P = (S_m)^{C_{m-1}^{p-1}}$$

Cela étant, la moyenne arithmétique des $C_m^p$ parties dont se compose $S_p$ est $\frac{A}{C_m^p}$, leur moyenne géométrique est

$$\sqrt[C_m^p]{(A_m)^{C_m^p}}.$$

On en conclut

$$\frac{A_p}{C_m^p} > \sqrt[m]{A_m^p}, \text{ etc.}$$

**10.** Si l'équation

$$x^m + A_1 x^{m-1} + A_2 x^{m-2} - \dots = 0$$

a toutes ses racines réelles, ses coefficients vérifient les inégalités

$$-(2A_2 - A_1^2) > m\sqrt[m]{A_m^2}$$
$$2A_4 - 2A_1A_3 + A_2^2 > \frac{m(m-1)}{1.2}\sqrt[m]{A_m^4} \dots\dots$$

— On considère

$$(-1)^m f(x) f(-x) = \varphi(x^2)$$

et on applique le théorème du n° 9, à l'équation

$$\varphi(y) = 0.$$

**11.** En supposant que les racines de l'équation

$$x^m + A_1 x^{m-1} + A_2 x^{m-2} + \dots = 0$$

sont en progression arithmétique, les racines extrêmes sont données par l'équation

$$\frac{1}{3}(mx + A_1)^2 (m+1) = (m-1)^2 A_1^2 - 2m(m-1) A_2.$$

(GATTI.)

**12.** Déterminer $q$ de manière que les racines de l'équation

$$x^3 - 8x^2 - 6x - q = 0$$

soient en progression arithmétique ou géométrique, et résoudre.

**13.** Déterminer $p$ de sorte que deux racines de l'équation

$$3x^4 + px^3 + 2x^2 + 12x - 8 = 0$$

aient un produit égal à 4, et résoudre.

**14.** Déterminer $q$ de sorte que l'équation

$$x^4 - 6x^3 + 8x^2 + qx + 25 = 0$$

ait ses quatre racines en proportion, et résoudre.

**15.** Déterminer $q$ de manière que les racines de l'équation

$$6x^3 - 11x^2 + 6x - q = 0$$

soient en proportion harmonique, et résoudre.

**16.** Étant donnée l'équation

$$A_0x^4 + 4A_1x^3 + 6A_2x^2 + 4A_3x + A_4 = 0,$$

exprimer que les racines $a$, $b$, $c$, $d$ de cette équation vérifient la relation

$$(a + b)(c + d) = 2(ab + cd).$$

On pose

$$a + b = u, \quad ab = v; \quad c + d = u, \quad cd = v;$$

les relations entre les coefficients et les racines peuvent s'écrire ainsi

$$u + u' = -\frac{4A_1}{A_0} \tag{1}$$

$$uu' + v + v' = \frac{6A_2}{A_0} \tag{2}$$

$$vu' + uv' = -\frac{4A_3}{A_0} \tag{3}$$

$$vv' = \frac{A_4}{A_0} \tag{4}$$

et l'on doit avoir, en outre

$$uu' = 2(v + v'), \tag{5}$$

d'où

$$uu' = \frac{4A_2}{A_0}; \quad v + v' = \frac{2A_2}{A_0}.$$

On en conclut que $u$ et $u'$ sont les racines de l'équation

$$A_0 z^2 + 4 A_1 z + 4 A_2 = 0; \qquad (6)$$

$v$ et $v'$ sont les racines de

$$A_0 t^2 - 2 A_2 t + A_4 = 0; \qquad (7)$$

mais la relation (3) donne

$$A_0 zt + 2 A_1 t - A_2 z = 2 A_3;$$

on en tire

$$t = \frac{A_2 z + 2 A_3}{A_0 z + 2 A_1},$$

et substituant dans (6),

$$(A_0 A_4 - A_2)(A_0 z^2 + 4 A_1 z) + 4 A_0 A_3^2 - 8 A_1 A_2 A_3 + 4 A_1 A_1^2 = 0;$$

on en conclut :

$$A_0 \left(A_2 A_4 - A_3^2\right) - A_1 (A_1 A_4 - A_2 A_3) + A_2 \left(A_1 A_3 - A_2^2\right) = 0;$$

c'est-à-dire

$$\begin{vmatrix} A_0 & A_1 & A_2 \\ A_1 & A_2 & A_3 \\ A_2 & A_3 & A_4 \end{vmatrix} = 0.$$

**17.** Si $\alpha_1, \alpha_2, \ldots\ldots \alpha_n$ sont les racines de l'équation $f(x) = 0$, on a :

$$(-1)^n \begin{vmatrix} \alpha_1 & x & x & \ldots & x \\ x & \alpha_2 & x & \ldots & x \\ x & x & \alpha_3 & \ldots & x \\ \ldots & \ldots & \ldots & \ldots & \ldots \\ \ldots & \ldots & \ldots & \ldots & \ldots \\ \ldots & \ldots & \ldots & \ldots & \ldots \\ x & x & \alpha & \ldots & \alpha_n \end{vmatrix} = f(x) - x f'(x).$$

**18.** Calculer $x^m + \frac{1}{x^m}$ en fonction de $x + \frac{1}{x}$ en posant $x + \frac{1}{x} = 2 \cos \varphi$. Expliquer pourquoi la formule trouvée est générale.

# CHAPITRE X

## FONCTIONS SYMÉTRIQUES DES RACINES D'UNE ÉQUATION ALGÉBRIQUE

1. On nomme *fonction symétrique* des lettres $a$, $b$, ..... $l$, toute expression formée avec ces lettres, qui ne change pas quand on permute d'une manière quelconque deux ou un plus grand nombre de ces lettres. Par exemple,

$$a + b, \quad a^2 + ab + b^2, \quad a^2 + b^2 + c^2 - ab - bc - ca, \quad .....$$

sont des fonctions symétriques.

*Toute fonction symétrique entière et rationnelle des lettres données est la somme de fonctions symétriques homogènes de ces lettres.*

En effet, considérons un terme quelconque de la fonction donnée; cette fonction doit contenir aussi tous les termes qui se déduisent de celui-là en permutant de toutes les manières possibles les lettres qui entrent dans ce terme, entre elles ou avec les autres lettres données.

Ainsi, par exemple, si la fonction contient le terme

$$\text{A}\, a^2\, b^3\, c^5,$$

A étant un coefficient numérique, elle contiendra les termes

$$\text{A}\, a^3\, b^2\, c^5, \quad \text{A}\, c^2\, a^3\, b^5, \quad ..... \quad \text{A}\, d^2\, b^3\, c^5, \quad .....$$

L'ensemble de tous ces termes constitue une fonction homogène et la fonction symétrique considérée sera composée d'un certain nombre de groupes analogues; elle est donc la somme de fonctions symétriques, entières, rationnelles et homogènes.

On nomme fonction symétrique du *premier ordre*, ou fonction *simple*, toute fonction symétrique, rationnelle, entière et homogène dont chaque terme ne contient qu'une lettre; fonction *double* ou du *deuxième ordre*, toute fonction symétrique, rationnelle, entière et homogène dont chaque terme contient deux lettres, et ainsi de suite.

Les sommes des puissances semblables sont des fonctions du premier ordre; la somme des produits $p$ à $p$ est une fonction de l'ordre $p$.

Nous allons démontrer que *toute fonction symétrique rationnelle et entière des racines d'une équation algébrique s'exprime rationnellement en fonction des coefficients de cette équation.*

Nous considérons d'abord les sommes de puissances semblables.

## CALCUL DES SOMMES DES PUISSANCES SEMBLABLES DES RACINES D'UNE ÉQUATION ALGÉBRIQUE

**2. Première méthode.** — Soient $a$, $b$, $c$, ..... $l$ les racines de l'équation $f(x) = 0$; et soit

$$s_p = a^p + b^p + c^p + \ldots\ldots + l^p,$$

on se propose de calculer $s_p$ en fonction des coefficients de $f(x)$.

On a identiquement :

$$\frac{f'(x)}{f(x)} = \frac{1}{x-a} + \frac{1}{x-b} + \ldots\ldots + \frac{1}{x-l} \qquad (1)$$

d'où

$$f'(x) = \frac{f(x)}{x-a} + \frac{f(x)}{x-b} + \ldots\ldots + \frac{f(x)}{x-l}. \qquad (2)$$

Si l'on suppose

$$f(x) = A_0 x^m + A_1 x^{m-1} + \ldots\ldots + A_m,$$

on a :

$$\begin{aligned}
\frac{f(x)}{x-a} = {} & A_0 x^{m-1} + (A_0 a + A_1) x^{m-2} + \ldots\ldots \\
& + (A_0 a^p + A_1 a^{p-1} + \ldots\ldots + A_{p-1} a + A_p) x^{m-p-1} + \ldots\ldots \\
& + (A_0 a^{m-1} + A_1 a^{m-2} + \ldots\ldots + A_{m-2} a + A_{m-1});
\end{aligned}$$

$$\begin{aligned}
\frac{f(x)}{x-b} = {} & A_0 x^{m-1} + (A_0 b + A_1) x^{m-2} + \ldots\ldots \\
& + (A_0 b^p + A_1 b^{p-1} + \ldots\ldots + A_{p-1} b + A_p) x^{m-p-1} + \ldots\ldots \\
& + (A_0 b^{m-1} + A_1 b^{m-2} + \ldots\ldots + A_{m-2} b + A_{m-1});
\end{aligned}$$

. . . . . . . . . . . . . . . . . . . . . . . . . . . . . . . . . . . .

. . . . . . . . . . . . . . . . . . . . . . . . . . . . . . . . . . . .

$$\begin{aligned}
\frac{f(x)}{x-l} = {} & A_0 x^{m-1} + (A_0 l + A_1) x^{m-2} + \ldots\ldots \\
& + (A_0 l^p + A_1 l^{p-1} + \ldots\ldots + A_{p-1} l + A_p) x^{m-p-1} + \ldots\ldots \\
& + (A_0 l^{m-1} + A_1 l^{m-2} + \ldots\ldots + A_{m-2} l + A_{m-1}).
\end{aligned}$$

Si l'on ajoute toutes ces identités membre à membre, en tenant compte de l'identité (2), on obtient :

$$f'(x) = m A_0 x^{m-1} + (A_0 s_1 + m A_1) x^{m-2} + (A_0 s_2 + A_1 s_1 + m A_2) x^{m-3} + ..$$
$$+ (A_0 s_p + A_1 s_{p-1} + ..... + A_{p-1} s_1 + m A_p) x^{m-p-1} + .....$$
$$+ (A_0 s_{m-1} + A_1 s_{m-2} + ..... + A_{m-2} s_1 + m A_{m-1}).$$

Mais,

$$f'(x) = m A_0 x^{m-1} + (m-1) A_1 x^{m-2} + (m-2) A_2 x^{m-3} + ....$$
$$+ (m-p) A_p x^{m-p-1} + ..... + A_{m-1};$$

par suite,

$$A_0 s_1 + A_1 = 0,$$
$$A_0 s_2 + A_1 s_1 + 2 A_2 = 0,$$
$$A_0 s_3 + A_1 s_2 + A_2 s_1 + 3 A_3 = 0,$$

. . . . . . . . . . . . . . . .

. . . . . . . . . . . . . . . .

$$A_0 s_p + A_1 s_{p-1} + A_2 s_{p-2} + ..... + A_{p-1} s_1 + p A_p = 0,$$

. . . . . . . . . . . . . . . . . . . . . . . . . .

. . . . . . . . . . . . . . . . . . . . . . . . . .

$$A_0 s_{m-1} + A_1 s_{m-2} + A_2 s_{m-3} + ..... + A_{m-2} s_1 + (m-1) A_{m-1} = 0.$$

Ces formules, *dues à Newton*, donnent successivement $s_1$, $s_2$, $s_3$, ..... jusqu'à $s_{m-1}$, exprimées en fonctions rationnelles des coefficients. Lorsque $A_0 = 1$, toutes ces sommes sont des fonctions entières des coefficients de l'équation proposée.

**Sommes des puissances supérieures à $m-1$.** — Si $a$ est racine de l'équation

$$f(x) = 0,$$

$a$ est aussi racine de l'équation

$$x^\mu f(x) = 0,$$

$\mu$ étant un entier positif quelconque.

On aura donc,

$$A_0 a^{m+\mu} + A_1 a^{m+\mu-1} + A_2 a^{m+\mu-2} + ..... + A_{m-1} a^{\mu+1} + A_m a^\mu = 0.$$
$$A_0 b^{m+\mu} + A_1 b^{m+\mu-1} + A_2 b^{m+\mu-2} + ..... + A_{m-1} b^{\mu+1} + A_m b^\mu = 0.$$

. . . . . . . . . . . . . . . . . . . . . . . . . . . . . . . .

. . . . . . . . . . . . . . . . . . . . . . . . . . . . . . . .

$$A_0 l^{m+\mu} + A_1 l^{m+\mu-1} + A_2 l^{m+\mu-2} + ..... + A_{m-1} l^{\mu+1} + A_m l^\mu = 0,$$

en ajoutant membre à membre :

$$A_0 s_{m+\mu} + A_1 s_{m+\mu-1} + A_2 s_{m+\mu-2} + \ldots\ldots + A_{m-1} s_{\mu+1} + A_m s_\mu = 0. \quad (3)$$

Cette *formule de récurrence* permet de calculer $s_{m+\mu}$, quand on connaît

$$s_{m+\mu-1}, \quad s_{m+\mu-2}, \quad \ldots\ldots \quad s_\mu.$$

Or on a calculé $s_1$, $s_2$, ..... $s_{m-1}$; donc on aura $s_m$, en remarquant que $s_0 = m$, par la formule

$$A_0 s_m + A_1 s_{m-1} + A_2 s_{m-2} + \ldots\ldots + A_{m-1} s_1 + m A_m = 0.$$

Connaissant $s_m$, on aura ensuite $s_{m+1}$, en remplaçant $\mu$ par 1, et ainsi de suite.

La formule (3) s'applique à des valeurs négatives de $\mu$, pourvu que l'équation proposée n'ait aucune racine nulle; on pourra donc encore, par le même procédé, calculer $s_{-1}$, $s_{-2}$, ..... $s_{-p}$.

D'ailleurs, on pourra calculer $s_{-p}$, en cherchant la somme des puissances $p$ des racines de l'équation aux inverses.

En résumé, $p$ étant positif ou négatif, la somme $s_p$ est une fonction rationnelle et entière des coefficients de l'équation $f(x) = 0$, quand on suppose le coefficient de $x^m$ ramené à l'unité.

Il résulte aussi de ce qui précède que si l'on connaît $s_1$, $s_2$, ..... $s_m$, on pourra calculer successivement $A_1$, $A_2$, ..... $A_m$ en supposant connu $A_0$, par exemple, en supposant $A_0 = 1$.

**3. Deuxième méthode.** — 1° Occupons-nous d'abord des puissances entières.

Désignant comme plus haut les racines de l'équation $f(x) = 0$ par $a$, $b$, ..... $l$, on a identiquement :

$$\frac{1}{x-a} = \frac{1}{x} + \frac{a}{x^2} + \frac{a^2}{x^3} + \ldots\ldots + \frac{a_p}{x^{p+1}} + \frac{a^{p+1}}{x^{p+1}(x-a)} \quad (1)$$

ou

$$\frac{1}{x-a} = \frac{1}{x} + \frac{a}{x^2} + \frac{a^2}{x^3} + \ldots\ldots + \frac{a_p}{x^{p+1}} + \frac{\alpha}{x^{p+2}} \quad (2)$$

$\alpha$ ayant une limite finie quand $x$ grandit indéfiniment. En ajoutant membre à membre les $m$ identités analogues, relatives aux $m$ racines, on obtient :

$$\frac{f'(x)}{f(x)} = \frac{m}{x} + \frac{s_1}{x^2} + \frac{s_2}{x^3} + \ldots\ldots + \frac{s_p}{x^{p+1}} + \frac{\lambda}{x^{p+2}}$$

$\lambda$ ayant une limite finie pour $x$ infini. Or, en divisant $f'(x)$ par $f(x)$ et en ordonnant l'opération suivant les puissances décroissantes, on aura identiquement

$$\frac{f'(x)}{f(x)} = \frac{m}{x} + \frac{c_1}{x^2} + \frac{c_2}{x^3} + \ldots\ldots + \frac{c_p}{x^{p+1}} + \frac{\theta}{x^{p+2}}, \qquad (3)$$

$\theta$ désignant une fonction de $x$ ayant une limite finie quand $x$ augmente indéfiniment. Donc, en comparant les deux membres des identités (2) et (3), on a

$$s_1 = c_1, \quad s_2 = c_2, \quad \ldots\ldots \quad s_p = c_p.$$

Ainsi la somme $s_p$ est le coefficient de $\frac{1}{x^{p+1}}$ dans le *quotient* de la division de $f'(x)$ par $f(x)$, ordonné suivant les puissances décroissantes de $x$.

**Corollaire.** — La somme de $s_p$ est égale au coefficient de $\frac{1}{x}$ dans le développement de

$$\frac{x^p f'(x)}{f(x)},$$

ordonné suivant les puissances décroissantes de $x$.

2° **Puissances négatives.** — On trouve d'une manière analogue $s_{-p}$; en effet, on a identiquement

$$\frac{1}{a-x} = \frac{1}{a} + \frac{x}{a^2} + \frac{x^2}{a^3} + \ldots\ldots + \frac{x^{p-1}}{a^p} + \frac{x^p}{a^p(a-x)} \qquad (3)$$

et des identités analogues pour chacune des autres racines; en ajoutant membre à membre les $m$ identités, on obtient

$$\frac{-f'(x)}{f(x)} \equiv s_{-1} + x s_{-2} + x^2 s_{-3} + \ldots\ldots + x^{p-1} s_{-p} + x^p \sum \frac{1}{a_p(a-x)}$$

et en remarquant que pour $x = 0$, $\sum \frac{1}{a^p(a-x)}$ se réduit à $s_{-p-1}$, on peut écrire :

$$\frac{-f'(x)}{f(x)} \equiv s_{-1} + s_{-2}.x + s_{-3}x^2 + \ldots\ldots + s_{-p}.x^{p-1} + \sigma x_p,$$

$\sigma$ désignant une fonction de $x$ ayant une limite finie pour $x = 0$.

On en conclut, comme plus haut, que la somme $s_{-p}$ des puissances d'exposant $-p$ des racines de l'équation $f(x) = 0$, est égale au coefficient changé de signe de $x^{p-1}$, dans le quotient de la division de $f'(x)$ par $f(x)$, ordonnée suivant les puissances croissantes.

**Corollaire.** — La somme $s_{-p}$ est égale au coefficient de $\frac{1}{x}$ dans le développement de

$$\frac{-f'(x)}{x^p f(x)}$$

suivant les puissances croissantes de $x$.

**Remarque.** — On déduit de ce qui précède les identités

$$\sum \frac{a^p}{x-a} = x^p \frac{f'(x)}{f(x)} - mx^{p-1} - s_1 x^{p-2} - s_2 x^{p-3} - \ldots\ldots - s_{p-1},$$

$$\sum \frac{1}{a^p(x-a)} = \frac{f'(x)}{x^p f(x)} + \frac{s_{-1}}{x^p} + \frac{s_{-2}}{x^{p-1}} + \ldots\ldots + \frac{s_{-p}}{x}$$

**Application.** — Soit

$$f(x) = x^m - 1\,; \quad f'(x) = x^{m-1},$$

par suite

$$\frac{f'(x)}{f(x)} = \frac{m\,x^{m-1}}{x^m - 1} = \frac{m}{x} + \frac{m}{x^{m+1}} + \frac{m}{x^{2m+1}} + \ldots\ldots + \frac{m}{x^{km+1}} \ldots\ldots$$

De même

$$\frac{-f'(x)}{f(x)} = \frac{m\,x^{m-1}}{1 - x^m} = m\,x^{m-1} + m\,x^{2m-1} + m\,x^{3m-1} + \ldots\ldots + m\,x^{km-1} + \ldots$$

Il en résulte que $s_p$ a pour valeur $m$ ou zéro, suivant que le nombre positif ou négatif $p$ est ou n'est pas un multiple de $m$.

### CALCUL DES FONCTIONS SYMÉTRIQUES ENTIÈRES DES RACINES D'UNE ÉQUATION ALGÉBRIQUE

4. **Fonctions symétriques du second ordre.** — Soient $\alpha$ et $\beta$ deux nombres entiers donnés; nous cherchons la somme

$$\sum a^\alpha b^\beta,$$

étendue à toutes les lettres $a$, $b$, $c$, ..... $l$.

On sait calculer $s_\alpha$ et $s_\beta$ ; considérons les identités

$$s_\alpha = a^\alpha + b^\alpha + c^\alpha + \ldots\ldots + l^\alpha,$$
$$s_\beta = a^\beta + b^\beta + c^\beta + \ldots\ldots + l^\beta.$$

Si l'on multiplie membre à membre, on aura :

$$s_\alpha\, s_\beta = (a^\alpha + b^\alpha + \ldots\ldots + l^\alpha)(a^\beta + b^\beta + c \ldots\ldots + l^\beta).$$

Or le second membre est la somme des termes

$$a^{\alpha+\beta}, \quad b^{\alpha+\beta}, \quad \ldots\ldots \quad l^{\alpha+\beta}$$

et des termes obtenus en multipliant de toutes les façons possibles un terme de la première somme par un terme différent de la seconde.

Mais cette seconde partie du produit est précisément la somme $\sum a^\alpha b^\beta$, donc

$$s_\alpha \,.\, s_\beta = s_{\alpha+\beta} + \sum a^\alpha b^\beta,$$

d'où

$$\sum a^\alpha b^\beta = s_\alpha\, s_\beta - s_{\alpha+\beta}.$$

**5. Fonctions symétriques triples.** — Soit à calculer la fonction symétrique

$$\sum a^\alpha b^\beta c^\gamma .$$

On a

$$s_\alpha = a^\alpha + b^\alpha + c^\alpha + \ldots\ldots l^\alpha,$$
$$s_\beta = a^\beta + b^\beta + c^\beta + \ldots\ldots l^\beta,$$
$$s_\gamma = a^\gamma + b^\gamma + c^\gamma + \ldots\ldots l^\gamma.$$

Multiplions membre à membre : le produit des premiers membres est égal à $s_\alpha . s_\beta . s_\gamma$. Pour faire le produit des seconds membres, on doit prendre de toutes les façons possibles un terme dans chacun d'eux ; or 1° on peut prendre une puissance de la même lettre; on aura ainsi la somme

$$\sum a^{\alpha+\beta+\gamma} \quad \text{ou} \quad s_{\alpha+\beta+\gamma};$$

2° on peut prendre deux fois la même lettre, on aura ainsi

trois sommes distinctes, savoir :

$$\sum a^{\alpha+\beta} . b^{\gamma}, \quad \sum a^{\beta+\gamma} . b^{\alpha} \quad \text{et} \quad \sum a^{\gamma+\alpha} . b ;$$

3° enfin, on peut prendre chaque fois trois lettres distinctes et la somme des produits ainsi composés est précisément la somme cherchée

$$\sum a^{\alpha} b^{\alpha} c^{\gamma} .$$

On a donc :

$$s_{\alpha} s_{\beta} . s_{\gamma} = s_{\alpha+\beta+\gamma} + \sum a^{\alpha+\beta} b^{\gamma} + \sum a^{\beta+\gamma} b^{\alpha} + \sum a^{\gamma+\alpha} b^{\beta} + \sum a^{\alpha} b^{\beta} c^{\gamma}.$$

Mais d'après ce qui précède

$$\sum a^{\alpha+\beta} b^{\gamma} = s_{\alpha+\beta} s_{\gamma} - s_{\alpha+\beta+\gamma},$$
$$\sum a^{\beta+\gamma} b^{\alpha} = s_{\beta+\gamma} s_{\alpha} - s_{\alpha+\beta+\gamma},$$
$$\sum a^{\gamma+\alpha} b^{\beta} = s_{\gamma+\alpha} s_{\beta} - s_{\alpha+\beta+\gamma},$$

donc :

$$\sum a^{\alpha} b^{\beta} c^{\gamma} = s_{\alpha} s_{\beta} s_{\gamma} - s_{\alpha+\beta} s_{\gamma} - s_{\beta+\gamma} s_{\alpha} - s_{\gamma+\alpha} s_{\beta} + 2 s_{\alpha+\beta+\gamma}.$$

**6. Fonctions symétriques d'ordre** $p$. — La méthode précédente est générale. Supposons en effet qu'on sache calculer les fonctions d'ordre $p-1$, je dis qu'on pourra calculer une fonction d'ordre $p$. Soient en effet $p$ nombres entiers donnés $\alpha, \beta, \gamma, \ldots\ldots \theta$; écrivons les identités

$$
\begin{aligned}
s_{\alpha} &= a^{\alpha} + b^{\alpha} + c^{\alpha} + \ldots\ldots + l^{\alpha} \\
s_{\beta} &= a^{\beta} + b^{\beta} + c^{\beta} + \ldots\ldots + l^{\beta} \\
s_{\gamma} &= a^{\gamma} + b^{\gamma} + c^{\gamma} + \ldots\ldots + l^{\gamma} \\
& \ldots\ldots\ldots\ldots\ldots\ldots \\
& \ldots\ldots\ldots\ldots\ldots\ldots \\
& \ldots\ldots\ldots\ldots\ldots\ldots \\
s_{\theta} &= a^{\theta} + b^{\theta} + c^{\theta} + \ldots\ldots + l^{\theta} .
\end{aligned}
$$

Si l'on multiplie membre à membre, le produit des seconds membres comprendra la somme cherchée $\sum a^{\alpha} b^{\beta} c^{\gamma} \cdots\cdots f^{\theta}$ et en outre un certain nombre de fonctions symétriques d'ordre au plus égal à $p-1$, et par suite déjà connues; donc en égalant le produit à $s_\alpha\, s_\beta \ldots\ldots s_\theta$, on obtiendra

$$s_\alpha\, s_\beta \ldots\ldots s_\theta = \Sigma a^\alpha\, b^\beta \ldots\ldots f^\theta + \mathrm{S}.$$

S désignant une somme de quantités que l'on sait toutes exprimer en fonctions rationnelles des coefficients de l'équation ; donc la proposition est établie.

Mais il reste à examiner le cas où quelques-uns des exposants $\alpha, \beta, \gamma, \ldots\ldots \theta$ sont égaux entre eux.

Considérons par exemple $\Sigma a^\alpha\, b^\beta$; si $\alpha$ devient égal à $\beta$, les termes tels que $a^\alpha\, b^\beta$ et $b^\alpha\, a^\beta$ deviennent égaux à $a^\alpha\, b^\alpha$ de sorte que tous les termes de la somme considérée deviennent égaux deux à deux ; par suite

$$\Sigma a^\alpha\, b^\alpha = \frac{1}{2}\left[(s_\alpha)^2 - s_{2\alpha}\right];$$

de même si $\alpha = \beta = \gamma$, les termes de $\Sigma a^\alpha\, b^\beta\, c^\gamma$ sont égaux 3! à 3! à $a^\alpha\, b^\alpha\, c^\alpha$, de sorte que

$$a^\alpha\, b^\alpha\, c^\alpha = \frac{1}{3!}\left(s_\alpha^3 - 3\, s_\alpha\, s_{2\alpha} + 2\, s_{3\alpha}\right)$$

et ainsi de suite.

Enfin nous remarquerons que la méthode que nous avons employée ne suppose pas que les exposants $\alpha, \beta, \ldots\ldots$ soient positifs.

### 7. Poids d'une fonction symétrique entière, rationnelle et homogène des racines de l'équation

$$x^m + p_1\, x^{m-1} + p_2\, x^{m-2} + \ldots\ldots + p_{m-1}\, x + p_m = 0.$$

Si l'on considère un produit de la forme

$$\mathrm{A}\, p_1^{h_1}\, p_2^{h_2} \ldots\ldots p_{m-1}^{h_{m-1}}\, p_m^{h_m},$$

on appelle *poids* de cette expression, la somme des produits de l'indice de chaque facteur par son exposant, savoir :

$$h_1 + 2\, h_2 + \ldots\ldots (m-1)\, h_{m-1} + m\, h_m.$$

Si l'on considère les formules de Newton :

$$s_1 + p_1 = 0$$
$$s_2 + p_1 s_1 + 2p_2 = 0.$$
$$s_3 + p_1 s_2 + p_2 s_1 + 3 p_3 = 0, \text{ etc.}$$

on reconnait immédiatement que l'expression de $s_\alpha$ au moyen de $p_1, p_2 \ldots\ldots p_m$ est composée de termes ayant tous le même poids égal à $\alpha$. Il suffit de remarquer que la proposition est vraie par $\alpha = 1$, car $s_1 = - p_1$ et pour $\alpha = 2$, puisque $s_2 = p_1^2 - 2p_2$. Si on l'admet pour $\alpha = k$, elle sera vraie pour $\alpha = k + 1$, car on a :

$$s_{k+1} + p_1 s_k + p_2 s_{k-1} + \ldots\ldots = 0.$$

Or, le poids de $s_{k-n}$ est égal à $k - n$, le poids du produit $p_{n+1} s_{k-n}$ est évidemment $k + 1$ ; donc $s_{k+1}$ est la somme de termes de poids égal à $k + 1$.
On en conclut que

$$\sum a^\alpha b^\beta c^\gamma = \varphi(p_1, p_2 \ldots\ldots p_m),$$

tous les termes de la fonction $\varphi$ étant de même poids égal à

$$\alpha + \beta + \gamma.$$

D'ailleurs si l'on multiplie chaque racine de l'équation par un nombre arbitraire $k$, $p_1$ sera multiplié par $k$, $p_2$ par $k^2$, et ainsi de suite, donc

$$\varphi(p_1, p_2, \ldots p_m)$$

deviendra

$$\varphi(p_1 k, p_2 k^2, \ldots p_m k^m).$$

Mais

$$\sum a^\alpha b^\beta c^\gamma$$

sera multiplié par $k^{\alpha+\beta+\gamma}$, donc

$$\varphi(p_1 k, p_2 k^2, \ldots p_m k^m) = k^{\alpha+\beta+\gamma} \varphi(p_1, p_2 \ldots p_m).$$

Or $k$ est arbitraire; il en résulte évidemment que tous les termes de $\varphi$ ont un même poids égal à

$$\alpha + \beta + \gamma,$$

car chaque terme est multiplié par $k^{\varpi}$, $\varpi$ étant son poids.

*Application.* — Soit à calculer la fonction :

$$V = a(b - c)^2 + b(c - a)^2 + c(a - b)^2,$$

$a$, $b$, $c$ étant les racines de l'équation

$$x^3 + p_1x^2 + p_2x + p_3 = 0.$$

La fonction V a évidemment un poids égal à 3; donc on a

$$V = Ap_1^3 + Bp_1 p_2 + Cp_3,$$

A, B, C étant des coefficients inconnus, mais indépendants de $p_1, p_2, p_3$.
Or si

$$p_2 = p_3 = 0,$$

on a évidemment $V = 0$, donc

$$A = 0.$$

Si $p_3 = 0$, l'équation se réduit à

$$x^3 + p_1x^2 + p_2x = 0,$$

elle a une racine nulle; soit $a = 0$, alors

$$b + c = -p_1 \qquad bc = p_2$$
$$V = bc^2 + cb^2 = bc(b + c) = -p_1p_2,$$

donc

$$B = -1.$$

Pour calculer C prenons

$$p_1 = -3 \qquad p_2 = 3 \qquad p_3 = -1,$$

les trois racines sont égales à 1 et $V = 0$.
Donc

$$9 - C = 0 \quad \text{ou} \quad C = 9.$$

et par suite,

$$V = 9p_3 - p_1p_2$$

C'est ce que l'on peut vérifier. En effet :

$$V = ab^2 + ac^2 + bc^2 + ba^2 + ca^2 + cb^2 - 6abc$$

c'est-à-dire

$$V = \sum ab^2 + 6p_3;$$

or

$$\sum ab^2 = s_1s_2 - s_3,$$

mais

$$s_1 = -p_1, \quad s_2 = p_1^2 - 2p_2, \quad s_3 + p_1 s_2 + 3p_3 = 0,$$

donc

$$s_3 = -p_1^3 + 3p_1p_2 - 3p_3$$
$$s_1 s_2 = -p_1^3 + 2p_1p_2;$$

par suite

$$\sum ab^2 = -p_1p_2 + 3p_3,$$

et enfin

$$V = -p_1p_2 + 9p_3.$$

**Remarque.** — Soit

$$\sum a^\alpha b^\beta c^\gamma = f(p_1, p_2, \ldots\ldots p_m).$$

Si l'on désigne par $\sigma_k$ la somme des produits $k$ à $k$ des lettres autres que $b$, on a

$$-p_1 = a + \sigma_1$$
$$p_2 = a\sigma_1 + \sigma_2$$
$$-p_3 = a\sigma_2 + \sigma_3 \,..\, \text{etc.},$$

par suite chacune des lettres $p_1, p_2 \ldots\ldots p_m$ est du premier degré par rapport à $a$; on en conclut aisément que l'ordre de la fonction $f(p_1, p_2 \ldots\ldots p_m)$ par rapport aux lettres $p_1, p_2, \ldots\ldots p_m$ est égal au plus grand des nombres $\alpha$, $\beta$, $\gamma$.

D'après cela, on pouvait écrire à priori que la fonction précédente est de la forme

$$V = Bp_1p_2 + Cp_3,$$

car elle est du second ordre, en même temps que son poids est égal à 3.

**8. Fonctions symétriques fractionnaires rationnelles.** — Considérons le quotient de deux fonctions entières de plusieurs lettres et supposons que ce quotient ne change pas quand on y permute deux lettres quelconques. Supposons que l'on ait :

$$\frac{f(x, y)}{\varphi(x, y)} = \frac{f(y, x)}{\varphi(y, x)},$$

et supposons en outre la fraction $\frac{f}{\varphi}$ irréductible. On déduit de l'égalité précédente

$$\frac{f(x, y)}{\varphi(x, y)} = \frac{f(x, y) - f(y, x)}{\varphi(x, y) - \varphi(y, x)}$$

Si l'on n'a pas identiquement $f(x, y) \equiv f(y, x)$, $\varphi(x, y) \equiv \varphi(y, x)$ on voit que les deux termes du second membre sont divisibles par $x - y$ et par suite on pourrait remplacer la fraction $\frac{f(x, y)}{\varphi(x, y)}$ par une fraction dont les deux termes seraient de degrés moindres. Donc $f(x, y)$ et $\varphi(x, y)$ sont symétriques par rapport aux deux lettres $x$, $y$ et il en est de même par rapport à tous les couples de deux lettres.

On voit donc que toute fraction rationnelle symétrique *irréductible* est le quotient de deux polynomes symétriques.

Exemple : la fraction $\frac{x^3 - y^3}{x^2 - y^2}$ est symétrique; après suppression du facteur $x - y$ on obtient

$$\frac{x^2 + xy + y^2}{x + y}$$

quotient de deux polynomes symétriques.

Cette proposition, étant établie, nous pouvons énoncer ce théorème :

*Toute fonction symétrique rationnelle des racines d'une équation algébrique est une fonction rationnelle des coefficients de cette équation.*

## EXERCICES

**1.** Soient $x$ et $z$ deux racines quelconques de l'équation

$$x^3 + px + q = 0 :$$

former les fractions symétriques

$$\sum \frac{x}{z}, \quad \sum \frac{x}{z^2}, \quad \sum \frac{x^2}{z}.$$

Mêmes questions pour une équation quelconque,

$$f(x) = 0.$$

**2.** Étant donnée l'équation

$$x^4 + nx^3 + px^2 + qx + r = 0$$

ayant pour racines : $\alpha$, $\beta$, $\gamma$. $\delta$. On pose :

$$x_1 = \alpha\beta + \gamma\delta, \quad x_2 = \alpha\gamma + \beta\delta, \quad x_3 = \alpha\delta + \beta\gamma$$

Calculer les fonctions symétriques :

$$A = x_1 + x_2 + x_3, \quad B = x_1x_2 + x_2x_3 + x_3x_1, \quad C = x_1x_2x_3.$$

On trouve :

$$A = +p$$

$$B = \sum \alpha^2 (\beta\gamma + \gamma\delta + \delta\beta) = \sum \alpha (-q - \beta\gamma\delta) = nq - 4r$$

$$C = \sum \alpha^3\beta\gamma\delta + \sum \alpha^2\beta^2\gamma^2 = \alpha\beta\gamma\delta . \sum \alpha^2 + \alpha^2\beta^2\gamma^2\delta^2 \sum \frac{1}{\alpha^2},$$

d'où

$$C = q^2 + n^2 r - 4pr$$

L'équation ayant pour racines $x_1$, $x_2$, $x_3$ est donc la suivante :

$$x^3 - px^2 + (nq - 4r)x - q^2 - n^2 r + 4pr = 0.$$

**3.** Étant donnée l'équation

$$x^3 + px + q = 0$$

dont les racines sont $\alpha$, $\beta$, $\gamma$, calculer la somme

$$(\alpha^2 - \beta\gamma)^n + (\beta^2 - \gamma\alpha)^n + (\gamma^2 - \alpha\beta)^n.$$

— On remarquera que

$$\alpha^2 - \beta\gamma = \beta^2 + \beta\gamma + \gamma^2 = \frac{\beta^3 - \gamma^3}{\beta - \gamma} = -p.$$

**4.** Calculer la fonction symétrique

$$\alpha^2 (\beta - \gamma)^2 + \beta^2 (\gamma - \alpha)^2 + \gamma^2 (\alpha - \beta)^2$$

$\alpha$, $\beta$, $\gamma$ étant les racines de l'équation

$$x^3 + px + q = 0.$$

**6.** Calculer la somme des puissances $\alpha$ des différences deux à deux des racines de l'équation $f(x) = 0$.

Appliquer à l'équation

$$x^3 + px + q = 0$$

en supposant

$$\alpha = 2 \quad \text{et} \quad \alpha = 4.$$

— On considère la fonction

$$\varphi_n(x) = (x - a)^n + (x - b)^n + \ldots\ldots + (x - l)^n$$

$a, b, \ldots\ldots l$ étant les racines de l'équation $f(x) = 0$, et l'on calcule

$$\varphi(a) + \varphi(b) + \ldots\ldots + \varphi(l).$$

On voit que cette somme est nulle si $n$ est impair, et que tous ses termes sont doublés si $n$ est pair. On obtiendra ainsi, $\alpha$ étant pair et égal à $2\beta$.

$$\sum (a-b)^{2\beta} = s_0 . s_{2\beta} - \beta . s_1 s_{2\beta-1} + \frac{2\beta(2\beta-1)}{1.2} s_2 s_{2\beta-2} \cdots \ldots$$
$$+ (-1)^\beta . \frac{2\beta(2\beta-1)\ldots(\beta+1)}{1.2\ldots\beta} (s_\beta)^2$$

$s_h$ désignant la somme des puissances $h$ des racines $a, b, \ldots l$.

**7.** Former, à l'aide des calculs du n° 6, l'équation ayant pour racines les carrés des différences :

$$(a-b)^2,\ (b-c)^2,\ (c-a)^2$$

des racines de l'équation

$$x^3 + px + q = 0.$$

**8.** Étant donnée l'équation

$$x^m - a_1 x^{m-1} + a_2 x^{m-2} + \ldots + (-1)^m a_m = 0,$$

montrer que toute fonction symétrique des différences des racines prises deux à deux, soit

$$\varphi(a_1, a_2, \ldots\ldots a_m)$$

vérifie l'équation

$$m\frac{\partial\varphi}{\partial a_1} + (m-1)a_1\frac{\partial\varphi}{\partial a_2} + (m-2)a_2\frac{\partial\varphi}{\partial a_3} + \ldots\ldots = 0.$$

— On remarquera que la fonction $\varphi$ ne doit pas changer si l'on augmente toutes les racines d'un même nombre arbitraire $t$; mais $a_1$ est alors augmenté de $m\,t$, $a_2$ est augmenté de

$$(m-1)\,a_1\,t + \frac{m(m-1)}{1.2}t^2$$

et ainsi de suite; donc

$$\varphi(a_1, a_2, \ldots a_m) = \varphi\left(a_1 + m\,t,\ a_2 + (m-1)\,a_1\,t + \frac{m(m-1)}{1.2}t^2, \ldots\ldots\right)$$

etc.

**9.** Trouver les sommes des puissances $nk$ des racines de l'équation

$$x^{2n} + px^n + q = 0$$

$k$ étant entier.

(Pellet.)

**10.** On nomme *fonction alternée* des lettres $a, b, \ldots l$, toute fonction qui change de signe sans changer de valeur absolue quand on y permute deux lettres quelconques, par exemple :

$$a^2 - b^2 = -(b^2 - a^2).$$

Montrer qu'une fonction alternée entière de $a, b, \ldots\ldots l$ est égale au produit des différences

$$(a - b)(a - c)\ldots\ldots(k - l)$$

de ces lettres prises deux à deux, multiplié par une fonction symétrique des mêmes lettres.

— On remarquera d'abord que l'identité

$$f(a\, b, c, \ldots\ldots l) = -f(b, a, c \ldots\ldots l)$$

donne

$$f(a, a, c, \ldots\ldots l) = 0;$$

donc

$$f(a, b \ldots\ldots l)$$

est divisible par $b - a$, etc.

# CHAPITRE XI

## DIVISIBILITÉ ALGÉBRIQUE

### 1. Conditions nécessaires et suffisantes pour qu'un polynome entier $f(x)$ soit divisible par un second polynome entier $\varphi(x)$.

**Théorème.** — *Pour que $f(x)$ soit divisible par $\varphi(x)$ il faut et il suffit que $f(x)$ contienne chacun des facteurs premiers appartenant à $\varphi(x)$ avec un exposant au moins égal; de sorte que si $\varphi(x)$ est divisible par $(x-a)^\alpha$, $f(x)$ soit divisible par $(x-a)^{\alpha+\alpha'}$ $\alpha'$ étant positif ou nul.*

En effet, si $\varphi(x)$ divise $f(x)$, on a identiquement

$$f(x) = \varphi(x) . \psi(x),$$

$\psi(x)$ désignant un polynome entier. Supposant $\varphi(x)$ divisible par $(x-a)^\alpha$, de sorte que

$$\varphi(x) = (x-a)^\alpha \varphi_1(x);$$

on aura

$$f(x) = (x-a)^\alpha \varphi_1(x) \psi(x),$$

donc $f(x)$ est divisible par $(x-a)^\alpha$. Si $\psi(x)$ est divisible par $(x-a)^{\alpha'}$, de sorte que

$$\psi(x) = (x-a)^{\alpha'} \psi_1(x);$$

on aura

$$f(x) = (x-a)^{\alpha+\alpha'} \varphi_1(x) \psi_1(x),$$

par suite $x-a$ appartient à $f(x)$ avec un exposant au moins égal à $\alpha$. On peut répéter le même raisonnement pour chacun des facteurs premiers de $\varphi(x)$; donc si

$$\varphi(x) = \mathrm{A}(x-a)^\alpha (x-b)^\beta \ldots\ldots (x-l)^\lambda,$$

pour que $f(x)$ soit divisible par $\varphi(x)$, il *faut* que l'on ait :

$$f(x) = (x-a)^{\alpha+\alpha'} (x-b)^{\beta+\beta'} \ldots\ldots (x-l)^{\lambda+\lambda'} f_1(x),$$

$\alpha', \beta', \ldots\ldots \lambda'$ étant des entiers positifs ou nuls et $f_1(x)$ un polynome entier. Les conditions énoncées sont donc nécessaires.

Je dis qu'elles sont suffisantes. En effet, si ces conditions sont remplies on peut écrire l'identité précédente; or on en déduit :

$$f(x) = \varphi(x) . \frac{1}{\mathrm{A}} (x-a)^{\alpha'} (x-b)^{\beta'} \ldots\ldots (x-l)^{\lambda'} f_1(x),$$

c'est-à-dire

$$f(x) = \varphi(x) . \psi(x),$$

$\psi(x)$ désignant un polynome entier.

Inversement, *pour que $\varphi(x)$ divise $f(x)$ il faut et il suffit que $\varphi(x)$ ne contienne aucun facteur premier étranger à $f(x)$, ni aucun facteur appartenant à $f(x)$, avec un exposant plus grand que dans $f(x)$.*

Effectivement, cet énoncé n'est qu'une autre forme du précédent.

**Corollaire.** — Il résulte de ce qui précède que tout polynome qui divise $f(x)$, divise tous les multiples de $f(x)$, c'est-à-dire divise $f(x) . \theta(x)$, $\theta(x)$ désignant un polynome entier arbitraire.

**2. Application de la décomposition des polynomes en facteurs premiers à la recherche du plus grand commun diviseur ou du plus petit commun multiple.** — Soient $f_1(x), f_2(x), \ldots\ldots f_n(x)$ $n$ polynomes entiers supposés décomposés en facteurs premiers. Tout polynome $\varphi(x)$ divisant $f(x)$ ne peut contenir d'autres facteurs premiers que ceux de $f(x)$ : donc deux cas peuvent se présenter.

1° Les polynomes donnés n'ont aucun facteur premier commun. Alors aucun polynome entier ne peut les diviser en même temps, les polynomes donnés sont *premiers entre eux*.

2° Les polynomes donnés ont des facteurs premiers communs. Soient :

$$x-a,\ x-b,\ x-c,\ \ldots\ldots\ x-l$$

ces facteurs communs, et supposons :

$$f_1(x)=(x-a)^{\alpha_1}(x-b)^{\beta_1}(x-c)^{\gamma_1}\ldots\ldots(x-l)^{\lambda_1}\varphi_1(x)$$
$$f_2(x)=(x-a)^{\alpha_2}(x-b)^{\beta_2}(x-c)^{\gamma_2}\ldots\ldots(x-l)^{\lambda_2}\varphi_2(x)$$
$$\ldots\ldots\ldots\ldots\ldots\ldots\ldots\ldots\ldots\ldots$$
$$f_n(x)=(x-a)^{\alpha_n}(x-b)^{\beta_n}(x-c)^{\gamma_n}\ldots\ldots(x-l)^{\lambda_n}\varphi_n(x).$$

Tout commun diviseur de ces polynomes ne pourra contenir aucun facteur différent de $x-a,\ x-b,\ \ldots\ldots\ x-l$, ni l'un de ces facteurs, $x-a$ par exemple, avec un exposant supérieur au plus petit des exposants $\alpha_1, \alpha_2, \ldots\ldots \alpha_n$; cela résulte immédiatement du théorème précédent. Par suite, un diviseur commun est nécessairement de la forme

$$A(x-a)^{\alpha'}(x-b)^{\beta'}\ldots\ldots(x-l)^{\lambda'},$$

A étant une constante et $\alpha'$ étant au plus égal au plus petit des exposants $\alpha_1, \alpha_2, \ldots\ldots \alpha_n$; $\beta'$ étant de même au plus égal au plus petit des exposants $\beta_1, \beta_2, \ldots\ldots \beta_n$ et ainsi de suite.

*Réciproquement* tout polynome de cette forme est un diviseur commun; donc on aura le diviseur du plus haut degré, c'est-à-dire *le plus grand commun diviseur* des polynomes proposés, en prenant $\alpha'=\alpha, \beta'=\beta, \ldots\ldots \lambda'=\lambda$, $\alpha$ désignant le plus petit des nombres $\alpha_1, \alpha_2, \ldots\ldots \alpha_n$, etc. On a donc, à un facteur numérique près,

$$\Delta=(x-a)^{\alpha}(x-b)^{\beta}\ldots\ldots(x-l)^{\lambda},$$

$\Delta$ désignant le *plus grand commun diviseur* cherché.

En partant de cette formule on démontre immédiatement les propositions suivantes, que nous avons déjà établies.

*Tout polynome* D *qui divise plusieurs polynomes* $f_1, f_2, \ldots\ldots f_n$

*divise leur plus grand commun diviseur* $\Delta$; *et les quotients des polynomes donnés par* D *ont pour plus grand commun diviseur le quotient de* $\Delta$ *par* D.

*Quand on multiplie plusieurs polynomes entiers par un même polynome, les produits obtenus ont pour plus grand commun diviseur le produit de* $\Delta$ *par le polynome multiplicateur.*

*Quand on divise plusieurs polynomes par leur plus grand commun diviseur, les quotients obtenus sont premiers entre eux, et réciproquement, etc.*

**3. Plus petit commun multiple de deux ou plusieurs polynomes.** — *On appelle plus petit commun multiple de plusieurs polynomes donnés, le polynome du plus petit degré possible divisible par tous les polynomes donnés.*

En raisonnant comme pour le plus grand commun diviseur, on voit aisément que tout multiple de plusieurs polynomes donnés devant contenir tous les facteurs appartenant à chacun des polynomes, on aura la formule des multiples communs en multipliant entre eux tous les facteurs premiers appartenant à chacun des polynomes affectés de leurs plus forts exposants et en multipliant le produit obtenu par un polynome entier arbitraire.

D'où il résulte que le *multiple commun du plus faible degré, c'est-à-dire le plus petit commun multiple, est égal au produit de tous les facteurs premiers appartenant aux polynomes donnés, affectés chacun de son plus fort exposant.*

Il résulte de là que *tout multiple commun des polynomes donnés est un multiple de leur plus petit commun multiple.*

On démontre encore aisément, en ayant égard à la composition du plus petit multiple, que les *quotients du plus petit multiple de plusieurs polynomes par ces polynomes sont premiers entre eux.*

**4. Polynomes homogènes à deux variables.** — On étend immédiatement la théorie précédente à des polynomes *homogènes à deux variables*. Il suffit de remplacer les facteurs premiers de la forme $x - a$ par les facteurs linéaires $\alpha x + \beta y$ dans lesquels on peut décomposer un polynome homogène à deux variables.

**5. Application.** — Soient :

$$f_1(x) = (x-a)^3 (x-b)^2 (x-c)\ (x-d)^6$$
$$f_2(x) = (x-a)\ (x-b)^3 (x-d)^2$$
$$f_3(x) = (x-a)^5 (x-b)^4 (x-c)$$

Le plus grand commun diviseur de ces polynomes est

$$\Delta = (x-a)\ (x-b)^2$$

et leur plus petit commun multiple est donné par la formule

$$\mu = (x-a)^5 (x-b)^4 (x-c) (x-d)^6.$$

6. **Théorème.** — *Soient $f(x) = 0$ et $\varphi(x) = 0$ deux équations à coefficients numériques. Si les polynomes $f(x)$ et $\varphi(x)$ ont un plus grand commun diviseur $\psi(x)$, l'équation $\psi(x) = 0$ a pour racines les racines communes aux équations proposées.*

En effet, $\psi(x)$ est le produit des facteurs premiers communs à $f(x)$ et à $\varphi(x)$. On peut ajouter d'ailleurs que chaque racine commune appartiendra à l'équation $\psi(x) = 0$, avec un degré de multiplicité égal au plus petit des degrés correspondants aux deux équations.

Si les polynomes $f(x)$ et $\varphi(x)$ sont premiers entre eux, les équations n'ont aucune racine commune.

Par suite, étant données deux équations :

$$f(x) = 0, \varphi(x) = 0$$

à coefficients numériques; pour chercher si elles ont des racines communes, on cherchera si les polynomes $f(x)$ et $\varphi(x)$ ont un plus grand commun diviseur : on appliquera la *méthode des divisions successives.*

Si les polynomes sont premiers entre eux, les équations considérées n'ont aucune racine commune; si au contraire on trouve un plus grand commun diviseur $\psi(x)$ et si l'on peut résoudre l'équation $\psi(x) = 0$, on connaîtra les racines communes.

7. **Théorème.** — *Soient $f(x, y)$ et $g(x, y)$ deux polynomes entiers en $x$ et $y$ et supposons que quelle que soit la valeur arbitraire $b$ attribuée à $y$, les équations $f(x, b) = 0$, $g(x, b) = 0$ aient au moins une racine commune, on peut trouver un polynome entier en $x$ et $y$ divisant exactement $f(x, y)$ et $g(x, y)$.*

En effet les équations $f(x, b) = 0$, $g(x, b) = 0$ ayant des solutions communes, les polynomes $f(x, b)$, $g(x, b)$ ont un plus grand commun diviseur de la forme $\dfrac{\psi(x, b)}{\theta(b)}$, $\psi(x, b)$ étant un polynome entier en $x$ et $b$, et $\theta(b)$ désignant un polynome entier en $b$. Donc si l'on exclut les valeurs de $b$ qui annulent $\theta(y)$, on voit que toutes les solutions de $\psi(x, b) = 0$ appartiennent aux équations $f(x, b) = 0$, $g(x, b) = 0$. En reprenant le raisonnement du n° 8, ch. IX, on verra que ce raisonnement subsiste malgré l'exclusion d'un nombre limité de valeurs de $b$ et par suite $\psi(x, y)$ est un diviseur commun à $f(x, y)$ et $g(x, y)$.

## EXERCICES

1. Si $a$, $b$, $c$, $d$ désignent des nombres entiers et positifs, les polynomes

$$f(x) = (1+x)^{6a+1} + (1+x)^{6b+2} + (1+x)^{6c+3}$$
$$F(x) = x^{3a-1} + x^{3b} + x^{3c+1}$$

sont divisibles par

$$x^2 + x + 1.$$

2. Dans les mêmes conditions, le polynome

$$\varphi(x) = x^{4a} + x^{4b+1} + x^{4c+2} + x^{4}$$

est divisible par

$$x^3 + x^2 + x + 1.$$

(Laurent.)

3. Le polynome

$$(x+1)^{2n} - x^{2n} - 2x - 1$$

est divisible par

$$x(x+1)(2x+1).$$

4. Prouver que

$$(x+y)^m - x^m - y^m$$

est divisible par

$$x^2 + xy + y^2$$

si $m$ est impair et non divisible par 3.

5. Prouver que

$$(x+y)^m - x^m - y^m - 3(x+y)(xy)^{\frac{m-1}{2}}$$

est divisible par

$$x^2 + xy + y^2$$

si

$$m = 3(2k+1).$$

(Cauchy.)

6. Soient $p$ et $q$ deux entiers premiers entre eux; on a :

$$\frac{1 + x^p + x^{2p} + \dots + x^{(q-1)p}}{1 + x + x^2 + \dots + x^{q-1}} = \frac{1 + x^q + x^{2q} + \dots + x^{(p-1)q}}{1 + x + x^2 + \dots + x^{p-1}} = X,$$

X étant un polynome entier. Trouver les coefficients de X.
— On part de l'identité

$$X = (1-x)\frac{1 - x^{pq}}{(1-x^p)(1-x^q)}$$

ou

$$X = (1-x)(1-x^{pq})(1 + x^p + x^{2p} + \dots)(1 + x^q + x^{2q} + \dots)$$

Application numérique : $p = 7$, $q = 5$.

(E. Catalan.)

7. On considère les polynomes $x^n f_0(y) + x^{n-1} f_1(y) + \dots + f_n(y)$ et $x^p \varphi_0(y) + x^{p-1} \varphi_1(y) + \dots + \varphi_p(y)$; on connait le plus grand commun diviseur de $f_0(y), f_1(y) \dots f_n(y)$ et celui de $\varphi_0(y), \varphi_1(y), \dots \varphi_p(y)$. Trouver celui des coefficients du produit des deux polynomes donnés. Extension à un plus grand nombre de variables.

# CHAPITRE XII

## RACINES ÉGALES

1. Nous connaissons les conditions nécessaires et suffisantes pour que $a$ soit racine d'ordre $\alpha$ de multiplicité de l'équation $f(x)=0$; rappelons ces conditions, qui sont les suivantes :

$$f(a)=0,\ f'(a)=0,\ f''(a)=0,\ \ldots..\ f^{(\alpha-1)}(a)=0,\ f^{(\alpha)}(a)\neq 0;$$

il en résulte immédiatement ce théorème :

*Toute racine d'ordre $\alpha$ de l'équation $f(x)=0$ est racine d'ordre $\alpha-1$ de l'équation $f'(x)=0$.*

On peut ajouter qu'une racine de la dérivée n'est pas nécessairement racine de la proposée; mais toute racine de la proposée qui est en même temps racine d'ordre $\alpha-1$ de la dérivée est racine d'ordre $\alpha$ de la proposée.

Plus généralement si $a$ est racine d'ordre $\alpha$ de l'équation $f(x)=0$, il est racine d'ordre $\alpha-p$ de l'équation $f^{(p)}(x)=0$, en supposant $p<\alpha$.

*Démonstration directe.* — Soit

$$f(x)\equiv(x-a)^{\alpha}\varphi(x), \qquad (1)$$

$\varphi(x)$ étant un polynome entier non divisible par $x-a$, de sorte que $\varphi(a)$ soit différent de zéro. On déduit de l'identité (1) :

$$f'(x)\equiv\alpha(x-a)^{\alpha-1}\varphi(x)+(x-a)^{\alpha}\varphi'(x),$$

ou

$$f'(x)\equiv(x-a)^{\alpha-1}[\alpha\varphi(x)+(x-a)\varphi'(x)]. \qquad (2)$$

Pour $x=a$, le polynome placé entre crochets se réduit à $\alpha\varphi(a)$ qui est différent de zéro; donc ce polynome n'est pas divisible par $x-a$; on en conclut que $f'(x)$ est divisible par $(x-a)^{\alpha-1}$ et pas par $(x-a)^{\alpha}$. Ce qui démontre la proposition.

Mais l'identité (2) a d'autres conséquences que nous allons mettre en évidence.

1° Quand $x$ atteint et dépasse le nombre $a$ supposé réel, le rapport $\dfrac{f'(x)}{f(x)}$ passe de $-\infty$ à $+\infty$ ; c'est ce que nous avons déjà établi.

2° De l'identité (2) on tire

$$\frac{(x-a)f'(x)}{f(x)} \equiv \alpha + (x-a)\frac{\varphi'(x)}{\varphi(x)},$$

donc, quand $x$ tend vers $a$,

$$\lim \frac{(x-a)f'(x)}{f(x)} = \alpha$$

**2. Théorème.** — *Le plus grand commun diviseur d'un polynome $f(x)$ et de sa dérivée $f'(x)$ est égal au produit de tous les facteurs premiers de $f(x)$, l'exposant de chacun d'eux étant diminué d'une unité.*

Soit

$$f(x) \equiv A_0 (x-a)^{\alpha} (x-b)^{\beta} \ldots\ldots (x-l)^{\lambda}. \qquad (1)$$

D'après le théorème précédent, on a

$$f'(x) \equiv (x-a)^{\alpha-1} . (x-b)^{\beta-1} \ldots\ldots (x-l)^{\lambda-1} . \varphi(x) \qquad (2)$$

$\varphi(x)$ étant un polynome entier en $x$ n'admettant aucun des facteurs de $f(x)$, et par suite premier avec $f(x)$. Il convient de remarquer que la formule (2) est générale; si $\alpha = 1$ par exemple, $f'(x)$ n'est pas divisible par $x-a$; or $(x-a)^{\alpha-1}$ se réduit à $(x-a)^{1-1}$ ou $(x-a)^0$ que l'on remplace par 1; et il en sera de même pour chacun des exposants qui serait égal à l'unité, de sorte que si $f(x)=0$ n'a que des racines simples, la formule (2) se réduit à

$$f'(x) \equiv \varphi(x),$$

$\varphi(x)$ étant premier avec $f(x)$.

Or il résulte des identités (1) et (2) que le plus grand commun diviseur de $f(x)$ et de $f'(x)$ est égal à

$$B(x-a)^{\alpha-1}(x-b)^{\beta-1} \ldots\ldots (x-l)^{\lambda-1},$$

B étant une constante numérique qu'on peut supposer égale à 1.

**Remarque.** — Le quotient de $f(x)$ par le plus grand commun diviseur de $f(x)$ et de $f'(x)$ est égal, à un facteur constant près, au produit

$$(x-a)(x-b) \ldots\ldots (x-l)$$

de tous les facteurs premiers correspondant à toutes les racines de l'équation $f(x) = 0$.

**Observation.** — Il ne faut pas oublier que $f'(x)$ n'est pas égale au produit

$$(x-a)^{\alpha-1}(x-b)^{\beta-1} \ldots\ldots (x-l)^{\lambda-1}.$$

3. Il résulte de ce qui précède que si $k$ est le nombre des racines *distinctes* de l'équation $f(x) = 0$ et si $m$ est le degré de $f(x)$, le degré du plus grand commun diviseur de $f(x)$ et de $f'(x)$ est égal à $m - k$.

Pour que $f'(x)$ divise $f(x)$, il faut et il suffit que le plus grand commun diviseur de ces deux polynomes soit un polynome de degré $m - 1$, par conséquent il faut et il suffit que

$$m - k = m - 1,$$

d'où l'on tire $k = 1$.

**Corollaire.** — *Pour qu'un polynome entier $f(x)$ soit divisible par sa dérivée $f'(x)$, il faut et il suffit que*

$$f(x) \equiv A_0 (x - a)^m,$$

c'est-à-dire que *toutes les racines de $f(x) = 0$ soient égales entre elles.*

On peut encore énoncer ainsi cette proposition : *Pour qu'un polynome entier de degré $m$ soit une puissance $m^e$ exacte, il faut et il suffit qu'il soit divisible par sa dérivée.*

4. **Problème.** — *Exprimer qu'une équation $f(x) = 0$ a une racine d'ordre $\alpha$ de multiplicité et trouver cette racine.*

Soit $a$ une racine inconnue d'ordre $\alpha$ de multiplicité de l'équation $f(x) = 0$. Les dérivées $f^{(\alpha-2)}(x)$ et $f^{(\alpha-1)}(x)$ doivent avoir pour plus grand commun diviseur $x - a$; on fera les opérations nécessaires pour trouver le plus grand commun diviseur de $f^{(\alpha-2)}(x)$ et de $f^{(\alpha-1)}(x)$ jusqu'à ce qu'on arrive à un reste R de degré zéro. On posera $R = 0$, ce qui est une première condition; le reste précédent sera du premier degré, par suite de la forme $Px + Q$. L'équation $Px + Q = 0$ a pour racine $-\frac{Q}{P}$, ce qui donne $a = -\frac{Q}{P}$, parce que le plus grand commun diviseur est $x - a$; ayant trouvé $a$, on substituera à $x$ cette valeur dans $f(x)$, $f'(x)$, ..... $f^{(\alpha-3)}(x)$, et en égalant à zéro les résultats obtenus, on obtiendra $\alpha - 2$ conditions qui jointes à $R = 0$ donnent en tout $\alpha - 1$ conditions *nécessaires et suffisantes* pour que l'équation proposée ait une racine d'ordre $\alpha$ de multiplicité.

5. **Application.** — *Trouver la condition pour que l'équation*

$$x^3 + px + q = 0$$

*ait une racine double, et résoudre l'équation en supposant la condition trouvée remplie.*

Dans le cas présent, $\alpha = 2$. Donc on ne doit trouver *qu'une seule condition*, que l'on obtiendra en exprimant que $f(x)$ et $f'(x)$ ont un plus grand commun diviseur du premier degré.

Divisons

$$x^3 + px + q \quad \text{par} \quad 3x^2 + p,$$

on trouve

$$3(x^3 + px + q) \equiv x(3x^2 + p) + 2px + 3q;$$

il ne reste plus qu'à exprimer que $2px + 3q$ divise $3x^2 + p$, ce qui donne :

$$3\left(\frac{-3q}{2p}\right)^2 + p = 0,$$

ou

$$4p^3 + 27q^2 = 0.$$

*La condition nécessaire et suffisante pour que l'équation*

$$x^3 + px + q = 0$$

*ait une racine double est donc*

$$4p^3 + 27q^2 = 0,$$

*et si cette condition est remplie, la racine double a pour valeur* $-\dfrac{3q}{2p}$.

Alors

$$f(x) \equiv \left(x + \frac{3q}{2p}\right)^2 \left(x - \frac{3q}{p}\right).$$

On a supposé $p$ différent de zéro. Si $p = 0$, l'équation $x^3 + q = 0$ ne peut pas avoir de racine double, car sa dérivée est $3x^2$; si, en outre, $q = 0$, l'équation se réduit à $x^3 = 0$, et a une racine triple, égale à zéro.

**6. Théorème.** — *Les racines d'une équation binome*

$$Ax^m + B = 0$$

*sont simples.*

En effet, le binome $Ax^m + B$ est premier avec sa dérivée qui est égale à $mAx^{m-1}$.

**7. Emploi des polynomes homogènes.** — Nous établirons d'abord la proposition suivante :

*Pour qu'un polynome homogène $f(x_1, x_2, \ldots.. x_n)$ soit divisible par*

$$(a_1 x_1 + a_2 x_2 + \ldots.. + a_n x_n)^p,$$

*il faut et il suffit que ses dérivées partielles d'ordre $p-1$ soient toutes divisibles par*

$$a_1 x_1 + a_2 x_2 + \ldots\ldots + a_n x_n,$$

*et que l'une au moins des dérivées d'ordre $p$ ne soit pas divisible par ce facteur.*

Pour plus de simplicité nous ferons la démonstration dans le cas de deux variables seulement, mais le mode de démonstration est indépendant du nombre des variables.

Soit $f(x, y)$, un polynome homogène divisible par $(\alpha x + \beta y)^p$, de sorte que

$$f(x, y) \equiv (\alpha x + \beta y)^p \cdot \varphi(x, y),$$

$\varphi(x, y)$ étant un polynome homogène non divisible par $\alpha x + \beta y$.

En prenant successivement les dérivées des deux membres par rapport à $x$ et par rapport à $y$ on obtient :

$$f'_x \equiv (\alpha x + \beta y)^{p-1} \left[p\alpha \varphi(x, y) + (\alpha x + \beta y) \varphi'_x(x, y)\right]$$
$$f'_y \equiv (\alpha x + \beta y)^{p-1} \left[p\beta \varphi(x, y) + (\alpha x + \beta y) \varphi'_y(x, y)\right].$$

Ces identités prouvent que $(\alpha x + \beta y)^{p-1}$ divise $f'_x$ et $f'_y$ ; or les polynomes entre crochets ne sont pas divisibles tous les deux par $\alpha x + \beta y$; en effet, pour que le premier soit divisible par $\alpha x + \beta y$, il faut et il suffit qu'il s'annule quand $x = \beta$ et $y = -\alpha$; or il se réduit pour ces valeurs de $x$ et de $y$ à

$$p\alpha \varphi(\beta, -\alpha),$$

et comme $p \varphi(\beta, -\alpha)$ est différent de zéro, il faut supposer $\alpha = 0$. Donc si $\alpha$ est différent de zéro, $(\alpha x + \beta y)^p$ ne divise pas $f'_x$ ; de même si $\beta$ est différent de zéro, $f'_y$ n'est pas divisible par $(\alpha x + \beta y)^p$ ; or l'un au moins des nombres $\alpha$ ou $\beta$ doit être supposé différent de zéro, sans quoi $f(x, y)$ serait identiquement nul; on peut donc dire que si $f(x, y)$ est divisible par $(\alpha x + \beta y)^p$, ses dérivées partielles du premier ordre sont divisibles *toutes les deux* par $(\alpha x + \beta y)^{p-1}$ et ne peuvent pas être divisibles simultanément par $(\alpha x + \beta y)^p$.

*Réciproquement*, supposons que $(\alpha x + \beta y)^{p-1}$ divise $f'_x$ et $f'_y$. On peut poser

$$f'_x \equiv (\alpha x + \beta y)^{p-1} f_1(x, y)$$
$$f'_y \equiv (\alpha x + \beta y)^{p-1} f_2(x, y),$$

$f_1(x, y)$ et $f_2(x, y)$ étant des polynomes entiers; on a par suite, en vertu du théorème d'Euler et en supposant que $f(x, y)$ soit de degré $m$ :

$$mf(x, y) \equiv xf'_x + yf'_y \equiv (\alpha x + \beta y)^{p-1}[xf_1(x, y) + yf_2(x, y)],$$

ce qui prouve que $f(x, y)$ est divisible par une certaine puissance de $\alpha x + \beta y$. Soit $q$ l'exposant de cette puissance ; les dérivées $f'_x$ et $f'_y$ seront divisibles par $(\alpha x + \beta y)^{q-1}$, d'après la première partie du raisonnement ; donc $q - 1 = p - 1$ et par suite $q = p$.

On peut énoncer la proposition de cette façon : *Si $\alpha x + \beta y$ est un diviseur de $f(x, y)$ au degré de multiplicité $p$, il est diviseur des dérivées du premier ordre simultanément au degré $p - 1$.*

Il en résulte que les dérivées du second ordre sont divisibles par $(\alpha x + \beta y)^{p-2}$ et réciproquement, si les dérivées du second ordre sont toutes divisibles par $(\alpha x + \beta y)^{p-2}$, l'une, au moins n'étant pas divisible par $(\alpha x + \beta y)^{p-1}$, les dérivées du premier ordre seront divisibles par $(\alpha x + \beta y)^{p-1}$, et ainsi de suite ; on arrive ainsi à cette conclusion :

*Pour que $f(x, y)$ soit divisible par $(\alpha x + \beta y)^p$, il faut et il suffit que $\alpha x + \beta y$ divise toutes les dérivées d'ordre $p - 1$, et qu'une au moins des dérivées d'ordre $p$ ne soit pas divisible par $\alpha x + \beta y$.*

Cela étant, considérons une équation $f(x) = 0$, $f(x)$ désignant le polynome

$$A_0x^m + A_1x^{m-1} + \ldots\ldots + A_{m-1}x + A_m.$$

Si l'on pose

$$F(x, y) \equiv A_0x^m + A_1x^{m-1}y + A_2x^{m-2}y^2 + \ldots\ldots + A_{m-1}xy^{m-1} + A_my^m,$$

on aura

$$F(x, 1) \equiv f(x).$$

Si

$$f(x) \equiv (x - a)^p \varphi(x)$$

on aura

$$F(x, y) \equiv (x - ay)^p \Phi(x, y);$$

*et réciproquement*, si $F(x, y)$ est divisible par $(x - ay)^p$, $f(x)$ sera divisible par $(x - a)^p$.

Si $A_0, A_1, \ldots\ldots A_{p-1}$ deviennent nuls, $F(x, y)$ aura $y^p$ en facteur, et inversement, si $y^p$ divise $F(x, y)$, c'est que les $p$ premiers coefficients de $f(x)$ sont devenus égaux à zéro. Ainsi, à tout facteur $(\alpha x + \beta y)^p$ de $F(x, y)$ correspond une racine multiple d'ordre $p$ de $f(x) = 0$ ; si $\alpha = 0$, l'équation $f(x) = 0$ a $p$ racines infinies ; on peut convenir de dire qu'elle a une racine infinie d'ordre $p$; si $\beta = 0$, elle a $p$ racines nulles ou une racine nulle d'ordre $p$.

Par suite on exprimera que l'équation $f(x) = 0$ a une racine d'ordre $p$ de multiplicité, en exprimant que les dérivées partielles d'ordre $p - 1$ ont un plus grand commun diviseur du premier degré. Si ce plus grand commun diviseur est $\alpha x + \beta y$, $\alpha$ étant différent de zéro, la racine d'ordre $p$ sera égale à $-\frac{\beta}{\alpha}$.

8. **Application.** — 1° *Exprimer que l'équation*

$$x^3 + px + q = 0$$

*a une racine double.*

Rendons homogène le polynome $x^3 + px + q$, ce qui donne :

$$F(x, y) \equiv x^3 + pxy^2 + qy^3,$$

par suite,

$$F'_x \equiv 3x^2 + py^2$$
$$F'_y \equiv 2pxy + 3qy^2,$$

en supposant $y = 1$, on a donc à exprimer que

$$3x^2 + p \text{ et } 2px + 3q$$

ont un diviseur commun, ce qui revient à dire que le second polynome doit diviser le premier. On est ainsi conduit au même résultat que par la méthode ordinaire employée plus haut.

2° *Exprimer que l'équation*

$$x^4 + 4nx^3 + 6px^2 + 4qx + r = 0$$

*a une racine triple, et résoudre l'équation dans cette hypothèse.*

Posant

$$F(x, y) \equiv x^4 + 4nx^3y + 6px^2y^2 + 4qxy^3 + ry^4,$$

on a

$$\frac{1}{4}F'_x \equiv x^3 + 3nx^2y + 3pxy^2 + qy^3$$
$$\frac{1}{4}F'_y \equiv nx^3 + 3px^2y + 3qxy^2 + ry^3,$$

puis,

$$\frac{1}{3.4}F''_{x^2}=x^2+2nxy+py^2$$

$$\frac{1}{3.4}F''_{xy}=nx^2+2pxy+qy^2$$

$$\frac{1}{3.4}F''_{y^2}=px^2+2qxy+ry^2$$

en supposant $y=1$, nous avons à exprimer que les trois polynomes

$$x^2+2nx+p,\ nx^2+2px+q \text{ et } px^2+2qx+r$$

ont un plus grand commun diviseur du premier degré.

Pour plus de simplicité, nous ne considérerons que le cas où $n=0$. Alors ces polynomes se réduisent aux suivants :

$$x^2+p,\ 2px+q,\ px^2+2qx+r:$$

il n'y a donc qu'à exprimer que $2px+q$ divise les deux autres, ce qui donne

$$\frac{q^2}{4p^2}+p=0,\ -\frac{3q^2}{4p}+r=0,$$

ou

$$\frac{r}{3}=\frac{q^2}{4p}=-p^2.$$

Telles sont les conditions pour que l'équation

$$x^4+px^2+qx+r=0$$

ait une racine triple. Si elles sont remplies, la racine triple est égale à $\frac{-q}{2p}$, et par suite la somme des quatre racines étant nulle, la quatrième racine est égale à $\frac{3q}{2p}$ de sorte que, dans ce cas,

$$x^4+px^2+qx+r\equiv\left(x+\frac{q}{2p}\right)^3\left(x-\frac{3q}{2p}\right).$$

**9. Problème.** — *Étant donnée une équation algébrique, former les équations qui ont respectivement pour racines simples les racines de la proposée appartenant à chaque ordre de multiplicité.*

Désignons par $X_\alpha$ le produit de tous les facteurs premiers correspondant aux racines d'un même ordre $\alpha$ de multiplicité de l'équation $f(x)=0$, de sorte que

$$f(x) \equiv A X_1 X_2^2 X_3^3 \ldots\ldots X_p^p. \qquad (1)$$

On se propose de former les polynomes $X_1, X_2, \ldots\ldots X_p$, en supposant que l'équation n'ait pas de racine d'ordre de multiplicité supérieur à $p$. Si cette équation n'a pas de racine d'un certain ordre de multiplicité, par exemple de l'ordre $\alpha$, on peut conserver $X_\alpha$ en supposant $X_\alpha \equiv 1$. Cela posé, on fait d'abord les opérations suivantes : on cherche le plus grand commun diviseur $D_1$ de $f(x)$ et de sa dérivée $f'(x)$; puis le plus grand commun diviseur $D_2$ de $D_1$ et de sa dérivée, et ainsi de suite, jusqu'à ce qu'on arrive à un polynome premier avec sa dérivée. On obtiendra ainsi les polynomes $D_1, D_2, D_3, \ldots\ldots D_{p-1}$. Les polynomes $f(x), D_1, D_2, \ldots\ldots D_{p-1}$ sont, *à des facteurs numériques près*, définis par les identités

$$\left.\begin{array}{l}
f(x) \equiv X_1 X_2^2 X_3^3 \ldots\ldots X_p^p \\
D_1 \equiv X_2 X_3^2 \ldots\ldots X_p^{p-1} \\
D_2 \equiv X_3 X_4^2 \ldots\ldots X_p^{p-2} \\
\ldots\ldots\ldots\ldots \\
\ldots\ldots\ldots \\
\ldots\ldots \\
D_{p-2} \equiv X_{p-1} X_p^2 \\
D_{p-1} \equiv X_p
\end{array}\right\} \qquad (2)$$

Cela fait, on divisera chacun des polynomes précédents par le suivant, et l'on formera ainsi avec les quotients obtenus, auxquels on adjoint $D_{p-1}$, le tableau suivant :

$$\left.\begin{array}{l}
Q_1 \equiv \dfrac{f(x)}{D_1} \equiv X_1 X_2 X_3 \ldots\ldots X_p \\
Q_2 \equiv \dfrac{D_1}{D_2} \equiv X_2 X_3 \ldots\ldots X_p \\
Q_3 \equiv \dfrac{D_2}{D_3} \equiv X_3 X_4 \ldots\ldots X_p \\
\ldots\ldots\ldots\ldots\ldots \\
\ldots\ldots\ldots\ldots \\
\ldots\ldots\ldots \\
Q_{p-1} \equiv \dfrac{D_{p-2}}{D_{p-1}} \equiv X_{p-1} X_p \\
\quad D_{p-1} \equiv X_p
\end{array}\right\} \qquad (3)$$

Enfin, en divisant chacun des polynomes $Q_1$, $Q_2$, ..... $Q_{p-1}$, $D_{p-1}$ par le suivant, nous obtiendrons :

$$\left.\begin{array}{l} \frac{Q_1}{Q_2} \equiv X_1 \\ \frac{Q_2}{Q_3} \equiv X_2 \\ \cdots\cdots \\ \cdots\cdots \\ \cdots\cdots \\ \frac{Q_{p-1}}{D_{p-1}} \equiv X_{p-1} \\ D_{p-1} \equiv X_p \end{array}\right\} \qquad (4)$$

Ainsi l'équation $\frac{Q_\alpha}{Q_{\alpha+1}} = 0$ aura pour racines *simples* toutes les racines d'ordre $\alpha$ de multiplicité de $f(x) = 0$.

S'il n'y a pas de racines multiples d'ordre $\alpha$, la théorie précédente subsiste à condition qu'on ait remplacé $X_\alpha$ par une constante; il en résulte que réciproquement, si $\frac{Q_\alpha}{Q_{\alpha+1}}$ est indépendant de $x$, l'équation proposée n'a pas de racines d'ordre $\alpha$.

**10. Application.** — Soit

$$f(x) \equiv x^5 - 2x^4 - 8x^3 + 16x^2 + 36x - 32.$$

Nous avons déjà trouvé (t. I, IV, 3) le plus grand commun diviseur de $f(x)$ et de sa dérivée

$$D_1 = x^3 - 2x^2 - 4x + 8;$$

on a ensuite

$$D_2 = x - 2,$$

$D_2$ est premier avec sa dérivée;

$$\frac{f(x)}{D_1} = x^2 - 4$$

$$\frac{D_1}{D_2} = x^2 - 4$$

$$D_2 = x - 2$$

$$Q_1 = 1, \ Q_2 = x + 2, \ D_2 = x - 2,$$

donc

$$f(x) \equiv (x+2)^3 (x-2)^3.$$

**11. Méthode d'Ostrogradski.** — Si $a$ est une racine d'ordre $\alpha$ de multiplicité de l'équation $f(x)=0$, nous avons vu que

$$\lim \frac{(x-a) f'(x)}{f(x)} = \alpha, \quad \text{pour } x = a.$$

Soit D le plus grand commun diviseur de $f(x)$ et de $f'(x)$, et posons

$$f(x) = \mathrm{D} \cdot \psi(x)$$
$$f'(x) = \mathrm{D} \cdot \theta(x),$$

$a$ est racine simple de $\psi(x)=0$ et n'est pas racine de $\theta(x)=0$.

Or

$$\frac{(x-a) f'(x)}{f(x)} = \frac{\theta(x)}{\left(\frac{\psi(x)}{x-a}\right)},$$

$\frac{\psi(x)}{x-a}$ a pour limite $\psi'(a)$ quand $x$ tend vers $a$, donc

$$\frac{\theta(a)}{\psi'(a)} = \alpha.$$

*Toute racine d'ordre $\alpha$ de l'équation $f(x)=0$ est donc racine de l'équation*

$$\theta(x) - \alpha \psi'(x) = 0. \tag{1}$$

D'ailleurs $a$ est une racine simple de l'équation

$$\psi(x) = 0. \tag{2}$$

*Réciproquement, toute racine commune aux équations* (1) *et* (2) *est racine d'ordre $\alpha$ de l'équation $f(x)=0$.*

En effet, soit $a$ une racine commune à ces deux équations; l'identité

$$f(x) = \mathrm{D}\, \psi(x)$$

montre que $a$ est racine de l'équation $f(x)=0$; soit $\beta$ l'ordre de multiplicité de cette racine; on aura

$$\theta(a) - \beta \psi'(a) = 0;$$

mais par hypothèse

$$\theta(a) - \alpha \psi'(a) = 0,$$

donc, en remarquant que $\psi'(a)$ est différent de zéro, puisque $\psi(x)=0$ n'a que des racines simples, on a nécessairement $\beta = \alpha$.

Il résulte de là que le plus grand commun diviseur des polynomes

$$\theta(x) - \alpha \psi'(x) \quad \text{et} \quad \psi(x)$$

est précisément $X_\alpha$.

**Application.** — Soit

$$f(x) = x^5 - 2x^4 - 8x^3 + 16x^2 + 16x - 32 = 0,$$

on trouve :

$$f'(x) = 5x^4 - 8x^3 - 24x^2 + 32x + 16,$$
$$D = x^3 - 2x^2 - 4x + 8,$$
$$\psi(x) = \frac{f(x)}{D} = x^2 - 4,$$
$$\theta(x) = \frac{f'(x)}{D} = 5x + 2,$$

Cherchons si l'équation proposée a des racines simples :

$$\psi'(x) = 2x, \quad \theta(x) - \psi'(x) = 3x + 2,$$

$3x + 2$ et $x^2 - 4$ sont premiers entre eux ; l'équation n'a pas de racines simples. Cherchons en second lieu si elle a des racines doubles :

$$\theta(x) - 2\psi'(x) = x + 2.$$

Le plus grand commun diviseur de $x + 2$ et de $x^2 - 4$ est $x + 2$, donc $X_2 = x + 2$ ; enfin

$$\theta(x) - 3\psi'(x) = -x + 2.$$

Le plus grand commun diviseur de $x - 2$ et de $x^2 - 4$ est $x - 2$ ; donc $X_3 = x - 2$.

On a donc

$$f(x) = (x + 2)^2 (x - 2)^3$$

comme nous l'avions déjà trouvé (10).

**Remarque.** — Lorsque $f(x)$ est égal à la puissance $\alpha$ d'un polynome dont tous les facteurs premiers sont simples, on a *identiquement*

$$\theta(x) = \alpha \psi'(x) ;$$

en effet, soit

$$f(x) = [P(x)]^\alpha,$$

$P(x)$ désignant un polynome premier avec sa dérivée ; on a

$$f'(x) = \alpha P^{\alpha - 1} P'.$$

P et P' étant premiers entre eux, le plus grand commun diviseur de $f(x)$ et de $f'(x)$

est égal à $P^{\alpha-1}$. Donc

$$\psi(x) = P, \quad \theta(x) = \alpha P',$$

de sorte que

$$\theta(x) = \alpha\,\psi'(x).$$

Réciproquement, si cette condition est remplie,

$$\frac{f'(x)}{f(x)} = \alpha . \frac{\psi'(x)}{\psi(x)}.$$

On en conclut

$$f(x) = A[\psi(x)]^{\alpha},$$

A étant une constante.

**12. Cas particuliers.** — *Quand l'équation $f(x)=0$ est à coefficients entiers, si cette équation n'a qu'une seule racine a d'un ordre déterminé de multiplicité, a est nécessairement commensurable.*

En effet, supposons que $a$ soit d'ordre $\alpha$, alors le polynome $X_\alpha$ est du premier degré; or les seules opérations à faire sont des divisions; de plus, $f(x)$ et par suite $f'(x)$ ayant des coefficients entiers, tous les polynomes obtenus en employant l'une ou l'autre des méthodes précédentes ont des coefficients commensurables; donc $X_\alpha$ a ses coefficients commensurables et par suite $a$ étant la racine d'une équation du premier degré à coefficients entiers est nécessairement commensurable.

Nous verrons plus loin comment on trouve les racines commensurables d'une équation à coefficients entiers. Supposons donc que l'équation $f(x)=0$ n'ait aucune racine commensurable, je dis que si elle est du 3e ou du 5e degré, elle n'a que des racines simples.

En effet, si elle est du 3e degré et si les racines ne sont pas distinctes, elle peut avoir : 1° une racine triple, 2° une double et une simple. Dans chacun de ces cas, il y a une racine unique d'un ordre donné de multiplicité; donc cette racine multiple serait commensurable; par suite, une équation du 3e degré à coefficients entiers qui n'a pas de racines commensurables n'a que des racines simples. Considérons maintenant une équation du 5e degré ayant des racines multiples. Elle peut avoir : 1° une racine quintuple, 2° une racine quadruple et une racine simple, 3° une racine triple et une racine double, 4° une racine triple et deux racines simples, 5° enfin, deux racines doubles et une simple; par suite, l'équation aurait nécessairement au moins une racine commensurable, ce qui est contraire à notre hypothèse; par suite, elle n'a que des racines simples. Supposons que $f(x)$ soit du 4e degré. Si l'équation $f(x)=0$ n'a pas toutes ses racines distinctes, elle peut avoir : 1° une racine quadruple, 2° une racine triple et une racine simple, 3° une racine double et deux simples; aucun de ses cas ne pourra se présenter si l'équation n'a pas de racines commensurables; mais il y a encore un *quatrième cas* à considérer : l'équation peut avoir deux racines doubles. Ce cas est compatible avec les hypothèses que nous avons faites; mais alors $f(x)$ serait un carré parfait et par suite on ramènerait la résolution de l'équation donnée à celle d'une équation du second degré, en extrayant la racine carrée du premier membre.

Les opérations à faire pour trouver les racines multiples sont pénibles; la remarque précédente dispense d'appliquer la méthode des racines égales aux équations de degré inférieur à 5.

## ÉQUATIONS IRRÉDUCTIBLES

13. **Définition.** — *On dit qu'une équation $f(x)=0$ est irréductible, lorsqu'en considérant ses coefficients comme des fonctions rationnelles de quantités données, le polynome $f(x)$ n'est pas décomposable en un produit de polynomes entiers à coefficients rationnels par rapport aux mêmes quantités.*

Une équation qui a des racines multiples est *réductible*, puisqu'elle se décompose en plusieurs autres dont les coefficients sont des fonctions rationnelles des coefficients de cette équation.

14. **Théorème.** — *Si l'équation $f(x)=0$ à coefficients rationnels admet une racine de l'équation irréductible $\varphi(x)=0$, elle les admet toutes.*

En effet, $f(x)$ et $\varphi(x)$ ont un plus grand commun diviseur, puisque les équations $f(x)=0$, $\varphi(x)=0$ ont *au moins une racine commune*. Or ce plus grand commun diviseur est un polynome dont les coefficients sont des fonctions rationnelles des coefficients de $f(x)$ et $\varphi(x)$; il en résulte que le plus grand commun diviseur de $f(x)$ et de $\varphi(x)$ est le polynome $\varphi(x)$ lui-même, sans quoi $\varphi(x)$ serait le produit de deux polynomes à coefficients rationnels; par suite, $f(x)$ est divisible par $\varphi(x)$, ce qui démontre la proposition.

15. **Applications.** — *Si l'équation $f(x)=0$, à coefficients entiers, admet pour racine $a+\sqrt{b}$, $a$ et $b$ étant rationnels, mais $b$ n'étant pas carré, $a-\sqrt{b}$ est aussi racine de l'équation $f(x)=0$.*

En effet,

$$a+\sqrt{b} \quad \text{et} \quad a-\sqrt{b}$$

sont les racines de l'équation irréductible

$$(x-a)^2-b=0.$$

On aura, par suite,

$$f(x)=[(x-a)^2-b]\,f_1(x),$$

$f_1(x)$ ayant des coefficients rationnels : on en conclut que si l'équation $f_1(x)=0$

admet la racine $a+\sqrt{b}$, elle admet aussi $a-\sqrt{b}$, et ainsi de suite; d'où il résulte que les degrés de multiplicité des racines $a+\sqrt{b}$ et $a-\sqrt{b}$ de l'équation $f(x)=0$ sont égaux.

On verra de même que si $f(x)=0$ admet la racine $a+\sqrt[3]{b}$, elle admet encore

$$a+\alpha\sqrt[3]{b} \quad \text{et} \quad a+\beta\sqrt[3]{b},$$

$\alpha$ et $\beta$ étant les racines cubiques imaginaires de l'unité.

Si l'on regarde comme donnés les nombres réels, l'équation

$$(x-a)^2+b^2=0$$

est irréductible; on retrouve ainsi ce théorème :

*Si l'équation $f(x)=0$ à coefficients réels, admet la racine $a+bi$, elle admet aussi $a-bi$.*

## EXERCICES.

**1.** Appliquer la méthode des racines égales à l'équation :

$$x^9-6x^8+11x^7-2x^6-11x^5+2x^4+11x^3+2x^2-12x+8=0.$$

**2.** Vérifier que

$$x^{2n}-n^2x^{n+1}+2(n^2-1)x^n-n^2x^{n-1}+1$$

est divisible par $(x-1)^4$. Trouver le quotient.

(GENTY.)

**3.** Le polynome

$$(x+1)^{6m+1}-x^{6m+1}-1$$

est divisible par

$$(x^2+x+1)^2.$$

(J. NEUBERG.)

**4.** Prouver que

$$x^p+m\,x^{p-q}.\,y^q+m\,x^{p-2q}.\,y^{2q}+y^p$$

est divisible par $(x+y)^2$.

**5.** Trouver les conditions pour que

$$x^p+ax^{p-q}.\,y^q+b\,x^{p-2q}.\,y^{2q}+c\,x^{p-3q}.\,y^{3q}+y^p$$

soit divisible par $(x+y)^3$.

**6.** Exprimer qu'une équation $f(x)=0$ a une racine multiple d'ordre $p$, une racine multiple d'ordre $q$, une racine multiple d'ordre $r$, et trouver ces racines.

# CHAPITRE XIII

## ÉLIMINATION

### RÉSULTANT DE DEUX POLYNOMES ENTIERS

**1. Problème.** — *Exprimer que deux polynomes entiers ont un diviseur commun.*

Soient

$$f(x) \equiv a_0 x^n + a_1 x^{n-1} + \dots + a_{n-1} x + a_n$$
$$\varphi(x) \equiv b_0 x^p + b_1 x^{p-1} + \dots + b_{p-1} x + b_p,$$

deux polynomes entiers en $x$, de degrés $n$ et $p$. Pour que ces deux polynomes aient un plus grand commun diviseur, c'est-à-dire pour qu'ils ne soient pas premiers entre eux, il faut et il suffit (t. I, IV, 20) qu'il existe deux polynomes entiers de degrés $n-1$ et $p-1$ au plus,

$$\begin{aligned} f_1(x) &\equiv \alpha_1 x^{n-1} + \alpha_2 x^{n-2} + \dots + \alpha_n \\ \varphi_1(x) &\equiv \beta_1 x^{p-1} + \beta_2 x^{p-2} + \dots + \beta_p \end{aligned} \qquad (1)$$

et tels que l'on ait identiquement

$$f(x)\,\varphi_1(x) + \varphi(x)\,f_1(x) \equiv 0. \qquad (2)$$

Le premier membre de cette identité est un polynome entier de degré $n+p-1$ dont tous les coefficients doivent être nuls. En exprimant ces conditions, nous obtiendrons $n+p$ équations du premier degré, homogènes, à $n+p$ inconnues qui ne sont autres que les coefficients $\alpha_1, \alpha_2, \dots\, \alpha_n, \beta_1, \beta_2, \dots\, \beta_p$. Or les coefficients de $f_1(x)$ ne doivent pas être tous nuls, ni tous ceux de $\varphi_1(x)$; donc le système d'équations homogènes que nous allons obtenir devra avoir des solutions différentes de la solution zéro, par suite le déterminant du système doit être nul. On forme facilement ce déterminant de la manière suivante. Si l'on considère les polynomes

$$\left.\begin{array}{l}
x^{p-1}f(x) \equiv a_0x^{n+p-1} + a_1x^{n+p-2} + \dots + a_{n-1}x^p + a_nx^{p-1} \\
x^{p-2}f(x) \equiv \quad \dots \quad a_0x^{n+p-2} + a_1x^{n+p-3} + \dots + a_{n-1}x^{p-1} + a_nx^{p-2} \\
\dots\dots\dots\dots\dots\dots\dots\dots\dots\dots \\
f(x) \equiv \dots\dots\dots\dots a_0x^n + \dots + a_{n-1}x + a_n \\
x^{n-1}\varphi(x) \equiv b_0x^{n+p-1} + b_1x^{n+p-2} + \dots + b_{p-1}x^n + b_px^{n-1} \\
x^{n-2}\varphi(x) \equiv \dots b_0x^{n+p-2} + b_1x^{n+p-3} \dots + b_{p-1}x^{n-1} + b_px^{n-2} \\
\dots\dots\dots\dots\dots\dots\dots\dots\dots\dots \\
\varphi(x) \equiv \dots\dots\dots b_0x^p + b_1x^{p-1} \dots + b_{p-1}x + b_p,
\end{array}\right\} (3)$$

en ajoutant membre à membre les identités (3) après avoir multiplié les deux membres de chacune respectivement par

$$\beta_1,\ \beta_2,\ \dots\dots\ \beta_p,\ \alpha_1,\ \alpha_2,\ \dots\dots\ \alpha_n,$$

on obtiendra, dans le premier membre, le polynome

$$f(x)\,.\,\varphi_1(x) + \varphi(x)\,.\,f_1(x),$$

de sorte que les équations linéaires que doivent vérifier ces indéterminées sont les suivantes :

$$\left.\begin{array}{llll}
a_0\beta_1 & & + b_0\alpha_1 & = 0 \\
a_1\beta_1 + a_0\beta_2 & & + b_1\alpha_1 + b_0\alpha_2 & = 0 \\
a_2\beta_1 + a_1\beta_2 + a_0\beta_3 & & + b_2\alpha_1 + b_1\alpha_2 + b_0\alpha_3 & = 0 \\
\dots\dots\dots\dots & & \dots\dots\dots\dots & \\
\dots\dots\dots\dots & & \dots\dots\dots\dots & \\
\dots\dots\dots\dots & & \dots\dots\dots\dots & \\
\dots\dots & a_n\beta_p \dots\dots & + b_p\alpha_n & = 0.
\end{array}\right\} (4)$$

Mais ces équations expriment qu'il y a une relation linéaire et homogène entre les $n+p$ polynomes de degré $n+p-1$ :

$$x^{p-1}f(x), x^{p-2}f(x), \dots f(x), x^{n-1}\varphi(x), x^{n-2}\varphi(x), \dots x\varphi(x), \varphi(x),$$

de sorte que le déterminant $\Delta$ du système linéaire (4) n'est pas autre chose que le déterminant des coefficients de ces polynomes, c'est-à-dire :

$$\Delta = \begin{vmatrix} a_0 \; a_1 \; . \; . \; . \; . \; . \; a_{n-1} & a_n & 0 \; 0 \; . \; . \; 0 \\ 0 \; a_0 \; a_1 \; . \; . \; . \; . \; . \; . \; . \; a_{n-1} & a_n & 0 \; . \; . \; 0 \\ . \; . \; . \; . \; . \; . \; . \; . \; . \; . \; . \; . \; . \; . \; . \; . \\ . \; . \; . \; . \; . \; . \; . \; . \; . \; . \; . \; . \; . \; . \; . \; . \\ 0 \; 0 \; . \; . \; . \; . \; a_0 \; a_1 \; . \; . \; . \; . \; . \; a_{n-1} \; a_n \\ b_0 \; b_1 \; . \; . \; . \; b_{p-1} \; b_p \; 0 \; 0 \; . \; . \; . \; . \; 0 \\ 0 \; b_0 \; b_1 \; . \; . \; . \; b_{p-1} \; b_p \; 0 \; 0 \; . \; . \; 0 \\ . \; . \; . \; . \; . \; . \; . \; . \; . \; . \; . \; . \; . \; . \; . \; . \\ . \; . \; . \; . \; . \; . \; . \; . \; . \; . \; . \; . \; . \; . \; . \; . \\ . \; . \; . \; . \; . \; . \; . \; . \; . \; . \; . \; . \; . \; . \; . \; . \\ . \; . \; . \; . \; . \; . \; . \; . \; . \; . \; . \; . \; . \; . \; . \; . \\ 0 \; 0 \; 0 \; . \; . \; 0 \; b_0 \; b_1 \; . \; . \; . \; . \; b_{p-1} \; b_p \end{vmatrix}$$

La condition nécessaire et suffisante pour que le système (4) ait des solutions non toutes nulles est donc

$$\Delta = 0.$$

Mais on doit exprimer *non seulement* que les $n+p$ inconnues $\alpha_1 \dots\dots \beta_p$ ne sont pas toutes nulles, *mais encore* que les $n$ inconnues $\alpha_1, \alpha_2, \dots\dots \alpha_n$ ne sont pas toutes nulles, et qu'il en est de même des $p$ inconnues $\beta_1, \beta_2, \dots\dots \beta_p$ ; en d'autres termes, ni le polynome $f_1(x)$ ni le polynome $\varphi_1(x)$ ne doivent être identiquement nuls. Or, si $\varphi_1(x)$ était identiquement nul, l'identité (2) se réduirait à la suivante :

$$\varphi(x) f_1(x) \equiv 0,$$

et comme $f_1(x)$ ne peut être identiquement nul en même temps que $\varphi_1(x)$, le polynome $\varphi(x)$ serait identiquement nul, ce que nous ne supposons pas, puisque $\varphi(x)$ est par hypothèse un polynome de degré $p$. Donc si $\Delta = 0$, et si $f(x)$ et $\varphi(x)$ sont *effectivement* des polynomes de degrés $n$ et $p$ respectivement, on peut trouver un polynome $f_1(x)$ de degré $n-1$ et un polynome $\varphi_1(x)$ de degré $p-1$ vérifiant l'identité (2), et par suite les polynomes $f(x)$ et $\varphi(x)$ ont un diviseur commun.

2. **Remarque.** — *Lorsque les coefficients $a_0$ et $b_0$ ne sont pas essentiellement différents de zéro, on ne peut plus affirmer que si la condition $\Delta = 0$ est remplie, $f(x)$ et $\varphi(x)$ aient un diviseur commun.*

En effet, on voit d'abord que $\Delta$ devient nul si $a_0$ et $b_0$ deviennent nuls; il en résulte, en vertu de ce qui précède, que si $\Delta = 0$, il peut se présenter plusieurs cas.

1° *Les deux coefficients $a_0$ et $b_0$ ne sont pas nuls en même temps.*

Dans ce cas $f(x)$ et $\varphi(x)$ *ont un plus grand commun diviseur, ou bien l'un des deux polynomes est identiquement nul.*

Supposons, en effet, $b_0$ par exemple, différent de zéro; on verra comme plus haut que $\varphi_1(x)$ ne peut être nul identiquement; si $f_1(x)$ n'est pas non plus identiquement nul, $f(x)$ et $\varphi(x)$ ont un plus grand commun diviseur, en vertu de l'identité (2); mais si $f_1(x) \equiv 0$ identiquement, on voit que $f(x)$ sera identiquement nul.

2° *$a_0$ et $b_0$ sont nuls en même temps.* Alors les degrés de $f(x)$ et de $\varphi(x)$ sont au plus égaux à $n-1$ et à $p-1$; mais $f_1(x)$ et $\varphi_1(x)$ peuvent être aussi de degrés $n-1$ et $p-1$; par suite on ne peut plus rien conclure, il peut même arriver alors que $f(x)$ et $\varphi(x)$ soient identiquement nuls.

*En résumé, si $\Delta = 0$, $f(x)$ et $\varphi(x)$ ont un plus grand commun diviseur, ou bien l'un d'eux est identiquement nul, ou encore leurs degrés s'abaissent ou enfin les deux polynomes sont identiquement nuls.*

Le déterminant $\Delta$ a été trouvé par Sylvester.

3. **Cas de deux polynomes homogènes.** — On traitera de la même manière le cas de deux polynomes homogènes.

$$f(x, y) = a_0 x^n + a_1 x^{n-1} y + \ldots\ldots + a_n y^n$$
$$\varphi(x, y) = b_0 x^p + b_1 x^{p-1} y + \ldots\ldots + b_p y^p.$$

*Si ces deux polynomes ont un plus grand commun diviseur, on a $\Delta = 0$, et réciproquement si $\Delta = 0$, ces deux polynomes ont un plus grand commun diviseur, ou bien l'un au moins disparaît identiquement, tous ses coefficients devenant nuls.*

Il convient de remarquer que le degré d'un de ces polynomes ne peut plus s'abaisser sans qu'il devienne identiquement nul; par exemple, si $a_0$ et $b_0$ sont nuls, on a $\Delta = 0$ et les deux polynomes sont tous deux divisibles par $y$.

4. **Définition.** — Le déterminant $\Delta$ que nous venons de former se nomme le *résultant* des deux polynomes $f(x)$ et $\varphi(x)$; c'est aussi le résultant des polynomes homogènes $f(x, y)$ et $\varphi(x, y)$. Il importe de remarquer comment sont disposés ses éléments. Les $p$ premières lignes ont été composées avec les coefficients de la première

équation, les $n$ suivantes avec les coefficients de la seconde; les coefficients de chaque équation, qui sont affectés des mêmes indices, sont disposés sur des lignes parallèles à la diagonale principale; de sorte que le terme principal de $\Delta$ est égal à $a_0^n\, b_0^n$. Chaque ligne devant avoir $n+p$ éléments, on complète par des zéros, de sorte que chacune des $p$ premières lignes renferme $p-1$ zéros, et chacun des $n$ autres en contient $n-1$.

**Exemple.** — Si nous considérons deux trinomes du second degré :

$$\begin{aligned} & a\,x^2+b\,x+c \\ & a'x^2+b'x+c', \end{aligned}$$

leur résultant est

$$\Delta = \begin{vmatrix} a & b & c & 0 \\ 0 & a & b & c \\ a' & b' & c' & 0 \\ 0 & a' & b' & c' \end{vmatrix}$$

On a donc :

$$\Delta = (ac'-ca')^2 - (ab'-ba')(bc'-cb').$$

Supposons $a$ et $a'$ différents de zéro. La condition $\Delta = 0$ exprime que les équations

$$\begin{aligned} & a\,x^2+b\,x+c=0 \\ & a'x^2+b'x+c'=0 \end{aligned}$$

ont au moins une racine commune, puisque les trinomes ont alors un plus grand commun diviseur.

Pour que ces équations n'aient qu'une seule racine commune, il est nécessaire et suffisant que l'on ait :

$$ab'-ba' \neq 0.$$

En effet, on voit d'abord que s'il en est ainsi, les coefficients des deux équations ne sont pas proportionnels, par suite les racines ne sont pas les mêmes. Si au contraire on a en même temps

$$\Delta = 0 \text{ et } ab'-ba'=0,$$

on aura aussi

$$ac'-ca'=0.$$

et par suite si $a$ et $a'$ ne sont pas nuls en même temps, $bc'-cb'=0$; donc les deux équations auront leurs coefficients proportionnels.

**Remarque.** — On a identiquement :

$$4[(ac'-ca')^2-(ab'-ba')(bc'-cb')]=(2ac'+2ca'-bb')^2-(b^2-4ac)(b'^2-4a'c')$$

On en conclut que le résultant est un invariant.

**5.** Supposons que les coefficients $a_0$, $a_1$, $a_2$, ..... $a_n$, $b_0$, $b_1$, ..... $b_p$ des deux polynomes

$$f(x)=a_0 x^n+a_1 x^{n-1}+\ldots\ldots+a_n$$
$$\varphi(x)=b_0 x^p+b_1 x^{p-1}+\ldots\ldots+b_p$$

soient des polynomes entiers en $y$, dont les degrés soient précisément égaux aux indices de ces coefficients, de sorte que $a_0$ soit indépendant de $y$, que $a_1$ soit un polynome du premier degré, $a_2$ un polynome du second degré et ainsi de suite, et pareillement que $b_0$ soit indépendant de $y$, que $b_1$ soit un polynome du premier degré, etc..., alors le résultant des deux polynomes $f(x)$ et $\varphi(x)$ sera un polynome entier en $y$. Nous nous proposons de calculer son degré.

Si nous posons

$$\begin{array}{ll} a_0=A_0 & b_0=B_0 \\ a_1=A_1 y+A_1' & b_1=B_1 y+B_1' \\ a_2=A_2 y^2+A_2' y+A_2'', & b_2=B_2 y^2+B_2' y+B_2'', \text{ etc.,} \end{array}$$

on voit que le déterminant $\Delta$ sera une somme de déterminants parmi lesquels se trouvera le déterminant obtenu en remplaçant chacun des coefficients $a$ ou $b$ par son premier terme, ce qui donne le déterminant :

$$\Delta_1=\begin{vmatrix} A_0 & A_1 y & A_2 y^2 & \ldots & A_n y^n & 0 & 0 & \ldots & 0 \\ 0 & A_0 & A_1 y & \ldots & & A_n y^n & 0 & \ldots & 0 \\ & & \ddots & & & & \ddots & & \vdots \\ 0 & \ldots & & A_0 & & \ldots & & & A_n y^n \\ B_0 & B_1 y & \ldots & B_p y^p & 0 & \ldots & & & 0 \\ 0 & B_0 & B_1 y & \ldots & B_p y^p & 0 & \ldots & & 0 \\ 0 & 0 & B_0 & B_1 y & \ldots & B_p y^p & 0 & \ldots & 0 \\ \ldots & \ldots & \ldots & \ldots & \ldots & \ldots & \ldots & \ldots & \ldots \\ \ldots & \ldots & \ldots & \ldots & \ldots & \ldots & \ldots & \ldots & \ldots \\ \ldots & \ldots & \ldots & \ldots & \ldots & \ldots & \ldots & \ldots & \ldots \\ 0 & 0 & \ldots & 0 & B_0 & B_1 y & \ldots & B_p y^p & 0 \\ 0 & 0 & \ldots & 0 & 0 & B_0 & B_1 y & \ldots & B_p y^p \end{vmatrix}$$

Je dis que ce déterminant est homogène et se réduit à $\delta_1 y^{np}$, $\delta_1$ étant ce que devient $\Delta_1$ quand on y remplace $y$ par 1.

En effet, si nous multiplions les lignes de rangs 1, 2, ..... $p$ par 1, $y$, $y^2$ ... $y^{p-1}$, et les lignes de rangs $p+1$, $p+2$, ... $p+n$ par 1, $y$, $y^2$, .... $y^{n-1}$ respectivement, on voit que les colonnes de rangs 2, 3, 4, ..... $n+p$ auront en facteurs $y$, $y^2$, $y^3$, ..... $y^{n+p-1}$, et par suite

$$\Delta_1 \, y^{1+2+\ldots+(p-1)+1+2\ldots+(n-1)} = \delta_1 \, y^{1+2+\ldots+(n+p-1)};$$

donc

$$\Delta_1 = \delta_1 \, y^{\frac{(n+p)(n+p-1)}{2} - \frac{n(n-1)}{2} - \frac{p(p-1)}{2}} = \delta_1 \, y^{np}.$$

On peut aussi remarquer que le produit de $\Delta_1$ par une certaine puissance de $y$ étant de la forme $hy^{\mu}$, il en est de même de $\Delta_1$, et par suite on aura le degré de $\Delta_1$ en considérant un terme quelconque, le terme principal, par exemple, qui est égal à $A_0^p B_0^n y^{np}$. Cela posé, dans tous les déterminants dont la somme compose $\Delta$, il est clair que les degrés des éléments seront égaux ou inférieurs au degré des éléments correspondants de $\Delta_1$; donc le terme de degré le plus élevé de $\Delta$ est $\delta_1 y^{np}$.

D'ailleurs $\delta_1$, comme on le voit immédiatement, est le résultant des deux polynomes homogènes

$$A_0 x^n + A_1 x^{n-1} y + A_2 x^{n-2} y^2 + \ldots + A_n y^n$$
$$B_0 x^p + B_1 x^{p-1} y + B_2 x^{p-2} y^2 + \ldots + B_p y^p \, ;$$

tant que ces deux polynomes seront premiers entre eux, le degré du résultant $\Delta$ sera donc égal à $n\,p$.

Supposons maintenant que les degrés des polynomes $a_0$, $a_1$, ... $a_n$ en $y$ soient $n'$, $n'+1$, ..... $n'+n$ et ceux des polynomes $b_0$, $b_1$, ..... $b_p$ respectivement égaux à $p'$, $p'+1$, ..... $p'+p$; le degré de $\Delta$ ne sera plus $np$, mais $np+pn'+np'$

En effet, en posant

$$a_0 = A_0 y^{n'} + A'_0 y^{n'-1} + \ldots$$
$$a_1 = A_1 y^{n'+1} + A'_1 y^{n'} + \ldots \text{ etc.,}$$

et raisonnant comme plus haut, on voit que le terme du plus haut degré de $\Delta$ sera égal au déterminant $\Delta_1$ dans lequel chacune des $p$ premières lignes aura été multipliée par $y^{n'}$ et chacune des $n$ autres par $y^{p'}$. Or, on peut écrire :

$$np + pn' + np' = (n + n')(p + p') - n'p',$$

*le degré du résultant est donc alors égal au produit des degrés des deux polynomes par rapport aux deux lettres $x$ et $y$, diminué du produit des degrés des coefficients des plus hautes puissances de $x$, par rapport à $y$, dans les deux polynomes.*

6. **Application.** — Soit

$$f(x) = x^m + a_1 x^{m-1} + \ldots\ldots + a_m$$

un polynome entier en $x$ de degré pair, à coefficients réels ou imaginaires. Posons

$$x = y + z;$$

il vient :

$$f(y+z) = f(y) + \frac{z^2}{2!} f''(y) + \frac{z^4}{4!} f^{\text{IV}}(y) + \ldots\ldots + z^m$$

$$+ z\left[f'(y) + \frac{z^2}{3!} f'''(y) + \ldots\ldots + \frac{z^{m-1}}{(m-1)!} f^{m-1}(y)\right]$$

Posons $z^2 = t$ et considérons les deux polynomes

$$f(y) + \frac{t}{2!} f''(y) + \ldots + t^{\frac{m}{2}}$$

$$f'(y) + \frac{t}{3!} f'''(y) + \ldots + \frac{t^{\frac{m}{2}-1}}{(m-1)!} f^{m-1}(y).$$

Il s'agit de former le résultant de ces deux polynomes en $t$, ou plutôt de chercher son degré par rapport à $y$ et le coefficient de la plus haute puissance de $y$. En raisonnant comme précédemment, nous voyons que le terme de degré le plus élevé en $y$ n'est pas autre chose que le résultant des polynomes obtenus en remplaçant $f(y)$ par $y^m$, c'est-à-dire

$$y^m + m_2 . t . y^{m-2} + m_4 . t^2 . y^{m-4} + \ldots + t^{\frac{m}{2}}$$

$$m_1 y^{m-1} + m_3 t . y^{m-3} + \ldots\ldots + m_{m-1}\, y\, t^{\frac{m}{2}-1}$$

$m_1, m_2 \ldots$ désignant les coefficients du développement de la puissance $m^{\text{ième}}$ du binome. Le résultant de ces polynomes est le déterminant suivant :

$$\begin{vmatrix} 1 & m_2y^2 & \dots & y^m & 0 & 0 & \dots & 0 \\ 0 & 1 & m_2y^2 & \dots & y^m & 0 & \dots & 0 \\ \vdots & & \ddots & & & \ddots & & \vdots \\ 0 & 0 & & 0 & 1 & m_2y^2 & \dots & y^m \\ m_1y & m_3y^3 & \dots & & m_1y^{m-1} & 0 & \dots & 0 \\ \vdots & & \ddots & & & \ddots & & \vdots \\ 0 & & & m_1y & \dots & & & m_1y^{m-1} \end{vmatrix}$$

On démontre comme précédemment que ce déterminant est homogène et par suite son degré est égal à celui du terme principal, c'est-à-dire $\frac{(m-1)m}{2}$. Le coefficient de $y^{\frac{(m-1)m}{2}}$ est la valeur de ce déterminant pour $y = 1$, c'est-à-dire le résultant des deux polynomes

$$\theta = 1 + m_2 t + m_4 t^2 + \dots\dots + t^{\frac{m}{2}}$$
$$\theta_1 = m_1 + m_3 t + m_5 t^2 + \dots\dots + m_1 t^{\frac{m}{2}-1}$$

Or ces deux polynomes sont premiers entre eux; en effet, tout polynome qui diviserait $\theta$ et $\theta_1$ diviserait

$$\theta + t.\theta_1 = (1+t)^{\frac{m}{2}}$$

et

$$\theta - t.\theta_1 = (1-t)^{\frac{m}{2}}.$$

Mais, $1+t$ et $1-t$ étant premiers entre eux, leurs puissances sont premières entre elles; donc le coefficient de $y^{\frac{(m-1)m}{2}}$ est différent de zéro.

En résumé, le résultant des polynomes considérés est de degré $\frac{m(m-1)}{2}$ en $y$, et le degré ne saurait s'abaisser.

**7. Condition pour qu'une équation ait une ou plusieurs racines multiples.** — Nous nous proposons d'exprimer que l'équation $f(x) = 0$, de degré $n$, n'a pas toutes ses racines distinctes.

Nous avons vu que si l'on pose

$$F(x, y) = y^n f\left(\frac{x}{y}\right),$$

à toute racine multiple d'ordre $p$ de l'équation $f(x) = 0$ correspond un diviseur de la forme $(\alpha y + \beta y)^{p-1}$, commun aux deux polynomes

$$F'_x(x, y), \quad F'_y(x, y),$$

*et réciproquement*; par suite, *pour que $f(x) = 0$ ait une ou plusieurs racines multiples, il faut et il suffit que ces deux polynomes homogènes aient un diviseur commun, et par conséquent que leur résultant soit nul.*

Le résultant des deux polynomes

$$F'_x(x, y), \quad F'_y(x, y)$$

se nomme le *discriminant* de $F(x, y)$.

Donc, *pour que l'équation $f(x) = 0$ ait une ou plusieurs racines multiples, il est nécessaire et suffisant que le discriminant de $F(x, y)$ soit nul.*

8. **Application.** — Soit

$$f(x) \equiv a x^3 + 3 b x^2 + 3 c x + d = 0.$$

On a :

$$F(x, y) \equiv a c^3 + 3 b x^2 y + 3 c x y^2 + d y^3,$$

$$\frac{1}{3} F'_x \equiv a x^2 + 2 b x y + c y^2,$$

$$\frac{1}{3} F'_y \equiv b x^2 + 2 c x y + d y^2;$$

donc *la condition nécessaire et suffisante pour que l'équation $f(x) = 0$ ait une racine double ou une racine triple est*

$$(a d - bc)^2 - 4(ac - b^2)(b d - c^2) = 0.$$

9. **Remarque.** — Le résultant des deux polynomes $f(x)$ et $f'(x)$ est nul quand le cofficient $A_0$ de la plus haute puissance de $x$ dans $f(x)$ est nul; donc, en écrivant que le résultant de $f(x)$ et de $f'(x)$ est nul, on n'exprimera pas nécessairement que l'équation $f(x) = 0$ a une racine multiple; en effet si $A_0 = 0$, $f(x)$ et $f'(x)$ n'ont pas nécessairement de diviseur commun.

Par exemple, si

$$f(x) \equiv a x^2 + 2 b x + c,$$

le résultant de $f(x)$ et de $f'(x)$ est égal à

$$a(ac - b^2);$$

tandis que le discriminant du polynome homogène

$$a x^2 + 2 b x y + c y^2$$

est égal à

$$ac - b^2;$$

la condition pour que l'équation

$$a x^2 + 2 b x + c = 0$$

ait une racine double est

$$ac - b^2 = 0,$$

et non pas

$$a(ac - b^2) = 0.$$

## ÉLIMINATION

**10. Définition.** — *Éliminer $x$ entre deux équations*

$$f(x) = 0, \quad \varphi(x) = 0,$$

*c'est trouver les conditions nécessaires et suffisantes pour que ces équations aient au moins une racine commune.*

Si les coefficients des polynomes $f(x)$ et $\varphi(x)$ sont variables, il peut arriver que les coefficients des plus hautes puissances de $x$ dans les deux polynomes $f(x)$ et $\varphi(x)$ deviennent nuls en même temps, de telle sorte que les deux équations aient chacune une racine infinie; nous conviendrons de dire, dans ce cas, que les deux équations ont encore une racine commune.

Cela posé, si les équations proposées ont une ou plusieurs racines finies communes, les deux polynomes $f(x)$ et $\varphi(x)$ ont un diviseur commun, et réciproquement; si ces équations ont une racine infinie commune, les degrés de $f(x)$ et de $\varphi(x)$ s'abaissent. Donc dans chacun de ces deux cas le résultant des polynomes $f(x)$ et $\varphi(x)$ est nul.

*Réciproquement*, si le résultant des deux polynomes $f(x)$ et $\varphi(x)$ est nul, ces polynomes ont un diviseur commun ou bien leurs degrés s'abaissent; donc les équations $f(x) = 0$ et $\varphi(x) = 0$ ont une racine commune finie ou infinie.

On peut donc énoncer le théorème suivant :

*Pour que deux équations algébriques $f(x) = 0$, $\varphi(x) = 0$ aient au moins une racine commune, il faut et il suffit que le résultant des deux polynomes $f(x)$, $\varphi(x)$ soit nul.*

**Remarque. I.** — Il convient de rappeler que si le résultant de $f(x)$ et de $\varphi(x)$ est nul, il peut arriver que l'un des deux polynomes ou même les deux disparaissent, tous les coefficients devenant nuls.

**Remarque. II.** — On peut, après avoir formé le résultant de $f(x)$ et $\varphi(x)$, reconnaître combien les deux équations proposées ont de racines communes.

En effet, nous avons déterminé dans le chapitre précédent deux polynomes $f_1(x)$, $\varphi_1(x)$ vérifiant l'identité d'Euler

$$f(x)\varphi_1(x) + \varphi(x) f_1(x) = 0,$$

quand $f(x)$ et $\varphi(x)$ ont un plus grand commun diviseur. Si le degré de $f(x)$ est égal à $n$, et le degré de $\varphi(x)$ égal à $p$, et si $h$ est le degré du plus grand commun diviseur $D(x)$, de $f(x)$ et $\varphi(x)$, nous savons que l'on a

$$f_1(x) = \frac{f(x)}{D(x)} \times \theta(x)$$
$$\varphi_1(x) = -\frac{\varphi(x)}{D(x)} \times \theta(x),$$

$\theta(x)$ étant un polynome entier arbitraire de degré $h-1$, de sorte que les coefficients de $f_1(x)$ et de $\varphi_1(x)$ sont des fonctions linéaires et homogènes de $h$ arbitraires.

Par suite le déterminant principal des coefficients des inconnues $\alpha_1, \alpha_2, \ldots \alpha_n, \beta_1, \beta_2 \ldots \beta_p$ déterminées par les équations (4), doit être un déterminant d'ordre $n+p-h$. De là résulte un moyen de connaître le nombre de racines communes. Mais nous allons reprendre cette question par une autre méthode.

**11. Méthode de Bézout**[1]. — Considérons les deux équations

$$f(x) \equiv A_0 + A_1 x + A_2 x^2 + \ldots\ldots + A_n x^n = 0, \quad (1)$$
$$\varphi(x) \equiv B_0 + B_1 x + B_2 x^2 + \ldots\ldots + B_p x^p = 0, \quad (n \geqslant p).$$

Écrivons ces polynomes de cette manière :

$$f(x) \equiv P + x^k P_1,$$
$$\varphi(x) \equiv Q + x^k Q_1 \quad (k \leqslant p),$$

P et Q étant des polynomes de degré $k-1$, $P_1$ et $Q_1$ étant des polynomes de degrés $n-k$ et $p-k$ respectivement. On en déduit l'identité :

$$\varphi(x).P_1 - f(x).Q_1 \equiv QP_1 - PQ_1,$$

d'où il résulte que le polynome

$$\varphi(x)\left[A_k + A_{k+1}x + \ldots + A_n x^{n-k}\right] - f(x)\left[B_k + B_{k+1}x + \ldots + B_p x^{p-k}\right],$$

est au plus de degré $n-1$.

D'après cela, si l'on pose :

$$\left.\begin{array}{l}
F_1(x) \equiv \varphi(x)\left[A_1 + A_2 x + \ldots + A_n x^{n-1}\right] - f(x)\left[B_1 + B_2 x + \ldots + B_p x^{p-1}\right] \\
F_2(x) \equiv \varphi(x)\left[A_2 + A_3 x + \ldots + A_n x^{n-2}\right] - f(x)\left[B_2 + B_3 x + \ldots + B_p x^{p-2}\right] \\
\ldots\ldots\ldots\ldots\ldots\ldots\ldots\ldots\ldots\ldots\ldots\ldots \\
\ldots\ldots\ldots\ldots\ldots\ldots\ldots\ldots\ldots\ldots\ldots\ldots \\
F_{p-1}(x) \equiv \varphi(x)\left[A_{p-1} + A_p x + \ldots + A_n x^{n-p+1}\right] - f(x)\left[B_{p-1} + B_p x\right] \\
F_p(x) \equiv \varphi(x)\left[A_p + A_{p+1}x + \ldots + A_n x^{n-p}\right] - f(x)B_p;
\end{array}\right\} (2)$$

1. Voir *Note sur l'élimination*, par M. G. Darboux. — *Bulletin des Sciences mathématiques*, février 1877.

et, si $n > p$

$$\left.\begin{array}{l} F_{p+1}(x) \equiv \varphi(x) \\ F_{p+2}(x) \equiv \varphi(x).x \\ \cdots\cdots\cdots \\ \cdots\cdots\cdots \\ F_{n-1}(x) \equiv \varphi(x).x^{n-p-2} \\ F_n(x) \quad \equiv \varphi(x).x^{n-p-1} \end{array}\right\} \qquad (3)$$

nous pourrons écrire :

$$\begin{array}{l} F_1(x) \equiv c_1^1 + c_1^2 x + c_1^3 x^2 + \ldots\ldots + c_1^n x^{n-1}, \\ F_2(x) \equiv c_2^1 + c_2^2 x + c_2^3 x^2 + \ldots\ldots + c_2^n x^{n-2}, \\ \cdots\cdots\cdots\cdots\cdots\cdots \\ \cdots\cdots\cdots\cdots\cdots\cdots \\ F_p(x) \equiv c_p^1 + c_p^2 x + c_p^3 x^2 + \ldots\ldots + c_p^n x^{n-1}. \end{array}$$

D'ailleurs,

$$\begin{array}{ll} F_{p+1}(x) \equiv B_0 + B_1 x + B_2 x^2 + \ldots\ldots + B_p x^p, \\ F_{p+2}(x) \equiv \qquad B_0 x + B_1 x^2 + \ldots\ldots + B_{p-1} x^p + B_p x^{p+1}, \\ \cdots\cdots\cdots\cdots\cdots\cdots\cdots\cdots \\ \cdots\cdots\cdots\cdots\cdots\cdots\cdots\cdots \\ F_n(x) \quad \equiv \qquad\qquad B_0 x^{n-p-1} + B_1 x^{n-p} + \ldots\ldots + B_p x^{n-1}. \end{array}$$

Cela posé, si les équations

$$f(x) = 0, \quad \varphi(x) = 0$$

ont une solution commune $x = a$, cette solution vérifiera les $n$ équations

$$F_1(x) = 0, \quad F_2(x) = 0, \ldots\ldots F_n(x) = 0.$$

Or, si l'on regarde

$$x, \quad x^2, \quad x^3, \quad \ldots\ldots \quad x^{n-1}$$

comme des inconnues, les $n$ équations (4) qui sont du premier degré par rapport à ces inconnues sont compatibles, puisqu'elles admettent la solution

$$x = a, \quad x^2 = a^2, \quad x^3 = a^3, \quad \ldots\ldots \quad x^{n-1} = a^{n-1},$$

de sorte que *si les équations proposées ont au moins une racine commune*, on a

$$R = 0$$

R étant le déterminant :

$$R = \begin{vmatrix} c_1^1 & c_1^2 & \dots & \dots & \dots & \dots & \dots & c_1^n \\ c_2^1 & c_2^2 & \dots & \dots & \dots & \dots & \dots & c_2^n \\ \dots & \dots & \dots & \dots & \dots & \dots & \dots & \dots \\ \dots & \dots & \dots & \dots & \dots & \dots & \dots & \dots \\ c_p^1 & c_p^2 & \dots & \dots & \dots & \dots & \dots & c_p^n \\ B_0 & B_1 & \dots & B_p & 0 & 0 & \dots & 0 \\ 0 & B_0 & B_1 & \dots & B_p & 0 & \dots & 0 \\ \dots & \dots & \dots & \dots & \dots & \dots & \dots & \dots \\ \dots & \dots & \dots & \dots & \dots & \dots & \dots & \dots \\ 0 & 0 & 0 & \dots & B_0 & B_1 & \dots & B_p \end{vmatrix}$$

Il est clair que si R est différent de zéro, les deux équations n'ont aucune racine commune.

**12.** *Réciproquement, si le déterminant* R *est nul, les équations proposées ont au moins une solution commune.*

En effet, si $R = 0$, il existe une même relation linéaire et homogène entre les éléments des colonnes de ce déterminant; cela revient à dire, comme on le vérifie immédiatement, que l'on peut trouver des nombres non tous nuls

$$\lambda_1, \quad \lambda_2, \quad \dots\dots \quad \lambda_n,$$

tels que l'identité

$$\lambda_1 F_1(x) + \lambda_2 F_2(x) + \dots\dots + \lambda_n F_n(x) \equiv 0$$

soit vérifiée, et par conséquent que l'on a identiquement

$$f_1(x)\,\varphi(x) - \varphi_1(x)\,f(x) \equiv 0, \tag{5}$$

les polynomes $f_1(x)$ et $\varphi_1(x)$ étant définis par ces identités :

$$\left.\begin{aligned} f_1(x) \equiv{} & \lambda_1(A_1 + A_2x + \dots + A_nx^{n-1}) + \lambda_2(A_2 + A_3x + \dots + A_nx^{n-2}) + \dots \\ & + \lambda_p(A_p + A_{p+1}x + \dots + A_nx^{n-p}) + \lambda_{p+1} + \lambda_{p+2}x + \dots + \lambda_nx^{n-p-1} \\ \varphi_1(x) \equiv{} & \lambda_1(B_1 + B_2x + \dots\dots + B_px^{p-1}) + \lambda_2(B_2 + B_3x + \dots\dots + B_px^{p-2}) \\ & + \dots\dots + \lambda_p B_p. \end{aligned}\right\} \tag{6}$$

Il reste encore à prouver que les polynomes $f_1(x)$ et $\varphi_1(x)$ ne sont pas identiquement nuls.

Or les coefficients $B_p$ et $A_n$ sont supposés différents de zéro; dans $\varphi_1(x)$ le terme de degré $p-1$ ne peut être nul que si $\lambda_1 = 0$; le terme du plus haut degré, dans cette hypothèse, est réduit à $B_p\lambda_2$;

il ne peut être nul que si $\lambda_2 = 0$; et ainsi de suite. On voit ainsi que l'identité $\varphi_1(x) \equiv 0$ entraînerait les conditions

$$\lambda_1 = 0, \quad \lambda_2 = 0, \quad \ldots\ldots \quad \lambda_p = 0.$$

Mais alors $f_1(x)$ serait réduit à

$$\lambda_{p+1} + \lambda_{p+2}\, x + \ldots\ldots + \lambda_n\, x^{n-p-1},$$

ce polynome ne sera identiquement nul que si

$$\lambda_{p+1} = 0, \quad \lambda_{p+2} = 0, \quad \ldots\ldots \quad \lambda_n = 0;$$

donc tous les nombres $\lambda_1, \lambda_2, \ldots\ldots \lambda_n$ devraient être nuls, ce qui est contraire à notre hypothèse.

Si un seul de ces polynomes était identiquement nul, si par exemple on avait

$$\varphi_1(x) \equiv 0,$$

on déduirait de l'identité (3)

$$f_1(x)\,\varphi(x) \equiv 0,$$

et par suite

$$\varphi(x) \equiv 0,$$

ce qui est contraire à l'hypothèse $B_p \neq 0$.

Nous avons donc trouvé deux polynomes $f_1(x)$ de degré $n-1$ au plus et $\varphi_1(x)$ de degré $p-1$ au plus et vérifiant l'identité (5) d'Euler, par conséquent les polynomes $f(x)$ et $\varphi(x)$ qui sont de degrés $n$ et $p$ respectivement ont un diviseur commun; et par suite les équations proposées ont au moins une racine commune.

**13. Conditions pour que deux équations algébriques aient $\mu$ racines communes.**

Nous conservons les notations des nos 11 et 12. Désignons par $R_k$ le mineur obtenu en supprimant dans le résultant R des polynomes $f(x)$ et $\varphi(x)$, les $k$ premières lignes et les $k$ premières colonnes. Nous allons démontrer le théorème suivant.

*Pour que les deux équations proposées aient $\mu$ racines communes il faut et il suffit que les conditions suivantes soient remplies :*

$$R = 0, \quad R_1 = 0 \ \ldots \quad R_{\mu-1} = 0, \quad R_\mu \neq 0$$

*en supposant toutefois les coefficients $A_n$ et $B_p$ différents de zéro.*

Nous savons déjà que la condition nécessaire et suffisante pour que les équations proposées aient au moins une racine commune, est : $R = 0$. Supposons cette condition remplie, et supposant en outre $R_1 \neq 0$; multiplions les polynomes

$F_2(x)$, $F_3(x)$,... $F_n(x)$ respectivement par les *coefficients* des éléments de la première colonne de $R_1$ et ajoutons les produits obtenus; la somme sera de la forme

$$f_2(x).\ \varphi(x) - \varphi_2(x)\ f(x) \tag{7}$$

$f_2(x)$ étant un polynome entier de degré $n-2$ au plus et $\varphi_2(x)$ un polynome entier de degré $p-2$ au plus. D'ailleurs ces polynomes sont analogues aux polynomes $f_1(x)$, $\varphi_1(x)$ définis par les équations (6) dans lesquelles on remplace $\lambda_1$ par zéro et $\lambda_2, \lambda_3, \ldots$ par les mineurs de $R_1$. On prouvera, par un raisonnement analogue à celui qui a été fait pour $f_1(x)$ et $\varphi_1(x)$ que $f_2(x)$ et $\varphi_2(x)$ ne sont pas identiquement nuls.

D'autre part dans le polynome (7) obtenu, les coefficients de $x^2$, $x^3$, ... $x^{n-1}$ sont tous nuls, car on les obtient en remplaçant dans $R_1$ la première colonne successivement par la seconde, la troisième... la dernière. Le coefficient de $x$ est égal à $R_1$ et le terme tout connu est un déterminant $S_1$ obtenu en remplaçant les éléments de la première colonne de $R_1$ par les termes tout connus correspondants dans $F_2(x)$, $F_3(x)$, ... $F_n(x)$. On a donc obtenu l'identité :

$$f_2(x).\ \varphi(x) - \varphi_2(x) f(x) \equiv R_1 x + S_1. \tag{8}$$

Par hypothèse $R_1$ est différent de zéro et de plus $R = 0$ ; donc les polynomes $f(x)$ et $\varphi(x)$ ont un plus grand commun diviseur $\Delta$. Or $\Delta$ devant diviser $R_1 x + S_1$ en vertu de l'identité (8), ne peut différer de $R_1 x + S_1$ ; donc, *si les conditions* $R = 0$, $R_1 \neq 0$ *sont vérifiées, les équations données n'ont qu'une seule racine commune déterminée par l'équation.*

$$R_1 x + S_1 = 0$$

*et le plus grand commun diviseur des polynomes* $f(x)$ *et* $\varphi(x)$ *est égal à* $R_1 x + S_1$.

Supposons en second lieu $R = 0$, $R_1 = 0$. Si les mineurs de $R_1$ relatifs à sa première colonne ne sont pas tous nuls, les calculs précédents sont encore légitimes et l'identité (8) devient

$$f_2(x)\ \varphi(x) - \varphi_2(x)\ f(x) \equiv S_1$$

les polynomes $f_2(x)$ et $\varphi_2(x)$ n'étant pas identiquement nuls. Mais les polynomes $f(x)$ et $\varphi(x)$ ont un plus grand commun diviseur, donc on a nécessairement $S_1 = 0$ et par suite :

$$f_2(x)\ \varphi(x) - \varphi_2(x)\ f(x) \equiv 0 \tag{9}$$

Les polynomes $f_2(x)$ et $\varphi_2(x)$ n'étant pas identiquement nuls et leurs degrés étant $n-2$ et $p-2$ au plus, on en conclut que le plus grand commun diviseur de $f(x)$ et $\varphi(x)$ est au moins du second degré. Mais il peut arriver que les mineurs de $R_1$ que nous avons considérés soient tous nuls. Il convient donc de modifier le raisonnement précédent; or, on peut déterminer des nombres $\lambda_2, \lambda_3, \ldots \lambda_n$ non tous nuls et vérifiant les équations :

$$\left.\begin{array}{llllll}
c_2^2 \lambda_2 & + c_3^2 \lambda_3 & + \ldots + c_p^2 \lambda_p & + B_1 \lambda_{p+1} + B_0 \lambda_{p+2} & & = 0 \\
c_2^3 \lambda_2 & + c_3^3 \lambda_3 & + \ldots + c_p^3 \lambda_p & + B_2 \lambda_{p+1} + B_1 \lambda_{p+2} & + B_0 \lambda_{p+3} & = 0 \\
\cdot & \cdot & \cdot & \cdot \quad \cdot & \cdot & \\
\cdot & \cdot & \cdot & \cdot \quad \cdot & \cdot & \\
c_2^n \lambda_2 & + c^n \lambda_3 & + \ldots + c_p^n \lambda_p & & + B_p \lambda_n & = 0;
\end{array}\right\} \tag{10}$$

en effet, le déterminant $R_1$ de ce système est nul, par hypothèse.

Cela étant, formons la somme

$$\lambda_2 F_2(x) + \lambda_3 F_3(x) + \ldots + \lambda_n F_n(x).$$

Cette somme sera de la forme

$$f_2(x)\varphi(x) - \varphi_2(x) f(x),$$

$f_2(x)$ et $\varphi_2(x)$ étant des polynomes de degrés $n-2$ et $p-2$ au plus, qui ne sont pas identiquement nuls, comme on s'en assure en répétant le raisonnement déjà fait plus haut. Or en vertu des équations (10), les coefficients de $x, x^2, \ldots x^{n-1}$ sont tous nuls, de sorte que l'expression précédente se réduit à une constante, laquelle ne peut différer de zéro, sans quoi les polynomes $f(x)$ et $\varphi(x)$ seraient premiers entre eux, ce qui est contraire à notre hypothèse. On arrive donc bien dans tous les cas à l'identité (9) qui prouve que le plus grand commun diviseur des polynomes $f(x)$ et $\varphi(x)$ est au moins du second degré.

Cela posé si $R_2$ est différent de zéro, nous procéderons comme dans le cas précédent. Multiplions les polynomes $F_3(x), F_4(x), \ldots F_n(x)$ respectivement par les coefficients des éléments de la première colonne de $R_2$ et ajoutons les produits obtenus; la somme sera de la forme

$$f_3(x)\varphi(x) - \varphi_3(x) f(x), \tag{11}$$

$f_3(x)$ étant un polynome entier de degré $n-3$ au plus et $\varphi_3(x)$ un polynome de degré $p-3$ au plus. On prouvera comme plus haut, que ces polynomes ne sont pas identiquement nuls. D'ailleurs dans le polynome (11), les coefficients de $x^3, x^4, \ldots x^{n-1}$ sont nuls. Au surplus, on peut obtenir ce polynome de la façon suivante. Dans le déterminant $R_2$, remplaçons les éléments de la première colonne respectivement, par les polynomes $F_3(x), F_4(x), \ldots F_n(x)$; nous obtiendrons ainsi un déterminant qui n'est pas autre chose que le polynome (11); or, en retranchant des éléments de la première colonne du déterminant précédent ceux des colonnes suivantes multipliés respectivement par $x^3, x^4, \ldots x^{n-1}$, il restera un déterminant que l'on peut obtenir en remplaçant dans le déterminant $R_2$ les éléments de la première colonne par l'ensemble des termes de degré 2 au plus, pris respectivement dans $F_3(x), F_4(x), \ldots F_n(x)$; ce déterminant sera du second degré et l'on parviendra à une identité de la forme :

$$f_3(x) \cdot \varphi(x) - \varphi_3(x) f(x) = R_2 x^2 + S_2 x + T_2. \tag{12}$$

Cette identité prouve que le plus grand commun diviseur $\Delta$ étant au moins du second degré et devant diviser le second membre de l'identité (12) ne peut différer de ce second membre et par suite, si *l'on suppose*

$$R = 0, \ R_1 = 0, \ R_2 \neq 0$$

*les équations proposées ont deux racines communes qui sont les racines de l'équation*

$$R_2 x_2 + S_2 x + T_2 = 0$$

*et le plus grand commun diviseur de deux polynomes est égal à*

$$R_2 x^2 + S_2 x + T_2.$$

D'après ce qui a été dit plus haut, $S_2$ et $T_2$ s'obtiennent en remplaçant dans $R_2$ les éléments de la première colonne par les coefficients de $x$ et par les termes tous connus, pris respectivement dans $F_3(x)$, $F_4(x)$,... $F_n(x)$.

Il est clair que le raisonnement précédent est général et par conséquent, *pour que les équations proposées aient $\mu$ racines communes, il faut et il suffit, en supposant $A_n$ et $B_p$ différents de zéro, que les déterminants*

$$R, R_1, R_2, \dots R_{\mu-1}$$

*soient nuls, mais que le déterminant $R_\mu$ soit différent de zéro.*

Si ces conditions sont remplies, le plus grand commun diviseur s'obtiendra en remplaçant chacun des éléments de la première colonne de $R_\mu$ par l'ensemble des termes de degré $\mu$ *au plus*, pris dans chacun des polynomes correspondants

$$F_{\mu+1}(x), F_{\mu+2}(x) \dots F_n(x).$$

**14. Application.** — Soient

$$f(x) = A_0 + A_1 x + A_2 x^2$$
$$\varphi(x) = B_0 + B_1 x + B_2 x^2$$

On a

$$R = \begin{vmatrix} A_0 B_1 - B_0 A_1 & A_0 B_2 - B_0 A_2 \\ A_0 B_2 - B_0 A_2 & A_1 B_2 - B_1 A_2 \end{vmatrix}$$

$$R_1 = A_1 B_2 - B_1 A_2$$

en supposant $A_2 \neq 0$ et $B_2 \neq 0$, les conditions nécessaires et suffisantes pour que les équations proposées aient *une seule racine commune* sont donc

$$(A_0 B_2 - B_0 A_2)^2 - (A_0 B_1 - B_0 A_1)(A_1 B_2 - B_1 A_2) = 0$$

et

$$A_1 B_2 - B_1 A_2 \neq 0.$$

Si ces conditions sont remplies, la racine commune aux deux équations est déterminée par l'équation

$$(A_1 B_2 - B_1 A_2)x + A_0 B_2 - B_0 A_2 = 0.$$

Le plus grand commun diviseur de $f(x)$ et $\varphi(x)$ est alors

$$(A_1 B_2 - B_1 A_2)x + A_0 B_2 - B_0 A_2.$$

Remarquons encore que si $A_2$ et $B_2$ sont nuls, on a $R = 0$, $R_1 = 0$ sans que les deux équations aient nécessairement deux racines communes.

**15. Calcul du degré du déterminant R.** — Nous avons posé :

$$f(x) \equiv P + x^k P_1, \qquad \varphi(x) \equiv Q + x^k Q_1.$$

Si l'on suppose que $A_0$, $A_1$, ..... $A_n$ soient des polynomes entiers en $y$ de degrés $n$, $n-1$, ... 0 respectivement, et de même que $B_0$, $B_1$, ... $B_p$ soient des polynomes entiers en $y$ de degrés $p$, $p-1$, ..... 0; on voit aisément que tous les termes de $QP_1 - PQ_1$ sont de degré $n+p-k$ en $x$ et $y$, de sorte que les polynomes $F_1(x)$, $F_2(x)$ ..... $F_p(x)$ seront de degrés $n+p-1$, $n+p-2$, ..... $n$. On considère ensuite $F_{p+1}(x) \equiv \varphi(x)$, $F_{p+2}(x) \equiv x\varphi(x)$, ..... $F_n(x) \equiv x^{n-p-1}\varphi(x)$ dont les degrés par rapport à $x$ et $y$ sont respectivement $p$, $p+1$, ..... $n-1$.

Multiplions les éléments de la première colonne de R par 1, ceux de la seconde par $x$, ceux de la troisième par $x^2$, et ainsi de suite jusqu'à la $n^{ième}$ que nous multiplierons par $x^{n-1}$. Dans une ligne quelconque les degrés de tous les termes seront les mêmes, de sorte que le degré de R, par rapport à $x$ et $y$ est devenu égal à

$$p+(p+1)+.....+(p+n-1) = np + (1+2+.....+\overline{n-1}).$$

Le degré de R par rapport à $y$ est donc égal à ce nombre diminué de

$$1+2+.....+\overline{n-1},$$

c'est-à-dire $np$.

**16. Élimination par les fonctions symétriques.** — Soient

$$f(x) \equiv A_0(x-\alpha_1)(x-\alpha_2).....(x-\alpha_n)$$
$$\varphi(x) \equiv B_0(x-\beta_1)(x-\beta_2).....(x-\beta_p);$$

nous supposons d'abord $A_0$ et $B_0$ différents de zéro.

Pour que les équations $f(x)=0$, $\varphi(x)=0$ aient au moins une racine commune, il faut et il suffit que le produit

$$P = f(\beta_1)f(\beta_2).....f(\beta_p)$$

soit nul. Ce produit est évidemment une fonction entière, homogène et de degré $p$ des coefficients de $f(x)$; d'autre part, ce produit est une fonction entière et symétrique des racines de l'équation $\varphi(x)=0$, donc P est une fonction rationnelle des coefficients de $\varphi(x)$. D'autre part, si l'on considère le produit :

$$Q = \varphi(\alpha_1)\varphi(\alpha_2).....\varphi(\alpha_n),$$

on peut dire également que la condition nécessaire et suffisante pour que les équations proposées aient une racine commune est : $Q=0$. D'ailleurs Q est une fonction entière, homogène et de degré $n$ des coefficients de $\varphi(x)$, et une fonction rationnelle des coefficients de $f(x)$, puisque Q est une fonction symétrique et entière des racines de l'équation $f(x)=0$. Or il y a une relation simple entre P et Q. Effectivement, on a :

$$
\begin{aligned}
P = A_0^p (\beta_1-\alpha_1)(\beta_1-\alpha_2)\ldots\ldots(\beta_1-\alpha_n) \\
\times(\beta_2-\alpha_1)(\beta_2-\alpha_2)\ldots\ldots(\beta_3-\alpha_n) \\
\ldots\ldots\ldots\ldots\ldots\ldots\ldots\ldots \\
\ldots\ldots\ldots\ldots\ldots\ldots\ldots\ldots \\
\ldots\ldots\ldots\ldots\ldots\ldots\ldots\ldots \\
\times(\beta_p-\alpha_1)(\beta_p-\alpha_2)\ldots\ldots(\beta_p-\alpha_n)
\end{aligned}
$$

et, d'autre part

$$
\begin{aligned}
Q = B_0^n (\alpha_1-\beta_1)(\alpha_1-\beta_2)\ldots\ldots(\alpha_1-\beta_p) \\
\times(\alpha_2-\beta_1)(\alpha_2-\beta_2)\ldots\ldots(\alpha_2-\beta_p) \\
\ldots\ldots\ldots\ldots\ldots\ldots\ldots\ldots \\
\ldots\ldots\ldots\ldots\ldots\ldots\ldots\ldots \\
\ldots\ldots\ldots\ldots\ldots\ldots\ldots\ldots \\
\times(\alpha_n-\beta_1)(\alpha_n-\beta_2)\ldots\ldots(\alpha_n-\beta_p)
\end{aligned}
$$

on a donc

$$B_0^n P = (-1)^{np} A_0^p Q.$$

D'après ce qui a été déjà expliqué, P est une fonction entière des rapports $\frac{B_1}{B_0}, \frac{B_2}{B_0}, \ldots\ldots \frac{B_p}{B_0}$ et Q est une fonction entière des coefficients $B_0, B_1, \ldots\ldots B_p$ ; donc en multipliant P par $B_0^n$, tous les facteurs $B_0$ qui se trouvent en dénominateur disparaissent, comme cela résulte de l'identité précédente. Ainsi, $B_0^n P$ est une fonction entière et homogène de degré $p$ des coefficients de $f(x)$, et en même temps une fonction entière et homogène de degré $n$ des coefficients de $\varphi(x)$, puisque $B_0^n P$ est égal à $\pm A_0^p Q$. Cette fonction est nulle toutes les fois que les équations proposées ont une racine commune, et réciproquement.

Mais on ne doit pas oublier que nous avons supposé $A_0$ et $B_0$ différents de zéro. Je dis que si $A_0$ et $B_0$ deviennent nuls, la fonction entière $B_0^n P$ deviendra nulle. En effet supposons $A_0=0$; alors le polynome $f(x)$ se réduit à un polynome de degré $n-1$ que nous appellerons $g(x)$; d'après ce qui précède, le produit

$$B_0^{n-1}\, g(\beta_1)\, g(\beta_2) \ldots\ldots g(\beta_p)$$

est une fonction entière de $B_0$, $B_1$, ..... $B_p$ ; or $B_0^n P$ se réduit à

$$B_0^n\, g(\beta_1)\, g(\beta_2) \ldots\ldots g(\beta_p)$$

et d'après ce que nous venons de dire ce produit est une fonction entière des coefficients de $f(x)$ et de $\varphi(x)$, contenant $B_0$ en facteur; donc si l'on suppose encore $B_0 = 0$, ce produit est nul.

Si l'on désigne par R le résultant des deux polynomes $f(x)$ et $\varphi(x)$, et si l'on suppose tous les coefficients de ces polynomes entièrement arbitraires, on voit que si $R = 0$, les équations $f(x) = 0$, $\varphi(x) = 0$ ayant une racine commune, finie ou infinie, on a nécessairement $B_0^n P = (-1)^{mp} A_0^n Q = 0$. Réciproquement, si $B_0^n P = (-1)^{mp} A_0^n Q = 0$ les équations proposées ont une racine commune, donc $R = 0$; il en résulte que R et la fonction $B_0^n P$, qui sont du même degré ne peuvent différer que par une constante, puisque en regardant les coefficients de $f(x)$ et de $\varphi(x)$ comme des variables, les équations $R = 0$ et $B^n P = 0$ ont les mêmes solutions.

**17. Application.** — Considérons deux équations du second degré :

$$f(x) \equiv a\,x^2 + b\,x + c = 0$$
$$\varphi(x) \equiv a'\,x^2 + b'\,x + c' = 0.$$

Soient $\alpha$, $\beta$ les racines de la seconde équation et formons la quantité

$$a'^2\,(a\,\alpha^2 + b\,\alpha + c)\,(a\beta^2 + b\beta + c),$$

on a identiquement :

$$a'\,(a\,x^2 + b\,x + c) - a\,(a'\,x^2 + b'\,x + c') \equiv (ba' - ab')\,x + ca' - ac'$$

par suite

$$a'\,(a\,\alpha^2 + b\alpha + c) = (ba' - a\,b')\,\alpha + ca' - ac'$$
$$a'\,(a\,\beta^2 + b\beta + c) = (ba' - a\,b')\,\beta + ca' - ac',$$

donc

$$\begin{aligned} &a'^2\,(a\,\alpha^2 + b\,\alpha + c)\,(a\,\beta^2 + b\,\beta + c) \\ &= (b\,a' - a\,b')^2\,\alpha\beta + (b\,a' - a\,b')\,(c\,a' - a\,c')\,(\alpha + \beta) + (c\,a' - a\,c')^2 \\ &= (b\,a' - a\,b')^2\,\frac{c'}{a'} - (ba' - ab')\,(ca' - ca')\,\frac{b'}{a'} + (ca' - ac')^2. \end{aligned}$$

Cette expression peut s'écrire ainsi :

$$(ac' - ca')^2 + (ba' - ab')\left[(ba' - ab')\,\frac{c'}{a'} - (ca' - ac')\,\frac{b'}{a'}\right]$$

ou, en simplifiant :

$$(ac' - ca')^2 - (ab' - ba')(bc' - cb').$$

On retrouve bien le résultant des deux polynomes.

**18.** Posons :

$$\xi = \begin{vmatrix} 1 & x_1 & x_1^2 & \ldots\ldots & x_1^{n-1} \\ 1 & x_2 & x_2^2 & \ldots\ldots & x_2^{n-1} \\ \ldots & \ldots & \ldots & \ldots & \ldots \\ \ldots & \ldots & \ldots & \ldots & \ldots \\ \ldots & \ldots & \ldots & \ldots & \ldots \\ 1 & x_n & x_n^2 & \ldots\ldots & x_n^{n-1} \end{vmatrix}$$

et faisons le produit R. ξ, R étant le déterminant de Bézout. On trouve aisément, en conservant les notations du n° 11,

$$R\xi = \begin{vmatrix} F_1(x_1) & F_1(x_2) \ldots & F_1(x_n) \\ F_2(x_1) & F_2(x_2) \ldots & F_2(x_n) \\ \ldots & \ldots & \ldots \\ \ldots & \ldots & \ldots \\ F_p(x_1) & F_p(x_2) \ldots & F_p(x_n) \\ \varphi(x_1) & \varphi(x_2) \ldots & \varphi(x_n) \\ x_1\varphi(x_1) & x_2\varphi(x_2) \ldots & x_n\varphi(x_n) \\ \ldots & \ldots & \ldots \\ \ldots & \ldots & \ldots \\ x_1^{n-p-1}\varphi(x_1) & x_2^{n-p-1}\varphi(x_2) \ldots & x_n^{n-p-1}\varphi(x_n) \end{vmatrix}$$

Supposons que $x_1, x_2, \ldots\ldots x_n$ soient les $n$ racines de $f(x) = 0$.
On aura alors

$$F_k(x_h) = \varphi(x_h)\left[A_k + A_{k+1}x + \ldots\ldots + A_n x_h^{n-k}\right]$$

donc, dans Rξ les quantités $\varphi(x_h)$ seront en facteur dans chaque colonne, de sorte que

$$R\xi = \begin{vmatrix} A_1 + A_2x_1 + \ldots + A_n x_1^{n-1}, & A_1 + A_2x_2 + \ldots + A_n x_2^{n-1}, \ldots \\ A_2 + A_3x_1 + \ldots + A_n x_1^{n-2} & \ldots\ldots\ldots \\ \ldots & \ldots \\ \ldots & \ldots \\ \ldots & \ldots \\ A_p + A_{p+1}x + \ldots + A_n x_1^{n-p} & \ldots\ldots\ldots \\ 1 & \ldots\ldots\ldots \\ x_1 & \ldots\ldots\ldots \\ \ldots & \ldots \\ \ldots & \ldots \\ \ldots & \ldots \\ x_1^{n-p-1} & \ldots\ldots\ldots \end{vmatrix} \varphi(x_1)\varphi(x_2)\ldots\varphi(x_n)$$

Si l'on retranche de la $p^e$ ligne chacune des suivantes multipliées respectivement par $A_p, A_{p+1}, \dots A_{n-1}$, il restera pour cette ligne :

$$A_n x_1^{n-p}, \; A_n x_2^{n-p}, \; \dots \; A_n x_n^{n-p}.$$

Mettant $A_n$ en facteur et appliquant un procédé tout semblable aux lignes de rangs $p-1, p-2, \dots 1$, on obtient finalement

$$R\,\xi = \pm A_n^p \,.\, \xi\, \varphi(x_1)\, \varphi(x_2) \dots \varphi(x_n),$$

d'où

$$R = \pm A_n^p\, \varphi(x_1)\, \varphi(x_2) \dots \varphi(x_n).$$

On peut d'ailleurs par un procédé identique à celui que nous avons indiqué (T. I, XIV, 20, 2°) montrer que le résultant de Bézout est le même que le déterminant $\Delta$ de Sylvester.

**19. Théorème.** — *Soient*

$$f(x) = x^n + a_1 x^{n-1} + a_2 x^{n-2} + \dots + a_{n-1} x + a_n$$
$$g(x) = x^p + b_1 x^{p-1} + b_2 x^{p-2} + \dots + b_{p-1} x + b_p$$

*deux polynomes entiers et* R *leur résultant. Pour que* $\mu$ *racines de l'équation* $f(x) = 0$ *soient racines de l'équation* $g(x) = 0$, *il faut et il suffit que*

$$R = 0 \quad R'_{b_n} = 0, \quad R''_{b_n} = 0, \; \dots\dots \; R_{b_n}^{\mu-1} = 0$$

$R_{b_n}^k$ *désignant la dérivée d'ordre* $k$ *de* R *par rapport à* $b_n$.

Pour démontrer ce théorème, dû à Lagrange, il suffit de remarquer que si l'on désigne par $x_1, x_2, \dots x_n$ les racines, distinctes ou non, de l'équation $f(x) = 0$, on a, à un facteur numérique près :

$$R = g(x_1) . \, g(x_2) \dots . \, g(x_n).$$

Or, la dérivée de $g(x)$ par rapport à $b_n$ étant égale à 1, on voit que

$$\frac{1}{1.2..k} R_{b_n}^k = \sigma_{n-k}$$

$\sigma_{n-k}$ désignant le produit des quantités $g(x_1), g(x_2) \dots g(x_n)$, $n-k$ à $n-k$. L'équation qui a pour racines ces quantités peut se mettre sous la forme

$$z^n - \frac{R_{b_n}^{(n-1)}}{(n-1)!} z^{n-1} + \dots + (-1)^n \frac{R''_{b_n}}{1.2} z^2 - (-1)^n \frac{R'_{b_n}}{1} z + (-1)^n R = 0.$$

Pour que $\mu$ racines de $f(x) = 0$ soient racines de $g(x) = 0$, il faut et il suffit que l'équation en $z$ que nous venons de former ait $\mu$ racines nulles. En exprimant qu'il en est ainsi, on obtient les conditions indiquées plus haut.

Il convient de remarquer que l'on n'exprime pas ainsi que les polynomes $f(x)$ et $g(x)$ ont nécessairement un diviseur commun de degré $\mu$.

**Exemple** $\qquad f(x) = x^2 + mx + n \qquad g(x) = x^3 + px + q.$

on trouve

$$R = (m^2 + p - n)^2 n - (m^2 + p - n)(mn + q) m + (mn + q)^2$$
$$R'_q = 2(mn + q) - m(m^2 + p - n)$$

En posant $R = 0$, $R'_y = 0$, on obtient :

$$(m^2 + p - n)^2 (m^2 - 4n) = 0.$$

Si $m^2 - 4n = 0$, l'équation $f(x) = 0$ a une racine double qui est racine de $g(x) = 0$.

Si l'on pose $m^2 + p - n = 0$ et $mn + q = 0$, on a les conditions pour que $g(x)$ soit divisible par $f(x)$.

**Remarque.** — On aurait obtenu des conditions analogues en prenant les dérivées par rapport à un coefficient quelconque de $g(x)$. Mais si ce coefficient est autre que le dernier, les conditions obtenues sont vérifiées quand chacune des deux équations a une racine nulle.

**20. Résolution d'un système de deux équations à deux inconnues.** — Soient :

$$f(x, y) = 0, \varphi(x, y) = 0 \qquad (1)$$

deux équations à deux inconnues.

Soient $x = x_0$, $y = y_0$ une solution de ce système; les nombres $x_0$ et $y_0$ substitués à $x$ et à $y$ dans les deux polynomes $f(x, y)$ et $\varphi(x, y)$ les annulent, de sorte que l'on a :

$$f(x_0, y_0) = 0, \varphi(x_0, y_0) = 0. \qquad (2)$$

Par suite les équations

$$f(x, y_0) = 0, \quad \varphi(x, y_0) = 0 \qquad (3)$$

ont au moins une racine commune $x_0$ d'où il suit que le résultant de ces deux polynomes est nul. Or ce résultant est une fonction entière des coefficients de $f(x, y_0)$ et de $\varphi(x, y_0)$; c'est donc une fonction entière de $y_0$, que nous représenterons par :

$$R(y_0).$$

Il résulte de là que $y_0$ est une racine de l'équation

$$R(y) = 0. \qquad (4)$$

Réciproquement, soit $y_0$ une racine de cette équation; on a

$$R(y_0) = 0,$$

donc les équations (3) ont au moins une solution commune $x_0$ et par suite, les égalités (2) étant vérifiées, les formules $x = x_0$, $y = y_0$ représentent une solution du système proposé.

Nous supposons les équations proposées complètes et de degrés $n$ et $p$ respectivement; autrement dit, en posant :

$$f(x, y) = a_0 x^n + a_1 x^{n-1} + \ldots.. + a_n$$
$$\varphi(x, y) = b_0 x^p + b_1 x^{p-1} + \ldots.. + b_p,$$

nous admettons que $a_0, a_1, \dots a_n, b_0, b_1, \dots b_p$ soient des polynomes entiers en $y$ dont le degré est précisément égal à l'indice. Dans ces conditions, nous avons vu que $R(y)$ est un polynome de degré $np$, tant que les polynomes homogènes représentant l'ensemble des termes de degré $n$ en $x$ et $y$ dans $f(x, y)$, et l'ensemble des termes de degré $p$ en $x$ et $y$ dans $\varphi(x, y)$ n'ont aucun facteur commun *.

**21. Équation adjointe. Nombre des solutions.** — Il s'agit d'abord de trouver $x_0$ quand on connaît $y_0$. Pour cela, nous emploierons la méthode suivante due à Liouville.

Posons

$$z = \alpha x + y,$$

$\alpha$ étant une indéterminée, et considérons les équations

$$f(x, z - \alpha x) = 0, \quad \varphi(x, z - \alpha x) = 0. \tag{5}$$

A toute solution $(x_0, y_0)$, du système (1), correspond une solution $(x_0, z_0)$ du système (5), $z_0$ étant définie par l'équation

$$z_0 = \alpha x_0 + y_0;$$

réciproquement, si le système (5) a une solution $(x_0, z_0)$, le système (1) a pour solution

$$x = x_0, \quad y = z_0 - \alpha x_0.$$

Cela posé, soit $(x_0, y)$ une solution du système proposé.

Les équations

$$f(x, z_0 - \alpha x) = 0, \quad \varphi(x, z_0 - \alpha x) = 0$$

ont au moins une solution commune, lorsque l'on suppose

$$z_0 = \alpha x_0 + y_0;$$

par suite le résultant des deux polynomes

$$f(x, z_0 - \alpha x), \quad \varphi(x, z_0 - \alpha x)$$

est nul; ce résultant est une fonction entière de $z_0$ et de $\alpha$, que nous représentons par $\rho(z_0, \alpha)$; on a donc

$$\rho(z_0, \alpha) = 0,$$

ou, en ordonnant ce polynome suivant les puissances de $\alpha$,

$$\rho_0(z_0) + \alpha\rho_1(z_0) + \alpha^2\rho_2(z_0) + \dots = 0,$$

c'est-à-dire

$$\rho_0(y_0 + \alpha x_0) + \alpha\,\rho_1(y_0 + \alpha x_0) + \alpha^2\rho_2(y_0 + \alpha x_0) + \dots = 0. \tag{6}$$

* Ce qui signifie que l'équation *aux ordonnées* des points communs aux courbes représentées par les équations $f(x, y) = 0$, $\varphi(x, y) = 0$, est de degré $np$ tant que ces courbes n'ont aucune direction asymptotique commune.

Mais cette relation a lieu quelle que soit la valeur de $\alpha$, donc les coefficients des différentes puissances de $\alpha$ doivent être nulles. On a donc

$$\rho_0(y_0) = 0\,;$$

mais, quand $\alpha = 0$, $z_0$ se réduit à $y_0$ et $\rho(z_0, \alpha)$ à $\rho_0(y_0)$, on en conclut que $\rho_0(y_0)$ n'est pas autre chose que $R(y_0)$; on retrouve ainsi la condition

$$R(y_0) = 0\,;$$

en égalant à zéro les coefficients de $\alpha$, $\alpha^2$, ... on aura

$$x_0 R'(y_0) + \rho_1(y_0) = 0$$
$$\frac{x_0^2}{1.2} R''(y_0) + x_0 \rho'_1(y_0) + \rho_2(y) = 0$$
$$\cdots\cdots\cdots$$

Si $y_0$ est une racine simple de l'équation $R(y_0) = 0$, on a donc

$$x_0 = -\frac{\rho_1(y_0)}{R'(y_0)}$$

et par suite les équations

$$f(x, y_0) = 0, \quad \varphi(x, y_0) = 0$$

n'ont alors qu'une seule racine commune $x_0$.

Si l'on a

$$R'(y_0) = 0 \quad \text{et} \quad \rho_1(y_0) \neq 0$$

on peut dire que $x_0$ est infini.

Si

$$R'(y_0) = 0, \quad \rho_1(y_0) = 0, \quad R''(y_0) \neq 0,$$

$x_0$ est donné par une équation du second degré, par suite à une racine double de l'équation $R(y) = 0$ correspondent deux valeurs de $x$ et ainsi de suite.

On en conclut que le système des équations proposées a *en général*, $np$ solutions.

D'où ce théorème, dû à Bézout :

*Le nombre de solutions de deux équations à deux inconnues, de degrés n et p est égal à np.*

L'équation

$$x R'(y) + \rho_1(y) = 0$$

se nomme l'équation adjointe au résultant $R(y)$.

**22. Exemple.** — Considérons un système de deux équations à deux inconnues

$$\left.\begin{aligned} f(x, y) &= ax^2 + bxy + cy^2 + dx + ey + h = 0 \\ f_1(x, y) &= a'x^2 + b'xy + c'y^2 + d'x + e'y + h' = 0 \end{aligned}\right\} \quad (1)$$

En posant

$$a = A,\ by + d = B,\ cy^2 + ey + h = C$$
$$a' = A',\ b'y + d' = B',\ c'y^2 + e'y + h' = C',$$

les équations proposées prennent la forme :

$$\left.\begin{aligned} Ax^2 + Bx + C &= 0 \\ A'x^2 + B'x + C' &= 0 \end{aligned}\right\} \quad (2)$$

En éliminant $x$, on obtient :

$$(AC' - CA')^2 - (AB' - BA')(BC' - CB) = 0, \qquad (3)$$

équation du 4e degré en $y$.

Soit $y_0$ une racine de l'équation (3); en remplaçant $y$ par $y_0$, les équations (2) auront, en général, une racine commune donnée par l'équation du premier degré

$$(AB' - BA')x + (AC' - CA') = 0, \qquad (4)$$

de sorte que le système proposé a, en général, quatre solutions.

*Discussion*. — Le coefficient de $y^4$ dans l'équation (3) est

$$r = (ac' - ca')^2 - (ab' - ba')(bc' - cb').$$

Tant que l'on suppose $r \neq o$, c'est-à-dire, tant que les deux formes quadratiques

$$ax^2 + bxy + cy^2$$
$$a'x^2 + b'xy + c'y^2$$

n'ont aucun facteur linéaire commun, l'équation (3) est du 4e degré.

En supposant $r \neq o$, les coefficients A et A', c'est-à-dire $a$ et $a'$, ne sont pas tous deux nuls. Dans cette hypothèse, si $y_0$ est une racine simple de l'équation (3), le coefficient AB' — BA' est différent de zéro, c'est-à-dire :

$$(ab' - ba')y_0 + ad' - da' \neq 0.$$

Effectivement, si l'on suppose que $y_0$ soit racine de l'équation

$$AB' - BA' = 0,$$

l'équation (3) montre que $y_0$ vérifie aussi l'équation

$$AC' - CA' = 0;$$

et comme A et A' ne sont pas tous deux nuls, on aura aussi, en supposant toujours $y = y_0$ :

$$BC' - CB' = 0,$$

de sorte que AB', — BA', AC' — CA', BC' — CB' étant divisibles chacun par $y - y_0$, le premier membre de l'équation (3) sera divisible par $(y - y_0)^2$ et par conséquent $y_0$ serait racine double de l'équation (3), ce qui est contraire à notre hypothèse. Il résulte de là, qu'à une racine simple $y_0$ de cette équation correspond une seule racine $x_0$ commune aux équations (2) et par suite une seule solution $(x_0, y_0)$ du système proposé. Donc, en résumé, si l'on suppose $r \neq 0$, et si l'équation (3) a quatre racines simples $y_1, y_2, y_3, y_4$ il correspond à chacune d'elles une seule valeur de $x$, ce qui donne $x_1, x_2, x_3, x_4$ et le système proposé admet les quatre solutions

$$(x_1, y_1), \quad (x_2, y_2), \quad (x_3, y_3), \quad (x_4, y_4).$$

Si deux ou plusieurs racines $y_1, y_2$ ... deviennent égales, si, par exemple, $y_1 = y_2$ il peut arriver que $x_1 = x_2$ ou que $x_1$ soit différent de $x_2$, de sorte que deux solutions peuvent coïncider, mais il y aura toujours au plus quatre solutions. Si l'équation (3) s'abaisse, un certain nombre de racines de cette équation peuvent grandir indéfiniment. Nous dirons dans ce cas que le système (1) a autant de solutions infinies.

Il reste à examiner le cas où l'équation (3) disparaît identiquement, tous ses coefficients devenant nuls; alors, quelle que soit la valeur attribuée à $y$, les équations (2) ont au moins une racine commune. Ce cas se subdivise en plusieurs autres : 1° Supposons que quel que soit $y$ on ait :

$$AB' - BA' = 0;$$

l'identité (3) donne :

$$AC' - CA' = 0,$$

en supposant que A et A' ne soient pas nuls tous deux, on en conclut

$$BC' - CB' = 0.$$

Alors les équations (2), du second degré en $x$, ont leurs coefficients proportionnels, quelle que soit la valeur attribuée à $y$. On en conclut immédiatement que les coefficients des équations (1) sont proportionnels; le système proposé se réduit à une seule équation et admet par suite une infinité de solutions.

Si $a = a' = 0$, l'équation (4) disparaît identiquement et les équations (2) se réduisent au premier degré; si $BC' - CB' = 0$, on arrive à la même conclusion, à savoir que les équations (1) rentrent l'une dans l'autre. Si l'identité $BC' - CB' = 0$ n'est pas vérifiée, en écrivant que les équations (2) ont une solution commune, on aura à résoudre l'équation $BC' - CB' = 0$ qui est du troisième degré en $y$; la discussion s'achève sans difficulté.

2° Supposons maintenant que $AB' - BA'$ c'est-à-dire

$$(ab' - ba')y + ad' - da'$$

ne soit pas identiquement nul et supposons de plus $ab' - ba' \neq 0$. Posons :

$$y_0 = -\frac{ad' - da'}{ab' - ba'}.$$

L'équation (3) étant une identité, on a

$$(AC' - CA')^2 = (AB' - BA')(BC' - CB'). \qquad (5)$$

Mais

$$AB' - BA' = (ab' - ba')(y - y_0),$$

par conséquent $(AC' - CA')^2$ s'annule quand $y = y_0$; d'où il résulte que $AC' - CA$ est divisible par $y - y_0$. D'après cela l'équation (4) a la forme :

$$(y - y_0)\left[(ab' - ba')x + my + p\right] = 0,$$

$m$ et $p$ étant des constantes.

Soit $y_1$ un nombre différent de $y_0$; les équations (1) admettent la solution

$$y = y_1, \quad x = -\frac{my_1 + p}{ab' - ba'},$$

donc

$$f(x, y_1) \quad \text{et} \quad f_1(x, y_1)$$

sont divisibles par

$$(ab' - ba')x + my_1 + p;$$

et comme cela est vrai pour une infinité de valeurs $y_1$, on a :

$$f(x, y) = \left[(ab' - ba')x + my + p\right](\alpha x + \beta y + \gamma)$$
$$f_1(x, y) = \left[(ab' - ba')x + my + p\right](\alpha' x + \beta' y + \gamma'),$$

de sorte que le système (1) se décompose en deux systèmes, dont l'un est formé par une seule équation :

$$(ab' - ba')x + my + p = 0$$

et l'autre est formé par

$$\alpha x + \beta y + \gamma = 0$$
$$\alpha' x + \beta' y + \gamma' = 0;$$

si $x_1$, $y_1$ est la solution de ce dernier système, on reconnaît aisément que $y_1 = y_0$.

Supposons $ac' - ba' = 0$, $ad' - da' \neq 0$, l'équation (3) étant toujours une identité ; le coefficient de $y^4$ égal à $ac' - ca'$, devant être nul, l'équation (4) se réduit à

$$(ad' - da')x + (ae' - ea')y + ah' - ha' = 0. \qquad (6)$$

Quelle que soit la valeur de $y$, les équations (2) ont au moins une racine commune donnée par l'équation (6). On en conclut comme plus haut que $f(x, y)$ et $f_1(x, y)$ sont divisibles par

$$(ad' - da')x + (ae' - ea')y + ah' - ha'$$

et que par suite le système (1) a une infinité de solutions.

En résumé : un système de deux équations du second degré à deux inconnues n'a que quatre solutions au plus ou bien en a une infinité, cette dernière circonstance se présentant si les deux équations ont leurs coefficients proportionnels ou encore quand les premiers membres de ces équations sont des produits de facteurs linéaires ayant un facteur commun.

## EXERCICES

1. Chercher combien les équations :

$$4x^5 - 25x^3 + 10x^2 + 21x - 10 = 0$$
$$2x^3 + 5x^2 + x - 2 = 0$$

ont de racines communes.

— Rép. : $x' = \frac{1}{2}$, $x'' = -1$.

2. Trouver les racines communes et les racines non communes aux équations

$$x^4 - 4x^3 - 5x^2 + 36x - 36 = 0$$
$$x^4 - 6x^3 + 4x^2 + 24x - 32 = 0.$$

— On trouve pour diviseur commun $(x - 2)^2$.

3. Chercher les racines communes aux équations

$$x^4 - 13x^2 + 36 = 0$$
$$x^3 + x^2 - 4x - 4 = 0.$$

On appliquera à ces exemples les méthodes de Bézout et de Sylvester pour reconnaître que les équations ont au moins une racine commune.

4. Résoudre le système :

$$x^3 + 3yx^2 + (3y^2 - y + 1)x + y^3 - y^2 + 2y = 0$$
$$x^2 + 2yx + y^2 - y = 0.$$

— Réponse : $(x = 0, y = 0)$ et $(x = -2, y = 1.)$

**5.** Résoudre le système

$$x^3 - 3yx^2 + 3x^2 + 3y^2x - 6yx - x - y^3 + 3y^2 + y - 3 = 0$$
$$x^3 + 3yx^2 - 3x^2 + 3y^2x - 6yx - x + y^3 - 3y^3 - y + 3 = 0.$$

— Réponse : $(x = 0, y = 1)$, $(x = 0, y = -1)$, $(x = 0, y = 3)$;
$(y = 0, x = 1)$, $(y = 0, x = -1)$
$(y = 1, x = 2)$, $(y = 1, x = -2)$
$(y = 2, x = 1)$, $(y = 2, x = -1)$.

**6.** Résoudre le système

$$x^4 + y^2x^2 + y^4 = 0, \quad x^3 - y^3 = 0.$$

**7.** Résoudre le système :

$$x^3 - 2xy^2 - y^3 - 1 = 0, \quad x^2 + 3xy + y^2 + 1 = 0.$$

**8.** Achever la solution du problème XII, 8, 2°, dans le cas où $n$ est différent de zéro.

**9.** Éliminer $y$ entre les deux équations

$$y^3 - 1 = 0$$
$$x = ay + by^2;$$

en déduire une méthode de résolution de l'équation

$$x^3 + px + q = 0.$$

**10.** Éliminer $t$ entre les deux équations

$$x = \frac{t}{4}(1 - 9t^4), \quad y = \frac{1 + 15t^4}{9t}.$$

**11.** Pour former le déterminant R de Bézout (11), on peut poser

$$F_{p+1}(x) = \varphi(x)\left[A_{p+1} + A_{p+2}x + \dots + A_n x^{n-p-1}\right]$$
$$\cdots\cdots\cdots\cdots\cdots\cdots$$
$$\cdots\cdots\cdots\cdots\cdots\cdots$$
$$F_{n-1}(x) = \varphi(x)\left[A_{n-1} + A_n x\right]$$
$$F_n(x) = \varphi(x) . A_n .$$

Montrer qu'on obtient alors un déterminant symétrique. Indiquer la loi de formation de ses éléments.

**12.** Trouver les solutions réelles d'une équation à coefficients imaginaires $f(z) = 0$. — On posera $z = x + yi$ et l'on sera ramené à résoudre un système de deux équations à deux inconnues à coefficients réels. Les solutions réelles conviendront seules.

**13.** Rendre rationnelle l'équation

$$\sqrt{(x - c)^2 + y^2} + \sqrt{(x + c)^2 + y^2} = 2a$$

au moyen de l'élimination.

— On pose

$$(x - c)^2 + y^2 = u^2, \quad (x + c)^2 + y^2 = v^2,$$

d'où

$$u + v = 2a$$

et l'on élimine $u$ et $v$.

On trouve

$$v^2 + u^2 = 2y^2 + 2x^2 + 2c^2$$
$$v^2 - u^2 = 4cx \ldots$$

ou

$$(2a - u)^2 + u^2 = 2y^2 + 2x^2 + 2c^2$$
$$4a^2 - 4au = 4cx \ldots$$

**14.** Montrer qu'en éliminant $f$ entre les deux équations

$$4(ae - 4bd + 3c^2)(bf - 4ce + 3d^2) - (af - 3be + 2cd)^2 = 0,$$
$$3a^2(c^2 - df) + 3ab(cf - de) + 4ac(d^2 - ce) + 2b^2(d^2 - bf) + 5b^2ce + 3c^4 - 8bc^2d - (ae - 4bd + 3c^2)^2 = 0,$$

on obtient l'un ou l'autre de ces résultats :

$$(ae - 4bd + 3c^2)^3 - 27(ace + 2bcd - ad^2 - eb^2 - c^3)^2 = 0,$$
$$a^2(ae - 4bd + 3c^2) - 3(b^2 - ac)^2 = 0.$$

(MICHAEL ROBERTS.)

**15.** Soient $f(x)$ un polynome de degré $n$ et $\varphi(x)$ un polynome de degré $p$, et supposons $p \leqslant n$ ; on divise par $\varphi(x)$ les polynomes

$$f(x),\ x f(x),\ x^2 f(x),\ \ldots,\ x^{p-1} f(x).$$

Prouver que le résultant des polynomes $f(x)$ et $\varphi(x)$ est égal au déterminant des coefficients des restes obtenus

**16.** Soient $f(x)$ et $\varphi(x)$ deux polynomes entiers, le degré de $\varphi(x)$ étant inférieur à celui de $f(x)$. On pose :

$$\frac{\varphi(x)}{f(x)} = \frac{c_0}{x} + \frac{c_1}{x^2} + \frac{c_2}{x^3} + \ldots\ldots$$

et l'on forme les déterminants

$$c_0, \quad \begin{vmatrix} c_0 & c_1 \\ c_1 & c_2 \end{vmatrix}, \quad \begin{vmatrix} c_0 & c_1 & c_2 \\ c_1 & c_2 & c_3 \\ c_2 & c_3 & c_4 \end{vmatrix}, \ldots \begin{vmatrix} c_0 & c_1 & c_2 & \ldots\ldots & c_{n-1} \\ c_1 & c_2 & c_3 & \ldots\ldots & c_n \\ \ldots & \ldots & \ldots & \ldots & \ldots \\ \ldots & \ldots & \ldots & \ldots & \ldots \\ c_{n-1} & c_n & \ldots & \ldots & c_{2n-2} \end{vmatrix}$$

$n$ étant le degré de $f(x)$.

Le dernier, égalé à zéro, donne la condition pour que $f(x) = 0$ et $\varphi(x) = 0$ aient une racine commune.

Si les $p$ derniers déterminants sont nuls, le précédent ne l'étant pas, il y a $p$ racines communes.

(KRONECKER.)

**17.** Soient $f(x)$ et $\varphi(x)$ deux polynomes de degré $n$. On a :

$$\frac{\varphi(x) f(y) - f(x) \varphi(y)}{x - y} = \sum\sum c_h^k\, x^h y^k,$$

$h$ et $k$ devant prendre toutes les valeurs de 0 à $n - 1$.

Montrer que $c_h^k = c_k^h$.

Si $x_0$ est une racine commune aux équations

$$f(x) = 0, \quad \varphi(x) = 0,$$

le premier membre de l'identité précédente sera nul pour $x = x_0$, quel que soit $y$. Donc

$$c_0^0 + c_0^1 x_0 + c_0^2 x_0^2 + \ldots\ldots + c_0^{n-1} x_0^{n-1} = 0$$
$$c_1^0 + c_1^1 x_0 + c_1^2 x_0^2 + \ldots\ldots + c_1^{n-1} x_0^{n-1} = 0$$
$$\ldots\ldots\ldots\ldots\ldots\ldots\ldots\ldots\ldots\ldots$$
$$\ldots\ldots\ldots\ldots\ldots\ldots\ldots\ldots\ldots\ldots$$
$$c_{n-1}^0 + c_{n-1}^1 x_0 + c_{n-1}^2 x_0^2 + \ldots\ldots + c_{n-1}^{n-1} x_0^{n-1} = 0;$$

en déduire que le déterminant R formé avec les coefficients des équations précédentes est nul. Montrer que la réciproque est vraie :

Si $R = 0$, on a

$$\sum\sum c_k^h x^h y_k = 0,$$

de sorte que l'on peut écrire

$$\varphi(x) \frac{f(x) - f(y)}{x - y} - f(x) \frac{\varphi(y) - \varphi(x)}{x - y} = 0.$$

les puissances de $y$ étant remplacées par des indices, etc.

**18.** Prouver que la dérivée d'une fonction algébrique est algébrique.

Soit $f(x, y) = 0$, l'équation algébrique qui détermine $y$; on a $f'_x + y' f'_y = 0$; on élimine $y$ entre les deux équations, etc.

# CHAPITRE XIV

## TRANSFORMATION DES ÉQUATIONS

**1. Problème.** — *Étant donnée une équation $f(x) = 0$, former une nouvelle équation dont les racines soient égales aux valeurs que prend une fraction rationnelle irréductible donnée $\frac{\varphi(x)}{\psi(x)}$, quand on remplace $x$ successivement par toutes les racines de l'équation proposée.*

Je dis qu'on obtiendra l'équation demandée en éliminant $x$ entre les deux équations

$$f(x) = 0, \quad y\psi(x) - \varphi(x) = 0. \qquad (1)$$

Supposons $f(x)$ et $\psi(x)$ premiers entre eux, et soit $x_0$ une racine de l'équation $f(x) = 0$; si l'on pose

$$y_0 = \frac{\varphi(x_0)}{\psi(x_0)},$$

les équations

$$f(x)=0, \quad y_0\psi(x)-\varphi(x)=0 \qquad (2)$$

ont une solution commune $x_0$, donc le résultant $R(y_0)$ des premiers membres est nul; or ce résultant est du degré $n$ par rapport aux coefficients de $y_0\psi(x)-\varphi(x)$, $n$ étant le degré de $f(x)$. Par conséquent, $y_0$ est racine de l'équation

$$R(y)=0, \qquad (3)$$

qui est de degré $n$.

Réciproquement, soit $y_0$ une racine de $R(y)=0$. Le résultant $R(y_0)$ des polynomes

$$f(x) \quad \text{et} \quad y_0\psi(x)-\varphi(x)$$

étant nul, les équations (2) ont au moins une racine commune $x_0$, et par suite

$$f(x_0)=0, \quad y_0\psi(x_0)-\varphi(x_0)=0,$$

d'où, en remarquant que $\psi(x_0)$ ne peut être nul puisque $f(x)$ et $\psi(x)$ sont premiers entre eux :

$$y_0=\frac{\varphi(x_0)}{\psi(x_0)}.$$

L'équation cherchée est donc l'équation (3).

Il était évident *a priori* que l'équation $R(y)$ serait du degré $n$ puisque les racines de cette équation s'obtiennent en remplaçant $x$ dans $\frac{\varphi(x)}{\psi(x)}$ par les $n$ racines de $f(x)=0$.

**Remarques. — I.** Si l'on considère le système (1) comme un système de deux équations à 2 inconnues $x$, $y$, on a vu, dans le chapitre précédent, qu'on obtiendra l'équation *aux* $y$, en éliminant $x$ entre ces deux équations. L'équation *aux* $y$ est précisément la transformée cherchée.

**II.** Nous avons supposé $f(x)$ et $\psi(x)$ premiers entre eux. S'il en était autrement, en désignant par $x_0$ une racine commune aux équations $f(x)=0$ et $\psi(x)=0$, la valeur correspondante de $y$ serait infinie.

Si $f_1(x)$ est le produit de tous les facteurs de $f(x)$ correspondant aux racines communes aux équations

$$f(x)=0, \quad \psi(x)=0,$$

de sorte que

$$f(x) \equiv f_1(x) f_2(x),$$

il suffira de considérer l'équation $f_2(x) = 0$, les valeurs finies de $y$ étant les valeurs que prend $\frac{\varphi(x)}{\psi(x)}$ quand on remplace dans cette fraction $x$ successivement par toutes les racines de l'équation $f_2(x) = 0$.

**2. Transformation homographique.** — Nous considérerons d'abord le cas où $\varphi(x)$ et $\psi(x)$ sont des polynomes du premier degré, et nous définirons la transformation par l'équation

$$y = \frac{ax + b}{a'x + b'} \qquad (1)$$

en supposant

$$ab' - ba' \neq 0.$$

La *transformée* s'obtiendra en éliminant $x$ entre l'équation (1) et l'équation proposée $f(x) = 0$.

Or, on peut résoudre l'équation (1) par rapport à $x$, et l'on a ainsi

$$x = \frac{b - b'y}{a'y - a},$$

par suite l'équation cherchée est la suivante :

$$f\left(\frac{b - b'y}{a'y - a}\right) = 0.$$

On peut évidemment remplacer $y$ par $x$ et écrire

$$f\left(\frac{b - b'x}{a'x - a}\right) = 0.$$

**Cas particuliers.** — 1° $a = b'$, $a' = 0$, $b = b'h$, la formule (1) devient alors

$$y = x + h,$$

et la transformée est

$$f(x - h) = 0.$$

Les racines de la transformée sont égales aux racines de la proposée augmentées de $h$. Ce résultat est d'ailleurs évident, car si l'on suppose $f(x_0) = 0$, en remplaçant $x$ par $x_0 + h$ dans $f(x - h)$, le résultat sera évidemment égal à $f(x_0)$ et par suite $x_0 + h$ sera racine de la transformée.

De même l'équation

$$f(x+h)=0$$

a pour racines les racines de l'équation

$$f(x)=0,$$

diminuées chacune de $h$.

2°

$$b=0, a'=0, \quad a=b'k,$$

par suite,

$$y=kx;$$

la transformée devient

$$f\left(\frac{x}{k}\right)=0.$$

Les racines de cette équation sont égales à celles de la proposée multipliées par un même nombre $k$.

C'est ce que l'on vérifie facilement. En particulier, si $k=-1$, l'équation

$$f(-x)=0$$

*est la transformée en* $-x$; ses racines sont égales à celles de la proposée changées de signe.

3° Si l'on pose

$$a=0, \quad b'=0, \quad b=a',$$

on a

$$y=\frac{1}{x},$$

et la transformée devient

$$f\left(\frac{1}{x}\right)=0;$$

c'est l'*équation aux inverses des racines* de la proposée.

**3. Théorème.** — *La transformation homographique la plus générale est la combinaison des transformations élémentaires*

$$y=x+h, \quad y=kx, \quad y=\frac{1}{x}.$$

En effet, si l'on pose

$$y=\frac{a\,x+b}{a'x+b'}, \qquad (1)$$

on a

$$y = \frac{a}{a'} + \frac{ba' - ab'}{a'(a'x + b')} = \frac{a}{a'} + \frac{k}{x+h},$$

$k$ et $h$ étant définis par les formules

$$k = \frac{ba' - ab'}{a'^2}, \quad h = \frac{b'}{a'}.$$

Si l'on fait successivement les transformations

$$z = x + h, \quad t = \frac{1}{z}, \quad u = kt, \quad y = u + \frac{a}{a'},$$

on aura évidemment le même résultat qu'en faisant la transformation unique définie par l'équation (1).

Pour montrer une application de ce théorème, considérons l'expression

$$u = \frac{x_1 - x_3}{x_2 - x_3} : \frac{x_1 - x_4}{x_2 - x_4}$$

et supposons qu'on remplace chacune des lettres $x$ par $\frac{ax + b}{a'x + b'}$.

Pour calculer l'expression nouvelle, il suffit évidemment de voir ce qu'elle devient : 1° quand on augmente chaque lettre $x$ d'une constante; 2° quand on multiplie chaque lettre $x$ par un même nombre; 3° enfin quand on remplace chaque lettre $x$ par son inverse. Or, on vérifie immédiatement qu'après chacune de ces transformations $u$ ne change pas; donc une même transformation homographique effectuée sur $x_1$, $x_2$, $x_3$, $x_4$ n'altère pas la fonction $u$.

**Remarque.** — Si l'on pose $y^n f\left(\frac{x}{y}\right) = F(x, y)$, faire dans l'équation $f(x) = 0$ de degré $n$, la substitution $x = \frac{aX + b}{a'X + b'}$, revient à faire dans l'équation $F(x, y) = 0$, la substitution linéaire : $x = aX + bY$, $y = a'X + b'Y$.

On rattache ainsi la substitution homographique à la théorie des invariants.

**4. Application des transformations élémentaires.** — Soit

$$f(x) \equiv A_0 x^n + A_1 x^{n-1} + A_2 x^{n-2} + \ldots\ldots + A_n = 0,$$

une équation algébrique. Diminuons toutes les racines d'une quantité indéterminée $h$; la transformée est, comme on l'a vu,

$$f(x+h) = 0,$$

ou

$$f(h) + x f'(h) + \frac{x^2}{1.2} f''(h) + \ldots + \frac{x^{n-1}}{1.2\ldots\ldots(n-1)} f^{(n-1)}(h) + A_0 x^n = 0.$$

On peut disposer de $h$ pour faire disparaître un terme quelconque de la transformée. Pour que le terme en $x^p$ disparaisse, il faut et il suffit que $h$ soit une racine de l'équation

$$f^{(p)}(h)=0.$$

En particulier, si l'on veut que le terme indépendant de $x$ disparaisse, on devra prendre $h$ égal à une racine de l'équation $f(x)=0$, c'est-à-dire égal à une racine de l'équation proposée. Ce résultat est évident *a priori*; en effet, si l'on diminue les racines d'un nombre égal à l'une d'elles, il est clair que la transformée aura une racine nulle.

Pour que le terme en $x^{n-1}$ disparaisse, il faut et il suffit que $h$ vérifie l'équation

$$f^{(n-1)}(h)=0,$$

c'est-à-dire

$$n\,A_0\,h+A_1=0.$$

La transformée est alors

$$f\left(x-\frac{A_1}{nA_0}\right)=0.$$

Ce résultat peut encore s'expliquer facilement; en effet, la somme des racines étant égale à $-\frac{A_1}{A_0}$, si l'on diminue chacune des $n$ racines de $-\frac{A_1}{nA_0}$, leur somme sera diminuée de $-\frac{A_1}{A_0}$ et par suite, la somme des racines de l'équation transformée sera nulle.

Considérons en particulier l'équation du troisième degré

$$f(x)\equiv a_0x^3+3\,a_1x^2+3\,a_2x+a_3=0.$$

Si l'on diminue toutes les racines de $-\frac{a_1}{a_0}$, on trouve

$$a_0x^3+x\,f'\left(-\frac{a_1}{a_0}\right)+f\left(-\frac{a_1}{a_0}\right)=0.$$

On voit d'après cela, qu'étant donnée l'équation générale du troisième degré, il suffit de diminuer chaque racine d'un nombre déterminé pour la ramener à la forme

$$x^3+px+q=0.$$

**Remarque.** — Si après avoir fait disparaître un terme par la transformation précédente, on voulait, par la même méthode, en faire disparaître un second, le premier reparaîtrait; en effet, on pourrait obtenir la seconde transformée en diminuant d'un seul coup les racines de la proposée d'un même nombre $h'$; pour que deux termes disparaissent à la fois, il faut que $h'$ puisse vérifier deux équations telles que

$$f^{(p)}(x) = 0, \quad f^{(q)}(x) = 0.$$

Pour que ces équations aient une racine commune, il faut qu'il y ait entre les coefficients de $f(x)$ une relation déterminée. Par suite, en général, on ne peut, par cette méthode, faire disparaître plus d'un terme; d'ailleurs, on pouvait s'y attendre, puisqu'on ne dispose que d'une indéterminée $h$. Avec la transformation homographique, on peut faire disparaître deux termes; en voici un exemple remarquable.

**5. Résolution de l'équation** $x^3 + px + q = 0$. Soient $a$ et $b$ deux indéterminées; nous ferons la substitution définie par l'équation

$$y = \frac{x - a}{x - b}; \text{ d'où l'on tire } x = \frac{by - a}{y - 1}.$$

L'équation transformée est la suivante :

$$(by - a)^3 + p(by - a)(y - 1)^2 + q(y - 1)^3 = 0,$$

ou, en développant,

$$y^3(b^3 + pb + q) - (3ab^2 + ap + 2bp + 3q)y^2$$
$$+ (3a^2b + bp + 2ap + 3q)y - (a^3 + pa + q) = 0.$$

Posons

$$3ab^2 + p(a + 2b) + 3q = 0$$
$$3a^2b + p(2a + b) + 3q = 0.$$

On en conclut, en ajoutant et retranchant

$$(ab + p)(a + b) + 2q = 0,$$
$$(a - b)(3ab + p) = 0.$$

On suppose $a$ différent de $b$, sans quoi l'on aurait $y = 1$; donc

$$ab = -\frac{p}{3} \text{ et par suite } \quad a + b = -\frac{3q}{p},$$

de sorte que $a$ et $b$ sont les racines de l'équation

$$z^2 + \frac{3q}{p}z - \frac{p}{3} = 0.$$

Cette équation a deux racines $z'$, $z''$. On peut prendre $a = z'$, $b = z''$; ou $a = z''$ et $b = z'$, de sorte que l'on aura à résoudre l'une ou l'autre des deux équations

$$y^3 = \frac{z'^3 + pz' + q}{z''^3 + pz'' + q} \quad \text{ou} \quad y^3 = \frac{z''^3 + pz'' + q}{z'^3 + pz' + q}.$$

Les racines de l'une de ces équations sont égales aux inverses des racines de l'autre équation; or en permutant $a$ et $b$ et changeant $y$ en $\frac{1}{y}$, la fraction $\frac{by - a}{y - 1}$ ne change pas : on en conclut qu'il suffit de considérer le système $a = z'$, $b = z''$.

Cela étant, si l'on divise

$$z^3 + pz + q$$

par

$$z^2 + \frac{3q}{p} z - \frac{p}{3},$$

on trouve

$$z^3 + pz + q = \left(z^2 + \frac{3q}{p} z - \frac{p}{3}\right)\left(z - \frac{3q}{p}\right) + \frac{4p^3 + 27q^2}{3p^2} z;$$

d'où

$$\frac{z'^3 + pz' + q}{z''^3 + pz'' + q} = \frac{z'}{z''}.$$

On est donc ramené à résoudre l'équation binome

$$z'' y^3 - z' = 0.$$

Par conséquent, en remplaçant $y$ par $\frac{x - z'}{x - z''}$, on a mis l'équation proposée sous la forme *d'une somme algébrique de deux cubes*

$$z'' (x - z')^3 - z' (x - z'')^3 = 0.$$

Le problème est ainsi ramené à la résolution d'*une équation binome*.

**6. Problème.** — *Étant donnée une équation à coefficients entiers*

$$A_0 x^n + A_1 x^{n-1} + A_2 x^{n-2} + \ldots\ldots + A_n = 0,$$

*multiplier les racines par un nombre entier λ choisi de manière que les coefficients de l'équation transformée soient tous entiers, le coefficient de $x^n$ étant de plus égal à l'unité.*

L'équation transformée est la suivante :

$$x^n + \frac{A_1}{A_0} \lambda x^{n-1} + \frac{A_2}{A_0} \lambda^2 x^{n-2} + \ldots\ldots + \frac{A_n}{A_0} \lambda^n = 0,$$

on a donc une première solution en prenant $\lambda = A_0$.

On peut se proposer de trouver pour λ la plus petite valeur numérique possible; pour cela, on réduit chacune des fractions

$$\frac{A_1}{A_0}, \quad \frac{A_2}{A_0}, \quad \ldots\ldots \quad \frac{A_n}{A_0}$$

à sa plus simple expression; on mettra ainsi l'équation sous la forme

$$x^n + \frac{p_1}{q_1} \lambda x^{n-1} + \frac{p_2}{q_2} \lambda^2 x^{n-2} + \ldots\ldots + \frac{p_n}{q_n} \lambda^n = 0,$$

on peut supposer tous les nombres $q_1$, $q_2$, ..... $q_n$ positifs; $\frac{p_1 \lambda}{q_1}$

doit être entier, donc $\lambda$ doit être divisible par $q_1$; on essaie la solution $\lambda = q_1$. Les facteurs premiers de $q_1, q_2, \ldots\ldots q_n$ appartiennent tous à $A_0$; si $q_2$ ne divise pas $\lambda^2$, on verra quels sont les facteurs premiers de $A_0$ par lesquels on doit multiplier $q_1$ pour que le carré du produit obtenu soit divisible par $\lambda^2$, et ainsi de suite, en n'introduisant jamais que les facteurs premiers *nécessaires*; on trouvera évidemment par cette méthode la plus petite valeur de $\lambda$.

**Exemple** : Considérons l'équation

$$360x^5 - 180x^4 + 72x^3 - 17x^2 + 11x - 15 = 0.$$

L'équation transformée est :

$$x^5 - \frac{1}{2}\lambda x^4 + \frac{1}{5}\lambda^2 x^3 - \frac{17}{360}\lambda^3 x^2 + \frac{11}{360}\lambda^4 x - \frac{\lambda^5}{24} = 0,$$

$\lambda = 2$ ne convient pas; essayons $\lambda = 10$; $\frac{\lambda^3}{360}$ n'est pas entier quand $\lambda = 2.5$.

Il faut introduire le facteur 3; essayons $\lambda = 30$; cette valeur convient et l'on obtient pour transformée :

$$x^5 - 15x^4 + 180x^3 - 1275x^2 + 24750x - 112500 = 0.$$

**7. Théorème.** — *Toute transformation rationnelle est équivalente à une transformation entière de degré inférieur à celui de l'équation proposée. Et réciproquement.*

Soit

$$f(x) = 0,$$

une équation de degré $n$, et soit

$$\frac{\varphi(x)}{\psi(x)},$$

une fraction rationnelle irréductible; supposons de plus $\psi(x)$ premier avec $f(x)$.

On peut trouver deux polynomes entiers $f_1(x)$, $\psi_1(x)$ vérifiant l'identité

$$f(x)\,\psi_1(x) + \psi(x)\,f_1(x) \equiv 1.$$

Si $a$ désigne une racine quelconque de l'équation $f(x) = 0$, en remplaçant $x$ par $a$ dans l'identité précédente, on obtient l'égalité

$$\psi(a) f_1(a) = 1.$$

La fraction $\frac{\varphi(x)}{\psi(x)}$ est équivalente à $\frac{\varphi(x) f_1(x)}{\psi(x) f_1(x)}$, mais si l'on remplace $x$ par une quelconque des racines de $f(x) = 0$, par exemple par $a$, dans cette dernière fraction, celle-ci prend pour valeur $\varphi(a) f_1(a)$. Il en résulte que les deux fonctions

$$\frac{\varphi(x)}{\psi(x)} \text{ et } \varphi(x) f_1(x)$$

prennent des valeurs égales quand on substitue à $x$, dans chacune d'elles, une racine quelconque de l'équation $f(x) = 0$.

Cela posé, si le degré du polynome $\varphi(x) f_1(x)$ est supérieur ou égal à $n$, en divisant ce polynome par $f(x)$, on aura identiquement :

$$\varphi(x) f_1(x) \equiv f(x) \mathrm{Q}(x) + \theta(x),$$

$\theta(x)$ étant un polynome de degré $n - 1$ au plus, et $\mathrm{Q}(x)$ un polynome entier. Remplaçons dans les deux membres de cette identité $x$ par une racine quelconque $a$ de l'équation proposée, nous aurons

$$\varphi(a) f_1(a) = \theta(a),$$

Par conséquent, la fraction rationnelle $\frac{\varphi(x)}{\psi(x)}$ et le polynome entier $\theta(x)$ dont le degré est inférieur à celui de $f(x)$, prennent des valeurs numériques respectivement égales quand on remplace dans cette fraction ou dans ce polynome, $x$ successivement par toutes les racines de l'équation $f(x) = 0$.

Il résulte de là que la substitution

$$y = \frac{\varphi(x)}{\psi(x)}$$

est équivalente à la substitution entière de degré $n - 1$ au plus, définie par l'équation

$$y = \theta(x).$$

8. *Réciproquement*, soit $y = \theta(x)$, une substitution entière de degré $n - 1$; divisons le produit $\theta(x) . \psi(x)$ par $f(x)$, $\psi(x)$ étant

un polynome entier *arbitraire* mais premier avec $f(x)$; nous obtiendrons

$$\theta(x)\psi(x) \equiv f(x).\, f_1(x) + \varphi(x),$$

$f_1(x)$ et $\varphi(x)$ étant des polynomes entiers, le degré de $\varphi(x)$ étant au plus égal à $n-1$.

Si l'on remplace $x$ par $a$ dans l'identité précédente, $a$ étant une racine quelconque de l'équation $f(x)=0$, on aura

$$\theta(a)\psi(a) = \varphi(a),$$

d'où

$$\theta(a) = \frac{\varphi(a)}{\psi(a)};$$

donc la substitution

$$y = \frac{\varphi(x)}{\psi(x)}$$

est équivalente à la substitution

$$y = \theta(x).$$

Le degré de $\psi(x)$ est arbitraire, celui de $\varphi(x)$ est au plus $n-1$; on peut d'ailleurs ajouter à $\varphi(x)$ un multiple quelconque de $f(x)$.

Je dis maintenant que l'on peut trouver une substitution dans laquelle le numérateur $\varphi(x)$ soit au plus de degré $n-2$.

Pour plus de simplicité, supposons $n=3$; je dis que l'on peut déterminer des constantes $\alpha$, $\beta$, $\gamma$ telles que la substitution

$$y = \frac{\alpha x + \beta}{x + \gamma}$$

soit équivalente à une substitution entière

$$y = Ax^2 + Bx + C.$$

Soient en effet, $x_1$, $x_2$, $x_3$ les trois racines de l'équation $f(x)=0$; les nombres $x_1$, $x_2$, $x_3$, que nous supposons distincts, doivent vérifier les égalités suivantes :

$$\begin{aligned}
(Ax_1^2 + Bx_1 + C)(x_1+\gamma) &= \alpha x_1 + \beta,\\
(Ax_2^2 + Bx_2 + C)(x_2+\gamma) &= \alpha x_2 + \beta,\\
(Ax_3^2 + Bx_3 + C)(x_3+\gamma) &= \alpha x_3 + \beta.
\end{aligned}$$

Or le déterminant de ce système d'équations du premier degré à trois inconnues $\alpha$, $\beta$, $\gamma$ est, au signe près, égal à

$$\begin{vmatrix} x_1 & 1 & A x_1^2 + B x_1 + C \\ x_2 & 1 & A x_2^2 + B x_2 + C \\ x_3 & 1 & A x_3^2 + B x_3 + C \end{vmatrix}$$

Ce déterminant se réduit facilement à

$$A \begin{vmatrix} 1 & x_1 & x_1^2 \\ 1 & x_2 & x_2^2 \\ 1 & x_3 & x_3^2 \end{vmatrix}$$

et ce dernier est différent de zéro si les nombres $x_1$, $x_2$, $x_3$ sont différents.

Il résulte de là que la transformation rationnelle la plus générale, relativement à l'équation du 3e degré, est la transformation homographique.

**9.** Cela posé, soit

$$A_0 x^n + A_1 x^{n-1} + A_2 x^{n-2} + \ldots\ldots + A_{n-1} x + A_n = 0 \quad (1)$$

l'équation proposée, et soit

$$y = p_1 x^{n-1} + p_2 x^{n-2} + \ldots\ldots + p_{n-1} x + p_n \quad (2)$$

la substitution à effectuer :

On aura la transformée en éliminant $x$ entre les équations (1) et (2); si l'on écrit l'équation (2) de cette manière :

$$p_1 x^{n-1} + p_2 x^{n-2} + \ldots\ldots + p_{n-1} x + p_n - y = 0, \quad (3)$$

on pourra trouver l'équation cherchée en égalant à zéro le résultant des polynomes formant les premiers membres des équations (1) et (3). On peut encore opérer ainsi : on déduit de l'équation (2)

$$x y = p_1 x^n + p_2 x^{n-1} + \ldots\ldots + p_n x,$$

mais on peut remplacer le second membre par le reste de la division de ce polynome par $f(x)$; on aura ainsi

$$x y = q_1 x^{n-1} + q_2 x^{n-2} + \ldots\ldots + q_{n-1} x + q_n,$$

d'où

$$x^2 y = q_1 x^n + q_2 x^{n-1} + \ldots\ldots + q_{n-1} x^2 + q_n x$$

et, en faisant usage du même procédé, on en tire

$$x^2 y = r_1 x^{n-1} + r_2 x^{n-2} + \ldots\ldots + r_n ;$$

en continuant de la sorte, on arrivera à

$$x^{n-1} y = u_1 x^{n-1} + u_2 x^{n-2} + \ldots\ldots + u_n$$

On obtiendra ainsi les $n$ équations :

$$\begin{array}{l} p_1 x^{n-1} + p_2 x^{n-2} + \ldots\ldots + \ldots\ldots + p_n - y = 0 \\ q_1 x^{n-1} + q_2 x^{n-2} + \ldots\ldots + (q_{n-1} - y) x + q_n = 0 \\ \ldots\ldots\ldots\ldots\ldots\ldots\ldots\ldots\ldots\ldots \\ \ldots\ldots\ldots\ldots\ldots\ldots\ldots\ldots\ldots\ldots \\ (u_1 - y) x^{n-1} + u_2 x^{n-2} + \ldots\ldots + \ldots\ldots + u_n = 0 \end{array}$$

On en déduit aisément que l'équation cherchée est la suivante.

$$\begin{vmatrix} p_1 & p_2 \ldots\ldots p_{n-1} & p_n - y \\ q_1 & q_2 \ldots\ldots q_{n-1} - y & q_n \\ \ldots & \ldots\ldots\ldots\ldots & \ldots \\ \ldots & \ldots\ldots\ldots\ldots & \ldots \\ u_1 - y & u_2 \qquad u_{n-1} & u_n \end{vmatrix} = 0$$

**10. Exemple.** — Soit l'équation

$$x^3 - 5x^2 + 6x - 1 = 0.$$

on fait la substitution

$$y = x^2 - 4x + 4.$$

De cette dernière équation on tire

$$xy = x^3 - 4x^2 + 4x$$

ou, en tenant compte de la proposée

$$xy = x^2 - 2x + 1.$$

Il suffit d'éliminer $x$ entre les deux équations

$$\begin{array}{c} x^2 - 4x + 4 - y = 0 \\ x^2 - (y + 2) x + 1 = 0. \end{array}$$

L'équation demandée est donc la suivante :

$$(y - 3)^2 + (y - 2)(y^2 - 6y + 4) = 0$$

ou

$$y^3 - 5y^2 + 6y - 1 = 0$$

on retrouve ainsi l'équation proposée; cette équation n'est pas altérée par la substitution employée.

**11.** Reprenons le problème général. On donne l'équation

$$A_0 x^n + A_1 x^{n-1} + \dots + A_n = 0 \qquad (1)$$

et l'on fait la substitution

$$y = B_0 + B_1 x + \dots + B_p x^p + \dots + B_{n-1} x^{n-1} \qquad (2)$$

L'équation transformée étant déterminée, soit

$$y^n + C_1 y^{n-1} + C_2 y^{n-2} + \dots + C_n = 0 \qquad (3)$$

cette équation; si l'on remplace $B_p$ par $B_p + h$, en désignant par $x$ l'une des racines de l'équation (1), la valeur de $y$ déterminée par l'équation (2) deviendra $y + hx^p$; d'ailleurs les coefficients $C_1$, $C_2$..... $C_n$ qui sont des fonctions de $B_0$, $B_1$... $B_{n-1}$ seront remplacés respectivement par $C'_1$, $C'_2$... ... $C'_m$, et l'on aura

$$C'_1 = C_1 + h\frac{\partial C_1}{\partial B_p} + \dots..$$

$$C'_2 = C_2 + h\frac{\partial C_2}{\partial B_p} + \dots..$$

. . . . . . . . . . . . . .

. . . . . . . . . . . . . .

de sorte que l'on aura identiquement, quel que soit $h$ :

$$(y + hx^p)^n + \left(C_1 + h\frac{\partial C_1}{\partial B_p} + \dots\right)(y + hx^p)^{n-1} + \dots + \left(C_n + h\frac{\partial C_n}{\partial B_p} + \dots\right) = 0$$

Les coefficients des différentes puissances de $h$ doivent être nuls; on aura donc en égalant à zéro le coefficient de $h$, une équation du premier degré en $x^p$; donc $x^p$ s'exprime rationnellement en fonction de $y$; en particulier *$x$ est une fonction rationnelle de $y$*.

On trouve aisément :

$$x^p\left(ny^{n-1} + (n-1)C_1 y^{n-2} + \dots + C_{n-1}\right) + y^{n-1}\frac{\partial C_1}{\partial B_p} + y^{n-2}\frac{\partial C_2}{\partial B_p} + \dots + \frac{\partial C_n}{\partial B_p} = 0$$

Si l'on pose

$$F(y) = y^n + C_1 y^{n-1} + \dots.. + C_n$$

on peut écrire

$$x^p = -\frac{\dfrac{\partial F(y)}{\partial B_p}}{F'(y)}$$

et en particulier

$$x = -\frac{\frac{\partial F(y)}{\partial B_1}}{F'(y)}$$

ÉQUATIONS AUX CARRÉS, AUX CUBES, ..... AUX PUISSANCES $p$ DES RACINES D'UNE ÉQUATION DONNÉE.

**12. 1° Équation aux carrés des racines.** — Étant donnée l'équation $f(x) = 0$, on se propose de former l'équation qui a pour racines les carrés des racines de la proposée. Il suffit pour cela d'éliminer $x$ entre l'équation proposée et l'équation

$$x^2 - y = 0.$$

On peut mettre $f(x)$ sous la forme suivante :

$$f(x) \equiv \varphi(x^2) + x\psi(x^2)$$

$\varphi(x^2)$ et $\psi(x^2)$ étant des polynomes entiers par rapport à $x^2$; par suite, on doit éliminer $x$ entre les équations

$$\varphi(y) + x\psi(y) = 0 \quad \text{et} \quad x^2 - y = 0.$$

On obtient ainsi

$$[\varphi(y)]^2 - y[\psi(y)]^2 = 0$$

On parvient au même résultat de la manière suivante.

Soient $a$, $b$, $c$ ..... $l$ les racines de l'équation proposée :

$$f(x) \equiv A_0(x-a)(x-b)\,.....\,(x-l)$$
$$f(-x) \equiv (-1)^n A_0(x+a)(x+b)\,.....\,(x+l)$$

donc

$$f(x)f(-x) \equiv (-1)^n A_0^2(x^2-a^2)(x^2-b^2)\,.....\,(x^2-l^2)$$

Il en résulte que le produit $f(x)\,.\,f(-x)$ est entier par rapport à $x^2$, et si l'on remplace $x^2$ par $y$, on obtiendra, à un facteur numérique près,

$$(y-a^2)(y-b^2)\,.....\,(y-l^2)$$

c'est-à-dire précisément le premier membre de l'équation aux carrés des racines de la proposée.

**13. Application.** — Reprenons la question traitée au numéro **10**. On donne l'équation

$$x^3 - 5x^2 + 6x - 1 = 0$$

et l'on fait la substitution

$$y = x^2 - 4x + 4.$$

Si l'on pose

$$x = 2 + z$$

on a

$$y = z^2 ;$$

l'équation proposée devient :

$$z^3 + z^2 - 2z - 1 = 0.$$

L'équation cherchée ne diffère pas de l'équation aux carrés des racines de l'équation en $z$. Par suite, en suivant la règle que nous avons trouvée on écrit :

$$z(z^2 - 2) + z^2 - 1 = 0$$

ce qui donne immédiatement

$$y(y - 2)^2 - (y - 1)^2 = 0$$

ou

$$y^3 - 5y^2 + 6y - 1 = 0.$$

**14. Équation aux cubes des racines.** — On peut mettre le polynome $f(x)$ sous la forme :

$$f(x) \equiv \varphi(x^3) + x\,\varphi_1(x^3) + x^2\,\varphi_2(x^3) \qquad (1)$$

en désignant par $\varphi(x^3)$, $\varphi_1(x^3)$, $\varphi_2(x^3)$ des polynomes entiers en $x^3$. On aura l'équation demandée en éliminant $x$ entre l'équation $f(x) = 0$ et l'équation

$$x^3 - y = 0 \qquad (2)$$

ou entre cette dernière et l'équation

$$x^2\,\varphi_2(y) + x\,\varphi_1(y) + \varphi(y) = 0. \qquad (3)$$

On déduit de celle-ci, en tenant compte de l'équation (2) :

$$y\,\varphi_2(y) + x^2\,\varphi_1(y) + x\,\varphi(y) = 0 \qquad (4)$$

$$xy\,\varphi_2(y) + y\,\varphi_1(y) + x^2\varphi(y) = 0 \qquad (5)$$

Donc si $x$ désigne une racine de $f(x) = 0$, les équations (3), (4), (5), dans lesquelles on regarde $x$ et $x^2$ comme les inconnues, sont compatibles; par suite :

$$\begin{vmatrix} \varphi_2(y) & \varphi_1(y) & \varphi(y) \\ \varphi_1(y) & \varphi(y) & y\varphi_2(y) \\ \varphi(y) & y\varphi_2(y) & y\varphi_1(y) \end{vmatrix} = 0$$

ou en développant

$$\varphi^3(y) + y^2\varphi_3^2(y) + y\varphi_1^3(y) - 3y\varphi(y)\varphi_1(y)\varphi_2(y) = 0.$$

On peut arriver autrement à cette équation : si l'on considère le produit

$$f(x)f(\alpha x)f(\alpha^2 x)$$

où $\alpha$ désigne l'une des racines cubiques imaginaires de l'unité, à un facteur $x - a$ de $f(x)$, correspond dans le produit précédent, le produit

$$(x - a)(\alpha x - a)(\alpha^2 x - a)$$

ou :

$$(x - a)(x - a\alpha)(x - a\alpha^2)$$

ou encore

$$x^3 - \alpha^3.$$

Donc le produit $f(x).f(\alpha x).f(\alpha^2 x)$ est égal à un polynome entier en $x^3$ et en remplaçant $x^3$ par $y$, on aura le premier membre de l'équation cherchée.

Or :

$$\begin{aligned} f(x) &\equiv x^2\varphi_2(y) + x\varphi_1(y) + \varphi(y) \\ f(\alpha x) &\equiv \alpha^2 x^2\varphi_2(y) + \alpha x\varphi_1(y) + \varphi(y) \\ f(\alpha^2 x) &\equiv \alpha x^2\varphi_2(y) + \alpha^2 x\varphi_1(y) + \varphi(y) \end{aligned}$$

par suite, on trouve

$$f(x)f(\alpha x)f(\alpha^2 x) \equiv \varphi^3(y) + y\varphi_1^3(y) + y^2\varphi_2^3(y) - 3y\varphi_1(y)\varphi_2(y)\varphi_3(y)$$

en observant que

$$u^3 + v^3 + w^3 - 3uvw \equiv (u + v + w)(u + \alpha v + \alpha^2 w)(u + \alpha^2 u + \alpha w).$$

**15**. On démontre de la même façon que l'on obtient l'équation aux puissances $p^{es}$ des racines de $f(x)=0$, en formant le produit

$$f(x)\,f(\alpha x)\,f(\alpha^2 x)\,\ldots\ldots\,f(\alpha^p x)$$

où $\alpha$ désigne une racine $p^e$ *primitive* de l'unité. Ce produit est un polynome entier en $x^p$, $F(x^p)$; l'équation demandée est

$$F(y)=0,$$

ou, ce qui revient au même :

$$F(x)=0$$

**16. Remarque.** — Si l'on demande l'équation ayant pour racines, les racines $p^{es}$ des racines de l'équation $f(x)=0$, il faudra éliminer $x$ entre les équations

$$f(x)=0, \quad x-y^p=0$$

donc l'équation transformée s'obtient immédiatement en remplaçant dans $f(x)$, $x$ par $x^p$; soit :

$$f(x^p)=0$$

TRANSFORMATIONS A DEUX RACINES

**17. Problème.** — *Étant donnée une équation* $f(x)=0$, *former l'équation qui a pour racines toutes les valeurs que prend une fonction rationnelle donnée* $\varphi(x, z)$ *quand on y remplace, de toutes les manières possibles,* $x$ *et* $z$ *par deux racines distinctes de l'équation proposée* (en supposant que cette équation n'ait pas de racines égales).

1er *Cas. La fonction* $\varphi(x, z)$ *n'est pas symétrique.*

Soit, pour préciser, $\varphi(x, z)\equiv\frac{\psi(x, z)}{\theta(x, z)}$ et considérons deux racines $a$, $b$ de l'équation proposée; posons

$$\varphi(a, b)=\beta,$$

d'où :

$$\beta.\theta(a, b)-\psi(a, b)=0.$$

Les équations

$$f(x)=0, \quad \beta.\theta(x, b)-\psi(x, b)=0$$

ont au moins une racine commune $a$; donc le résultant des deux polynomes $f(x)$ et $\beta.\theta(x, b) - \psi(x, b)$ est nul. Ce résultant est un polynome entier et de degré $n$ par rapport aux coefficients de $\beta\theta(x, b) - \psi(x, b)$, et par suite de degré $n$ par rapport à la lettre $\beta$, $n$ désignant le degré de $f(x)$; soit $R(\beta, b)$ ce résultant. On a :

$$R(\beta, b) = 0$$

Les équations

$$R(\beta, z) = 0, \qquad f(z) = 0$$

ont au moins une racine commune $b$; donc le résultant des polynomes $R(\beta, z)$ et $f(z)$, est nul; ce résultant, que nous désignerons par $F(\beta)$ est du degré $n$ par rapport aux coefficients de $R(\beta, z)$, or ces coefficients contiennent $\beta$ au degré $n$ au plus; donc $F(\beta)$ sera du degré $n^2$ au plus par rapport à $\beta$; donc enfin $\beta$ est racine de l'équation de degré $n^2$

$$F(y) = 0.$$

*Réciproquement*, soit $\beta$ une racine de cette équation. $F(\beta)$ étant nul, les équations

$$R(\beta, z) = 0, \qquad f(z) = 0$$

ont au moins une racine commune; soit $b$ cette racine, de sorte que $R(\beta, b) = 0$; mais $R(\beta, b)$ étant le résultant des polynomes $f(x)$ et $\beta.\theta(x, b) - \psi(x, b)$, les équations

$$f(x) = 0, \qquad \beta.\theta(x, b) - \psi(x, b) = 0$$

ont au moins une racine commune; soit $a$ cette racine. On a

$$\beta.\theta(a, b) - \psi(a, b) = 0$$

ou

$$\beta = \varphi(a, b)$$

et

$$f(a) = 0, \qquad f(b) = 0$$

Rien ne prouve que les racines $a$ et $b$ soient différentes; par conséquent l'équation

$$F(y) = 0$$

est trop générale, elle a pour racines non seulement les valeurs que prend la fonction $\varphi(x, z)$ quand on remplace $x$ et $z$ par deux racines différentes, mais elle a encore pour racines toutes les valeurs que prend la fonction $\varphi(x, x)$ quand on y remplace $x$ par toutes les racines de $f(x)=0$.

Effectivement si l'on pose $y=\varphi(x, z)$, les différentes valeurs de $y$ correspondent à tous les arrangements que l'on peut former avec les $n$ racines prises deux à deux; le nombre de ces valeurs sera donc égal à $n(n-1)$; si l'on considère en outre les $n$ valeurs obtenues en supposant $x$ et $z$ remplacés par une même racine on aura en tout $n(n-1)+n$ ou $n^2$ valeurs de $y$.

On peut modifier la méthode précédente de manière à obtenir une équation débarrassée des $n$ solutions étrangères dont il vient d'être question.

Remarquons d'abord que la méthode suivie revient à éliminer $x$ et $z$, entre les trois équations

$$f(x)=0, \qquad f(z)=0, \qquad y-\varphi(x, z)=0. \qquad (1)$$

Or le système de ces trois équations est évidemment équivalent au système suivant :

$$f(x)=0, \qquad f(x)-f(z)=0, \qquad y-\varphi(x, z)=0.$$

Le polynome $f(x)-f(z)$ est divisible par $x-z$, et l'on peut écrire :

$$f(x)-f(z) \equiv \frac{f(x)-f(z)}{x-z}(x-z)$$

$\dfrac{f(x)-f(z)}{x-z}$ étant un polynome entier à la fois par rapport à $x$ et à $z$, de sorte que le système précédent se décompose en deux autres et que l'on peut considérer d'abord le système.

$$f(x)=0, \quad x-z=0, \quad y-\varphi(x, z)=0$$

qui équivaut à celui-ci

$$f(x)=0, \quad y=\varphi(x, x)$$

et qui donne pour $y$ précisément $n$ solutions étrangères; et en second lieu, le système

$$f(z)=0, \qquad \frac{f(x)-f(z)}{x-z}=0, \qquad y=\varphi(x, z). \qquad (2)$$

Or on a identiquement :

$$\frac{f(x)-f(z)}{x-z}=f'(z)+\frac{x-z}{1.2}f''(z)+\frac{(x-z)^2}{1.2.3}f'''(z)+\ldots+\frac{(x-z)^{n-1}}{1.2\ldots n}f^{(n)}(z);$$

il en résulte qu'on ne peut plus supposer que $x$ et $z$ prennent des valeurs égales, car on aurait alors en même temps $f(z)=0$, $f'(z)=0$, et par suite l'équation proposée aurait au moins une racine double, ce qui est contraire à notre hypothèse.

On obtiendra donc l'équation demandée *sans solutions étrangères*, en éliminant $x$ et $z$ entre les équations (2); il suffit pour s'en assurer de reprendre le raisonnement déjà fait plus haut.

**18.** 2^me^ *Cas*. La fonction $\varphi(x, z)$ est symétrique.

Dans cette hypothèse, si $a$ et $b$ sont deux racines quelconques de l'équation $f(x)=0$, on a

$$\varphi(a, b)=\varphi(b, a);$$

il en résulte que $y$ n'aura plus qu'un nombre de valeurs distinctes égal au nombre des combinaisons des $n$ racines deux à deux, soit $\frac{n(n-1)}{2}$. Si l'on emploie la méthode générale, on obtiendra pour le résultant final un polynome qui sera carré parfait. Pour bien établir ce point, supposons d'abord que $\varphi(x, z)$ ne soit pas symétrique, mais devienne symétrique quand on donne à quelques coefficients des valeurs particulières; alors on obtiendra d'abord une équation en $y$ dont les racines sont inégales; mais quand $\varphi(x, z)$ deviendra symétrique, ces racines deviendront égales deux à deux. Par exemple si $\varphi(x, z)\equiv x+z$; on peut d'abord poser $y=x+\alpha z$ et supposer que $\alpha$ tende vers 1.

Mais on peut souvent modifier la méthode générale de manière à ne pas obtenir le résultant final sous forme de carré parfait. En effet, soient $a$ et $b$ deux racines distinctes de l'équation $f(x)=0$; si l'on suit la première méthode, on exprime d'abord que les équations

$$\beta-\varphi(x, b)=0, \qquad f(x)=0$$

ont une racine commune, ce qui donne

$$R(\beta, b)=0$$

et l'on élimine ensuite $z$ entre les équations

$$R(\beta, z)=0 \qquad f(z)=0.$$

Ces deux équations ont une racine commune $b$. Or on peut procéder en ordre inverse; les équations

$$\beta - \varphi(a, x) = 0, \quad f(z) = 0$$

ont une racine commune $b$; donc leur résultant est nul; or je dis que ce résultant est $R(\beta, a)$. En effet, la fonction $\varphi(x, z)$ étant symétrique et par suite égale au quotient de deux polynomes symétriques $\psi(x, z)$, $\theta(x, z)$, le résultant des polynomes entiers en $x$,

$$f(x) \text{ et } y.\theta(x, z) - \psi(x, z)$$

est le même que celui des polynomes en $z$

$$f(z) \text{ et } y.\theta(x, z) - \psi(x, z).$$

On en conclut que les équations

$$R(\beta, x) = 0, \quad f(x) = 0$$

ont deux racines communes $a$, $b$. Par suite, si l'on peut ramener la question à l'élimination d'une inconnue entre deux équations du second degré, on écrira que ces deux équations ont leurs coefficients proportionnels.

Si l'on remarque que le polynome $\frac{f(x) - f(z)}{x - z}$ est symétrique par rapport à $x$ et $z$, on verra aisément que ce que nous venons de dire s'applique à la seconde méthode.

## APPLICATIONS

**19. Équation aux différences.** — *Soit donnée une équation de degré $n$, $f(x) = 0$. On demande de former l'équation qui admet pour racines toutes les différences des racines de la proposée, prises deux à deux.*

Si l'on pose $y = x - z$, en désignant par $a$ et $b$ deux racines distinctes de l'équation proposée, on aura deux valeurs de $y$ en posant $x = a$, $z = b$ et ensuite $x = b$, $z = a$; ces valeurs

$$y' = a - b, \quad y'' = b - a$$

sont égales et de signes contraires. On obtiendra ainsi $n(n-1)$ valeurs distinctes en général, et deux à deux égales et de signes contraires, de sorte que, après avoir formé l'équation en $y$, en posant $y^2 = t$ on obtiendra une équation de degré $\frac{n(n-1)}{2}$ qui aura pour racines les *carrés* des différences des racines de la proposée, prises deux à deux; cette équation a été nommée *l'équation aux carrés des différences* relative à l'équation proposée.

Pour former cette équation, nous considérons le système

$$y = x - z, \quad f(z) = 0, \quad f'(z) + \frac{x-z}{1.2} f''(z) + \frac{(x-z)^2}{1.2.3} f'''(z) + \ldots = 0$$

il suffit donc d'éliminer $z$ entre les équations

$$f(z) = 0, \quad f'(z) + \frac{y}{1.2} f''(z) + \frac{y^2}{1.2.3} f'''(z) + \ldots + \frac{y^{n-1}}{1.2\ldots n} f^{(n)}(z) = 0$$

**20. Exemple.** — Soit l'équation

$$x^3 + px + q = 0; \tag{1}$$

remplaçons $x$ par $z$, on obtient :

$$z^3 + pz + q = 0. \tag{2}$$

Retranchant membre à membre, et divisant par $x - z$,

$$x^2 + zx + z^2 + p = 0;$$

remplaçons dans cette dernière $x$ par $y + z$; il vient :

$$3z^2 + 3yz + y^2 + p = 0. \tag{3}$$

Il ne reste plus qu'à éliminer $z$ entre les équations (2) et (3). On peut remplacer l'équation (2) par la suivante :

$$z(3z^2 + 3yz + y^2 + p) - 3(z^3 + pz + q) = 0,$$

ou en simplifiant :

$$3yz^2 + (y^2 - 2p)z - 3q = 0. \tag{4}$$

En éliminant $z$ entre les deux équations du second degré (3) et (4), on obtient

$$3[y(y^2 + p) + 3q]^2 - 2(y^2 + p)[(y^2 + p)(y^2 - 2p) + 9qy] = 0;$$

en simplifiant et posant $y^2 = x$, on obtient :

$$x^3 + 6px^2 + 9p^2x + 4p^3 + 27q^2 = 0.$$

**21. Équations aux sommes des racines prises deux à deux.** — Soit $f(x)=0$ l'équation proposée, de degré $n$.

On pose

$$y=x+z, \qquad \frac{f(x)-f(z)}{x-z}=0, \qquad f(z)=0$$

et l'on élimine $x$ et $z$ entre ces trois équations. Le nombre de valeurs distinctes de $y$ est $\frac{n(n-1)}{2}$; l'équation finale devra donc être de degré $\frac{n(n-1)}{2}$.

Considérons par exemple une équation du 4e degré

$$f(x) \equiv x^4+ax^3+bx^2+cx+d=0.$$

On a :

$$f(z) \equiv z^4+az^3+bz^2+cz+d$$

$$\frac{f(x)-f(z)}{x-z} \equiv x^3+x^2z+xz^2+z^3+a(x^2+xz+z^2)+b(x+z)+c.$$

$$\equiv (x+z)(x^2+z^2)+a(x^2+z^2+xz)+b(x+z)+c$$

ou, en posant $x+z=y$,

$$\frac{f(x)-f(z)}{x-z} \equiv z^2(2y+a)-zy(2y+a)+y^3+ay^2+by+c.$$

Il reste à éliminer $z$ entre les deux équations

$$z^4+az^3+bz^2+cz+d=0 \qquad (1)$$

$$z^2(2y+a)-zy(2y+a)+y^3+ay^2+by+c=0. \qquad (2)$$

En général $2y+a$ sera différent de zéro, car supposer $y=-\frac{a}{2}$ c'est supposer que la somme de deux des racines puisse être égale à la somme des deux autres, puisque la somme des quatre racines est égale à $-a$. D'après cela, multiplions le premier membre de l'équation (1) par $2y+a$ et le premier membre de l'équation (2) par $-z^2$ et ajoutons. Il vient :

$$(a+y)(2y+a)z^3+[b(2y+a)-y^3-ay^2-by-c]z^2$$
$$+(2y+a)cz+(2y+a)d=0,$$

Enfin, en remarquant qu'on n'a pas non plus, en général, $y=-a$;

multiplions l'équation (2) par $z(a+y)$ et retranchons de la précédente. On obtient :

$$z^2[b(2y+a)-y^3-ay^2-by-c+y(y+a)(2y+a)]$$
$$+[(2y+a)c-(a+y)(y^3+ay^2+by+c)]z+(2y+a)d=0$$

ou en simplifiant

$$z^2[y^3+2ay^2+(b+a^2)y+ab-c]$$
$$-zy[y^3+2ay^2+(b+a^2)y+ab-c]+(2y+a)d=0 \qquad (3)$$

Le résultant des deux équations du second degré (2) et (3), est

$$[(2y+a)^2d-(y^3+ay^2+by+c)[y^3+2ay^2+(b+a^2)y+ab-c]]^2=0.$$

Mais si l'on écrit que les deux équations sont identiques, ce qui revient d'ailleurs à éliminer $z^2-zy$, on obtient simplement

$$(2y+a)^2d-(y^3+ay^2+by+c)[y^3+2ay^2+(b+a^2)y+b+a^2)y+ab-c]=0.$$

Nous obtiendrons cette équation d'une manière plus simple, par une autre méthode.

## AUTRES MÉTHODES.

**22. Équations aux demi-sommes et aux demi-différences.** Dans le polynome $f(x)$ de degré $n$, remplaçons $x$ par $y+z$; on obtient un polynome de degré $n$ par rapport à $y$ et $z$, qu'on peut mettre sous la forme suivante :

$$f(y+z)=\varphi(y,z^2)+z\,\psi(y,z^2)$$

On en déduit :

$$f(y-z)=\varphi(y,z^2)-z\,\psi(y,z^2)$$

Cela posé, si $a$ et $b$ sont deux racines de l'équation $f(x)=0$, on peut déterminer $y$ et $z$ par les conditions

$$y+z=a \quad y-z=b$$

d'où

$$y=\frac{a+b}{2} \qquad z=\frac{a-b}{2};$$

ces valeurs de $y$ et de $z$ vérifient les équations

$$\varphi(y,z^2)+z\,\psi(y,z^2)=0$$
$$\varphi(y,z^2)-z\,\psi(y,z^2)=0$$

et par suite, si l'on suppose $a - b$ différent de zéro, ou, ce qui est la même chose, si $z$ est différent de zéro :

$$\varphi(y, z^2) = 0, \quad \psi(y, z^2) = 0.$$

*Réciproquement*, si l'on résout ce système, à toute solution $(y, z)$ correspondent deux racines $y + z$, $y - z$ de l'équation $f(x) = 0$. Je dis de plus que si l'équation $f(x) = 0$ n'a pas de racines égales, on ne peut supposer $z = 0$; en effet, on aurait alors pour une valeur convenablement choisie de $y$,

$$\varphi(y, o) = 0 \quad \psi(y, o) = 0$$

mais

$$\varphi(y, z^2) = f(y) + \frac{z^2}{1.2} f''(y) + \ldots$$

$$\psi(y, z^2) = f'(y) + \frac{z^2}{1.2.3} f'''(y) + \ldots$$

par suite

$$\varphi(y, o) = f(y) \quad \psi(y, o) = f'(y)$$

on aurait donc à la fois

$$f(y) = 0, \quad f'(y) = 0$$

ce qui ne peut avoir lieu, puisque l'équation $f(x) = 0$ n'a, par hypothèse, que des racines simples.

En résumé, si l'on résout le système d'équations

$$\varphi(y, z^2) = 0, \quad \psi(y, z^2) = 0$$

les valeurs de $y$ seront les demi-sommes, et les valeurs de $z$ les demi-différences des racines de l'équation $f(x) = 0$ prises deux à deux. En posant $z^2 = t$, si l'on élimine $t$ entre les équations

$$\varphi(y, t) = 0, \quad \psi(y, t) = 0,$$

on obtiendra l'équation aux demi-sommes; si au contraire on élimine $y$ on aura l'équation aux carrés des demi-différences. On en déduira facilement l'équation aux sommes et l'équation aux carrés des différences.

**Exemple.** — Soit l'équation

$$x^4 + ax^3 + bx^2 + cx + d = 0$$

on formera les équations

$$\varphi(y, z^2) = y^4 + 6y^2z^2 + z^4 + a(y^3 + 3yz^2) + b(y^2 + z^2) + cy + d = 0$$
$$\psi(y, z^2) = 4y^3 + 4yz^2 + a(3y^2 + z^2) + 2by + c = 0.$$

La seconde de ces équations est du premier degré par rapport à $z^2$; on éliminera sans difficulté $z^2$ et l'on aura l'équation aux demi-sommes. En éliminant $y$ on aura l'équation aux carrés des demi-différences.

**23. Équations aux sommes ou aux produits des racines prises deux à deux.** — Soient $a$ et $b$ deux racines de l'équation $f(x) = 0$. Le polynome $f(x)$ est divisible par

$$x^2 - (a + b)x + ab.$$

Réciproquement si

$$x^2 - xy + z$$

divise $f(x)$, l'équation $f(x) = 0$ a pour racines les deux racines de l'équation

$$x^2 - xy + z = 0$$

c'est-à-dire deux racines ayant pour somme $y$ et pour produit $z$.

Il en résulte que si l'on pousse la division de $f(x)$ par $x^2 - xy + z$ jusqu'à ce que l'on obtienne un reste du premier degré qui sera de la forme :

$$x\varphi(y, z) + \psi(y, z)$$

on exprimera que deux racines de $f(x) = 0$ ont pour somme $y'$ et pour produit $z'$, en écrivant que

$$y = y', \quad z = z'$$

représentent une solution du système

$$\varphi(y, z) = 0 \quad \psi(y, z) = 0$$

et réciproquement. On aura donc l'équation aux *sommes* en éliminant $z$ entre ces deux équations et l'équation *aux produits* en éliminant $y$.

24. **Application**. — Soit

$$f(x) = x^4 + nx^3 + px^2 + qx + r = 0$$

on trouve, en faisant la division :

$$x^4 + nx^3 + px^2 + qx + r = (x^2 - xy + z)[x^2 + (y + n)x + y^2 + ny + p - z]$$
$$+ \{q - z(y + n) + y[y(y + n) + p - z]\}x + r - z[y(y + n) + p - z].$$

Nous sommes aussi conduits aux deux équations :

$$q - z(y + n) + y[y^2 + ny + p - z] = 0 \qquad (1)$$
$$r - z[y^2 + ny + p - z] = 0. \qquad (2)$$

Pour former l'équation aux produits, par exemple, il faut éliminer $y$ entre ces deux équations; or la seconde donne :

$$y^2 + ny + p - z = \frac{r}{z},$$

en substituant dans la première, on obtient :

$$q - z(y + n) + \frac{ry}{z} = 0$$

d'où :

$$y = \frac{q - nz}{z - \frac{r}{z}}.$$

L'équation cherchée est donc la suivante :

$$(q - nz)^2 + n(q - nz)\left(z - \frac{r}{z}\right) + \left(p - z - \frac{r}{z}\right)\left(z - \frac{r}{z}\right)^2 = 0$$

ou

$$q^2 + n^2 r - nq\left(z + \frac{r}{z}\right) + \left(p - z - \frac{r}{z}\right)\left[\left(z + \frac{r}{z}\right)^2 - 4r\right] = 0.$$

Par suite, si l'on pose

$$z + \frac{r}{z} = t$$

on obtient l'équation :

$$t^3 - p.\, t^2 + (nq - 4r)\, t - [r(n^2 - 4p) + q^2] = 0. \qquad (3)$$

Si l'on désigne par $a$, $b$, $c$, $d$ les quatre racines de l'équation $f(x) = 0$, en remarquant que

$$abcd = r$$

on reconnaît immédiatement que les racines de l'équation (3) sont égales aux trois sommes suivantes :

$$ab + cd, \quad ac + bd, \quad ad + bc.$$

Formons maintenant l'équation aux sommes des racines deux à deux; on l'obtiendra en éliminant $z$ entre les équations (1) et (2). Si l'on ordonne ces équations par rapport à $z$, on trouve :

$$z(2y + n) - (y^3 + ny^2 + py + q) = 0,$$
$$z^2 - z(y^2 + ny + p) + r = 0.$$

L'équation cherchée est donc :

$$(y^3 + ny^2 + py + q)^2 - (2y + n)(y^2 + ny + p)(y^3 + ny^2 + py + q) + r(2y + n)^2 = 0. \quad (4)$$

Cette équation est du 6e degré; mais on a

$$a + b + c + d = -n$$

par suite, si l'on pose

$$a + b = y', \quad c + d = y''$$

on a

$$y' + y'' = -n.$$

Les racines de l'équation (4) ont donc, deux à deux, pour somme $-n$; si l'on pose

$$y = -\frac{n}{2} + \theta,$$

on aura, en appelant $\theta'$ et $\theta''$ les valeurs de $\theta$ correspondant à $y'$ et à $y''$ :

$$y' = -\frac{n}{2} + \theta', \quad y'' = -\frac{n}{2} + \theta'' :$$

donc

$$\theta' + \theta'' = 0,$$

par suite l'équation en $\theta$ ayant ses racines deux à deux égales et de signes contraires, on aura une équation du troisième degré en $\theta^2$.

On peut former commodément l'équation en $\theta$, en partant de l'équation (3).

En effet, l'équation (2) donne

$$z + \frac{r}{z} = y^2 + ny + p = \left(y + \frac{n}{2}\right)^2 + p - \frac{n^2}{4} = \theta^2 + p - \frac{n^2}{4},$$

donc

$$t = \theta^2 + p - \frac{n^3}{4},$$

ou, en posant $\theta^2 = \tau$,

$$t = \tau + p - \frac{n^2}{4}.$$

Les valeurs de $\tau$ se déduisent donc immédiatement de celles de $t$.

Si l'on désigne par $x_1, x_2, x_3, x_4$, les racines de l'équation $f(x) = 0$, on a vu que la fonction

$$x_1 x_2 + x_3 x_4$$

n'a que trois valeurs. La fonction suivante

$$x_1 + x_2 - x_3 - x_4$$

en a six, deux à deux égales et de signes contraires. Or

$$x_1 + x_2 + x_3 + x_4 = -n,$$

donc

$$x_1 + x_2 - x_3 - x_4 = 2(x_1 + x_2) + n$$

il résulte de là que les valeurs de $x_1 + x_2 - x_3 - x_4$ sont précisément les valeurs de $2\theta$. En posant

$$x_1 + x_2 - x_3 - x_4 = u,$$

on a

$$t = \frac{u^2 - n^2}{4} + p.$$

Si l'on pose $u^2 = v$, on trouve, en remplaçant dans l'équation (3) $t$ par

$$\frac{v - n^2 + 4p}{4} :$$

$$v^3 - (3n^2 - 8p)v^2 + (3n^4 - 16n^2p + 16p^2 + 16nq - 64r)v - (n^3 - 4np + 8q)^2 = 0. \quad (5)$$

Les équations (3), (4), (5) permettent de ramener la résolution de l'équation du 4e degré à la résolution d'une équation du 3e degré. En effet, la résolution de l'équation (3) entraine, comme nous l'avons vu, celle de l'équation (4); si l'on connait la somme de deux racines, on sait ramener la résolution de l'équation du 4e degré à celles de deux équations du second degré (IX, 18).

Si l'on connaît une racine de l'équation (3), on peut encore diriger ainsi le calcul : Soit $t$ cette racine, posons

$$x_1 x_2 + x_3 x_4 = t,$$

comme on a

$$x_1 x_2 \cdot x_3 x_4 = r,$$

on aura $x_1 x_2$ et $x_3 x_4$, par une équation du second degré,

$$\lambda^2 - t\lambda + r = 0.$$

Soient $\lambda'$ et $\lambda''$ les racines de cette équation.

On posera

$$x_1 x_2 = \lambda', \qquad x_3 x_4 = \lambda''.$$

Or,

$$x_1 x_2 x_3 + x_1 x_2 x_4 + x_1 x_3 x_4 + x_2 x_3 x_4 = -q,$$

donc

$$x_1 x_2 (x_3 + x_4) + x_3 x_4 (x_1 + x_2) = -q,$$

ou

$$\lambda' (x_3 + x_4) + \lambda'' (x_1 + x_2) = -q ;$$

mais

$$x_1 + x_2 + x_3 + x_4 = -n ;$$

on déduira de ces deux équations $x_1 + x_2$ et $x_3 + x_4$.

On connait donc $x_1 x_2$ et $x_1 + x_2$, par suite $x_1$ et $x_2$ sont racines d'une équation du second degré.

Pareillement, connaissant $x_3 x_4$ et $x_3 + x_4$, on déterminera $x_3$ et $x_4$ par une équation du second degré.

L'équation (5) résout aussi la question qui nous occupe. Si l'on désigne par $v_1$, $v_2$, $v_3$ les racines de cette équation, on peut poser :

$$\left.\begin{aligned} x_1 + x_2 - x_3 - x_4 &= \varepsilon \sqrt{v_1} \\ x_1 + x_3 - x_4 - x_2 &= \varepsilon' \sqrt{v_2} \\ x_1 + x_4 - x_2 - x_3 &= \varepsilon'' \sqrt{v_4} \end{aligned}\right\} \quad (6)$$

$\varepsilon$, $\varepsilon'$, $\varepsilon''$ étant égaux chacun à $\pm 1$.

Les signes des radicaux ne sont pas tout à fait indéterminés. En multipliant membre à membre ces équations on trouve, en désignant par $s_\alpha$ la somme des puissances $\alpha$ des racines de $f(x) = 0$, et par $S_\alpha$ la somme des produits $\alpha$ à $\alpha$ de ces mêmes racines,

$$\varepsilon\,\varepsilon'\,\varepsilon''\sqrt{v_1}\,.\,\sqrt{v_2}\,.\,\sqrt{v_3} = 2\,s_3 + 2\,S_3 - s_1\,s_2,$$

ou

$$\varepsilon\,\varepsilon'\,\varepsilon''\sqrt{v_1}\,.\,\sqrt{v_2}\,.\,\sqrt{v_3} = -n^3 + 4\,n\,p - 8\,q; \tag{7}$$

donc, si l'on donne à $\sqrt{v_1}$ et $\sqrt{v_2}$ des signes quelconques, le signe de $\sqrt{v_3}$ sera déterminé.

Aux équations (6) on associera l'équation

$$x_1 + x_2 + x_3 + x_4 = -n. \tag{8}$$

On déduit des équations (6) et (8), l'expression des quatre racines. En tenant compte de l'équation (7), on peut écrire :

$$x = \frac{-n + \varepsilon\sqrt{v_1} + \varepsilon'\sqrt{v_2} + \varepsilon''\sqrt{v_3}}{4}; \tag{9}$$

$\varepsilon''$ étant définie par l'équation (7), la formule (9) a quatre déterminations [1].

## ABAISSEMENT DES ÉQUATIONS

**25.** Soit $f(x) = 0$ une équation algébrique. Lorsque deux ou un plus grand nombre de racines sont liées par une relation telle que

$$\varphi(x, z) = 0, \tag{1}$$

on peut, en général, décomposer l'équation en plusieurs autres et par suite ramener la résolution de l'équation proposée à celle d'équations de degrés plus faibles; c'est ce que l'on nomme *abaisser* l'équation proposée.

Il est d'abord facile de s'assurer si l'équation admet des racines vérifiant la relation $\varphi(x, z) = 0$, lorsque $\varphi(x, z)$ est un polynome entier.

En effet, s'il en est ainsi, les équations

$$f(x) = 0, \qquad f(z) = 0, \qquad \varphi(x, z) = 0$$

ont des solutions communes. Si l'on élimine $x$ et $z$ entre ces trois équations, on obtiendra une relation entre les coefficients de $f(x)$ et de $\varphi(x, z)$, qui doit être vérifiée. S'il en est ainsi, l'équation proposée admet nécessairement deux ou plusieurs racines vérifiant la relation donnée.

1. Voir : J.-A. Serret, *Algèbre supérieure*. Tome II, p. 478 (4e édition).

Soient $a$ et $b$ deux racines de la proposée, vérifiant la relation (1); on a par hypothèse

$$\varphi(a, b) = 0.$$

Nous dirons que $a$ est une racine de *première espèce* et $b$ une racine de *seconde espèce*.

Nous allons former une équation ayant pour racines toutes les racines de première espèce.

Soient $a$ une racine de première espèce et $b$ une racine de seconde espèce associée à $a$, de sorte que

$$\varphi(a, b) = 0.$$

Les équations

$$f(z) = 0, \quad \varphi(a, z) = 0$$

ont au moins une racine commune $b$, donc le résultant des polynomes $f(z)$ et $\varphi(a, z)$ est nul. Ce résultant est un polynome entier par rapport à $a$, soit $R(a)$; donc puisque $R(a) = 0$, $a$ est racine de l'équation

$$R(x) = 0,$$

obtenue en éliminant $z$ entre les équations

$$\varphi(x, z) = 0, \quad f(z) = 0.$$

*Réciproquement, toute racine de l'équation* $f(x) = 0$ vérifiant en outre l'équation $R(x) = 0$, est une racine de première espèce. En effet, supposons

$$f(a) = 0, \quad R(a) = 0;$$

le résultant $R(a)$ des polynomes $f(x)$ et $\varphi(a, z)$ étant nul, les équations

$$f(z) = 0, \quad \varphi(a, z) = 0$$

ont au moins une racine commune; soit $b$ cette racine, de sorte que

$$f(a) = 0, \quad f(b) = 0, \quad \varphi(a, b) = 0;$$

$a$ est donc bien une racine de première espèce. Il convient de remarquer qu'il peut arriver que $b$ soit égal à $a$, mais cela n'infirme en rien les conclusions précédentes.

Cela posé, si $f_1(x)$ est le plus grand commun diviseur des polynomes $f(x)$ et $R(x)$, l'équation

$$f_1(x) = 0$$

donne les racines de première espèce.

Divisons $f(x)$ par $f_1(x)$ et soit

$$f(x) \equiv f_1(x)\,\psi(x).$$

Nous cherchons maintenant les racines de seconde espèce. Soient $a$, $b$ deux racines associées, $a$ étant de première espèce et $b$ de seconde espèce. On a

$$f_1(a) = 0, \qquad \varphi(a, b) = 0.$$

Les équations

$$f_1(x) = 0, \qquad \varphi(x, b) = 0$$

ont au moins une racine commune $a$, par suite leur résultant $R_1(b)$ est nul ; $b$ est donc une racine de l'équation

$$R_1(x) = 0 ;$$

on verra comme plus haut que toute racine commune aux équations

$$\psi(x) = 0, \qquad R_1(x) = 0$$

est une racine de seconde espèce ; on cherchera le plus grand commun diviseur $f_2(x)$ de $\psi(x)$ et de $R_1(x)$, et l'équation

$$f_2(x) = 0$$

donnera les racines de seconde espèce ; on aura ainsi

$$f(x) \equiv f_1(x) . f_2(x) . f_3(x),$$

en posant

$$\psi(x) \equiv f_2(x) . f_3(x).$$

La résolution de l'équation est ainsi ramenée à celle des équations

$$f_1(x) = 0, \qquad f_2(x) = 0, \qquad f_3(x) = 0.$$

**26. Cas particulier : la fonction $\varphi(x, z)$ est symétrique.** On procédera de la même manière que plus haut, seulement les deux premières espèces de racines sont confondues, car $\varphi(a, b)$ est identique à $\varphi(b, a)$. Par suite on obtiendra

$$f(x) \equiv f_1(x) . \psi(x).$$

L'équation

$$f_1(x) \equiv 0$$

donnera toutes les racines pouvant prendre la place de $x$ ou de $z$ dans la relation

$$\varphi(x, z) = 0.$$

**27. Remarque.** — Si à toute racine $a$ de l'équation proposée correspond une racine $b$ telle que l'on ait $\varphi(a, b) = 0$, le plus grand commun diviseur de $f(x)$ et de $R(x)$ sera le polynome $f(x)$ lui-même, et par conséquent la méthode ne réussira pas. Par exemple, si les racines se partagent en groupes de deux racines ayant une somme constante, de sorte que l'on ait toujours

$$x + z = s,$$

$x$ et $z$ désignant deux racines associées, on devrait chercher le plus grand commun diviseur de $f(x)$ et de $f(s - x)$; ce plus grand commun diviseur sera $f(x)$.

De même, si la relation $xz = h$ est vérifiée par toutes les racines associées deux à deux, le plus grand commun diviseur des polynomes $f(x)$ et $x^n f\left(\frac{h}{x}\right)$ sera $f(x)$. Le procédé d'abaissement que nous avons indiqué ne réussirait pas.

Néanmoins dans certains cas, en particulier dans les deux cas que nous venons d'indiquer, on peut trouver une méthode d'abaissement.

Considérons d'abord la relation

$$x + z = s.$$

Posons

$$x = \frac{s}{2} + t;$$

soit $a$ une racine de l'équation proposée; par hypothèse $s - a$ sera encore une racine; si l'on désigne par $t'$ et $t''$ les valeurs correspondantes de $t$, on a

$$a = \frac{s}{2} + t', \; s - a = \frac{s}{2} + t''$$

donc

$$t' + t'' = 0.$$

Par suite, à toute racine $t'$ de l'équation $f\left(\frac{s}{2} + t\right) = 0$ correspond une deuxième racine égale à $-t'$.

Il peut arriver que l'équation proposée ait un certain nombre de racines égales à $\frac{s}{2}$ ; dans ce cas la transformée en $t$ aura autant de de racines nulles; toutes les autres racines seront deux à deux égales et de signes contraires; de sorte que l'on aura identiquement

$$f(x) \equiv f\left(\frac{s}{2} + t\right) \equiv t^p \mathrm{F}(t^2).$$

La résolution de l'équation $f(x) = 0$ sera donc ramenée à celle de l'équation $\mathrm{F}(t^2) = 0$, ou, en posant $t^2 = u$, à celle de l'équation

$$\mathrm{F}(u) = 0;$$

donc l'équation proposée est susceptible d'abaissement.

Si une partie seulement des racines de l'équation proposée peuvent être associées deux à deux, de manière que la somme de deux racines conjuguées soit égale à $s$, on peut faire l'abaissement de la manière suivante. On pose comme plus haut :

$$x = \frac{s}{2} + t;$$

on obtient ainsi

$$f\left(\frac{s}{2} + t\right) \equiv \varphi(t^2) + t\psi(t^2),$$

d'où

$$f\left(\frac{s}{2} - t\right) \equiv \varphi(t^2) - t\psi(t^2).$$

Il y a au moins un groupe de deux racines $a$, $b$ de l'équation $f(x) = 0$ telles que les équations en $t$

$$\frac{s}{2} + t = a$$

$$\frac{s}{2} - t = b$$

aient une solution commune $t = t'$; on aura donc

$$\varphi(t'^2) + t'\psi(t'^2) = 0$$
$$\varphi(t'^2) - t'\psi(t'^2) = 0;$$

on en conclut

$$\varphi(t'^2) = 0, \qquad t'\psi(t'^2) = 0.$$

Nous supposerons l'équation proposée débarrassée préalablement, s'il y a lieu, des racines égales à $\frac{s}{2}$; on a donc $t' \neq 0$, par suite

$$\psi(t'^2) = 0.$$

Si donc on pose $t^2 = u$, les équations

$$\varphi(u) = 0 \qquad \psi(u) = 0$$

auront au moins une racine commune. On cherchera le plus grand commun diviseur de $\varphi(u)$ et $\psi(u)$, soit $\theta(u)$ ce plus grand commun diviseur. Si l'on sait résoudre l'équation $\theta(u) = 0$, à une racine $u'$ correspondront deux racines $a$ et $b$, ayant pour valeurs

$$\frac{s}{2} \pm \sqrt{u'}.$$

Donc la résolution de l'équation proposée sera ramenée à celle d'équations de degrés moindres.

Nous allons considérer maintenant les équations telles qu'à toute racine $a$ corresponde une racine égale à $\frac{h}{a}$. Ces équations forment une classe importante d'équations nommées *équations réciproques*.

## ÉQUATIONS RÉCIPROQUES

**28. Définition.** — On dit qu'une équation $f(x) = 0$ est *réciproque*, si à toute racine $a$ d'ordre $\alpha$ de multiplicité correspond une racine égale à $\frac{1}{a}$ et du même ordre de multiplicité. Il convient de remarquer que si $a = 1$, on a $\frac{1}{a} = 1$; de même si $a = -1$, on a encore $\frac{1}{a} = -1$. D'après cela, en ayant égard à l'identité

$$(x-a)\left(x-\frac{1}{a}\right) = x^2 - \left(a+\frac{1}{a}\right)x + 1,$$

on voit que le polynome réciproque le plus général sera de la forme

$$f(x) = A(x-1)^p(x+1)^q(x^2-z_1x+1)^\alpha(x^2-z_2x+1)^\beta \ldots\ldots (x^2-z_nx+1)^\lambda, \quad (1)$$

A étant une constante et $z_1$, $z_2$ ..... $z_n$ étant toutes les valeurs que prend la somme $x+\frac{1}{x}$, quand on remplace $x$ par les racines de l'équation $f(x)=0$ autres que 1 ou $-1$.

Réciproquement, si $f(x)$ est de la forme précédente, l'équation $f(x)=0$ est évidemment réciproque.

On déduit immédiatement de l'identité (1), $m$ étant le degré de $f(x)$,

$$x^m f\left(\frac{1}{x}\right) = (-1)^p . f(x). \quad (2)$$

On peut arriver d'une autre manière à cette conclusion. En effet, pour exprimer que l'équation

$$f(x) = 0$$

est réciproque, il suffit d'exprimer que les équations

$$f(x) = 0 \quad \text{et} \quad x^m f\left(\frac{1}{x}\right) = 0$$

sont équivalentes; par suite il faut et il suffit que l'on puisse trouver un nombre $\lambda$ tel que l'on ait identiquement :

$$x^m f\left(\frac{1}{x}\right) \equiv \lambda f(x).$$

Désignons par $x_0$ un nombre qui ne soit pas racine de l'équation proposée, de sorte que $\frac{1}{x_0}$ ne soit pas non plus racine; on aura les deux équations

$$x_0^m f\left(\frac{1}{x_0}\right) = \lambda f(x_0)$$

$$\left(\frac{1}{x_0}\right)^m . f(x_0) = \lambda f\left(\frac{1}{x_0}\right);$$

d'où l'on conclut, en remarquant que par hypothèse $f(x_0)$ et $f\left(\frac{1}{x_0}\right)$ sont différents de zéro :

$$\lambda^2 = 1.$$

Si l'équation n'admet pas de racine égale à 1 ni à $-1$, en remplaçant $x_0$ par 1, on aura :

$$f(1) = \lambda f(1),$$

d'où

$$\lambda = 1;$$

ensuite, en posant $x_0 = -1$, la même identité donne

$$(-1)^m . f(-1) = \lambda f(-1),$$

et comme on a trouvé que $\lambda$ est égal à 1, on en conclut $(-1)^m = 1$, et par suite $m$ doit être un nombre pair; ce qui est évident *a priori*, puisque l'équation n'ayant pas de racine égale à $\pm 1$, à chaque racine $a$ correspond une racine $\frac{1}{a}$ différente de $a$.

Il résulte de là que, 1° dans tous les cas, pour que $f(x)$ soit réciproque, il faut et il suffit que $f(x)$ et $x^m f\left(\frac{1}{x}\right)$ soient identiques au signe près; 2° si le polynome réciproque $f(x)$ est divisible par le produit

$$(x-1)^p \ (x+1)^q,$$

on a

$$f(x) \equiv (x-1)^p (x+1)^q \, \mathrm{F}(x),$$

$\mathrm{F}(x)$ étant un polynome de degré pair $2\mu$, satisfaisant à l'identité

$$x^{2\mu} \mathrm{F}\left(\frac{1}{x}\right) \equiv \mathrm{F}(x).$$

Soit

$$\mathrm{F}(x) \equiv \mathrm{A}_0 x^{2\mu} + \mathrm{A}_1 x^{2\mu-1} + \ldots\ldots + \mathrm{A}_r x^{2\mu-r} + \ldots\ldots + \mathrm{A}_\mu x^\mu + \ldots\ldots$$
$$+ \mathrm{A}_{2\mu-r} x^r + \ldots\ldots + \mathrm{A}_{2\mu-1} x + \mathrm{A}_{2\mu},$$

on aura :

$$x^{2\mu} \mathrm{F}\left(\frac{1}{x}\right) \equiv \mathrm{A}_{2\mu} x^{2\mu} + \mathrm{A}_{2\mu-1} x^{2\mu-1} + \ldots\ldots + \mathrm{A}_{2\mu-r} x^{2\mu-r} + \ldots\ldots$$
$$+ \mathrm{A}_r x^r + \ldots\ldots + \mathrm{A}_1 x + \mathrm{A}_0;$$

on doit donc avoir

$$\begin{aligned} A_0 &= A_{2\mu} \\ A_1 &= A_{2\mu-1} \\ &\dots\dots \\ &\dots\dots \\ A_r &= A_{2\mu-r} \\ &\dots\dots \\ &\dots\dots \end{aligned}$$

par suite, les coefficients des termes à égale distance des extrêmes doivent être respectivement égaux; *réciproquement*, si ces conditions sont remplies, il est clair que $F(x)$ est réciproque.

En posant

$$m = p + q + 2\mu,$$

on aura ensuite

$$x^m f\left(\frac{1}{x}\right) \equiv (-1)^p f(x).$$

Si l'on pose

$$f(x) = B_0 x^m + B_1 x^{m-1} + \dots\dots + B_m,$$

on voit comme plus haut que les coefficients devront vérifier les conditions

$$\begin{aligned} B_0 &= (-1)^p B_m \\ B_1 &= (-1)^p B_{m-1} \\ &\dots\dots\dots \\ &\dots\dots\dots \end{aligned}$$

par suite, *pour qu'une équation soit réciproque, si elle n'admet pas de racine égale à l'unité, ou si 1 est racine d'ordre pair de multiplicité, il faut et il suffit que les coefficients des termes situés à égale distance des extrêmes, ainsi que les coefficients des termes extrêmes soient respectivement égaux; si 1 est racine d'ordre impair il faut et il suffit que les coefficients situés à égale distance des extrêmes soient égaux et de signes contraires; dans ce dernier cas, si le degré m est pair, le terme de degré $\frac{m}{2}$ doit manquer.*

**29. Abaissement d'une équation réciproque.** — On commencera par chercher si l'équation admet des racines égales à 1 ou à $-1$; s'il en est ainsi, en appelant $p$ le degré de multiplicité de la racine égale à 1, et $q$ le degré de la racine égale à $-1$, on divisera $f(x)$ par $(x-1)^p(x+1)^q$. Soit $F(x)$ le quotient; ce polynome sera de degré pair $2\mu$; représentons-le par

$$A_0x^{2\mu}+A_1x^{2\mu-1}+\ldots\ldots+A_{\mu-1}x^{\mu+1}+A_\mu x^\mu+A_{\mu+1}x^{\mu-1}+\ldots\ldots+A_1x+A_0;$$

si l'on divise tous les termes par $x^\mu$, on pourra mettre l'équation débarrassée des racines 1 ou $-1$ sous la forme

$$A_0\left(x^\mu+\frac{1}{x^\mu}\right)+A_1\left(x^{\mu-1}+\frac{1}{x^{\mu-1}}\right)+\ldots\ldots+A_{\mu-1}\left(x+\frac{1}{x}\right)+A_\mu=0.$$

Cela étant, je dis que si l'on pose

$$x+\frac{1}{x}=z$$

$$x^p+\frac{1}{x^p}=V_p,$$

$V_p$ sera un polynome entier en $z$ et de degré $p$.

On a, en effet, $V_1=z$; en élevant les deux membres au carré,

$$\left(x+\frac{1}{x}\right)^2=z^2,$$

ou

$$V_2+2=z^2,$$

et par suite

$$V_2=z^2-2;$$

on a ensuite

$$V_1V_2=z^3-2z,$$

mais

$$V_1V_2=\left(x+\frac{1}{x}\right)\left(x^2+\frac{1}{x^2}\right)=V_3+V_1=V_3+z,$$

donc

$$V_3=z^3-3z.$$

Je dis que l'on a

$$V_p=z_p-pz^{p-2}+\ldots..$$

les degrés des différents termes de $V_p$ étant de même parité que $p$.

En effet, supposons la loi démontrée jusqu'à $p = n$; on a

$$V_n V_1 = \left(x^n + \frac{1}{x^n}\right)\left(x + \frac{1}{x}\right) = V_{n+1} + V_{n-1};$$

d'où

$$V_{n+1} = z V_n - V_{n-1},$$

et par suite

$$V_{n+1} = z(z^n - n z^{n-2} + \ldots\ldots) - (z^{n-1} - (n-1) z^{n-3} + \ldots\ldots),$$

ou

$$V_{n+1} = z^{n+1} - (n+1) z^{n-1} + \ldots\ldots$$

Dans $V_n$ les degrés des termes sont de même parité que le nombre $n$; donc, dans le produit $z V_n$ les degrés de tous les termes seront de la parité de $n+1$, et comme ceux de $V_{n-1}$ sont de la parité de $n-1$ ou, ce qui revient au même, de $n+1$, on voit que la loi annoncée est générale.

D'après cela, l'équation proposée sera ramenée à la forme

$$A_0 V_\mu + A_1 V_{\mu-1} + \ldots\ldots + A_{\mu-1} V_1 + A_\mu = 0;$$

on aura donc à résoudre une équation de degré $\mu$ en $z$; soient $z_1, z_2, \ldots\ldots z_\mu$ les racines de cette équation, il n'y aura plus qu'à résoudre les équations du second degré :

$$x^2 - z_1 x + 1 = 0$$
$$x^2 - z_2 x + 1 = 0$$
$$\ldots\ldots\ldots\ldots$$
$$\ldots\ldots\ldots\ldots$$
$$x^2 - z_\mu x + 1 = 0.$$

Ce résultat était à prévoir; nous avons déjà fait observer, en effet, qu'à chaque couple de deux racines réciproques $a, \frac{1}{a}$ correspond un diviseur du second degré

$$x^2 - \left(a + \frac{1}{a}\right) x + 1,$$

les racines $z_1, z_2, \ldots\ldots z_\mu$ étant les valeurs de $x + \frac{1}{x}$, valeurs qui sont en nombre égal à $\mu$, puisque en remplaçant $x$ par chacune des racines de $f(x)=0$, dans l'expression $x+\frac{1}{x}$ les racines $a$ et $\frac{1}{a}$ donnent le même résultat.

*Exemple.* L'équation

$$x^5-1=0$$

est réciproque; si l'on divise le premier membre par $x-1$, on obtient

$$x^4+x^3+x^2+x+1=0,$$

ou

$$x^2+\frac{1}{x^2}+x+\frac{1}{x}+1=0,$$

et en posant

$$x+\frac{1}{x}=z,$$

on obtient l'équation

$$z^2+z-1=0$$

dont les racines sont

$$\frac{-1\pm\sqrt{5}}{2};$$

il ne reste plus qu'à résoudre deux équations du second degré :

$$x^2-\frac{-1\pm\sqrt{5}}{2}x+1=0.$$

30. **Généralisation.** — Supposons qu'à toute racine $a$ de l'équation $f(x)=0$ corresponde une autre racine égale à $\frac{h}{a}$, $h$ étant une constante. Pour plus de simplicité, supposons que l'équation n'ait aucune racine égale à $\pm\sqrt{h}$; dans ce cas le polynome $f(x)$ sera le produit de facteurs du second degré de la forme

$$x^2-\left(a+\frac{h}{a}\right)x+h.$$

D'ailleurs, on devra avoir identiquement

$$x^m f\left(\frac{h}{a}\right)=\lambda f(x),$$

$\lambda$ étant une constante. En remplaçant $x$ par $x_0$ puis par $\frac{h}{x_0}$, et en supposant qu'aucun de ces nombres ne soit racine, on aura

$$x_0^m f\left(\frac{h}{x_0}\right) = \lambda f(x_0)$$

$$\frac{h^m}{x_0^m} f(x_0) = \lambda f\left(\frac{h}{x_0}\right);$$

d'où

$$\lambda^2 = h^m.$$

Supposons d'abord $h > 0$; si en outre ni $\sqrt{h}$ ni $-\sqrt{h}$ ne sont racines, on doit avoir

$$(\sqrt{h})^m f(\sqrt{h}) = \lambda f(\sqrt{h})$$
$$(-1)^m (\sqrt{h})^m f(-\sqrt{h}) = \lambda f(-\sqrt{h}),$$

par suite

$$\lambda = (\sqrt{h})^m = (-1)^m (\sqrt{h})^m,$$

$m$ doit donc être pair, soit $m = 2\mu$, et l'on devra avoir

$$\lambda = h^\mu.$$

On en conclut facilement que les coefficients des termes à égale distance des extrêmes vérifieront les relations comprises dans les formules :

$$A_{2\mu-r} = A_0 h^{\mu-r},$$

de sorte qu'en divisant tous les termes de l'équation par $x^\mu$, elle prendra la forme

$$A_0\left(x^\mu + \left(\frac{h}{x}\right)^\mu\right) + A_1\left(x^{\mu-1} + \left(\frac{h}{x}\right)^{\mu-1}\right) + \ldots\ldots + A_{\mu-1}\left(x + \frac{h}{x}\right) + A_\mu = 0;$$

on posera

$$x + \frac{h}{x} = z,$$

et l'on verra comme plus haut que le premier membre deviendra un polynome entier en $z$ de degré $\mu$.

Supposons maintenant $h$ négatif, et soit $h = -k^2$.

L'équation $x = \frac{h}{x}$ devient $x = -\frac{k^2}{x}$ ou $x^2 = -k^2$; elle a pour racines $\pm ki$. Si l'équation proposée est à coefficients réels, et si elle admet la racine $ki$, elle admettra aussi la conjuguée $-ki$ et inversement.

Nous supposerons le polynome $f(x)$ débarrassé du facteur $x^2 + k^2$ s'il y a lieu; alors en remplaçant $x$ successivement par $ki$ et par $-ki$, on trouve

$$\lambda = k^m i^m = k^m \frac{1}{i^m}.$$

Pour que ces conditions soient compatibles, il faut que

$$i^{2m} = 1,$$

donc $m$ doit être pair; soit $m = 2\mu$; on aura ainsi

$$\lambda = k^{2m}(-1)^{\mu}.$$

Il y a donc encore deux cas à considérer, suivant que $\mu$ est pair ou impair. Soit donc

1° $\quad m = 4\mu'$, dans ce cas $\lambda = \quad k^{4\mu'}$,

2° $\quad m = 4\mu' + 2$, alors $\lambda = -k^{4\mu'+2}$.

Considérons le premier cas, et soit

$$f(x) = A_0 x^{4\mu} + A_1 x^{4\mu-1} + \ldots\ldots + A_{4\mu-1} x + A_{4\mu};$$

on a

$$k^2 = -h, \text{ par suite } k^{4\mu} = h^{2\mu} = \lambda.$$

Or

$$x^{4\mu} f\left(\frac{h}{x}\right) = A_{4\mu} \cdot x^{4\mu} + A_{4\mu-1} h \cdot x^{4\mu-1} + \ldots\ldots + A_1 h^{4\mu-1} x + A_0 h^{4\mu};$$

on en conclut aisément :

$$A_{4\mu-r} = A_r h^{2\mu-r};$$

on mettra donc l'équation sous la forme

$$A_0\left(x^{2\mu} + \frac{h^{2\mu}}{x^{2\mu}}\right) + A_1\left(x^{2\mu-1} + \frac{h^{2\mu-1}}{x^{2\mu-1}}\right) + \ldots\ldots + A_{2\mu} = 0,$$

et par suite, on fera encore l'abaissement en posant $x + \frac{h}{x} = z$.

2° Soit maintenant $m = 4\mu + 2$; alors $\lambda = -k^{4\mu+2} = +h^{2\mu+1}$,

$$f(x) = A_0 x^{4\mu+2} + A_1 x^{4\mu+1} + \ldots\ldots + A_{4\mu+1} x + A_{4\mu+2},$$

$$x^m f\left(\frac{h}{x}\right) = A_{4\mu+2} x^{4\mu+2} + A_{4\mu+1} h x^{4\mu+1} + \ldots\ldots + A_1 h^{4\mu+1} x + A_0 h^{4\mu+2};$$

les relations entre les coefficients sont alors les suivantes :

$$A_{4\mu+2-r} = +A_r \cdot h^{2\mu+1-r}.$$

On pourra mettre l'équation sous la forme

$$A_0\left(x^{2\mu+1} + \frac{h^{2\mu+1}}{x^{2\mu+1}}\right) + A_1\left(x^{2\mu} + \frac{h^{2\mu}}{x^{2\mu}}\right) + \ldots\ldots + A_{2\mu+1} = 0.$$

On posera encore $x + \frac{h}{x} = z$, et l'abaissement se fera par le même procédé.

**31. Remarque.** — On ramène facilement les équations précédentes aux équations réciproques. En effet, quand $h$ est positif, il suffit de poser $x = y\sqrt{h}$: l'équation $f(y\sqrt{h}) = 0$ sera réciproque; car si $x'$ et $x''$ sont deux racines de l'équation $f(x) = 0$, dont le produit soit égal à $h$, en appelant $y'$ et $y''$ les valeurs correspondantes de $y$, on aura :

$$x' = y'\sqrt{h}$$
$$x'' = y''\sqrt{h}$$

par suite

$$x'x'' = y'y''.h$$

d'où

$$y'y'' = 1.$$

Soit maintenant $h = -k^2$. En posant $x = -ky$, les racines de la transformée $f(ky) = 0$ pourront être associées deux à deux de manière que le produit de deux racines associées soit égal à $-1$.

Si l'on suppose $k = 1$, dans les formules obtenues plus haut, et en ne considérant que les équations dont les coefficients sont réels et qui sont débarrassées des racines $i$ ou $-i$, lorsque le degré $m$ est divisible par 4, en posant

$$f(x) = A_0 x^{4\mu} + A_1 x^{4\mu-1} + \ldots\ldots + A_{4\mu}$$

les relations nécessaires et suffisantes pour que les racines de l'équation $f(x) = 0$ soient deux à deux réciproques et de signes contraires, sont les suivantes :

$$A_{4\mu-p} = (-1)^p A_p$$

de sorte que l'équation doit être de la forme

$$A_0(x^{4\mu} + 1) + A_1(x^{4\mu-1} - x) + A_2(x^{4\mu-2} + x^2) + \ldots\ldots + A_{2\mu}x^{2\mu} = 0$$

ou, en divisant par $x^{2\mu}$ :

$$A_0\left(x^{2\mu} + \frac{1}{x^{2\mu}}\right) + A_1\left(x^{2\mu-1} - \frac{1}{x^{2\mu-1}}\right) + \ldots\ldots + A_{2\mu} = 0,$$

on posera

$$x - \frac{1}{x} = z,$$

et l'on reconnaîtra aisément que si l'on pose

$$U_p = x^p + (-1)^p \frac{1}{x^p}$$

$U_p$ sera un polynome entier de degré $p$ en $z$.

Si le degré est simplement pair, on devra avoir

$$A_{4\mu+2-p} = (-1)^{p+1} A_p.$$

de sorte que l'équation devra être de la forme :

$$A_0(x^{4\mu+2}-1)+A_1(x^{4\mu+1}+x)+A_2(x^{4\mu}-x^2)+\ldots\ldots+A_{2\mu+1}x^{2\mu+1}=0$$

et par suite on pourra mettre l'équation sous la forme :

$$A_0\left(x^{2\mu+1}-\frac{1}{x_{2\mu+1}}\right)+A_1\left(x^{2\mu}+\frac{1}{x^{2\mu}}\right)+A_2\left(x^{2\mu-1}-\frac{1}{x^{2\mu-1}}\right)+\ldots A_{2\mu+1}=0.$$

On posera encore :

$$x-\frac{1}{x}=z, \text{ etc.}$$

**32. Exemples.** — L'équation

$$bx^4+4x^3-6bx^2-4x+b=0$$

peut se ramener à la forme

$$b\left(x^2+\frac{1}{x^2}\right)+4\left(x-\frac{1}{x}\right)-6b=0.$$

Si l'on pose

$$x-\frac{1}{x}=z$$

on a :

$$x^2+\frac{1}{x^2}=z^2+2$$

par suite :

$$b(z^2+2)+4z-6b=0$$

ou

$$bz^2+4z-4b=0.$$

On est ainsi ramené à la résolution d'équation du second degré.

2° Soit encore l'équation :

$$bx^6+6x^5-15bx^4-20x^3+15bx^2+6x-b=0;$$

en divisant par $x^3$ :

$$b\left(x^3-\frac{1}{x^3}\right)+6\left(x^2+\frac{1}{x^2}\right)-15b\left(x-\frac{1}{x}\right)-20=0;$$

en posant

$$x-\frac{1}{x}=z,$$

on a

$$x^2+\frac{1}{x^2}=z^2+2$$

$$x^3-\frac{1}{x^3}=z^3+3z.$$

par suite

$$b(z^3 + 3z) + 6(z^2 + 2) - 15bz - 20 = 0$$

ou

$$bz^3 + 6z^2 - 12bz - 8 = 0.$$

La résolution de l'équation proposée est ramenée à celle d'une équation du 3e degré.

**33.** Considérons maintenant une équation dans laquelle il y a un ou plusieurs groupes de racines ayant un produit donné ; on peut *abaisser* l'équation en exprimant que le premier membre est divisible par $x^2 - zx + h$, $h$ étant le produit des deux racines considérées. On fera la division jusqu'à un reste du premier degré et l'on procédera comme si l'on voulait former l'équation aux sommes et l'équation aux produits. On obtiendra deux équations en $z$ qui devront avoir une ou plusieurs racines communes. Si $z$ est l'une de ces racines, l'équation

$$x^2 - z_1 x + h = 0$$

donnera deux racines de la proposée, dont la solution sera ramenée ainsi à celle d'une équation de degré $m - 2$ au plus.

On peut encore procéder ainsi : Supposons pour plus de simplicité $h = 1$ et considérons les deux polynomes

$$f(x) + x^m f\left(\frac{1}{x}\right)$$

et

$$f(x) - x^m f\left(\frac{1}{x}\right);$$

on reconnaît aisément que ces deux polynomes sont réciproques. Par suite en posant $x + \frac{1}{x} = z$, on aura deux équations en $z$ qui devront avoir au moins une racine commune. On trouvera cette racine par la méthode du plus grand commun diviseur, et la résolution de l'équation $f(x) = 0$ sera ramenée à celle d'une équation de degré $m - 2$ au plus.

**34. Problème.** — Exprimer que les racines d'une équation $f(x) = 0$ vérifient deux à deux la relation

$$xz + a(x + z) + b = 0.$$

En remarquant que cette relation peut se mettre sous la forme

$$(x + a)(z + a) = a^2 - b$$

il suffira d'exprimer que les racines de l'équation

$$f(x + a) = 0$$

se partagent en groupes de deux racines ayant un produit constant et égal à $a^2 - b$.

## EXERCICES

**1.** Former l'équation qui a pour racines les quotients deux à deux des racines de l'équation $f(x) = 0$.

**2.** Étant donnée l'équation $f(x) = 0$, trouver l'équation dont les racines sont toutes les combinaisons de la forme $y = \frac{x}{z} + \frac{z}{x}$, $x$ et $z$ désignant deux quelconques des racines différentes de la proposée.

Appliquer à l'équation

$$x^3 - 3x + 1 = 0.$$

— L'équation cherchée est alors :

$$y^3 + 3y^2 - 24y - 53 = 0.$$

**3.** Soit $\alpha$ l'une quelconque des racines de l'équation $x^m - 1 = 0$. On pose :

$$\frac{(z + \alpha)^m - 1}{z} = z^{m-1} + A_1 \alpha z^{m-2} + \dots + A_{m-1} \alpha^{m-1}.$$

1° Calculer $A_1, A_2, \dots \dots A_{m-1}$.

2° Éliminer $x$ entre les deux équations

$$z^{m-1} + A_1 x z^{m-2} + \dots \dots + A_{m-1} x^{m-1} = 0$$
$$x^m - 1 = 0.$$

3° Montrer que le résultant $R(z)$ ne doit contenir que des puissances paires de $z$; trouver la signification de l'équation

$$R(z) = 0$$

par rapport à l'équation

$$x^m - 1 = 0$$

4° Appliquer au cas de

$$x^3 - 1 = 0.$$

— L'équation $R(z) = 0$ est l'équation aux différences relatives à $x^m - 1 = 0$.

**4.** Montrer que l'équation aux carrés des différences des racines de l'équation

$$x^3 - 3ax^2 + bx + c = 0$$

est la suivante :

$$x^3 + 6f'(a).\, x^2 + 9f'^2(a).\, x + 4f'^3(a) + 27f^2(a) = 0,$$

$f(x)$ désignant le polynome $x^3 - 3ax^2 + bx + c$.

**5.** Déterminer $q$ de manière que deux racines $x$, $z$ de l'équation

$$x^3 - 3x + q = 0$$

vérifient la relation

$$x = \frac{1-z}{1+z}$$

et résoudre.

**6.** Trouver le dernier terme de l'équation aux carrés des différences relative à $f(x) = 0$, connaissant les racines de l'équation dérivée $f'(x) = 0$.

— Le premier terme ayant pour coefficient 1, le dernier aura pour valeur

$$\frac{m^m}{A_0^{m-1}} f(\alpha) f(\beta) \ldots\ldots f(\lambda)$$

$m$ étant le degré de $f(x)$, $A_0$ le coefficient de $x^m$ dans $f(x)$, et $\alpha$, $\beta$, ..... $\lambda$ étant les racines de l'équation dérivée.

**7.** Étant données une équation de degré $m$ et n'ayant que des racines simples : $f(x) = 0$, et une deuxième équation $\varphi(x) = 0$ de degré $m$ également; prouver qu'il existe $m!$ substitutions linéaires permettant de transformer la première équation en la seconde.

**8.** Soient

$$x + \frac{1}{x} = z, \quad x^n + \frac{1}{x^n} = V_n$$

Calculer $V_n$.

— On pose $x = \cos\varphi + i\sin\varphi$, de sorte que $z = 2\cos\varphi$, $V_n = 2\cos n\varphi$.

Montrer que les dérivées $V'_n$, $V''_n$ de $V_n$ par rapport à $z$, vérifient l'identité :

$$(z^2 - 4)V''_n + zV'_n - n^2 V_n = 0.$$

Soit

$$V_n = z^n + A_1 z^{n-2} + A_2 z^{n-4} + \ldots\ldots + A_p z^{n-2p} + \ldots\ldots$$

Calculer la valeur de $A_p$ en se servant de l'identité précédente.

On trouvera

$$A_p = (-1)^p . \frac{n(n-p-1)(n-p-2) \ldots\ldots (n-2p+2)(n-2p+1)}{1.2.3 \ldots\ldots p}$$

de sorte que

$$V_n = z^n - nz^{n-2} + \frac{n(n-3)}{1.2} z^{n-4} - \frac{n(n-4)(n-5)}{1.2.3} z^{n-6} + \ldots$$
$$+ (-1)^p . \frac{n(n-p-1)(n-p-2) \ldots\ldots (n-2p+1)}{1.2 \ldots\ldots p} z^{n-2p} + \ldots\ldots$$

On a ensuite

$$\frac{1}{n}Y'_n = \frac{\sin n\varphi}{\sin\varphi}.$$

Calculer $\frac{\sin n\varphi}{\sin\varphi}$ en fonction de $z$, c'est-à-dire de $2\cos\varphi$.

Si $n$ est pair, en déduire $\cos n\varphi$ et $\frac{\sin n\varphi}{\varphi}$ en fonctions rationnelles de $\sin\varphi$, et si $n$ est impair, exprimer $\frac{\cos n\varphi}{\sin\varphi}$ et $\sin n\varphi$ en fonctions rationnelles de $\sin\varphi$.

**9.** Montrer que si les racines d'une équation de degré pair se partagent en $m$ groupes tels que l'on ait

$$axz + b(x+z) + c = 0,$$

$x$ et $z$ désignant deux racines associées, on peut par une substitution : $x = \frac{\alpha y + \beta}{\gamma y + \delta}$ obtenir une équation en $y$ ne contenant que des puissances paires.

(PELLET.)

**10.** Montrer que l'expression

$$\frac{dx.dy}{(x-y)^2}$$

conserve la même forme si l'on effectue sur $x$ et $y$ une même substitution homographique en posant

$$x = \frac{au+b}{a'u+b'}, \qquad y = \frac{av+b}{a'v+b'}.$$

**11.** Ramener la résolution de l'équation du 4e degré à celle d'une équation réciproque en posant $x = \alpha y + \beta$.

**12.** Ramener la résolution de l'équation réciproque du 4e degré à celle d'une équation bicarrée :

— On pose

$$x = \frac{1+y}{1-y}.$$

**13.** Résoudre l'équation

$$x^{10} - 5qx^8 - px^5 - 5q^4x^2 + q^5 = 0.$$

(JACOBI.)

**14.** Trouver la condition pour que l'équation

$$x^4 - 2x^2 + px + q = 0$$

ait deux racines réciproques; la condition étant supposée remplie, résoudre l'équation.

**15.** Déterminer $p$ et $q$ de manière que l'équation $x^4 + px^3 + 2x^2 - x + q = 0$ ait deux racines réciproques et que la somme des deux autres racines soit égale à 1 et résoudre.

**16.** Soient

$$f(x) = x^m + p_1 x^{m-1} + \ldots\ldots p_m = 0$$
$$\varphi(x) = x^n + q_1 x^{n-1} + \ldots\ldots q_n = 0$$

deux équations ayant une racine commune $x_1$. On forme les produits $n-1$ à $n-1$ des quantités $f(x_1)$, $f(x_2)$, ... $f(x_n)$. Si $R_\mu$ est celui de ces produits qui ne contient pas $f(x_\mu)$, montrer que

$$R_\mu = \rho_0 + \rho_1 x_\mu + \ldots\ldots + \rho_{n-2} x_\mu^{n-2} + \rho_{n-1} x_\mu^{n-1}$$

L'équation

$$\rho_0 + \rho_1 x + \ldots\ldots + \rho_{n-2} x^{n-2} + \rho_{n-1} x^{n-1} = 0$$

a pour racines toutes les racines de $\varphi(x) = 0$ excepté $x_1$.
En conclure :

$$x_1 = \frac{\rho_{n-2}}{\rho_{n-1}} - q_1$$

(ABEL.)

$$x_1 = -\frac{q_n \rho_{n-1}}{\rho_0}$$
$$\frac{1}{x_1} = \frac{\rho_1}{\rho_0} - \frac{q_{n-1}}{q_n}$$

(G. DARBOUX.)

**17.** Soit V une fonction symétrique des racines $a$, $b$, $c$, ..... $k$, $l$ de $f(x) = 0$; si l'on peut exprimer V en fonction entière de $a$, de sorte que $V = \varphi(a)$, prouver que si l'on divise $\varphi(x)$ par $f(x)$, le reste sera indépendant de $x$ et égal à V.
Cela étant, on pose

$$f_1(x) = \frac{f(x)}{x-a}, \quad f_2(x) = \frac{f_1(x)}{x-b}, \quad \ldots\ldots \quad f_{n-1}(x) = \frac{f_{n-2}(x)}{x-k}$$

on a :

$$f(a) = 0 \quad f_1(b) = 0, \quad f_2(c) = 0, \ldots\ldots f_{n-1}(l) = 0.$$

L'un quelconque $f_k(x)$ des polynomes $f$ de cette suite est exprimé en fonction rationnelle des coefficients de $f(x)$ et des racines de l'équation $f(x) = 0$ qui n'appartiennent pas à $f_k(x) = 0$. Cela étant, V est une fonction symétrique de $k$ et de $l$; mais l'équation $f_{n-1}(l) = 0$ est du premier degré en $l$; donc, on peut exprimer V en fonction de $k$; en appliquant la proposition précédente, on aura V en fonction des coefficients de $f(x)$ et des racines autres que $k$ et $l$. On reprendra V comme fonction symétrique des racines $h$, $k$, $l$ de $f_{n-3}(x) = 0$; mais $k$ et $l$ n'y entrent plus, donc V est exprimé en fonction de $h$; on lui appliquera le même théorème et ainsi de suite. En conclure que si l'expression de V est entière par rapport aux racines et aux coefficients de $f(x)$, et si ces coefficients sont entiers, le premier étant égal à 1, la fonction V sera égale à un nombre entier.

(CAUCHY.)

# CHAPITRE XV

## DÉTERMINATION DU NOMBRE DE RACINES RÉELLES D'UNE ÉQUATION A COEFFICIENTS RÉELS

### THÉORÈME DE DESCARTES.

1. **Définitions.** — Soit $f(x)$ un polynome entier, à coefficients réels, et ordonné ; on dit que deux termes *consécutifs* de $f(x)$ présentent une *variation* quand leurs coefficients ont des signes contraires, ou une *permanence* si leurs coefficients ont le même signe.

Ainsi, le polynome

$$15x^7 - 8x^5 + 4x^3 - 12x^2 - 7x + 5$$

présente 4 variations et 1 permanence.

Nous représenterons par $v$ le nombre des variations de $f(x)$ et par $v'$ le nombre des variations de $f(-x)$.

Chaque variation correspondant à un changement de signe quand on passe d'un terme au suivant, il est évident que les termes extrêmes de $f(x)$ auront le même signe ou des signes contraires, suivant que $v$ sera pair ou impair, et réciproquement.

Remarquons encore que si l'on multiplie tous les termes de $f(x)$ par une même puissance de $x$, par $x^p$, le nombre de variations $v$ reste évidemment le même, puisque les coefficients des termes du produit sont respectivement les mêmes que ceux des termes de même rang de $f(x)$; les coefficients de $(-x)^p f(-x)$ seront les mêmes que ceux de $f(-x)$ si $p$ est pair, ou égaux à ceux de $-f(-x)$ si $p$ est impair; donc $v'$ ne change pas non plus. Il en est encore ainsi lorsque $f(x)$ étant divisible par une puissance de $x$, on divise tous les termes de $f(x)$ par cette puissance. On peut donc supposer, sans rien changer aux deux nombres $v$ et $v'$, que le dernier terme de $f(x)$ soit indépendant de $x$.

2. *Lorsque $f(x)$ est complet, si $m$ désigne son degré on a*

$$v + v' = m.$$

En effet, la différence des degrés de deux termes consécutifs de

$f(x)$ est égale à 1 ; par conséquent, lorsqu'on change $x$ en $-x$, un seul de ces termes change de signe ; d'où il résulte que toute variation de $f(x)$ donne une permanence correspondante dans $f(-x)$ et inversement. Par conséquent la somme $v+v'$ est égale à la somme des nombres de variations et de permanences de $f(x)$, ou, ce qui revient au même, au nombre total d'intervalles formés par deux termes consécutifs ; or il y a en tout, par hypothèse, $m+1$ termes, donc on a bien

$$v+v'=m.$$

Supposons maintenant que le polynome $f(x)$ soit incomplet, *mais qu'il ait un terme indépendant de $x$*. Si la différence des degrés de deux termes consécutifs est plus grande que 1, on dit que $f(x)$ présente une *lacune* entre ces deux termes ; on peut combler cette lacune en intercalant un ou plusieurs termes supplémentaires. Or si l'on intercale un terme entre deux termes ayant des signes contraires, on ne change évidemment pas le nombre des variations ; si l'on intercale un terme entre deux termes de même signe, on introduit deux variations ou l'on n'en introduit aucune suivant que le signe du terme intercalé est contraire ou identique à celui des deux termes considérés ; donc, en définitive, en introduisant des termes nouveaux, on ne peut augmenter le nombre des variations de $f(x)$ que d'un nombre pair ; il en est de même relativement au nombre des variations de $f(-x)$ ; donc si l'on complète le polynome, $v+v'$ sera augmenté d'un nombre pair $2k$, de sorte que

$$v+v'+2k=m,$$

ou :

$$v+v'=m-2k.$$

Cette formule n'est plus vraie si $f(x)$ est divisible par $x^p$ ; on a alors

$$v+v'=(m-p)-2k.$$

3. **Lemme** (Segner). — *Soit $f(x)$ un polynome entier, à coefficients numériques, ordonné suivant les puissances décroissantes de $x$, et soit $a$ un nombre positif : le nombre des variations du produit $f(x).(x-a)$ surpasse le nombre des variations de $f(x)$ d'un nombre impair.*

Supposons que le premier terme de $f(x)$ ait le signe $+$ ; on peut écrire $f(x)$ de la manière suivante :

$$f(x) = (Ax^m + .....) - (A_1 x^{m_1} + .....) + (A_2 x^{m_2} + .....) .....$$
$$+ (-1)^p (A_p x^{m_p} + .....) ..... + (-1)^v (A_v x^{m_v} + .....)$$

chacun des polynomes tel que

$$A_p x^{m_p} + .....$$

ayant tous ses coefficients positifs, tous ces polynomes étant ordonnés suivant les puissances décroissantes et les nombres

$$m, m_1, ..... m_p ..... m_v$$

allant en décroissant, enfin $v$ désignant le nombre des variations de $f(x)$. Il convient de remarquer que quelques-uns des polynomes mis entre parenthèses ou même tous ces polynomes peuvent se réduire à un seul terme.

Cela posé, dans le produit de $f(x)$ par $x - a$, le terme en $x^{m+1}$ est égal à $Ax^{m+1}$, il a donc le même signe que le premier terme de $f(x)$. Calculons le terme en $x^{m_p+1}$ dans $f(x)(x - a)$; s'il y a dans $f(x)$ un terme contenant $x^{m_p+1}$, ce terme sera de la forme

$$-(-1)^p A'_p x^{m_p+1},$$

de sorte que le terme cherché sera égal à :

$$(-1)^p [A_p + a A'_p] x^{m_p+1}$$

il aura donc le même signe que $(-1)^p A_p x^{m_p}$, puisque $A'_p$ désigne un nombre positif ou nul; on peut donc poser :

$$f(x)(x - a) = B x^{m+1} ..... - B_1 x^{m_1+1} ..... + B_2 x^{m_2+1} .....$$
$$+ (-1)^p B_p x^{m_p+1} ..... + (-1)^v B_v x^{m_v+1} + .....$$

$B, B_1, ..... B_p, ..... B_v$ désignant des nombres positifs. Quels que soient les signes des termes non écrits, il est bien évident que le polynome $f(x)(x - a)$ a au moins $v$ variations.

Remarquons maintenant que le dernier terme du produit de $f(x)$ par $x - a$ étant égal au produit du dernier terme de $f(x)$ par $-a$, aura un signe contraire à celui du dernier terme de $f(x)$; il en résulte que si l'on désigne par $v_1$ le nombre des variations de $f(x)(x - a)$, $v_1$ et $v$ sont de parités différentes; or on vient de prouver que $v_1$ est au moins égal à $v$, on a donc

$$v_1 = v + 2k + 1,$$

$k$ étant positif ou nul.

**4. Théorème de Descartes.** — 1° *Le nombre des racines positives d'une équation algébrique à coefficients réels ne surpasse pas le nombre des variations de son premier membre*; 2° *la différence de ces deux nombres est paire.*

En effet, si l'on désigne par $a_1, a_2, \ldots\ldots a_p$ toutes les racines positives, distinctes ou non, de l'équation $f(x) = o$, on peut écrire

$$f(x) \equiv (x - a_1)(x - a_2) \ldots\ldots (x - a_p)\varphi(x),$$

$f(x)$ et $\varphi(x)$ désignant des polynomes entiers à coefficients réels.

Or, d'après le lemme précédent, le produit $\varphi(x)(x - a_1)$ a au moins *une* variation; $\varphi(x)(x - a_1)(x - a_2)$ en a au moins *deux*..... et ainsi de suite, de sorte que $f(x)$ a au moins $p$ variations.

D'autre part si les termes extrêmes de $f(x)$ ont le même signe, les nombres $p$ et $v$ sont tous deux pairs; ils sont tous deux impairs si les termes extrêmes de $f(x)$ ont des signes contraires; on a donc

$$v = p + 2h, \qquad (1)$$

$h$ étant positif ou nul.

**Remarque.** — Chacune des racines positives doit être comptée avec son degré de multiplicité.

**5. Corollaire.** — 1° *Le nombre des racines négatives de l'équation $f(x) = o$ ne surpasse pas le nombre des variations de la transformée en $-x$*; 2° *la différence de ces deux nombres est paire.*

En effet, le nombre des racines négatives est égal au nombre des racines positives de la transformée en $-x$, donc, $n$ désignant le nombre des racines négatives, on a

$$v' = n + 2h', \qquad (2)$$

$h'$ étant positif ou nul.

**6. Corollaire.** — Si l'on désigne par $m$ le degré de l'équation $f(x) = o$ supposée débarrassée des racines nulles, s'il y a lieu, on a trouvé

$$m = v + v' + 2k \qquad (3)$$

donc, en ajoutant membre à membre les égalités (1), (2), (3)

$$m = p + n + 2h + 2h' + 2k. \qquad (4)$$

Si l'on désigne par 2 I le nombre des racines imaginaires, on a donc

$$2I = 2h + 2h' + 2k. \qquad (5)$$

Si l'un quelconque des trois nombres $k$, $h$, $h'$ est différent de zéro, l'équation proposée a certainement des racines imaginaires.

Il résulte encore de ce qui précède que :

1° *Le nombre des racines réelles est au plus égal à* $v + v'$;

2° *Le nombre des racines imaginaires est au moins égal à* $m - (v + v')$;

3° De l'inégalité

$$v + v' \leqslant m,$$

on tire

$$v' \leqslant m - v,$$

par suite *le nombre des racines négatives est au plus égal à* $m - v$.

Il ne faut pas oublier que l'on suppose $f(0) \neq 0$.

**7. Cas particulier où l'équation a toutes ses racines réelles.** — Si $m$ désigne le degré de l'équation débarrassée, s'il y a lieu, de ses racines nulles, on a, puisque toutes les racines sont supposées réelles

$$m = p + n,$$

donc, l'égalité (4) donne alors

$$2h + 2h' + 2k = 0,$$

et par suite, aucun des nombres $h$, $h'$ $k$ n'étant négatif, on a

$$h = h' = k = 0.$$

Les égalités (1) et (2) deviennent alors :

$$p = v, n = v'$$

et l'on peut ajouter dans ce cas que $v + v' = m$, même si le polynome $f(x)$ n'est pas complet.

*Donc, quand une équation a toutes ses racines réelles, le nombre des variations est égal au nombre des racines positives et le nombre des* *variations de la transformée en $-x$, est égal au nombre des racines négatives.*

**8. Remarque.** — Il y a encore deux cas dans lesquels on peut affirmer que $p=v$ : 1° lorsque $v=0$ il est évident que $p=0$; 2° lorsque $v=1$, on a $p=1$, puisque la différence $1-p$ doit être positive ou nulle.

**9. Corollaire.** — *Pour que l'équation $f(x)=0$ ait toutes ses racines positives, il faut que son premier membre soit complet et ne présente que des variations.*

En effet, toutes les racines devant être réelles et positives on doit avoir $m=v$; et pour qu'il en soit ainsi, il est évidemment nécessaire que le polynome soit complet et que deux termes consécutifs quelconques présentent une variation. Mais ces conditions ne sont pas suffisantes. Par exemple, le polynome $x^2-x+1$ est complet, ne présente que des variations et néanmoins l'équation

$$x^2-x+1=0$$

n'a que des racines imaginaires.

**10. Application.** *Trouver les conditions nécessaires et suffisantes pour qu'une équation $f(x)=0$, à coefficients réels, ait toutes ses racines réelles et inégales, en supposant qu'on ait formé l'équation aux carrés des différences relative à l'équation proposée.*

Si l'équation proposée a toutes ses racines réelles et inégales, l'équation aux carrés des différences aura toutes ses racines positives; donc, son premier membre *devra être complet et ne présenter que des variations.* (Au surplus, cette conclusion peut se déduire immédiatement des relations entre les coefficients et les racines d'une équation.) Supposons ces conditions remplies et soit $\varphi(x)$ le premier membre de l'équation aux carrés des différences relative à l'équation proposée. Le polynome $\varphi(x)$ étant complet et ne présentant que des variations, $\varphi(-x)$ ne présentera que des permanences; donc l'équation $\varphi(x)=0$ n'a aucune racine négative. Il en résulte que la proposée n'a aucune racine imaginaire, car à toute racine de la forme $\alpha+\beta i$ correspondrait sa conjuguée $\alpha-\beta i$; or

$$\alpha+\beta i-(\alpha-\beta i)=2\beta i;$$

l'équation $\varphi(x)=0$ admettrait alors la racine $-4\beta^2$, ce qui est impossible, puisqu'elle n'a pas de racines négatives. L'équation $f(x)=0$ ne peut pas non plus avoir de racines multiples, car à deux racines égales entre elles correspondrait une racine nulle de l'équation $\varphi(x)=0$, ce qui est contraire à l'hypothèse, puisque $\varphi(x)$, étant complet, n'est pas divisible par $x$.

Donc, *pour qu'une équation à coefficients réels ait toutes ses racines réelles et inégales, il faut et il suffit que le premier membre de l'équation aux carrés des différences, relative à cette équation, soit complet et ne présente que des variations.*

**Exemple.** — Nous avons trouvé que l'équation aux carrés des différences de l'équation

$$x^3+px+q=0 \tag{1}$$

est la suivante :

$$x^3+6px^2+9p^2x+4p^3+27q^2=0 \tag{2}$$

Donc, les conditions nécessaires et suffisantes pour que l'équation (1) ait toutes ses racines réelles et inégales s'obtiendront en écrivant que le polynome (2) présente trois variations, ce qui exige que l'on ait

$$p<0, \quad 4p^3+27q^2<0.$$

La seconde de ces inégalités entraîne évidemment la première, car si $p$ était plus grand que zéro, il en serait de même de la somme $4p^3+27q^2$; donc, pour que l'équation (1) ait ses racines réelles et inégales, il faut et il suffit que la condition suivante soit vérifiée :

$$4p^3+27q^2<0.$$

**11. Applications du théorème de Descartes.** — 1° *Étant donnée l'équation.*

$$x^3+px+q=0$$

*trouver le nombre des racines positives et le nombre des racines négatives de cette équation.*

1er *cas.* $\qquad p>0, \quad q>0.$

On a dans cette hypothèse $v=0$, $v'=1$; donc l'équation a une racine négative et deux racines imaginaires.

2e *cas.* $\qquad p>0, \quad q<0.$

Alors $v=1, v'=0$. Par suite, l'équation a une racine positive et deux racines imaginaires.

On peut remarquer que, dans ces deux cas, la quantité $4p^3+27q^2$

est positive : l'équation doit donc bien avoir deux racines imaginaires.

3$^e$ *cas.* $p < 0, \quad q > 0.$

On a : $v = 2$, $v' = 1$ ; donc l'équation a une seule racine négative, et *zéro* ou *deux* racines positives.

4$^e$ *cas.* $p < 0, \quad q < 0.$

On a alors $v = 1$, $v' = 2$; par suite l'équation a une racine positive et *zéro* ou *deux* racines négatives.

Dans chacun de ces deux cas, on lèvera l'incertitude en déterminant le signe de $4p^3 + 27q^2$.

Remarquons enfin que changer $q$ en $-q$ revient à former la transformée en $-x$.

2$^o$ *Soit donnée l'équation* :

$$x^4 - 3x^2 + 4x - 1 = 0.$$

Le premier membre présente 3 variations; la transformée en $-x$ en présente une; donc l'équation proposée a *une* racine négative et *une* ou *trois* racines positives.

3$^o$ *Soit encore l'équation*

$$x^6 + 2x^2 + x - 3 = 0.$$

Le premier membre présente une seule variation; donc l'équation a une racine positive. La transformée en $-x$ présente une variation; donc l'équation proposée a une racine négative.

**12. Théorème.** — *Le nombre des racines imaginaires d'une équation incomplète est au moins égal à la somme des nombres de racines imaginaires de toutes les équations binomes qu'on obtient en égalant à zéro chaque groupe de deux termes consécutifs de l'équation proposée.*

Soit, en effet, l'équation

$$Ax^m + Bx^p + Cx^q + \ldots\ldots + Hx^r + Kx^s + L = 0.$$

Soient, $v_1$, $v_2$, ..... $v_h$ les nombres de variations correspondants à chaque groupe de deux termes consécutifs, chacun de ces nombres étant égal à 1 ou à 0; soient de même $v_1'$, $v_2'$, ..... $v_h'$ les nombres de variations correspondants aux mêmes groupes dans la transformée en $-x$. Les équations binomes

$$Ax^m + Bx^p = o, \quad Bx^p + Cx^q = o \ldots\ldots Hx^r + K^s = o, \quad Kx^s + L = o;$$

ou plus simplement :

$$Ax^{m-p}+B=0,\quad Bx^{p-q}+C=0\ \ldots..\ Hx^{r-s}+K=0,\quad Kx^{s}+L=0$$

ont respectivement

$$m-p-(v_1+v_1'),\quad p-q-(v_2+v_2'),\ \ldots\ r-s-(v_{h-1}+v_{h-1}'),\quad s-(v_h+v_h')$$

racines imaginaires; en tout :

$$(m-p)+(p-q)+\ldots..+(r-s)+s-(v_1+v_2+\ldots+v_h)-(v_1'+v_2'+\ldots+v_h'),$$

ou

$$m-(v+v')$$

racines imaginaires. Or la proposée en a au moins $m-(v+v')$, donc la proposition est établie.

On déduit immédiatement de là la proposition suivante, connue sous le nom de **théorème des lacunes**.

**13.** *Si, dans une équation incomplète, il manque un terme entre deux termes de même signe, ou s'il manque plus d'un terme entre deux termes de signes quelconques, l'équation a nécessairement des racines imaginaires.*

En effet, soient

$$\ldots..+Gx^{\alpha+2}+Hx^{\alpha}+\ldots..$$

deux termes consécutifs, G et H *étant de même signe*. L'équation

$$Gx^2+H=0$$

a ses deux racines imaginaires; donc la proposée a au moins deux racines imaginaires.

Soient maintenant

$$\ldots..+Gx^{\alpha+k}+Hx^{\alpha}+\ldots..$$

deux termes consécutifs, $k$ étant au moins égal à 3. L'équation binome

$$Gx^k+H=0$$

a nécessairement des racines imaginaires; il en est donc de même de la proposée. Supposons $k=2\lambda+1$. Dans cette hypothèse, l'équation binome considérée a $2\lambda$ racines imaginaires; si $k=2\lambda$, $\lambda$ étant au moins égal à 2, l'équation binome a $2\lambda$ ou $2(\lambda-1)$, racines imaginaires; la proposée a par conséquent au moins $2\lambda$ ou $2(\lambda-1)$ racines imaginaires.

Soit, par exemple l'équation suivante :

$$2x^7-x^3+x^2-1=0.$$

Les équations $2x^7-x^3=0$, ou $2x^4-1=0$ et $x^2+1=0$ ont chacune 2 racines imaginaires; la proposée en a donc au moins 4.

On arrive directement à cette conclusion par l'application du théorème de Descartes; en effet on trouve : $v=2$, $v'=1$, donc l'équation donnée a au moins $7-(2+1)=4$ racines imaginaires.

Donc, quand il s'agit d'une équation numérique, la considération des *lacunes* n'a aucune utilité pratique ; la remarque suivante montre quel parti on peut en tirer.

*Si en multipliant le polynome $f(x)$ par un polynome $\varphi(x)$, choisi de façon que l'équation $\varphi(x) = 0$ n'ait que des racines réelles, on obtient pour produit un polynome $f(x)\,\varphi(x)$ présentant une ou plusieurs lacunes telles que l'équation $f(x)\,\varphi(x) = 0$ ait des racines imaginaires, il est clair que l'équation proposée aura certainement des racines imaginaires*, puisque par hypothèse l'équation $\varphi(x) = 0$ n'en a pas.

*Exemple : Si l'équation a trois coefficients consécutifs en progression géométrique, elle a des racines imaginaires.*

En effet, considérons l'équation

$$Ax^m + \dots + Bx^{p+2} + Bqx^{p+1} + Bq^2x^p + \dots = 0.$$

Si l'on multiplie le premier membre par $x - q$, on obtient l'équation

$$Ax^{m+1} + \dots + B'x^{p+3} + B''x^p + \dots = 0,$$

les termes de degrés $p + 2$ et $p + 1$ disparaissant. La nouvelle équation présente une lacune de deux termes ; elle a donc des racines imaginaires et par suite il en est de même de la proposée.

## THÉORÈME DE ROLLE

**14. Définition.** — On dit que deux racines réelles $a$, $b$ de l'équation $f(x) = 0$ sont *consécutives*, quand elles ne comprennent aucune autre racine réelle de l'équation proposée.

Nous avons démontré que si la fonction $f(x)$ s'annule pour $x = a$ et pour $x = b$, et si elle admet pour toutes les valeurs de $x$ comprises entre $a$ et $b$ une dérivée finie et bien déterminée $f'(x)$, la fonction dérivée $f'(x)$ s'annule au moins pour une valeur de $x$ comprises entre $a$ et $b$.

Nous allons reprendre et compléter ce théorème dans le cas où $f(x)$ est un polynome entier.

**15. Théorème.** — 1° *Deux racines réelles consécutives d'une équation algébrique $f(x) = 0$ comprennent un nombre impair de racines réelles de l'équation dérivée $f'(x) = 0$.*

2° *Deux racines réelles consécutives de l'équation dérivée comprennent, au plus, une racine réelle de la proposée.*

3° *L'équation $f(x) = 0$ a, au plus, une racine réelle plus grande que la plus grande racine réelle de l'équation dérivée et, au plus, une racine réelle plus petite que la plus petite racine réelle de l'équation dérivée.*

1° Soient $a$ et $b$ deux racines réelles consécutives de l'équation $f(x) = 0$ ; on peut déterminer un nombre positif $k$, vérifiant l'inégalité

$$a + k < b - k$$

et tel que l'équation $f''(x)=0$ n'ait aucune racine réelle comprise entre $a$ et $a+k$, ni aucune racine réelle comprise entre $b-k$ et $b$. Soit $h$ un nombre positif inférieur à $k$; on aura

$$\frac{f'(a+h)}{f(a+h)}>0, \quad \frac{f'(b-h)}{f(b-h)}<0.$$

L'équation $f(x)=0$ n'ayant aucune racine comprise entre $a+h$ et $b-h$, les dénominateurs $f(a+h)$ et $f(b-h)$ ont le même signe, donc on a

$$f'(a+h)\,f'(b-h)<0.$$

L'équation $f''(x)=0$ a par conséquent un nombre impair de racines réelles comprises entre $a+h$ et $b-h$, et comme par hypothèse les intervalles de $a$ à $a+h$ et de $b-h$ à $b$ ne renferment aucune racine réelle de l'équation $f''(x)=0$, cette dernière a un nombre impair de racines réelles comprises entre $a$ et $b$.

2° Soient $\alpha$ et $\beta$ deux racines réelles consécutives de l'équation $f''(x)=0$; si l'on fait varier $x$ dans l'intervalle $(\alpha, \beta)$, la dérivée $f''(x)$ conserve toujours un signe invariable et par suite la fonction $f'(x)$ varie dans le même sens; elle ne peut donc s'annuler plus d'une fois, et si elle a une racine $a$ entre $\alpha$ et $\beta$, cette racine sera simple, car, $f''(a)$ est différent de zéro puisque $a$ est compris entre deux racines réelles consécutives de l'équation $f''(x)=0$.

D'ailleurs, si l'équation $f(x)=0$ avait deux racines $a$, $b$ comprises entre $\alpha$ et $\beta$, l'équation $f''(x)=0$ aurait, d'après la première partie du théorème, au moins une racine réelle comprise entre $a$ et $b$, ce qui est contraire à l'hypothèse.

3° On démontre de la même manière la dernière partie de l'énoncé.

**16. Corollaire.** — *Soient* $\alpha$ et $\beta$ deux racines réelles consécutives de l'équation $f''(x)=0$; trois cas peuvent se présenter :

1° $$f(\alpha)\,f(\beta)<0.$$

*L'équation $f(x)=0$ a une racine réelle simple comprise entre $\alpha$ et $\beta$.*

2° $$f(\alpha)\,f(\beta)>0.$$

*L'équation $f(x)=0$ n'a aucune racine réelle entre $\alpha$* et $\beta$.

3° *L'un des deux facteurs $f(\alpha)$* ou *$f(\beta)$ est nul et par suite $\alpha$ ou $\beta$ est racine de $f(x)=0$.*

Ces propositions résultent immédiatement du théorème précédent.

Remarquons que $\alpha$ et $\beta$ ne peuvent être toutes les deux racines de l'équation $f(x)=0$, car la dérivée devrait alors avoir une racine comprise entre $\alpha$ et $\beta$, tandis qu'on suppose que $\alpha$ et $\beta$ sont des racines consécutives de la dérivée.

**17. Théorème.** — *Si l'équation $f(x)=0$ a $p$ racines réelles comprises entre deux nombres donnés, l'équation $f'(x)=0$ en a au moins $p-1$ dans le même intervalle.*

En effet, soient $a$, $b$, $c$, ..... $k$, $l$ les racines de l'équation $f(x)=0$, qui sont comprises entre deux nombres donnés $x_0$, $x_1$, et soient A, B, ... L, les degrés de multiplicité de ces racines, de sorte que

$$A+B+C+.....+L=p.$$

On sait que $a$, $b$, ..... $l$ seront des racines d'ordres $A-1$, $B-1$, ..... $L-1$, respectivement, de l'équation $f'(x)=0$; en outre, la dérivée a au moins une racine dans chacun des $q-1$ intervalles $(a, b)$, $(b, c)$... $(k, l)$, $q$ désignant le nombre de racines distinctes de la proposée comprises entre $x_0$ et $x_1$. La dérivée a donc au moins entre $x_0$ et $x_1$ un nombre de racines réelles égal à

$$(A-1)+(B-1)++.....(L-1)+q-1=(p-q)+q-1=p-1.$$

**Corollaire.** — Si l'équation $f(x)=0$ a $p$ racines réelles entre $x_0$ et $x_1$, l'équation dérivée d'ordre $n$, $f^{(n)}(x)=0$, en a au moins $p-n$.

**Remarque.** — La proposition précédente subsiste si au lieu d'un intervalle fini $(x_0, x_1)$ on considère l'intervalle de $-\infty$ à $+\infty$.

**18. Théorème.** — *Si l'équation $f'(x)=0$ a $p'$ racines réelles dans un intervalle donné, l'équation $f(x)=0$ en a au plus $p'+1$ dans le même intervalle.*

En effet, soit $p$ le nombre de racines réelles de l'équation $f(x)=0$ qui sont comprises dans l'intervalle considéré; on a, d'après le théorème précédent :

$$p' \geqslant p-1,$$

donc

$$p \leqslant p'+1.$$

*Plus généralement, si l'équation $f^{(n)}(x)=0$ a $p'$ racines réelles dans un intervalle, l'équation $f(x)=0$ en a au plus $p'+n$ dans le même intervalle.*

**19. Définition.** — On nomme *suite de Rolle* la suite formée par les résultats que l'on obtient en substituant à $x$ dans $f(x)$ les racines réelles de l'équation $f'(x)=0$, rangées par ordre de grandeur croissante, précédés de $f(-\infty)$ et suivis de $f(+\infty)$.

**20. Théorème.** — *Pour que l'équation $f(x)=0$ ait toutes ses racines réelles et inégales, il faut et il suffit que l'équation dérivée $f'(x)=0$ ait toutes ses racines réelles et inégales et, de plus, que la suite de Rolle présente $m$ variations.*

En effet, supposons que l'équation proposée ait toutes ses racines réelles et inégales; rangeons ces nombres par ordre croissant

$$a, b, c, \ldots\ldots k, l; \qquad (1)$$

l'équation $f'(x)=0$ aura au moins $m-1$ racines réelles $\alpha, \beta, \ldots\ldots \lambda$ séparées par la suite (1), et comme elle est de degré $m-1$, toutes ses racines sont réelles; on a ainsi obtenu cette suite croissante

$$-\infty, a, \alpha, b, \beta, c, \ldots\ldots k, \lambda, l, +\infty, \qquad (2)$$

donc, la suite de Rolle

$$f(-\infty), \quad f(\alpha), \quad f(\beta), \ldots\ldots f(\lambda), \quad f(+\infty) \qquad (3)$$

présentera $m$ variations. En effet, l'équation $f(x)=0$ a une racine, et une seule, entre $-\infty$ et $\alpha$, donc $f(-\infty)$ et $f(\alpha)$ ont des signes contraires; de même elle a une seule racine entre $\alpha$ et $\beta$, donc $f(\alpha)$ et $f(\beta)$ ont des signes contraires, et ainsi de suite. Ces conditions sont donc nécessaires, je dis qu'elles sont suffisantes. En effet, par hypothèse, l'équation $f'(x)=0$ a $m-1$ racines réelles et inégales formant la suite croissante

$$-\infty, \alpha, \beta, \gamma, \ldots\ldots \lambda, +\infty \qquad (4)$$

La suite (3) présente $m$ variations, donc deux termes consécutifs de cette suite ont des signes contraires, par conséquent l'équation $f(x)=0$ a une racine réelle dans chacun des $m$ intervalles formés par deux termes consécutifs de la suite (4); elle a donc toutes ses racines réelles et inégales.

**Remarque.** — Pour qu'une équation $f(x)=0$ ait toutes ses racines réelles, il est nécessaire que chacune des équations

$$f'(x)=0, f''(x)=0 \ldots\ldots f^{(m-2)}(x)=0$$

ait toutes ses racines réelles : ces conditions ne sont pas suffisantes. Il est facile de s'en rendre compte. Si l'équation $f(x)=0$ a toutes ses racines réelles, on peut trouver une constante C telle que l'équation $f(x)+C=0$ n'ait pas toutes ses racines réelles; il suffit par exemple que $f(\lambda)$ et $f(\lambda)+C$ aient des signes contraires, $\lambda$ étant la plus grande racine réelle de $f'(x)=0$; or $f(x)+C$ a même dérivée que

$f'(x)$, etc. Si l'on considère par exemple une équation du second degré ayant des racines imaginaires, sa dérivée, qui est du premier degré, a une racine réelle.

**21. Théorèmes complémentaires.** — *L'équation* $f'(x)=0$ *a un nombre pair de racines réelles supérieures à la plus grande racine de l'équation* $f(x)=0$, *et aussi un nombre pair de racines réelles inférieures à la plus petite racine de l'équation* $f(x)=0$.

1° Soit $l$ la plus grande racine de l'équation $f(x)=0$. Soit $h$ un nombre positif tel que l'équation $f'(x)=0$ n'ait aucune racine entre $l$ et $l+h$; les deux nombres $f(l+h)$ et $f'(l+h)$ ont le même signe; pareillement $f(+\infty)$ et $f'(+\infty)$ ont le même signe; donc $f'(l+h)$ et $f'(+\infty)$ ont le même signe et par suite $l+h$ et $+\infty$ ou, ce qui revient au même, $l$ et $+\infty$ comprennent un nombre pair de racines de l'équation $f'(x)=0$.

2° Soit $a$ la plus petite racine de l'équation $f(x)=0$, et soit $h$ un nombre positif tel que la dérivée n'ait aucune racine réelle entre $a-h$ et $a$; $f(a-h)$ et $f'(a-h)$ ont des signes contraires ainsi que $f(-\infty)$ et $f'(-\infty)$; donc $f'(a-h)$ et $f'(-\infty)$ ont le même signe, ce qui démontre la proposition.

Il résulte de là que pour exprimer que l'équation $f(x)=0$ a toutes ses racines réelles et inégales, il suffit d'exprimer que l'équation $f'(x)=0$ a toutes ses racines réelles et inégales et que chaque intervalle de deux racines consécutives de l'équation dérivée comprend une racine de la proposée.

22. On démontrera d'une manière analogue les propositions suivantes :

1° Soient $\alpha$, $\beta$, $\gamma$ trois racines consécutives de la dérivée; si $\beta$ est racine d'ordre pair de multiplicité, les racines $\alpha$ et $\gamma$ comprendront au plus une racine réelle de la proposée.

Car si $x$ varie de $\alpha$ à $\gamma$, quand $x$ traverse la valeur $\beta$, $f'(x)$ s'annule sans changer de signe; donc $f(x)$ varie dans le même sens et par suite ne peut s'annuler qu'une fois au plus entre $\alpha$ et $\gamma$; si $f(\beta)=0$, l'équation $f(x)=0$ n'aura aucune racine entre $\alpha$ et $\beta$ ni entre $\beta$ et $\gamma$.

2° Si $\alpha$, $\beta$, $\gamma$, $\delta$ sont quatre racines réelles consécutives de l'équation $f'(x)=0$, si l'équation $f(x)=0$ a une racine réelle comprise entre $\alpha$ et $\beta$ et une racine réelle comprise entre $\gamma$ et $\delta$, elle aura aussi une racine réelle comprise entre $\beta$ et $\gamma$ si les ordres de multiplicité des racines $\beta$ et $\gamma$ de la dérivée sont tous deux impairs et réciproquement.

De sorte que les deux conditions $f(\alpha)f(\beta)<0$, $f(\gamma)f(\delta)<0$ exprimeront, *dans ce cas*, que l'équation $f(x)=0$ a trois racines réelles séparées par la suite $\alpha$, $\beta$, $\gamma$, $\delta$.

3° Si $\alpha$, $\beta$, $\gamma$ sont les trois plus petites racines de la dérivée; si $-\infty$ et $\alpha$ ainsi que $\beta$ et $\gamma$ comprennent une racine de la proposée, $\alpha$ et $\beta$ en comprendront également une si les ordres de multiplicité de $\alpha$ et de $\beta$ sont impairs.

Théorème analogue pour les trois plus grandes racines.

4° Si les deux plus petites racines $\alpha$ et $\beta$ de l'équation $f'(x)=0$ comprennent une racine de $f(x)=0$, cette dernière aura une racine plus petite que $\alpha$, si $\alpha$ est racine d'ordre impair de multiplicité de la dérivée.

Théorème analogue pour les deux plus grandes racines.

Ces propositions permettent de réduire le nombre des conditions nécessaires et suffisantes pour que l'équation $f(x)=0$ ait toutes ses racines réelles, lorsque l'on sait résoudre l'équation $f'(x)=0$ et que cette équation a toutes ses racines réelles.

23. **Théorème.** — *Soient $Q(x)$ le quotient de la division de $f(x)$ par sa dérivée $f'(x)$, et $\varphi(x)$ le reste; les racines de l'équation*

$$Q(x).\varphi(x)=0$$

*séparent les racines de l'équation $f(x)=0$.*

En effet, l'identité

$$f(x)=f'(x).Q(x)+\varphi(x)$$

donne

$$\frac{Q(x)\varphi(x)}{f(x)}=Q(x)-\frac{Q^2(x).f'(x)}{f(x)}.$$

Soit $a$ une racine réelle de l'équation $f(x)=0$ et supposons $Q(a)\neq 0$.

Lorsque $x$ traverse en croissant le nombre $a$, $\frac{f'(x)}{f(x)}$ passe de $-\infty$ à $+\infty$; d'ailleurs, dans un intervalle contenant $a$ et suffisamment petit, $Q(x)$ ne change pas de signe; donc $\frac{Q(x)\varphi(x)}{f(x)}$ passe de $+\infty$ à $-\infty$. Soient $a$ et $b$ deux racines consécutives de $f(x)=0$; on peut déterminer d'après cela un nombre positif $h$, vérifiant les conditions

$$a+h<b-h,$$

et tel que

$$\frac{Q(a+h)\varphi(a+h)}{f(a+h)} \quad \text{et} \quad \frac{Q(b-h)\varphi(b-h)}{f(b-h)}$$

aient des signes contraires; mais

$$f(a+h) \quad \text{et} \quad f(b-h)$$

ont le même signe, donc

$$Q(a+h)\varphi(a+h) \quad \text{et} \quad Q(b-h)\varphi(b-h)$$

ont des signes contraires; il en résulte que deux racines consécutives $\alpha$, $\beta$ de l'équation

$$Q(x).\varphi(x)=0$$

comprennent une racine de l'équation proposée si $f(\alpha)$ et $f(\beta)$ ont des signes contraires, ou n'en comprennent aucune si $f(\alpha)$ et $f(\beta)$ ont le même signe; par conséquent on peut, pour la séparation des racines de l'équation $f(x)=0$, substituer dans la suite de Rolle, aux racines de l'équation $f'(x)=0$, celles de $\varphi(x)=0$ et la racine de $Q(x)=0$. Le quotient $Q(x)$ est du premier degré : si

$$f(x)=A_0x^m+A_1x^{m-1}+\dots..$$

on a

$$Q(x)=\frac{x}{m}+\frac{A_1}{m^2A_0}.$$

de sorte que l'équation $Q(x)=0$ a pour racine $-\frac{A_1}{mA_0}$. L'équation $\varphi(x)=0$ est du degré $m-2$.

**24. Applications.** — 1° *Soit l'équation*

$$x^4-2x^3-2x+1=0.$$

L'équation

$$\varphi(x)=0 \text{ est, dans cet exemple, } 2x^2+3x-2=0;$$

elle a pour racines $-2$ et $\frac{1}{2}$; d'ailleurs $Q(x)=\frac{x}{4}$, donc nous substituerons à $x$ dans $f(x)$ les termes de la suite

$$-\infty, \quad -2, \quad 0, \quad \frac{1}{2} \quad +\infty.$$

Les signes des résultats sont les suivants :

$$+, \quad +, \quad +, \quad -, \quad +.$$

L'équation proposée a donc une racine entre 0 et $\frac{1}{2}$ et une autre entre $\frac{1}{2}$ et $+\infty$.

**Deuxième méthode.** — Si l'on pose

$$f(x)=x^3-2x-2+\frac{1}{x},$$

on a

$$f'(x)=3x^2-2-\frac{1}{x^2},$$

$f(x)$ et $f'(x)$ sont discontinues pour $x=0$; mais si $h$ désigne un nombre positif aussi petit qu'on veut, chacune de ces fonctions est finie et continue dans les intervalles de $-\infty$ à $-h$ et de $+h$ à $+\infty$; on peut donc appliquer le théorème de Rolle dans chacun de ces intervalles.

L'équation

$$f'(x)=0,$$

ou

$$3x^4-2x^2-1=0$$

a pour racines réelles $+1$ et $-1$.

Substituons à $x$, dans $f(x)$, la suite :

$$-\infty, \quad -1, \quad -h, \quad +h, \quad +1, \quad +\infty,$$

nous obtenons les signes suivants (en supposant $h$ suffisamment petit) :

$$-, \quad -, \quad -, \quad +, \quad -, \quad +.$$

L'équation proposée a donc une racine réelle entre 0 et 1 et une racine réelle entre 1 et $+\infty$.

On pourrait faire les substitutions dans le polynome $xf(x)$, c'est-à-dire dans le premier membre de l'équation proposée; les résultats correspondants à l'intervalle de $-\infty$ à $-h$ auront tous changé de signe; les autres auront les mêmes signes.

Il convient de remarquer que l'inégalité

$$f(-h).f(+h) < 0$$

n'entraîne pas l'existence d'une racine comprise entre $-h$ et $+h$, puisque la fonction $f(x)$ est discontinue pour $x=0$.

2° *Trouver le nombre des racines réelles de l'équation*

$$x^m + a x^2 + b x + c = 0.$$

L'équation aux inverses a autant de racines réelles que la proposée; il suffit donc de considérer l'équation

$$cx^m + bx^{m-1} + ax^{m-2} + 1 = 0.$$

La dérivée aura $x^{m-3}$ en facteur, de sorte que l'on aura à résoudre l'équation

$$x^{m-3}[m c x^2 + (m-1) bx + (m-2) a] = 0$$

qui a $m-3$ racines nulles et a en outre, pour racines celles de l'équation du second degré

$$m c x^2 + (m-1) b x + (m-2) a = 0.$$

On pourra donc savoir combien l'équation proposée a de racines réelles.

Cette méthode s'applique à l'équation du 4e degré privée de son second terme. Soit par exemple :

$$x^4 - 15 x^2 - 27 x + 12 = 0;$$

l'équation aux inverses est

$$12 x^4 - 27 x^3 - 15 x^2 + 1 = 0.$$

L'équation dérivée relative à cette dernière équation

$$16 x^3 - 27 x^2 - 10 x = 0$$

a pour racines $-\frac{5}{16}$, 0 et 2.

Substituons à $x$

$$-\infty, \quad -\frac{5}{16}, \quad 0, \quad 2, \quad +\infty$$

dans le polynome

$$12 x^4 - 27 x^3 - 15 x^2 + 1,$$

on trouve les signes suivants :

$$+, \quad +, \quad +, \quad -, \quad +;$$

donc l'équation aux inverses a une racine entre 0 et 2 et une racine plus grande que 2; la proposée a donc une racine comprise entre 0 et $\frac{1}{2}$ et une racine plus grande que $\frac{1}{2}$.

**25. Condition de réalité des racines de l'équation du 3e degré.** — Soit $f(x)$ un polynome du 3e degré. Pour que l'équation $f(x)=0$ ait ses trois racines réelles et inégales, il faut d'abord que les deux racines $\alpha$, $\beta$ de la dérivée soient réelles et, de plus, qu'elles vérifient l'inégalité

$$f(\alpha).f(\beta) < 0. \tag{1}$$

Ainsi, la condition précédente est *nécessaire*; je dis qu'elle est *suffisante*. En effet, si elle est remplie, les racines $\alpha$, $\beta$ de la dérivée sont réelles et inégales, car l'équation $f(x)=0$ ayant ses coefficients réels par hypothèse, si $\alpha$ et $\beta$ étaient imaginaires, elles seraient conjuguées, donc les nombres $f(\alpha)$ et $f(\beta)$ seraient imaginaires conjugués et leur produit $f(\alpha).f(\beta)$ serait positif; on voit donc déjà que $\alpha$ et $\beta$ sont réelles; mais je dis en outre que les racines $\alpha$ et $\beta$ sont inégales, car autrement le produit $f(\alpha).f(\beta)$ serait égal à $[f(\alpha)]^2$ et par suite serait positif.

Cela posé, $\alpha$ et $\beta$ étant réelles et inégales, soit $\alpha < \beta$; l'inégalité (1) que nous supposons remplie exprime que l'équation proposée a une racine réelle comprise entre $\alpha$ et $\beta$; elle a nécessairement une seconde racine plus petite que $\alpha$, sans quoi la dérivée n'aurait qu'une seule racine réelle plus petite que la plus petite racine de la proposée, ce qui est impossible (21); on voit de même que l'équation $f(x)=0$ a une racine réelle plus grande que $\beta$; elle a donc ses trois racines réelles et inégales et séparées par $\alpha$ et $\beta$; donc la condition (1) est nécessaire et suffisante.

Cela posé, soit d'abord

$$f(x) = x^3 + px + q,$$

on a

$$f'(x) = 3x^2 + p,$$

les racines de la dérivée sont égales et de signes contraires.

L'identité

$$3f(x) = xf'(x) + 2px + 3q$$

donne, en remarquant que $f'(\alpha)=0$ et $f'(\beta)=0$ :

$$9f(\alpha).f(\beta) = (2p\alpha+3q)(2p\beta+3q) = 9q^2 - 4p^2\alpha^2.$$

Mais $$\alpha^2 = -\frac{p}{3},$$

donc,

$$27f(\alpha).f(\beta) = 27q^2 + 4p^3.$$

La condition demandée est donc

$$4p^3 + 27q^2 < 0.$$

Soit maintenant

$$f(x) \equiv ax^3 + 3bx^2 + 3cx + d.$$

Posons

$$F(x, y) \equiv ax^3 + 3bx^2y + 3cxy^2 + dy^3.$$

L'identité d'Euler donne

$$F(x, y) \equiv \frac{1}{3}x F'_x(x, y) + \frac{1}{3}y F'_y(x, y),$$

c'est-à-dire

$$F(x, y) \equiv x(ax^2 + 2bxy + cy^2) + y(bx^2 + 2cxy + dy^2),$$

et en faisant $y = 1$,

$$f(x) \equiv x(ax^2 + 2bx + c) + (bx^2 + 2cx + d).$$

Soient $\alpha$, $\beta$ les racines de l'équation $f'(x) = 0$, en remarquant que

$$\frac{1}{3}f'(x) = ax^2 + 2bx + c,$$

on a

$$f(\alpha) . f(\beta) = (b\alpha^2 + 2c\alpha + d)(b\beta^2 + 2c\beta + d).$$

Il en résulte que le produit $f(\alpha) . f(\beta)$ est, à un facteur positif près $\left(\text{qui est } \frac{1}{a^2}\right)$, égal au résultant des deux polynomes

$$ax^2 + 2bx + c, \quad bx^2 + 2cx + d,$$

donc la condition pour que l'équation

$$ax^3 + 3bx^2 + 3cx^2 + d = 0$$

ait ses trois racines réelles et inégales est la suivante :

$$(ad - bc)^2 - 4(ac - b^2)(bd - c^2) < 0.$$

Le premier membre de cette inégalité est le discriminant de la fonction homogène $F(x, y)$. Par conséquent :

*Pour que l'équation du 3e degré ait ses racines réelles et inégales, il faut et il suffit que le discriminant de son premier membre rendu homogène soit négatif.*

## THÉORÈME DE BUDAN ET FOURIER

**26.** *Le nombre $n$ de racines réelles de l'équation algébrique $f(x)=0$, comprises entre deux nombres $\alpha$, $\beta$ ($\alpha<\beta$) est au plus égal au nombre de variations $v_\alpha$ que la suite*

$$f(x), \quad f'(x), \quad f''(x), \quad \ldots\ldots \quad f^{m}(x) \tag{1}$$

*présente pour $x=\alpha$, diminué du nombre de variations $v_\beta$ que la même suite présente pour $x=\beta$; en général,*

$$v_\alpha - v_\beta = n + 2k,$$

*$k$ étant un nombre entier positif.*

En effet, considérons la suite

$$f(x), \quad f'(x), \ldots\ldots f^{(m)}(x); \tag{1}$$

les fonctions entières qui la composent ne peuvent changer de signe qu'en s'annulant. Supposons que $x$ varie d'une manière continue de $\alpha$ à $\beta$.

Soit $a$ une racine d'ordre $p$ de multiplicité de l'équation $f(x)=0$. On peut trouver un nombre $h$ tel que les fonctions $f(x)$, $f'(x)$, ..... $f^{p-1}(x)$ et $f^{p}(x)$ conservent chacune un signe invariable dans chacun des intervalles de $a-h$ à $a$ et de $a$ à $a+h$; nous savons d'ailleurs que $f^{(p)}(a)$ est différente de zéro. On voit que dans l'intervalle de $a-h$ à $a$, la suite

$$f(x), \quad f'(x) \ldots\ldots f^{(p-1)}(x), f^{(p)}(x) \tag{2}$$

présente $p$ variations; dans l'intervalle de $a$ à $a+h$ elle n'en présente aucune; de plus, dans l'intervalle de $a-h$ à $a+h$, la fonction $f^{(p)}(x)$ conserve son signe; donc quand $x$ passe de $a-h$ à $a+h$, la suite (2) perd $p$ variations.

En second lieu, soit $a$ une racine d'ordre $2p$ de l'équation $f^{(q)}(x)=0$, $a$ n'étant pas racine de $f^{(q-1)}(x)=0$. Si l'on considère la suite

$$f^{(q)}(x), \quad f^{(q+1)}(x), \quad \ldots\ldots \quad f^{(q+2p-1)}(x), \quad f^{(q+2p)}(x),$$

en remarquant que $f^{(q)}(x)$ s'annule sans changer de signe, on voit comme plus haut que si $x$ traverse, en croissant, le nombre $a$, cette suite perd $2q$ variations.

Enfin supposons que $a$ soit racine d'ordre $2p+1$ de l'équation $f^{(q)}(x)=0$, mais ne soit pas racine de l'équation $f^{(q-1)}(x)=0$ et considérons la suite

$$f^{(q-1)}(x), \quad f^{(q)}(x), \quad f^{(q+1)}(x), \quad \ldots\ldots \quad f^{(q+2p)}(x), \quad f^{(q+2p+1)}(x),$$

et considérons les intervalles de $a-h$ à $a$ et de $a$ à $a+h$; $h$ étant choisi de façon qu'aucune de ces fonctions ne change de signe dans l'un ni l'autre de ces intervalles. Quand on passe du premier au second de ces intervalles, la fonction $f^{(q)}(x)$ change de signe, tandis que la fonction précédente garde le sien; par conséquent, si les deux premiers termes de la suite sont de signes contraires dans le premier intervalle, ils seront de même signe dans le second, et la suite perdra $2p+2$ variations; si les deux premiers termes sont de même signe dans le premier intervalle, ils seront de signes contraires dans le second, et dans ce cas la suite perdra $2p$ variations; dans tous les cas, la suite perd un nombre pair de variations quand $x$ traverse, en croissant, une racine appartenant à l'une des fonctions intermédiaires.

Il peut arriver que $a$ soit racine des équations

$$f(x)=0, f'(x)=0 \ldots f^{(p-1)}(x)=0, f^{p+q}(x)=0, f^{p+q+1}(x)=0 \ldots f^{p+q+r}(x)=0.$$

Dans ce cas quand $x$ traverse en croissant le nombre $a$, il résulte de ce qui précède que la suite (1) perdra un nombre de variations égal à $p$ augmenté d'un nombre pair.

Donc enfin, quand $x$ croît d'une manière continue de $\alpha$ à $\beta$, la suite (1) perd un nombre de variations égal au nombre des racines réelles comprises entre $\alpha$ et $\beta$, augmenté d'un nombre pair; on a donc

$$v_\alpha - v_\beta = n + 2k.$$

Il convient de remarquer que chaque racine est comptée autant de fois qu'il y a d'unités dans son ordre de multiplicité.

**27. Cas où l'équation $f(x)=0$ a toutes ses racines réelles.** — Soient $n_1$, le nombre de racines réelles plus petites que $\alpha$, $n$ le nombre de racines réelles comprises entre $\alpha$ et $\beta$ et $n_2$ le nombre de racines réelles plus grandes que $\beta$.

Remarquons que

$$v_{-\infty} = m \quad \text{et} \quad v_{+\infty} = 0;$$

donc, d'après le théorème précédent,

$$\begin{aligned} m - v_\alpha &= n_1 + 2k \\ v_\alpha - v_\beta &= n + 2k' \\ v_\beta &= n_2 + 2k'', \end{aligned}$$

d'où, en ajoutant,

$$m = n_1 + n + n_2 + 2k + 2k' + 2k'';$$

mais par hypothèse

$$n_1 + n + n_2 = m,$$

donc

$$k = k' = k'' = o,$$

et par suite

$$n = v_\alpha - v_\beta.$$

**Remarque.** — Le théorème de Descartes est une conséquence immédiate du théorème de Fourier. En effet, le nombre de variations de la suite (1), pour $x = o$, est précisément égal au nombre de variations $v$ de $f(x)$, et comme nous l'avons déjà dit, $v_\infty = o$; donc, si l'on nomme $p$ le nombre de racines positives,

$$v = p + 2k;$$

et si les racines sont toutes réelles,

$$v = p.$$

## THÉORÈME DE STURM

**28. Définition des fonctions de Sturm.** — Soit $f(x)$ un polynome entier en $x$, que nous supposons premier avec sa dérivée $f'(x)$. Posons $X \equiv f(x)$, $X_1 \equiv f'(x)$ et faisons sur $X$ et $X_1$ les opérations du plus grand commun diviseur, mais *en changeant à chaque opération* le signe du reste, de sorte que chaque reste changé de signe soit le diviseur dans l'opération suivante. En un mot, nous obtiendrons des fonctions $X_2$, $X_3$ ..... $X_n$ définies par les identités :

$$\left.\begin{array}{l} X \equiv X_1 Q_1 - X_2 \\ X_1 \equiv X_2 Q_2 - X_3 \\ X_2 \equiv X_3 Q_3 - X_4 \\ \dots\dots\dots\dots \\ \dots\dots\dots\dots \\ \dots\dots\dots\dots \\ X_{n-2} \equiv X_{n-1} Q_{n-1} - X_n \end{array}\right\} \quad (1)$$

Nous supposons les divisions successives effectuées suivant les puissances décroissantes, de sorte que les degrés des polynomes $X$, $X_1$, $X_2$, ..... vont en décroissant. Tout polynome qui divise $X$ et $X_1$ divise $X_2$, et tout polynome qui divise $X_1$ et $X_2$ divise $X$, et ainsi de suite. On voit bien que les changements de signe ne modifient en rien les raisonnements que nous avons faits dans la recherche du plus grand commun diviseur par la méthode des divisions successives. D'où il résulte que les polynomes donnés $X$ et $X_1$ étant premiers entre eux, la suite des opérations conduira nécessairement à un reste $-X_n$, indépendant de $x$ et différent de zéro. Les fonctions

$$X, X_1, X_2, \dots X_n \quad (2)$$

jouissent de propriétés caractéristiques que nous allons établir.

1° *Chacune des fonctions de la suite (2) est continue.*

2° *Le dernier terme $X_n$ a un signe invariable.*

3° *Deux fonctions consécutives ne peuvent s'annuler pour une même valeur de $x$.*

4° *Si une fonction $X_p$ est nulle pour une valeur déterminée de $x$, les deux fonctions qui la comprennent, savoir $X_{p-1}$ et $X_{p+1}$ ont pour cette valeur de $x$ des valeurs différentes de zéro et de signes contraires.*

5° *Enfin, quand $x$ traverse, en croissant, une racine de l'équation $X=0$, le rapport $\frac{X_1}{X}$ passe du signe — au signe +, ou, comme on dit, éprouve une variation ascendante.*

Les deux premières propriétés sont évidentes, puisque les termes de la suite (1) sont des polynomes entiers et que le dernier est une constante numérique d'ailleurs différente de zéro.

L'identité

$$X_{p-1} \equiv X_p Q_p - X_{p+1}$$

montre que si les équations $X_p=0$, $X_{p+1}=0$ avaient une racine commune $x_0$, cette racine appartiendrait aussi à l'équation $X_{p-1}=0$. On verrait de même que $X_p$ et $X_{p-1}$ étant nulles pour $x=x_0$, la fonction $X_{p-2}$ serait nulle aussi pour $x=x_0$, et ainsi de suite; de sorte qu'en remontant jusqu'à $X$ et $X_1$, ces deux polynomes seraient nuls pour $x=x_0$, ce qui est contraire à notre hypothèse, à savoir que $X$ et $X_1$ sont premiers entre eux. On peut dire également que si $X_p$ et $X_{p+1}$ étaient nulles pour $x=x_0$, $X_{p+2}$ serait également nulle pour $x=x_0$; de même $X_{p+1}$ et $X_{p+2}$ étant nulles, il en serait de même de $X_{p+3}$, et ainsi de suite; on arriverait ainsi à cette conclusion : $X_n=0$, qui est contraire à notre hypothèse.

Pour démontrer la quatrième propriété, remarquons que si $X_p$ est nul pour $x=x_0$, l'identité

$$X_{p-1} \equiv X_p Q_p - X_{p+1}$$

ayant lieu pour toutes les valeurs de $x$, si nous donnons à $x$ la valeur $x_0$, $X_{p-1}$, $X_p$, $X_{p+1}$ prendront des valeurs numériques $A_{p-1}$, $0$, $A_{p+1}$ devant vérifier cette identité, de sorte que

$$A_{p-1} = - A_{p+1}.$$

Enfin, la dernière propriété a déjà été établie.

Cela posé, nous appellerons *suite de Sturm*, toute suite de fonctions de la variable $x$, soient

$$X,\ X_1,\ X_2,\ X_3,\ \ldots\ldots\ X_n,$$

satisfaisant aux cinq conditions précédentes; la dernière fonction $X_n$ étant assujettie seulement à conserver un signe invariable, au moins quand la variable $x$ varie dans un intervalle donné.

Nous pouvons maintenant énoncer le théorème de Sturm :

**29.** *Le nombre des racines réelles de l'équation algébrique $f(x)=0$, comprises entre deux nombres réels $\alpha$, $\beta$, est égal au nombre de varia-*

*tions perdues par la suite des fonctions de Sturm relative à $f(x)$, quand on substitue à $x$ le nombre $\alpha$ puis le nombre $\beta$, en supposant $\alpha < \beta$.*

Supposons d'abord que l'équation $f(x) = 0$ n'ait que des racines simples. Nous posons $X = f(x)$, $X_1 = f'(x)$ et nous formons la suite de Sturm comme il a été dit plus haut.

En supposant $\alpha < \beta$ imaginons que $x$ varie d'une manière continue de $\alpha$ à $\beta$, et supposons, en outre, que $\alpha$ ni $\beta$ ne soient racines de l'équation proposée. Désignons par $v_x$ le nombre de variations que présente la suite :

$$X, X_1, X_2, \ldots\ldots X_n$$

pour une valeur donnée $x$ de la variable. Il est clair que quand $x$ varie d'une manière continue, le nombre de variations $v_x$ ne peut changer que si l'une ou plusieurs des fonctions de la suite de Sturm changent de signe.

Par hypothèse, la dernière fonction $X_n$, qui se réduit à une constante dans le cas présent, conserve un signe invariable.

Soit $x_0$ une racine de l'équation $X_\mu = 0$. On peut déterminer un nombre positif $h$ tel que dans l'intervalle de $x_0 - h$ à $x_0 + h$ aucun des deux polynomes $X_{\mu-1}$, $X_{\mu+1}$ ne change de signe, puisque ces polynomes sont différents de zéro pour $x = x_0$; or, pour cette valeur, $X_{\mu-1}$ et $X_{\mu+1}$ ont des signes contraires; il en sera de même pour toute valeur de $x$ comprise entre $x_0 - h$ et $x_0 + h$, par conséquent, pour une valeur quelconque de $x$ appartenant à cet intervalle, les trois fonctions

$$X_{\mu-1}, \quad X_\mu, \quad X_{\mu+1}$$

présenteront une variation et une seule, puisque les termes extrêmes $X_{\mu-1}$ et $X_{\mu+1}$ ont des signes différents, et cela est vrai encore pour $x = x_0$, bien que pour cette valeur $X_\mu$ soit nulle. Donc, quand $x$ traverse, en croissant, une valeur annulant une fonction intermédiaire, le nombre de variations de la suite de Sturm n'est pas modifié.

Considérons enfin une racine de l'équation $X = 0$, comprise entre $\alpha$ et $\beta$ et soit $a$ cette racine. Nous savons que l'on peut déterminer un nombre positif $h$ tel que dans l'intervalle de $a - h$ à $a$, le rapport $\frac{X_1}{X}$ ait le signe $-$, et que ce même rapport ait le signe $+$ dans l'intervalle de $a$ à $a + h$. De sorte que, quand $x$ traverse, en croissant, une racine de l'équation $X = 0$, la suite perd une variation qui était placée entre les deux premiers termes $X$ et $X_1$. S'il arrivait d'ailleurs que $a$ fût en même temps racine d'une équation telle que $X_p = 0$ ($p > 1$), cette conclusion ne serait pas modifiée : on s'en assure aisément. Donc la suite de Sturm perd une variation chaque fois que $x$ traverse, en croissant, une racine de l'équation $f(x) = 0$, et n'en perd que dans ce cas ; en outre, elle n'en gagne jamais ; le nombre de variations perdues par la suite quand $x$ croît de $\alpha$ à $\beta$ est donc égal *exactement* au nombre des racines réelles de l'équation proposée, qui sont comprises entre $\alpha$ et $\beta$, de sorte que si N désigne ce nombre,

$$N = v_\alpha - v_\beta .$$

**30. Remarques.** — 1° Les calculs que l'on doit faire pour former la suite de Sturm sont, en général, compliqués ; il importe donc de rechercher toutes les simplifications possibles. Pour éviter des coefficients fractionnaires, il est souvent utile de multiplier tous les termes d'une des fonctions par un même nombre, ou de diviser, si cela est possible, tous ces termes par un même nombre. Nous savons déjà que ces opérations sont permises quand il s'agit seulement de chercher le plus grand commun diviseur des polynomes $X$, $X_1$ ; mais, dans le cas présent, on ne peut évidemment pas changer le signe d'une fonction quelconque $X_p$ ; on ne devra donc employer que des multiplicateurs ou des diviseurs positifs. Ainsi on pourra remplacer, si cela est utile, $X_p$ par $k\,X_p$, pourvu que $k$ soit indépendant de $x$ et positif.

2° Il peut arriver que l'une des fonctions intermédiaires $X_p$ conserve un signe invariable dans l'intervalle ($\alpha$, $\beta$). Il est évident que la démonstration que nous avons donnée s'applique entièrement à la suite

$$X, X_1, \ldots\ldots X_p ,$$

qui jouit des cinq propriétés fondamentales. Il en résulte que l'on peut arrêter la suite des opérations lorsqu'on parvient à un polynome dont le signe reste invariable quand $x$ varie entre $\alpha$ et $\beta$. Par exemple, si l'on arrive à un polynome n'ayant que des racines imaginaires ou des racines d'ordre pair, ou encore n'ayant aucune racine comprise entre $\alpha$ et $\beta$, on peut arrêter la suite à ce polynome.

3° Supposons qu'un des polynomes de la suite soit le produit de deux polynomes dont l'un conserve un signe invariable quand $x$ varie entre $\alpha$ et $\beta$ ; soit, par exemple,

$$X_p = Y \cdot Z,$$

Z conservant un signe invariable. On peut simplifier la suite des opérations en divisant $X_{\mu-1}$ par Y, de sorte que l'on aura :

$$\begin{aligned} X_{\mu-1} &= Y q - Y_1 \\ Y &= Y_1 q_1 - Y_2 \\ Y_1 &= Y_2 q_2 - Y_3 \\ &\cdots\cdots\cdots \\ &\cdots\cdots\cdots \\ &\cdots\cdots\cdots \\ Y_{r-2} &= Y_{r-1} q_{r-1} - Y_r. \end{aligned}$$

On aura ainsi à considérer la suite

$$X,\ X_1,\ X_2,\ \ldots\ldots\ X_{\mu-1}\ Y,\ Y_1,\ Y_2,\ \ldots\ldots\ Y_r.$$

Il s'agit d'établir que les propriétés des fonctions de Sturm subsistent.

On a

$$X_{\mu-2} = X_{\mu-1} Q_{\mu-1} - YZ;$$

on voit ainsi que si $X_{\mu-1}$ est nulle pour $x = x_0$, $X_{\mu-2}$ et $YZ$ ont des valeurs de signes contraires, donc il en est de même de $X_{\mu-2}$ et Y. Les autres vérifications n'offrent aucune difficulté.

4° Supposons enfin que $\alpha$ et $\beta$ soient racines de l'équation $f(x) = 0$, et proposons-nous de trouver le nombre N des racines réelles de l'équation proposée qui sont comprises *entre* $\alpha$ et $\beta$ (sans compter $\alpha$ ni $\beta$). Pour cela, $h$ désignant un nombre positif tel que l'équation n'ait aucune racine entre $\alpha$ et $\alpha + h$, ni aucune racine entre $\beta - h$ et $\beta$, et supposant d'ailleurs

$$\alpha + h < \beta - h,$$

on a

$$N = v_{\alpha+h} - v_{\beta-h};$$

mais de $x = \alpha$ à $x = \alpha + h$, X et $X_1$ ont le même signe, tandis que de $x = \beta - h$ à $x = \beta$, X et $X_1$ ont des signes contraires, donc, $v_{\alpha+h} = v_\alpha$ et $v_{\beta-h} = v_\beta + 1$ et par suite

$$N = v_\alpha - v_\beta - 1.$$

On voit de même que si $f(\alpha) = 0$ et $f(\beta) \neq 0$,

$$N = v_\alpha - v_\beta,$$

et si $f(\alpha) \neq 0$, $f(\beta) = 0$.

$$N = v_\alpha - v_\beta - 1.$$

**31. Cas où l'équation $f(x)=0$ a des racines multiples.** — Si l'équation $X=0$ a des racines multiples, $X$ et sa dérivée $X_1$ ont un plus grand commun diviseur. Si nous procédons comme dans le premier cas, nous obtiendrons, en changeant dans chaque division le signe du reste obtenu, des identités pareilles aux identités (1); il n'y aura de changé que ceci : on arrivera à un reste $X_{n+1}$ identique à zéro, de sorte que $X_n$ sera le plus grand commun diviseur de $X$ et $X_1$. On obtiendra donc une suite de polynomes

$$X, X_1, X_2, \ldots\ldots X_{n-1}\, X_n \qquad (3)$$

à laquelle on ne pourrait appliquer les raisonnements qu'on a faits dans le premier cas que si l'équation $X=0$ n'avait que des racines simples entre $\alpha$ et $\beta$.

Or, si nous divisons tous les polynomes de la suite (3) par le polynome $X_n$, qui est un diviseur de chacun des polynomes de la suite, et si nous posons $Y_p=\frac{X_p}{X_n}$, nous obtiendrons une nouvelle suite

$$Y, Y_1, Y_2, \ldots\ldots Y_{n-1}, 1 \qquad (4)$$

qui jouit de toutes les propriétés des fonctions de Sturm.

En effet, il n'y a évidemment à vérifier que les trois dernières. Or, l'identité

$$X_{p-1} \equiv X_p Q_p - X_{p+1}$$

donne, en divisant les deux membres par $X_n$ :

$$Y_{p-1} \equiv Y_p Q_p - Y_{p+1},$$

ce qui permet d'établir la 3e et la 4e propriété; enfin la dernière se déduit de l'identité

$$\frac{Y_1}{Y}=\frac{X_1}{X}.$$

On aura donc le nombre de racines réelles, *distinctes*, de l'équation $f(x)=0$, qui sont comprises entre $\alpha$ et $\beta$, en calculant le nombre de variations perdues par la suite (4) quand $x$ croît de $\alpha$ à $\beta$. Mais il est inutile de former la suite (4), car si $X_n$ est positif pour $x=\alpha$, les termes de la suite (3) auront les mêmes signes que ceux de la suite (4) quand $x=\alpha$, et si $X_n$ est négatif pour $x=\alpha$, tous les signes seront changés; dans les deux cas les nombres de variations présentées par les deux suites sont les mêmes; on peut faire la même remarque pour $\beta$, donc on a toujours

$$N = v_\alpha - v_\beta,$$

$v_\alpha$ et $v_\beta$ étant relatifs à la suite (3).

Il convient de ne pas oublier que N désigne alors le nombre de racines distinctes comprises entre $\alpha$ et $\beta$. Si, par exemple, dans cet intervalle, l'équation a une racine double $a$ et une racine triple $b$, on aura $N = 2$.

**32. Application.** — *Trouver les conditions nécessaires et suffisantes pour qu'une équation algébrique ait toutes ses racines réelles et inégales.*

Soit $f(x) = 0$ une équation de degré $m$; pour que cette équation ait toutes ses racines réelles, il faut et il suffit que la suite de Sturm perde $m$ variations quand on y substitue successivement $-\infty$ et $+\infty$.

Le polynome $X = f(x)$ étant du degré $m$, et sa dérivée $X_1$ du degré $m - 1$, $X_2$ sera au plus de degré $m - 2$, et ainsi de suite; donc, la suite se composera au plus de $m + 1$ termes, de sorte que pour $x = -\infty$, le nombre de variations sera au plus égal à $m$. On voit donc déjà que la suite de Sturm doit être complète et ne doit présenter que des variations pour $x = -\infty$, et que des permanences pour $x = +\infty$. Mais pour $x = +\infty$, un polynome ordonné suivant les puissances décroissantes a le même signe que le coefficient de son premier terme; donc les coefficients des premiers termes des polynomes de la suite doivent avoir les mêmes signes. Ces conditions sont nécessaires; je dis qu'elles sont suffisantes, c'est-à-dire que si la suite de Sturm est complète et si les coefficients des premiers termes de chacun des polynomes de la suite ont tous le même signe, l'équation proposée aura toutes ses racines réelles et inégales.

En effet, puisque l'on substitue $-\infty$ et $+\infty$, on peut se borner à considérer le premier terme de chaque polynome; mais les coefficients ont tous le même signe; on peut donc, puisque, en outre la suite est complète, remplacer la suite de Sturm par la suivante :

$$x^m, x^{m-1}, x^{m-2}, \ldots\ldots x, 1.$$

Or, cette suite perd manifestement $m$ variations quand on y substitue $-\infty$ puis $+\infty$.

Si l'on remarque que le coefficient de $x^m$ dans X, et celui de $x^{m-1}$ dans $X_1$ ont le même signe, on aura à écrire $m - 1$ inégalités pour exprimer qu'une équation de degré $m$ a toutes ses racines réelles et inégales.

**33. Exemple.** — Soit

$$X = ax^3 + 3bx^2 + 3cx + d;$$

on trouve

$$X_1 = ax^2 + 2bx + c$$
$$X_2 = \frac{2(b^2 - ac)x + bc - ad}{a}$$
$$X_3 = \frac{a(bc - ad)^2 - 4b(bc - ad)(b^2 - ac) + 4c(b^2 - ac)^2}{(b^2 - ac)^2}.$$

On a pris pour $X_1$ la dérivée de $X$ divisée par 3.

Les conditions nécessaires et suffisantes pour que l'équation proposée ait ses trois racines réelles et inégales sont les suivantes, $a$ étant supposé différent de zéro.

$$b^2 - ac > 0,$$

et

$$a^2(bc - ad)^2 - 4ab(bc - ad)(b^2 - ac) + 4ac(b^2 - ac)^2 < 0.$$

puisque les coefficients des premiers termes doivent avoir le signe de $a$. On a ainsi deux conditions qui se ramènent à une seule, car la seconde inégalité peut être mise sous la forme :

$$[a(bc - ad) - 2b(b^2 - ac)]^2 - 4(b^2 - ac)^3 < 0;$$

cette dernière condition exige évidemment que $b^2 - ac$ soit positif.

**Remarque.** — On a identiquement :

$$a^2(bc - ad)^2 - 4ab(bc - ad)(b^2 - ac) + 4ac(b^2 - ac)^2$$
$$= a^2[(ad - bc)^2 - 4(ac - b^2)(bd - c^2)].$$

On trouve donc la même condition qu'en appliquant le théorème de Rolle.

**34. Généralisation du théorème de Sturm.** — Soit $X$ une fonction continue de $x$; supposons que par un moyen quelconque on puisse former une *suite de Sturm* commençant par $X$,

$$X, X_1, X_2 \ldots\ldots X_n,$$

ces fonctions jouissant de toutes les propriétés des fonctions de Sturm: on peut lui appliquer le raisonnement que nous avons fait dans le cas où $X$ est un polynome entier, et par conséquent le nombre N de racines réelles de l'équation $X = 0$, comprises entre $\alpha$ et $\beta$, sera encore égal à la différence $v_\alpha - v_\beta$, c'est-à-dire au nombre des variations *perdues* par la suite, quand on y fait $x = \alpha$ puis $x = \beta$, $\alpha$ étant supposé plus petit que $\beta$.

Supposons maintenant que la suite (1) satisfasse aux quatre premières propriétés seulement, mais que le rapport $\frac{X_1}{X}$ passe du signe + au signe —, c'est-à-dire éprouve une variation descendante quand $x$ atteint et dépasse une racine de l'équation $X = 0$. Alors il n'y aura qu'à modifier légèrement le raisonnement du numéro **29**; chaque fois que $x$ traverse, en croissant, une racine de l'équation $X = 0$, la suite gagne une variation, elle n'en gagne que dans ce cas, et n'en perd jamais; donc on a

$$N = v_\beta - v_\alpha \qquad (\alpha < \beta);$$

le nombre des racines réelles comprises entre $\alpha$ et $\beta$ est alors égal au nombre de variations *gagnées* par la suite, quand on substitue $\alpha$ puis $\beta$.

Enfin, supposons que l'on ne sache rien de ce qui se passe quand $x$ atteint et dépasse une racine de l'équation $X = 0$. Soit N le nombre des racines réelles de l'équation $X = 0$, qui sont comprises entre $\alpha$ et $\beta$ $(\alpha < \beta)$, et qui correspondent à une variation ascendante du rapport $\frac{X_1}{X}$; soit N′ le nombre des racines réelles comprises entre $\alpha$ et $\beta$ et correspondant à une variation *descendante* du même rapport $\frac{X_1}{X}$, enfin soit N″ le nombre des racines comprises entre $\alpha$ et $\beta$ et telles que le rapport $\frac{X_1}{X}$ ne change pas de signe quand $x$ atteint et dépasse l'une de ces racines. Il résulte de ce qui précède que si $x$ croît de $\alpha$ à $\beta$, la suite perdra N variations et en gagnera N′, de sorte que si N est plus grand que N′, $v_\alpha$ sera plus grand que $v_\beta$, et l'on aura

$$N - N' = v_\alpha - v_\beta.$$

Si N est plus petit que N′, on aura

$$N' - N = v_\beta - v_\alpha,$$

et si $N = N'$, on aura

$$N - N' = v_\alpha - v_\beta = 0.$$

On peut écrire dans tous les cas

$$N - N' = v_\alpha - v_\beta.$$

Or, $N + N' + N''$ est au moins égal à $| N - N' |$, par suite

$$N + N' + N'' \geqslant | v_\alpha - v_\beta |.$$

Le nombre de racines réelles comprises entre $\alpha$ et $\beta$ est alors au *moins égal* à la valeur absolue de la différence $v_\alpha - v_\beta$, c'est-à-dire à la *perte* ou au *gain* de variations de la suite (1).

**Cas particulier.** — X est un polynome de degré $m$; on a formé une suite de Sturm satisfaisant aux quatre premières conditions, mais on ne sait rien concernant le rapport $\frac{X_1}{X}$; si la suite perd $m$ variations, quand $x$ varie de $\alpha$ à $\beta$ ($\alpha < \beta$), l'équation $X = 0$ a au moins $m$ racines réelles; or, elle est du degré $m$, donc toutes ses racines sont réelles et comprises entre $\alpha$ et $\beta$, et de plus, quand $x$ atteint et dépasse l'une quelconque de ces racines, $\frac{X_1}{X}$ éprouve une variation ascendante. Si au contraire la suite a *gagné* $m$ variations, on voit de même que toutes les racines sont réelles et correspondent chacune à une *variation descendante* de $\frac{X_1}{X}$.

**35. Corollaire.** — *X étant un polynome entier de degré $m$, si l'équation $X = 0$ a toutes ses racines réelles et inégales, il en est de même de l'équation $X_p = 0$; les racines de l'équation $X_p = 0$ sont séparées par celles de $X_{p-1} = 0$, $X_p$ et $X_{p-1}$ désignant deux polynomes consécutifs quelconques de la suite de Sturm; enfin lorsque $x$ croît de $-\infty$ à $+\infty$, les variations de la suite se déplacent de droite à gauche.*

Nous supposons qu'on ait formé la suite de Sturm fournie par le procédé indiqué au n° **28**. Puisque $X = 0$ a toutes ses racines réelles et inégales, la suite est complète et les coefficients de tous les premiers termes ont le même signe. Donc $X_p$ est de degré $m - p$, et la suite

$$X_p\ X_{p+1}, \ldots\ldots X_m,$$

qui satisfait aux quatre premières propriétés, *perd* $m - p$ variations quand $x$ varie de $-\infty$ à $+\infty$; donc, puisque $X_p$ est précisément de degré $m - p$, l'équation $X_p = 0$ a toutes ses racines réelles et inégales et le rapport $\frac{X_p}{X_{p+1}}$ passe du signe — au signe +, chaque fois que $x$ atteint et dépasse une racine de l'équation $X_p = 0$. Il en résulte que $X_{p+1}$ joue à l'égard de $X_p$ le même rôle que sa dérivée, d'où l'on conclut que les racines de l'équation $X_p = 0$ séparent celles de $X_{p+1} = 0$, qui sont également réelles et inégales en vertu du même raisonnement; on voit de même que les racines de $X_{p-1} = 0$ sont toutes réelles et inégales et séparent celles de $X_p = 0$.

Enfin, soit $a$ une racine réelle de l'équation $X_p = 0$; déterminons un nombre positif $h$, tel que les équations $X_{p-1} = 0$, $X_p = 0$, $X_{p+1} = 0$ n'aient aucune racine dans chacun des deux intervalles

$(a-h, a)$ et $(a, a+h)$; nous pouvons former le tableau suivant :

| $x$ | $X_{p-1}$ | $X_p$ | $X_{p+1}$ |
|---|---|---|---|
| $a-h$ | | | |
| | $+$ | $+$ | $-$ |
| $a$ | $+$ | $0$ | $-$ |
| | $+$ | $-$ | $-$ |
| $a+h$ | | | |

dans lequel nous inscrivons le signe de chacun des trois polynomes $X_{p-1}$, $X_p$, $X_{p+1}$ pour une valeur de $x$ comprise entre $a-h$ et $a$, et pour une valeur comprise entre $a$ et $a+h$.

Quand $x$ atteint et dépasse $a$, $X_p$ s'annule en changeant de signe; supposons que $X_p$ passe du signe $+$ au signe $-$; le rapport $\frac{X_p}{X_{p+1}}$ devant passer du signe $-$ au signe $+$, la fonction $X_{p+1}$ aura le signe $-$ de $a-h$ à $a+h$; en particulier, pour $x=a$ elle est négative; mais $X_p$ étant nul pour $x=a$, $X_{p-1}$ et $X_{p+1}$ doivent avoir pour $x=a$ des signes contraires; donc $X_{p-1}$ est positif dans l'intervalle de $a-h$ à $a+h$; on voit donc que si $x$ passe de $a-h$ à $a+h$, la variation qui était entre $X_p$ et $X_{p+1}$ se déplace et vient se former entre $X_{p-1}$ et $X_p$; elle se déplace de *droite à gauche*. On ferait un raisonnement identique si $X_p$ passait du signe $-$ au signe $+$.

**36. Cas où toutes les racines de l'équation algébrique $f(x)=0$ sont réelles.** — Nous avons déjà vu que dans ce cas la suite des dérivées peut remplacer les fonctions de Sturm. On peut le vérifier directement.

Le nombre des racines réelles de l'équation $f(x)=0$, qui sont supérieures à $\alpha$, est évidemment le même que le nombre des racines positives de l'équation $f(\alpha+x)=0$. Cette dernière peut s'écrire :

$$f(\alpha)+xf'(\alpha)+\frac{x^2}{1,2}f''(\alpha)+\ldots\ldots+\frac{x^m}{m!}f^{(m)}(\alpha)=0.$$

Or, si l'équation $f(x)=0$ a toutes ses racines réelles, il en est de même de l'équation $f(\alpha+x)=0$, dont les racines sont égales à celles de la proposée diminuées de $\alpha$. Donc, en vertu du théorème de Descartes, appliqué à une équation ayant toutes ses racines réelles, le nombre des racines positives de la seconde équation est égal au nombre de variations du premier membre de cette équation, mais ce nombre de variations est le même que celui de la suite

$$f(x), f'(x), f''(x) \dots \quad f^{m-1}(x) f^{(m)}(x), . \qquad (1)$$

pour $x = \alpha$.

On verra de la même manière que le nombre des racines réelles de l'équation $f(x) = 0$ qui sont supérieures à $\beta$, est égal au nombre de variations que présente la même suite (1) pour $x = \beta$; par suite, si $\alpha$ est inférieur à $\beta$, le nombre des racines réelles de $f(x) = 0$, comprises entre $\alpha$ et $\beta$, est égal au nombre des variations perdues par la suite (1) quand $x$ prend successivement les valeurs $\alpha$ et $\beta$.

Au surplus, on peut prouver que, dans le cas présent, la suite (1) est une suite de Sturm.

Il est évident qu'il n'y a que deux propriétés des fonctions de Sturm à vérifier, qui sont les suivantes : 1° deux dérivées consécutives $f^{p-1}(x)$, $f^{p}(x)$ ne peuvent pas être nulles pour une même valeur $a$ de $x$, à moins que cette valeur de $x$ n'annule la suite

$$f(x), f'(x), f'', \dots\dots f^{(p)}(x),$$

et 2° si $f^{(p)}(a) = 0$, $f^{p-1}(a)$ et $f^{(p)}(a)$ ont des signes contraires, en faisant la même réserve que dans le premier cas.

Effectivement, si l'on avait

$$f^{p-2}(a) \neq 0, f^{p-1}(a) = 0, f^{p}(a) = 0,$$

l'équation

$$f(a) + x f'(a) + \frac{x^2}{1.2} f''(a) + \dots + \frac{x^{p-2}}{(p-2)!} f^{p-2}(a) + \frac{x^{p+1}}{(p-1)!} f^{p}(a) \dots = 0 \quad (2)$$

aurait une lacune de deux termes; elle aurait donc des racines imaginaires, et par suite l'équation proposée en aurait également.

On voit de même que si l'on suppose $f^{p}(a) = 0$, il faut que $f^{p-1}(a)$ et $f^{p+1}(a)$ aient des signes contraires, sans quoi l'équation (2) aurait une lacune d'un terme entre deux termes de même signe, etc.

Enfin quand $x$ traverse, en croissant, une racine $a$ de l'équation $f(x) = 0$, la suite (1) perd $p$ variations, $p$ étant l'ordre de multiplicité de la racine $a$; donc si $v_\alpha$ et $v_\beta$ désignent les nombres de variations de la suite (1) pour $x = \alpha$ et pour $x = \beta$, et si N désigne le nombre des racines réelles de $f(x)=0$, comprises entre $\alpha$ et $\beta$, mais chacune étant comptée avec son degré de multiplicité on a

$$N = v_\alpha - v_\beta,$$

$\alpha$ étant supposé inférieur à $\beta$.

## EXERCICES

**1.** Si le produit $f(x)(x-a)$, $a$ étant positif et $f(x)$ désignant un polynome entier en $x$, présente un nombre de variations égal à $v+2k+1$, $v$ étant le nombre de variations de $f(x)$, l'équation $f(x)=0$ a au moins $2k$ racines imaginaires.

— On remarquera que le nombre des racines positives est au plus égal à $v$ et celui des racines négatives au plus égal à $m+1-(v+2k+1)$ ou $m-v-2k$.

**2.** Trouver, à l'aide du théorème de Descartes, une limite supérieure du nombre des racines réelles de l'équation $f(x)=0$, comprises entre $a$ et $b$.

— On fait la substitution

$$y = \frac{a-x}{x-b}.$$

(Jacobi.)

**3.** Si une équation $f(x)=0$, de degré $m$ et pourvue d'un terme constant, a un nombre de termes égal à $q$, le nombre total des racines réelles de cette équation est au plus $2(q-1)$ si $m$ est pair et $2q-3$ si $m$ est impair.

**4.** Si l'on multiplie $f(x)$ par $x+a$, $a$ étant positif, le nombre des variations peut rester le même ou diminuer; dans ce cas il diminue d'un nombre pair.

**5.** Si $f(x)(x+a)$ a $2k$ variations de moins que $f(x)$, l'équation $f(x)=0$ a au moins $2k$ racines imaginaires.

**6.** Si quatre coefficients consécutifs de l'équation $f(x)=0$ sont en progression arithmétique, cette équation a nécessairement des racines imaginaires.

— On remarque que le produit $f(x)(x^2-2x+1)$ aura une lacune de deux termes.

(Énoncé par Ch. Hermite, élève de mathématiques spéciales au lycée Louis-le-Grand, dans sa composition du concours général en 1842.)

**7.** Si l'équation

$$Ax^m + \ldots, + Dx^p + Ex^{p-1} + Fx^{p-2} + Gx^{p-3} + \ldots = 0$$

a toutes ses racines réelles, on a

$$(DG-EF)^2 - 4(E^2-DF)(F^2-EG) < 0.$$

(E. Catalan.)

— On multiplie $f(x)$ par $(x-a)(x-b)$ et l'on détermine $a$ et $b$ de manière à faire disparaître deux termes consécutifs. L'équation qui donne $a$ et $b$ doit avoir ses racines imaginaires.

**8.** Si l'équation

$$A_0x^m + A_1x^{m-1} + A_2x^{m-2} + \ldots + A_{p-1}x^{m-p+1} + A_px^{m-p} + A_{p+1}x^{m-p-1} + \ldots = 0$$

a toutes ses racines réelles, on a

$$A_p^2 - A_{p-1} \cdot A_{p+1} > 0.$$

(l'abbé de Gua.)

**9**. On pose

$$f(x) = \frac{(x^2-1)^n}{2^n\, n!}$$

et

$$X_n = f^{(n)}(x).$$

($X_n$ est *un polynome de Legendre.*)

Montrer, en appliquant le théorème de Rolle, que l'équation $X_n = 0$ a toutes ses racines réelles, inégales, et comprises entre $-1$ et $+1$.

**10**. Démontrer la même proposition en s'appuyant sur le théorème de Sturm. — On se servira de l'identité

$$p\,X_p - (2p-1)\,x\,X_{p-1} + (p-1)\,X_{p-2} = 0.$$

**11**. Si une fonction $f(x)$ s'annule par $x = a, b, c, \ldots l$, on a

$$f(x) = \frac{f^{(n)}(\xi)}{n!}(x-a)(x-b)\ldots\ldots(x-l),$$

$\xi$ étant compris entre le plus grand et le plus petit des nombres $a, b, c, \ldots l$ et $x$ et $n$ désignant le nombre des quantités $a, b, \ldots l$.

— On pose

$$\frac{f(x)}{(x-a)(x-b)\ldots(x-l)} = \mathrm{A},$$

et l'on considère la fonction

$$f(z) - \mathrm{A}(z-a)(z-b)\ldots\ldots(z-l)$$

qui est nulle pour $n+1$ valeurs de $z$, soit $z = x$, $z = a$, $z = b$, ..... $z = l$. On en conclut que sa dérivée $n^e$ s'annule pour un nombre $\xi$ moyen entre $x$ et $a, b, c, \ldots\ldots l$.

**12**. L'équation $f(x) = 0$ a toutes ses racines réelles et inégales. Si $a$ et $b$ sont deux racines consécutives, $f'(x)$ s'annule pour $\alpha$ compris entre $a$ et $b$. Prouver que $\alpha$ est compris entre

$$a + \frac{b-a}{m} \quad \text{et} \quad b - \frac{b-a}{m},$$

$m$ étant le degré de $f(x)$.

(LAGUERRE.)

**13**. Déduire le théorème de Descartes du théorème de Rolle.

On suppose le théorème vrai pour une équation du degré $m-1$, et on en conclut qu'il est vrai pour une équation du degré $m$. Si $f(x)$ a un nombre de variations égal à $v$, $f(x)$ en a $v$ ou $v-1$. Dans le second cas $f'(x)$ a au plus $v-1$ racines positives, donc $f(x)$ en a au plus $v$. Dans le premier cas on remarquera que les nombres de racines positives de $f(x)$ et de $f'(x)$ sont de même parité.

**14**. L'équation $\mathrm{F}(x) = 0$ a au plus une racine positive de plus que l'équation

$$x\mathrm{F}'(x) - \alpha\mathrm{F}(x) = 0.$$

— On applique le théorème de Rolle à l'équation $x^{-\alpha}\,\mathrm{F}(x) = 0$.

**15.** Déduire le théorème de Descartes du théorème de Rolle en faisant voir que si le théorème est vrai quand $f(x)$ présente $v-1$ variations, il est vrai quand $f(x)$ en présente $v$.

— Soit $F(x) = Ax^p + \dots + Mx^r + Nx^s + \dots + R$. On prouve d'abord que l'équation $F(x) = 0$ a, au plus, une racine positive de plus que l'équation $xF'(x) - \alpha F(x) = 0$. On suppose M et N de signes contraires et on prend $\alpha$ entre $r$ et $s$; les coefficients de $xF'(x) - \alpha F(x)$ sont

$$A(p-\alpha), \dots\dots M(r-\alpha), \quad N(s-\alpha), \dots\dots -R\alpha$$

de sorte que si $F(x)$ présente $v$ variations, $xF'(x) - \alpha F(x)$ en présente $v-1$, etc.

(Laguerre.)

**16.** Soit $a$ un nombre réel. L'équation

$$f(x) + af'(x) = 0$$

a au moins autant de racines réelles que l'équation $f(x) = 0$.

**17.** L'équation

$$f(x) + af'(x) + a^2 f''(x) + \dots\dots + a^m f^m(x) = 0$$

a au plus autant de racines réelles que $f(x) = 0$.

(Hermite.)

**18.** Si l'équation $f(x) = 0$ a toutes ses racines réelles, il en de même de celle-ci :

$$af(x) + bf'(x) + cf''(x) + \dots\dots = 0;$$

les constantes $a, b, c, \dots\dots$ étant telles que l'équation

$$a + bx + cx^2 + \dots\dots = 0$$

n'ait que des racines réelles.

(Hermite.)

**19.** Supposons toujours que

$$a + bx + cx^2 + \dots\dots = 0$$

ait toutes ses racines réelles; on pose

$$\frac{1}{a + bx + cx^2 + \dots\dots} = A + Bx + Cx^2 + \dots\dots$$

cela étant, si l'équation $f(x) = 0$ a toutes ses racines imaginaires, il en est de même de

$$Af(x) + Bf'(x) + Cf''(x) + \dots\dots = 0.$$

(Hermite.)

**20.** L'équation

$$1 + \frac{x}{1} + \frac{x^2}{1.2} + \dots\dots + \frac{x^n}{1.2\dots n} = 0$$

ne peut avoir deux racines réelles.

(Sylvester.)

**21.** L'équation

$$1+ax+\frac{a(a+1)}{1.2}x^2+\ldots\ldots+\frac{a(a+1)\ldots(a+n-1)}{1.2\ \ldots\ n}x^n=0$$

ne peut avoir deux racines réelles si $a$ est positif ou si $a<-n$.

(Sylvester.)

**22.** On pose

$$\frac{1}{1+2ax+a^2}=P_0+P_1a+P_2a^2+\ldots\ldots P_na^n+\ldots\ldots$$

$P_0, P_1, \ldots\ldots P_n, \ldots\ldots$ étant des polynomes entiers en $x$. Montrer que l'équation $P_n=0$ a toutes ses racines réelles.

**23.** On pose

$$x+\frac{1}{x}=z \qquad V_p(z)=x^p+\frac{1}{x^p};$$

montrer que l'équation $V_p(z)=0$ a toutes ses racines réelles et comprises entre 2 et $-2$.

**24.** Montrer que l'équation

$$V_1+V_2+\ldots\ldots+V_p=0$$

a toutes ses racines réelles.

**25.** Appliquer le théorème de Sturm à l'équation bicarrée.

**26.** Appliquer le théorème de Sturm à l'équation $x^m+px+q=0$.

**27.** $X_n$ désignant un polynome de Legendre (9), l'équation

$$n(n+1)X_n^2-(1-x^2)(X'_n)^2=0$$

a toutes ses racines réelles, inégales et comprises entre $-1$ et $+1$.

(Hermite.)

**28.** Si l'on pose

$$f_m(x)=1+\left(\frac{m}{1}\right)^2x+\left(\frac{m(m-1)}{1.2}\right)^2x^2+\ldots\ldots+x^m:$$

1° les équations $f_1(x)=0, f_2(x)=0, \ldots\ldots f_m(x)=0$ ont toutes leurs racines réelles et inégales; 2° les racines de $f_p(x)=0$ séparent celles de $f_{p+1}(x)=0$.

(H. Laurent.)

**29.** On développe suivant les puissances de $\lambda$ l'expression

$$\frac{e^\lambda(1+x)-e^{-\lambda}(1-x)}{e^\lambda(1+x)+e^{-\lambda}(1-x)},$$

le coefficient de $\lambda^n$ est un polynome $L_n$ du $n^e$ degré en $x$ contenant $x^2-1$ en facteur. Démontrer que l'équation $\frac{L_n}{x^2-1}=0$ a toutes ses racines réelles, inégales et comprises entre $-1$ et $+1$.

(Hermite.)

**30.** L'équation $f(x) = 0$ a toutes ses racines réelles et inégales; on élimine $x$ entre les équations

$$f'(x) = 0, \qquad y - f(x)\, f''(x) = 0 :$$

prouver que l'équation obtenue $\varphi(y) = 0$ a tous ses termes de même signe, et réciproquement.

**31.** Appliquer le théorème de Rolle à l'équation

$$16\,x^5 - 20\,x^3 + 5\,x - b = 0 \qquad (-1 \leqslant b \leqslant 1).$$

**32.** Appliquer le théorème de Sturm à la même équation.

**33.** On forme la suite de Sturm relative à $f(x)$ et à sa dérivée. Si l'équation $X_p = 0$ a $2q$ racines imaginaires, l'équation $f(x) = 0$ a au moins $2q$ racines imaginaires

(G. Darboux.)

**34.** Former la suite de Sturm pour l'équation qui donne $\operatorname{tg}\frac{a}{p}$, connaissant $\operatorname{tg} a$.

**35.** Soit $f(x) = 0$ une équation de degré $m$ et soient $\alpha, \beta, \ldots \lambda$ les racines de la dérivée supposées réelles et inégales. Pour exprimer que $f(x) = 0$ a toutes ses racines réelles et inégales, on peut écrire les conditions

$$f(-\infty)\, f(\alpha) < 0, \qquad f(\beta)\, f(\gamma) < 0, \;\ldots\ldots$$

ou

$$f(\alpha)\; f(\beta) < 0, \qquad f(\gamma)\, f(\delta) < 0, \;\ldots\ldots, \text{ etc.}$$

Examiner les cas de $m$ pair ou $m$ impair, et compter combien on obtient ainsi de conditions.

**36.** Soient

$$X = x^m + \ldots, \quad X_1 = mx + \ldots, \qquad X_2 = p_2\, x^{m-2} + \ldots, \qquad \ldots\; X_m = p_m,$$

les polynomes de la suite de Sturm relative à l'équation $X = 0$; prouver que si $m$ est pair, les inégalités

$$p_2 > 0, \quad p_4 > 0, \;\ldots\ldots\; p_m > 0,$$
$$p_3\, p_5 > 0, \quad p_5\, p_7 > 0, \;\ldots\ldots\; p_{m-3}\, p_{m-1} > 0$$

entraînent

$$p_3 > 0, \quad p_5 > 0, \;\ldots\ldots\; p_{m-1} > 0.$$

Pareillement, les inégalités

$$p_3 > 0, \quad p_5 > 0, \;\ldots\ldots\; p_{m-1} > 0$$

et

$$p_2\, p_4 > 0, \quad p_4\, p_6 > 0 \;\ldots\ldots$$

entraînent

$$p_2 > 0, \quad p_4 > 0, \;\ldots\ldots\; p_m > 0;$$

si $m$ est impair on obtient des résultats analogues.

Appliquer à la recherche des conditions pour que $X=0$ ait ses racines réelles et inégales.

**37.** Appliquer le théorème de Rolle et celui de Sturm à la discussion de l'équation

$$x^5+5px^3+5p^2x+q=0.$$

**38.** Appliquer le théorème de Sturm à l'équation

$$10x^4-5x^3-76x^2+58x-11=0.$$

(Exemple traité par Sturm.)

— On peut prendre :

$$X_2=1\,231\,x^2-1\,240\,x+294$$
$$X_3=6443876\,x-2460539$$
$$X_4=1\,065.$$

**39.** Soient $a, b, c \ldots\ldots l$ les $m$ racines de $f(x)=0$.
On a :

$$X_1=\Sigma\,(x-b)\,(x-c)\;.\;.\;.\;(x-l)$$
$$X_2=\alpha\,\Sigma\,(a-b)^2\,(x-c)\,(x-d)\;.\;.\;.\;(x-l)$$
$$X_3=\beta\,\Sigma\,(a-b)^2\,(b-c)^2\,(c-a)^2\,(x-d)\;.\;.\;.\;(x-l)$$
$$\ldots\ldots\ldots\ldots\ldots\ldots$$
$$X_m=\lambda\,(a-b)^2\,(a-c)^2\;.\;.\;.\;(k-l)^2,$$

$\alpha\,.\,\beta\,\ldots\,\lambda$ étant des constantes positives.

(SYLVESTER.)

**40.** Soient $f(x)$ et $\varphi(x)$ deux polynomes entiers :

$$f(x) \text{ du degré } n \text{ et } \varphi(x)=(\lambda-x)\,f'(x)+n\,f(x).$$

On forme avec $f$ et $\varphi$ une suite de Sturm en faisant les opérations du plus grand commun diviseur et changeant à chaque fois le signe du reste. Soient $f, \varphi, \varphi_1, \varphi_2, \ldots$ les termes de la suite obtenue. Démontrer que si dans la suite $f, \varphi, \varphi_1, \varphi_2, \ldots$ on substitue deux nombres $\alpha$ et $\beta$ $(\alpha<\beta)$, l'excès du nombre des variations de cette suite pour $x=\alpha$, sur le nombre des variations pour $x=\beta$, est égal à l'excès du nombre des racines de l'équation $f(x)=0$, comprises entre $\alpha$ et $\beta$ et moindres que $\lambda$ sur le nombre de ces racines qui sont plus grandes que $\lambda$.

(HERMITE.)

**41.** Le nombre de variations $v_\alpha$ de la suite de Sturm relative à $f(x)$ est égal au nombre de racines réelles supérieures à $\alpha$, augmenté de la moitié du nombre de racines imaginaires, en supposant que la suite de Sturm soit complète.

**42.** On donne

$$f(x)=x^m+px^n+q$$

discuter l'équation $f(x)=0$.

Examiner le cas où $m$ et $n$ sont impairs et chercher à quelle condition l'équation a le plus grand nombre possible de racines réelles.

43. Discuter l'équation

$$x \operatorname{arc} \operatorname{tg} x + x + \operatorname{arc} \operatorname{tg} x - 1 = 0.$$

(Fouret, *Examens de l'École polytechnique*, 1889.)

44. Déterminer $a$ et $b$ de manière que l'équation

$$x^4 - 4ax^3 + 2bx^2 + 1 = 0$$

ait le plus grand nombre possible de racines réelles.

(Humbert, *Examens de l'École polytechnique*, 1888.)

# CHAPITRE XVI

## RÉSOLUTION DES ÉQUATIONS NUMÉRIQUES. — RECHERCHE DES RACINES COMMENSURABLES

### LIMITES DES RACINES

1. **Définitions.** — On dit qu'un nombre positif L est une *limite supérieure* des racines positives de l'équation $f(x) = 0$, si L est supérieur à la plus grande racine positive de cette équation. Pareillement, on appelle *limite inférieure* des racines positives de l'équation $f(x) = 0$, tout nombre positif $l$ inférieur à la plus petite racine positive. La recherche d'une limite inférieure se ramène immédiatement à celle d'une limite supérieure, car pour que $l$ soit une limite inférieure des racines positives de l'équation proposée, il faut et il suffit que $\frac{1}{l}$ soit une limite supérieure des racines positives de l'équation $f\left(\frac{1}{x}\right) = 0$.

Si l'on sait déterminer une limite inférieure $l'$ et une limite supérieure L′ des racines positives de l'équation $f(-x) = 0$, toute racine négative de l'équation $f(x) = 0$ sera comprise entre — L′ et — $l'$, de sorte que — L′ sera une limite inférieure et — $l'$ une limite supérieure des racines négatives de la proposée. En définitive, tout se ramène à la recherche d'une limite supérieure L des racines positives d'une équation. Il est clair que si le terme du plus haut degré de $f(x)$ a un coefficient positif, et si en supposant

$x \geqslant x_0$, le polynome $f(x)$ est positif, $x_0$ sera une limite supérieure des racines positives de l'équation $f(x)=0$.

2. Nous établirons d'abord la proposition suivante :

*Soit*

$$f(x) \equiv A x^m + B x^p + \ldots\ldots + G x^q - (H x^r + K x^s + \ldots\ldots + L x^t)$$

*un polynome entier en $x$ ne présentant qu'une seule variation, de sorte que les coefficients $A$, $B$, ..... $G$, $H$, $K$, ..... $L$ soient tous positifs, les nombres $m$, $p$, .... $q$, $r$, $s$, ..... $t$ étant des entiers décroissants. Si pour une valeur positive $x_0$ le polynome $f(x)$ a une valeur positive, il sera positif pour toute valeur $x_1$ plus grande que $x_0$.*

En effet, on peut écrire

$$f(x) \equiv x^q \left[ A x^{m-q} + B x^{p-q} + \ldots + G - \left( \frac{H}{x^{q-r}} + \frac{K}{x^{q-s}} + \ldots + \frac{L}{x^{q-t}} \right) \right]$$

Supposons que $x$ croisse à partir de $x_0$, tous les exposants $m-q$, $p-q$, ... $q-r$, $q-s$, ... $q-t$ des deux parties dont se compose l'expression placée entre crochets étant positifs, la première croît, la seconde décroît, donc cette expression est croissante; mais par hypothèse sa valeur initiale est positive; elle sera donc positive pour $x=x_1$ si l'on suppose $x_1 > x_0$, et il en sera de même du produit de cette expression par $x^q$. Donc, on sait déjà que $f(x_1)$ est positif. Mais en outre $f(x)$ est le produit de deux facteurs positifs et croissants quand $x$ est supérieur à $x_0$, donc $f(x)$ va en croissant depuis $f(x_0)$ jusqu'à $+\infty$, quand $x$ croît de $x_0$ à $+\infty$.

D'ailleurs si $h$ est un nombre positif suffisamment petit l'inégalité

$$f(x_0) > 0$$

entraîne celle-ci :

$$f(x_0 - h) > 0;$$

par conséquent le polynome $f(x)$ est croissant et positif pour toutes les valeurs de $x$ supérieures à $x_0 - h$.

Or, la dérivée $f'(x)$ est composée évidemment de la même manière que $f(x)$; le polynome étant croissant dans l'intervalle de $x_0 - h$ à $+\infty$, dans le même intervalle la dérivée $f'(x)$ n'est jamais négative, donc

$$f'(x_0 - h) \geqslant 0;$$

et comme cette dérivée est elle-même croissante, on a

$$f'(x_0) > 0.$$

Donc, si pour pour $x = x_0$, on a

$$f(x_0) > 0,$$

on peut affirmer que pour la même valeur $x_0$ et pour toutes les valeurs supérieures, le polynome $f(x)$ et toutes ses dérivées seront positifs.

### RECHERCHE D'UNE LIMITE SUPÉRIEURE DES RACINES POSITIVES D'UNE ÉQUATION

**3. Méthode de Mac-Laurin.**

Soit

$$A_0 x^m + A_1 x^{m-1} + \dots\dots + A_m = 0$$

*une équation algébrique dont le coefficient $A_0$ du terme de degré le plus élevé est supposé positif. Si N est la plus grande valeur absolue des coefficients négatifs,*

$$1 + \frac{N}{A_0}$$

*est une limite supérieure des racines positives de l'équation proposée.*

Écrivons le premier membre $f(x)$ de l'équation donnée sous cette forme :

$$f(x) \equiv [A_0 x^m - N(x^{m-1} + x^{m-2} + \dots\dots + 1)]$$
$$+ [(A_1 + N) x^{m-1} + (A_2 + N) x^{m-2} + \dots\dots + (A_m + N)].$$

Chacune des sommes

$$A_1 + N, \quad A_2 + N, \quad \dots\dots \quad A_m + N$$

est positive ou nulle, par suite le polynome renfermé dans le second crochet n'est jamais négatif pour aucune valeur positive de $x$. Le polynome renfermé dans le premier crochet a pour expression :

$$A_0 x^m - N \frac{x^m - 1}{x - 1}$$

ou

$$\left(A_0 - \frac{N}{x-1}\right) x^m + \frac{N}{x-1}.$$

Si l'on suppose $x - 1 > 0$, cette expression sera positive si $x$ vérifie l'inégalité

$$A_0 - \frac{N}{x-1} \geqslant 0;$$

ou, puisque $x - 1$ est supposé positif, si l'on a

$$x \geqslant 1 + \frac{N}{A_0}.$$

Si cette inégalité est vérifiée, le polynome $f(x)$ sera positif, donc l'équation proposée n'a aucune racine positive supérieure ou égale à $1 + \frac{N}{A_0}$. Ce dernier nombre est donc une limite supérieure des racines positives de l'équation proposée.

**4. Méthode de Lagrange.** — *En supposant toujours $A_0 > 0$, soit $m - r$ le degré du premier terme affecté d'un coefficient négatif, et soit $N$ la plus grande des valeurs absolues des coefficients négatifs.*

$$1 + \sqrt[r]{\frac{N}{A_0}}.$$

*est une limite supérieure des racines de l'équation proposée.*

Nous écrivons

$$\begin{aligned} f(x) \equiv A_0 x^m &- N(x^{m-r} + x^{m-r-1} + \ldots.. + 1) \\ &+ [A_1 x^{m-1} + A_2 x^{m-2} + \ldots.. + A_{r-1} x^{m-r+1}] \\ + [(A_r + N) x^{m-r} &+ (A_{r+1} + N) x^{m-r-1} + \ldots.. + (A_m + N)]. \end{aligned}$$

On voit comme plus haut que $f(x)$ sera positif si l'on a

$$A_0 x^m - N(x^{m-r} + x^{m-r-1} + \ldots.. + 1) > 0$$

ou

$$A_0 x^m - N\frac{x^{m-r+1}}{x-1} + \frac{N}{x-1} > 0. \tag{1}$$

Considérons les inégalités suivantes :

$$A_0 x^m - N\frac{x^{m-r+1}}{x-1} > 0 \tag{2}$$

$$x^{m-r}\left[A_0 x^{r-1} - \frac{N}{x-1}\right] > 0 \tag{3}$$

$$A_0 (x-1) x^{r-1} - N > 0 \tag{4}$$

$$A_0 (x-1)^r - N \geqslant 0 \tag{5}$$

$$x \geqslant 1 + \sqrt[r]{\frac{N}{A_0}}. \tag{6}$$

Il est clair que si la dernière inégalité est vérifiée, chacune des précédentes le sera, donc

$$1+\sqrt[r]{\frac{N}{A_0}}$$

est une limite supérieure des racines positives de l'équation proposée.

**Exemple.** — Soit $x^5+x^4-x^3+x-10000=0$.

$N=10000$, $r=2$, $A_0=1$. La méthode de Mac-Laurin donne 100001, celle de Lagrange donne 101.

5. **Remarque.** — Chacune des limites trouvées est aussi une limite supérieure des racines positives de chacune des équations $f'(x)=0, f''(x)=0, \ldots, f^{(m-1)}(x)=0$.

Cela résulte immédiatement de la proposition établie au n° **2**; on peut le vérifier directement. S'il s'agit de l'équation $f'(x)=0$, le premier coefficient sera égal à $mA_0$; le nombre $r$ ne sera pas changé, par conséquent la règle précédente donne le nombre

$$1+\sqrt[r]{\frac{N'}{mA_0}}$$

$N'$ étant la plus grande des valeurs absolues des coefficients négatifs de $f'(x)$. Je dis que l'on a

$$\sqrt[r]{\frac{N'}{mA_0}}<\sqrt[r]{\frac{N}{A_0}}$$

il suffit de vérifier l'inégalité :

$$\frac{N'}{m}<N.$$

Or $N'$ est la valeur absolue du coefficient de la dérivée d'un terme $A_{m-p}x^p$ de $f(x)$; cette dérivée étant $(m-p)A^{m-p}x^{p-1}$, et la valeur absolue de $A_{m-p}$ étant au plus égale à N, on a

$$\frac{N'}{m}\leqslant\frac{m-p}{m}N.$$

Mais $\frac{m-p}{m}$ est inférieur à l'unité, donc $\frac{N'}{m}$ est inférieur à N.

6. **Méthode par groupement des termes de $f(x)$.** — On met le polynome $f(x)$ sous la forme d'une somme de groupes de termes ordonnés suivant les puissances décroissantes et ne présentant chacun qu'une seule variation, le coefficient du terme du degré le plus élevé de chaque groupe étant positif. On cherche alors pour chaque groupe une valeur positive de $x$ rendant ce groupe

positif; comme toute valeur supérieure à celle-là rendra ce même groupe positif, il est clair que le plus grand des nombres positifs ainsi déterminés sera une limite supérieure des racines positives de l'équation proposée. Il y a une certaine indétermination dans la manière de procéder au groupement des termes; il y aura avantage à associer les termes négatifs dont les coefficients ont la plus grande valeur absolue avec le plus de termes positifs possible. Si le polynome $f(x)$ ne présente qu'une variation, la méthode n'est plus applicable.

**Exemple.** Soit

$$x^5 + x^4 - x^3 + x - 10000 = 0,$$

on écrira

$$(x^5 + x - 10000) + (x^4 - x^3) = 0,$$

le groupe $x^4 - x^3 = x^3(x-1)$ est positif dès que $x$ est supérieur à 1. $x^5 + x - 10000$ est positif pour $x = 7$; donc 7 est une limite supérieure des racines positives de l'équation proposée.

**7. Méthode de Newton.** — La méthode de Newton repose sur le principe suivant : *Si un nombre a rend positif un polynome et toutes ses dérivées, il en sera de même pour tout nombre supérieur à a.*

En effet, cela résulte de l'identité

$$f(a+h) = f(a) + \frac{h}{1} f'(a) + \frac{h^2}{1.2} f''(a) + \ldots\ldots + \frac{h^m}{m!} f^m(a), \quad (1)$$

si $h$ est supposé positif, et si les nombres

$$f(a),\ f'(a),\ f''(a)\ \ldots\ldots\ f^m(a) \quad (2)$$

sont positifs, $f(a+h)$ sera positif. On voit de même que $f'(a+h)$, $f''(a+h)$ ... seront des nombres positifs, puisque $f'(x)$, $f''(x)$ ... et leurs dérivées successives sont positives pour $x = a$.

Cela posé, soit $f(x) = 0$ une équation algébrique dont le coefficient $A_0$ est positif. La dérivée $f^m(x)$ se réduit à $m!\ A_0$; elle est positive. La dérivée d'ordre $m-1$ est un polynome du premier degré; on peut donc trouver un nombre positif $x_0$ rendant cette dérivée positive. Substituons ce nombre à $x$, dans les dérivées précédentes, et supposons vérifiées les inégalités

$$f^{m-1}(x_0) > 0\ f^{m-2}(x_0) > 0\ f^{m-3}(x_0) > 0 \ldots f^{m-p+1}(x_0) > 0\ f^{m-p}(x_0) < 0,$$

on remplacera $x_0$ par un nombre plus grand jusqu'à ce qu'on arrive à un nombre $x_1$ tel que l'on ait $f^{m-p}(x_1) > 0$. Alors, en vertu du lemme précédent, pour $x = x_1$, $f^{m-p}(x)$ et chacune de ses dérivées seront positives. On substituera $x_1$ dans les dérivées précédentes, et ainsi de suite. On arrivera ainsi évidemment à un nombre $a$ vérifiant les inégalités (1), et qui sera par suite une limite supérieure des racines positives de l'équation proposée.

**Remarque.** — Il y a un cas dans lequel les conditions (2) sont nécessaires pour que $a$ soit supérieur à la plus grande racine positive de l'équation $f(x) = 0$; c'est quand cette équation a toutes ses racines réelles. En effet, l'équation $f(a + h) = 0$, $h$ étant regardée comme une variable, a aussi alors toutes ses racines réelles; pour que $a$ soit limite supérieure des racines positives de l'équation $f(x) = 0$, il faut et il suffit que l'équation $f(a + h) = 0$ n'ait aucune racine positive, et par suite, puisque les racines de cette dernière équation sont toutes réelles, son premier membre ne doit présenter aucune variation, et comme $f^{m}(a)$ est un nombre positif, tous les coefficients de $f(a + h)$ développés suivant les puissances de $h$ doivent être positifs.

Il est quelquefois possible d'affirmer que le nombre trouvé $a$ *supposé entier*, est le plus petit entier supérieur à la plus grande racine positive de l'équation $f(x) = 0$. Supposons en effet que l'entier $a$ vérifie les conditions (2), que $a - 1$ rende positives toutes les dérivées, mais que $f(a - 1)$ soit négatif. Alors les deux nombres $f(a - 1)$ et $f(a)$ étant de signes contraires, l'équation proposée a au moins une racine comprise entre $a - 1$ et $a$, et n'en a aucune supérieure à $a$; donc $a$ est bien le plus petit entier répondant à la question.

Il est inutile d'ajouter qu'il n'y a pas à chercher *la plus petite limite supérieure* des racines positives d'une équation, puisque quel que soit le nombre L supérieur à la plus grande racine positive $x_p$ on peut évidemment trouver des nombres compris entre $x_p$ et L.

**Exemple.** — Reprenons l'équation

$$x^5 + x^4 - x^3 + x - 10000 = 0;$$

on reconnaît aisément que toutes les dérivées sont positives pour $x = 1$; et le plus petit entier qui rend $f(x)$ positif est 7. Donc 7 est une limite supérieure, et c'est le plus petit entier qui soit limite supérieure des racines positives de l'équation.

8. **Méthode de M. Thibault**[1]. — Soit $a$ un nombre positif; divisons $f(x)$ par $x - a$, ce qui donne l'identité

$$f(x) \equiv (x - a)(B_0 x^{m-1} + B_1 x^{m-2} + \ldots + B_{m-2} x + B_{m-1}) + f(a).$$

Si les coefficients $B_0$, $B_1$, ..... $B_{m-1}$, $B_m$ du quotient, ainsi que le reste $f(a)$ sont des nombres positifs, il est clair que $f(x)$ sera positif quand on donnera à $x$ une valeur numérique supérieure à $a$.

Si

$$f(x) \equiv A_0 x^m + A_1 x_{m-1} + \ldots + A_m,$$

on a

$$\begin{aligned}
B_0 &= A_0 \\
B_1 &= B_0 a + A_1 \\
B_2 &= B_1 a + A_2 \\
&\ldots \\
&\ldots \\
&\ldots \\
B_p &= B_{p-1} a + A_p \\
&\ldots\ldots \\
&\ldots\ldots \\
&\ldots\ldots \\
B_{m-1} &= B_{m-2} a + A_{m-1}, \\
f(a) &= B_{m-1} a + A_m
\end{aligned}$$

par suite, pour essayer si un nombre positif $a$ est limite supérieure des racines positives de l'équation $f(x) = 0$, en supposant $A_0 > 0$, il suffit de voir si $a$ rend positif chacun des polynomes

$$A_0 x + A_1, \qquad A_0 x^2 + A_1 x + A_2, \ldots \qquad A_0 x^m + A_1 x^{m-1} + \ldots + A_m,$$

dont la loi de formation est plus simple que celle des dérivées successives.

**Remarque.** — Il est facile d'établir que le nombre $a$ trouvé par cette méthode est au moins égal à celui que fournit la méthode de Newton.

En effet, si l'on pose

$$f(x) \equiv (x - a)\varphi(x) + f(a),$$

1. *Nouvelles Annales de Mathématiques*, t. II, p. 517.

on trouve

$$\begin{aligned} f'(x) &\equiv (x-a)\,\varphi'(x) + \varphi(x),\\ f''(x) &\equiv (x-a)\,\varphi''(x) + 2\,\varphi'(x)\\ &\ldots\ldots\ldots\ldots\ldots\ldots\\ &\ldots\ldots\ldots\ldots\ldots\ldots\\ f^p(x) &\equiv (x-a)\,\varphi^p(x) + p.\,\varphi^{p-1}(x); \end{aligned}$$

donc

$$f^p(a) = p.\,\varphi^{p-1}(a).$$

Or tous les coefficients de $\varphi(x)$ sont positifs et $a$ est un nombre positif, on a donc $\varphi^{p-1}(a) > 0$, et par suite $f^p(a) > 0$. Par conséquent, si $a$ satisfait aux conditions précédentes, $f(x)$ et ses dérivées auront des valeurs positives pour $x = a$.

Il résulte de ce qui précède que toutes les méthodes que nous avons indiquées donneront toujours un nombre satisfaisant aux conditions de Newton.

## RECHERCHE DES RACINES COMMENSURABLES D'UNE ÉQUATION ALGÉBRIQUE A COEFFICIENTS ENTIERS

**9. Racines entières.** — Supposons que les coefficients de l'équation

$$f(x) \equiv A_0 x^m + A_1 x^{m-1} + \ldots\ldots \quad + A_{m-1} x + A_m = 0$$

soient des nombres entiers, positifs ou négatifs. Nous savons que si un nombre $a$ est racine de l'équation $f(x) = 0$, le polynome $f(x)$ est divisible par $x - a$; nous savons en outre (T. I, III, **18**) que les coefficients du quotient, qui ont respectivement pour valeurs

$$A_0, \quad A_0 a + A_1, \quad A_0 a^2 + A_1 a + A_2, \ldots\ldots$$

sont des nombres entiers; si l'on effectue la division de $f(x)$ par $a - x$, en l'ordonnant suivant les puissances croissantes de $x$, on devra trouver le même quotient au signe près, donc tous les coefficients donnés par cette seconde méthode doivent être entiers. Le premier terme du quotient est égal à $\frac{A_m}{a}$, donc $a$ doit être un diviseur de $A_m$. D'après cela, pour trouver toutes les racines entières de l'équation proposée, on procède de la manière suivante.

Remarquons d'abord qu'il suffit de savoir trouver les racines positives, puisqu'on aura les racines négatives en cherchant les racines positives de la transformée en $-x$. Cela posé, on compte le nombre de variations $v$ de $f(x)$ que l'on a tout d'abord ordonné; l'équation a au plus $v$ racines positives. On cherche ensuite une limite supérieure des racines positives, soit L cette limite; on peut chercher également une limite inférieure $l$. Ensuite on décompose $A_m$, ou plutôt sa valeur absolue, en facteurs premiers et l'on forme le tableau des diviseurs de $A_m$, en ne retenant que ceux qui sont compris entre $l$ et L. Mais généralement on ne cherche pas la limite inférieure $l$ et l'on conserve tous les diviseurs inférieurs à L. Il n'y a plus qu'à les essayer. Soit $a$ un diviseur de $|A_m|$; on divise $A_m$ par $a$, soit $q$ le quotient; on fait la somme $q+A_{m-1}$ et on la divise par $a$, soit $q_1$ le quotient; si ce quotient n'est pas entier, $a$ n'est pas racine; supposons $q_1$ entier, on ajoute $A_{m-2}$ et on divise la somme $q_1+A_{m-2}$ par $a$, soit $q_2$ le quotient, et ainsi de suite; si l'on arrive ainsi jusqu'à $q_{m-1}$, on doit avoir :

$$f(x) \equiv (a-x)(q+q_1x+q_2x^2+\ldots\ldots+q_{m-1}x^{m-1}),$$

d'après la théorie de la division, il faut que

$$q_{m-1}+A_m=0.$$

Si cette condition est remplie, l'identité précédente est vérifiée et $a$ est racine, et l'on a obtenu l'équation

$$q+q_1x+q_2x^2+\ldots\ldots+q_{m-1}x^{m-1}=0$$

à laquelle on appliquera la même méthode.

**10. Procédé d'exclusion de certains diviseurs.** — Si $a$ est racine entière de l'équation $f(x)=0$ à coefficients entiers, on a

$$f(x) \equiv (x-a).\varphi(x),$$

$\varphi(x)$ étant un polynome entier à coefficients entiers. Supposons $a$ différent de 1 et de $-1$, et remplaçons dans l'identité précédente $x$ par 1, puis par $-1$; nous obtiendrons

$$f(1)=(1-a).\varphi(1)$$
$$f(-1)=-(1+a).\varphi(-1),$$

$\varphi(1)$ et $\varphi(-1)$ étant des nombres entiers; si $a$ est racine de l'équation proposée, $a-1$ doit diviser $f(1)$ et $a+1$ doit diviser $f(-1)$. Nous supposons l'équation préalablement débarrassée, s'il y a lieu, des racines 1 et $-1$; on doit d'ailleurs remarquer qu'en calculant $f(1)$ et $f(-1)$ on saura si 1 ou $-1$ est racine, et dans le cas où il en serait ainsi, on obtiendra les coefficients de l'équation débarrassée de cette racine.

**Exemple.**

$$2x^3 - 12x^2 + 13x - 15 = 0.$$

Le premier membre présente 3 variations; l'équation a donc 1 ou 3 racines positives. On reconnait que 6 est une limite supérieure des racines positives; nous essayerons donc 1, 3, 5.

$$f(1) = -12, \quad f(-1) = -42$$

3 + 1 ou 4 ne divise pas 42; donc 3 n'est pas racine. Essayons 5.

$$\begin{array}{cccc|c} 2x^3 & -12x^2 & +13x & -15 & 5 \\ -2 & & 2 & -3 & \end{array}$$

$-15$ divisé par 5 donne $-3$; $13-3=10$, divisons par 5 : quotient 2; $2-12=-10$, en divisant par 5, on trouve $-2$; $-2+2=0$; donc 5 est racine et il reste à résoudre l'équation

$$2x^2 - 2x + 3 = 0$$

dont les racines sont imaginaires et égales à $\dfrac{1 \pm i\sqrt{5}}{2}$.

L'équation proposée est donc résolue.

## RACINES FRACTIONNAIRES

**11. 1re méthode.** — Cette méthode repose sur le lemme suivant. *Une équation*

$$x^m + A_1 x^{m-1} + A_2 x^{m-2} + \ldots\ldots + A_m = 0$$

*dont les coefficients sont entiers, ne peut avoir aucune racine fractionnaire si le coefficient de la plus haute puissance de $x$ est égal à l'unité.*

En effet, si l'équation proposée admet une racine fractionnaire $\frac{a}{b}$, nous pouvons supposer cette fraction irréductible. Dans ce cas

$$\frac{a^m}{b^m} = -\left(A_1 \frac{a^{m-1}}{b^{m-1}} + A_2 \frac{a^{m-2}}{b^{m-2}} + \ldots\ldots + A_m\right)$$

ou bien

$$a^m = -b\,(A_1\,a^{m-1} + A_2\,a^{m-2}\,b + \ldots\ldots + A_m b^{m-1});$$

mais, en vertu de cette égalité, $a^m$ serait divisible par $b$, ce qui est inadmissible puisque $a$ et $b$ étant supposés premiers entre eux, $b$ est premier avec $a^m$.

Cela posé, soit à trouver les racines fractionnaires de l'équation à coefficients entiers :

$$A_0\,x^m + A_1\,x^{m-1} + \ldots\ldots + A_m = 0.$$

Nous avons vu que l'on peut multiplier toutes les racines de cette équation par un nombre entier $k$ choisi de telle manière que les coefficients de l'équation transformée soient tous entiers et que le coefficient de $x^m$ soit égal à 1. On vient de voir que l'équation ainsi obtenue n'a pas de racines fractionnaires; donc si la proposée avait des racines fractionnaires, la multiplication par $k$ les a rendues entières. On cherchera par conséquent les racines entières de la transformée et on les divisera par $k$. On ne fera d'ailleurs la transformation qu'après avoir débarrassé l'équation proposée de ses racines entières.

**Exemple.** — Trouver les racines fractionnaires de l'équation

$$4\,x^3 - 8\,x^2 + 5\,x - 3 = 0.$$

Remplaçons $x$ par $\frac{x}{2}$ et chassons les dénominateurs après avoir simplifié les coefficients fractionnaires; on obtient l'équation

$$x^3 - 4\,x^2 + 5\,x - 6 = 0.$$

qui n'a aucune racine fractionnaire. On trouve 3 pour racine entière, l'équation débarrassée du facteur $x - 3$ est :

$$x^2 - x + 2 = 0$$

qui a pour racines

$$\frac{1 \pm i\sqrt{7}}{2}$$

donc les racines de la proposée sont

$$\frac{3}{2} \quad \text{et} \quad \frac{1 \pm i\sqrt{7}}{4}.$$

**12. 2e méthode. Recherche directe des racines fractionnaires.** — Soit $\frac{a}{b}$ une fraction que nous supposerons irréductible. Pour que $\frac{a}{b}$ soit racine de l'équation $f(x) = 0$, à coefficients entiers, il faut et il suffit que $f(x)$ soit divisible par $bx - a$. Nous savons que si cela a lieu, les coefficients de quotient seront des nombres entiers (T. I, III, **18**). Or si l'on ordonne la division suivant les puissances décroissantes, le premier terme du quotient est égal à $\frac{A_0}{b}$; donc $b$ doit diviser $A_0$. Si, au contraire, on effectue la division suivant les puissances croissantes par $a - bx$, le premier terme du quotient sera $\frac{A_m}{a}$; donc $a$ doit diviser $A_m$.

D'après cela, on formera tous les diviseurs de $| A_m |$ ainsi que tous les diviseurs de $| A_0 |$ et l'on essaiera toutes les fractions ayant pour numérateur un diviseur de $A_m$ et pour dénominateur un diviseur de $A_0$, en ne conservant que les fractions inférieures à la limite supérieure des racines positives, puisqu'il est convenu que nous ne nous occupons que des racines positives. Si la division se fait exactement avec des coefficients tous entiers, $\frac{a}{b}$ est racine; au contraire, si l'on arrive à un coefficient fractionnaire, $\frac{a}{b}$ n'est pas racine.

Soit $\frac{a}{b}$ une fraction ainsi formée : on divisera $f(x)$ par $bx - a$ par la règle indiquée au n° **18**, T. I, III.

**13. Caractères d'exclusion.** — Si $\frac{a}{b}$ est racine de $f(x) = 0$, on a :

$$f(x) \equiv (bx - a)\,\varphi(x)$$

et les coefficients de $\varphi(x)$ sont entiers, puisque nous supposons $a$ et $b$ premiers entre eux. On a par suite

$$f(1) = (b - a)\,\varphi(1)$$
$$f(-1) = -(b + a)\,\varphi(-1)$$

donc $b - a$ doit diviser $f(1)$ et $b + a$ doit diviser $f(-1)$; on rejettera toute fraction $\frac{a}{b}$ dont les deux termes ne vérifieraient pas ces deux conditions.

**Exemple.** — Reprenons l'équation

$$4x^3 - 8x^2 + 5x - 3 = 0$$

que nous avons déjà résolue.

Les diviseurs de 4 sont 1, 2, 4; ceux de 3 : 1, 3.

Essayons $\frac{1}{2}$; on a $f(1) = -2$, $f(-1) = -20$, $1 + 2$ ne divise pas 20; donc $\frac{1}{2}$ n'est pas racine.

Essayons $\frac{1}{4}$; $4 - 1$ ne divise pas 2, donc $\frac{1}{4}$ n'est pas racine.

Essayons $\frac{3}{2}$; $3 + 2$ divise 20, $3 - 2$ divise 2; il y a lieu de faire la division, suivant les puissances croissantes ou décroissantes, à volonté. Divisions suivant les puissances décroissantes :

$$\begin{array}{c|cccc} 3 & 4x^3 & -8x^2 & +5x & -3 \\ 2 & 2 & -1 & 1 & \end{array}$$

On divise 4 par 2; on multiplie le quotient 2 par 3 et on ajoute le résultat à $-8$, ce qui donne $-2$; on divise par 2, on obtient $-1$; on multiplie par 3 et on ajoute le résultat $-3$ à $+5$, on divise le reste par 2, on trouve 1. Or $1 \times 3 - 3 = 0$; donc la division se fait exactement. Par suite $\frac{3}{2}$ est racine, et il ne reste plus qu'à résoudre l'équation

$$2x^2 - x + 1 = 0,$$

qui a pour racines

$$\frac{1 \pm i\sqrt{7}}{4}.$$

**Remarque.** — Quand on essaie les diviseurs entiers, il convient de faire la division suivant les puissances croissantes, parce que si le diviseur essayé n'est pas racine, les différents termes du quotient se déterminant par des divisions successives, dès que l'on trouve un coefficient fractionnaire on peut arrêter l'opération, tandis qu'on devrait l'effectuer entièrement si l'on procédait suivant les puissances décroissantes. Quand il s'agit des racines fractionnaires, quel que soit le mode adopté, on a toujours des divisions à faire, à moins qu'il ne s'agisse d'une fraction ayant pour numérateur l'unité; dans ce cas on choisira la division ordonnée suivant les puissances décroissantes.

Remarquons encore que le dénominateur $b$ devant diviser $A_0$, si $A_0 = 1$, l'équation ne peut avoir de racines fractionnaires : on a ainsi une nouvelle démonstration du lemme du n° **11**.

## EXERCICES

**1.** Si $A_0, A_1, \ldots\ldots A_p$, sont positifs et si N est la plus grande des valeurs absolues des coefficients négatifs de l'équation

$$A_0 x^m + A_1 x^{m-1} + \ldots\ldots + A_{p-1} x^{m-p+1} + A_p x^{m-p} + \ldots\ldots + A_m = 0$$

démontrer que

$$1 + \frac{N}{A_0 + A_1 + \ldots\ldots + A_{p-1}}$$

est une limite supérieure des racines positives de cette équation, ainsi que des équations dérivées.

**2.** Dans chaque suite de coefficients négatifs d'une équation, on prend celui qui a la plus grande valeur absolue, on divise sa valeur absolue par la somme de tous les coefficients positifs qui le précèdent, on cherche le plus grand des rapports ainsi formés et on lui ajoute l'unité; le nombre obtenu est une limite supérieure des racines positives de l'équation proposée, le coefficient du premier terme étant supposé positif.

— On pose $x = 1 + y$, d'où :

$$x^p = y x^{p-1} + y x^{p-2} + \ldots\ldots + y x + y + 1.$$

Si le coefficient de $x^p$ est positif on remplace $x^p$ par cette expression, etc.

Montrer, en appliquant cette règle, que si, parmi les coefficients qui précèdent le premier terme négatif, il y en a un qui ait une valeur absolue plus grande que celle du plus grand coefficient négatif, 2 est une limite supérieure.

**3.** Étant donnée l'équation

$$A_0 x^m + A_1 x^{m-1} + \ldots + A_m = 0$$

on pose

$$B_0 = A_0$$
$$B_1 = B_0 a + A_1$$
$$B_2 = B_1 a + A_2$$

. . . . . . . . . . . . . . . . . .

. . . . . . . . . . . . . . . . . .

si, en supposant $A_0 > 0$, on a $B_n < 0$, $B_p < 0$, ..... $a$ est une limite supérieure des racines positives de l'équation, si l'on a :

$$B_{n-1}\,a + \frac{1}{2}B_n \geqslant 0, \quad B_{p-1}\,a + \frac{1}{2}B_p \geqslant 0 \,.....$$

(Thibault.)

4. Soient $\sqrt[n]{N}$ et $\sqrt[n']{N'}$ les deux plus grands nombres obtenus en extrayant la racine de la valeur absolue de chaque coefficient négatif, ayant pour indice le nombre de termes qui précèdent ce coefficient, la somme

$$\sqrt[n]{N} + \sqrt[n']{N'}$$

est une limite supérieure des racines positives de l'équation

$$x^m + A_1 x^{m-1} + \,..... = 0.$$

(Lagrange.)

5. Soient $a_p$, $a_q$, $a_r$ ..... les valeurs absolues des coefficients négatifs, $n$ leur nombre, et L un nombre plus grand que chacun des nombres $\sqrt[p]{na_p}$, $\sqrt[q]{na_q}$, $\sqrt[r]{na_r}$, ...
L est une limite supérieure des racines positives.

6. Si l'équation $f(x) = 0$ à coefficients entiers, a une racine entière, et si $a$ et $b$ désignent deux nombres entiers quelconques, l'un au moins des entiers :

$$f(a), \quad f(a+1), \quad f(a+2), \,..... \, f(a+b-1)$$

est divisible par $b$. En déduire les propositions suivantes :

Si $f(0)$ et $f(1)$ sont tous deux impairs, l'équation $f(x) = 0$ n'a pas de racines entières.

Si aucun des nombres $f(-1)$, $f(0)$, $f(-1)$ n'est divisible par 3, l'équation n'a pas de racines entières.

7. Si l'un des nombres $f(1)$ ou $f(-1)$ est impair, l'équation n'a pas de racines impaires.

— On remarquera que tout nombre entier qui divise $b - a$, divise $f(b) - f(a)$.

8. Trouver les racines commensurables de l'équation :

$$x^7 + 3x^6 - 11x^5 - 23x^4 + 10x^3 - 28x^2 - 56x + 96 = 0.$$

9. Étant donnée l'équation de degré pair $m$,

$$A_0 x^m - A_1 x^{m-1} + A_2 x^{m-2} - \,..... - A_{m-1}\,x + A_m = 0,$$

$A_0$, $A_1$, $A_2$, ..... $A_m$ étant des nombres positifs; soient H le plus grand des rapports :

$$\frac{A_1}{A_0}, \quad \frac{A_3}{A_2}, \quad \frac{A_5}{A_4}, \,..... \, \frac{A_{m-1}}{A_{m-2}}$$

et $h$ le plus petit des rapports

$$\frac{A_2}{A_1}, \quad \frac{A_4}{A_3}, \quad \frac{A_6}{A_5}, \,..... \, \frac{A_m}{A_{m-1}}.$$

toutes les racines réelles de l'équation proposée seront comprises entre H et $h$ si $H > h$, et si $H \leqslant h$, toutes ses racines seront imaginaires.

(Prouhet.)

**10.** Soient $m$ un nombre impair, et l'équation :

$$A_0 x^m - A_1 x^{m-1} + A_2 x^{m-2} - \dots + A_{m-1} x - A_m = 0,$$

où $A_0, A_1, A_2, \dots A_m$ sont positifs.

Soient $H$ le plus grand et $H'$ le plus petit des rapports

$$\frac{A_1}{A_0}, \quad \frac{A_3}{A_2}, \quad \frac{A_5}{A_4}, \dots \frac{A_m}{A_{m-1}};$$

soit $h$ le plus petit des rapports

$$\frac{A_2}{A_1}, \quad \frac{A_4}{A_2}, \dots \frac{A_{m-1}}{A_m}$$

l'équation n'a aucune racine supérieure à $H$ ou inférieure à $H'$, et elle ne peut en avoir qu'une seule inférieure à $\frac{h}{2}$. Si $H \leq \frac{h}{2}$, elle n'aura qu'une racine réelle.

(Prouhet.)

**11.** Si un polynome à coefficients entiers est divisible par un polynome à coefficients rationnels, il est le produit de deux polynomes à coefficients entiers.

(Gauss.)

# CHAPITRE XVII

## RACINES INCOMMENSURABLES. — MÉTHODES D'APPROXIMATION

**1.** Pour résoudre une équation algébrique à coefficients numériques entiers on commence par chercher toutes les racines commensurables en appliquant les méthodes que nous avons développées dans le chapitre précédent, après avoir préalablement déterminé le nombre des racines réelles ou tout au moins une limite supérieure de ce nombre. Soit $f_1(x)$ le produit de tous les facteurs correspondants aux racines commensurables, de sorte que

$$f(x) \equiv f_1(x) f_2(x).$$

L'équation

$$f_2(x) = 0$$

(en supposant que $f_2(x)$ ne soit pas une constante) n'a que des racines incommensurables; si son degré est supérieur à 5, on lui applique la méthode des racines égales. Nous avons déjà fait observer que si le degré de $f_2(x)$ est au plus égal à 5 et si $f_2(x) = 0$ n'a pas de racines commensurables elle n'a pas de racines multiples, excepté cependant le cas où $f_2(x)$ serait le carré d'un trinome du second degré.

Nous serons ramenés, dans tous les cas, à résoudre une ou plusieurs équations n'ayant que des racines simples incommensurables. Remarquons enfin qu'il suffit de savoir trouver les racines positives.

2. **Premiers essais.** — Soit $f(x)=0$ une équation à coefficients réels n'ayant pas de racines multiples et n'ayant que des racines incommensurables. On se propose de séparer ces racines. On substitue d'abord des nombres entiers consécutifs et l'on détermine les signes correspondants de $f(x)$; s'il arrive que la suite formée par les résultats de ces substitutions présente autant de variations que l'équation a de racines réelles, les racines seront séparées. En général il n'en est pas ainsi : par exemple, lorsque l'équation a un nombre pair de racines comprises entre deux entiers consécutifs $a$ et $a+1$, $f(a)f(a+1)$ sera positif et la présence de racines entre $a$ et $a+1$ ne sera pas mise en évidence par les substitutions effectuées.

3. **Usage de l'équation aux différences.** — C'est pour obvier à cet inconvénient que Lagrange a imaginé de former l'équation aux différences. Supposons cette équation formée; on pourra calculer une limite inférieure de ses racines positives, c'est-à-dire un nombre $\delta$ plus petit que la plus petite des valeurs absolues des différences deux à deux des racines réelles de l'équation proposée; on substitue alors à $x$, dans $f(x)$, les termes d'une progression arithmétique de raison $\delta$ et commençant par zéro. Soient $l$ et L une limite inférieure et une limite supérieure des racines positives de l'équation

$$f(x)=0,$$

$l$ sera comprise entre $p\delta$ et $(p+1)\delta$ et L entre $q\delta$ et $(q+1)\delta$; on substitue à $x$ les nombres

$$p\delta, \quad (p+1)\delta, \quad \ldots\ldots \quad q\delta, \quad (q+1)\delta.$$

Deux termes consécutifs $n\delta, (n+1)\delta$ comprendront une racine de l'équation donnée ou n'en comprendront aucune suivant que $f(n\delta)$ et $f(\overline{n+1}\,\delta)$ auront des signes contraires ou le même signe. On a ainsi une méthode propre à obtenir la séparation. Mais la formation de l'équation aux différences est pénible; à la vérité Cauchy a montré qu'on peut obtenir une valeur approchée par défaut de $\delta$ dès qu'on sait former le terme constant de l'équation aux carrés des différences*.

Lorsque l'équation dérivée peut être résolue, nous savons que la séparation est faite.

**4. Emploi du théorème de Sturm.** — On peut faire usage du théorème de Sturm non seulement pour séparer les racines, mais même, théoriquement du moins, pour en approcher autant qu'on veut. On forme la suite de Sturm et l'on substitue à $x$ d'abord 0, 1, 10, 100, 1000..... jusqu'à ce qu'on atteigne la limite supérieure des racines positives et l'on compte combien la suite perd de variations quand $x$ croît de 0 à 1, de 1 à 10, de 10 à 100..... on saura ainsi combien l'équation a de racines réelles dans chaque intervalle; on substituera ensuite des nombres entiers dans les intervalles utiles. Supposons qu'on ait reconnu ainsi que l'équation

$$f(x) = 0$$

a une ou plusieurs racines entre deux entiers consécutifs $a$ et $a+1$; on substituera les nombres

$$a, \quad a+\frac{1}{10}, \quad a+\frac{2}{10}, \quad \ldots\ldots \quad a+\frac{9}{10}, \quad a+1.$$

Pour faire commodément ces calculs, on posera $x = a + \frac{x_1}{10}$ et l'on développera par la formule de Taylor chacune des fonctions de la suite; on substituera à $x_1$ les nombres

$$0, \quad 1, \quad 2, \quad 3, \quad \ldots\ldots \quad 9, \quad 10.$$

S'il y a des racines entre $a+\frac{3}{10}$ et $a+\frac{4}{10}$, par exemple, on posera

$$x_1 = 3 + \frac{x_2}{10}$$

et l'on substituera à $x_2$ les nombres entiers

$$0, \quad 1, \quad 2, \quad \ldots\ldots \quad 10.$$

On peut ainsi trouver deux nombres décimaux différant d'aussi peu qu'on veut et comprenant une seule racine, car on arrivera nécessairement à des intervalles ne renfermant qu'une seule racine, sans quoi il faudrait admettre que l'équation a des racines multiples.

* Voir J.-A. Serret, *Algèbre supérieure*.

Théoriquement cette méthode est parfaite; mais les calculs sont en général tellement compliqués qu'il est difficile de la mettre en pratique.

5. **Idée de la méthode de Lagrange.** — On développe les racines positives en fractions continues. Deux cas peuvent se présenter. 1° L'équation

$$f(x) = 0$$

n'a qu'une racine comprise entre deux entiers consécutifs, $a$, $a + 1$. On pose

$$x = a + \frac{1}{x_1};$$

l'équation

$$f\left(a + \frac{1}{x_1}\right) = 0$$

ou

$$f_1(x_1) = 0$$

n'a qu'une racine plus grande que 1. On substitue des nombres entiers; on trouvera deux entiers consécutifs $a_1$, $a_1 + 1$ comprenant une seule racine de la seconde équation; on posera

$$x_1 = a_1 + \frac{1}{x_2}$$

et ainsi de suite; la racine comprise entre $a$ et $a + 1$ sera représentée par la formule

$$x = a + \cfrac{1}{a_1 + \cfrac{1}{a_2 + \cdots}}$$

2° Il y a plus d'une racine entre $a$ et $a + 1$. On substitue à $x$ des fractions; s'il arrive qu'on puisse obtenir un intervalle $\frac{k}{n}$, $\frac{k+1}{n}$ ne renfermant qu'une seule racine, on posera

$$x = \frac{y}{n}.$$

L'équation

$$f\left(\frac{y}{n}\right) = 0$$

n'aura qu'une racine comprise entre les deux entiers $k$, $k + 1$; on sera ramené au premier cas. Si non, ayant posé $x = a + \frac{1}{x_1}$, on s'occupera de l'équation

$$f_1(x_1) = 0$$

qui pourra avoir plusieurs racines plus grandes que 1 et comprises entre $a_1$ et $a_1 + 1$; on posera

$$x_1 = a_1 + \frac{1}{x_2} \cdots$$

il faut admettre que les racines finiront par se séparer. Ne pouvant entrer dans le détail de la méthode de Lagrange, nous renverrons le lecteur au mémoire de Lagrange sur la *résolution des équations numériques* ou au *Traité d'Algèbre supérieure* de M. J.-A. Serret.

**6. Autre méthode.** — On peut encore combiner le développement en fraction continue avec la méthode de Sturm. On suppose formée la suite de Sturm

$$X, \quad X_1, \quad X_2, \quad \ldots\ldots \quad X_p$$

Si l'on sait que l'équation a une ou plusieurs racines entre $a$ et $a+1$, on remplace dans tous les termes de la suite $x$ par $a+\frac{1}{x_1}$; on obtient ainsi une seconde suite

$$Y, \quad Y_1, \quad Y_2, \quad \ldots\ldots \quad Y_p$$

et l'on substitue à $x_1$ des nombres entiers; on séparera ainsi les racines de l'équation $Y=0$. Seulement il convient de remarquer que

$$Y = x_1^m f\left(a+\frac{1}{x_1}\right), \qquad Y_1 = x_1^{m-1} f'\left(a+\frac{1}{x_1}\right)$$

d'où

$$\frac{Y}{Y_1} = x_1 \frac{f(x)}{f'(x)}$$

quand $x$ croît, $x_1$ décroît et inversement, donc quand on passera d'un entier à un entier supérieur la suite *gagnera* des variations au lieu d'en perdre.

Si la suite gagne une ou plus d'une variation entre $a_1$ et $a_1+1$, on posera $x_1 = a_1 + \frac{1}{x_2}$ et, en chassant les dénominateurs, on obtiendra une troisième suite

$$Z, \; Z_1, \; Z_2, \; \ldots\ldots \; Z_p\,.$$

Comme

$$\frac{Z}{Z_1} = x_1 x_2 \frac{f\left(a+\cfrac{1}{a_1+\cfrac{1}{x_2}}\right)}{f'\left(a+\cfrac{1}{a_1+\cfrac{1}{x_2}}\right)}$$

il y aura cette fois perte de variations; et ainsi de suite; les suites considérées perdront et gagneront alternativement des variations quand on fera croître les variables dont elles dépendent.

Nous avons supposé que l'équation $f(x)=0$ a des coefficients entiers. S'il en est autrement, c'est-à-dire si ces coefficients sont incommensurables, on cherchera les racines sans distinction de racines commensurables ou incommensurables après avoir appliqué la méthode des racines égales.

## MÉTHODES D'APPROXIMATION

7. Supposons qu'on soit parvenu à séparer par un procédé quelconque les racines de l'équation $f(x)=0$, n'ayant par hypothèse que des racines simples, et soient $a$ et $b$ deux nombres ne

comprenant qu'une seule racine $x$; nous dirons que $a$ est une valeur approchée *par défaut* et $b$ une valeur approchée *par excès* de la racine cherchée, *si $a$ est plus petit que $b$*. Il s'agit de trouver une méthode permettant d'approcher *davantage et dans un sens déterminé* de la racine inconnue. Nous devons exposer ici deux méthodes d'approximation.

**8. Méthode des parties proportionnelles.** — Par hypothèse, les nombres $a$ et $b$ $(a < b)$ comprennent une seule racine $x_0$ de l'équation $f(x) = 0$. La méthode dite des *parties proportionnelles* consiste à remplacer la fonction $f(x)$, dans l'intervalle $(a, b)$ par un polynome du premier degré qui prenne pour $x = a$ une valeur égale à $f(a)$ et pour $x = b$ une valeur égale à $f(b)$. On suppose $f(a) f(b) < 0$, par conséquent le polynome du premier degré aura une racine comprise entre $a$ et $b$, que nous prendrons comme seconde valeur approchée de la racine $x_0$, et qu'il s'agit de déterminer.

Si l'on pose $z = Ax + B$, on a $\Delta z = A \Delta x$, de sorte que les accroissements de $z$ sont proportionnels à ceux de $x$. Par conséquent si l'on suppose $z = f(a)$ pour $x = a$ et $z = f(b)$ pour $x = b$, d'après ce que nous venons de dire :

$$\frac{z - f(a)}{f(b) - f(a)} = \frac{x - a}{b - a} \qquad (1)$$

d'où

$$z = f(a) + \frac{f(b) - f(a)}{b - a}(x - a). \qquad (2)$$

L'hypothèse $f(a) f(b) < 0$ montre que $z$ s'annule pour une valeur $x_1$, comprise entre $a$ et $b$, et donnée par l'équation (1) dans laquelle on pose $z = 0$, ce qui donne :

$$x_1 - a = -\frac{(b - a) f(a)}{f(b) - f(a)}.$$

On prendra donc comme *seconde approximation*

$$x_1 = a - \frac{(b - a) f(a)}{f(b) - f(a)}.$$

Il s'agit de savoir dans quel sens est approchée cette valeur $x_1$. Pour cela nous étudierons la fonction

$$\varphi(x) \equiv f(x) - z$$

c'est-à-dire

$$\varphi(x) = f(x) - f(a) - \frac{f(b) - f(a)}{b - a}(x - a). \qquad (3)$$

On a :

$$\varphi'(x) = f'(x) - \frac{f(b) - f(a)}{b - a}$$
$$\varphi''(x) = f''(x).$$

Supposons que la dérivée seconde de $f(x)$ conserve un signe invariable pour toutes les valeurs de $x$ comprises entre $a$ et $b$.

La fonction $\varphi(x)$ est nulle pour $x = a$ et pour $x = b$; donc elle passe par un maximum ou un minimum pour une valeur de $x$ comprise entre $a$ et $b$. Pour fixer les idées, supposons $f''(x) > 0$ dans l'intervalle $(a, b)$. La fonction $\varphi'(x)$ est croissante, elle s'annule donc entre $a$ et $b$ en passant du signe — au signe +, la fonction $\varphi$ passe par un minimum; or elle part de zéro et revient à zéro quand $x$ croît de $a$ à $b$, elle est donc négative dans cet intervalle. En particulier, on a $\varphi(x_1) < 0$, c'est-à-dire $f(x_1) < 0$, puisque $z = 0$ pour $x = x_1$. On verra de même que si l'on suppose $f''(x) < 0$, on aura $f(x_1) > 0$, de sorte que $f(x_1)$ et $f''(x_1)$ ont des signes contraires; d'où il résulte que $x_1$ est approchée dans le même sens que celui des deux nombres $a$ ou $b$ qui donne au produit $f''(x)f(x)$ le signe —.

**9. Interprétation géométrique.** — Si l'on considère la courbe qui a pour équation en axes rectangulaires par exemple :

$$y = f(x)$$

cette courbe passe par le point A ayant pour coordonnées $[a, f(a)]$, et par le point B qui a pour coordonnées $[b, f(b)]$. Par hypothèse l'arc AB de la courbe coupe l'axe des $x$ en un point M dont on cherche l'abscisse. La méthode précédente consiste à prendre au lieu du point M le point d'intersection R de la corde AB avec l'axe des $x$. On reconnaît aisément que si l'arc AB tourne sa concavité par exemple vers les $y$ positives, le point R sera situé entre le point M et la projection sur l'axe des $x$ de celui des deux points A ou B dont l'ordonnée est négative.

**10. Méthode d'approximation de Newton.** — Soit $x_0$ une racine réelle de l'équation $f(x) = 0$; si cette équation n'a aucune racine comprise entre le nombre $a$ et $x_0$, nous dirons que $a$ est une valeur approché de $x_0$ *par défaut* si $a$ est inférieur à $x_0$; *par excès* si $a$ est supérieur à $x_0$. Posons $x_0 = a + h$ et proposons-nous de calculer $h$. On a $f(a + h) = 0$; par conséquent :

$$f(a) + hf'(a) + \frac{h^2}{2}f''(a + \theta h) = 0 \qquad (1)$$

$\theta$ étant un nombre inconnu, mais compris entre 0 et 1. L'équation précédente peut se mettre sous la forme suivante :

$$h = -\frac{f(a)}{f'(a)} - \frac{h^2}{2} \cdot \frac{f''(a+\theta h)}{f'(a)}$$

en supposant $f'(a) \neq 0$.

Posons

$$\alpha = -\frac{f(a)}{f'(a)} \quad , \quad \alpha_1 = -\frac{h^2}{2} \frac{f''(a+\theta h)}{f'(a)}$$

de sorte que

$$h = \alpha + \alpha_1$$

le terme $\alpha$ est seul connu; la méthode d'approximation de Newton consiste à négliger le terme $\alpha_1$ devant $\alpha$ et à prendre par suite pour valeur approchée de $x_0$ le nombre $a + \alpha$.

Il s'agit de savoir dans quel cas on peut affirmer avec certitude que $a + \alpha$ est plus rapprochée que $a$ et dans le même sens, c'est-à-dire dans quel cas $a + \alpha$ est compris entre $a$ et $a + \alpha + \alpha_1$. En d'autres termes, il s'agit d'exprimer que les trois nombres

$$a, \qquad a + \alpha, \qquad a + \alpha + \alpha_1$$

forment une suite croissante ou décroissante. Pour qu'il en soit ainsi, *il faut et il suffit* que $\alpha$ et $\alpha_1$ aient le même signe, ou, ce qui revient au même, que

$$f(a) \quad \text{et} \quad f''(a+\theta h)$$

aient le même signe.

Or, on sait seulement que $a + \theta h$ est compris entre $a$ et $x_0$ par conséquent pour que l'on puisse *être sûr* que la condition précédente est remplie, il est nécessaire que la dérivée seconde $f''(x)$ *conserve dans l'intervalle* $(a, x_0)$ *le signe de* $f(a)$. Cette condition est d'ailleurs évidemment suffisante; en effet, si on la suppose remplie, on remarquera d'abord que $f'(a)$ est nécessairement différent de zéro, car le premier et le troisième terme de l'équation (1) ayant alors le même signe, cette équation serait impossible si l'on supposait $f'(a) = 0$. Donc le terme correctif $-\frac{f(a)}{f'(a)}$ est bien déterminé, et en outre

$$a - \frac{f(a)}{f'(a)}$$

est compris entre $\alpha$ et la racine $x_0$.

Pour fixer les idées, supposons que la première valeur approchée $a$ soit par défaut; si la condition relative à $f''(x)$ est remplie, on déduira de $a$ une nouvelle valeur $a_1$ approchée par défaut et égale à $a + \alpha$. On peut, en partant de cette seconde valeur approchée $a_1$, appliquer de nouveau avec certitude la correction de Newton, attendu que $f(a_1)$ et $f(a)$ ayant le même signe, $f''(x)$ a le signe de $f(a_1)$ dans l'intervalle $(a_1, x_0)$. On aura ainsi une nouvelle valeur

$$a_2 = a_1 - \frac{f(a_1)}{f'(a_1)}$$

et l'on pourra de nouveau appliquer la méthode en partant de $a_2$, et ainsi de suite. Je dis qu'en continuant indéfiniment de la même manière, on obtiendra des valeurs de plus en plus approchées ayant pour limite la racine $x_0$. En effet, nous formons ainsi une suite indéfinie

$$a, \quad a_1, \quad a_2, \ldots\ldots a_n, \ldots\ldots$$

Ces nombres vont en croissant; ils sont tous inférieurs à $x_0$, donc ils ont une limite $\lambda$. D'ailleurs

$$a_{n+1} - a_n = -\frac{f(a_n)}{f'(a_n)}$$

Or la différence $a_{n+1} - a_n$ tend vers zéro quand $n$ croît indéfiniment; de plus nous supposons que la dérivée $f'(x)$ reste finie entre $a$ et $x_0$ (cette condition est toujours remplie si $f(x)$ est un polynome entier); donc $f(a_n)$ a pour limite zéro. En d'autres termes $f(\lambda) = 0$; il en résulte que $\lambda = x_0$, puisque $a_n$ étant compris entre $a$ et $x_0$, $\lambda$ appartient au même intervalle.

Le raisonnement serait le même si $a$ était approché par excès.

**11.** Dans la pratique, on commence, en général, par trouver deux nombres $a$, $b$ entre lesquels l'équation $f(x) = 0$ a une seule racine $x_0$. S'il s'agit d'une équation algébrique, on applique d'abord, s'il y a lieu, la méthode des racines égales, de façon à n'avoir plus à s'occuper que d'équations ayant toutes leurs racines simples. Dans ce cas si $a$ et $b$ comprennent une seule racine $x_0$, les deux nombres $f(a)$ et $f(b)$ ont des signes contraires et si la dérivée $f''(x)$ conserve un signe invariable dans l'intervalle $a$, $b$, on peut appliquer la méthode de Newton, dans tous les cas, à l'une de ces limites, puisqu'il y en a toujours une des deux pour laquelle $f(x)$ et $f''(x)$ ont des signes contraires. Il est alors avantageux d'appliquer simultanément la méthode de Newton et la méthode des parties proportionnelles, car si l'une doit être appliquée à la limite $a$, l'autre doit être appliquée à $b$ et, en supposant $a < b$, on obtiendra ainsi deux nouvelles limites $a_1$, $b_1$, telles que

$$a < a_1 < x_0 < b_1 < b.$$

On aura ainsi deux valeurs plus rapprochées que les premières et l'on pourra continuer ainsi autant qu'on le voudra. En réalité on ne pourra pas calculer exactement $a_1$ et $b_1$, car on devra négliger des chiffres décimaux, mais on calculera $a_1$ par défaut et $b_1$ par excès, et l'on voit aisément qu'il n'en résulte aucun changement dans la méthode à suivre.

Il est facile de se rendre compte de l'erreur commise en appliquant la méthode de Newton dans le cas présent. En effet, supposons qu'on l'applique à $a$; l'erreur commise est

$$\alpha_1 = -\frac{h^2}{2}\frac{f''(a+\theta h)}{f'(a)};$$

elle est donc moindre que

$$\frac{(b-a)^2 M}{2|f'(a)|}$$

M étant le maximum de la valeur absolue de $f''(x)$ dans l'intervalle $(a, b)$.

**12. Interprétation géométrique de la méthode de Newton.** — Supposons tracée la courbe ayant pour équation $y=f(x)$; on connaît le point A $[a, f(a)]$ et le point B $[b, f(b)]$; on reconnaît aisément que l'abscisse du point de rencontre de la tangente en A avec l'axe de $x$ est égale à

$$a - \frac{f(a)}{f'(a)}$$

par suite la correction de Newton revient à remplacer l'arc AB par sa tangente en A ou en B. Il faudra choisir celui des deux points A ou B qui se trouve, par rapport à l'axe des $x$, dans la région vers laquelle l'arc AB tourne sa concavité.

## EXERCICES

1. Appliquer la méthode de Newton à l'équation

$$x^3 - 3x^2 - 7x + 4 = 0.$$

**2.** Prouver que si les racines de l'équation $f(x) = 0$ sont toutes réelles et que L soit une limite supérieure des racines positives, $L - \frac{f'(L)}{f''(L)}$ est encore une limite supérieure.

**3.** Appliquer la méthode de Newton à la résolution de l'équation $x^2 - A = 0$, A étant un nombre positif. En déduire une méthode abrégée d'extraction de la racine carrée.

**4.** Appliquer la méthode de Newton à la détermination du logarithme d'un nombre positif. Évaluer l'erreur commise.

**5.** Soient $a$ et $b$ deux nombres tels que $f''(x)$ ne change pas de signe entre $a$ et $b$. On suppose $f'(a)f'(b) > 0$. Montrer que si $f'(x)$ s'annule entre $a$ et $b$, l'équation $f(x) = 0$ n'a pas de racines comprises entre $a$ et $b$ si l'on a :

$$\frac{f'(b)}{f''(b)} - \frac{f'(a)}{f''(a)} > b - a \qquad (a < b).$$

Appliquer aux équations :

$$x^4 + 3x^2 - 2x + 1 = 0$$
$$x^4 + x^3 - 5{,}999\,x + 4 = 0$$
$$100\,x^4 + 67\,x^2 - 59\,x + 11 = 0$$
$$100\,x^4 + 67\,x^2 - 59{,}04\,x + 11 = 0.$$

(Voir E. Catalan, *Manuel des candidats à l'École polytechnique.*)

---

# CHAPITRE XVIII

## RÉSOLUTION ALGÉBRIQUE DE L'ÉQUATION DU 3e DEGRÉ ET DE L'ÉQUATION DU 4e DEGRÉ

### ÉQUATION DU 3e DEGRÉ

**1. Première méthode.** — Considérons l'équation du 3e degré privée du second terme :

$$x^3 + px + q = 0. \qquad (1)$$

Nous partirons de l'identité :

$$x^3 - y^3 - z^3 - 3xyz = (x - y - z)(x - \alpha y - \alpha^2 z)(x - \alpha^2 y - \alpha z) \qquad (2$$

dans laquelle $\alpha$ et $\alpha^2$ désignent les deux racines cubiques imaginaires de l'unité.

Cette identité montre que l'équation en $x$

$$x^3 - 3xyz - (y^3 + z^3) = 0$$

a pour racines

$$x_1 = y + z, \qquad x_2 = \alpha y + \alpha^2 z, \qquad x_3 = \alpha^2 y + \alpha z,$$

d'où l'on conclut que l'équation (1) sera résolue si l'on peut trouver une solution du système

$$\left.\begin{aligned} yz &= -\frac{p}{3} \\ y^3 + z^3 &= -q \end{aligned}\right\} \qquad (3)$$

La première de ces deux équations donne $z = -\frac{p}{3y}$; il n'y a donc plus qu'à résoudre l'équation :

$$y^3 - \left(\frac{p}{3y}\right)^3 + q = 0$$

ou

$$y^6 + q\,y^3 - \left(\frac{p}{3}\right)^3 = 0. \qquad (4)$$

Cette équation du second degré en $y^3$ donne :

$$y^3 = -\frac{q}{2} + \varepsilon\sqrt{\left(\frac{q}{2}\right)^2 + \left(\frac{p}{3}\right)^3} \qquad (5)$$

$\varepsilon$ étant égal à $\pm 1$.

Prenons, par exemple, $\varepsilon = +1$, et désignons par $y'$ l'une des racines cubiques de l'expression obtenue, de sorte que l'équation (5) pourra s'écrire ainsi :

$$y^3 = y'^3,$$

elle aura donc trois solutions :

$$y_1 = y', \qquad y_2 = y'\,\alpha, \qquad y_3 = y'\,\alpha^2$$

$\alpha$ et $\alpha^2$ étant, comme plus haut, les racines cubiques imaginaires de l'unité. On en déduit trois valeurs correspondantes de $z$, qui sont :

$$z_1 = -\frac{p}{3\,y'} \qquad z_2 = -\frac{p}{3\,y'\alpha} \qquad z_3 = -\frac{p}{3\,y'\alpha^2},$$

c'est-à-dire :

$$z_1 = -\frac{p}{3\,y'}, \qquad z_2 = -\frac{p\,\alpha^2}{3\,y'}, \qquad z_3 = -\frac{p\,\alpha}{3\,y'};$$

mais le produit des racines de l'équation (4), qui est du second degré par rapport à $y^3$, étant égal à $-\left(\frac{p}{3}\right)^3$ et l'une des racines étant $y'^3$, l'autre racine a pour valeur $\frac{-\left(\frac{p}{3}\right)^3}{y'^3}$ ou $\left(-\frac{p}{3\,y'}\right)^3$; donc, si l'on suppose $\varepsilon = -1$, l'équation (5) devient

$$y^3 = \left(-\frac{p}{3\,y'}\right)^2$$

et a pour racines

$$y_4 = -\frac{p}{3\,y'}, \qquad y_5 = -\frac{p\,\alpha}{3\,y'}, \qquad y_6 = -\frac{p\,\alpha^2}{3\,y'};$$

c'est-à-dire

$$y_4 = z_1 \qquad y_5 = z_3 \qquad y_6 = z_2.$$

Les valeurs correspondantes de $z$ sont donc :

$$z_4 = y_1 \qquad z_5 = y_3 \qquad z_6 = y_2,$$

car

$$\frac{-p}{3z_1} = y_1, \qquad \frac{-p}{3z_3} = y_3, \qquad \frac{-p}{3z_2} = y_2.$$

Il résulte de là qu'on aura toutes les solutions de l'équation proposée en prenant

$$x_1 = y' - \frac{p}{3y'}, \qquad x_2 = y'\alpha - \frac{p\alpha^2}{3y'} \qquad x_3 = y'\alpha^2 - \frac{p\alpha}{3y'} \tag{6}$$

et l'on peut encore remarquer que ces formules se permutent les unes dans les autres quand on change $y'$ en $y'\alpha$ ou en $y'\alpha^2$. Il suffit donc de remplacer dans les formules (6), $y'$ par l'une quelconque des racines cubiques de l'expression

$$A = -\frac{q}{2} + \sqrt{\left(\frac{q}{2}\right)^2 + \left(\frac{p}{3}\right)^3}.$$

2. **Discussion**. — Supposons $p$ et $q$ réels. Nous distinguerons trois cas.
**Premier cas :**

$$\left(\frac{q}{2}\right)^2 + \left(\frac{p}{3}\right)^3 > 0.$$

Dans ce cas A est réel; soit $y'$ sa racine cubique arithmétique; d'après ce qui précède, $-\frac{p}{3y'}$ est la racine cubique arithmétique de l'expression

$$B = -\frac{q}{2} - \sqrt{\left(\frac{q}{2}\right)^2 + \left(\frac{p}{3}\right)^3}$$

puisque

$$B = -\left(\frac{p}{3y'}\right)^3$$

Ainsi, en désignant par $y'$ et $z'$ les racines cubiques arithmétiques de A et de B les racines de l'équation proposée ont pour valeurs :

$$x_1 = y' + z' \qquad x_2 = -\frac{y'+z'}{2} + i\sqrt{3}.\frac{y'-z'}{2}, \quad x_3 = -\frac{y'+z'}{2} - i\sqrt{3}.\frac{y'-z'}{2}$$

on a obtenu ces formules en remplaçant $\alpha$ par $\frac{-1+i\sqrt{3}}{2}$ et $\alpha^2$ par $\frac{-1-i\sqrt{3}}{2}.$

Comme $y' - z'$ est différent de zéro, on voit qu'une seule racine est réelle.
**Deuxième cas :**

$$\left(\frac{q}{2}\right)^2 + \left(\frac{p}{3}\right)^3 = 0.$$

Alors

$$A = B = -\frac{q}{2}; \text{ on trouve } y' = z' = \sqrt[3]{-\frac{q}{2}}$$

et

$$x_1 = 2y' \qquad x_2 = -y' = x_3.$$

L'équation a ses trois racines réelles : une racine simple et une racine double.

**Troisième cas.** — Soit, maintenant :

$$\left(\frac{q}{2}\right)^2 + \left(\frac{p}{3}\right)^3 < 0.$$

A est imaginaire, posons :

$$-\frac{q}{2} + \sqrt{\left(\frac{q}{2}\right)^2 + \left(\frac{p}{3}\right)^3} = a + bi$$

et soit :

$$u + vi$$

l'une des racines cubiques de A, de sorte que nous puissions prendre

$$y' = u + vi.$$

On aura alors

$$B = a - bi,$$

et, par suite,

$$(u - vi)^3 = B$$

d'où

$$(u^2 + v^2)^3 = AB = -\left(\frac{p}{3}\right)^3$$

donc

$$u^2 + v^2 = -\frac{p}{3}.$$

Observons d'ailleurs que $-\frac{p}{3}$ est positif, sans quoi $\left(\frac{q}{2}\right)^2 + \left(\frac{p}{3}\right)^3$ serait positif. Il résulte de ce qui précède, que

$$u - vi = -\frac{p}{3y};$$

donc les racines de l'équation proposée sont :

$$x_1 = 2u, \qquad x_2 = -u - v\sqrt{3}, \qquad x_3 = -u + v\sqrt{3}.$$

L'équation a donc ses trois racines réelles; il reste à vérifier qu'elles sont inégales. Il est évident que $x_2$ est différente de $x_3$; considérons $x_1$ et $x_3$. Si $x_1$ était égale à $x_3$, on aurait :

$$3u = v\sqrt{3} \quad \text{ou} \quad v = u\sqrt{3}$$

et, par suite,

$$u + vi = u(1 + i\sqrt{3})$$

d'où

$$(u + vi)^3 = -8u^3,$$

ce qui est impossible, attendu que $(u + vi)^3$ est imaginaire. On verra de même que $x_1$ ne peut être égale à $x_2$.

3. **Remarque.** — On peut écrire ainsi la formule de résolution :

$$x = \sqrt[3]{-\frac{q}{2}+\sqrt{\left(\frac{q}{2}\right)^2+\left(\frac{p}{3}\right)^3}} - \frac{p}{3\sqrt[3]{-\frac{q}{2}+\sqrt{\left(\frac{q}{2}\right)^2+\left(\frac{p}{3}\right)^3}}}$$

le radical cubique étant susceptible de trois déterminations (formule de Cardan). Lorsque $\left(\frac{q}{2}\right)^2+\left(\frac{p}{3}\right)^3$ est négatif, cette formule est compliquée d'imaginaires, et pourtant les valeurs correspondantes de $x$ sont réelles. L'algèbre ne peut pas lever la difficulté; pour cette raison, ce cas est appelé *cas irréductible*.

La question est tranchée par l'emploi de la trigonométrie. Posons :

$$-\frac{q}{2}+\sqrt{\left(\frac{q}{2}\right)^2+\left(\frac{p}{3}\right)^3} = \rho(\cos\omega + i\sin\omega),$$

ce qui donne

$$\rho^2 = -\left(\frac{p}{3}\right)^3 \quad \text{et} \quad \cos\omega = \frac{-\frac{q}{2}}{\sqrt{\left(-\frac{p}{3}\right)^3}}$$

Cette valeur de $\cos\omega$ est acceptable, comme cela résulte immédiatement de l'hypothèse :

$$\left(\frac{q}{2}\right)^2+\left(\frac{p}{3}\right)^3<0, \quad \text{ou} \quad \frac{\left(-\frac{q}{2}\right)^2}{\left(-\frac{p}{3}\right)^3}<1.$$

Les racines cubiques de A seront donc, comme on sait :

$$\sqrt{-\frac{p}{3}}\left(\cos\frac{\omega}{3}+i\sin\frac{\omega}{3}\right), \qquad \sqrt{-\frac{p}{3}}\left(\cos\frac{\omega+2\pi}{3}+i\sin\frac{\omega+2\pi}{3}\right),$$
$$\sqrt{-\frac{p}{3}}\left(\cos\frac{\omega+4\pi}{3}+i\sin\frac{\omega+4\pi}{3}\right).$$

Ce sont les valeurs de $y$; les valeurs correspondantes de $z$ sont les valeurs conjuguées, comme on s'en assure aisément. On a donc enfin :

$$x_1 = 2\sqrt{-\frac{p}{3}}\cos\frac{\omega}{3}, \quad x_2 = 2\sqrt{-\frac{p}{3}}\cos\frac{\omega+2\pi}{3}, \quad x_3 = 2\sqrt{-\frac{p}{3}}\cos\frac{\omega+4\pi}{3}.$$

4. **Deuxième méthode** (Budde). — On pose $x = y + z$, l'équation devient

$$(y+z)(2yz+p)+y^3+z^3+q=0.$$

On est ramené, comme plus haut, à la résolution du système :

$$3yz+p=0 \qquad y^3+z^3+p=0.$$

5. **Troisième méthode** (*équation complète*). — Nous donnerons encore la méthode suivante fondée sur la propriété du Hessien, que nous avons démontrée plus haut (VIII, 17).

Posons :

$$f(x, y) = ax^3+3bx^2y+3cxy^2+dy^3.$$

On trouve, en désignant par $h$ le Hessien divisé par le facteur 36 :

$$h = (ax + by)(cx + dy) - (bx + cy)^2 = (ac - b^2)x^2 + (ad - bc)xy + (bd - c^2)y^2.$$

Si le discriminant $\Delta = (ad - bc)^2 - 4(ac - b^2)(bd - c^2)$ est nul, le Hessien est un carré parfait; dans ce cas l'équation proposée a, comme on sait, une racine double et une racine simple; alors la résolution n'offre pas de difficulté, la racine double étant la racine commune aux deux équations

$$ax^2 + 2bx + c = 0 \quad bx^2 + 2cx + d = 0.$$

Ce cas laissé de ce côté, le Hessien peut se mettre sous la forme d'un produit de deux facteurs; il n'y a, pour cela, qu'à résoudre l'équation du second degré

$$(ac - b^2)x^2 + (ad - bc)xy + (bd - c^2)y^2 = 0.$$

Nous avons donc

$$h = XY$$

X et Y étant donnés par les formules

$$X = \alpha x + \beta y, \quad Y = \alpha' x + \beta' y,$$

où $\alpha$, $\beta$, $\alpha'$, $\beta'$ sont des quantités connues, et l'on a :

$$\alpha\beta' - \beta\alpha' \neq 0.$$

Par suite :

$$x = pX + p'Y$$
$$y = qY + q'Y.$$

Si nous faisons cette substitution, on obtiendra $h$ exprimé en fonction de X et de Y, la fonction $f(x, y)$ deviendra $F(X, Y)$, et en supposant

$$f(pX + p'Y, qX + q'Y) = F(X, Y)$$

et posant

$$F(X, Y) = AX^3 + 3BX^2Y + 3CXY^2 + DY^3$$

on aura, H désignant le Hessien de $F(X, Y)$ divisé par 36 :

$$H = (AC - B^2)X^2 + (AD - BC)XY + (BD - C^2)Y^2.$$

Mais

$$H = h\mu^2$$

$\mu$ étant le module de la substitution; donc

$$H = \mu^2 XY.$$

On a donc :

$$AC - B^2 = 0, \quad BD - C^2 = 0, \quad AD - BC = \mu^2.$$

A est différent de zéro, car l'hypothèse $A = 0$ entraîne $B = 0$, et $\mu = 0$, ce qui est contraire à nos suppositions.

On voit immédiatement que B et C sont tous deux nuls ou tous deux différents de zéro. Si l'on suppose $B \neq 0$, $C \neq 0$ on aura aussi $D \neq 0$ et

$$\frac{A}{B} = \frac{B}{C} = \frac{C}{D}.$$

En désignant par $\frac{1}{\lambda}$ la valeur commune de ces rapports on aura dans ce cas

$$B = \lambda A \quad C = \lambda^2 A \quad D = \lambda^3 A$$

et

$$F(X, Y) = A(X + \lambda Y)^3,$$

la fonction $f(x, y)$ sera aussi un cube et l'équation proposée aura une racine triple.

Si nous écartons ce cas particulier, nous devons supposer $B = 0$, $C = 0$; de sorte que l'équation sera ramenée à la forme

$$AX^3 + CY^3 = 0$$

ou

$$\left(\frac{X}{Y}\right)^3 = -\frac{C}{A}$$

équation que l'on sait résoudre.

## ÉQUATION DU 4e DEGRÉ.

6. **Méthode de Descartes.** — Pour résoudre l'équation

$$x^4 + nx^3 + px^2 + qx + r = 0 \qquad (1)$$

il suffit évidemment de décomposer le premier membre en un produit de facteurs du second degré; posons :

$$x^4 + nx^3 + px^2 + qx + r = (x^2 + ax + b)(x^2 + a'x + b'). \qquad (2)$$

Il s'agit de résoudre le système

$$\left.\begin{aligned} a + a' &= n \\ aa' + b + b' &= p \\ ab' + ba' &= q \\ bb' &= r \end{aligned}\right\} \qquad (3)$$

Si l'on pose $a = \frac{n}{2} + z$, d'où $a' = \frac{n}{2} - z$ le système (3) devient :

$$b + b' = z^2 + p - \frac{n^2}{4}$$

$$(b' - b)z + (b + b')\frac{n}{2} = q$$

$$bb' = r$$

d'où l'on tire

$$b' - b = \frac{q - \frac{n}{2}\left(z^2 + p - \frac{n^2}{4}\right)}{z}$$

et en portant les valeurs de $b + b'$ et $b - b'$ dans l'identité

$$(b' + b)^2 - (b' - b)^2 = 4bb'$$

on obtient l'équation :

$$z^2\left[\left(z^2 + p - \frac{n^2}{4}\right)^2 - 4r\right] - \left[\frac{n}{2}\left(z^2 + p - \frac{n^2}{4}\right) - q\right]^2 = 0 \qquad (4)$$

Cette équation est du 3e degré par rapport à $z^2$, et l'on voit immédiatement qu'elle a une racine positive puisque le coefficient de $(z^2)^3$ est égal à $+1$, et que le terme indépendant est négatif.

Si les coefficients de l'équation (1) sont réels, on déduira du calcul précédent, en appelant $z'^3$ une racine positive de l'équation (4) :

$$a = \frac{n}{2} + z' \qquad a' = \frac{n}{2} - z'$$

et l'on aura ensuite $b$ et $b'$ puisque l'on connaît $b + b'$ et $b - b'$. Si l'on change $z'$ en $-z'$ $a$ et $a'$ ainsi que $b$ et $b'$ sont permutés, ce qui ne change rien. L'équation (4) est dite la *résolvante*. On peut choisir une autre inconnue; en posant $z^2 + p - \frac{n^2}{4} = y$, la résolvante prend cette forme plus simple :

$$\left(y + \frac{n^2}{4} - p\right)(y^2 - 4r) - \left(\frac{n}{2}y - q\right)^2 = 0 \qquad (5)$$

**7. Méthode de Ferrari.** — L'équation

$$ax^4 + 4bx^3 + 6cx^2 + 4b'x + a' = 0$$

peut s'écrire :

$$(ax^2 + 2bx)^2 + (6ac - 4b^2)x^2 + 4ab'x + aa' = 0$$

ou, en introduisant une indéterminée que nous représenterons par $c + 2\lambda$ :

$$(ax^2 + 2bx + c + 2\lambda)^2 + [6ac - 4b^2 - 2a(c + 2\lambda)]x^2 + [4ab' - 4b(c + 2\lambda)]x + aa' - (c + 2\lambda)^2 = 0,$$

et, en simplifiant :

$$(ax^2 + 2bx + c + 2\lambda)^2 - 4(b^2 - ac + a\lambda)x^2 - 4(bc - ab' + 2b\lambda)x - \left[(c + 2\lambda)^2 - aa'\right] = 0. \qquad (1)$$

Cette équation est de la forme $P^2 - Q = 0$, P et Q étant des polynomes entiers en $x$ et en $\lambda$. En exprimant que Q est un carré parfait par rapport à $x$, on obtient une équation en $\lambda$, dite *la résolvante de Ferrari* :

$$(b^2 - ac + a\lambda)\left[(c + 2\lambda^2) - aa'\right] - \left[b(c + 2\lambda) - ab'\right]^2 = 0.$$

En développant et simplifiant, on trouve

$$4\lambda^3 - I\lambda + J = 0, \qquad (2)$$

en posant :

$$I = aa' - 4bb' + 3c^2$$
$$J = -(ab'^2 + a'b^2) + (aa' + 2bb')c - c^3.$$

Si l'on remplace $\lambda$ par l'une des racines de l'équation (2) soit $\lambda_1$, l'équation (1) se décompose en deux équations du second degré, et l'on peut poser :

$$ax^2 + 2bx + c + 2\lambda_1 - \varepsilon\left[2x\sqrt{b^2 - ac + a\lambda_1} + \frac{bc - ab' + 2b\lambda_1}{\sqrt{b^2 - ac + a\lambda_1}}\right] = 0$$

où $\varepsilon = \pm 1$.

Soient $\alpha, \beta, \gamma, \delta$, les quatre racines de l'équation (1).

On aura par exemple :

$$\alpha + \beta = -2\frac{b}{a} + \frac{2\varepsilon}{a}\sqrt{b^2 - ac + a\lambda_1}$$
$$\gamma + \delta = -2\frac{b}{a} - \frac{2\varepsilon}{a}\sqrt{b^2 - ac + a\lambda_1}$$

d'où :

$$\frac{a}{4}(\alpha+\beta-\gamma-\delta)=\varepsilon\sqrt{b^2-ac+a\lambda_1}=\varepsilon R;$$

on aura de même

$$\frac{a}{4}(\alpha+\gamma-\beta-\delta)=\varepsilon'\sqrt{b^2-ac+a\lambda_2}=\varepsilon' R',$$

$$\frac{a}{4}(\alpha+\delta-\beta-\gamma)=\varepsilon''\sqrt{b^2-ac+a\lambda_3}=\varepsilon'' R'',$$

$\lambda_2$, $\lambda_3$ étant les deux autres racines de la résolvante, et $\varepsilon'=\pm 1$, $\varepsilon''=\pm 1$; d'ailleurs

$$\frac{a}{4}(\alpha+\beta+\gamma+\delta)=-b.$$

On ajoutant membre à membre, on obtient

$$a\alpha=\varepsilon R+\varepsilon' R'+\varepsilon'' R''-b.$$

Les autres racines s'obtiennent d'une façon analogue. Mais si l'on remarque que

$$\varepsilon\varepsilon'\varepsilon'' RR'R''=\frac{a^3}{4^3}(\alpha+\beta-\gamma-\delta)(\alpha+\gamma-\beta-\delta)(\alpha+\delta-\beta-\gamma)$$
$$=\frac{a^3}{4^3}(\Sigma\alpha^3-\Sigma\alpha^2\beta+2\alpha\beta\gamma\delta);$$

ce qui donne, tout calcul fait :

$$\varepsilon\varepsilon'\varepsilon'' RR'R''=\frac{1}{2}(3abc-2b^3-a^2b'),$$

on voit que si les coefficients de l'équation proposée sont réels, le produit $RR'R''$ est réel et que $\varepsilon\varepsilon'\varepsilon''$ a un signe déterminé. Il suffira donc de poser

$$ax=-b+\varepsilon R+\varepsilon' R''+\varepsilon'' R''$$

et de faire successivement $\varepsilon=\pm 1$ et $\varepsilon'=\pm 1$, $\varepsilon''$ étant déterminé pour chacune des quatre combinaisons de signes de $\varepsilon$ et $\varepsilon'$. On aura ainsi les quatre racines de l'équation proposée.

Nous allons maintenant chercher la signification des coefficients I et J qui sont des invariants.

Si l'on désigne par $r$ l'un quelconque des six rapports anharmoniques des quatre racines $\alpha$, $\beta$, $\gamma$, $\delta$, on sait que ces six rapports forment un groupe qu'on peut représenter par :

$$r,\quad 1-r,\quad \frac{1}{r},\quad \frac{1}{1-r},\quad 1-\frac{1}{r},\quad \frac{r}{r-1}. \qquad (A)$$

Cela étant, si l'on pose

$$n_1=(\alpha-\beta)(\gamma-\delta),\qquad n_2=(\alpha-\gamma)(\delta-\beta),\qquad n_3=(\alpha-\delta)(\beta-\gamma);$$

on sait que :

$$n_1+n_2+n_3=0 \qquad \text{(identité d'Euler).}$$

Nous avons trouvé plus haut :

$$\frac{a^2}{4}(\alpha+\beta-\gamma-\delta)^2=b^2-ac+a\lambda_1,$$

c'est-à-dire :

$$\frac{a^2}{4}(\alpha+\beta-\gamma-\delta)^2=\frac{a^2}{4^2}(a+\beta+\gamma+\delta)^2-\frac{a^2}{6}\Sigma\alpha\beta+a\lambda_1,$$

d'où l'on déduit

$$\lambda_1 = \frac{a}{12}\left[2(\alpha\beta + \gamma\delta) - (\alpha + \beta)(\gamma + \delta)\right].$$

Mais on sait que

$$2(\alpha\beta + \gamma\delta) - (\alpha + \beta)(\gamma + \delta) = (\alpha - \delta)(\beta - \gamma) + (\alpha - \gamma)(\beta - \delta),$$

donc

$$\lambda_1 = \frac{a}{12}(n_3 - n_2).$$

On trouverait de même

$$\lambda_2 = \frac{a}{12}(n_1 - n_3),$$

$$\lambda_3 = \frac{a}{12}(n_2 - n_1).$$

Si l'on appelle $x_1, x_2, x_3$ les racines de l'équation $x^3 + px + q = 0$ et si l'on représente par $\zeta(x_1, x_2, \dots x_n)$ le produit des différences des quantités $x_1, x_2, \dots x_n$, on a :

$$\zeta^2(x_1, x_2, x_3) = -4p^3 - 27q^2;$$

par suite,

$$\zeta^2(\lambda_1, \lambda_2, \lambda_3) = \frac{I^3 - 27J^2}{4^2}.$$

D'autre part

$$\lambda_1 - \lambda_2 = \frac{a}{12}(2n_3 - n_1 - n_2) = \frac{an_3}{4},$$

de même :

$$\lambda_2 - \lambda_3 = \frac{an_1}{4}, \qquad \lambda_3 - \lambda_1 = \frac{an_2}{4},$$

donc

$$\zeta^2(\lambda_1, \lambda_2, \lambda_3) = \frac{a^6}{4^6} n_1^2 n_2^2 n_3^2 = \frac{a^6}{4^6}\zeta^2(\alpha, \beta, \gamma, \delta);$$

on a ainsi cette identité, due à Cauchy :

$$\frac{a^6}{4^6}\zeta^2(\alpha, \beta, \gamma, \delta) = I^3 - 27J^2.$$

On a :

$$-\frac{J}{4} = \lambda_1\lambda_2\lambda_3 = \frac{a^3}{12^3}(n_1 - n_3)(n_3 - n_2)(n_2 - n_1).$$

$J = 0$ exprime que deux des trois quantités $n_1, n_2, n_3$ sont égales entre elles, ou encore que l'une des racines de la résolvante est nulle, ce qui, en vertu de ce qui précède, revient à dire que l'un des rapports anharmoniques des quatre racines de la proposée est égal à $-1$, ou enfin que les quatre racines sont en proportion harmonique : J est l'*invariant harmonique*.
Enfin,

$$-\frac{I}{4} = \Sigma\lambda_1\lambda_2,$$

et, en tenant compte de $\lambda_1 + \lambda_2 + \lambda_3 = 0$,

$$I = 2(\lambda_1^2 + \lambda_2^2 + \lambda_3^2) = 6(n_1^2 + n_2^2 + n_3^2);$$

donc $I = 0$ exprime que

$$\left(\frac{n_2}{n_3}\right)^2 + \left(\frac{n_2}{n_3} + 1\right)^2 + 1 = 0,$$

ou encore, en posant $r = -\frac{n_2}{n_3}$ :

$$r^2 - r + 1 = 0,$$

ce qui peut s'écrire

$$r = \frac{1}{1-r};$$

effectivement si $\theta$ et $\theta^2$ sont les racines cubiques imaginaires de l'unité, pour $r = -\theta^2$, le groupe (A) devient

$$-\theta, \quad -\theta^2, \quad -\theta^2, \quad -\theta, \quad -\theta, \quad -\theta^2;$$

trois des rapports anharmoniques sont alors égaux aux trois autres.

Pour cette raison I a été nommé par M. Cremona *l'invariant équianharmonique.*

(Rédigé d'après Hermite et M. G. Darboux).

## EXERCICES

**1.** Résoudre l'équation

$$x^3 - 3x^2 + 20 = 0.$$

**2.** Résoudre l'équation

$$16x^3 - 24x_0x^2 + \left(9x_0^2 + 3y_0^2\right)x - x_0\left(x_0^2 + y_0^2\right) = 0$$

sachant que

$$x_0^2 - y_0^2 = 1.$$

— En posant $x = x' + \frac{x_0}{2}$ on obtient :

$$16x'^3 - 3x' - \frac{1}{2}x_0 = 0.$$

**3.** Étant donnée l'équation

$$x^3 + px^2 + qx + r = 0$$

on pose $x = y + z$; l'équation prend la forme

$$y^3 + Py^2 + Qy + R = 0,$$

P, Q, R étant des fonctions de $z$. On détermine $z$ pour la condition $P^2 = 3Q$. En déduire une méthode de résolutions de l'équation du troisième degré.

En posant $Q^2 = 3PR$, on aura une autre équation en $z$; en déduire la formule de résolution suivante :

$$3x + p = \sqrt[3]{(3q - p^2)(3z + p)} - \frac{3q - p^2}{\sqrt[3]{(3q - p^2)(3z + p)}}$$

(LEBESGUE.)

**4.** Appliquer la méthode de Ferrari à l'équation bicarrée.

5. Appliquer la méthode de Ferrari à l'équation

$$x^4 + 12x^3 + 55x^2 + 122x + 99 = 0$$

6. Résoudre l'équation

$$x^3 - 12x^2 + 3 = 0.$$

7. Pour résoudre l'équation

$$x^4 + nx^3 + px^2 + qx + r = 0,$$

on peut employer la méthode suivante. On pose $x^2 = y$ et l'on considère l'équation

$$y^2 + nxy + py + qx + r + \lambda(x^2 - y) = 0$$

on forme l'*équation en* $\lambda$ relative aux deux coniques ayant pour équations

$$y^2 + nxy + py + qx + r = 0 \qquad x^2 - y = 0.$$

on sait (*Cours de géométrie analytique*) qu'il y a au moins une racine réelle de l'équation en $\lambda$ qui correspond à deux sécantes communes réelles. En d'autres termes, il y a au moins une valeur réelle de $\lambda$ telle que :

$$y^2 + nxy + py + qx + r + \lambda(x^2 - y) = (ux + vy + w)(u'x + v'y + w').$$

En remplaçant $y$ par $x^2$, on a donc à résoudre l'équation

$$(ux + vx^2 + w)(u'x + v'x^2 + w') = 0.$$

# CHAPITRE XIX

## DÉCOMPOSITION DES FRACTIONS RATIONNELLES

1. Soient $f(x)$ et $\varphi(x)$ deux polynomes premiers entre eux. Nous nous proposons de décomposer la fraction rationnelle $\frac{f(x)}{\varphi(x)}$ en une somme de fractions de la forme $\frac{A}{(x-a)^\alpha}$ ou $\frac{Px+Q}{(x^2+px+q)^n}$, complétée, s'il y a lieu, par un polynome entier; A, P, Q, $p$, $q$, étant des constantes, $\alpha$ et $n$ des entiers positifs, et $x - a$, $x^2 + px + q$ des diviseurs du premier et du second degré de $\varphi(x)$. Nous avons déjà indiqué, au moins en partie (t. I, IV, 23), la possibilité du problème. Nous allons compléter ici ces notions.

Supposons que les coefficients des polynomes $f(x)$ et $\varphi(x)$ soient réels et que l'équation $\varphi(x) = 0$ ait une racine réelle $a$ d'ordre $\alpha$ de multiplicité et posons

$$\varphi(x) \equiv (x-a)^\alpha \varphi_1(x) \qquad (\varphi_1(a) \neq 0).$$

Les polynomes $(x-a)^\alpha$ et $\varphi_1(x)$ sont premiers entre eux et avec $f(x)$; par conséquent on peut déterminer deux polynomes entiers $\psi(x)$ et $f_1(x)$ vérifiant l'identité

$$\frac{f(x)}{(x-a)^\alpha \varphi_1(x)} \equiv \frac{\psi(x)}{(x-a)^\alpha} + \frac{f_1(x)}{\varphi_1(x)} + \mathrm{E}(x)$$

E $(x)$ étant un polynome entier égal à la partie entière du quotient de $f(x)$ par $\varphi(x)$, $\psi(x)$ étant premier avec $x-a$ et de degré inférieur à $\alpha$, $f_1(x)$ étant premier avec $\varphi_1(x)$ et son degré étant inférieur à celui de $\varphi_1(x)$. Or, $\psi(x)$ étant au plus de degré $\alpha - 1$, on a :

$$\psi(x) \equiv \psi(a) + (x-a)\psi'(a) + \frac{(x-a)^2}{1.2}\psi''(a) \ldots + \frac{(x-a)^{\alpha-1}}{(\alpha-1)!}\psi^{\alpha-1}(a)$$

donc

$$\frac{\psi(x)}{(x-a)^\alpha} = \frac{\psi(a)}{(x-a)^\alpha} + \frac{\psi'(a)}{(x-a)^{\alpha-1}} + \frac{\frac{1}{2!}\psi''(a)}{(x-a)^{\alpha-2}} + \ldots\ldots + \frac{\frac{1}{(\alpha-1)!}\psi^{\alpha-1}(a)}{x-a};$$

Il convient de remarquer que $\psi(a)$ est nécessairement différent de zéro puisque $\psi(x)$ est premier avec $(x-a)^\alpha$.

Nous pouvons, par conséquent, poser :

$$\frac{f(x)}{\varphi(x)} \equiv \frac{\mathrm{A}}{(x-a)^\alpha} + \frac{\mathrm{A}_1}{(x-a)^{\alpha-1}} + \frac{\mathrm{A}_2}{(x-a)^{\alpha-2}} + \ldots + \frac{\mathrm{A}_{\alpha-1}}{x-a} + \frac{f_1(x)}{\varphi_1(x)} + \mathrm{E}(x) \quad (1)$$

$\mathrm{A}$, $\mathrm{A}_1$, $\mathrm{A}_2$, ..... $\mathrm{A}_{\alpha-1}$, étant des constantes réelles dont la première est nécessairement différente de zéro.

Soit $b$ une deuxième racine réelle d'ordre $\beta$, de l'équation $\varphi(x) = 0$; de sorte que

$$\varphi_1(x) \equiv (x-b)^\beta \varphi_2(x) \qquad (\varphi_2(b) \neq 0)$$

opérant sur $\dfrac{f_1(x)}{\varphi_1(x)}$ comme sur $\dfrac{f(x)}{\varphi(x)}$, on obtiendra une seconde identité

$$\frac{f_1(x)}{\varphi_1(x)} \equiv \frac{\mathrm{B}}{(x-b)^\beta} + \frac{\mathrm{B}_1}{(x-b)^{\beta-1}} + \ldots\ldots + \frac{\mathrm{B}_{\beta-1}}{x-b} + \frac{f_2(x)}{\varphi_2(x)} \qquad (2)$$

$B, B_1, B_2, \ldots\ldots B_{\beta-1}$ étant des constantes réelles dont la première B est essentiellement différente de zéro, et $f_2(x)$ étant un polynome entier premier avec $\varphi_2(x)$ et dont le degré est inférieur à celui de $\varphi_2(x)$. Il n'y a plus de partie entière dans le second membre puisque le degré de $f_1(x)$ et inférieur à celui de $\varphi_1(x)$.

On continuera ainsi tant que l'on n'aura pas employé toutes les racines réelles de l'équation $\varphi(x) = 0$. Supposons que l'équation $\varphi(x) = 0$ ait $n$ racines réelles distinctes; nous aurons $n$ identités analogues aux précédentes, la dernière étant

$$\frac{f_{n-1}(x)}{\varphi_{n-1}(x)} \equiv \frac{L}{(x-l)^\lambda} + \frac{L_1}{(x-l)^{\lambda-1}} + \ldots\ldots + \frac{L_{\lambda-1}}{x-l}. \qquad (n)$$

Ajoutant membre à membre les identités (1), (2) ..... ($n$), on obtient

$$\begin{aligned}\frac{f(x)}{\varphi(x)} \equiv E(x) &+ \frac{A}{(x-a)^\alpha} + \frac{A_1}{(x-a)^{\alpha-1}} + \ldots\ldots + \frac{A_{\alpha-1}}{x-a} \\ &+ \frac{B}{(x-b)^\beta} + \frac{B_1}{(x-b)^{\beta-1}} + \ldots\ldots + \frac{B_{\beta-1}}{x-b} \\ &+ \ldots\ldots\ldots\ldots\ldots\ldots \qquad (n+1) \\ &\ldots\ldots\ldots\ldots\ldots\ldots \\ &\ldots\ldots\ldots\ldots\ldots\ldots \\ &+ \frac{L}{(x-l)^\lambda} + \frac{L_1}{(x-l)^{\lambda-1}} + \ldots\ldots + \frac{L_{\lambda-1}}{x-l}.\end{aligned}$$

Cette formule suppose que

$$\varphi_{n-1}(x) \equiv H(x-l)^\lambda$$

de sorte que

$$\varphi(x) \equiv H(x-a)^\alpha (x-b)^\beta \ldots\ldots (x-l)^\lambda.$$

**2. Cas où le dénominateur contient des facteurs imaginaires.** — La formule ($n+1$) subsiste d'ailleurs si quelques-unes des racines $a, b, \ldots\ldots l$ sont imaginaires. Mais dans ce cas les constantes $A, A_1, \ldots\ldots A_{\alpha-1}, \ldots\ldots L, \ldots\ldots L_{\lambda-1}$ peuvent être imaginaires. Pour avoir une décomposition avec des coefficients toujours réels on a proposé, dans le cas des racines imaginaires, un autre mode de décomposition. Supposons, pour plus de généralité, que l'équation

$$\varphi(x) = 0$$

ait des racines réelles ainsi que des racines imaginaires, et soit :

$$\varphi(x) \equiv (x-a)^\alpha (x-b)^\beta \ldots\ldots (x-l)^\lambda \varphi_n(x)$$

l'équation $\varphi_n(x) = 0$ n'ayant que des racines imaginaires. Nous pouvons commencer la décomposition comme dans le premier cas; seulement la $n^e$ identité devra être modifiée, car nous aurons maintenant :

$$\varphi_{n-1}(x) \equiv (x-l)^\lambda \varphi_n(x)$$

et par suite, au lieu de l'identité $(n)$, nous obtiendrons celle-ci :

$$\frac{f_{n-1}(x)}{\varphi_{n-1}(x)} \equiv \frac{L}{(x-l)^\lambda} + \frac{L_1}{(x-l)^{\lambda-1}} + \ldots\ldots + \frac{L_{\lambda-1}}{x-l} + \frac{f_n(x)}{\varphi_n(x)} \qquad (n')$$

Pour continuer la décomposition, soit $x^2+px+q$ un diviseur du second degré de $\varphi_n(x)$, correspondant à deux racines imaginaires conjuguées et d'ordre de multiplicité égal à $\mu$, de sorte que

$$\varphi_n(x) \equiv (x^2+px+q)^\mu \varphi_{n+1}(x).$$

Les polynomes $f_n(x)$ et $\varphi_n(x)$ sont premiers entre eux par hypothèse, et le degré du premier est inférieur à celui du second; on pourra donc trouver deux polynomes $\theta(x)$ et $f_{n+1}(x)$ vérifiant l'identité

$$\frac{f_n(x)}{\varphi_n(x)} \equiv \frac{\theta(x)}{(x^2+px+q)^\mu} + \frac{f_{n+1}(x)}{\varphi_{n+1}(x)} \qquad (n'+1)$$

le second membre étant la somme de deux fractions irréductibles.

Le degré de $\theta(x)$ est au plus $2\mu-1$. Si nous divisons $\theta(x)$ par $x^2+px+q$, nous obtiendrons l'identité

$$\theta(x) \equiv (x^2+px+q)\,\theta_1(x) + Px + Q$$

$\theta_1(x)$ étant un polynome entier au plus de degré $2\mu-3$, P et Q étant des constantes qui ne peuvent être nulles toutes les deux, puisque $\theta(x)$ est premier avec $x^2+px+q$. On trouvera de même

$$\theta_1(x) \equiv (x^2+px+q)\,\theta_2(x) + P_1x + Q_1$$

. . . . . . . . . . . . . . . . . . . . . . . . . . . . . . . . .

. . . . . . . . . . . . . . . . . . . . . . . . . . . . . . . . .

. . . . . . . . . . . . . . . . . . . . . . . . . . . . . . . . .

$$\theta_{\mu-2}(x) \equiv (x^2+px+q)(P_{\mu-1}x+Q_{\mu-1}) + P_{\mu-2}x + Q_{\mu-2}$$

de sorte que

$$\frac{\theta(x)}{(x^2+px+q)^\mu} \equiv \frac{Px+Q}{(x^2+px+q)^\mu} + \frac{P_1x+Q_1}{(x^2+px+q)^{\mu-1}} + \ldots + \frac{P_{\mu-1}x+Q_{\mu-1}}{x^2+px+q}$$

$P, Q, P_1, Q_1 \ldots\ldots P_{\mu-1}, Q_{\mu-1}$ étant des constantes. Nous avons déjà fait observer que P et Q ne peuvent être nulles toutes les deux.

On peut obtenir l'identité précédente par une méthode remarquable due à Jacobi. Divisons $\theta(x)$ par $x^2 + px + q - y$.

Nous obtiendrons un quotient entier par rapport à $x$ et $y$ et un reste du premier degré en $x$ et entier par rapport à $y$, de sorte que nous aurons l'identité

$$\theta(x) = (x^2 + px + q - y)\, Q(x, y) + Px + Q + (P_1 x + Q_1) y + \ldots + (P_h x + Q_h) y^h,$$

si nous faisons $y = x^2 + px + q$ dans les deux membres de cette identité, nous obtiendrons

$$\theta(x) = Px + Q + (P_1 x + Q_1)(x^2 + px + q) + (P_2 x + Q_2)(x^2 + px + q)^2 + \ldots\ldots$$
$$+ (P_{\mu-1} + Q_{\mu-1})(x^2 + px + q)^{\mu-1}.$$

Le second membre s'arrête au terme contenant $(x^2 + px + q)^{\mu-1}$ en facteur puisque le premier membre est supposé de degré $2\mu - 1$ au plus. On a ainsi développé un polynome entier suivant les puissances de $x^2 + px + q$, les coefficients étant des binomes de premier degré en $x$. On peut remarquer que la méthode est générale et que l'on peut développer de la même manière $f(x)$ suivant les puissances de $\varphi(x)$, les coefficients étant des polynomes de degré $n - 1$, $n$ étant le degré de $\varphi(x)$. Il suffira de diviser $f(x)$ par $\varphi(x) - y$, etc.

Il résulte de ce qui précède que l'on peut écrire :

$$\frac{f_n(x)}{\varphi_n(x)} = \frac{Px + Q}{(x^2 + px + q)^\mu} + \frac{P_1 x + Q_1}{(x^2 + px + q)^{\mu-1}} + \ldots\ldots$$
$$+ \frac{P_{\mu-1} x + Q_{\mu-1}}{x^2 + px + q} + \frac{f_{n+1}(x)}{\varphi_{n+1}(x)}$$

on traitera la fraction $\frac{f_{n+1}(x)}{\varphi_{n+1}(x)}$ de la même façon, et en continuant de la sorte jusqu'au dernier diviseur du second degré de $\varphi(x)$, on arrivera à la formule :

$$\frac{f(x)}{\varphi(x)} \equiv E(x) + \sum \left[\frac{A}{(x-a)^\alpha} + \frac{A_1}{(x-a)^{\alpha-1}} + \ldots\ldots + \frac{A_{\alpha-1}}{x-a}\right]$$
$$+ \sum \left[\frac{Px + Q}{(x^2 + px + q)^\mu} + \frac{P_1 x + Q_1}{(x^2 + px + q)^{\mu-1}} + \ldots + \frac{P_{\mu-1} x + Q_{\mu-1}}{x^2 + px + q}\right]$$

les signes $\Sigma$ s'étendant à tous les facteurs correspondants aux racines réelles ainsi qu'aux facteurs du second degré relatifs aux racines de l'équation $\varphi(x) = 0$.

**3. La décomposition précédente n'est possible que d'une seule manière.** — Il s'agit de prouver que l'identité

$$
\begin{aligned}
& E(x) + \frac{A}{(x-a)^{\alpha}} + \frac{A_1}{(x-a)^{\alpha-1}} + \ldots\ldots + \frac{A_{\alpha-1}}{x-a} \\
& + \frac{B}{(x-b)^{\beta}} + \frac{B_1}{(x-b)^{\beta-1}} + \ldots\ldots + \frac{B_{\beta-1}}{x-b} \\
& + \ldots\ldots\ldots\ldots\ldots\ldots\ldots \\
& \quad \ldots\ldots\ldots\ldots\ldots\ldots\ldots \\
& + \frac{Px+Q}{(x^2+px+q)^{\mu}} + \frac{P_1x+Q_1}{(x^2+px+q)^{\mu-1}} + \ldots\ldots + \frac{P_{\mu-1}x+Q_{\mu-1}}{x^2+px+q} \\
& + \frac{Rx+S}{(x^2+rx+s)^{\nu}} + \frac{R_1x+S_1}{(x^2+rx+s)^{\nu-1}} + \ldots\ldots + \frac{R_{\nu-1}x+S_{\nu-1}}{x^2+rx+s} \qquad (1) \\
& + \ldots\ldots\ldots\ldots\ldots\ldots\ldots\ldots\ldots\ldots \\
& \quad \ldots\ldots\ldots\ldots\ldots\ldots\ldots\ldots\ldots\ldots \\
\equiv\ & E_1(x) + \frac{A'}{(x-a')^{\alpha'}} + \frac{A_1}{(x-a')^{\alpha'-1}} + \ldots\ldots + \frac{A'_{\alpha'-1}}{x-a'} \\
& + \frac{B'}{(x-b')^{\beta'}} + \frac{B'_1}{(x-b')^{\beta'-1}} + \ldots\ldots + \frac{B'_{\beta'-1}}{x-b'} \\
& + \ldots\ldots\ldots\ldots\ldots\ldots\ldots \\
& \quad \ldots\ldots\ldots\ldots\ldots\ldots\ldots \\
& + \frac{P'x+Q'}{(x^2+p'x+q')^{\mu'}} + \frac{P'_1x+Q'_1}{(x^2+p'x+q')^{\mu'-1}} + \ldots\ldots + \frac{P'_{\mu'-1}x+Q_{\mu'-1}}{x^2+p'x+q'} \\
& + \frac{R'x+S'}{(x^2+r'x+s')^{\nu'}} + \frac{R'_1x+S'_1}{(x^2+r'x+s')^{\nu'-1}} + \ldots\ldots + \frac{R'_{\nu'-1}x+Q'_{\nu'-1}}{x^2+r'x+s'} \\
& + \ldots\ldots\ldots\ldots\ldots\ldots\ldots\ldots\ldots\ldots \\
& \quad \ldots\ldots\ldots\ldots\ldots\ldots\ldots\ldots\ldots\ldots
\end{aligned}
$$

ne peut être vérifiée si les deux membres ne sont pas composés de termes semblables identiques.

Je dis d'abord que les dénominateurs doivent être les mêmes. En effet, supposons qu'il n'y ait dans le second membre aucune fraction ayant $x - a$ en dénominateur. En multipliant par $(x - a)^{\alpha}$ les deux membres de l'identité (1), on obtiendrait une nouvelle identité pouvant être mise sous la forme :

$$A + (x - a)\, F(x) \equiv (x - a)\, F_1(x) \qquad (2)$$

$F(x)$ et $F_1(x)$ désignant des fonctions rationnelles de $x$ ayant une valeur finie pour $x = a$. Cette identité est impossible puisque pour $x = a$ le second membre se réduit à zéro, tandis que le premier se réduit à A qui est différent de zéro, par hypothèse. Nous supposerons donc $a' = a$, et nous allons prouver que $\alpha' = \alpha$. En effet, supposons $\alpha = \alpha' + h$, $h$ étant un entier positif. En multipliant par $(x - a)^{\alpha}$ les deux membres de l'identité (1), nous obtiendrons une identité analogue à l'identité (2), qui est impossible comme on vient de le voir; donc on ne peut supposer $\alpha > \alpha'$. On verrait de même qu'on ne peut supposer $\alpha' > \alpha$, par conséquent $\alpha = \alpha'$.

Il s'agit de prouver que $A' = A$; en multipliant les deux membres de l'identité (1) par $(x - \alpha)^\alpha$ nous obtiendrons :

$$A + (x - a) F(x) \equiv A' + (x - a) F_1(x) \qquad (3)$$

$F(x)$ et $F_1(x)$ étant des fonctions rationnelles ayant pour $x = a$ des valeurs finies. En faisant $x = a$ dans les deux membres de l'identité (3) on trouve $A = A'$. Si l'on supprime $\frac{A}{(x-a)^\alpha}$ dans les deux membres de l'identité (1), on obtiendra une identité de même forme, et l'on prouvera de la même façon que $A_1$ et $A'_1$ sont égaux, et ainsi de suite. On verra de même que $b' = b$, $\beta' = \beta$; et $B' = B$, $B'_1 = B_1$ ..... etc. Supprimant tous les termes communs, il ne restera plus que les fractions ayant en dénominateur des trinomes du second degré.

Je dis que parmi les dénominateurs du second membre il y en a un au moins qui est identique à $x^2 + px + q$. En effet s'il en était autrement, en multipliant les deux membres de (1) par $(x^2 + px + q)^\mu$, on obtiendrait

$$Px + Q + (x^2 + px + q) F(x) \equiv (x^2 + px + q) F_1(x) \qquad (4)$$

$F(x)$ et $F_1(x)$ étant des fractions rationnelles ne contenant pas $x^2 + px + q$ en dénominateur. Soit $\alpha + \beta i$ une racine de l'équation $x^2 + px + q = 0$, et remplaçons $x$ par $\alpha + \beta i$ dans l'identité (4); on obtiendra :

$$P(\alpha + \beta i) + Q = 0,$$

c'est-à-dire

$$P\alpha + Q = 0, \qquad P\beta = 0,$$

ce qui exige que l'on ait $P = 0$, $Q = 0$; résultat contraire à l'hypothèse. La présence de $x^2 + px + q$ en dénominateur dans le second membre de (1) étant ainsi établie, on prouvera d'une manière analogue que l'on ne peut supposer ni $\mu' > \mu$, ni $\mu' < \mu$; donc $\mu = \mu'$. On verra ensuite que $P' = P$ et $Q' = Q$ en formant une identité de la forme

$$Px + Q + (x^2 + px + q) F(x) \equiv P'x + Q' + (x^2 + px + q) F_1(x)$$

et en y substituant $\alpha + \beta i$ à $x$, ce qui donne :

$$P\alpha + Q = P'\alpha + Q, \qquad P\beta = P'\beta$$

d'où

$$P = P', \qquad Q = Q'$$

et ainsi de suite.

Après avoir supprimé tous les termes communs aux deux membres de (1), il restera

$$E(x) \equiv E_1(x).$$

La proposition est donc établie.

## MÉTHODES DE DÉCOMPOSITION

4. 1° **Méthode des coefficients indéterminés.** — Nous supposerons toujours connus les facteurs du premier et du second degré du dénominateur et il faudra avoir soin de vérifier dans chaque cas si la fraction donnée est irréductible, sans quoi il faudrait commencer par la réduire à sa plus simple expression.

On connaît la forme de la décomposition; on la suppose effectuée en écrivant à la place des numérateurs des constantes inconnues que l'on détermine en identifiant les deux membres.

**Exemples.**

1° $$\frac{x^2+1}{x(x^2-1)} = \frac{A}{x} + \frac{B}{x-1} + \frac{C}{x+1}$$

Pour déterminer A, B, C, multiplions les deux membres par $x(x^2-1)$ : on obtient :

$$x^2+1 = A(x^2-1) + Bx(x+1) + Cx(x-1).$$

Au lieu d'égaler les coefficients des puissances semblables, faisons successivement $x = 0$, $x = 1$, $x = -1$; nous obtiendrons

$$1 = -A, \qquad 2 = 2B, \qquad 2 = 2C,$$

ce qui donne

$$A = -1, \qquad B = 1, \qquad C = 1$$

et par suite

$$\frac{x^2+1}{x(x^2-1)} = \frac{-1}{x} + \frac{1}{x-1} + \frac{1}{x+1}$$

2° $$\frac{x+1}{x(x-1)^3} = \frac{A}{x} + \frac{B}{(x-1)^3} + \frac{C}{(x-1)^2} + \frac{D}{x-1}$$

En chassant les dénominateurs on obtient :

$$x+1 = A(x-1)^3 + Bx + Cx(x-1) + Dx(x-1)^2. \qquad (1)$$

Faisons $x = 0$ : on trouve $1 = -A$.
Pour $x = 1$, on obtient $2 = B$.

Le même procédé ne peut plus donner C ni D. Pour avoir C, prenons les dérivées des deux membres :

$$1 = B + Cx + \dots\dots \tag{2}$$

Nous n'écrivons pas les autres termes qui contiennent $x-1$ en facteur. En posant $x=1$, l'identité (2) donne :

$$1 = B + C$$

et comme $B=2$, on en tire $C=-1$.

Pour obtenir D on prendra les dérivées secondes des deux membres de (1), ce qui donne

$$0 = 2C + 2Dx + \dots\dots \tag{3}$$

les termes qu'on n'a pas écrits contenant $x-1$ en facteur; pour $x=1$ l'identité (3) nous donne enfin

$$C + D = 0 \text{ et par suite } D = 1,$$

on a donc :

$$\frac{x^2+1}{x(x-1)^3} \equiv \frac{-1}{x} + \frac{2}{(x-1)^3} - \frac{1}{(x-1)^2} + \frac{1}{x-1}.$$

3°
$$\frac{x^2-x+2}{x(x^2-x+1)}$$

Dans cet exemple le dénominateur a des racines imaginaires; on posera :

$$\frac{x^2-2x+2}{x(x^2-x+1)} = \frac{A}{x} + \frac{Bx+C}{x^2-x+1}$$

ou, en chassant les dénominateurs :

$$x^2-2x+2 = A(x^2-x+1) + x(Bx+C).$$

Au lieu de substituer à $x$ des valeurs particulières, égalons entre eux les coefficients des termes semblables; nous obtiendrons le système linéaire

$$\begin{aligned} A + B &= 1, \\ -A + C &= -2, \\ A &= 2, \end{aligned}$$

dont la résolution n'offre aucune difficulté. On trouve $A=2$, $B=-1$, $C=0$. Par conséquent :

$$\frac{x^2-2x+2}{x(x^2-x+1)} = \frac{2}{x} - \frac{x}{x^2-x+1}.$$

4°
$$\frac{1}{(x^2+1)^2 x^3}$$

La décomposition est de la forme suivante :

$$\frac{1}{(x^2+1)^2 x^3} \equiv \frac{A}{x^3} + \frac{B}{x^2} + \frac{C}{x} = \frac{Dx+E}{(x^2+1)^2} + \frac{Fx+G}{x^2+1}$$

Si l'on change $x$ en $-x$ le second membre doit changer de signe comme le premier; donc on doit avoir :

$$\frac{-A}{x^3}+\frac{B}{x^2}-\frac{C}{x}+\frac{-Dx+E}{(x^2+1)^2}+\frac{-Fx+G}{x^2+1}=$$
$$-\frac{A}{x^3}-\frac{B}{x^2}-\frac{C}{x}-\frac{Dx+E}{(x^2+1)^2}-\frac{Fx+G}{x^2+1}$$

Par conséquent, puisqu'on ne peut admettre deux modes de décomposition, on a :

$$B=-B \qquad -Dx+E=-Dx-E \qquad -Fx+G=-Fx-G;$$

donc :

$$B=0, \quad E=0, \quad G=0;$$

on a par conséquent

$$\frac{1}{(x^2+1)^2x^3}=\frac{A}{x^3}+\frac{C}{x}+\frac{Dx}{(x^2+1)^2}+\frac{Fx}{x^2+1}$$

d'où :

$$1=(A+Cx^2)(x^2+1)^2+x^4[D+F(x^2+1)]$$

et par suite :

$$C+F=0, \qquad A+2C+D+F=0, \qquad 2A+C=0, \qquad A=1.$$

On peut aussi remplacer $x$ par $i$, ce qui donne

$$1=D,$$

on obtient ainsi :

$$C=-2, \qquad F=2$$

et l'on a une *vérification* en portant ces valeurs dans l'équation

$$A+2C+D+F=0.$$

Donc :

$$\frac{1}{(x^2+1)^2x^3}=\frac{1}{x^3}-\frac{2}{x}+\frac{x}{(x^2+1)^2}+\frac{2x}{x^2+1}.$$

5° *Décomposer*

$$\frac{1}{x^4+1}.$$

L'identité

$$x^4+1=(x^2+x\sqrt{2}+1)(x^2-x\sqrt{2}+1)$$

montre que la décomposition aura la forme suivante :

$$\frac{1}{x^4+1}=\frac{Ax+B}{x^2+x\sqrt{2}+1}+\frac{Cx+D}{x^2-x\sqrt{2}+1}.$$

Le premier membre ne change pas quand on change $x$ en $-x$, et le second devient

$$\frac{-Ax+B}{x^2-x\sqrt{2}+1}+\frac{-Cx+D}{x^2+x\sqrt{2}+1}.$$

La décomposition n'étant possible que d'une seule manière, on doit avoir :

$$-Ax+B = Cx+D, \quad -Cx+D = Ax+B,$$

d'où

$$A=-C, \quad B=D;$$

par conséquent

$$\frac{1}{x^4+1}=\frac{Ax+B}{x^2+x\sqrt{2}+1}+\frac{-Ax+B}{x^2-x\sqrt{2}+1}.$$

Si l'on fait $x=0$, on obtient

$$1=2B,$$

et si l'on fait $x=i$,

$$\frac{1}{2}=\frac{Ai+B}{i\sqrt{2}}+\frac{-Ai+B}{-i\sqrt{2}};$$

d'où $\frac{i\sqrt{2}}{2}=2Ai$, et par suite $A=\frac{\sqrt{2}}{4}$, de sorte que

$$\frac{1}{x^4+1}=\frac{\frac{x\sqrt{2}}{4}+\frac{1}{2}}{x^2+\sqrt{2}+1}+\frac{-\frac{x\sqrt{2}}{4}+\frac{1}{2}}{x^2-x\sqrt{2}+1}.$$

6° *Soit encore à décomposer la fraction* $\frac{x^5-x+1}{(x^2+1)^m}$, *m étant un entier quelconque.*

Divisons

$$x^5-x+1 \text{ par } x^2+1=y;$$

on trouve :

$$x^5-x+1=(x^2+1-y)[x^3+x(y-1)]+1-2xy+xy^2,$$

et, par conséquent

$$x^5-x+1=1-2x(x^2+1)+x(x^2+1)^2;$$

donc

$$\frac{x^5-x+1}{(x^2+1)^m}=\frac{1}{(x^2+1)^m}-\frac{2x}{(x^2+1)^{m-1}}+\frac{x}{(x^2+1)^{m-2}}.$$

**5. Deuxième méthode.** — Soit à décomposer la fraction $\frac{f(x)}{\varphi(x)}$ sachant que

$$\varphi(x)\equiv(x-a)^\alpha\varphi_1(x), \quad \varphi_1(a)\neq 0.$$

On a identiquement :

$$\frac{f(x)}{\varphi(x)}\equiv\frac{A}{(x-a)^\alpha}+\left[\frac{f(x)}{\varphi(x)}-\frac{A}{(x-a)^\alpha}\right]$$
$$\equiv\frac{A}{(x-a)^\alpha}+\frac{f(x)-A\varphi_1(x)}{(x-a)^\alpha\varphi_1(x)}.$$

On peut déterminer A de façon que $f(x) - A\varphi_1(x)$ soit divisible par $x - a$; il faut et il suffit pour cela que $f(a) - A\varphi_1(a) = 0$, ce qui donne :

$$A = \frac{f(a)}{\varphi_1(a)},$$

valeur toujours acceptable, parce que $\varphi_1(a)$ est différent de zéro; d'ailleurs A n'est pas nul, puisque $f(x)$ est premier avec $\varphi(x)$. A étant ainsi déterminé, on obtient l'identité

$$\frac{f(x)}{\varphi(x)} \equiv \frac{A}{(x-a)^\alpha} + \frac{f_1(x)}{(x-a)^{\alpha-h}\varphi_1(x)},$$

$h$ étant au moins égal à 1 et au plus égal à $\alpha$.

De même, si l'on a

$$\varphi(x) \equiv (x^2 + px + q)^\mu \varphi_1(x),$$

on peut poser :

$$\frac{f(x)}{\varphi(x)} = \frac{Px + Q}{(x^2 + px + q)^\mu} + \frac{f(x) - (Px + Q)\varphi_1(x)}{(x^2 + px + q)^\mu \varphi_1(x)}$$

et déterminer P et Q de façon que $f(x) - (Px + Q)\varphi_1(x)$ soit divisible par $x^2 + px + q$. Si $\alpha + \beta i$ est une racine de l'équation

$$x^2 + px + q = 0,$$

on doit avoir

$$f(\alpha + \beta i) - [P(\alpha + \beta i) + Q]\varphi_1(\alpha + \beta i) = 0.$$

Mais la fraction $\dfrac{f(\alpha + \beta i)}{\varphi_1(\alpha + \beta i)}$ peut se réduire à la forme normale

$$K + Li,$$

K et L n'étant pas nuls tous les deux; on aura ainsi pour déterminer P et Q :

$$P\alpha + Q + P\beta i = K + Li,$$

c'est-à-dire

$$P\beta = L, \quad P\alpha + Q = K,$$

équations d'où l'on pourra, dans tous les cas, tirer P et Q. D'ailleurs, on n'a pas

$$P = 0, \quad Q = 0,$$

car il faudrait supposer

$$K = 0 \quad \text{et} \quad L = 0,$$

ce qui reviendrait à dire que $\alpha + \beta i$ est une racine de l'équation

$$(f(x) = 0.$$

Or cette hypothèse n'est pas admissible, $f(x)$ étant premier avec $\varphi(x)$. P et Q étant déterminés de cette manière, on obtient, en simplifiant :

$$\frac{f(x)}{\varphi(x)} \equiv \frac{Px + Q}{(x^2 + px + q)^\mu} + \frac{f_1(x)}{(x^2 + px + q)^{\mu - h}\varphi_1(x)},$$

$h$ étant au moins égal à 1 et au plus égal à $\mu$.

On traitera les fractions de la forme

$$\frac{f_1(x)}{(x - a)^{\alpha - h}\varphi_1(x)} \quad \text{ou} \quad \frac{f_1(x)}{(x^2 + px + q)^{\mu - h}\varphi_1(x)}$$

comme les premières, et l'on voit que cette méthode donne une démonstration de la possibilité de la décomposition que nous voulons obtenir.

Quel que soit d'ailleurs le procédé employé, quand on a obtenu une fraction telle que $\frac{A}{(x - a)^\alpha}$, on peut la retrancher de la fraction proposée, simplifier et reprendre les calculs sur la fraction obtenue.

**6. Troisième méthode.** — (*Par la division.*)

Soit

$$\frac{f(x)}{(x - a)^\alpha \varphi_1(x)} \equiv \frac{A}{(x - a)^\alpha} + \frac{A_1}{(x - a)^{\alpha - 1}} + \dots + \frac{A_{\alpha - 1}}{x - a} + \frac{f_1(x)}{\varphi_1(x)}, \qquad (1)$$

en supposant

$$\varphi_1(a) \neq 0.$$

Si nous posons

$$x = a + z,$$

nous déduirons de l'identité (1) :

$$\frac{f(a + z)}{\varphi_1(a + z)} \equiv A + A_1 z + A_2 z^2 + \dots + A_{\alpha - 1} z^{\alpha - 1} + z^\alpha \frac{f_1(a + z)}{\varphi_1(a + z)}. \qquad (2)$$

La fraction $\frac{f_1(a + z)}{\varphi_1(a + z)}$ ayant une valeur finie pour $z = a$, on voit que si l'on divise $f(a + z)$ par $\varphi_1(a + z)$, en ordonnant suivant les puissances croissantes de $z$ et en faisant les calculs jusqu'au terme de $z^{\alpha-1}$, on aura les numérateurs correspondants au facteur $x-a$, en prenant les coefficients correspondants du quotient. Le reste de l'opération divisé par $z^\alpha$ donnera le numérateur $f_1(a+z)$ de la fraction complémentaire $\frac{f_1(a+z)}{\varphi_1(a+z)}$ ou $\frac{f_1(x)}{\varphi_1(x)}$.

On peut d'ailleurs obtenir l'ensemble des fractions correspondant à $x-a$ de la manière suivante :

Posons

$$F(x)=\frac{f(x)}{\varphi(x)};$$

on a :

$$F(a+z)=\frac{A}{z^\alpha}+\frac{A_1}{z^{\alpha-1}}+\ldots+\frac{A_{\alpha-1}}{z}+\frac{f_1(a+z)}{\varphi_1(a+z)},$$

$$\frac{1}{x-a-z}=\frac{1}{x-a}+\frac{z}{(x-a)^2}+\ldots+\frac{z^{\alpha-1}}{(x-a)^\alpha}+\frac{z^\alpha}{(x-a)^\alpha(x-a-z)}.$$

Si l'on remarque que l'expression $\frac{f_1(a+z)}{\varphi_1(a+z)}$, développée suivant les puissances de $z$, ne contiendra que des puissances positives puisque $\varphi_1(a)$ est différent de zéro, on voit immédiatement que

$$\frac{A}{(x-a)^\alpha}+\frac{A_1}{(x-a)^{\alpha-1}}+\ldots+\frac{A_{\alpha-1}}{x-a}$$

est le coefficient de $\frac{1}{z}$ dans le développement de l'expression

$$\frac{F(a+z)}{x-a-z}$$

Ce coefficient a été nommé, par Cauchy, le résidu de l'expression précédente relativement à la valeur $z=0$.

**7. Formules générales.** — On tire de l'identité (1) :

$$f(a+z)\equiv\frac{A}{z^\alpha}\varphi(a+z)+\frac{A_1}{z^{\alpha-1}}\varphi(a+z)+\ldots.$$
$$+\frac{A^{\alpha-1}}{z}\varphi(a+z)+z^\alpha f_1(a+z); \qquad (3)$$

mais

$$f(a+z)\equiv f(a)+zf'(a)+\frac{z^2}{1.2}f''(a)+\ldots..$$
$$\varphi(a+z)\equiv\frac{z^\alpha}{\alpha!}\varphi^\alpha(a)+\frac{z^{\alpha+1}}{(\alpha+1)!}\varphi^{\alpha+1}(a)+\ldots..$$
$$f_1(a+z)\equiv f_1(a)+zf'_1(a)+\ldots..$$

Substituant et identifiant, on obtient :

$$f(a)=\frac{A}{\alpha !}\varphi^{\alpha}(a),$$

$$f'(a)=\frac{A}{(\alpha+1)!}\varphi^{\alpha+1}(a)+\frac{A_1}{\alpha !}\varphi^{\alpha}(a),$$

$$f''(a)=\frac{A}{(\alpha+2)!}\varphi^{\alpha+2}(a)+\frac{A_1}{(\alpha+1)!}\varphi^{\alpha+1}(a)+\frac{A_2}{\alpha !}\varphi^{\alpha}(a)$$

. . . . . . . . . . . . . . . . . . . . . . . . . . . . . . . .

. . . . . . . . . . . . . . . . . . . . . . . . . . . . . . . .

Ces formules permettent de calculer successivement $A, A_1, A_2 \ldots$

On a ainsi :

$$A=\frac{\alpha !\, f(a)}{\varphi^{\alpha}(a)};$$

on aurait de même :

$$B=\frac{\beta !\, f(b)}{\varphi^{\beta}(b)} \ldots\ldots$$

Lorsque $\alpha=1$, on a :

$$A=\frac{f(a)}{\varphi'(a)}.$$

Si l'on pose

$$\frac{\varphi(x)}{f(x)}=\theta(x),$$

on a, comme on s'en assure aisément :

$$A=\frac{1}{\theta'(a)}.$$

8. **Autres formules.** — Si l'on pose

$$F(x)=\frac{f(x)}{\varphi_1(x)},$$

on trouve :

$$F(x)=A+A_1(x-a)+A_2(x-a)^2+\ldots+A_{\alpha-1}(x-a)^{\alpha-1}+\frac{(x-a)^{\alpha}f_1(x)}{\varphi_1(x)}.$$

Or

$$F(x)=F(a)+F'(a)(x-a)+\frac{F''(x)}{1.2}(x-a)^2+\ldots$$
$$+\frac{F^{\alpha-1}(a)}{(\alpha-1)!}(x-a)^{\alpha-1}+(x-a)^{\alpha}\frac{F^{\alpha}[a+\theta(x-a)]}{\alpha !};$$

d'où l'on conclut :

$$A=F(a),\ A_1=\frac{F'(a)}{1.2},\ A_2=\frac{F''(a)}{1.2},\ldots\ A_p=\frac{F^p(a)}{p!}\ldots\ A_{\alpha-1}=\frac{F^{\alpha-1}(a)}{(\alpha-1)!}.$$

**Remarque.** — Le résidu de $\dfrac{f(x)}{\varphi(x)}$ pour $x=a$ est précisément $A_{\alpha-1}$.

**Exemple.** — *Soit à décomposer* $\frac{1}{(x-a)^\alpha (x-b)^\beta}$ *en éléments simples.*

$$F(x) = (x-b)^\beta,$$
$$F^p(x) = (-1)^p . \beta(\beta+1) \dots (\beta+p-1)(x-b)^{-(\beta+p)};$$

par conséquent, si l'on pose

$$\frac{1}{(x-a)^\alpha (x-b)^\beta} = \sum \frac{A_p}{(x-a)^{\alpha-p}} + \sum \frac{B_q}{(x-b)^{\beta-q}},$$

on aura :

$$A = \frac{1}{(a-b)^\beta}, \quad A_p = \frac{(-1)^p . \beta(\beta+1) \dots (\beta+p-1)}{1.2 \dots p} . \frac{1}{(a-b)^{\beta+p}},$$

et

$$B = \frac{1}{(b-a)^\alpha}, \quad B_q = \frac{(-1)^q . \alpha(\alpha+1) \dots (\alpha+q-1)}{1.2 \dots q} . \frac{1}{(b-a)^{\alpha+q}}.$$

Ces formules seront commodes quand le dénominateur ne contiendra que deux facteurs linéaires.

## MÉTHODES RELATIVES AUX FACTEURS IMAGINAIRES

9. **Méthode de Horner.** — On donne la fraction irréductible

$$\frac{f(x)}{[(x-\alpha)^2+\beta^2]^\mu \varphi_1(x)}.$$

En posant $x = \alpha + y$, elle prend la forme

$$\frac{g(y)}{(y^2+\beta^2)^\mu g_1(y)}.$$

On peut transformer $\frac{g(y)}{g_1(y)}$ en une fraction équivalente dont le dénominateur ne contienne plus que des puissances paires de $y$, par exemple en multipliant les deux termes par $g_1(-y)$; il peut se faire d'ailleurs qu'un multiplicateur plus simple permette de faire cette seconde transformation : soit

$$\frac{g(y)}{g_1(y)} = \frac{h(y^2) + y\, h_1(y^2)}{h_2(y^2)};$$

on posera ensuite $y^2 + \beta^2 = t$; la fraction proposée sera ramenée à la forme suivante :

$$\frac{F(t) + y\, F_1(t)}{t^\mu\, G(t)},$$

$F(t)$, $F_1(t)$, $G(t)$ étant des polynomes entiers par rapport à $t$. Cela fait, on développera $\frac{F(t)}{G(t)}$ et $\frac{F_1(t)}{G_1(t)}$ suivant les puissances croissantes de $t$ :

$$\frac{F(t)}{G(t)} = A + A_1 t + A_2 t^2 + \dots..$$
$$\frac{F_1(t)}{G_1(t)} = B + B_1 t + B_2 t^2 + \dots..$$

d'où l'on tire :

$$\frac{f(x)}{\varphi(x)} = \frac{F(t) + y F_1(t)}{t^\mu G(t)} = \frac{A + B y}{t^\mu} + \frac{A_1 + B_1 y}{t^{\mu-1}} + \dots$$

*Exemple :*

$$\frac{x - 1}{x(x^2 + 1)^2}.$$

Multiplions les deux termes par $x$, ce qui donne

$$\frac{x^2 - x}{x^2(x^2 + 1)^2}.$$

Posons $x^2 + 1 = t$; la fraction peut se ramener à la forme suivante :

$$\frac{-(1 + x) + t}{-1 + t} \cdot \frac{1}{t^2}.$$

Or

$$\frac{-(1 + x) + t}{-1 + t} = 1 + x + tx - \frac{t^2 x}{t - 1},$$

d'où

$$\frac{x - 1}{x(x^2 + 1)^2} = \frac{1 + x}{(x^2 + 1)^2} + \frac{x}{x^2 + 1} - \frac{1}{x}.$$

**10. Nouvelle méthode.** — En posant $x^2 + px + q = y$, on doit déterminer les coefficients de l'identité

$$\frac{f(x)}{\varphi_1(x)} = Px + Q + (P_1 x + Q_1) y + (P_2 x + Q_2) y^2 + \dots + (P_{\mu-1} x + Q_{\mu-1}) y^{\mu-1} + \frac{f_1(x)}{\varphi_1(x)} y^\mu.$$

Nous savons développer $f(x)$ et $\varphi_1(x)$ suivant les puissances croissantes de $y$ sous la forme

$$f(x) = \alpha + \alpha_1 y + \alpha_2 y^2 + \dots$$
$$\varphi_1(x) = \beta + \beta_1 y + \beta_2 y^2 + \dots$$

les coefficients $\alpha, \alpha_1, \dots \beta, \beta_1 \dots$ étant des binomes du premier degré en $x$. Il s'agit d'obtenir un développement analogue pour la fraction $\frac{f(x)}{\varphi_1(x)}$.

En général, $\beta$ ne divise pas $\alpha$; en conséquence, nous écrirons

$$f(x) = (\alpha + \lambda y) + (\alpha_1 - \lambda) y + \alpha_2 y^2 + \dots$$

et nous déterminerons $\lambda$ de manière que $\alpha + \lambda y$, c'est-à-dire $\alpha + \lambda(x^2 + px + q)$ soit divisible par $\beta$, $\lambda$ ayant ainsi reçu une valeur convenable, soit $\alpha + \lambda y = \beta . \gamma$, $\gamma$ étant du premier degré en $x$.

Il en résulte que

$$f(x) - \gamma \varphi_1(x) = (\alpha - \lambda - \gamma \beta_1) y + (\alpha_2 - \gamma \beta_2) y^2 + \dots = \alpha'_1 y + \alpha' y^2 + \dots$$

et par conséquent, si $\gamma = Px + Q$,

$$\frac{f(x)}{\varphi_1(x)} = Px + Q + y . \frac{\alpha'_1 + \alpha'_2 y + \dots}{\varphi_1(x)};$$

en appliquant la même méthode à la fraction

$$\frac{\alpha'_1 + \alpha'_2 y + \dots\dots}{\beta + \beta_1 y + \dots\dots}$$

on obtiendra :

$$\frac{\alpha'_1 + \alpha'_2 y + \dots\dots}{\varphi_1(x)} = P_1 x + Q_1 + y \cdot \frac{\alpha''_1 + \alpha''_2 y + \dots\dots}{\varphi_1(x)};$$

d'où

$$\frac{f(x)}{\varphi_1(x)} = Px + Q + (P_1 x + Q_1) y + y^2 \frac{\alpha''_1 + \alpha''_2 y + \dots\dots}{\varphi_1(x)},$$

et ainsi de suite.

*Exemple* : Soit

$$\frac{x-1}{x(x^2+1)^2} = \frac{x-1}{xy^2}.$$

On a :

$$x-1 = x-1+\lambda(x^2+1) - \lambda y.$$

On prend $\lambda = 1$ pour que $x-1+\lambda(x^2+1)$ soit divisible par $x$. On a ainsi :

$$x-1 = x(x+1) - (x^2+1),$$

ce qui donne :

$$\frac{x-1}{x} = x+1 - \frac{x^2+1}{x}. \qquad (1)$$

On a ensuite :

$$1 = -x^2 + (x^2+1),$$

et par suite :

$$\frac{1}{x} = -x + \frac{x^2+1}{x}.$$

On tire des identités (1) et (2) :

$$\frac{x-1}{x} = x+1+x(x^2+1) - \frac{(x^2+1)^2}{x},$$

et par suite :

$$\frac{x-1}{x(x^2+1)^2} = \frac{x+1}{(x^2+1)^2} + \frac{x}{x^2+1} - \frac{1}{x},$$

## IDENTITÉ D'EULER

**11. Théorème.** — Soient

$$f(x) = P_1 x^{m-1} + P_2 x^{m-2} + \dots\dots + P_m$$
$$\varphi(x) = H(x-a_1)(x-a_2)\dots\dots(x-a_m).$$

On a (7) :

$$\frac{f(x)}{\varphi(x)} = \sum \frac{f(a)}{\varphi'(a)} \cdot \frac{1}{x-a},$$

d'où

$$f(x) = \sum \frac{f(a)}{\varphi'(a)} \cdot \frac{\varphi(x)}{x-a}.$$

Les deux membres sont des polynomes entiers en $x$; le coefficient de $x^{m-1}$ est $P_1$ dans le premier membre; dans le second membre $x^{m-1}$ a évidemment pour coefficient

$$H \sum \frac{f(a)}{\varphi'(a)},$$

donc

$$\sum \frac{f(a)}{\varphi'(a)} = \frac{P_1}{H}.$$

Si $f(x)$ est du degré $m-2$ au plus, $P_1 = 0$. Dans ce cas

$$\sum \frac{f(a)}{\varphi'(a)} = 0.$$

Par conséquent, $a_1, a_2, \ldots\ldots a_m$ étant $m$ nombres inégaux, si l'on pose :

$$\varphi(x) = (x-a_1)(x-a_2) \ldots\ldots (x-a_m),$$

et si l'on désigne par $f(x)$ un polynome de degré $m-2$ au plus, on a :

$$\frac{f(a_1)}{\varphi'(a_1)} + \frac{f(a_2)}{\varphi'(a_2)} + \ldots\ldots + \frac{f(a_m)}{\varphi'(a_m)} = 0.$$

Cette identité a été établie par Euler.
En particulier :

$$\frac{1}{\varphi'(a_1)} + \frac{1}{\varphi'(a_2)} + \ldots\ldots + \frac{1}{\varphi'(a_m)} = 0,$$

$$\frac{a_1}{\varphi'(a_1)} + \frac{a_2}{\varphi'(a_2)} + \ldots\ldots + \frac{a_m}{\varphi'(a_m)} = 0,$$

$$\frac{a_1^2}{\varphi'(a_1)} + \frac{a_2^2}{\varphi'(a_2)} + \ldots\ldots + \frac{a_m^2}{\varphi'(a_m)} = 0.$$

. . . . . . . . . . . . . . . . . . . . . . . . . . . . . . . . . . . . . . . . . . . . . . . . . . . . . . . . . . . . . . . .

$$\frac{a_1^{m-2}}{\varphi'(a_1)} + \frac{a_2^{m-2}}{\varphi'(a_2)} + \ldots\ldots + \frac{a_m^{m-2}}{\varphi'(a_m)} = 0.$$

$$\frac{a_1^{m-1}}{\varphi'(a_1)} + \frac{a_2^{m-1}}{\varphi'(a_2)} + \ldots\ldots + \frac{a_m^{m-1}}{\varphi'(a_m)} = 1.$$

Soient maintenant

$$f(x) = x^m + P_1 x^{m-1} + \dots..$$
$$\varphi(x) = x^m + \alpha\, x^{m-1} + \dots..$$

et supposons $\varphi(x) = (x - a_1)(x - a_2) \dots.. (x - a_m)$. Proposons-nous de calculer la somme

$$\sum \frac{f(a)}{\varphi'(a)}.$$

En remarquant que la partie entière du quotient de $f(x)$ par $\varphi(x)$ est égale à 1, nous pouvons écrire l'identité

$$f(x) = \varphi(x) + \sum \frac{f(a)}{\varphi'(a)} \frac{\varphi(x)}{x - a}.$$

Le coefficient de $x^{m-1}$ est égal à $P_1$ dans le premier membre, et à $\alpha + \sum \frac{f(a)}{\varphi'(a)}$ dans le second membre; par suite :

$$\sum \frac{f(a)}{\varphi'(a)} = P_1 - \alpha.$$

## FORMULE D'INTERPOLATION DE LAGRANGE

**12. Problème.** — *Trouver le polynome le plus général prenant pour $m$ valeurs inégales de $x$ : $a_1$, $a_2$, ..... $a_m$, $m$ valeurs données :* $A_1$, $A_2$, ..... $A_m$.

Cherchons d'abord un polynome de degré $m - 1$ satisfaisant aux conditions données. Si l'on désigne ce polynome par $f(x)$, et si l'on fait

$$\varphi(x) \equiv (x - a_1)(x - a_2) \dots.. (x - a_m),$$

nous avons trouvé la formule

$$f(x) \equiv \sum_{k=1}^{k=m} \frac{f(a_k)}{\varphi'(a_k)} \cdot \frac{\varphi(x)}{x - a_k},$$

c'est-à-dire, en remplaçant $f(a_k)$ par $A_k$,

$$f(x) \equiv \sum_{k=1}^{k=m} \frac{A_k}{\varphi'(a_k)} \cdot \frac{\varphi(x)}{x - a_k}. \qquad (1)$$

Cette formule résout la question proposée. On la nomme *formule d'interpolation de Lagrange.*

Il est facile de trouver directement la formule (1).

En effet, posons

$$f(x) = P_1 x^{m-1} + P_2 x^{m-2} + \dots.. + P_{m-1} x + P_m.$$

Il s'agit de déterminer $P_1, P_2, \ldots\ldots P_m$, de manière que l'on ait

$$f(a_1) = A_1, \quad f(a_2) = A_2, \ldots\ldots f(a_m) = A_m.$$

Le déterminant de ce système linéaire de $m$ équations à $m$ inconnues est un déterminant de Vandermonde, et par suite est différent de zéro, puisque les nombres $a_1, a_2, \ldots\ldots a_m$ sont différents; il y a donc toujours une solution et une seule; or

$$P_1, P_2, \ldots\ldots P_m$$

seront exprimés en fonctions linéaires et homogènes de

$$A_1, A_2, \ldots\ldots A_m.$$

On peut donc poser :

$$f(x) \equiv A_1 f_1(x) + A_2 f_2(x) + \ldots\ldots + A_m f_m(x),$$

$f_1(x), f_2(x) \ldots\ldots f_m(x)$ étant des polynomes inconnus de degré $m-1$.

On doit avoir

$$f(a_1) = A_1 f_1(a_1) + A_2 f_2(a_1) + \ldots\ldots + A_m f_m(a_1);$$

il est clair que l'on vérifiera cette équation si l'on prend

$$f_1(a_1) = 1, \quad f_2(a_1) = 0, \quad f_3(a_1) = 0, \ldots\ldots f_m(a_1) = 0.$$

D'ailleurs, si $A_1, A_2, \ldots\ldots A_m$ sont des constantes arbitraires, ces conditions sont nécessaires.

En résumé, on déterminera le polynome $f_k(x)$ par les conditions

$$f_k(a_k) = 1, \quad \text{et} \quad f_k(a_h) = 0, \quad \text{si} \quad h \neq k;$$

donc, $f_k(x)$ devant s'annuler pour $m-1$ valeurs données de $x$, qui sont les nombres $a_1, a_2, \ldots\ldots a_m$, excepté $a_k$; on a

$$f_k(x) \equiv K \frac{\varphi(x)}{x - a_k}.$$

En outre, en remplaçant $x$ par $a_k$, on doit avoir

$$f_k(a_k) = 1;$$

mais pour $x = a_k$, $\dfrac{\varphi(x)}{x - a_k}$ se réduit à $\varphi'(x_k)$;

donc

$$K = \frac{1}{\varphi'(a_k)},$$

et par suite

$$f_k(x) \equiv \frac{1}{\varphi'(a_k)} \cdot \frac{\varphi(x)}{x - a_k},$$

de sorte que

$$f(x) = \sum_{k=1}^{k=m} \frac{A_k}{\varphi'(a_k)} \cdot \frac{\varphi(x)}{x - a_k}.$$

C'est la formule (1).

Le polynome $f(x)$ ainsi déterminé est d'un degré au plus égal à $m-1$. Soit $F(x)$ un polynome satisfaisant aux conditions données; la différence

$$F(x) - f(x)$$

étant nulle pour les $m$ valeurs données de $x$, est divisible par

$$(x - a_1)(x - a_2) \ldots (x - a_m),$$

c'est-à-dire par $\varphi(x)$; donc

$$F(x) - f(x) \equiv \varphi(x) . \theta(x),$$

ou

$$F(x) \equiv f(x) + \varphi(x) . \theta(x);$$

et, réciproquement, tout polynome satisfaisant à cette définition, $\theta(x)$ étant un polynome entier arbitraire, remplit les conditions données. On a ainsi la formule la plus générale des polynomes répondant à la question

$$F(x) \equiv \sum_{k=1}^{k=m} \frac{A_k}{\varphi'(a_k)} \cdot \frac{\varphi(x)}{x - a_k} + \varphi(x) . \theta(x), \qquad (2)$$

et la formule (2) montre qu'il n'y a qu'un seul polynome de degré inférieur à $m$ et remplissant les conditions données, comme cela est d'ailleurs évident *a priori*.

**Remarque.** — La formule (1) démontrée directement donne la décomposition de la fraction $\frac{f(x)}{\varphi(x)}$ en éléments simples; il suffit pour cela de remplacer $A_k$ par $f(a_k)$.

**13. Application.** — *Trouver le reste de la division d'un polynome entier $P(x)$ par $(x - a_1)(x - a_2) \ldots (x - a_m)$.*

Soit

$$P(x) \equiv (x - a_1)(x - a_2) \ldots (x - a_m) . Q(x) + f(x),$$

le polynome $f(x)$ étant de degré $m-1$ au plus. On a :

$$f(a_k) = \mathrm{P}(a_k),$$

$k$ variant de 1 à $m$; donc, en appliquant la formule (1),

$$f(x) \equiv \sum \frac{\mathrm{P}(a_k)}{\varphi'(a_k)} \cdot \frac{\varphi(x)}{x - a_k}.$$

## APPLICATION DE LA DÉCOMPOSITION DES FRACTIONS RATIONNELLES AU CALCUL DIFFÉRENTIEL ET AU CALCUL INTÉGRAL

**14.** Soit $\frac{f(x)}{\varphi(x)}$ une fraction rationnelle; on peut la mettre sous la forme

$$\frac{f(x)}{\varphi(x)} = \sum \frac{\mathrm{A}}{(x-a)^n} + \sum \frac{\mathrm{B}x + \mathrm{C}}{[(x-\alpha)^2 + \beta^2]^{\mu}} + \mathrm{E}(x).$$

On pourra donc facilement calculer la dérivée d'ordre $n$ de $\frac{f(x)}{\varphi(x)}$; pour cela il suffit de savoir calculer la dérivée d'une fraction de la forme $\frac{1}{(x-a)^n}$, ou $(x-a)^{-n}$. Nous savons que la dérivée d'ordre $p$,

$$\mathrm{D}^p . (x-a)^{-n} = (-1)^p . n(n+1) \ldots . (n+p-1) . \frac{1}{(x-a)^{n+p}}.$$

S'il n'y a que des facteurs de la forme $x - a$, le problème est résolu; on peut garder la même forme si $a$ est imaginaire; il n'y aura plus qu'à faire à la fin du calcul la réduction des imaginaires. Néanmoins considérons une fraction de la forme

$$\frac{\mathrm{B}x + \mathrm{C}}{[(x-\alpha)^2 + \beta^2]^{\mu}},$$

et posons $x = \alpha + y$; nous obtiendrons

$$\frac{\mathrm{B}y + \mathrm{C}'}{(y^2 + \beta^2)^{\mu}}, \quad \text{ou} \quad (\mathrm{B}y + \mathrm{C}')(y^2 + \beta^2)^{-\mu};$$

la dérivée d'ordre $p$ de cette expression, par rapport à $x$, s'obtiendra en prenant la dérivée par rapport à $y$, puisque $y'$ est égal à 1; en appliquant la formule de Leibniz, on a

$$\mathrm{D}^p [(\mathrm{B}y + \mathrm{C}')(y^2 + \beta^2)^{-\mu}] = (\mathrm{B}y + \mathrm{C}) \mathrm{D}^p (y^2 + \beta^2)^{-\mu} + p . \mathrm{B} . \mathrm{D}^{p-1} (y^2 + \beta^2)^{-\mu},$$

et tout revient à calculer les dérivées successives de $(y^2 + \beta^2)^{-\mu}$. (II, 66, 3°.)

Soit, en second lieu, à calculer l'intégrale $\int \frac{f(x)}{\varphi(x)} dx$.

Nous aurons à calculer des intégrales de plusieurs espèces.

1°
$$\int \frac{dx}{(x-a)^n} = \frac{1}{1-n} \cdot \frac{1}{(x-a)^{n-1}} + \mathrm{C}^{\text{te}}$$

en supposant $n \neq 1$.

2° Si la décomposition donne une fraction de la forme $\frac{A}{x-a}$, l'intégration donnera un logarithme, puisque

$$\int \frac{dx}{x-a} = \mathrm{L}\,(x-a) + \mathrm{C}^{te}.$$

3° Enfin, nous aurons à calculer des intégrales de la forme

$$\int \frac{Ax+B}{[(x-\alpha)^2+\beta^2]^n}.dx,$$

ou, en posant $x-\alpha = y$,

$$\int \frac{Ay+C}{(y^2+\beta^2)^n}.dy.$$

Cette dernière intégrale est la somme des deux intégrales

$$A\int \frac{y\,dy}{(y^2+\beta^2)^n} \quad \text{et} \quad C\int \frac{dy}{(y^2+\beta^2)^n}$$

En remarquant que $ydy = \frac{1}{2}\,d.y^2$, et posant $y^2+\beta^2 = t$, la première est égale à $\frac{1}{2}A\int\frac{dt}{t^n}$ que l'on calcule immédiatement comme plus haut.

Reste l'intégrale $\int \frac{dy}{(y^2+\beta^2)^n}$ que nous désignerons par $V_n$.

L'intégration par parties donne

$$V_{n-1} = \int \frac{dy}{(y^2+\beta^2)^{n-1}} = \frac{y}{(y^2+\beta^2)^{n-1}} + 2\,(n-1)\int \frac{y^2\,dy}{(y^2+\beta^2)^n},$$

ou, en remplaçant au numérateur $y^2$ par $y^2+\beta^2-\beta^2$ :

$$V_{n-1} = \frac{y}{(y^2+\beta^2)^{n-1}} + 2\,(n-1)\,V_{n-1} - 2\beta^2\,(n-1)\,V_n;$$

en supposant $n-1 \neq 0$, on tirera de cette formule $V_n$ en fonction de $V_{n-1}$; on aura de la même manière $V_{n-1}$ en fonction de $V_{n-2}$, et ainsi de suite; on arrivera à $V_2$ qui s'exprimera au moyen de $V_1$, de sorte que $V_n$ sera exprimé au moyen d'une fraction rationnelle et de $V_1$; or

$$V_1 = \int \frac{dy}{y^2+\beta^2} = \int \frac{d\,\frac{y}{\beta}}{\left[\beta\left(1+\left(\frac{y}{\beta}\right)^2\right)\right]} = \frac{1}{\beta}\,\text{arc tg}\,\frac{x-\alpha}{\beta} + \mathrm{C}^{te}.$$

Ainsi, en résumé, en général l'intégrale $\int \frac{f(x)}{\varphi(x)}.dx$ se compose de trois parties comprenant : 1° une fraction rationnelle, 2° des logarithmes et 3° des fonctions arctangentes.

## EXERCICES

Décomposer en éléments simples les fractions rationnelles suivantes :

1. $\dfrac{x^2}{(x+1)^2(x^2+1)}$.
2. $\dfrac{1}{x^6+1}$.
3. $\dfrac{1}{x^5-1}$.
4. $\dfrac{1}{(x^5-1)^2}$.
5. $\dfrac{1}{x^m-1}$.
6. $\dfrac{1}{x^3(x^2+1)^2}$.
7. $\dfrac{1}{(x^2+1)^2(x^2-4)^2}$.
8. $\dfrac{1}{(x^2+1)^2(x^2+4)^2}$.
9. $\left(\dfrac{x}{x^2+x+1}\right)^2$.
10. $\dfrac{x^2+1}{(x^2+x+1)^2}$.
11. $\dfrac{2x-1}{x(x^2+1)^m}$.
12. $\dfrac{3x-1}{(x+1)^2(x^2+4)^2}$.
13. $\dfrac{1.2.3.\ldots n}{(x+1)(x+2)\ldots(x+n)}$.
14. $\dfrac{x^2+6}{(x^2+1)^3(x-1)x^2}$.
15. $\dfrac{x^2-4x+1}{(2x-3)(3x^2+7)^2}$.

**16.** En posant $\operatorname{tg} a = b$, $\operatorname{tg}\dfrac{a}{n} = x$, on a $b = \dfrac{f(x)}{\varphi(x)}$. Décomposer la fraction $\dfrac{f(x)}{\varphi(x)}$ en éléments simples.

**17.** Décomposer $$\frac{x^m}{(x^p-1)(x^q-1)}.$$

**18.** L'équation $f(x)=0$ a toutes ses racines réelles, inégales et différentes de 1 et de $-1$. Trouver les conditions pour que la fraction

$$\frac{1}{(x^2-1)[f(x)]^2} = \frac{A}{x-1} + \frac{B}{x+1} + \sum \frac{A_2}{(x-a)^2},$$

de sorte que les termes contenant des facteurs $x-a$ au premier degré en dénominateur manquent dans la décomposition obtenue.

Réciproquement, montrer que si $f(x)$ remplit les conditions trouvées, l'équation $f(x)=0$ a toutes ses racines réelles et comprises entre $-1$ et $+1$.

**19.** Étant donnés un polynome $f(x)$ de degré $n+p$, et

$$\varphi(x) = (x-a_1)(x-a_2)\ldots+(x-a_n)$$

calculer $\sum \frac{f(a)}{\varphi'(a)}$. — Il suffit de calculer le terme indépendant de $x$ dans la partie entière du quotient de $xf(x)$ par $\varphi(x)$.

**20.** Calculer l'expression

$$\frac{1}{x-a_1}+\frac{1}{x-a_2}+\ldots+\frac{1}{x-a_m}$$

connaissant

$$\varphi(x)=(x-a_1)(x-a_2)\ldots(x-a_m).$$

L'expression est de la forme $\frac{f(x)}{\varphi(x)}$, $f(x)$ étant de degré $m-1$ ; déterminer $f(x)$.

**21.** Résoudre le système

$$\begin{array}{l} x_1+x_2+\ldots\ldots+x_m=0,\\ a_1x_1+a_2x_2+\ldots\ldots+a_mx_m=0,\\ (a_1)^2x_1+(a_2)^2x_2+\ldots\ldots+(a_m)^2x_m=0,\\ \ldots\ldots\ldots\ldots\ldots\ldots\\ \ldots\ldots\ldots\ldots\ldots\ldots\\ \ldots\ldots\ldots\ldots\ldots\ldots\\ (a_1)^{m-1}x_1+(a_2)^{m-1}x_2+\ldots+(a_m)^{m-1}x_m=0. \end{array}$$

**22.** Les variables $x_1, x_2 \ldots x_m$ vérifiant les $m$ équations

$$\frac{x_1^2}{a_1+\lambda_k}+\frac{x_2^2}{a_2+\lambda_k}+\ldots+\frac{x_m^2}{a_m+\lambda_k}=1, \qquad (k=1, 2\ldots m)$$

calculer

$$x_1^2+x_2^2+\ldots+x_m^2.$$

— On trouve

$$x_1^2+x_2^2+\ldots+x_m^2=\lambda_1+\lambda_2+\ldots+\lambda_m+a_1+a_2+\ldots+a_m.$$

**23.** Calculer

$$\sum_{h,k}\frac{x^3}{(a+\lambda_h)(a+\lambda_k)}, \qquad (h\neq k)$$

— La somme est nulle.

**24.** Calculer

$$\sum\frac{x^2}{(a+\lambda_h)^2}.$$

— On trouve

$$\frac{(\lambda_h-\lambda_1)(\lambda_h-\lambda_2)\ldots(\lambda_h-\lambda_{h-1})(\lambda_h-\lambda_{h+1})\ldots(\lambda_h-\lambda_m)}{(a_1+\lambda_h)(a_2+\lambda_h)(a_3+\lambda_h)\ \ldots\ (a_m+\lambda_h)}.$$

**25.** Prouver que

$$dx_1^2+dx_2^2+\ldots\ldots+dx_m^2=M_1d\lambda_1^2+M_2d\lambda_2^2+\ldots+M_md\lambda_m^2,$$

où

$$M_h=\frac{(\lambda_h-\lambda_1)(\lambda_h-\lambda_2)\ldots\ldots(\lambda_h-\lambda_{h-1})(\lambda_h-\lambda_{h+1})\ldots\ldots(\lambda_h-\lambda_m)}{(a_1+\lambda_h)(a_2+\lambda_h)\ldots\ldots(a_m+\lambda_h)}.$$

**26.** Étant donnés sur une droite $n$ points $a, b, c,\ldots$ et $n-1$ points $m, n, p,\ldots$, on a toujours

$$\frac{am.an.ap\ldots\ldots}{ab.ac.ad\ldots\ldots}+\frac{bm.bn.bp\ldots\ldots}{bc.bd.be\ldots\ldots}+\ldots\ldots=1.$$

**27.** Si les points du second système sont en nombre moindre que $n-1$, on a

$$\frac{am.\,an.\,ap\ldots\ldots}{ab.\,ac.\,ad\ldots\ldots}+\frac{bm.\,bn.\,bp\ldots\ldots}{bc.\,bd.\,be\ldots\ldots}+\ldots\ldots=0.$$

Ces théorèmes donnés par Chasles se déduisent immédiatement de l'identité d'Euler (**11**).

**28.** On dit qu'une série

$$a_0+a_1x+a_2x^2+\ldots\ldots+a_nx^n+\ldots\ldots$$

est récurrente, si, quel que soit l'entier $p$,

$$a_p=a_{p-1}b_1+a_{p-2}b_2+\ldots\ldots+a_{p-k}b_k,$$

$k$ étant un entier déterminé, et $b_1, b_2, \ldots. b_k$ des constantes; $k$ est l'*ordre* de la récurrence.

Démontrer que toute fraction rationnelle irréductible $\frac{f(x)}{\varphi(x)}$ est développable suivant une série récurrente dont l'ordre est égal au degré de son dénominateur, et réciproquement.

# CHAPITRE XX

## THÉORIE DES DIFFÉRENCES

**1.** Étant donnée une suite de quantités

$$u_0,\ u_1\ u_2,\ \ldots\ldots\ u_n,\ u_{n+1},\ \ldots\ldots \qquad (1)$$

on appelle *différences premières* les différences obtenues en retranchant chacune de ces quantités de la suivante et l'on pose :

$$\Delta u_0=u_1-u_0,\quad \Delta u_1=u_2-u_1,\ \ldots\ldots\quad \Delta u_n=u_{n+1}-u_n,\ \ldots\ldots$$

on obtient ainsi une deuxième suite :

$$\Delta u_0,\ \Delta u_1,\ \Delta u_2,\ \ldots\ldots\ \Delta u_n\ \ldots\ldots \qquad (2)$$

Les différences premières de la suite (2) sont appelées les *différences secondes* des termes de la suite (1), et l'on pose :

$$\Delta^2u_0=\Delta u_1-\Delta u_0,\quad \Delta^2u_1=\Delta u_2-\Delta u_1,\ \ldots.\ \Delta^2u_n=\Delta u_{n+1}-\Delta u_n,\ \ldots\ldots$$

et ainsi de suite; en général

$$\Delta^{p+1}u_q=\Delta^p u_{q+1}-\Delta^p u_q.$$

Si la suite (1) comprend $n+1$ termes, on pourra former $n$ différences premières, $n-1$ différences secondes, ..... et enfin *une* différence $n^{ième}$.

**Exemples.** 1° Considérons la suite des nombres entiers

$$0 \quad 1 \quad 2 \quad 3 \quad \ldots\ldots \quad n \quad n+1 \quad \ldots\ldots$$

Les différences premières sont :

$$1 \quad 1 \quad 1 \quad 1 \qquad\qquad 1 \quad 1$$

et les différences secondes sont nulles.

Plus généralement, si

$$u_n = u_0 + nr,$$

on a

$$\Delta u_n = r, \qquad \Delta^2 u_n = 0.$$

2° Suite des carrés des nombres entiers :

$$0 \quad 1 \quad 4 \quad 9 \quad \ldots\ldots \quad n^2, \quad (n+1)^2, \quad \ldots\ldots$$

différences premières :

$$1 \quad 3 \quad 5 \quad 7 \quad \ldots\ldots \quad 2n+1 \quad \ldots\ldots$$

différences secondes :

$$2 \quad 2 \quad 2 \quad 2 \quad \ldots\ldots$$

les différences troisièmes sont nulles.

On peut former la table des carrés des entiers successifs en ajoutant à 0 l'unité, puis en ajoutant au résultat obtenu le second nombre impair 3, ce qui donne 4; on ajoute à 4 le 3ᵉ nombre impair 5 et ainsi de suite; et il suffit donc de connaître la suite des nombres impairs pour former la table des carrés.

Considérons maintenant les cubes des entiers successifs; on a

$$\Delta\ u_n = (n+1)^3 - n^3 = 3n^2 + 3n + 1,$$
$$\Delta^2 u_n = 3(n+1)^2 + 3(n+1) + 1 - [3n^2 + 3n + 1] = 6(n+1),$$
$$\Delta^3 u_n = 6.$$

D'après cela, écrivons les cubes des nombres 0, 1, 2, et formons les différences premières et secondes :

| $u_n$ | 0 | 1 | 8 | 27 | 64 | 125 | 216 | 343 | 512 | 729 | 1000, |
|---|---|---|---|---|---|---|---|---|---|---|---|
| $\Delta u_n$ | 1 | 7 | 19 | 37 | 61 | 91 | 127 | 169 | 217 | 271, | |
| $\Delta^2 u_n$ | 6 | 12 | 18 | 24 | 30 | 36 | 42 | 48 | 54, | | |
| $\Delta^3 u_n$ | 6 | 6 | 6 | 6 | 6 | 6 | 6 | 6. | | | |

Sachant que les différences troisièmes sont toutes égales à 6, on pourra former la suite des différences secondes en ajoutant toujours le même nombre 6 à la dernière différence calculée, ce qui donne :

6, 12, 18, 24, 30, 36, 42, 48, 54;

connaissant les différences secondes, on formera les différences premières en ajoutant à la dernière différence première calculée la différence seconde de même rang, ce qui donne :

1, 7, 19, 37, 61, 91, 127, 169, 217, 271, .....

connaissant les différences premières, on aura les cubes cherchés en ajoutant au dernier cube calculé la différence première de même rang.

**2. Différences des polynomes entiers. Théorème.** — *Si dans un polynome entier en $x$ de degré $n$ on substitue à $x$ des nombres en progression arithmétique, les différences $n^{\text{ièmes}}$ sont constantes.* En effet, soit $h$ la raison de la progression et soient $x$, $x+h$ deux termes consécutifs de la progression; posons $u=f(x)$, on a :

$$f(x+h)-f(x)=hf'(x)+\frac{h^2}{1.2}f''(x)+\ldots\ldots+\frac{h^n}{n!}f^n(x),$$

le second membre est un polynome entier de degré $n-1$, dans lequel le terme de degré $n-1$ est égal à $n\,A_0\,h\,x^{n-1}$, $A_0$ étant le coefficient de $x^n$ dans $f(x)$ : ce coefficient s'obtient donc en multipliant par $h$ la dérivée du premier terme de $f(x)$.

En désignant $f(x+h)-f(x)$ par $\Delta u$, on a d'après cela :

$$\Delta u = nA_0h.x^{n-1}+Bx^{n-2}+Cx^{n-3}+\ldots\ldots+L.$$

Donc, en appliquant au polynome de degré $n-1$ obtenu la même règle,

$$\Delta^2 u = n(n-1)A_0h^2.x^{n-2}+\ldots\ldots$$

et ainsi de suite, d'où l'on conclut :

$$\Delta^n u = n(n-1)\ldots\ldots 2.1.A_0h^n,$$

ce qui démontre la proposition.

**3. Application.** — *Substituer des nombres entiers consécutifs dans un polynome entier en $x$ de degré $n$.*

Il résulte de ce qui précède que, pour calculer les résultats de la substitution de nombres entiers dans un polynome $f(x)$ de degré $n$, il suffit de calculer directement les résultats relatifs à $n$ entiers consécutifs; en effet, on pourra former les différences premières, secondes, ..... jusqu'à la différence $n^e$. Or cette différence $n^e$ étant connue, comme elle est constante, on pourra former par de simples additions la suite des différences $(n-1)^{\text{ièmes}}$; puis en remontant successivement comme nous l'avons fait dans les exemples précédents, on arrivera aux différences premières, et celles-ci une fois connues, on en déduira la suite cherchée.

**Exemple.** — Soit

$$f(x) = x^3 - 7x - 7.$$

Calculons $\quad f(-1),\quad f(0),\quad f(1),\quad f(2)$

| | $-1$ | $0$ | $+1$ | $+2$ | $+3$ |
|---|---|---|---|---|---|
| $f(x)$ | $-1$ | $-7$ | $-13$ | $-13$ | $-1$ |
| $\Delta f(x)$ | $-6$ | $-6$ | $0$ | $12$ | |
| $\Delta^2 f(x)$ | $0$ | $6$ | $12$ | | |
| $\Delta^3 f(x)$ | $6$ | $6$ | | | |

On a $\Delta^3 f(x) = 3! = 6$. Pour calculer $f(2)$ nous ajoutons 6 à la première différence seconde, ce qui donne 6 pour la deuxième différence seconde, la troisième différence première est donc égale à $6 - 6$ ou 0 et par suite $f(2) = -13 + 0 = -13$.

Pour calculer $f(3)$, nous ajoutons à la deuxième différence seconde, ce qui donne 12 pour la troisième différence seconde et par suite $0 + 12$ pour la quatrième différence première, donc $f(3) = -1$, et ainsi de suite.

On calculera d'une manière analogue $f(-2)$ en retranchant les différences successives au lieu de les ajouter. On aura ainsi ce tableau :

| | | |
|---|---|---|
| $-13$ | $-1$ | $-1$ |
| $+12$ | $0$ | $-6$ |
| $-12$ | $-6$ | $0$ |
| | | $6$ |

de sorte que $\quad f(-2) = -1, \qquad f(-3) = -13$, etc.

**4. Calculer $\Delta^p u_0$ connaissant** $u_0, u_1, u_2, \ldots\ldots u_p$. On a

$\Delta u_0 = u_1 - u_0.$

$\Delta_2 u_0 = \Delta u_1 - \Delta u_0 = (u_2 - u_1) - (u_1 - u_0) = u_2 - 2u_1 + u_0,$

$\Delta^3 u_0 = \Delta^2 u_1 - \Delta^2 u_0 = (u_3 - 2u_2 + u_1) - (u_2 - 2u_1 + u_0) = u_3 - 3u_2 + 3u_1 - u_0.$

On voit apparaître les coefficients du binome; je dis que

$$\Delta^n u_0 = u_n - C_n^1 u_{n-1} + C_n^2 u_{n-2} - \ldots\ldots + (-1)^n u_0.$$

En effet, supposons la loi vérifiée pour $n=p$, de sorte que

$$\Delta^p u_0 = u_p - C_p^1 u_{p-1} + C_p^2 u_{p-2} - \ldots + (-1)^p u_0.$$

On aura, en appliquant la même formule à la suite $u_1, u_2, \ldots u_{p+1}$ :

$$\Delta^p u_1 = u_{p+1} - C_p^1 u_p + C_p^2 u_{p-1} - \ldots + (-1)^p u_1.$$

d'où

$$\Delta^{p+1} u_0 = \Delta^p u_1 - \Delta^p u_0 = u_{p+1} - (C_p^1 + 1) u_p + (C_p^2 + C_p^1) u_{p-1} - \ldots$$
$$+ (-1)^p (C_p^p + C_p^{p-1}) u_1 - (-1)^p u_0,$$

c'est-à-dire

$$\Delta^{p+1} u_0 = u_{p+1} - C_{p+1}^1 u_p + C_{p+1}^2 u_{p-1} - \ldots + (-1)^{p+1} u_0.$$

Or, la formule est vérifiée pour $n=1$, $2$, donc elle est vraie pour $n=3$, ..... etc., elle est donc générale.

On aurait de la même façon

$$\Delta^n u_p = u_{p+n} - C_n^1 u_{p+n-1} + C_n^2 u_{p+n-2} - \ldots + (-1)^n u_p.$$

On peut écrire cette formule symboliquement de la manière suivante :

$$\Delta^n u_p = u_p (u-1)_n,$$

en convenant de calculer $(u-1)_n$ en remplaçant dans le développement de $(u-1)^n$ par la formule du binome chaque terme tel que $C_n^q u^q$ par $C_n^q u_q$ et enfin en remplaçant le produit de $u_p \cdot u_q$ par $u_{p+q}$.

**5. Calcul de $u_n$ en fonction** de $u_0$, $\Delta u_0$, $\Delta^2 u_0$, ..... $\Delta^n u_0$.

On a

$$u_1 = u_0 + \Delta u_0, \quad \text{et} \quad \Delta u_1 = \Delta u_0 + \Delta^2 u_0,$$

donc

$$u_2 = u_1 + \Delta u_1 = u_0 + \Delta u_0 + (\Delta u_0 + \Delta^2 u_0),$$

ou

$$u_2 = u_0 + 2 \Delta u_0 + \Delta^2 u_0;$$

on voit déjà apparaître les coefficients binomiaux.

Je dis que

$$u_n = u_0 + C_n^1 \Delta u_0 + C_n^2 \Delta^2 u_0 + \ldots + \Delta^n u_0.$$

En effet, cette formule étant vérifiée pour $n=1$ et $n=2$, il suffit de montrer que si elle est vraie pour $n=p$, elle sera vraie pour $n=p+1$.

Or, supposons

$$u_p = u_0 + C_p^1 \Delta u_0 + C_p^2 \Delta^2 u_0 + \ldots\ldots + \Delta^p u_0,$$

en appliquant cette formule à la suite

$$\Delta u_0,\ \Delta u_1,\ \Delta u_2,\ \ldots\ldots\ \Delta u_p :$$

on aura

$$\Delta u_p = \Delta u_0 + C_p^1 \Delta^2 u_0 + C_p^2 \Delta_3 u_0 + \ldots\ldots + \Delta^{p+1} u_0.$$

Mais

$$u_{p+1} = u_p + \Delta u_p,$$

donc

$$u_{p+1} = u_0 + (C_p^1 + 1)\,\Delta u_0 + (C_p^2 + C_p^1)\,\Delta^2 u_0 + \ldots\ldots + (C_p^p + C_p^{p-1})\,\Delta^p u_0 + \Delta^{p+1} u_0,$$

c'est-à-dire

$$u_{p+1} = u_0 + C_{p+1}^1 \Delta u_0 + C_{p+1}^2 \Delta^2 u_0 + \ldots\ldots + \Delta^{p+1} u_0.$$

La loi est donc générale.

Plus généralement,

$$u_{n+p} = u_p + C_n^1 \Delta u_p + C_n^2 \Delta^2 u_p + \ldots\ldots + \Delta^n u_p.$$

Ce que l'on peut écrire symboliquement :

$$u_{n+p} = u_p\,(1+\Delta)^n,$$

en convenant de faire le développement de $(1+\Delta)^n$ et de remplacer $u_p \times \Delta^h$ par $\Delta^h u_p$.

**6. Interpolation. Formule de Newton.** — Interpoler, c'est insérer entre les termes d'une suite donnée de nouveaux termes vérifiant la même loi que les premiers.

Étant données $n+1$ valeurs d'une fonction inconnue de $x$, correspondant à des valeurs $x_0$, $x_1$, $x_2$, ..... $x_n$ de $x$, on ne peut pas, si la fonction est inconnue, en déduire la valeur de $f(x)$ pour une autre valeur de $x$, et cela quelque grand que soit $n$. Le problème de l'interpolation est alors entièrement indéterminé. Si l'on assujettit $f(x)$ à être une fonction entière de degré $n$, le problème est alors déterminé. Nous en avons déjà donné une solution, celle de Lagrange. Newton en a donné une autre, fondée sur le calcul des différences, dans le cas où les nombres $x_0$, $x_1$, ..... $x_n$ sont en progression arithmétique.

Le problème est donc celui-ci : déterminer le polynome $f(x)$ de degré $n$ qui prend les valeurs

$$u_0, u_1, u_2, \ldots\ldots u_n,$$

quand on donne à $x$ les valeurs

$$x_0, x_0+h, x_0+2h, \ldots\ldots x_0+nh.$$

Considérons la fonction entière

$$\varphi(z) = u_0 + \frac{z}{1}\Delta u_0 + \frac{z(z-1)}{1.2}\Delta^2 u_0 + \ldots\ldots$$
$$+ \frac{z(z-1)\ldots(z-p+1)}{1.2\ldots\ldots p}\Delta^p u_0 + \ldots + \frac{z(z-1)\ldots(z-n+1)}{1.2\ldots\ldots n}\Delta^n u_0.$$

Si l'on fait $z=p$, tous les termes qui suivent le $(p+1)^{\text{ième}}$ sont nuls et l'on obtient

$$\varphi(p) = u_p.$$

Il en résulte que $\varphi(z)$ est un polynome entier en $z$ qui prend pour les $n+1$ valeurs suivantes de $z$ :

$$0, \quad 1, \quad 2, \quad \ldots\ldots \quad n,$$

les valeurs données

$$u_0 \quad u_1, \quad u_2, \quad \ldots\ldots \quad u_n.$$

Il suffit de faire un changement de variable pour obtenir la solution de la question; le polynome devant être du degré $n$, il faut prendre une formule de transformation du premier degré

$$z = Ax + B.$$

De plus, $z$ devant être égal à $p$ quand $x = x_0 + ph$, posons

$$p = A(x_0 + ph) + B;$$

cette relation doit avoir lieu pour $n+1$ valeurs de $p$, donc il faut prendre

$$1 - Ah = 0, \qquad Ax_0 + B = 0;$$

ce qui donne

$$z = \frac{x - x_0}{h},$$

et par suite le polynome cherché est donné par la formule

$$f(x) = u_0 + \frac{x - x_0}{h}\Delta u_0 + \frac{\frac{x - x_0}{h}\left(\frac{x - x_0}{h} - 1\right)}{1 . 2}\Delta^2 u_0 + \ldots\ldots$$
$$+ \frac{\frac{x - x_0}{h}\left(\frac{x - x_0}{h} - 1\right)\ldots\ldots\left(\frac{x - x_0}{h} - p + 1\right)}{1 . 2 \ldots\ldots p}\Delta^p u_0 + \ldots\ldots$$
$$+ \frac{\frac{x - x_0}{h}\left(\frac{x - x_0}{h} - 1\right)\left(\frac{x - x_0}{h} - 2\right)\ldots\ldots\left(\frac{x - x_0}{h} - n + 1\right)}{1 . 2 \ldots\ldots n}\Delta^n u_0.$$

En remplaçant $x_0$ par $a$, on peut écrire ainsi cette formule :

$$f(x) = f(a) + \frac{x - a}{h}\Delta f(a) + \frac{x - a}{h}\left(\frac{x - a}{h} - 1\right)\frac{\Delta^2 f(a)}{1 . 2} + \ldots\ldots$$
$$+ \frac{x - a}{h}\left(\frac{x - a}{h} - 1\right)\left(\frac{x - a}{h} - 2\right)\ldots\ldots\left(\frac{x - a}{h} - n + 1\right)\frac{\Delta^n f(a)}{1 . 2 \ldots\ldots n}.$$

**Remarque.** — En comparant la formule

$$f(x) = u_0 + (x - x_0)\frac{\Delta u_0}{h} + \ldots\ldots$$
$$+ \frac{(x - x_0)(x - x_0 - h)\ldots\ldots[x - x_0 - (n - 1)h]}{1 . 2 \ldots\ldots n} \cdot \frac{\Delta^n u_0}{h^n}$$

avec la formule de Taylor, on voit que si $h$ tend vers zéro on a :

$$f^p(x) = \lim \frac{\Delta^p f(x)}{h^p}.$$

7. Si les quantités $u_0, \Delta u_0, \ldots \Delta^n u_0$ sont toutes positives, et si l'on donne à $x$ une valeur supérieure à $x_0 + \overline{n - 1}\, h$, $f(x)$ aura une valeur positive et ira en croissant; donc, dans ce cas, $x_0 + \overline{n - 1}\, h$ est une limite supérieure des racines positives de l'équation $f(x) = 0$.

Si $u_0, \Delta u_0, \ldots \Delta^n u_0$ ont alternativement les signes $+$ et $-$, $x_0$ est une limite inférieure des racines positives de l'équation $f(x) = 0$, car en supposant $x < x_0$, tous les termes de $f(x)$ auront le signe $+$.

## EXERCICES

1. Vérifier directement que la formule de Lagrange donne le même polynome que celle de Newton quand les valeurs de $x$ sont en progression arithmétique.
2. Trouver une limite de l'erreur commise quand on emploie la formule d'interpolation de Newton ou celle de Lagrange.

— Soit $F(x)$ la fonction inconnue. La différence $F(x) - f(x)$ est nulle pour $n+1$ valeurs de $x$ : $x_0, x_1, \dots x^n$, donc (voir Exercice 11, ch. XV) :

$$F(x) - f(x) = \frac{F^{n-1}(\xi)}{(n+1)!}(x - x_0)(x - x_1)\dots(x - x_n),$$

$\xi$ désignant un nombre compris entre le plus grand et le plus petit des nombres $x, x_0, x_1, \dots x_n$

3. Étant donnée une équation algébrique à coefficients réels, soient

$$A_1 x^p + A_2 x^{p-1} + \dots\dots + A_{n+3} x^{p-n+2}$$

$n+3$ termes consécutifs; si

$$\Delta^n A_1 \, \Delta^n A_3 = (\Delta^n A_2)^2,$$

l'équation a nécessairement des racines imaginaires; et autant de fois cela arrivera, autant il y aura au moins de couples de racines imaginaires conjugués.

(LACROIX.)

4. L'équation

$$F(a).x^n + F(a+1)x^{n-1} + \dots + F(a+r)x^{n-r} + \dots$$
$$+ F(a+n-1)x + F(a+n) = 0,$$

$F(a)$ étant une fonction entière de degré $n-2$ au plus, a toujours des racines imaginaires.

(MATHIEU.)

— On multiplie le premier nombre par $(x-1)^{n-s+1}$, $n-s$ étant le degré de $F(a)$.

5. Démontrer la formule

$$f(x) = f(a) + \frac{x-a}{h}\Delta f(a-h) + \frac{x-a}{h}\left(\frac{x-a}{h}+1\right)\frac{\Delta^2 f(a-2h)}{1.2} + \dots\dots$$
$$+ \frac{x-a}{h}\left(\frac{x-a}{h}+1\right)\dots\dots\left(\frac{x-a}{h}+n-1\right)\frac{\Delta^n f(a-nh)}{1.2\dots\dots n},$$

les différences étant relatives à des valeurs $a-h$, $a-2h$, ..... $a-nh$ décroissant en progression arithmétique.

(DESBOVES.)

---

# NOTE I

## EXEMPLE DE FONCTION CONTINUE N'ADMETTANT PAS DE DÉRIVÉE.

Soient $b$ un nombre compris entre 0 et 1, $a$ un entier impair plus grand que 1, et $x$ un nombre réel.

La série

$$\cos \pi x + b.\cos \pi a x + b^2.\cos \pi a^2 x + \dots\dots + b^n.\cos \pi a^n x + \dots\dots \quad (1)$$

est convergente, car la série

$$1 + b + b^2 + \dots\dots + b^n + \dots\dots \quad (2)$$

est convergente, et l'on obtient la série (1) en multipliant chacun des termes de la série (2) par un cosinus, c'est-à-dire par un nombre dont la valeur absolue est moindre que 1. On voit de plus que la série (1) est *absolument convergente*; en désignant par $F(x)$ sa valeur, nous écrirons

$$F(x) = \sum_{n=0}^{n=+\infty} b^n . \cos \pi a^n x.$$

*La fonction $F(x)$ est continue.*

Posons, en effet :

$$F_p(x) = \sum_{n=0}^{n=p} b^n . \cos \pi a^n x.$$

$$R_p(x) = \sum_{n=p+1}^{n=+\infty} b^n . \cos \pi a^n x;$$

d'où

$$F(x) = F_p(x) + R_p(x),$$

$p$ désignant un nombre positif,

On a évidemment, quel que soit $x$,

$$\left| R_p(x) \right| \leqslant \frac{b^p}{1-b}$$

$$\left| R_p(x+h) \right| \leqslant \frac{b^p}{1-b};$$

donc

$$\left| F(x+h) - F(x) \right| \leqslant \left| F_p(x+h) - F_p(x) \right| + \frac{2b}{1-b}$$

On peut supposer $p$ assez grand pour que l'inégalité

$$\frac{2b^p}{1-b} < \frac{\alpha}{2}$$

soit vérifiée, $\alpha$ étant un nombre positif donné.

D'autre part, $F_p(x)$ étant évidemment une fonction continue de $x$, on peut déterminer un nombre positif $\beta$, tel que l'inégalité

$$|h| < \beta$$

entraine celle-ci :

$$\left| F_p(x+h) - F_p(x) \right| < \frac{\alpha}{2},$$

et par suite l'inégalité

$$| F(x+h) - F(x) | < \alpha$$

sera vérifiée par toutes les valeurs de $h$ moindres que $\beta$ en valeur absolue; ce qui établit la continuité de la fonction $F(x)$.

Si l'on suppose $ab < 1$, la série

$$- \sum_0^\infty a^n b^n \pi \sin a^n \pi x$$

est uniformément convergente; on en conclut que $F(x)$ a une dérivée qui est précisément la série précédente.

Nous allons prouver que si $ab$ dépasse une certaine limite, $F(x)$ n'a pas de dérivée. On a

$$\frac{F(x+h)-F(x)}{h}=\sum_{n=0}^{n=+\infty} b^n\frac{[\cos\pi a^n(x+h)-\cos\pi a^n x]}{h}, \tag{3}$$

car les séries $\frac{F(x+h)}{h}$ et $\frac{F(x)}{h}$ étant absolument convergentes, il en est de même de leur différence, et l'on peut dès lors écrire dans un ordre arbitraire les termes de cette différence.

Désignons par $S_p$ la somme des $p$ premiers termes de la série (3), et par $\rho_p$ le reste correspondant, $p$ étant un nombre positif : l'identité

$$\frac{\cos\pi a^n(x+h)-\cos\pi a^n x}{h}=-\pi a^n.\frac{\sin\frac{1}{2}\pi a^n h}{\frac{1}{2}\pi a^n h}.\sin\frac{1}{2}\pi a^n(2x+h)$$

montre que la valeur absolue de

$$\frac{\cos\pi a^n(x+h)-\cos\pi a^n x}{h}$$

est moindre que $\pi a^n$.

Donc

$$|S_p|<\pi\sum_{n=0}^{n=p-1}(ab)^n,$$

c'est-à-dire

$$|S_p|<\frac{\pi}{ab-1}(ab)^p.$$

Occupons-nous maintenant de $\rho_p$. On peut poser :

$$a^p x=\alpha_p+\xi_p,$$

$\alpha_p$ désignant un nombre entier et $\xi_p$ étant une fraction comprise entre $\frac{1}{2}$ et $-\frac{1}{2}$, de sorte que $\alpha_p$ est la valeur approchée de $a^p x$ à une demi-unité près.

Posons en outre :

$$\varepsilon_p=\pm 1,\quad h=\frac{\varepsilon_p-\xi_p}{a^p}.$$

Le nombre $a^p(x+h)=\alpha_p+\varepsilon_p$ est entier; d'autre part, $h$ a le signe de $\varepsilon_p$ et l'on a :

$$|h|<\frac{3}{2a^p}.$$

Si $p$ croît indéfiniment, $h$ tendra vers zéro.

Cela étant, supposons $n\geqslant p$. On a :

$$\cos\pi a^n(x+h)=\cos\pi a^{n-p}(\alpha_p+\varepsilon_p)=(-1)^{\alpha_p+1},$$

car $\alpha_p+\varepsilon_p$ et $\alpha_p+1$ sont de même parité et $a^{n-p}$ est impair;

$$\cos\pi a^n x=\cos\pi a^{n-p}(\alpha_p+\xi_p)=(-1)^{\alpha_p}\cos\pi a^{n-p}\xi_p.$$

donc

$$\rho_p = \frac{(-1)^{\alpha_p+1}}{h} \cdot \sum_{n=p}^{n=+\infty} b^n (1 + \cos \pi a^{n-p} \xi_p).$$

La série renfermée sous le signe $\sum$ a tous ses termes positifs; le premier, égal à

$$b^p (1 + \cos \pi \xi_p),$$

est *au moins égal* à $b^p$, car $\pi \xi_p$ est compris entre $-\frac{\pi}{2}$ et $+\frac{\pi}{2}$.

Donc, on peut écrire

$$| \rho_p | \geqslant \frac{b^p}{| h |} \geqslant \frac{2}{3} a^p b^p,$$

et de plus $\rho_p$ aura le signe de $(-1)^{\alpha_p+1} \varepsilon_p$.

D'après cela, si l'on a

$$\frac{2}{3} \geqslant \frac{\pi}{ab - 1},$$

et par suite, si

$$ab \geqslant 1 + \frac{3\pi}{2},$$

on aura

$$| \rho_p | > | S_p |$$

et

$$\left| \frac{F(x+h) - F(x)}{h} \right| \geqslant \left| \rho_p \right| - \left| S_p \right| \geqslant \left| \frac{2}{3} - \frac{\pi}{ab - 1} \right| a^p b^p.$$

Cette dernière expression croît indéfiniment avec $p$.

D'ailleurs,

$$\frac{F(x+h) - F(x)}{h},$$

a, ainsi que $\rho_p$, le signe de $(-1)^{\alpha_p+1} \varepsilon_p$, et comme on peut pour chaque valeur de $p$ se donner *arbitrairement* le signe de $\varepsilon_p$, on voit qu'on pourra à volonté faire tendre $\frac{F(x+h) - F(x)}{h}$ vers $+\infty$ ou vers $-\infty$. Donc $F(x)$ n'a pas de dérivée quand on suppose $ab \geqslant 1 + \frac{3\pi}{2}$.

Cette fonction a été imaginée par M. Weierstrass.

M. Darboux a donné d'autres exemples dans son mémoire sur les fonctions discontinues. Ainsi la fonction

$$f(x) = \sum_{1}^{\infty} \frac{\sin [1.2.3 \ldots\ldots (n+1) x]}{1.2.3 \ldots\ldots n},$$

qui est continue, n'a de dérivée pour aucune valeur de $x$.

On connaît encore d'autres exemples de fonctions continues dépourvues de dérivées.

En représentant par $(x)$ la différence entre $x$ et l'entier le plus voisin, si l'on pose

$$f(x) = 1 + \frac{(x)}{1^2} + \ldots + \frac{(nx)}{n^2} + \ldots$$

la fonction continue F $(x)$ définie par l'équation

$$F(x) = \int_a^x f(x)\,dx$$

n'admet pas de dérivée pour $x = \frac{h}{2k}$, $h$ et $k$ étant des entiers premiers entre eux, et $h$ étant impair. Elle en admet pour les autres valeurs de $x$. Cet exemple a été donné par Riemann.

Dans ces derniers temps MM. Peano et Hilbert ont donné des exemples fort curieux. Si l'on convient d'appeler *courbe* le lieu des points $(x,y)$ définis par les équations $x = f(t)$, $y = \varphi(t)$; ces savants ont pu prouver l'existence de fonctions $f(t)$, $\varphi(t)$ continues et telles qu'on puisse trouver une valeur de $t$ comprise entre 0 et 1, pour laquelle le point $(x,y)$ coïncide avec un point pris arbitrairement à l'intérieur du carré dont les côtés ont pour équation : $x = 0$, $y = 0$, $x = 1$, $y = 1$. En d'autres termes, les points du segment OA de longueur 1 pris sur l'axe des $x$, p. ex., et les points de l'intérieur du carré se correspondent un à un, ou encore, pour employer le langage de la théorie des ensembles : *l'ensemble des points intérieurs au carré a même puissance que l'ensemble des points compris, sur* O$x$, *entre* 0 *et* 1 (G. Cantor); la *courbe* ainsi définie remplit entièrement l'aire de ce carré. On en déduit aisément que les fonctions continues $f(t)$, $\varphi(t)$ ne sauraient admettre de dérivée (voir p. ex. E. Picard, *Traité d'analyse*, t. I, p. 22, 2e édit., ou E. Borel, *Leçons sur la théorie des fonctions*, p. 17).

# NOTE II

## NOUVELLE DÉMONSTRATION DU THÉORÈME DE DALEMBERT

*Toute équation algébrique* E $(x) = 0$, E $(x)$ *désignant un polynome entier à coefficients réels ou imaginaires, admet au moins une racine réelle ou imaginaire de la forme* $a + bi$.

Supposons le polynome E $(x)$ de degré $p$. L'équation proposée peut se mettre sous la forme $P + Qi = 0$, P et Q étant des polynomes entiers à coefficients réels; l'équation conjuguée est $P - Qi = 0$. L'équation de degré $2p$ : $P^2 + Q^2 = 0$ a ses coefficients réels. Si cette équation admet une racine $a + bi$, on est sûr que l'équation $P + Qi = 0$ admet aussi une racine, car, en remplaçant $x$ par $a + bi$ dans le produit $(P + Qi)(P - Qi)$, on obtient zéro pour résultat; donc l'un des facteurs du produit s'annule; si c'était $P - Qi$, $a - bi$ serait racine de l'équation $P + Qi = 0$.

Posons $P^2 + Q^2 = f(x)$, et remplaçons $x$ par $y + z$, de sorte que

$$f(x) = \varphi(z^2, y) + z\psi(z^2, y),$$

$\varphi(z^2, y)$ et $\psi(z^2, y)$ étant des polynomes entiers en $z^2$ dont les coefficients sont entiers par rapport à $y$.

Supposons d'abord que $p$ soit impair. Le résultant des polynomes $\varphi(z^2,y)$ et $\psi(z^2,y)$ par rapport à $z^2$ est de degré $p(2p - 1)$ en $y$ (XIII, 6); il est donc de degré impair et a tous ses coefficients réels; il a au moins une racine réelle : $y = b$. Remplaçons $y$ par $b$ dans $\varphi(z^2, y)$ et $\psi(z^2, y)$, autrement dit remplaçons dans $f(x)$, $x$ par $b+z$. Il peut arriver alors que $\psi(z^2, b)$ soit identiquement nul (XIII, 2) quand on a fait cette substitution; mais cela ne peut pas arriver pour $\varphi(z^2, b)$, car on peut supposer que le coefficient du terme de plus haut degré de $\varphi(z^2)$ soit égal à 1. Si $\psi(z^2, b) = 0$, on a $f(x) = \varphi(z^2, b)$. Or $\varphi(z^2, b)$ est de degré impair $p$ par rapport à $z^2$, et par suite admet au moins un diviseur $z^2 - a$ ou $(x-b)^2 - a$. Donc l'équation $f(x) = 0$ a pour racines, dans ce cas, $x = b \pm \sqrt{a}$.

Supposons maintenant que $\psi(z^2, b)$ ne soit pas identiquement nul, alors les polynomes $\psi(z^2, b)$, $\varphi(z^2, b)$, dont le résultant est nul, ont un diviseur commun $\theta(z^2)$, et par suite $f(x)$ est le produit de deux polynomes entiers : $f_1(x)$ et $f_2(x)$ qui sont tous deux de degrés pairs : $2p'$ et $2p''$, de sorte que $p = p' + p''$. Or $p$ est impair, donc l'un des deux nombres $p'$, $p''$ est impair et l'autre pair. Supposons que ce soit $p'$. On opérera sur $f_1(x)$ comme sur $f(x)$; le degré $2p'$ de $f_1(x)$ est inférieur à celui de $f(x)$. Ou bien $f_1(x)$ admet un diviseur du second degré $(x-b')^2 - a'$, ou bien on décomposera $f_1(x)$ en un produit de deux polynomes, et ainsi de suite; et comme le nombre des opérations est limité puisque les degrés vont en diminuant, on arrivera nécessairement à un diviseur réel du premier ou du second degré.

Considérons maintenant une équation à coefficients réels ou imaginaires du degré $m = 2^k.p$, $p$ étant impair. Pour abréger, on dira que $m$ est de parité $k$ et nous allons montrer que si le théorème est établi pour toutes les équations dont le degré est de parité inférieure à $k$, il est encore vrai pour un degré de parité $k$; il sera par suite établi dans toute sa généralité, puisqu'il est vrai pour la parité zéro.

Soit $f(x)$ le premier membre de l'équation. En posant comme ci-dessus $x = y + z$ et $f(x) = \varphi(z^2, y) + z\psi(z^2, y)$, le résultant par rapport à $z^2$, des deux polynomes $\varphi(z^2, y)$, $\psi(z^2, y)$ est de degré $\dfrac{m(m-1)}{2} = 2^{k-1}.p(2^k.p-1)$ par rapport à $y$. Il est donc de parité $k-1$ et par suite s'annule pour une valeur réelle ou imaginaire de $y$.

Or $\varphi(z^2, y)$ est par rapport à $z^2$ de parité $k-1$; donc si $b$ est la racine du résultant, et si $\psi(z^2, b) = 0$, $\varphi(z^2, b)$ admet un diviseur $z^2 - a$ et par suite $f(x)$ admet un diviseur du second degré $(x-b)^2 - a$; si $\psi(z^2, b)$ n'est pas identiquement nul, on voit comme plus haut que $f(x)$ est le produit de deux polynomes entiers

$$f(x) = f_1(x).f_2(x).$$

En appelant $2^{k'}.p'$ et $2^{k''}.p''$ les degrés de ces deux facteurs on a :

$$2^k.p = 2^{k'}.p' + 2^{k''}.p''.$$

On ne peut évidemment avoir en même temps $k' > k$ et $k'' > k$, mais on peut avoir par exemple $k' = k$, $k'' > k'$; si $k'' = k + h$, alors

$$2^{k'}.p' + 2^{k''}.p'' = 2^k.(p' + 2^h p''),$$

dans ce cas $p' + 2^h p'' = p$, par suite $p' < p$. Enfin l'un des membres $k'$ par exemple peut être inférieur à $k$. Donc le degré de l'un des deux facteurs, $f_1(x)$ par exemple, sera de même parité que $m$ mais plus petit que $m$ ou de parité inférieure à $k$. Dans cette dernière hypothèse $f(x)$ a une racine; dans l'autre hypothèse on traitera $f_1(x)$ de même manière que $f(x)$. On obtient ainsi une suite évidemment limitée de polynomes dont les degrés vont en diminuant; on arrivera donc nécessairement à un diviseur du premier degré de $f(x)$.

Cette belle démonstration est due à M. Walecki, professeur de mathématiques spéciales au lycée Condorcet.

(Voir Comptes rendus de l'Académie des sciences, 19 mars 1883.)

# NOTE III

## SUR LES SÉRIES DIVERGENTES

Par Emile Borel.

Soit

$$u_0 + u_1 + u_2 + \dots + u_n + \dots \qquad (1)$$

une série à *termes réels*; nous poserons

$$s_n = u_0 + u_1 + \dots + u_n. \qquad (2)$$

Le cas où $s_n$ tend vers une limite $s$ lorsque $n$ augmente indéfiniment a été étudié; on dit alors que la série (1) est convergente et a pour somme $s$. Nous nous proposons de dire quelques mots du cas où la série (1) est divergente, c'est-à-dire où $s_n$ ne tend vers aucune limite; nous verrons qu'il est parfois possible de définir une somme $s$ de la série; lorque cela sera possible, nous dirons que la série (1) est *sommable*; nous dirons aussi que $s$ est la *limite généralisée* de $s_n$ et nous écrirons brièvement

$$\text{Lg. } s_n = s.$$

Il est clair que cette définition de la somme ne peut pas être arbitraire; elle doit satisfaire à certaines conditions nécessaires que nous indiquerons plus loin et qui la déterminent.

Nous ne pouvons donner ici de longs détails historiques sur les séries divergentes [1]; bornons-nous à dire que l'on s'est, jusqu'au début du XIXe siècle, servi des séries divergentes comme si elles étaient convergentes, *sans aucune précaution*; d'où des erreurs qui, par une réaction naturelle, ont fait proscrire complètement les séries divergentes; enfin, on s'est aperçu qu'il était possible de s'en servir, *mais avec certaines précautions*. Il serait trop long d'indiquer comment on a été conduit aux définitions que nous allons exposer; nous ne donnons que les résultats et non la marche des idées.

Étant donnée une série telle que (1), nous appellerons *fonction associée* la série

$$u(a) = u_0 + u_1 \frac{a}{1} + u_2 \frac{a^2}{1.2} + u_3 \frac{a^3}{1.2.3} + \dots \qquad (3)$$

obtenue en multipliant chaque terme de la série (1) par le terme correspondant de la série $e^a$. Nous supposons, pour le moment, la série $u(a)$ convergente pour toute valeur positive de $a$ et nous considérons l'intégrale

$$s = \int_0^\infty e^{-a}\, u(a)\, da.$$

Cette intégrale sera dite la somme de la série (1) et la limite généralisée de $s_n$, lorsque les conditions suivantes seront vérifiées : désignant par $u^{(\lambda)}(a)$ la dérivée d'ordre $\lambda$ de $u(a)$, on suppose que les intégrales

$$\int_0^\infty e^{-a}\, |\, u^{(\lambda)}(a)\, |\, da$$

1. Pour ces détails et une exposition plus complète de la théorie, voir Borel, *Leçons sur les séries divergentes*, Paris, Gauthier-Villars, 1901.

ont toutes un sens[1]; la série (1) est dite[2] alors *sommable*. Cette définition entraîne diverses conséquences, dont voici les plus simples, qui sont aussi les plus importantes. Considérons la série (1) obtenue en supprimant le premier terme de la série (1).

$$u_1 + u_2 + u_3 + \dots \tag{1'}$$

La fonction associée est :

$$u'(a) = u_1 + u_2 \frac{a}{1} + u_3 \frac{a^2}{1.2} + \dots \tag{3'}$$

On voit immédiatement que c'est la dérivée de $u(a)$; il en résulte d'abord que la série (1)′ est absolument sommable en même temps que (1); sa somme $s'$ est donnée par l'intégrale

$$s' = \int_0^\infty e^{-a} u'(a)\, da.$$

Or, l'intégration par parties[3] donne

$$\int_0^\infty e^{-a} u'(a)\, da = \left[e^{-a} u(a)\right]_0^\infty + \int_0^\infty e^{-a} u(a)\, da$$

c'est-à-dire

$$s' = -u_0 + s.$$

Par conséquent, *si l'on supprime un nombre limité de termes dans une série sommable, la série reste sommable et sa somme est modifiée comme le serait, par la même opération, la somme d'une série convergente.*

Nous omettons l'étude, un peu plus longue, du cas où l'on ajoute des termes au lieu d'en supprimer; la conséquence est que *toute modification portant sur un nombre limité de termes est légitime et a les mêmes effets sur une série sommable que sur une série convergente*[4].

Il n'en est pas de même si l'on modifie une infinité de termes; en particulier on voit aisément (exercice 4) que le changement de *l'ordre* d'une infinité de termes modifie la valeur de la série; il en est d'ailleurs ainsi pour les séries qui ne convergent pas absolument (t. I, XVIII, 27).

Considérons maintenant une autre série sommable.

$$v_0 + v_1 + v_2 + \dots \tag{4}$$

et soit $v$ sa somme, *on voit de suite que la série*

$$(u_0 x + v_0 y) + (u_1 x + v_1 y) + \dots$$

*est sommable et a pour somme* $ux + vy$.

On déduit de là la définition de la somme d'une série à termes imaginaires; il suffit de prendre $x = 1$ et $y = i$.

1. On sait comment on reconnaît qu'il en est ainsi. Voir VI, 9. En particulier on a sûrement $\lim\limits_{a=\infty} e^{-a} u^{(\lambda)}(a) = 0$, quel que soit $\lambda$.

2. On dit même que la série est *absolument sommable*; la distinction entre les séries sommables et absolument sommables est *analogue* à celle qui existe entre les séries convergentes et absolument convergentes; mais nous ne nous occupons ici que de séries *absolument sommables*, en omettant le mot *absolument*.

3. Voir VI, 20. La fonction désignée par $v$ est ici $u(a)$ et la fonction désignée par $u$ est ici $e^{-a}$.

4. Le point un peu long est la démonstration du fait que la série reste sommable; ce point acquis, on n'a qu'à appliquer la proposition précédente.

On peut démontrer aussi que la série [1]

$$u_0 v_0 + (u_0 v_1 + u_1 v_0) + (u_0 v_2 + u_1 v_1 + u_2 v_0) + \dots$$

est *sommable* et a pour somme $uv$, mais nous devons omettre la démonstration, qui exige l'emploi d'intégrales doubles.

En utilisant les deux propositions précédentes on peut énoncer le théorème fondamental suivant, qui les renferme.

**Théorème.** — *Soient*

$$\begin{aligned} &u_0 + u_1 + u_2 + \dots && (u) \\ &v_0 + v_1 + v_2 + \dots && (v) \\ &w_0 + w_1 + w_2 + \dots && (w). \end{aligned}$$

*des séries sommables ayant respectivement pour sommes $u$, $v$, $w$. Soit $P(u, v, w)$ un polynome en $u$, $v$, $w$ à coefficients numériques; si l'on y remplace $u$, $v$, $w$ par les séries $(u)$, $(v)$, $(w)$, que l'on effectue comme si les séries convergeaient et que l'on ordonne le résultat de manière à écrire dans une même parenthèse tous les termes pour lesquels la somme des indices des lettres, $u$, $v$, $w$ est la même, on obtient une série sommable dont la somme est précisément $P(u, v, w)$.*

Ce théorème justifie nos définitions; il est clair que les conditions qui y sont énoncées devaient être nécessairement vérifiées pour qu'il pût être utile de considérer la somme de séries divergentes.

La formule qui donne la somme d'une série peut être remplacée par une autre, plus commode surtout dans le cas où l'on a l'expression de $s_n$ plutôt que celle de $u_n$, c'est-à-dire où l'on cherche une limite généralisée.

Posons

$$s(a) = s_0 \frac{a}{1} + s_1 \frac{a_2}{1.2} + s_2 \frac{a^3}{1.2.3} + \dots$$

il vient

$$s'(a) = s_0 + s_1 \frac{a}{1} + s_2 \frac{a^2}{1.2} + \dots$$

et

$$\begin{aligned} s'(a) - s(a) &= s_0 + (s_1 - s_0) \frac{a}{1} + (s_2 - s_1) \frac{a^2}{1.2} \\ &= u_0 + u_1 \frac{a}{1} + u_2 \frac{a^2}{1.2} + \dots \\ &= u(a). \end{aligned}$$

On en conclut

$$e^{-a} u(a) = \frac{d}{da} \left[ e^{-a} s(a) \right]$$

et

$$\begin{aligned} s &= \int_0^\infty e^{-a} u(a) = \left[ e^{-a} s(a) \right]_0^\infty \\ &= \lim_{a = \infty} e^{-a} s(a) \end{aligned}$$

puisque $s(o) = 0$. Telle est la nouvelle définition de la somme, ou de la Lg. $s_n$ :

$$\text{Lg. } s_n = \lim_{a = \infty} \frac{s(a)}{e^a}$$

1. Les parenthèses forment chacune *un seul* terme de la série; si certains termes sont nuls, on doit en tenir compte en les remplaçant par zéro; d'une manière générale, il faut considérer le rang de chaque terme comme une propriété essentielle du terme, au même titre que sa valeur numérique; c'est là un point de vue qui s'impose dans toute étude approfondie sur les séries.

On peut écrire aussi, d'après la règle de l'Hospital, en supposant que la limite existe :

$$\text{Lg. } s_n = \lim_{a=\infty} \frac{s'(a)}{e^a} = \lim_{a=\infty} \frac{s_0 + s_1 \frac{a}{1} + s_2 \frac{a^2}{1.2} + \ldots}{1 + \frac{a}{1} + \frac{a^2}{1.2} + \ldots}$$

La limite généralisée apparait ainsi comme une *valeur moyenne* entre les quantités $s_0, s_1 \ldots s_n \ldots$, ces quantités étant affectées respectivement des *poids* :

$$1, \frac{a}{1}, \frac{a^2}{1.2}, \ldots \frac{a^n}{1.2\ldots n}, \ldots$$

Cette définition permet de prouver aisément que si $s_n$ a une limite $s$ au sens ordinaire du mot, on a bien

$$\text{Lg. } s_n = s,$$

ce qui est une condition qui devait être nécessairement vérifiée pour que la définition de la Lg. fût acceptable.

Comme application, proposons-nous de calculer la Lg. de cos $nx$, $x$ étant un arc non égal à un multiple de $2\pi$. Posons

$$s'(a) = 1 + \frac{a}{1} \cos x + \frac{a^2}{1\cdot 2} \cos 2x + \frac{a^3}{1.2.3} \cos 3x + \ldots$$

On a:

$$\text{Lg. } \cos nx = \lim_{a=\infty} e^{-a} s'(a);$$

or, on a évidemment :

$$2\, s'(a) = e^{a(\cos x + i \sin x)} + e^{a(\cos x - i \sin x)}$$

$$2\, e^{-a}\, s'(a) = e^{a(\cos x - 1 + i \sin x)} + e^{a(\cos x - 1 - i \sin x)}$$

$$|\, 2e^{-a} s'(a) \,| < 2 \,|\, e^{a(\cos x - 1)} \,|$$

Or, $\cos x - 1$ étant négatif et non nul par hypothèse, le second membre tend vers zéro lorsque $a$ augmente indéfiniment; il en résulte

$$\text{Lg. } \cos nx = 0 \qquad x \neq 2k\pi.$$

On a d'ailleurs évidemment :

$$\text{Lg. } \cos nx = 1 \qquad x = 2k\pi.$$

Considérons maintenant la relation

$$\cos (n + 1)\, x = \cos nx \cos x - \sin nx \sin x.$$

Lorsque $n$ augmente indéfiniment deux des trois termes ont une Lg.; il en est donc de même du troisième et l'on a

$$\text{Lg. } \cos (n + 1)\, x = \cos x \text{ Lg. } \cos nx - \sin x \text{ Lg. } \sin nx,$$

d'où

$$\text{Lg. } \sin nx = 0;$$

cette relation est seulement démontrée pour $\sin x \neq o$ c'est-à-dire $x \neq k\pi$; mais elle subsiste évidemment pour $x = k\pi$; elle est donc tout à fait générale.

Si l'on pose $x = 2y$, il vient :

$$\begin{array}{ll} \text{Lg. } \cos 2ny = 0 & y \neq k\pi \\ \text{Lg. } \cos 2ny = 1 & y = k\pi \\ \text{Lg. } \sin 2ny = 0 & \end{array}$$

Écrivons maintenant :

$$\cos(2n+1)y = \cos 2ny \cos y - \sin 2ny \sin y$$
$$\sin(2n+1)y = \cos y \sin 2ny + \sin y \cos 2ny$$

il viendra :

$$\begin{array}{ll} \text{Lg. } \cos(2n+1)y = 0 & y \neq k\pi \\ \text{Lg. } \cos(2n+1)y = (-1)^k & y = k\pi \\ \text{Lg. } \sin(2n+1)y = 0. & \end{array}$$

Nous bornerons là les applications; on en trouvera quelques autres dans les exercices; mais nous ne pouvions même esquisser ici une théorie complète des séries divergentes; nous avons simplement essayé de faire comprendre comment leur étude est possible et peut devenir intéressante.

## EXERCICES

**1.** Si l'on pose :

$$a_0 + a_1 + a_2 + \dots + a_n = s_n$$

et que $s_n$ ne tende vers aucune limite, on a cependant, $x$ étant inférieur à un :

$$\lim_{x=1} (a_0 + a_1 x + \dots + a_n x^n + \dots) = \lim_{x=\infty} \frac{s_0 + \dots + s_n}{n+1}$$

dans le cas où la limite du second membre existe.

(FROBENIUS.)

**2.** Soient :

$$u_0 + u_1 + u_2 + \dots$$
$$v_0 + v_1 + v_2 + \dots$$

deux séries divergentes à termes positifs.

On pose :

$$f(x) = u_0 + u_1 x + u_2 x^2 + \dots$$
$$\varphi(x) = v_0 + v_1 x + v_2 x^2 + \dots$$

si le rapport $\frac{u_n}{v_n}$ tend vers une limite $k$ lorsque $n$ augmente indéfiniment, le rapport $\frac{f(x)}{\varphi(x)}$ tend vers cette même limite lorsque $x$ tend vers l'unité par valeurs inférieures à l'unité.

(APPELL.)

**3.** Soient :

$$u_0 + u_1 + u_2 + \dots$$
$$v_0 + v_1 + v_2 + \dots$$

deux séries convergentes ayant respectivement pour sommes $u$ et $v$; on pose :

$$w_n = u_0 v_n + u_1 v_{n-1} + u_2 v_{n-2} + \dots + u_n v_0$$

et

$$S_n = w_0 + w_1 + \dots w_n .$$

Il peut arriver que $S_n$ n'ait pas de limite; mais on a toujours :

$$uv = \lim \frac{S_0 + S_1 + \ldots + S_n}{n+1}$$

(CESARÓ.)

**4.** Démontrer que la série d'Euler

$$1 - 1 + 1 - 1 + \ldots$$

est *sommable* et calculer sa somme.

[On trouve $s = \frac{1}{2}$]

En changeant l'ordre des termes

$$-1 + 1 - 1 + 1 - 1 + \ldots$$

on trouverait $-\frac{1}{2}$

**5.** Calculer la somme de la série

$$S = 1 - 2 + 4 - 8 + 16 - \ldots$$

[On a :

$$S = 1 - 2(1 - 2 + 4 - 8 \ldots)$$
$$= 1 - 2S$$

d'où

$$S = \frac{1}{3}]$$

**6.** Calculer la somme des séries

$$A = \cos x + \cos 2x + \cos 3x + \ldots$$
$$B = \sin x + \sin 2x + \ldots$$
$$C = \cos x + \cos 3x + \cos x + \ldots$$
$$D = \sin x + \sin 3x + \ldots$$

[On calcule la somme des $n$ premiers termes et on cherche sa Lg.]

**7.** On désigne par $a$ et $b$ deux entiers; calculer :

$$\text{Lg.} \cos (an + b) x$$
$$\text{Lg.} \sin (an + b) x$$

Cas particuliers où $a = 3, 4, 5$.

**8.** Démontrer que si la série

$$u_0 + u_1 x + u_2 x^2 + \ldots$$

est sommable pour $x = \alpha$ ($\alpha$ positif), elle est sommable pour $x = \beta < \alpha$ et que toutes ses dérivées sont aussi sommables pour $x = \beta$ et définissent les dérivées de la fonction définie par la série.

[Si l'on pose $u(a) = u_0 + u_1 x \frac{1}{a} + u_2 x^2 \frac{a^2}{1.2} + \ldots$

on peut écrire

$$u(a) = \varphi(ax)$$

en posant :

$$\varphi(t) = u_0 + u_1 t + u_2 \frac{t^2}{1.2} + \ldots$$

Par définition les intégrales

$$\int_0^\infty |\, u^{(\lambda)}(a) \,|\, e^{-a}\, da$$

ont un sens lorsqu'on remplace $x$ par $\alpha$; on a d'ailleurs

$$u^{(\lambda)}(a) = x^\lambda \varphi^{(\lambda)}(a x),$$

c'est-à-dire que les intégrales

$$\int_0^\infty |\, \varphi^{(\lambda)}(a \alpha) \,|\, e^{-a}\, da$$

ont un sens; si l'on pose $a\alpha = z$, ces intégrales deviennent, $\alpha$ étant positif :

$$\frac{1}{\alpha}\int_0^\infty |\, \varphi^{(\lambda)}(z) \,|\, e^{-\frac{z}{\alpha}}\, dz$$

et l'on démontre aisément que si ces intégrales ont un sens, il en est de même des intégrales analogues où l'on remplace $\alpha$ par $\beta < \alpha$. Il est aussi très aisé de démontrer que les intégrales analogues relatives aux dérivées de la série proposée ont un sens pour $x = \beta < \alpha$; pour démontrer qu'elles représentent les dérivées de la fonction, il faut utiliser la théorie de la différentiation sous le signe $\int$, qui n'a pu être exposée ici.]

---

## QUESTIONS PROPOSÉES AU CONCOURS GÉNÉRAL

**1.** (1874, Paris). Démontrer que la forme la plus générale du polynome entier $F(x)$ satisfaisant aux relations

$$F(1-x) = F(x), \quad x^{m} F\left(\frac{1}{x}\right) = F(x)$$

est

$$F(x) = (x^2 - x)^{2p}(x^2 - x + 1)^q \left[A_0 (x^2 - x + 1)^{3n} + A_1 (x^2 - x + 1)^{3(n-1)} . (x^2 - x)^2 \right.$$
$$\left. + A_2 (x^2 - x + 1)^{3(n-2)} . (x^2 - x)^4 + \ldots.. + A_n (x^2 - x)^{2n}\right],$$

$p$, $q$, $n$ désignant des entiers positifs et $A_0$, $A_1$, ..... $A_n$ des constantes quelconques.

**2.** (1874, Départements). Si l'on considère la fonction $e^{-x^2}$ de la variable $x$ et que l'on en prenne les dérivées successives, on reconnaît que la dérivée de l'ordre $n$ est égale au produit de $e^{-x^2}$ par un polynome entier en $x$ que l'on désignera par $\varphi_n(x)$.

1° Démontrer que les polynomes $\varphi(x)$ satisfont aux relations suivantes :

$$\varphi_n(x) + 2x\varphi_{n-1}(x) + 2(n-1)\varphi_{n-2}(x) = 0,$$
$$\varphi_n'(x) + 2n\varphi_{n-1}(x) = 0$$
$$\varphi_n''(x) - 2x\varphi_n'(x) + 2n\varphi_n(x) = 0.$$

2° Calculer les coefficients du polynome $\varphi_n(x)$ ordonné suivant les puissances de $x$.

Démontrer en outre* que l'équation $\varphi_n(x) = 0$ a toutes ses racines réelles, inégales et comprises entre $\frac{1}{\sqrt{n}}$ et $\sqrt{\frac{n(n-1)}{2}}$. (HERMITE.)

**3.** (1879) Étant donnée une équation du troisième degré

$$x^3 + ax^2 + bx + c = 0.$$

calculer les coefficients $m$, $n$, $p$ d'un polynome du second degré

$$mx^2 + nx + p,$$

tel que les valeurs que prend ce polynome quand on y remplace $x$ successivement par les trois racines de l'équation proposée soient égales à ces trois racines.

Réciproquement, étant donné un polynome du second degré

$$mx^2 + nx + p,$$

calculer les coefficients $a$, $b$, $c$, $d$ d'une équation du troisième degré

$$ax^3 + bx^2 + cx + d = 0,$$

telle que la propriété énoncée précédemment ait lieu.

**4.** Le produit

$$(1 + qz)(1 + q^3 z) \dots (1 + q^{2n-1} z)\left(1 + \frac{q}{z}\right)\left(1 + \frac{q^3}{z}\right) \dots\dots \left(1 + \frac{q^{2n-1}}{z}\right)$$

est représenté par

$$\frac{A_{-n}}{z^n} + \dots\dots + \frac{A_{-1}}{z} + A_0 + A_1 z + \dots\dots + A_n z^n.$$

1° On demande d'exprimer en fonction du paramètre $q$ les coefficients des différentes puissances de la variable $z$. 2° Le paramètre $q$ étant un nombre réel dont la valeur absolue est inférieure à l'unité, ou une quantité imaginaire dont le module est inférieur à l'unité, démontrer que le coefficient d'une puissance quelconque de $z$ tend vers une limite quand $n$ augmente indéfiniment et déterminer cette limite.

**5.** (1887). On représente par $(x_1, y_1)$, $(x_2, y_2) \dots (x_m, y_m)$, les coordonnées des points d'intersection de deux courbes algébriques dont les équations mises sous forme entière sont :

$$f(x, y) = 0, \quad F(x, y), = 0.$$

On suppose que tous ces points d'intersection sont simples et à distance finie :

1° Montrer que, pour chaque valeur de $i$ on peut écrire :

$$f(x, y) = (x - x_i)\, a_i(x, y) + (y - y_i)\, b_i(x, y),$$
$$F(x, y) = (x - x_i)\, A_i(x, y) + (y - y_i)\, B_i(x, y),$$

les coefficients $a_i$, $b_i$, $A_i$, $B_i$ étant des polynomes entiers en $x$ et $y$.

2° On pose

$$\varphi_i(x, y) = \begin{vmatrix} a_i & b_i \\ A_i & B_i \end{vmatrix}$$

et

$$\Phi(x, y) = \sum_{i=1}^{i=m} C_i\, \varphi_i(x, y),$$

* Cette question n'était pas posée au Concours.

et l'on détermine les constantes $C_i$ de manière que le polynome $\Phi$ prenne pour $x=x_i$ et $y=y_i$ une valeur déterminée $u_i$. Montrer que le polynome $\Phi$ ainsi obtenu comprend comme cas particulier la formule d'interpolation de Lagrange.

3° Démontrer que tous les polynomes en $x$ et $y$ qui pour $x=x_i$ et $y=y_i$ prennent la valeur $u_i$, peuvent être mis sous la forme

$$\Phi + \mathrm{M}f + \mathrm{NF},$$

M et N étant des polynomes entiers en $x$ et $y$.

## QUESTIONS PROPOSÉES AU CONCOURS D'ADMISSION A L'ÉCOLE NORMALE SUPÉRIEURE

**1.** (1885) 1° On considère la fonction de $x$

$$y = \frac{\sin[m(\operatorname{arc}\cos x)]}{\sqrt{1-x^2}},$$

où $m$ est une constante donnée. Montrer que cette fonction satisfait à la relation

$$(x^2-1)\,y'' + 3\,x\,y' - (m^2-1)\,y = 0,$$

$y'$, $y''$ désignant les dérivées première et seconde de $y$.

2° En supposant que $m$ soit un entier positif, on demande d'établir que l'on peut satisfaire à l'identité précédente en prenant pour $y$ un polynome entier en $x$. Après avoir trouvé le degré de ce polynome, on cherchera la forme de ses coefficients.

**2.** (1888) Un polynome $f(x)$ de degré $n$ vérifie l'identité

$$n\,f(x) \equiv (x-a)\,f'(x) + b\,f''(x);$$

1° Chercher les coefficients de $f(x)$ ordonné suivant les puissances de $x-a$.

2° Chercher les conditions de réalité des racines de l'équation $f(x)=0$.

3° Prouver que si $b_0$ est la valeur absolue de $b$, les racines de $f(x)=0$ sont comprises entre

$$a - \sqrt{\frac{n(n-1)}{2}\,b_0} \text{ et } a + \sqrt{\frac{n(n-1)\,b_0}{2}}.$$

**3.** (1889) Déterminer un polynome entier en $x$ du septième degré $f(x)$, sachant que $f(x)+1$ est divisible par $(x-1)^4$ et $f(x)-1$ par $(x+1)^4$. Quel est le nombre des racines réelles de l'équation $f(x)=0$.

## EXERCICES DE CALCUL PROPOSÉS AU CONCOURS D'AGRÉGATION DES SCIENCES MATHÉMATIQUES

**1.** (1866). Résoudre l'équation

$$x + \sin x.\cos x = \frac{\pi}{2}\sin 23^\circ 27' 14'', 8.$$

Calculer la racine à 1″ près à l'aide de la méthode de Newton.

**2.** (1867). 1° On rencontre dans le calcul des probabilités l'équation suivante :

$$\left(\frac{5}{6}\right)^x + \frac{x}{6}\left(\frac{5^{x-1}}{6}\right) = \frac{1}{2},$$

séparer les racines de cette équation et les calculer avec 3 décimales.

3. 2° Calculer $\pi$ avec 5 décimales au moyen de l'équation

$$\operatorname{arctg} x = \frac{\mathrm{L}(1+x^2)}{2x} + \frac{x}{1.2} - \frac{x^3}{3.4} + \frac{x^5}{5.6}.$$

4. (1868). Séparer les racines de l'équation

$$\frac{\sin x}{\cos^2 x} - \mathrm{L}.\frac{1+\sin x}{\cos x} - 1 = 0,$$

et calculer la plus petite racine positive.

5. (1869). Trouver le nombre des racines réelles de l'équation

$$e^{x^x + x\mathrm{L}x} + 14\,e^{-x^x + x\mathrm{L}x} - 8 = 0$$

6. (1871). Calculer la plus grande racine de l'équation

$$e^x = 31\,200 \sin x + 2\,500 \cos x.$$

7. (1872). Calculer les solutions communes aux deux équations

$$0{,}04\,y^2 - 0{,}55\,xy + 1{,}96\,x^2 - 2{,}80\,y - 0{,}40\,x + 1 = 0,$$
$$2{,}80\,y^2 + 2{,}88\,xy + 2{,}92\,x^2 - 8\,y - 4x + 4 = 0.$$

8. (1873). Calculer toutes les racines réelles et imaginaires de l'équation

$$6\,x^6 - 19\,x^5 - 32\,x^4 + 170\,x^3 - 138\,x^2 - 96\,x + 120 = 0.$$

9. (1876). Calculer à $\frac{1}{10\,000}$ près les valeurs de $x$ et de $y$ données par les relations :

$$x = \frac{1}{2} + \frac{1}{2}\cdot\frac{1}{3.2^3} + \frac{1.3}{2.4}\cdot\frac{1}{5.2^5} + \frac{1.3.5}{2.4.6}\cdot\frac{1}{7.2^7} + \cdots$$
$$y = 1 - \frac{x}{1} + \frac{x^3}{1.2} - \frac{x^2}{1.2.3} + \frac{x^4}{1.2.3.4} + \cdots$$

10. (1877). Sachant que le polynome

$$y^2 + 1{,}7\,xy^2 - 2{,}25\,x^2y - 3{,}825\,x^2 + 2y^2 + 3\,xy + 0{,}6\,x^2 - y + 4{,}3\,x - 2$$

est décomposable en facteurs du premier degré, on demande d'opérer cette décomposition.

11. (1880). Étant donnée l'équation

$$z^4 - z + 1 = 0,$$

1° Démontrer qu'elle a toutes ses racines imaginaires; 2° calculer la partie réelle et le coefficient de $i$ pour chacune de ses racines. En posant $z = x + yi$, on verra que le problème dépend de la recherche d'une des racines d'une équation du troisième degré; on calculera cette racine à l'aide des tables trigonométriques avec le degré d'approximation qu'elles comportent.

12. (1881). Évaluer l'intégrale définie

$$\int_1^2 \frac{dx}{x^2\,(x^2 + x + 1)^2}.$$

13. (1883). Résoudre l'équation

$$9\,x^4 - 14\,x^2 + 8\,x - 1 = 0.$$

**14.** (1884). Si l'on désigne par $a$ le demi-grand axe d'une ellipse, par $e$ son excentricité, par $2s$ la longueur de l'arc de cette courbe compris dans l'angle obtus formé par les deux demi-diamètres conjugués égaux, on démontre que le rapport $\frac{s}{a}$ est exprimé par la série

$$\frac{s}{a}=\frac{\pi}{4}-\frac{\pi-2}{16}e^2-\frac{2\pi-8}{255}e^4-\frac{15\pi-44}{3072}e^6-\frac{25(21\pi-64)}{196608}e^8-\ldots$$

$\pi$ étant le rapport de la circonférence au diamètre. On donne $\frac{s}{a}=0{,}78$ et l'on demande de calculer, par la méthode des approximations successives, la valeur de $e$ avec l'approximation que comportent les tables de logarithmes à 7 décimales.

**15.** (1885). Déterminer les coordonnées des pieds des normales menées par un point dont les coordonnées rectangulaires sont

$$x=1,\ y=2,$$

à l'ellipse représentée par l'équation

$$x^2+4y^2=16.$$

## PROBLÈMES DIVERS

**1.** Vérifier que l'expression

$$\frac{x^m-1}{x-1}\cdot\frac{x^{m-1}-1}{x^2-1}\cdots\cdots\frac{x^{m-p+1}-1}{x^p-1}$$

est un polynome entier en $x$ ; $m$ et $p$ étant des entiers positifs et $m \geqslant p$.

**2.** Vérifier l'identité

$$(n^2+1)+(n^2+2)+\ldots\ldots+(n^2+(2n+1))=n^3+(n^3+1)^3.$$

(De Rocquigny.)

**3.** Vérifier l'identité

$$(2n^2+1)+(2n^2+3)+(2n^2+5)+\ldots\ldots+(2n^2+2(2n+1)-1)=(n+1)^4-n^4.$$

(E. Césaro.)

**4.** Vérifier l'identité

$$C_{2n}^n+\frac{1}{3}C_{2n-2}^{n-1}C_2^1+\frac{1}{5}C_{2n-4}^{n-2}C_4^2+\ldots\ldots+\frac{1}{2n+1}C_{2n}^n=4^n\frac{2.4.6\ldots 2n}{3.5.7\ldots(2n+1)}.$$

(E. Catalan.)

**5.** Si $n=3k+1$, on a :

$$C_{2n}^1-3C_{2n}^3+3^2C_{2n}^5-\ldots\ldots\pm 3^{n-1}C_{2n}^1=2^{2n-1}.$$

(E. Catalan.)

**6.** Trouver la somme des cubes des $n$ premiers nombres impairs et montrer qu'elle est égale à la somme des $2n^2-1$ premiers nombres entiers.

**7.** En posant

$$S_n=1^n+2^n+\ldots\ldots+x^n \text{ et } n_p=\frac{n(n-1)\ldots(n-p+1)}{1.2\ldots\ldots p},$$

on a :

$$2^{n-1}s_1^n=n_1 s_{2n-1}+n_3 s_{2n-3}+\ldots\ldots$$

(Stern.)

**8.** On a aussi

$$2^m \left[n_1 s_{2n-1} + n_3 s_{2n-3} + \ldots\ldots\right]^m = 2^n \left[m_1 s_{2m-1} + m_3 s_{2m-3} + \ldots\ldots\right]^n$$

(Stern.)

**9.** Calculer la valeur du déterminant

$$\begin{vmatrix} 1 & 2 & \ldots\ldots & n-1 & n \\ 2 & 3 & \ldots\ldots & n & 1 \\ 3 & 4 & \ldots\ldots & 1 & 2 \\ \cdot & \cdot & \cdot & \cdot & \cdot \\ \cdot & \cdot & \cdot & \cdot & \cdot \\ \cdot & \cdot & \cdot & \cdot & \cdot \\ n & 1 & \ldots\ldots & n-2 & n-1 \end{vmatrix}$$

**10.** Démontrer que l'identité

$$a_0 + a_1 \cos x + a_2 \cos 2x + \ldots + a_n \cos nx = 0$$

entraîne les conditions :

$$a_0 = a_1 = a_2 = \ldots = a_n = 0.$$

**11.** Quelle valeur doit-on donner à $n$ pour que

$$\frac{\mathrm{L}\left(x + \sqrt{1 + x^2}\right) - x}{x^n}$$

ait une limite finie quand $x$ tend vers zéro ?

**12.** On pose $l \,.\, l\omega = l_2\omega$,. $l.\, l_2\omega = l_3\omega$ ..... etc., $l$ désignant un logarithme quelconque, puis

$$f(\omega) = \left[1 - \left(\frac{\omega}{\omega + 1}\right)^\mu\right]\omega,$$

$$f_1(\omega) = \left[1 - \left(\frac{l\,.\,\omega}{l(\omega + 1)}\right)\right]\omega\, l\omega,$$

$$f_2(\omega) = \left[1 - \left(\frac{l_2\,\omega}{l_2(\omega + 1)}\right)^\mu\right]\omega\, l\omega\, l_2\omega, \text{ etc.},$$

prouver que la limite de $f_p(\omega)$ est égale à $\mu.(lc)^p$ quand $\omega$ grandit indéfiniment.

(Schlomilch.)

**13.** On pose

$$u_p = \frac{n(n-1)\ldots\ldots(n-p+1)}{1.2\ldots\ldots p}\, x^p;$$

démontrer que le quotient

$$\frac{u_r + u_{n+r} + u_{2n+r} + \ldots\ldots}{u_0 + u_1 + u_2 + \ldots\ldots}$$

a pour limite $\frac{1}{n}$ quand $p$ augmente indéfiniment; $r$ est supposé moindre que $n$, et $x$ positif.

(J. Neuberg.)

**14.** Trouver la dérivée de $\log_x a$ par rapport à $x$.

**15.** Un secteur sphérique ayant pour base une calotte sphérique a une aire constante; étudier les variations de son volume.

**16.** En appelant $\varphi(x)$, $\psi(x)$ deux fonctions circulaires quelconques de l'arc $x$ et $F(u, v)$ un polynome entier, trouver ce que doit être ce polynome pour que l'on ait identiquement

$$F(\varphi(x), \psi(x)) = 0.$$

Prouver que la condition cherchée est que $F(u, v)$ soit divisible par le premier membre de l'équation entière $f(u, v) = 0$, liant $u = \varphi(x)$ à $v = \psi(x)$.

(Méray.)

**17.** Soient P et Q deux polynomes entiers en $x$ et premiers entre eux, et soit A un polynome entier premier avec P et Q; on peut poser :

$$\frac{A}{P^n Q} = \frac{P_1}{P^n} + \frac{B}{P^{n-1} Q},$$

$P_1$ désignant un polynome entier dont le degré est inférieur à celui de P, et B étant un polynome entier.

(Méray.)

**18.** Prouver que l'équation

$$\frac{(1 + ix)^m}{(1 - ix)^m} = \frac{1 + ia}{1 - ia}$$

a toutes ses racines réelles et inégales.

**19.** Soient

$$a_1 + b_1 i, a_2 + b_2 i, \ldots\ldots a_m + b_m i,$$

$m$ imaginaires dans lesquelles les coefficients de $i$ ont tous le même signe. On pose

$$f(x) + i\varphi(x) = (x - a_1 - b_1 i)(x - a_2 - b_2 i) \ldots\ldots (x - a_m - b_m i);$$

prouver que l'équation

$$pf(x) + q\varphi(x) = 0,$$

où $p$ et $q$ désignent des nombres réels arbitraires, a toutes ses racines réelles.

(Hermite.)

**20.** Soient $a, b, c, \ldots l$ les racines de l'équation $x^m - 1 = 0$ et $\alpha, \beta, \gamma, \ldots \lambda$, des nombres entiers positifs, nuls ou négatifs. Démontrer que la fonction symétrique

$$\sum a^\alpha b^\beta c^\gamma \ldots l^\lambda$$

est nulle si $\alpha + \beta + \gamma + \ldots\ldots + \lambda$ n'est pas divisible par $m$.

(Méray.)

**21.** Soient $f(x)$ et $\varphi(x)$ deux polynomes premiers entre eux; prouver que si l'équation

$$[f(x)]^2 + [\varphi(x)]^2 = 0$$

a une racine double, cette racine vérifie l'équation

$$[f'(x)]^2 + [\varphi'(x)]^2 = 0.$$

**22.** Trouver les conditions nécessaires et suffisantes pour que les équations obtenues en égalant à zéro les dérivées d'un polynome entier $f(x)$ depuis la $(m-p)^{\text{ième}}$ jusqu'à la $(m-1)^{\text{ième}}$ aient une racine commune.

Quelle est la forme générale des polynomes $f(x)$, de degré $m$, jouissant de cette propriété? Résoudre l'équation $f(x)=0$ quand $m=2^k$ et $p=m-1$.

**23.** Prouver que si $a$ est racine d'ordre $\alpha$ de multiplicité de l'équation $f(x)=0$, $a$ est racine d'ordre $\alpha - 1$ de l'équation obtenue en multipliant les termes du polynome $f(x)$ supposé complet, par les termes successifs d'une progression arithmétique.

**24.** On connait les trois côtés consécutifs $2a$, $2b$, $2c$ d'un contour polygonal convexe ou non, inscrit dans une circonférence et tel que ses extrémités soient diamétralement opposées. On demande le rayon $x$ de la circonférence.

**25.** Déterminer les dimensions d'un segment sphérique dont le volume et l'aire sont respectivement équivalents à ceux d'une sphère et d'un cercle donnés.

**26.** On pose

$$P_0=1,\quad P_1=1+x, \ldots P_{n+1}=x P_n - n P_{n-1};$$

prouver que l'équation $P_n=0$ a toutes ses racines réelles.

**27.** Résoudre l'équation $\qquad x^{30}-1=0.$

**28.** Résoudre l'équation

$$[(x+2)^2+x^2]^3=8x^4(x+2).$$

**29.** Les équations de la forme

$$x^3-(\alpha+2\beta)x^2+(2\alpha\beta+\beta^2+3\gamma^2)x-\alpha(\beta^2+3\gamma^2)=0,$$

où $\alpha$, $\beta$, $\gamma$ sont commensurables, sont les seules équations du troisième degré ayant une racine entière ou fractionnaire qu'on puisse trouver par la règle de Cardan, en n'opérant que sur des grandeurs commensurables.

(E. KUMMER.)

**30.** Soient $f$ et $\varphi$ deux polynomes entiers d'un même degré $n$ par rapport à une variable $x$; la quantité ci-après, composée avec les dérivées de ces polynomes, est une constante

$$(f\varphi)=f\varphi^{(n)}-f'\varphi^{(n-1)}+f''\varphi^{(n-2)}-\ldots\ldots+(-1)^{n-1}f^{(n-1)}\varphi'+(-1)^n f^{(n)}\varphi.$$

Si $\varphi=f$ et si le degré est impair $(ff)=0$,

montrer que le polynome $\varphi$ le plus général satisfaisant à la condition $(f\varphi)=0$ est

$$\varphi=l_1(x-a_1)^n+l_2(x-a_2)^n+\ldots\ldots+l_n(x-a_n)^n,$$

$a_1, a_2, \ldots\ldots a_n$ étant les $n$ racines de $f(x)=0$.

En conclure que si

$$l_1(x-a_1)^n+l_2(x-a_2)^n+\ldots\ldots+l_n(x-a_n)^n \equiv (x-\alpha_1)(x-\alpha_2)\ldots\ldots(x-\alpha_n),$$

il existe $n$ constantes $\lambda_1, \lambda_2, \ldots\ldots \lambda_n$ telles que

$$\lambda_1(x-\alpha_1)^n+\lambda_2(x-\alpha_2)^n+\ldots\ldots+\lambda_n(x-\alpha_n)^n \equiv (x-a_1)(x-a_2)\ldots\ldots(x-a_n),$$

théorème dû à M. Rosanes.

Si $f$ est du second degré,

$$(ff)=2ff''-f'^2;$$

en conclure la formule de résolution de l'équation du second degré. Si $f$ et $\varphi$ sont du second degré, le résultant est

$$(f\varphi)^2 - (ff)(\varphi\varphi)^*.$$

(HALPHEN.)

**31.** Vérifier la formule

$$(-1)^n = 1 - \frac{2^2 n^2}{2} + \frac{2^4 n^2 (n^2-1)}{2.3.4} - \frac{2^6 n^2 (n^2-1)^2 (n^2-2)^2}{2.3.4.5.6} + \dots..$$

(REALIS.)

**32.** Si $a, b, c, \dots.. f, g, \dots.. l$ sont $m$ quantités inégales et racines de l'équation

$$f(x) = 0,$$

la somme des produits de ces racines prises $n$ à $n$ sera égale à

$$(-1)^{\frac{n(n-1)}{2}} \sum \frac{(abc \dots fg)^{m-n+1} (a-b)^2 \dots (a-c)^2 \dots (f-g)^2}{f'(a) f'(b) \dots f'(g)}.$$

(WEBER, PROUHET.)

**33.** L'équation de degré $n$, $f(x) = 0$, a toutes ses racines réelles et inégales : l'équation $f^2(x) + k^2 f'^2(x) = 0$, où $k$ désigne un nombre positif, a toutes ses racines imaginaires. Démontrer que, dans chacune de ces racines, le coefficient de $i$ est inférieur à $kn$ ; on suppose $n \geqslant 2$.

(LAGUERRE.)

**34.** Considérons l'équation $f(x) = 0$ qui a toutes ses racines réelles ; $k$ désignant un nombre réel arbitraire, supposons que l'équation $f(x) + k = 0$ ait $m$ racines imaginaires ; démontrer que l'équation

$$f'^2(x) - f(x) f''(x) - k f''(x) = 0$$

a $m$ racines réelles, toutes les autres étant imaginaires.

(LAGUERRE.)

**35.** Si l'équation

$$a + bx + cx^2 + \dots kx^n = 0$$

a toutes ses racines réelles, démontrer que $\omega$ étant une quantité réelle quelconque plus petite que l'unité, l'équation

$$a + b\omega x + c\omega^4 x^2 + \dots + k\omega^{n^2} x^n = 0$$

a également ses racines réelles.

(LAGUERRE.)

**36.** Soit le polynome

$$a_0 + a_1 x + a_2 x^2 + \dots + a_n x^n ;$$

supposons qu'en ajoutant à ce polynome un certain nombre de termes de degré supérieur à $n$, on puisse obtenir un autre polynome $f(x)$ tel que l'équation $f(x) = 0$ ait toutes ses racines réelles : démontrer que l'équation

$$\frac{a_0}{1.2\dots n} + \frac{a_1 x}{1.2\dots(n-1)} + \frac{a_2 x^2}{1.2.\dots(n-2)} + \dots + \frac{a_{n-2} x^{n-2}}{1.2} + \frac{a^{n-1} x}{1} + a_n x^n = 0$$

a toutes ses racines réelles.

(LAGUERRE.)

[*] Voir *Nouvelles annales*, 1885, p. 17.

**37.** $f(x)$ désignant un polynome quelconque à coefficients réels, on peut toujours déterminer un nombre positif $\omega$, tel que le développement de $e^{\omega x} f(x)$ suivant les puissances croissantes de $x$, présente précisément autant de variations que l'équation $f(x) = 0$ a de racines positives.

(LAGUERRE.)

**38.** Soient $f(x)$ un polynome entier, $\lambda$ un nombre réel, $F(x)$ le quotient de la division de $f(x)$ par $x - \lambda$; l'équation $f(x) = 0$ peut se mettre sous la forme

$$x = \lambda - \frac{f(\lambda)}{F(x)}.$$

On fait varier $x$ entre deux nombres $\alpha$, $\beta$; le polynome $F(x)$ variera alors entre deux nombres M, N; en comparant les intervalles $\alpha\beta$ et MN, trouver une méthode de séparation et d'approximation des racines de $f(x) = 0$.

Montrer que si $f(\lambda) < 0$, $\lambda - \frac{f(\lambda)}{f'(\lambda)}$ est une limite supérieure des racines de l'équation.

Si $f(\lambda) < 0$ et si un nombre positif $\alpha$ rend $f(\alpha) < 0$, toutes les racines plus grandes que $\alpha$ sont comprises entre $\alpha - \frac{f(\alpha)}{F(\alpha)}$ et $\lambda$.

Étant pris le nombre positif arbitraire $\alpha_0$, on forme la suite $\alpha_0, \alpha_1, \alpha_2 \ldots$ d'après la loi de récurrence :

$$\alpha_{i+1} = \lambda - \frac{f(\lambda)}{F(\alpha_i)}.$$

Si $f(\alpha_0)$ est $< 0$, la suite $\alpha_0, \alpha_1, \alpha_2, \ldots$ converge vers la racine immédiatement supérieure à $\alpha_0$.

Si $f(\alpha_0)$ est $> 0$, et si l'équation a une ou plusieurs racines positives inférieures à $\alpha_0$, la même suite converge vers la valeur de la racine immédiatement inférieure à $\alpha_0$.

Si, dans le même cas, l'équation n'a pas de racine positive inférieure à $\alpha_0$, un des termes de la suite est négatif.

$\lambda$ désigne ici un nombre positif quelconque rendant positives les fonctions

$$f_0 = a_0, f_1 = f_0\lambda + a_1, f_2 = f_1\lambda + a_2 \ldots\ldots f_{n-1} = f_{n-2}\lambda + a_{n-1} \text{ et } (f\lambda).$$

Dans ces conditions $\lambda - \frac{f'(\lambda)}{f''(\lambda)}$ est une limite supérieure des racines de l'équation.

(LAGUERRE.)

**39.** En multipliant $(x^2 - 1)^n$ par la série

$$\frac{1}{2} L \frac{x+1}{x-1} = \frac{1}{x} + \frac{1}{3x^3} + \frac{1}{5x^5} + \ldots\ldots$$

la partie entière du produit sera le polynome

$$F(x) = x^{2n-1} - \left(n - \frac{1}{3}\right) x^{2n-3} + \left[\frac{n(n-1)}{2} - \frac{n}{3} + \frac{1}{5}\right] x^{2n-5} - \ldots\ldots$$

à l'égard duquel on propose de démontrer :

1° Que l'équation $F(x) = 0$ a toutes ses racines imaginaires, sauf la racine $x = 0$, quand le nombre $n$ est pair;

2° Qu'en supposant $n$ impair, elle n'admet, outre la racine nulle, que deux racines réelles égales et de signes contraires, dont la valeur absolue, supérieure à l'unité, est moindre que $\sqrt{2}$ et converge vers cette limite lorsque le nombre $n$ augmente indéfiniment.

(HERMITE.)

**40.** Démontrer les identités :

$$x^n - C_n^1 (x-1)^n + C_n^2 (x-2)^n - \ldots\ldots + (-1)^n C_n^n (x-n)^n = n!$$

et

$$x^p - C_n^1 (x-1)^p + C_n^2 (x-2)^p - \ldots\ldots + (-1)^n C_n^n (x-n)^p = 0$$

si l'on suppose $p < n$.

**41.** La série $\Sigma\left(\sqrt[n]{a} - \sqrt[n+1]{a}\right)$ est convergente.

**42.** Si $a_n$ et $b_n$ ont pour limites $\alpha$ et $\beta$ quand $n$ grandit indéfiniment

$$\frac{1}{n}\left(a_n b_1 + a_{n-1} b_2 + \ldots + a_1 b_n\right) \text{ a pour limite } \alpha \times \beta.$$

**43.** Si $n$ croît indéfiniment et si $\frac{p}{n}$ a pour limite $\alpha$,

$$\frac{1}{n} + \frac{1}{n+1} + \ldots + \frac{1}{n+p} \text{ a pour limite } L(1+\alpha).$$

**44.** Discuter l'équation

$$(l^2 - z^2)(z - z_0 + h) - (l^2 - z_0^2) h \cos^2 \alpha = 0.$$

**45.** On considère $n$ équations linéaires homogènes à $n+p$ inconnues. Si l'on forme un déterminant avec les coefficients de ces équations et avec les valeurs des inconnues formant $p$ solutions distinctes, les mineurs formés avec les éléments des $n$ premières lignes sont proportionnels aux mineurs complémentaires formés avec les valeurs des inconnues considérées.

Ainsi, p. ex. : si $x', y', z', t'$ et $x'', y'', z'', t''$ sont deux solutions du système

$$\begin{aligned} ax + by + cz + dt &= 0 \\ a'x + b'y + c'z + d't &= 0 \end{aligned}$$

on forme le déterminant

$$\begin{vmatrix} a & b & c & d \\ a' & b' & c' & d' \\ x' & y' & z' & t' \\ z'' & y'' & z'' & t'' \end{vmatrix}$$

et l'on a :

$$\frac{ab' - ba'}{z't'' - t'z''} = \frac{ac' - ca'}{t'y'' - y't''} = \ldots.$$

**46.** On suppose $f'(x) \equiv x^2 - 3x + 2$ ; déterminer le terme constant de $f(x)$ de façon que $f(x) = 0$ ait ses trois racines réelles.

**47.** En supposant $f'(x) \equiv (x-a)(x-b) \ldots (x-l)$, $a, b, c, \ldots l$ étant réels, peut-on déterminer le terme constant de $f(x)$ de telle sorte que l'équation $f(x) = 0$ ait toutes ses racines réelles?

# TABLE DES MATIÈRES

## CONTENUES DANS LE SECOND VOLUME

Coulommiers. — Imp. Paul BRODARD. — 525-1902.

www.ingramcontent.com/pod-product-compliance
Lightning Source LLC
LaVergne TN
LVHW010124230826
846091LV00001BA/132

* 9 7 8 2 0 1 3 0 6 3 2 7 2 *